Manfred Weck · Automatisierung und Steuerungstechnik

Studium und Praxis

Werkzeugmaschinen

Band 3

Automatisierung und Steuerungstechnik

Prof. Dr.-Ing. Manfred Weck

Zweite, neubearbeitete und erweiterte Auflage

VDI-Verlag GmbH

Verlag des Vereins Deutscher Ingenieure · Düsseldorf

CIP-Kurztitelaufnahme der Deutschen Bibliothek

Weck, Manfred:
Werkzeugmaschinen/Manfred Weck. – Düsseldorf: VDI-Verlag
(Studium und Praxis)

Bd. 3. Automatisierung und Steuerungstechnik. – 2., neubearb. u. erw. Aufl. – 1982.
ISBN 3-18-400484-8

Printed in Germany

ISBN 3-18-400484-8

Vorwort zum Kompendium „Werkzeugmaschinen"

Werkzeugmaschinen zählen zu den bedeutendsten Produktionsmitteln der metallverarbeitenden Industrie. Ohne die Entwicklung dieser Maschinengattung wäre der heutige hohe Lebensstandard der Industrienationen nicht denkbar. Die Bundesrepublik Deutschland nimmt bei der Werkzeugmaschinenproduktion eine führende Stellung in der Welt ein. Innerhalb der Bundesrepublik Deutschland entfallen auf den Werkzeugmaschinenbau etwa 10 % des Umsatzes des gesamten Maschinenbaus; 10 % der Beschäftigten des Maschinenbaus sind im Werkzeugmaschinenbau tätig.

So vielfältig wie das Einsatzgebiet der Werkzeugmaschinen ist auch ihre konstruktive Gestalt und ihr Automatisierungsgrad. Entsprechend den technologischen Verfahren reicht das weitgespannte Feld von den urformenden und umformenden über die trennenden Werkzeugmaschinen (wie spanende und abtragende Werkzeugmaschinen) bis hin zu den Fügemaschinen. In Abhängigkeit von den zu bearbeitenden Werkstücken und Losgrößen haben diese Maschinen einen unterschiedlichen Automatisierungsgrad mit einer mehr oder weniger großen Flexibilität. So werden Einzweck- und Sonderwerkzeugmaschinen ebenso wie Universalmaschinen mit umfangreichen Einsatzmöglichkeiten auf dem Markt angeboten.

Auf Grund der gestiegenen Leistungs- und Genauigkeitsanforderungen hat der Konstrukteur dieser Maschinen eine optimale Auslegung der einzelnen Maschinenkomponenten sicherzustellen. Hierzu benötigt er umfassende Kenntnisse über die Zusammenhänge der physikalischen Eigenschaften der Bauteile und der Maschinenelemente. Eine umfangreiche Programmbibliothek versetzt den Konstrukteur heute in die Lage, die Auslegungen rechnerunterstützt vorzunehmen. Meßtechnische Analysen und objektive Beurteilungsverfahren eröffnen die Möglichkeit, die leistungs- und genauigkeitsbestimmenden Kriterien, wie die geometrischen, kinematischen, statischen, dynamischen, thermischen und akustischen Eigenschaften der Maschine zu erfassen und nötige Verbesserungen gezielt einzuleiten.

Die stetige Tendenz zur Automatisierung der Werkzeugmaschinen hat zu einem breiten Fächer von Steuerungsalternativen geführt. In den letzten Jahren nahm die Entwicklung der Elektrotechnik entscheidenden Einfluß auf die Maschinensteuerungen. Mikroprozessoren und Prozeßrechner ermöglichen steuerungstechnische Lösungen, die vorher nicht denkbar waren. Die Mechanisierungs- und Automatisierungsbestrebungen beziehen auch den Materialtransport und die Maschinenbeschickung mit ein. Die Überlegungen auf diesem Gebiet führten in der Massenproduktion zu Transferstraßen und in der Klein- und Mittelserienfertigung zu flexiblen Fertigungssystemen.

Die in dieser Buchreihe „Studium und Praxis" erschienenen vier Bände zum Thema „Werkzeugmaschinen" wenden sich sowohl an die Studierenden der Fachrichtung „Fertigungstechnik" als auch an alle Fachleute aus der Praxis, die sich in die immer verwickelter werdende Materie dieses Maschinenbauzweigs einarbeiten müssen. Außerdem verfolgen diese Bände das Ziel, dem Anwender bei der Auswahl der geeigneten Maschinen einschließlich der Steuerungen zu helfen. Dem Maschinenhersteller werden Wege für eine optimale Auslegung der Maschinenbauteile, der Antriebe und der Steuerungen sowie Möglichkeiten zur gezielten Verbesserung auf Grund meßtechnischer Analysen und objektiver Beurteilungsverfahren aufgezeigt.

Der Inhalt der vier Bände lehnt sich eng an die Vorlesung „Werkzeugmaschinen" an der Rheinisch-Westfälischen Technischen Hochschule Aachen an und ist wie folgt gegliedert:

Band 1: Maschinenarten, Bauformen und Anwendungsbereiche,

Band 2: Konstruktion und Berechnung,

Band 3: Automatisierung und Steuerungstechnik,

Band 4: Meßtechnische Untersuchung und Beurteilung.

Aachen, April 1982 *Manfred Weck*

Vorwort zu Band 3 „Automatisierung und Steuerungstechnik"

Zweite Auflage

Der vorliegende Band 3 soll gemäß seinem Titel dem Leser einen Einblick in das Gebiet der Automatisierung und Steuerungstechnik von Werkzeugmaschinen geben. Der Schwerpunkt liegt einerseits in der Darstellung von Lösungen, die sich seit langem in der Praxis bewährt haben, andererseits in der Vorstellung neuester Entwicklungen, die erst durch die moderne Halbleitertechnologie und den Einsatz moderner Prozeßrechner und Mikroprozessoren ermöglicht wurden.

Um dem Leser das Einarbeiten in den sehr umfangreichen Stoff zu erleichtern, werden auch die erforderlichen Grundlagen der Informationsverarbeitung sowie der Steuer- und Regelungstechnik in geraffter Form dargestellt.

Der Inhalt ist so gegliedert, daß nach einem kurzen Überblick über die geschichtliche Entwicklung und die Gründe für die Automatisierung eine Zusammenstellung beispielhafter Lösungen für automatisierbare Funktionen von Fertigungseinrichtungen dargestellt werden. Bevor auf das weite Feld der digital arbeitenden Steuerungen eingegangen wird, kann sich der Leser kurz über die Grundlagen der Informationsverarbeitung sowie über alternative gerätetechnische Lösungsmöglichkeiten der Prozeßsteuerung – angefangen von der einfachen Relaissteuerung bis hin zur Rechnersteuerung als Softwarelösung – informieren. Sehr eingehend sind der Aufbau, die Wirkungsweise und die Programmierung von numerischen Steuerungen (NC) beschrieben, dabei findet der aktuelle Stand dieser sich rasch weiterentwickelnden Steuerungstechnologie Berücksichtigung. Die Anwendung der Mikroprozessortechnik auf diesem Gebiet hat eine Entwicklung eingeleitet, die sicher noch nicht zum Abschluß gekommen ist.

Da die Verarbeitung geometrischer Daten eine der komplexen Aufgaben von NC-Steuerungen ist, wurde ihr ein gesonderter Abschnitt gewidmet. Das Buch befaßt sich ebenso mit der mechanischen und steuerungstechnischen Realisierung einer zentralen Baugruppe von NC-Maschinen, d. h. den Vorschubantrieben einschließlich ihrer Meßsysteme. Grenz- und Optimierregelungen (AC-Systeme, AC = Adaptive Control) zur optimalen Führung des Prozeßablaufs, die mechanische, organisatorische und informative Verkettung von Fertigungsanlagen (DNC, flexible Fertigungssysteme) werden künftig eine zunehmende Rolle spielen. Nach einem kurzen Überblick über die Betriebsdatenerfassung, die das Ziel hat, die Istdaten aus dem Fertigungsbetrieb zu sammeln und Fertigungsdispositionen kurzfristig zu ermöglichen, folgt der letzte Abschnitt, der sich mit der Maschinendiagnose in der automatisierten Fertigung befaßt.

Änderungen der zweiten Auflage gegenüber der Erstauflage

Die Neubearbeitung von Band 3 gab Gelegenheit, den Inhalt entsprechend dem schnellen Fortschritt auf den behandelten Gebieten zu aktualisieren und an einigen Stellen gegenüber der ersten Auflage noch sinnvoller zu ordnen. Abschnitt 2 ist um eine Systematik über die zu automatisierenden Funktionen und über den steuerungstechnischen Ablauf ergänzt. Bei den Nachformsystemen wurden aktuelle Fühlersysteme und Anwendungsbeispiele mit eingefügt. Die Grundlagen der Informationsverarbeitung sowie die Realisierung von Prozeßsteuerungen wurden in wesentlichen Punkten überarbeitet und in zwei zusammenhängenden Abschnitten (Abschn. 5 und 6) behandelt. Die rasante Weiterentwicklung auf dem Gebiet der NC-Technik hat eine völlige Überarbeitung von Abschn. 7 notwendig gemacht. Der Komplex der Verarbeitung geometrischer Daten bei NC-Maschinen wurde wesentlich erweitert und in Abschn. 8 dargestellt.

In Abschn. 9 wurde die Behandlung zeitdiskreter Übertragungssysteme neu aufgenommen, da in zunehmendem Maß Prozeßrechner und Mikroprozessoren für Regelungsaufgaben zum Einsatz kommen. Der neue Abschnitt 15 behandelt die Maschinendiagnose in der automatisierten Fertigung.

Der vorliegende Band 3 entstand unter Mitwirkung meiner wissenschaftlichen Mitarbeiter, der Herren Dipl.-Ing. *Karl-Friedrich Baukloh,* Dipl.-Ing. *Friedel Breuer,* Dr.-Ing. *Chris D'Souza,* Dipl.-Ing. *Heinz-Uwe Durst,* Dr.-Ing. *Georg Klingenberg,* Dipl.-Ing. *Rolf-Dieter Leveringhaus,* Dipl.-Ing. *Hans Mehles,* Dipl.-Ing. *Michael Pascher,* Dipl.-Ing. *Gerhard Petuelli,* Dr.-Ing. *Heinrich Peuler,* Dr.-Ing. *Karl-Heinz Schiefer,* Dipl.-Ing. *Herbert Schriefer,* Dr.-Ing. *York Tüchelmann,* Dipl.-Ing. *Dirk Vorsteher,* Dr.-Ing. *Karl-Heinz Werth,* Dipl.-Ing. *Detlef Zühlke,* sowie der Mitarbeiter der technischen Abteilungen, darunter insbesondere der Herren *Hans Clemens* und *Willi Kaymer.* Für ihre Einsatzbereitschaft möchte ich mich an dieser Stelle herzlich bedanken. Ebenso gebührt mein Dank den zahlreichen Werkzeugmaschinen- und Steuerungsherstellern für die großzügige Bereitstellung von Unterlagen und Prospektmaterial.

Aachen, April 1982 *Manfred Weck*

Inhalt

Formelzeichen und Abkürzungen

Großbuchstaben

A	mm^2	Fläche
B	mm	Schnittbreite
C_0	–	Geschwindigkeitsverstärkung
D	–	Dämpfungsmaß (Dämpfungsgrad)
D	mm	Fräserdurchmesser
E	N/mm^2	Elastizitätsmodul
E_0	–	Kraftverstärkung
F	N	Kraft
F_L	N	Belastungskraft
F_R	N	Reibkraft
F_S	N	Schnittkraft
$G(j\omega)$	–	Frequenzgang
$G_0(j\omega)$	–	Frequenzgang des offenen Kreises
$G_F(j\omega)$	–	Störungsfrequenzgang
G_{Vent}	–	Ventilübertragungsfunktion
$G_W(j\omega)$	–	Führungsfrequenzgang
H	–	Hundertstel einer Kurvenscheibe
I	A	Gleichstrom
Im	–	Imaginärteil
J	Nms^2	Massenträgheitsmoment
K	–	Übertragungsfaktor eines Übertragungsgliedes, Konstante
M	Nm	Moment
N	–	ganze Zahl
P	kW	Leistung
R	Ω	Widerstand
R	m	Radius eines Kreises
Re	–	Realteil
ΔS	µm	Sehnenfehler
T	s	Zeitkonstante
T_t	s	Totzeit
U	V	Gleichspannung
U	–	Umkehrspannung
U_i	–	Anzahl der Spindelumdrehungen für den Arbeitsgang i
U_h	–	Anzahl der Spindelumdrehungen innerhalb der Hauptzeit

V	–	Kreisverstärkung
V_M	m^3	Motorschluckvolumen
V_W	m^3	Abtragsrate
W	–	Führungsgröße
$\Delta x, \Delta y, \Delta z$	mm	Weginkremente in den Koordinatenrichtungen
Z	mm	Interpolationstoleranz

Kleinbuchstaben

a	mm	Schnittiefe
b	mm	Spanungsbreite
b_z	mm	Schneidenabstand
c	Ns/m	Dämpfungskoeffizient
d	mm	Durchmesser
e	mm	Eingriffsgröße
f	Hz	Frequenz
f_0	Hz	Eigenfrequenz
h	m	Tasterweg
i	–	Übersetzungsverhältnis
i	A	Wechselstrom
j	–	$\sqrt{-1}$
k	N/m	Steifigkeitskoeffizient (Federkonstante)
k_s	N/m^2	spezifische Schnittkraft
$k_{s1.1}$	N/m^2	Hauptwert der spezifischen Schnittkraft
l	mm	Länge, Arbeitsweg
m	kg	Masse
m	–	Laufparameter (0, 1, 2, 3, 4 . . .)
n	min^{-1}	Drehzahl
n	–	Laufparameter (0, 1, 2, 3, 4 . . .)
p	bar	Druck
p	–	Polzahl
q	m^3/min	Durchflußmenge
r	mm	Radius
s	mm	Vorschub
s_z	mm	Vorschub je Schneide
t	s	Zeit
u	V	Wechselspannung
u	mm/min	Vorschubgeschwindigkeit
v	m/min	Geschwindigkeit, Schnittgeschwindigkeit
v_B	m/min	Bahngeschwindigkeit
v_T	m/min	Tangentialgeschwindigkeit
w	–	Sollwert, Führungsgröße
x, y, z	mm	Wege in den Koordinatenrichtungen
x_M, y_M, z_M	mm	Kreismittelpunktkoordinaten
$x_a, x_a(t)$	–	zeitabhängiges Ausgangssignal
$\hat{x}_a$	–	Amplitude von x_a
$x_e, x_e(t)$	–	zeitabhängiges Eingangssignal
$\hat{x}_e$	–	Amplitude von x_e

z	–	Schneidenzahl
z_E	–	im Eingriff befindliche Schneidenzahl
$1-z$	–	Anstiegswert der spezifischen Schnittkraft

Griechische Buchstaben

α	Grad	Winkel
α_D	–	Durchflußkoeffizient
β	m^2/N	Kompressibilitätsmodul
γ	Grad	Spanwinkel
ϵ	μm	Verlagerung
ϵ_1	μm	Lagefehler
ϵ_g	μm	Geschwindigkeitsfehler
ϵ_b	μm	Beschleunigungsfehler
η	–	Wirkungsgrad
η	–	Wirkverhältnis
κ	Grad	Einstellwinkel der Hauptschneide im Werkzeugbezugssystem
ν	–	Laufindex
ρ	$\Omega mm^2/m$	spezifischer elektrischer Widerstand
ρ	g/mm^3	Dichte
τ	–	Periode, Wegperiode, Zeitintervall
φ	Grad	Phasenschiebung
φ	Grad	Vorschubrichtungswinkel
φ_i	Grad	Fräsereintrittswinkel
φ_0	Grad	Fräseraustrittswinkel
φ_S	Grad	Schnittwinkel, Schnittbogen
φ_T	Grad	Fräserteilungswinkel
ω	s^{-1}	Kreisfrequenz
ω_0	s^{-1}	Eigenkreisfrequenz
ω_E	s^{-1}	Eckkreisfrequenz
ϕ	Vs	magnetischer Fluß

Indices

A	Anfang
A, a	Ausgangsgröße
B	Bahn
D	Durchfluß
b	Beschleunigung
c	Rattern (chatter)
cr	kritisch (critical)
d	dreh
dyn	dynamisch
E, e	Eingangsgröße
eil	Eilgang
g	Geschwindigkeit

ges	Gesamtwert
h	auf die Hauptzeit bezogen
hyd	hydraulisch
i	Zählindex
ist	Istwert
L	Last, Belastung
l	Lage
M	Mittelpunkt
M	Motor
max	maximaler Wert
min	minimaler Wert
n	auf die Nebenzeit bezogen
red	reduziert
rot	Rotation
sk	Steuerkante
sp	Spindel
st	stabil, stabile Bearbeitung
stat	statisch
T	Tangential verlaufend
var	variabel, veränderbar
W	Werkstück
x, y, z	auf die Koordinatenachsen bezogen

Schreibweisen

$\bar{x}$	komplexe Größe von x
$\hat{x}$	Scheitelwert von x

1. Einleitung

1.1. Begriffsbestimmung

Automatisierung nennt man alle Maßnahmen zum völlig oder teilweise selbständigen Ablauf von Prozessen, die nach einem vorher erstellten Programm ohne Eingreifen des Menschen gesteuert werden. Voraussetzungen hierzu sind die Mechanisierung und die Steuerungstechnik, Bild 1-1. Die *Mechanisierung* ersetzt die Muskelkraft und Muskelarbeit des Menschen durch Vorrichtungen und motorischen Antrieb der Maschinen. Die *Steuerungstechnik* entlastet den Menschen von monotoner Gedächtnis- und Gedankenarbeit; sie umfaßt das Speichern, die logische Verarbeitung und die Übertragung von Weg- und Schaltinformationen.

Ein *Automat* ist demnach eine Vorrichtung oder Maschine, die nach einem einmaligen Einricht- bzw. Programmiervorgang und nach Beschicken mit Material und Hilfsstoffen vorbestimmte Aufgaben teilweise oder völlig selbständig durchführt.

Ein *Halb-* oder *Teilautomat* ist im Werkzeugmaschinenbau eine Maschine, die alle Haupt- und Vorschubbewegungen des Werkzeugs bzw. Werkstücks selbständig durchführt. Funktionen, wie Materialvorschub, Werkstückspannen, Drehzahlvorwahl u. ä., werden von Hand vorgenommen.

Der *Vollautomat* als Werkzeugmaschine führt alle Bewegungen und Funktionen selbsttätig aus; der Mensch braucht nicht in den Arbeitsablauf einzugreifen. Er übt lediglich noch Kontrollfunktionen aus und muß eventuell Rohmaterial ins Magazin bzw. Rohlinge ins Futter einlegen.

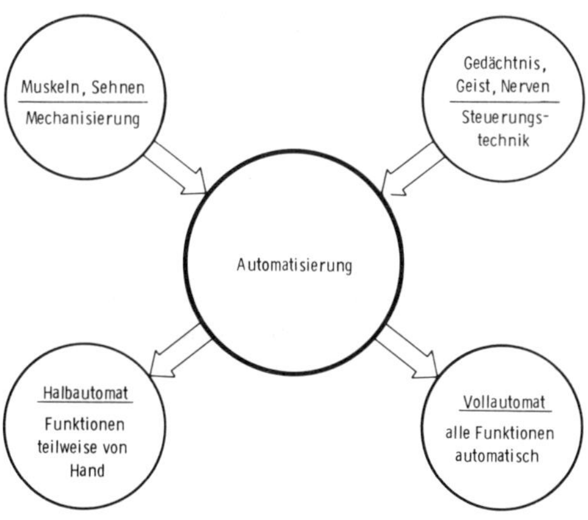

Bild 1-1.
Zusammenhänge zwischen menschlicher Tätigkeit, Mechanisierung und Automatisierung.

1.2. Geschichtliche Entwicklung und Gründe für die Automatisierung der Werkzeugmaschinen

Erste Vorrichtungen, die gewisse Ähnlichkeiten mit Werkzeugmaschinen haben, gehen auf das Mittelalter zurück. Beispielsweise wird bei der Wippendrehbank aus dem 14. Jahrhundert das Werkstück auf einer Holzbank zwischen verstellbaren Spitzen geführt und ausschließlich durch Muskelkraft mit einem Stichelmesser bearbeitet. Die Hauptbewegung wird mit einer Fußwippe über einen Umschlingungsseiltrieb aufgebracht; die Vorschubbewegung geschieht von Hand [1].

Erst gegen Ende des 18. Jahrhunderts gelingt es mit Hilfe der Dampfmaschine, motorisch getriebene Bearbeitungsmaschinen einzusetzen. Während anfangs bei diesen Maschinen das Werkzeug noch von Hand geführt werden mußte, entwickelte man um 1790 Metallbearbeitungsmaschinen mit geführten Werkzeugschlitten (Supporten) und Gestellteilen aus Gußeisen anstelle von Holz. Im Jahr 1830 baute *Maudslay* in England eine Drehmaschine mit selbsttätigem Längsvorschub. Damit war die erste Stufe der Mechanisierung abgeschlossen und zugleich die Voraussetzung für die Automatisierung geschaffen [2].

Der Übergang von der Mechanisierung zur Automatisierung ist in den letzten 150 Jahren der industriellen Entwicklung fließend gewesen. Die Steuerungstechnik entwickelte sich von der rein mechanischen Kurven-, Hebel- und Nockensteuerung über hydraulische, elektrische und elektrohydraulische Positionier- und Nachformsteuerungen bis zur elektronischen Steuerung. Die Entwicklung im Bereich der Fertigungsprozeßautomatisierung wurde in den letzten Jahrzehnten ausschließlich durch die immense Zunahme der Leistungsfähigkeit elektronischer Bauelemente bestimmt. Seit etwa 1960 finden numerische Steuerungen, seit 1970 programmierbare und rechnergeführte Steuerungen immer größere Anwendung. Mit diesen Steuerungen und den Möglichkeiten der elektronischen Datenverarbeitung ist heute die Basis dafür gegeben, die Fertigung in den gesamten Informationsfluß eines Betriebes zu integrieren. Die höchste Stufe der Automatisierung haben neben den Transferstraßen für die Massenproduktion derzeit flexible Fertigungssysteme erreicht. Letztere wurden für die automatische Fertigung unterschiedlicher Werkstücke innerhalb bestimmter Teilefamilien entwickelt, wobei kein Umrüsten erforderlich ist. In solchen Systemen sind mehrere numerisch gesteuerte Maschinen durch automatische Materialtransporteinrichtungen so miteinander verkettet, daß man die Bearbeitungsreihenfolge der Werkstücke frei wählen kann. Die Steuerung der Maschinen und des Materialflusses geschieht mit Hilfe eines Prozeßrechners [3].

Entsprechend dieser Entwicklung verlagert sich künftig die Tätigkeit des Menschen von unattraktiven, monotonen und körperlich anstrengenden Arbeiten auf kreative Aufgaben der Planung, Konstruktion und Überwachung.

Bild 1-2 zeigt in allgemeiner Form die einzelnen Entwicklungsstufen der Automatisierung am Beispiel der Drehbearbeitung. In der ersten Stufe werden alle Steuerungs- und Hilfsfunktionen (Bedienung der Maschine, Werkstücktransport und Messen) von Hand ausgeführt. In der zweiten Stufe entlastet der Halbautomat die Bedienungsperson. Wegen der größeren Stückzahl fällt jedoch mehr manuelle Arbeit für Transport und Messen an. Es folgt als dritte Stufe die Vollautomatisierung der Bearbeitung und des Werkstücktransports. Während das Mes-

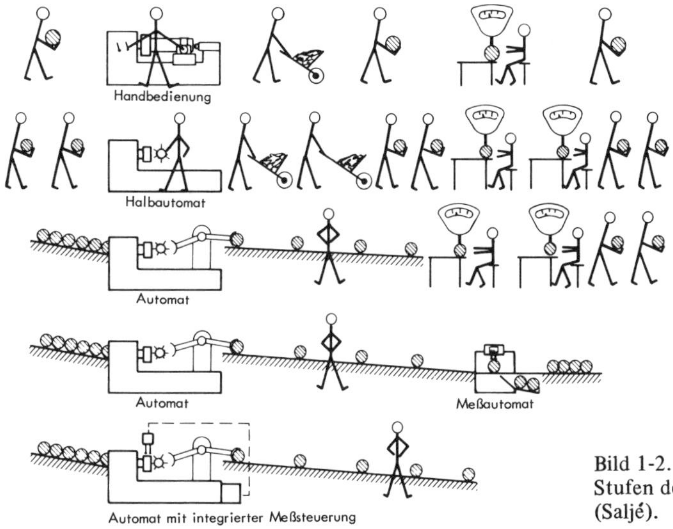

Bild 1-2.
Stufen der Automatisierung (Saljé).

sen hier noch von Hand geschieht, wird in der vierten Stufe auch dieser Vorgang von einem Meßautomaten besorgt. Der Mensch greift nur noch ein, wenn das Meßergebnis ein Nachstellen des Drehautomaten erfordert. Schließlich findet in der fünften Stufe ein vollautomatischer Fertigungsprozeß statt. Durch das in die Maschine integrierte Werkstückmeßsystem wird eine selbsttätige Korrektur der Werkzeugzustellung ermöglicht. Der Mensch greift nur noch im Störungsfall ein.

Die Gründe für die Automatisierung lagen zu Beginn der Industrialisierung hauptsächlich in der Forderung nach einer höheren Produktivität, d. h. nach schnellerer und leichterer Herstellung größerer Werkstückzahlen. Heute steht neben diesen wirtschaftlichen Interessen besonders der Zwang zur Rationalisierung im Vordergrund. Dieser Zwang ist in den letzten Jahrzehnten durch steigende Löhne bei gleichzeitiger Verkürzung der Tarifarbeitszeit und zunehmenden Mangel an Fachkräften begründet.

Der bislang vernachlässigte Humanisierungsaspekt gewinnt mit steigendem Umweltbewußtsein des Menschen erheblich an Bedeutung. Die Entwicklung von Handhabungsgeräten und programmierbaren Industrierobotern für die automatisierte Handhabung von Werkstücken und Werkzeugen zielt in diese Richtung. Auch ist man bestrebt, den Menschen an Arbeitsplätzen im Bereich der Kleinserien-, Großserien- und der Fließfertigung größere bzw. befriedigendere Arbeitsinhalte zu geben.

Mit den jüngsten Entwicklungen der CNC-Steuerungen wird diesem Aspekt auch bei numerisch gesteuerten Maschinen für die Einzel- und Kleinserienfertigung Rechnung getragen. Für einfachere Bearbeitungsaufgaben werden dem Maschinenbediener wieder inhaltsreichere Aufgaben, wie Maschinenprogrammierung und Programmoptimierung vor Ort, zuteil.

2. Automatisierte Funktionen der Fertigung und ihre Realisierung

Die Möglichkeiten, manuell ausgeführte Funktionen und menschliche Denkprozesse zur Bedienung und Steuerung von Maschinen zu automatisieren, sind im Bereich der Metallbearbeitung sehr vielgestaltig. Die einzelnen Fertigungsverfahren und -aufgaben erfordern in der Regel speziell angepaßte Lösungen.

Der derzeitige Stand der Technik bei der mechanischen Fertigung ist durch den hohen Entwicklungsstand der Werkzeugmaschinen gekennzeichnet, die entsprechend den ständig steigenden technologischen Anforderungen komplizierte Bearbeitungsaufgaben zu lösen vermögen. Während vollautomatische Maschinen (Drehautomaten) und verkettete Anlagen (Transferstraßen) für die Massenfertigung seit langem zum Stand der Technik zählen, ist festzustellen, daß sich die Automatisierungsbemühungen in den letzten Jahren auf die flexiblen Fertigungsanlagen für die Kleinserien- und Einzelfertigung konzentrieren. Dabei setzt der selbsttätige Ablauf für die wechselnden Bearbeitungsaufgaben eine flexible Automatisierung der großen Anzahl von verschiedenen Teilfunktionen voraus, d. h. eine einfache und schnelle „Umprogrammierung" der Funktionsfolgen ist erforderlich.

Die an Fertigungseinrichtungen vorkommenden Funktionen, auf die sich die Automatisierungsbestrebungen konzentrieren, sind in Bild 2-1 den Objekten (Maschine, Werkzeug, Werkstück und Hilfseinrichtung) global zugeordnet.

Funktion	Maschine	Werkzeug	Werkstück	Hilfseinrichtungen
Transportieren, Handhaben, Ordnen		X	X	X
Einrichten	X	X		
Speichern		X	X	X
Spannen, Entspannen		X	X	
Bearbeiten	X			
Aufbereiten		X		X
Kontrollieren (Messen und Auswerten)	X	X	X	
Diagnose (Maschinen- und Werkzeugzustand)	X	X		X

Bild 2-1.
Automatisierte Funktionen.

Zur Einbeziehung der Funktionen Werkzeugwechsel, Maschinenbeschickung mit unterschiedlichen Werkstücken, Einrichten der Maschine u. a. m. in den automatischen Ablauf sind die elektronische Datenverarbeitung und die numerische Steuerung die entscheidende Voraussetzung. Mit der Zunahme von Komplexität und Investitionswert der Anlagen kommt den Diagnosesystemen eine große

Bedeutung zu. Ihre Aufgabe besteht darin, Fehler an der Anlage frühzeitig zu erkennen und diese zu lokalisieren, um Stillstandszeiten so klein wie möglich zu halten.

Da die Automatisierung immer mit einem mehr oder weniger hohen Kapitaleinsatz verbunden ist, entscheiden in der Regel Wirtschaftlichkeitsbetrachtungen darüber, welche Untermenge der in Bild 2-1 gezeigten Funktionen zu automatisieren ist. Als Beispiel für einen automatisierten Fertigungsablauf ist in Bild 2-2 eine starr verkettete Fertigungsanlage, bestehend aus zwei Drehautomaten, dargestellt.

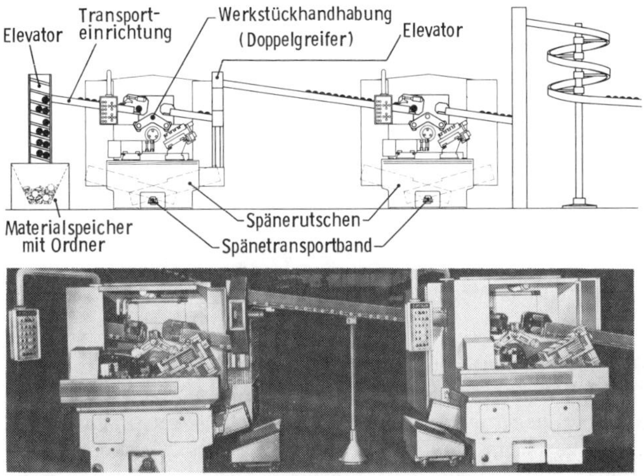

Bild 2-2. Verkettete Fertigungsanlage, bestehend aus zwei Drehautomaten (Pittler).

Nach dem Einrichten der Anlage auf das zu fertigende Werkstück beschränken sich die Tätigkeiten an dieser Anlage auf die Beschickung des Rohteilspeichers, die Fertigteilentnahme sowie auf die Überwachung. Die übrigen Funktionen, wie Materialtransport, Handhabung, Spannen, Bearbeiten, Entspannen und Weitertransport, sind automatisiert.

2.1. Steuerung des Funktionsablaufs

2.1.1. Funktionsfolgen

Voraussetzung für den weitestgehend automatisierten Fertigungsablauf ist eine räumliche und zeitliche Koordination der Teilfunktionen. Diese Aufgabe wird von der Maschinensteuerung übernommen und besteht darin, die technologisch bedingte Folge aller Teilfunktionen zu speichern, die Abläufe folgerichtig zum richtigen Zeitpunkt zu initiieren, die Funktionsausführungen zu kontrollieren und evtl. den Fertigungsprozeß zu regeln (Adaptive Control) sowie den Zustand des Gesamtsystems fortwährend zu diagnostizieren. Das Zusammenspiel der Vielzahl von Einzelfunktionen wird anhand von Bild 2-3 verdeutlicht [4].

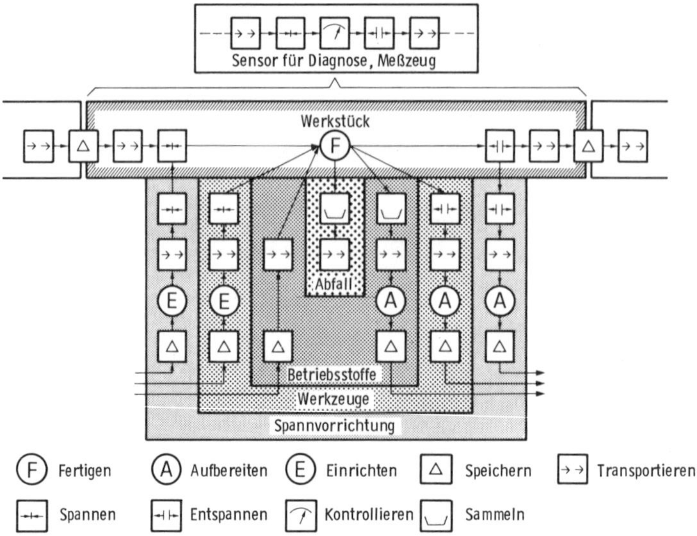

Bild 2-3. Zusammenwirken der Teilfunktionen.

Außer der zentralen Aufgabe, gemeint ist die Steuerung des Fertigungsprozesses, müssen die Werkstücke und die entsprechenden Werkzeuge, sowie die dem Werkstück bzw. dem Werkzeug zugehörigen Betriebsmittel und Spannvorrichtungen gespeichert, transportiert, gespannt und entspannt werden. Schließlich erfolgt die Kontrolle der Fertigungsgenauigkeit, d. h. die Werkstückmaße werden meßtechnisch erfaßt und die Maschinenvorschubwege, falls erforderlich, entsprechend korrigiert. Die Überwachung und Diagnose des Gesamtmaschinensystems einschließlich seiner Hilfseinrichtungen und des Fertigungsprozesses geschieht während der gesamten Betriebszeit.

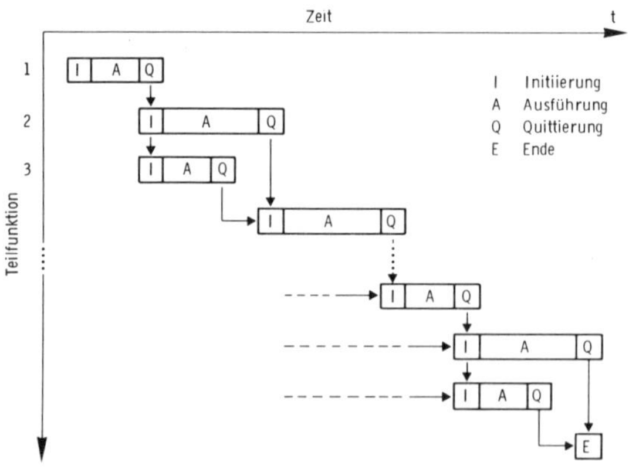

Bild 2-4.
Ablauf einer Funktionsfolge.

Die vollständige Realisierung dieser allumfassenden Steuerungsaufgabe ist heute nur bei sehr aufwendigen Einrichtungen (flexible Fertigungssysteme) gegeben, wobei jedoch anzumerken ist, daß vielfach die Überwachungsaufgabe mangels geeigneter Sensoren, die dem rauhen Werkstattbetrieb standhalten können, große Schwierigkeiten bereiten. Die Koordination der Teilfunktionen durch die Steuerung zum Gesamtablauf wird als Beispiel in Bild 2-4 verdeutlicht.

Jede Teilfunktion eines Arbeitszyklus (Bearbeitung eines Werkstücks) wird entsprechend eines vorher ausgelegten Funktionsfolgeschemas initiiert und ausgeführt (Werkstückprogramm). Die für den jeweiligen Bearbeitungsprozeß auszuführenden Funktionen laufen dabei entweder nacheinander, d. h. nach Quittierung der zeitlich vorherliegenden Funktionen oder wenn möglich, bzw. erforderlich, auch parallel ab. Die Quittierung der letzten auszuführenden Funktion, beispielsweise das Messen des Werkstücks, beendet die Ausführung eines Arbeitszyklus und initiiert gleichzeitig die erste Teilfunktion des nächsten Arbeitszyklus bzw. setzt die Maschine still.

2.1.2. Elemente der Steuerung

Die Steuerung wird mit Hilfe von mechanischen, hydraulischen, pneumatischen, elektrischen oder elektronischen Elementen sowie deren Kombination aufgebaut. Die Komplexität der Elemente zur Initiierung der Teilfunktionen ist von der Steuerungsart abhängig. Einfachste Elemente sind Hand- und Endschalter, wobei letztere in der Regel gleichzeitig zur Quittierung der vorangegangenen Funktion (Weginformation) herangezogen werden.

Bei *mechanischen Steuerungen* erfordern die Funktionsinitiierungen häufig komplizierte Schaltmechanismen. Endanschläge und Nocken sind auf entsprechenden Trägersystemen angebracht, die sich ihrerseits mit dem Maschinenschlitten bewegen und durch ihre örtliche Lage zu den mechanischen Schaltfühlern den Arbeitsfortschritt repräsentieren (Drehautomaten, Abschn. 3).

Bei *elektrischen und elektronischen Steuerungen* werden elektrische Schalter (Hand- und Endschalter) zur Initiierung bzw. Quittierung von Funktionen eingesetzt. Die logische Signalverarbeitung geschieht bei den elektrischen Steuerungen mit Hilfe von Relais, bei der elektronischen Steuerung je nach Aufgabenumfang mit Hilfe von integrierten Logikbausteinen (IC Integrated Circuits, Abschn. 5), Mikroprozessoren oder Prozeßrechnern (Abschn. 5 und 6). Das Umsetzen der meist energieschwachen Steuerbefehle in die Ausführungsfunktionen erfolgt mittels Verstärker bzw. Servomechanismen. Üblicherweise werden dazu Schütze, Transistor- und Thyristorelemente oder Ventile und Kupplungen verwandt.

Zur Erzeugung der Hauptarbeitsbewegungen (z. B. Pressenstößelbewegung, Antrieb von Dreh-, Fräs-, Schleifspindeln und Hobelschlitten) sowie der Vorschubbewegungen (z. B. von Kreuztischen, Pinolen, Walzen und Zangen bei der Blechbearbeitung) werden elektrische, hydraulische und seltener pneumatische Motore mit rotatorischer oder translatorischer Bewegung eingesetzt. Diese sind teilweise drehzahlgesteuert, so daß die erforderlichen Geschwindigkeiten und Momente direkt einstellbar sind. Ansonsten müssen Wandler (mechanische, elektrische, hydraulische Getriebe, Spindelmuttersysteme usw.) zwischengeschaltet werden.

Zur Überwachung und Quittierung der Ausführung werden Schalter, funktionsangepaßte Sensoren und Meßsysteme eingesetzt[1]) (s. a. Abschn. 10 u. 11).

2.1.3. Speicherung der Funktionsfolgen

Wesentliche Voraussetzung für die Automatisierung ist die Speicherung der Funktionsfolgen und ihr quantitativer Gehalt. Die Reihenfolge der Einzelfunktionen, die durch eine zeitliche Vorgabe von Schalt- und Weginformationen zur Bearbeitung eines Teiles beschrieben wird, ergibt das erforderliche Werkstückprogramm. Wegfunktionen beinhalten alle Angaben für die Bewegung der einzelnen Maschinenfreiheitsgrade (Schlitten, Pinole usw.), die zum Erzeugen von ebenen und räumlichen Formen erforderlich sind. Schaltfunktionen dienen zur Initiierung, Kontrolle und Quittierung einzelner Teilfunktionen, wie z. B. das Wechseln von Drehzahlen und Vorschüben, das Weiterschalten der Werkzeugrevolver, das Klemmen von Maschinenschlitten sowie das Spannen von Werkzeugen und Werkstücken. Umfangreichere Funktionen, wie z. B. Werkzeugwechsel-, Transport- und Handhabungsvorgänge, werden in Form von Makrofunktionsaufrufen initiiert. Sie bestehen aus einer Reihe von nacheinander ablaufenden Unterfunktionen. Speichermedien für die Werkstückprogramme sind für die verschiedenen Steuerungstechnologien in Bild 2-5 zusammengestellt. Dort sind auch Hinweise auf den jeweiligen Abschnitt gegeben, der eine ausführliche Beschreibung zum Inhalt hat.

Steuerungs-technologie	Speichermedium		Ab-schnitt
	Wegfunktion	Schaltfunktion	
mechanische Steuerung	Festanschlag Kurvenscheibe Schablone Lineal	Endschalter Nocken auf - Leisten - Trommeln - Hilfssteuerwelle	3
elektrische/ elektronische Steuerung (IC, Relais)	Kreuzschienenverteiler Steckertafel in Verbindung mit - Endschalter - Nocken		5,6
numerische Steuerung (IC, Mikroprozessor Prozeßrechner)	NC-Teileprogramm gespeichert auf - Lochstreifen - Magnetbandkassette - Floppy-Disk - Plattenspeicher - Arbeitsspeicher des Rechners		7

Bild 2-5.
Speichermedien für Weg- und Schaltfunktionen.

2.2. Beispiele automatisierter Funktionen

In den folgenden Abschnitten werden einige repräsentative Beispiele für die Realisierung von wichtigen Funktionen gezeigt.

---

1) Vgl. *Weck, M.:* Werkzeugmaschinen. Bd. 4, Meßtechnische Untersuchung und Beurteilung.

2.2.1. Speicherung von Weginformationen und Schaltfunktionen

Die Bearbeitung von Werkstückkonturen, wie Bohrungen, das Drehen von Absätzen oder das Fräsen rechtwinkliger Teile, erfordert die Vorgabe definierter zeitlich nacheinander ablaufender Einzelbewegungen der Maschinenschlitten bzw. Pinolen innerhalb bestimmter Weggrenzen. Solche Weginformationen lassen sich am einfachsten mit Nocken vorgeben und speichern, die verstellbar neben- oder hintereinander auf Schienen oder Walzen angeordnet sind. Die Nocken können mechanisch über Hebel oder mit elektrischen, pneumatischen oder hydraulischen Schaltern abgetastet werden. Mit diesen Informationsträgern werden dann die Schaltfunktionen eingeleitet. Bild 2-6 zeigt beispielsweise die beiden Nockenleisten am Kreuztisch einer Bettfräsmaschine. Die Nocken dienen in erster Linie zur Begrenzung der Verfahrwege der Tisches und initiieren die zeitlich aufeinander folgenden Funktionen, z. B. die Änderung der Vorschubgeschwindigkeit und -richtung oder die Spindeldrehzahl.

Bild 2-6. Nockenleisten zur Wegbegrenzung (nach Heller).

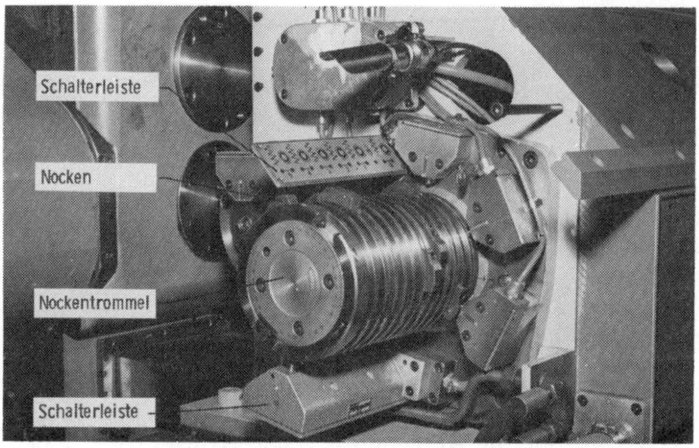

Bild 2-7. Nockentrommel für Schaltfunktionen (nach Heller).

Die Folge dieser Schaltfunktionen (Werkstückprogramm) wird auch häufig bei elektrisch gesteuerten Automaten mechanisch auf Nockentrommeln gespeichert.

Die Trommel dreht sich entsprechend dem Arbeitsfortschritt zwangsläufig weiter. Eine mögliche Anordnung der Nocken und Schalter ist in Bild 2-7 gezeigt.

2.2.2. Drehzahlverstellung

Wie bereits angedeutet, werden die Steuerbefehle über Verstärker, Servomechanismen und Stellorgane in die entsprechende Ausführungsfunktion umgesetzt. Beispielsweise zeigt Bild 2-8 die gerätetechnische Realisierung einiger Hauptfunktionen für eine Drehmaschine. Die Drehzahlverstellung bewirkt bei vollautomatischen Maschinen mit Gleichstrommotoren ein Thyristorsatz, der die für die vorgegebene Drehzahl erforderliche Anker- bzw. Feldspannung liefert. Um einen großen Drehzahlbereich zu überstreichen, ist zusätzlich ein zweistufiges Schaltgetriebe vorgesehen. Die beiden Getriebestufen lassen sich mit einer elektromagnetischen Lamellenkupplung automatisch schalten. Die elektromagnetische Lamellenbremse sorgt für eine kurze Auslaufzeit beim Werkstückwechsel.

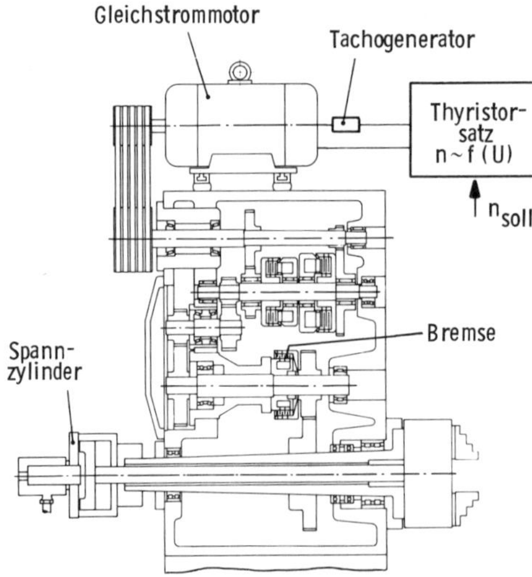

Bild 2-8.
Drehzahlschaltung mittels elektrisch betriebener Lamellenkupplungen (nach Pittler).

In Bild 2-8 ist auch der pneumatische Kraftzylinder für die Werkstückspannung gezeigt. Wie an diesem Beispiel zu erkennen ist, müssen zur Umsetzung der Initialsignale entsprechende Stellorgane vorhanden sein.

2.2.3. Werkstückhandhabung

Durch die Automatisierung der unmittelbar zum Fertigungsprozeß beitragenden Weg- und Schaltfunktionen verbleiben dem Menschen außer der Überwachung des Prozesses und der Maßkontrolle die Aufgaben der Materialhandhabung, wie das Wechseln von Werkstücken und Werkzeugen und der Spänetransport. Diese

Arbeiten werden, weil ihr Anteil mit steigender Produktivität der Maschinen anwächst und ihr Arbeitsinhalt von niedrigem Niveau ist, unangenehmer empfunden als die vollständige Handbedienung herkömmlicher Werkzeugmaschinen. Es liegt daher nahe, auch diese Vorgänge selbsttätig ablaufen zu lassen, um den Menschen von der Monotonie und der einseitigen körperlichen Arbeit zu entlasten.

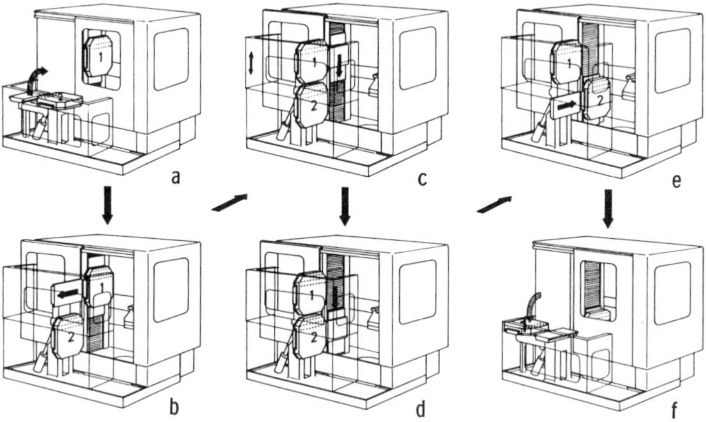

Bild 2-9. Palettenwechselrichtung (nach Steinel).
Folge des Werkstückwechsels:

a) Palette 1: Bearbeitung des Werkstücks
Palette 2: Spannen eines Rohteils, Schwenken in vertikale Position

b) Palette 1: Palette mit fertigbearbeitetem Werkstück wird ausgefahren
Palette 2: in Wechselposition

c, d) Maschinentisch fährt in Wechselposition für Palette 2

e) Palette 2 wird übernommen

f) Palette 1: zum Werkstückwechsel in waagerechte Position geschwenkt
Palette 2: Bearbeitung des Werkstücks

Eine wesentliche Entlastung für den Bediener bei der Werkstückhandhabung bringen automatische Wechseleinrichtungen. Anhand einiger Beispiele werden verschiedene Realisierungsformen beschrieben. Bei dem in Bild 2-9 prinzipiell gezeigten Palettenwechselsystem eines Bearbeitungszentrums für prismatische Teile erfolgt das Beschicken der Paletten auf der vor der Maschine angeordneten Palettenladeeinrichtung, wobei die Spannfläche zur leichteren Handhabung horizontal angeordnet ist (a). Zum Palettenwechsel wird die Ladeeinrichtung um 90° in die Vertikale geschwenkt (a; b), die Palette 1 mit dem fertig bearbeiteten Werkstück vom Maschinentisch, der wegen des besseren Späneabfalls vertikal angeordnet ist, heruntergezogen (b; c). Anschließend wird der Maschinentisch in die Ladeposition für die Palette 2 verfahren (d) und die Palette zugeführt (e). Während der Bearbeitung der auf Palette 2 gespannten Werkstücke läuft der Werkstückwechsel auf der anderen Palette 1 (f) ab.

Bild 2-10. Vollautomatische Fertigungsstraße für Drehteile (Heyligenstaedt).

Durch den Einsatz solcher automatischer Palettenwechseleinrichtungen wird der Nutzungsgrad der Maschine beträchtlich gesteigert, da das Auf- und Abspannen der Werkstücke in die Bearbeitungszeit fällt. Mit Hilfe geeigneter Palettentransporteinrichtungen kann man auch mehrere solcher Maschinen miteinander verketten und auf diese Weise flexible Fertigungssysteme aufbauen (Abschn. 13).

Wesentlich leichter als prismatische Teile lassen sich Drehteile wegen ihrer einfachen Greif- und Spannmöglichkeiten selbsttätig handhaben und transportieren. Bei den in Bild 2-10 gezeigten verketteten Drehautomaten werden die einzelnen Werkstückpaletten von einem Rollenfördersystem vorangetrieben, wobei die Möglichkeit zur Werkstückspeicherung vor, zwischen und nach den Maschinen besteht. Zum schnelleren Austausch von Fertigteil und Rohteil steht für jede Maschine ein Doppelgreiferstößel zur Verfügung. Während eine Greiferzange dieses in Bild 2-11 schematisch gezeigten Systems das Rohteil vom Rollenfördersystem dem Maschinenfutter zuführt, hat die andere Zange die Aufgabe, das fertig bearbeitete Teil der Maschine zu entnehmen und auf das Förderband zurückzubringen.

Die bisher beschriebenen Werkstückwechseleinrichtungen sind auf ein verhältnismäßig kleines Teilespektrum hoher Losgröße zugeschnitten und benötigen einen hohen Umrüstaufwand. Demgegenüber bietet das in Bild 2-12 gezeigte programmierbare Handhabungsgerät als Beschickungssystem eine höhere Flexibilität. Alle Bewegungen, und in begrenztem Maß auch die Greiferfunktionen, lassen sich durch die Teach-in-Programmierung an die jeweilige Aufgabe anpassen. Dazu gehört auch das Greifen der Werkstücke vom Stapel und die Magazinierung der fertig bearbeiteten Werkstücke. Das in diesem Fall von dem Industrieroboter

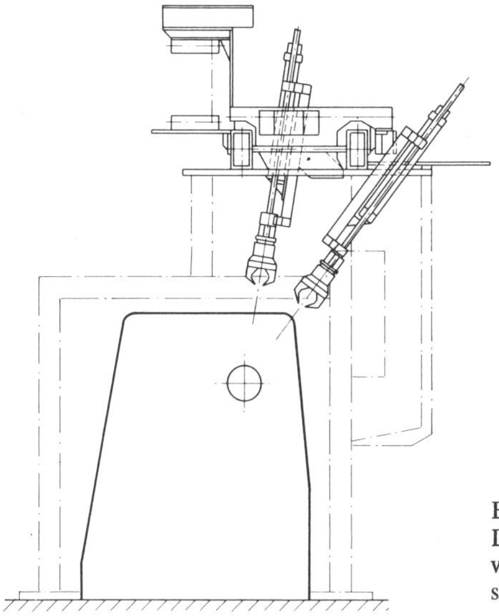

Bild 2-11.
Doppelgreifer zur Werkstückhandhabung bei verketteten Drehmaschinen (nach Heyligenstaedt).

Bild 2-12. Handhabungsgerät zum Beschicken eines Bearbeitungszentrums (WZL).

„versorgte" Bearbeitungszentrum ist mit zwei Werkstückspannvorrichtungen ausgerüstet. Der Roboter legt zunächst das Rohteil in der leeren Spannvorrichtung ab und entnimmt anschließend das Fertigteil der zweiten Vorrichtung, so daß nur geringe Nebenzeiten entstehen.

Bild 2-13. Werkzeugspeicher mit Zweibackenfutter zur Realisierung des Stangenvorschubs (Heyligenstaedt).

Die automatische Drehbearbeitung von der Stange erfordert besondere Systeme zur Realisierung des Materialvorschubs. Eine Lösungsmöglichkeit stellt das in Bild 2-13 gezeigte Spannfutter dar, daß in einer Werkzeugaufnahme in den Trommelwerkzeugspeicher eingesetzt wird. Das Stangenmaterial wird mit dem Zweibackenfutter durch die hohle Arbeitsspindel gezogen. Der Materialvorschub wird somit durch den Verfahrweg des Werkzeugschlittens realisiert.

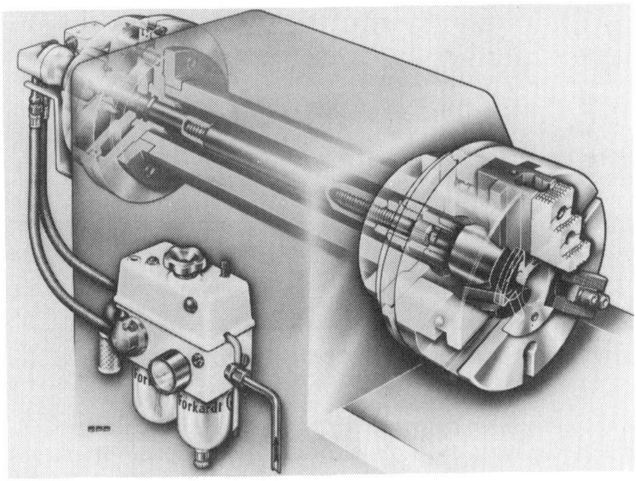

Bild 2-14. Pneumatisch betriebenes Dreibackenfutter (Forkardt).

Das automatische Be- und Entladen der Maschine erfordert entsprechende Vorrichtungen zum selbsttätigen Spannen von Werkstücken. Außer dem Aufbringen hoher Kräfte spielt eine möglichst kurze Zeit für den Spannvorgang eine wesentliche Rolle. Manuelle Schraubbewegungen, wie beim Schraubstock oder beim Dreibackenfutter mit Plangewinde, werden durch direkte Bewegungen mit pneumatischen oder hydraulischen Zylindern hoher Kraftdichte oder durch Kurven- bzw. Keilmechanismen mit hoher Kraftverstärkung ersetzt.

Als Beispiel soll das in Bild 2-14 dargestellte pneumatisch betriebene Dreibackenfutter dienen. Die Spannbewegung der zwangsgeführten Spannbacken wird über die durch die Arbeitsspindel geführte Stange übertragen.

2.2.4. Werkzeughandhabung

Eine weitere Voraussetzung für einen vollautomatischen Bearbeitungsablauf ist die Automatisierung des Werkzeugwechsels. Die Werkzeuge sind entweder in einem Revolverkopf gespeichert und werden nacheinander in Arbeitsposition geschaltet (Bild 2-13), oder sie befinden sich in einem separaten Magazin, das die für einen Arbeitszeitraum, z. B. drei Schichten, nötigen Werkzeuge aufnimmt, Bild 2-15.

Der Zugriff geschieht wahlfrei durch Austausch des alten Werkzeugs gegen das neue. Der Ablauf des Werkzeugzugriffs und -wechsels beginnt mit dem Positionieren des Werkzeugmagazins. Daran anschließend werden von den beiden Armen des Wechslers das Werkzeug aus dem Magazin und das in der Spindel gegriffen und aus den Halterungen herausgezogen. Nun wird der Doppelgreiferarm um 180° gedreht, das benutzte Werkzeug in das Magazin gelegt und das neue Werkzeug in die Arbeitsspindel geschoben und gespannt.

Außer Trommelmagazinen (Bild 2-15) werden zum Bereitstellen größerer Werkzeugsätze auch Stern- und Kettenmagazine eingesetzt. Bei dem in Bild 2-16 gezeigten Bearbeitungszentrum stehen außer dem im Kettenmagazin gespeicherten Werkzeugen 11 Vielspindel- und Sonderfräsköpfe zur Verfügung, die auf dem Maschinenständer angeordnet sind. Zur Identifizierung der Werkzeuge sind entweder die Magazinplätze oder die Werkzeuge codiert (Platz- bzw. Werkzeugcodierung). In Bild 2-17 ist beispielsweise ein Werkzeug mit einer 9-Bit-Codierung gezeigt, die beim Zugriff identifiziert wird.

Rechnergestützte Systeme sind in der Lage, nach einer einmaligen Handeingabe von Platznummer und Werkzeug die weitere Zuordnung zwischen den Plätzen und den jeweils eingewechselten Werkzeugen während des gesamten Bearbeitungsprozesses selbst zu verfolgen.

Voraussetzung für die Automatisierung des Werkzeugwechsels war die Entwicklung von Werkzeugspannvorrichtungen. Eine automatische Schnellspanneinrichtung für Steilkegelwerkzeuge, wie sie in Bohr- und Frässpindeln zu finden sind, zeigt Bild 2-18.

Das Werkzeug wird bei dieser Lösung über die Zugstange und Spannzange in die Arbeitsspindel gezogen. Die Haltekraft wird zum einen durch das Tellerfederpaket, zum zweiten durch Klemmen der Zugstange mittels des Konus und der Hülse aufgebracht. Damit ist sichergestellt, daß das Werkzeug auch bei Ausfall der Energieversorgung nicht herausfällt. Gelöst und ausgestoßen wird das Werkzeug über die Maschinenhydraulik. Dabei wird der Kolben mit Druck beauf-

a)

b)

Bild 2-15. Werkzeugwechselvorgang an einem Bearbeitungszentrum.

c)

d)

(DIAG-Werkzeugmaschinen).

Bild 2-16. Bearbeitungszentrum mit Werkzeugkettenmagazin sowie Vielspindel- und Sonderfräsköpfen (Heller).

Bild 2-17.
Beispiel einer 9-Bit-Werkzeugcodierung.

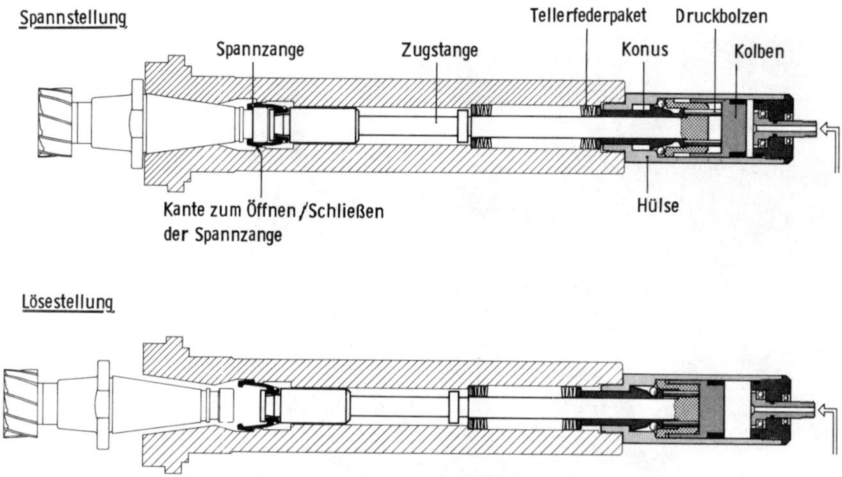

Bild 2-18. Automatische Schnellspanneinrichtung für Steilkegelwerkzeuge (nach Ott).

schlagt, so daß über den Druckbolzen und die Hülse das Tellerfederpaket zusammengedrückt wird. Gleichzeitig wird die Zugstange und damit die Spannzange in Richtung Steilkegel verschoben. Sobald die Spannzange die Kante passiert, öffnet sie sich selbsttätig.

2.2.5. Fertigungskontrolle, Korrektur

Bei automatisch ablaufenden Bearbeitungsprozessen, die nicht oder nur gelegentlich der Überwachung des Menschen unterliegen, spielt die Kontrolle der Fertigungsgenauigkeit und die Korrektur von Fertigungsfehlern, z. B. infolge des Werkzeugverschleißes oder thermischer Drift der Maschine, eine wesentliche Rolle.

Die Integration des Werkstückmeßvorgangs dient vor allem der Minderung des Ausschußrisikos. Bei dem in Bild 2-19 gezeigten, in die Handhabungseinrichtung (Fertigteilentnahmestößel, Bild 2-11) integrierten Meßsystem geschieht die Messung des Werkstücks bei der Fertigteilentnahme. Der Vergleich vom Ist-/Sollwert sowie die daraus möglicherweise abgeleitete Zustellkorrektur erfolgen automatisch.

2.2.6. Diagnose

Außer der Kontrolle der Fertigungsgenauigkeit erfordert die Automatisierung des Fertigungsprozesses eine Überwachung des Betriebszustands des Gesamtsystems im Hinblick auf seine Funktionssicherheit. Die Diagnose umfaßt in der Regel die Aufnahme des Istzustandes der Maschinenelemente (z. B. Temperatur, Vorspannung von Lagerungen, Führungen), der Werkzeuge (z. B. Verschleißzustand, Werkzeugbruch), der Hilfseinrichtungen (z. B. Kühl- und Schmiermittelzustand), der Maschinenbelastung (Momente, Kräfte) und den Vergleich mit den Solldaten, um Maschinenüberlastung und Schäden frühzeitig zu erkennen

Bild 2-19. Werkstückmeßsystem, integriert in die Handhabungseinrichtung (Heyligenstaedt).

und somit die Ausfallzeiten zu reduzieren. Dabei ist zwischen Störungen zu unterscheiden, die ein sofortiges Stillsetzen der Fertigungseinrichtungen zur Folge haben, und solchen, die erst nach Ende des begonnenen Arbeitszyklus zu beheben sind.

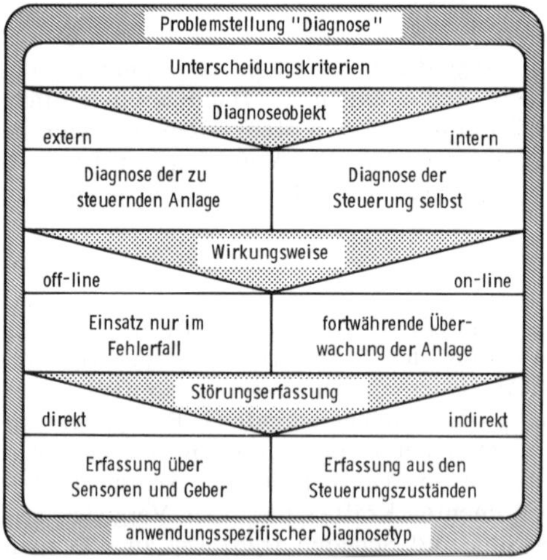

Bild 2-20.
Lösungsmöglichkeiten für Diagnosesysteme.

In Bild 2-20 sind unterschiedliche Lösungsmöglichkeiten für Diagnosesysteme einander gegenübergestellt [5]. Unterscheidungskriterien sind Diagnoseobjekt, Wirkungsweise und Art der Störungserfassung. Grundsätzlich unterscheidet man zwischen der Diagnose der zu steuernden Anlage, d. h. der Maschine und der Hilfseinrichtungen sowie der Diagnose der Maschinensteuerung.

Zur Erfassung der Maschinen-Istzustände, d. h. der verschiedenen Funktionen sind spezielle Sensoren oder Geber, wie Druckschalter, Temperaturfühler oder Abstandsfühler, erforderlich. Die Überwachung des Werkzeugbruchs von Spiral- und Gewindebohrern, Senkern und Reibahlen an Maschinen einer Transferstraße ist beispielsweise über das in Bild 2-21 gezeigte elektromechanische Überwachungssystem möglich. Nach jedem Arbeitsgang wird der Taststift an das Werkzeug geschwenkt. Bei Werkzeugbruch geht die Schwenkbewegung über den Sollwert hinaus, die Maschine wird über das Signal des Mikroschalters stillgesetzt. Darüber hinaus wurden ähnliche Überwachungssysteme auf pneumatischer und induktiver Basis entwickelt [6].

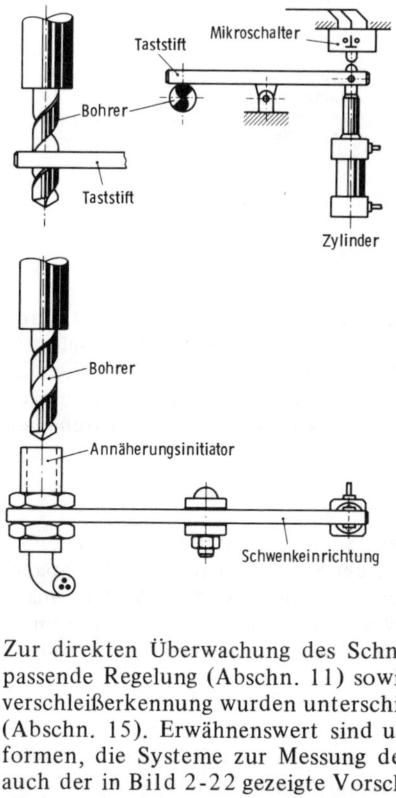

Bild 2-21.
System zur Werkzeugüberwachung (nach Hüller-Hille).

Zur direkten Überwachung des Schnittprozesses im Hinblick auf eine selbstanpassende Regelung (Abschn. 11) sowie auch zur Werkzeugbruch- und Werkzeugverschleißerkennung wurden unterschiedliche Verfahren und Sensoren entwickelt (Abschn. 15). Erwähnenswert sind u. a. die sogenannten Schnittkraftmeßplattformen, die Systeme zur Messung des Drehmoments an der Hauptspindel wie auch der in Bild 2-22 gezeigte Vorschubkraftsensor. In Verbindung mit elektronischen Auswerteeinheiten ist damit sowohl Werkzeugbruch- wie auch -verschleißüberwachung möglich. Darüber hinaus erfolgt die Prozeßüberwachung heute auch vielfach über die aufgenommene elektrische Leistung des Haupt- oder Vorschubantriebs.

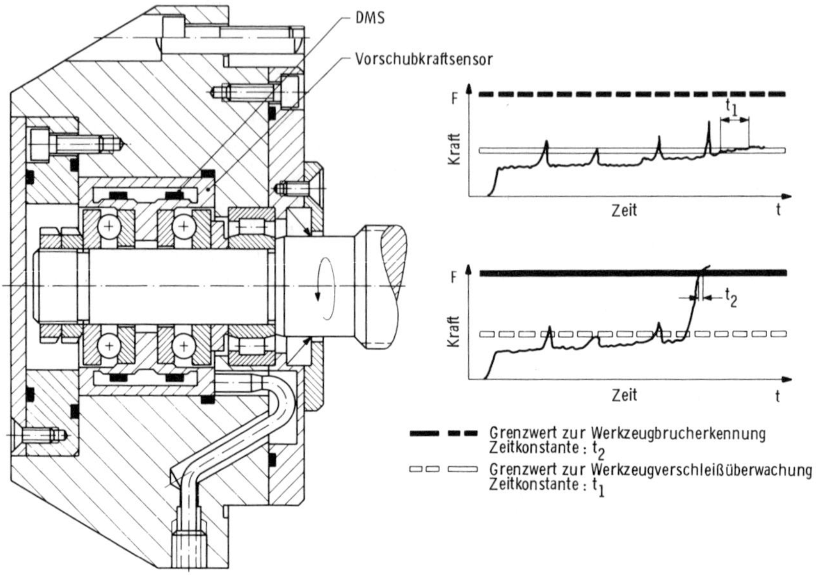

Bild 2-22. Vorschubkraftsensor zur Prozeßüberwachung (nach Sandvik).

Die Überwachung der Funktionsfähigkeit der Rechnersteuerungen erfolgt durch in die Grundsoftware integrierte Testroutinen in kurzen Zeitabständen selbsttätig (Abschn. 7). Wie bereits erwähnt, sind auf den Gebieten der Maschinendiagnose und der On-line-Werkstückmeßtechnik künftig noch große Anstrengungen zu unternehmen, um zu voll funktionsfähigen Systemen für alle notwendigen Überwachungsaufgaben zu kommen.

2.2.7. Entsorgung

Zusätzlich zur Handhabung von Werkzeugen, Spannmitteln und Werkstücken ist auch der Transport der mit der Produktivität der Maschinen ansteigenden Spänemenge in die Automatisierungsbestrebungen einbezogen worden. Vollautomatisierte Werkzeugmaschinen sind konstruktiv so aufgebaut, daß die Späne ungehindert in einen freien Raum unterhalb des Maschinengestells fallen können, Bild 2-23. Verfahrbare Schutzhauben verhindern, daß umherfliegende Späne aus dem Arbeitsraum entweichen. Mit einer geeigneten Ausbildung der Werkzeugschneiden sorgt man für kurze, nicht wirrende Späne. Unter diesen Bedingungen lassen sich die Späne leicht mit Transportbändern oder Schneckenförderern aus dem Maschinenbereich entfernen und auf bereitstehende Wagen abladen. Größere Fertigungssysteme sind mit Unterflurförderern ausgerüstet, die die Späne zentral in Containern zusammenführen. Arbeitet man mit Kühlwasser, so

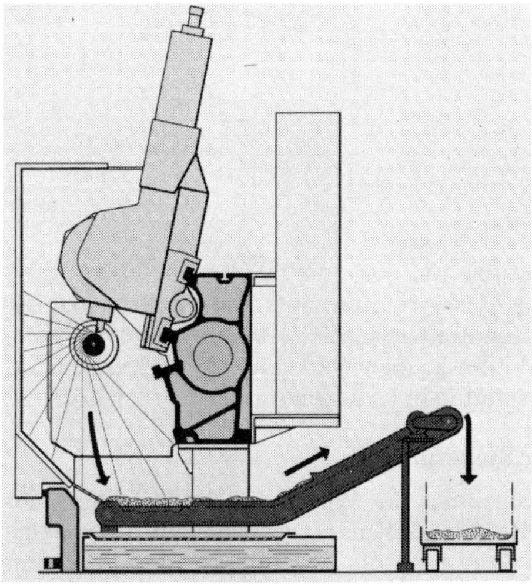

Bild 2-23.
Automatische Spänetransporteinrichtung an einem Drehautomaten (Georg Fischer).

wird dieses in Behältern unter dem Förderer gesammelt und, soweit es an den Spänen haften bleibt, mit Hilfe von Spänezentrifugen abgeschieden. Austauschbare Zentrifugenkörbe lassen sich direkt auf dem Spänewagen unterbringen.

3. Mechanische Steuerung

Kennzeichen der mechanischen Steuerung ist, daß sowohl die Speicherung als auch die Initiierung und Ausführung des Arbeitsablaufs mechanisch erfolgt. Mechanische Steuerungen werden heute vor allem noch im Bereich der Drehautomaten angewendet, bei denen aufgrund der großen Werkstückzahlen kurze Taktzeiten erforderlich sind und längere Rüstzeiten in Kauf genommen werden können.

3.1. Beispiele realisierter mechanischer Steuerungen

Bei Drehautomaten, an denen im folgenden die Wirkungsweise mechanischer Steuerungen erläutert werden soll, unterscheidet man zwischen Ein- und Mehrspindelautomaten. Beim Einspindler kommen die Werkzeuge, die in einem Revolver und in mehreren Planschlitten untergebracht sind, nacheinander zum Einsatz. Auf die kurze Eingriffszeit eines jeden Werkzeugs in der Arbeitsphase folgt eine längere Wartezeit, während die anderen Werkzeuge im Einsatz sind [7]. Der Mehrspindler erreicht durch gleichzeitige Bearbeitung mehrerer Werkstücke mit dem gleichen Werkzeugsatz ein Mehrfaches an Produktivität.

3.1.1. Einspindeldrehautomat

Am Beispiel eines Revolverdrehautomaten älterer Bauart, Bild 3-1, sollen die wesentlichen Elemente der mechanischen Steuerung vorgestellt werden [8].

Bild 3-1. Einspindel-Revolverdrehautomat (Index).

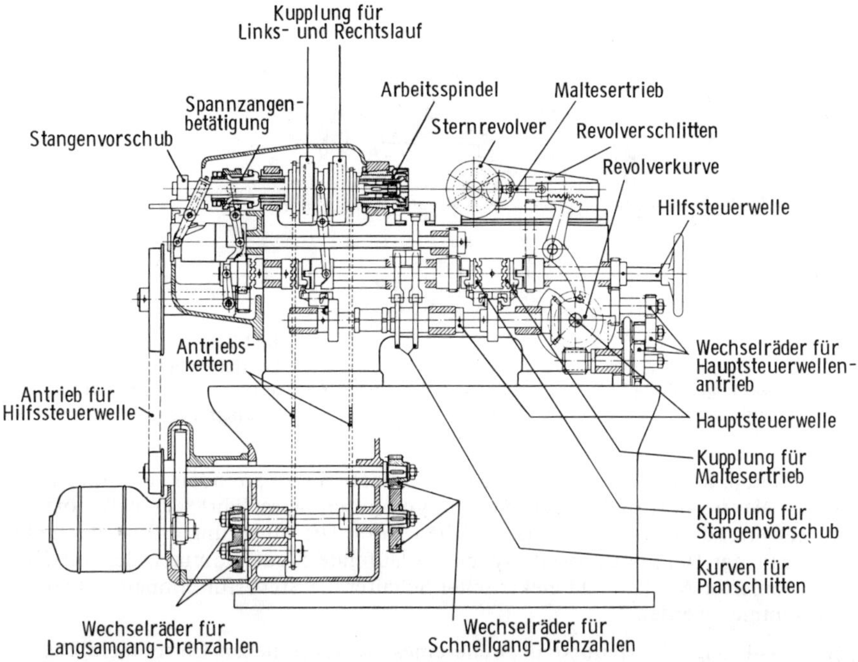

Bild 3-2. Antrieb und Steuerung des Revolverdrehautomaten aus Bild 3-1 (nach Index).

Der Querschnitt durch den Einspindel-Stangen-Revolverautomaten in Bild 3-2 gibt einen Überblick über die wesentlichen Elemente der Steuerung. Der Hauptantrieb im Bettsockel enthält zwei Wechselradstufen für je eine langsame und schnelle Drehzahl. Ketten übertragen die Bewegung auf zwei Schaltkupplungen (für Rechts- und Linkslauf) auf der Arbeitsspindel.

Die schnellaufende Hilfssteuerwelle wird über eine Riemenscheibe vom Hauptantrieb angetrieben. Sie trägt Klauenkupplungen zum Antrieb von Kurventrommeln für die schnelle Ausführung von Schalt- und Hilfsfunktionen, wie Stangenvorschub, Werkstückspannung, Einschwenken von Anschlägen, Drehzahlschaltung und Maltesertriebschaltungen für die Weiterschaltung des Werkzeugrevolvers.

Die Wechselräder für den Hauptsteuerwellenantrieb sind so ausgewählt, daß die Welle je Werkstückfertigung eine Umdrehung ausführt. Die Hauptsteuerwelle trägt Kurvenscheiben für den Antrieb der Werkzeugschlitten und Nockenscheiben, deren Nocken die Schnellschaltkupplungen schalten und somit die schnellablaufenden Hilfsfunktionen initiieren, Bild 3-3.

Der Beginn der Steuer- und Schaltfunktionen wird von der Hauptsteuerwelle bestimmt, während die Hilfssteuerwelle den Antrieb für die auszuführenden Bewegungen liefert. Da Plan- und Längsvorschub rechtwinklig zueinander verlaufen, besteht die Hauptsteuerwelle mit den Kurvenscheiben ebenfalls aus zwei senkrecht zueinander stehenden Teilen.

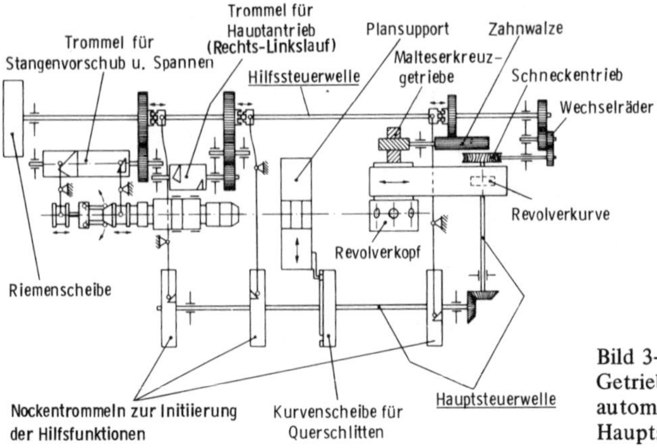

Bild 3-3.
Getriebeschema eines Drehautomaten mit Hilfs- und Hauptsteuerwelle (nach Index).

In neueren Konstruktionen werden die schnell auszuführenden Hilfsfunktionen z. T. elektromotorisch oder elektrohydraulisch ausgeführt, so daß dort die schnellaufende Hilfssteuerwelle entfallen kann. Die Steuerung erfolgt dann über eine mit der Hauptsteuerwelle synchron laufende Steuertrommel, der mit Hilfe positionierter Nocken und elektrischer Schalter die Steuerfunktionen zeitgerecht entnommen werden.

Bild 3-4 zeigt die Hauptsteuerwelle eines konventionellen Einspindeldrehautomaten. Rechts im Bild sind die Kurvenscheiben für vier Querschlitten zu sehen. Auf dem linken Teil der Hauptsteuerwelle befinden sich Scheiben mit den Initialnocken für die Auslösung von Schaltfunktionen.

Ein Beispiel für eine von der Hilfssteuerwelle angetriebene Nebenbewegung ist das Schalten des Revolverkopfes, Bild 3-5 und 3-6. Ein Nocken auf der Hauptsteuerwelle (Bild 3-3) rückt die Klauenkupplung für das Malteserkreuzgetriebe

Bild 3-4. Hauptsteuerwelle eines Drehautomaten mit Querschlittenkurven und Nockenscheiben (Index).

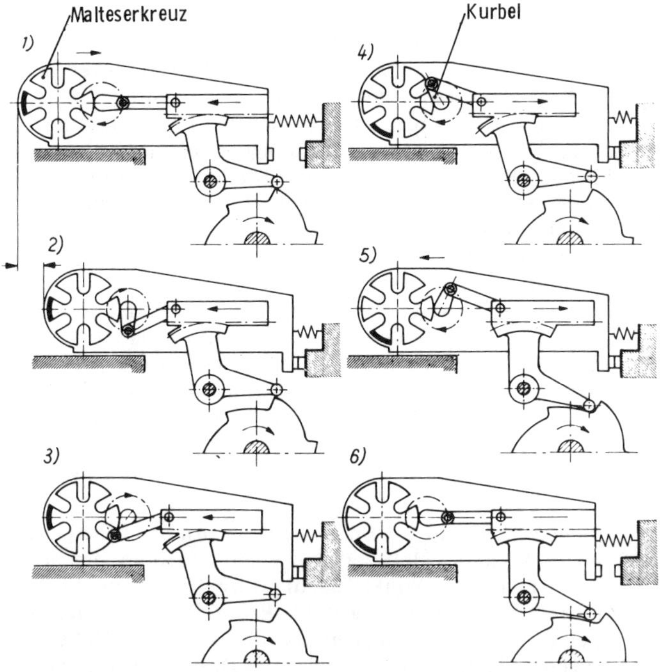

Bild 3-5. Revolverkopf-Schnellschaltung des Drehautomaten aus Bild 3-1.

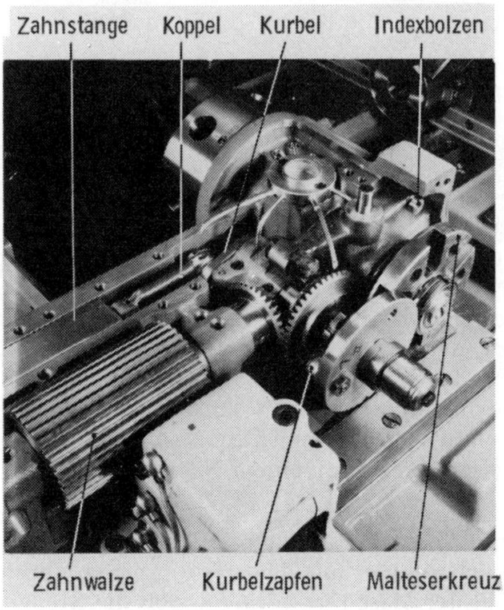

Bild 3-6.
Revolver-Schaltgetriebe des Drehautomaten aus Bild 3-1.

auf der Hilfssteuerwelle ein. Die einzelnen Phasen des Umschaltens sind in Bild 3-5 festgehalten. Vor Betätigung der Kurbel (1) ist der Getriebezug noch in gestreckter Stellung und der Revolverkopf indexiert, so daß der Schlitten noch über den Abtasthebel und die Zahnstange der Kontur der Kurvenscheibe folgt; eine starke Feder sorgt für die exakte Anlage der Abtastrolle. Bei Betätigung der Kurbel (2) verkürzt sich die Distanz zwischen Zahnstange und Malteserkreuz, so daß die Feder den Schlitten bis zu seiner hintersten Stellung gegen einen Anschlag zurückzieht. In dieser Stellung schaltet die Kurbel das Malteserkreuz um eine Teilung weiter (3). Da der Schlitten am Anschlag stillsteht, sorgt die Kurbeldrehung zugleich für ein Abheben des Abtasthebels von der Kurvenscheibe. Auf diese Weise können Wegsprünge auf der Scheibe überbrückt werden. Nach dem Schalten (4) wird mit der Kurbelbewegung zunächst wieder der Hebel an die Kurvenscheibe gedrückt (5). Diese ist – ohne Beteiligung am Schaltvorgang – kontinuierlich um ein kurzes Stück bis zu Beginn der nächsten Kontur weitergelaufen. Gestützt auf die Kurvenscheibe drückt die Kurbel in der letzten Phase (6) den Schlitten gegen die Federkraft nach vorn; in der gestreckten Stellung der Kurbel wird dann der Revolverkopf mit einem Indexbolzen blockiert. Im indexierten Zustand folgt der Schlitten wieder ausschließlich der Kontur der Kurvenscheibe für die nächste Operation.

Ein Blick auf das geöffnete Schaltgetriebe (Bild 3-6) läßt vorn die Scheibe mit dem Kurbelzapfen erkennen, der in das Malteserkreuz eingreifen kann. Am anderen Ende der Kurbelwelle ist in gleicher Winkellage die Kurbel zu sehen, die über die Koppel mit der Zahnstange in Verbindung steht. Ebenfalls auf der Kurbelwelle ist neben dem Kegelrad ein Nocken angeordnet, der über einen Hebel den Indexbolzen in den Werkzeugrevolver einrasten läßt. Die Drehbewegung für die Kurbelwelle gelangt von der Hilfssteuerwelle über eine Klauenkupplung und ein Zwischenrad (vgl. Bild 3-3) auf die Zahnradwalze, die auch bei Längsbewegung des Schlittens im Eingriff mit dem Zwischenrad bleibt. Von der Zahnradwalze geht der Kraftfluß über den Kegelradtrieb auf die Kurbel und den Zapfen des Maltesertriebes.

3.1.2. Mehrspindeldrehautomat

Mit Mehrspindeldrehautomaten (Vier-, Sechs- oder Achtspindler) wird unter Verwendung nur eines Werkzeugsatzes das gleichzeitige Bearbeiten mehrerer Werkstücke möglich. Nach jedem Arbeitstakt ist ein Werkstück fertig, und ein neuer Rohling wird eingelegt. Im Gegensatz zu den Einspindeldrehautomaten, bei denen der Werkzeugrevolver nach jedem Arbeitsgang weitergeschaltet wird, macht bei Mehrspindlern das Werkstück mit der Spindeltrommel eine getaktete Schaltbewegung; der Werkzeugschlitten, der alle Bearbeitungsstationen auf sich vereinigt, führt nur eine Längsbewegung durch. Sind bei einfachen Werkstücken weniger Arbeitstakte erforderlich als Spindeln vorhanden sind, lassen sich bei mehrfacher gleicher Bestückung der Werkzeugträgersegmente entsprechend viele Werkstücke nach jedem Takt fertigstellen, z. B. auf einem Sechsspindler drei Werkstücke mit zwei Arbeitsgängen.

Einen Überblick über den Aufbau eines Sechsspindlers gibt Bild 3-7. Man erkennt die geschnitten dargestellte Spindeltrommel mit dem Hauptantrieb durch die Mitte der Trommel. Im oberen Teil der Maschine befindet sich die Steuer-

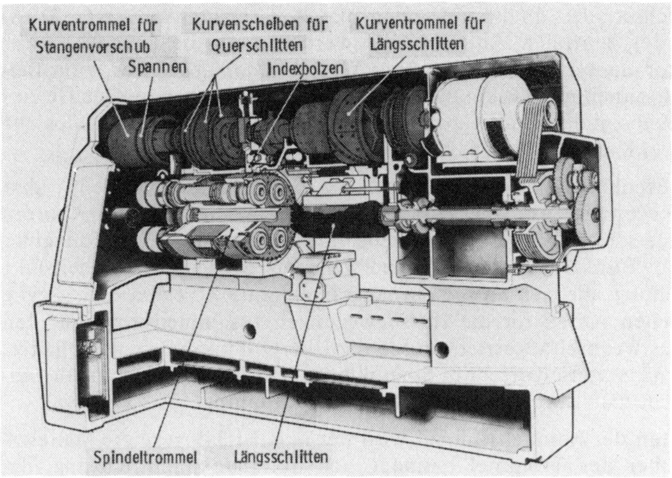

Bild 3-7. Schnitt durch einen Mehrspindeldrehautomaten (nach Gildemeister).

welle mit der Kurventrommel für den Längsschlitten und den Kurvenscheiben für die drei Planschlitten [9].

Das Getriebeschema für die Antriebs- und Steuerungsfunktionen des gleichen Automaten ist in Bild 3-8 dargestellt. Alle Bewegungen werden vom Hauptantrieb abgeleitet. Der Antrieb der sechs *Hauptspindeln* geht von der Riemen-

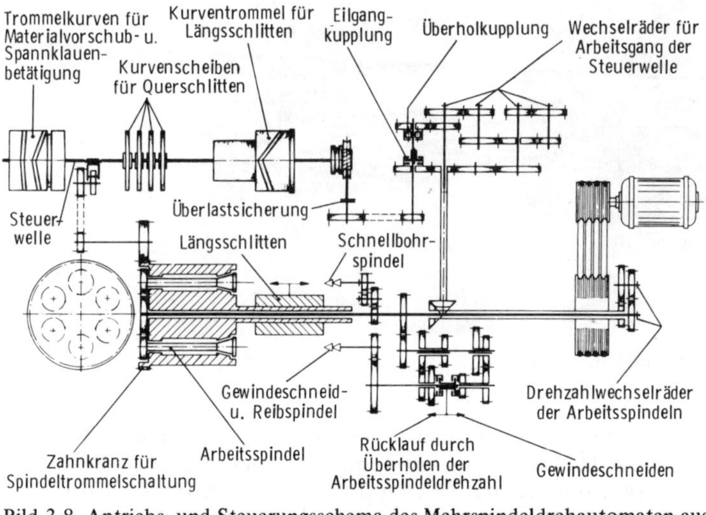

Bild 3-8. Antriebs- und Steuerungsschema des Mehrspindeldrehautomaten aus Bild 3-7.

scheibe über Wechselräder direkt auf einen planetenartig angeordneten Stirnrädertrieb. Von der zentralen Antriebswelle werden auch die Drehzahlen für *Zusatzspindeln* auf dem Längsschlitten über Wechselräder abgeleitet, zum Beispiel eine Schnellbohrspindel (Bildmitte) für dünne Bohrungen und eine Gewindeschneid- und Reibspindel. Zum Gewindeschneiden sind für Vor- und Rücklauf des Werkzeugs zwei Kupplungen schaltbar.

Der Antrieb der Steuerwelle geschieht ebenfalls von der Riemenscheibe her über eine Hohlwelle, Kegelräder, ein Wechselradgetriebe, Schalt- und Sicherheitskupplungen und Schneckentrieb. Die Steuerwelle übt sowohl die Funktion einer Haupt- als auch die Funktion einer Hilfssteuerwelle aus. Sie macht je Arbeitstakt eine volle Umdrehung, die sich aus einem langsamen Anteil für den Arbeitsgang und einem schnellen Anteil für die Hilfsbewegungen zusammensetzt. Für den Arbeitsgang ist das Wechselradgetriebe durch die Überholkupplung eingeschaltet; den Schnellgang für Materialvorschub, Spannklauenbetätigung und Spindeltrommelschaltung erzielt man durch Schalten der Eilgangkupplung.

Zum Weiterschalten der Spindeltrommel wird der in Bild 3-9 gezeigte Maltesertrieb benutzt. Über der Trommel befindet sich die Indexiereinrichtung, die von einem Nocken auf der Steuerwelle betätigt wird. Der sechsteilige Längsschlitten gleitet auf einem Zapfen der Spindeltrommel und wird über einen Mitnehmer in einer Führung am Maschinenständer gegen Verdrehung gesichert. Für die Aufnahme der Werkzeughalter sind T-Nuten vorgesehen.

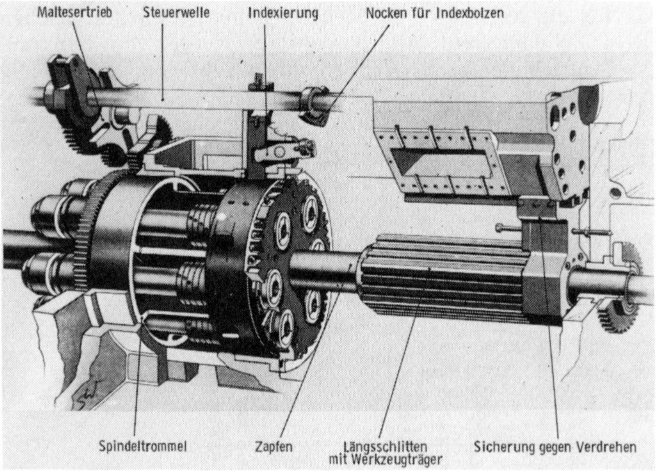

Bild 3-9. Spindeltrommel und Längsschlitten des Automaten aus Bild 3-7.

Die Übertragung der Vorschubbewegungen von den Kurven auf die jeweiligen Schlitten ist in Bild 3-10 dargestellt. Der Längsschlitten erhält seine Bewegung direkt von der Kurventrommel über einen Mitnehmerzapfen. Die Planvorschubbewegungen werden von den Kurvenscheiben auf der gleichen Steuerwelle über

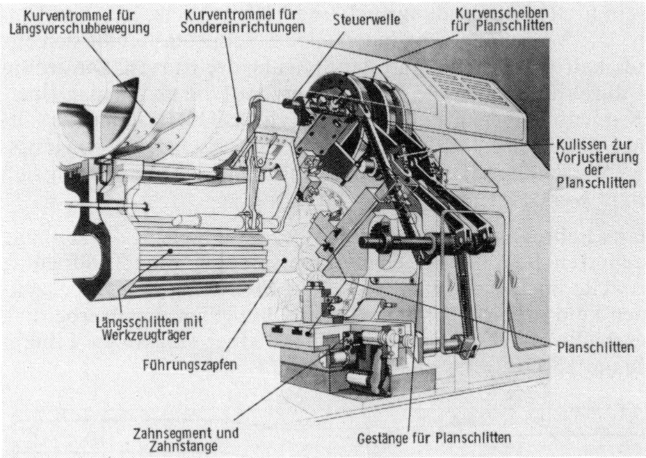

Bild 3-10. Steuerung und Antrieb der Werkzeugschlitten des Automaten aus Bild 3-7.

Gestänge, Hebel, Zahnsegmente und Zahnstangen auf die Planschlitten übertragen. Die Vorschublänge läßt sich für jeden Schlitten durch Kulissen genau einstellen.

Die Kurvenscheibe für die Vorschubbewegung der Werkzeugquerschlitten in Bild 3-11 dient als Antriebselement in Verbindung mit der Funktion: Weginformationsspeicher. Der Drehwinkel der Scheibe und der Radius der Kontur geben in Verbindung mit der Hebelgeometrie die Position des Querschlittens an.

Darüber hinaus kann bei dem in Bild 3-11 gezeigten System der Hub der Querschlitten über einstellbare Kulissen an den Hebeln verstellt werden. Damit ergibt

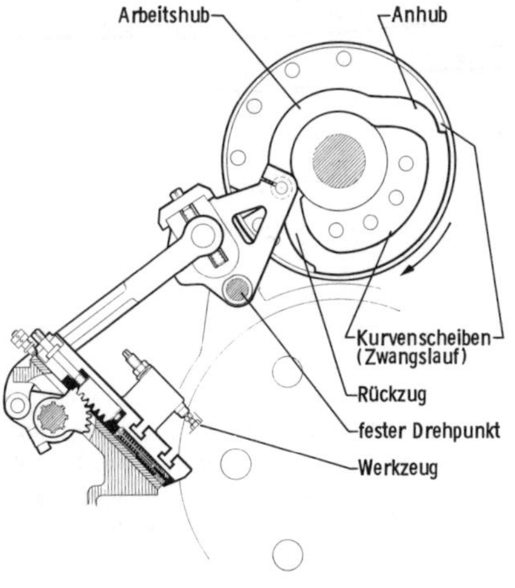

Bild 3-11.
Speicherung und Übertragung der Vorschubbewegung für den Werkzeugquerschlitten eines Drehautomaten (nach Gildemeister).

sich für eine Kurve ein breites Anwendungsfeld, und umfangreiche Ein- und Umrichtzeiten entfallen. Die Vorschubgeschwindigkeit des Schlittens ergibt sich aus der Winkelgeschwindigkeit der Scheibe und der Steigung der Kurven. Die größte Vorschubkraft wird durch das maximale Drehmoment und die maximalen Übertragungskräfte des Kurvenscheibenantriebs sowie durch das Übertragungsverhältnis der Hebel begrenzt. Elastische Verformungen der mechanischen Übertragungselemente infolge der Vorschubkraft und Konturfehler der Scheibe wirken sich direkt als Maßfehler am Werkstück aus.

Ein in Bild 3-12 dargestelltes Bewegungsdiagramm veranschaulicht die zeitliche Zuordnung der gesteuerten Bauteile bei einem Mehrspindler. Eine Teildrehung von 210° der Steuerwelle im Eilgang dient dabei zur Steuerung aller Nebenzeitfunktionen, bei denen kein unmittelbarer Fortschritt bezüglich der Bearbeitung erzielt wird. Die Bearbeitung selbst geschieht während einer langsamen Teildrehung der Steuerwelle um 150°.

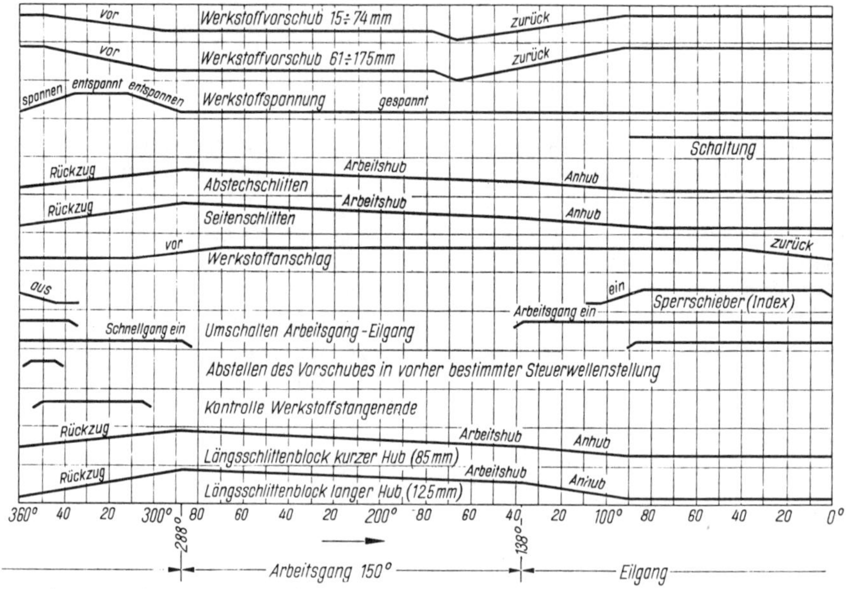

Bild 3-12. Weg/Zeit-Diagramm für automatisierte Bewegungen an Mehrspindel-Drehautomaten (Gildemeister).

3.2. Kurvenscheibenberechnung

Die Bearbeitungsgenauigkeit eines kurvengesteuerten Automaten hängt wesentlich von der exakten Berechnung der Kurvenscheibenkontur ab. Am Beispiel eines Drehteils, das von der Stange bearbeitet wird, soll im folgenden die Revolverschlittenkurve für einen Einspindel-Drehautomaten (Bild 3-1) mit sechsteiligem Revolver berechnet werden. Ausgehend von der Werkstückzeichnung in Bild 3-13 sind die folgenden Arbeitsschritte durchzuführen:

Verteilung der Kurvenabschnitte:

Die Kurvenscheibe ist in 100 Felder aufgeteilt, die Winkelangaben auf der Scheibe nimmt man daher in Hundertstel-Teilungen vor, kurz Hunderstel genannt. Der gesamte Kurvenscheibenumfang entspricht der Summe aller Hundertstel H_h für die Hauptzeiten und H_n für die Nebenzeiten.

Die Zahlen der Hundertstel für die Nebenzeiten sind in den Betriebshandbüchern der Hersteller fest vorgegeben, z. B. 4 Hundertstel für eine Revolverkopfschaltung oder 3 Hundertstel als Zugabe nach dem Abstechen (Spalte 5). Daher läßt sich die Zahl der verbleibenden Hundertstel für die Hauptzeit direkt aus der Gleichung $H_h = 100 - H_n$ berechnen.

Da eine direkte Proportionalität zwischen den Hundertsteln der Kurvenscheibe und der Anzahl der Arbeitsspindelumdrehungen vorliegt, bestimmt man jetzt die Hundertstel H_{hi} für die einzelnen Hauptzeitanteile (Spalte 6) nach der Gleichung

$$H_{hi} = H_h \cdot U_{hi}/U_h \qquad (3\text{-}3).$$

Aus diesen Angaben läßt sich dann in den Spalten 7 und 8 die Aufteilungsfolge bestimmen.

Berechnung der Stückzeit:

Die Gesamtzeit t_W für die Fertigung eines Werkstücks bzw. für eine Umdrehung der Kurvenscheibe gehört zu den Stammdaten im Kopfteil des Berechnungsblatts. Sie läßt sich aus der Gesamtanzahl der Arbeitsspindelumdrehungen U_{ges} nach der Gleichung

$$t_W = U_{ges}/n \qquad (3\text{-}4)$$

berechnen. Hierin ist

$$U_{ges} = U_h \cdot 100/H_h \qquad (3\text{-}5).$$

Konstruktion der Kurven:

Für das Aufzeichnen werden üblicherweise vorgedruckte Kurvenblätter verwendet, die eine Abbildung der rohen Kurvenscheibe im Maßstab 1 : 1 darstellen. Die Einteilung in Hundertstel geschieht durch Kreisbögen mit dem Radius des Abtasthebels (Bild 3-13c).

Man legt den Punkt, welcher der vordersten Stellung des Revolverkopfes im Werkzeugfolgeplan entspricht, auf den Außendurchmesser der Rohscheibe. Unter Berücksichtigung des Rollenradius werden die Kurven entsprechend den im Werkzeugfolgeplan aufgezeichneten Stellungen des Revolverkopfes, den Arbeitswegen aus Spalte 1 und den errechneten Hundertstelteilungen in den Spalten 7 und 8 gezeichnet (Bild 3-13b).

Die Fertigung der Kurvenscheiben geschah früher nach Anriß der Kontur weitgehend manuell. Heute benutzt man hierzu auch numerisch gesteuerte Fräsmaschinen. Mit Hilfe von Rechnerprogrammen werden die Lochstreifen zum Steuern der Fräsmaschine automatisch erstellt und dazu die Arbeitsplandaten für das auf dem Drehautomaten zu fertigende Werkstück ausgedruckt.

4. Nachformsysteme

Das Nachformen ermöglichte erstmals eine wirtschaftliche spanende Fertigung von Werkstücken mit komplizierter Geometrie. Die Entwicklung des Nachformens begann im 18. Jahrhundert mit handbetätigten Einrichtungen, deren Funktionsprinzip dem der heutigen Graviermaschinen entspricht.

Nach der Jahrhundertwende wurden selbsttätige Nachformsysteme entwickelt, die nunmehr in modifizierter Konzeption zu einem festen Bestandteil der Nachformtechnik geworden sind.

Nachformsysteme haben prinzipiell die Aufgabe, die Weginformationen eines mechanischen Speichers (Schablone, Meisterstück) kraftverstärkt auf die Werkzeugbewegung zu übertragen. Dazu werden die Auslenkungen eines an einer Schablone vorbeibewegten Tasters in hydraulische, pneumatische oder elektrische Signale verwandelt, anschließend verstärkt und an ein Stellglied, das das Werkzeug trägt (Support), weitergegeben.

Rein mechanisch arbeitende Nachformsysteme, die sich mit Hebelmechanismen realisieren lassen, werden nur für einfache Nachformbearbeitungen verwendet. Als Beispiel kann das Fertigen von kegeligen Körpern auf Drehmaschinen mit Hilfe des Konuslineals angeführt werden. Mechanische Systeme haben jedoch den Nachteil, daß nur bedingt eine Verstärkung der Signale (Pantographenprinzip) möglich ist und somit die Zerspankräfte direkt auf die Schablone zurückwirken, was eine entsprechend steife und große Bauteildimensionierung bedingt.

Durch die Teilung eines Nachformsystems in ein Tastsystem und in ein davon entkoppeltes Stellsystem ergeben sich folgende Vorteile:

- Die vom Tastsystem auf die Schablone wirkenden Kräfte sind gering.
- Das Übertragungsverhalten des Tastsystems ist wegen der kleinen Massenträgheiten der Tasterelemente gut beherrschbar.
- Das Stellsystem kann sehr steif und dadurch bedingt entsprechend groß gebaut werden, da die verstärkte Stellkraft in der Lage ist, große Reibungs- und Reaktionskräfte zu überwinden.

Das Funktionsprinzip der meisten Nachformsysteme beruht auf einem Folgeregelkreis. Das von der Schablone kommende Wegsignal ist die vorgegebene Führungsgröße, die anschließend vom Tastsystem in ein hydraulisches, pneumatisches oder elektrisches Signal umgewandelt wird. Dieses Signal verstimmt einen Folgeregelkreis, was eine Bewegung des Stellgliedes bewirkt. Die Richtung der Taststift- und der Stellgliedbewegung sind gleich. Der Abgleich des Regelkreises erfolgt dadurch, daß die Stellgliedbewegung zum Tastsystem zurückführt und somit die relative Auslenkung zwischen Tastsystem und Stellglied rückgängig gemacht wird. Der ursprüngliche stationäre Systemzustand stellt sich wieder ein [10 bis 12].

Der Folgeregelkreis erfaßt bei den meisten Nachformsystemen nur die relative Lage des Stellsystems gegenüber dem Tastsystem. Daher wirken diese Einrichtungen nach außen wie eine Steuerung und werden aus diesem Grund auch als Nachformsteuerung bezeichnet. Die Einteilung der Nachformsysteme läßt sich nach der Anzahl der gesteuerten Achsen, dem Folgeverhalten des Regelkreises und der im Regelkreis wirkenden Energien vornehmen [13], Bild 4-1.

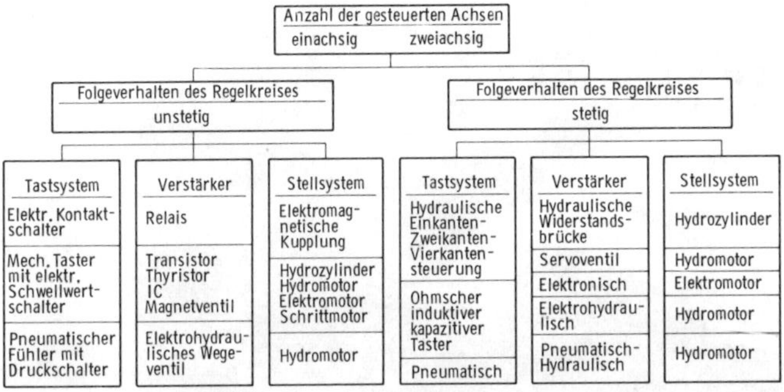

Bild 4-1. Einteilung der Nachformsysteme.

4.1. Ein- und zweiachsige Nachformsysteme

Bei den einachsigen Nachformsystemen wird die Bewegung der zweiten Achse, die zur Erzeugung einer ebenen Figur erforderlich ist, durch den Leitvorschub der Maschine vorgegeben. Die Nachformbewegung setzt sich aus der Leitvorschub- und der Stellgliedbewegung zusammen. Ist die Leitvorschubbewegung konstant, so ändert sich die Geschwindigkeit der Stellgliedbewegung entsprechend dem zu übertragenden Profilwinkel. Das zulässige Verhältnis der Leitvorschub- zur Stellgliedbewegungsgeschwindigkeit grenzt daher den Winkelbereich ein, in dem eine Bearbeitung möglich ist.

Für Bearbeitungen, die einen großen Winkelbereich überdecken, werden quasi-zweiachsige Systeme – d. h. einachsige Systeme mit Umschaltung des Stellglied- und des Leitvorschubs – oder zweiachsige Systeme eingesetzt. Bei den zweiachsigen Nachformsystemen werden zwei Achsen von zwei funktionell zusammenhängenden Signalen so gesteuert, daß die resultierende Vorschubgeschwindigkeit annähernd konstant bleibt.

Die einachsigen Nachformsysteme sind in Verbindung mit zwei zusätzlichen Vorschubachsen und die zweiachsigen Nachformsysteme in Verbindung mit einer zusätzlichen Vorschubachse in der Lage, dreidimensionale Bearbeitungen vorzunehmen. Beim Nachformdrehen ist es z. B. mit dem Leitvorschub, der Werkstückdrehbewegung und einer radial zur Werkstückachse erfolgenden Stellgliedbewegung möglich, dreidimensionale rotationssymmetrische Werkstücke herzustellen. Beim Nachformfräsen von dreidimensionalen Körpern, wie z. B. Preßformen oder Gesenken, steuert man beim Einsatz einachsiger Nachformsysteme eine Vorschubachse so, daß das Werkzeug schrittweise versetzt wird. Die zweite Vorschubachse führt den Leitvorschub aus und die dritte Achse die Stellgliedbewegung. Durch das Aneinanderreihen einer beliebigen Anzahl von Nachformschnitten (Zeilennachformen) entsteht somit eine räumliche Form.

Bild 4-2. Zeilennachformfräsen von zwei modellgleichen Automobilformzeugen (nach Heyligenstaedt).

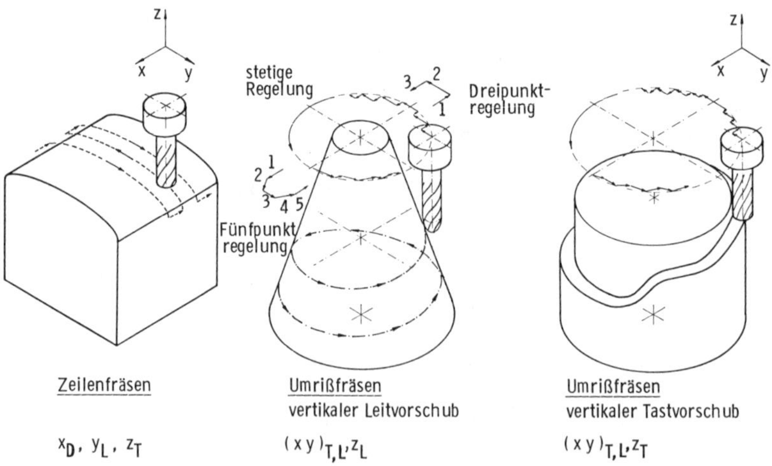

Bild 4-3. Möglichkeiten der Vorschubsteuerung beim Nachformfräsen dreidimensionaler Körper.

In Bild 4-2 ist das Zeilennachformfräsen von zwei modellgleichen Automobilformwerkzeugen zu erkennen. Die Maschine hat die Fähigkeit gleichzeitig ein modellgleiches und ein spiegelbildliches Werkstück von einem einzigen Nachformmodell herzustellen. Diese Aufgabenstellung ist im Formenbau häufig anzutreffen. Das spiegelbildliche Nachformen läßt sich durch getrennte Antriebe für den Modell- und den Werkstücktisch realisieren.

In Bild 4-3 sind die prinzipiellen Bewegungsmöglichkeiten des Werkzeugs beim dreidimensionalen Nachformfräsen dargestellt [14]. Im linken Bildteil wird das Zeilenfräsen mit diskontinuierlichem Vorschub in x-Richtung und kontinuierlichem Leitvorschub in y-Richtung gezeigt. Der Tastvorschub liegt in der z-Achse. Im mittleren Bildteil ist der Leitvorschub in z-Richtung kontinuierlich. Das zweidimensional arbeitende Tastsystem (x, y) bleibt auf dem schraubenförmigen Weg nach oben mit dem Modell rundum in Kontakt. Für die Umrißsteuerung wird wechselweise das x- und das y-Signal als Leitvorschub verarbeitet. Im rechten Bildteil wird zusätzlich das z-Signal von der Schablone gesteuert.

4.2. Unstetige Nachformsysteme

Entsprechend der Einteilung der Nachformsysteme lassen sich stetig und unstetig arbeitende Systeme unterscheiden. Stetig arbeitende Nachformsysteme sprechen auf eine Änderung der Führungsgröße (Tasterauslenkung) mit einer analogen Änderung der Regelgröße (Werkzeugstellbewegung) an.

Unstetig arbeitende Nachformsysteme können nur zwischen wenigen diskreten Zuständen der Stellgröße unterscheiden (z. B. Vorschub vor-stopp-zurück).

Insbesondere bei den quasi-zweiachsigen Nachformsystemen lassen sich mit Hilfe von Kontakttastern und elektromagnetischen Kupplungen reaktionsschnelle unstetige Vorschubantriebe verwirklichen.

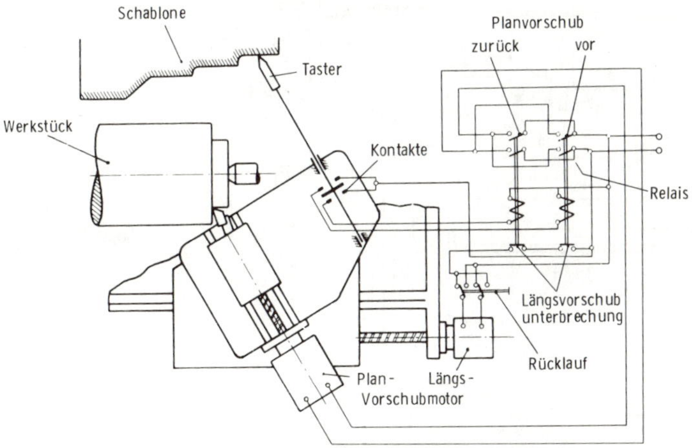

Bild 4-4. Unstetiges elektrisches Nachformsystem mit Dreistellungs-Kontaktregelung (nach Saljé).

Hinsichtlich der Zuordnung von unstetigen und stetigen Nachformsystemen zu Maschinentypen ist festzustellen, daß stetige Systeme am häufigsten an kleinen und mittleren Dreh-, Fräs- und Hobelmaschinen eingesetzt werden.

In Bild 4-4 ist der prinzipielle Aufbau eines unstetig arbeitenden elektrischen Nachformsystems zu erkennen. Der Taster schließt bzw. öffnet beim Abfahren der Schablone Kontakte; dabei sprechen je nach Stellung unterschiedliche Relais an, die die Vorschubmotoren für die Längs- bzw. Planbearbeitung schalten.

Befindet sich der Taster in Mittelstellung, so läuft nur der Motor für den Längsvorschub, und das Werkstück wird zylindrisch bearbeitet. Wird der Taster ausgelenkt, so daß die Tasterkontakte schließen, schalten der Längsvorschub aus und der Quervorschub an. Der Support bewegt sich in die gleiche Richtung, in der die Tasterauslenkung erfolgte, d. h. die Relativverlagerung zwischen Taster und Support wird rückgängig gemacht und die Tasterkontakte öffnen sich wieder; der Quervorschub wird ausgeschaltet und der Längsvorschub eingeschaltet.

Durch die Anordnung des Supports und des Tastsystems unter rd. 45° zur Werkstücklängsachse ist es möglich, außer Planflächen auch Hinterdrehbearbeitungen wie z. B. Freistiche herzustellen.

Bei der Dreistellungs-Kontakt-Regelung ist die Schalthäufigkeit bei bestimmten Nachformwinkeln sehr groß, was zu einer starken Erwärmung des Vorschubantriebs führt. Der Vorteil einer derartigen Einrichtung ist der geringe gerätetechnische Aufwand.

Bei komplizierten Werkstückformen werden Tastsysteme eingesetzt, die mehrere diskrete Schaltstellungen haben. Bild 4-5 zeigt ein solches unstetig arbeitendes elektrisches Nachformsystem mit Fünfstellungs-Kontakt-Regelung. Zur besseren Anschaulichkeit ist das Tastsystem rechts neben der Kopierfräsmaschine vergrößert dargestellt. Man erkennt einen in der Zeichenebene nach allen Richtungen

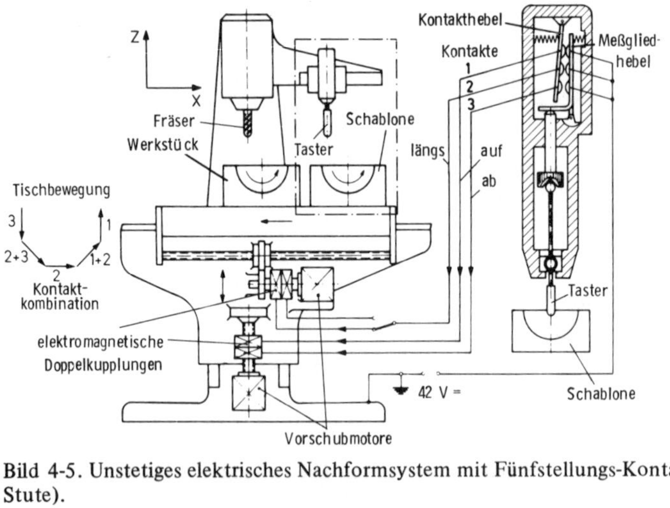

Bild 4-5. Unstetiges elektrisches Nachformsystem mit Fünfstellungs-Kontakt-Regelung (nach Stute).

auslenkbaren Taster. Die Tasterbewegung wird über einen Hebelmechanismus auf den Meßgliedhebel mit den drei Kontakten übertragen.

Ist der Taster in der unteren Position, so schließt nur der Kontakt 1. Hierdurch wird die Kupplung für die Aufwärtsbewegung des Tisches geschaltet. Bei geringer Auslenkung des Tasters sind die Kontakte 1 und 2 geschlossen, wodurch eine Vorschubbewegung in x- und z-Richtung stattfindet. Bei weiterer Auslenkung des Tasters ist nur Kontakt 2 geschlossen, was ausschließlich Längsvorschub zur Folge hat. Schließen die Kontakte 2 und 3, so werden der Längsvorschub und zugleich die Abwärtsbewegung des Tisches ausgeführt. Ist ausschließlich Kontakt 3 geschlossen, so bewegt sich der Tisch ausschließlich abwärts.

4.3. Stetige Nachformsysteme

4.3.1. Stetiges elektrisches Nachformsystem

Beim Nachformen geometrisch komplizierter Körper treten große Nachformwinkelbereiche auf. Soll die resultierende Vorschubgeschwindigkeit konstant bleiben, so sind, wie in Abschn. 4.2 erwähnt, zweiachsige Nachformsysteme einzusetzen. Die Vorschubgeschwindigkeiten zweier senkrecht aufeinander stehender Vorschubachsen müssen hierzu in einem sinus- bzw. kosinusförmigen Zusammenhang stehen [15 bis 17].

In Bild 4-6 links ist ein Werkstückkreisprofil, das mit einem Nachformfräser bearbeitet wird, dargestellt. Die Vorschubgeschwindigkeiten der x-Achse v_x und

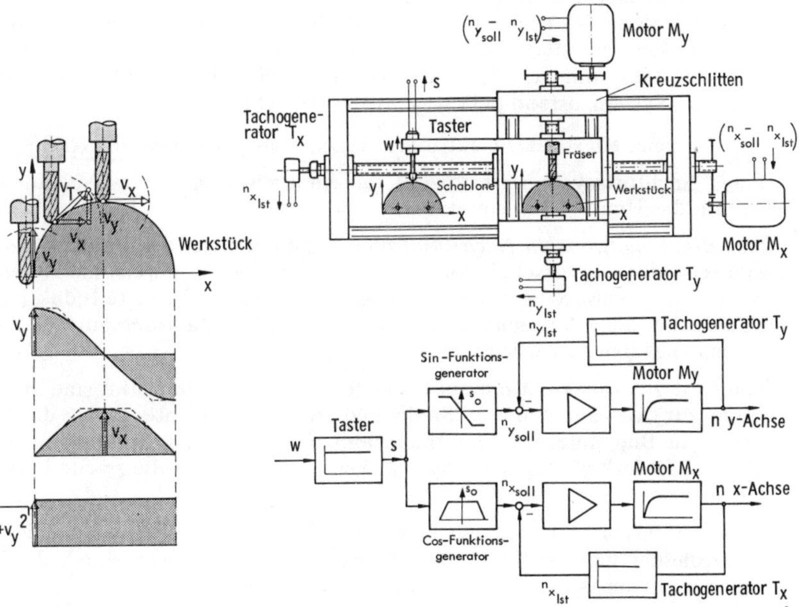

Bild 4-6. Stetiges elektrisches Nachformsystem mit sin-/cos-Funktionsgenerator und Gleichstrommotoren.

der y-Achse v_y bilden eine konstante Tangentialgeschwindigkeit v_T, die – wie der Umkreis des resultierenden Geschwindigkeitsvektors v_T zeigt – sinus- bzw. kosinusförmig voneinander abhängen.

In stetigen elektrischen Nachformsystemen läßt sich der sinus- bzw. kosinusförmige Zusammenhang durch einen Funktionsgenerator verwirklichen, der die Winkelfunktionen trapezförmig annähert. Die Abweichung von der konstanten Tangentialgeschwindigkeit beträgt dabei rd. 8 %.

Der gerätetechnische Aufbau eines stetigen elektrischen Nachformsystems, das eine annähernd konstante tangentiale Vorschubgeschwindigkeit ermöglicht, zeigt Bild 4-6 rechts.

Das eindimensionale Tastsystem steuert zwei Funktionsgeneratoren an, die entsprechend der Kosinus-Funktion die Vorschubgeschwindigkeit für die x-Achse und entsprechend der Sinus-Funktion die für die y-Achse bestimmen.

Die Auslenkung des Tastsystems in Verbindung mit den Funktionsgeneratoren gibt die Sollgeschwindigkeit für die beiden Geschwindigkeits-Folgeregelkreise vor. Befindet sich der Taster in der Mittelstellung, so liegt am Ausgang des Tastsystems das Signal $s = s_0$ an. Der Kosinus-Funktionsgenerator gibt die maximale Führungsgröße n_x für den Geschwindigkeitsregelkreis der x-Achse ab, der Schlitten der y-Achse bewegt sich in diesem Fall nicht.

Bei einer Abweichung zwischen s und s_0 wird die Führungsgröße n_x für die x-Achse reduziert. Die Führungsgröße n_y für den Lageregelkreis der y-Achse bekommt je nach Richtung der Tasterauslenkung ($s - s_0 < 0$ oder $s - s_0 > 0$) einen positiven oder negativen Wert, d. h. die Bewegungsrichtung der y-Achse ist gleichgerichtet mit der Bewegungsrichtung des Tasters. Der Schlitten für die y-Bewegung fährt um das Maß der Tasterauslenkung nach, und es stellt sich der stationäre Systemzustand bei $s = s_0$ wieder ein [18].

Bild 4-7 zeigt ein stetiges elektrisches Tastsystem mit induktiven Aufnehmern.

Dieses Nachformsystem ist sowohl für ein dreidimensionales Nachformen als auch für das Umrißfräsen einsetzbar.

Beim *dreidimensionalen Nachformfräsen* kann entweder der x- oder der y-Achse wahlweise der Leitvorschub zugeordnet werden. In den jeweils hierzu senkrechten Achsen y bzw. x liegt die Tastvorschubbewegung. Die erste Induktionsspule mißt hierbei die z-Auslenkung während die zweite Induktionsspule die Informationen der x- bzw. y-Auslenkung erfaßt.

Damit die z-Auslenkung nur auf die erste Induktionsspule wirkt, sind die Gehäuseteile zur Aufnahme dieser Spule und der Tastelemente durch die stärkere Feder (im Bild unterhalb der Induktionsspule 2) soweit vorgespannt, daß die geringere Federkraft für das z-System keinen Einfluß auf die zweite Induktionsspule hat.

Das *Umrißfräsen* ist mit einem Leitvorschub in x- oder y-Richtung möglich, wobei in diesem Fall der Schwenkfreiheitsgrad des Tastsystems durch das Pendelkugellager in der y- bzw. x-Tastrichtung anspricht.

Die zweite Induktionsspule wird dabei durch Austreten der Kugel aus der kalottenförmigen Aufnahme ausgelenkt. Da die z-Information nicht benötigt wird,

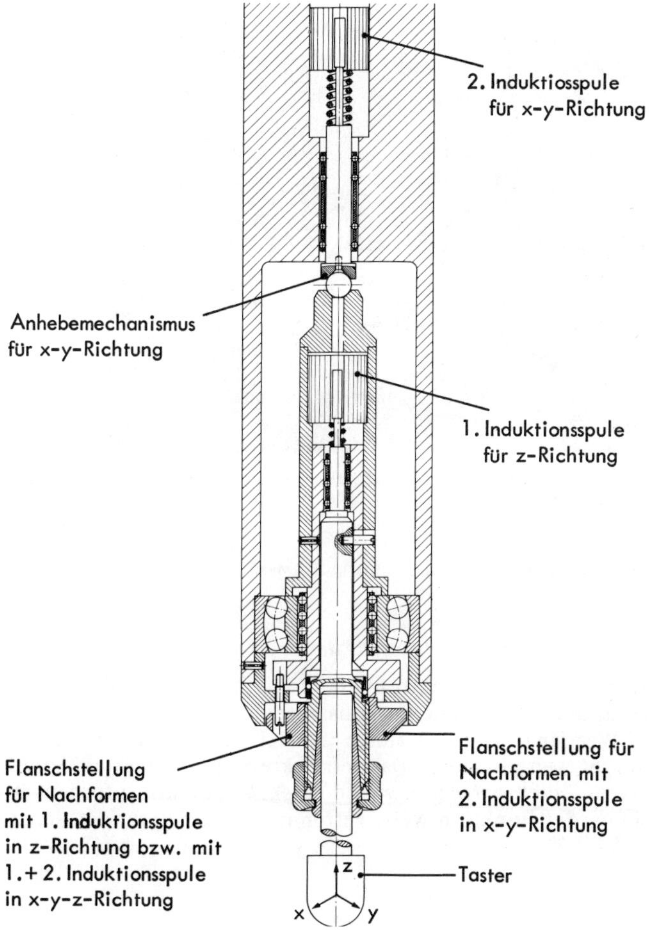

Bild 4-7. Stetiges elektrisches Tastsystem mit induktiven Aufnehmern (Heyligenstaedt).

blockiert man aus Stabilitätsgründen diese Achse beim Umrißfräsen mit dem Flansch.

Die Portalnachformfräsmaschine in Bild 4-8 hat einen separat angetriebenen Modelltisch der gleich- oder gegensinnig synchron zum Werkstück verfahren wird. Das Tastsystem entspricht dem in Bild 4-7 dargestellten System.

Durch den separat angetriebenen Modelltisch erhält man den Vorteil, mit *einem* Modell spiegelbildliche Werkstücke fertigen zu können. Weiterhin wird die Justage des Modells beim Werkstückwechsel durch die räumliche Trennung von Modell und Werkstück nicht gefährdet und es werden die technologisch bedingten Stör-

Bild 4-8. Nachformfräsen auf einer Portalnachformfräsmaschine mit separat angetriebenem Modelltisch (nach Heyligenstaedt).

faktoren (Späne, Schneidöl, Wärme, Schwingungen) weitgehend vom Nachformsystem ferngehalten.

4.3.2. Stetiges elektrohydraulisches Nachformsystem

Das in Bild 4-9 dargestellte stetige elektrohydraulische Nachformsystem arbeitet ebenfalls zweiachsig und mit annähernd konstanter resultierender Vorschubgeschwindigkeit. Das Wegsignal wird von einem induktiven Taster erfaßt und an einen Leistungsverstärker weitergegeben. Das verstärkte Signal steuert ein Servoventil an, daß aus *einem Tauchspulensystem* und einem Wegeventil aufgebaut ist und zur Verdeutlichung der Funktionsweise getrennt gezeichnet wurde (Servoventile, vgl. Abschn. 9.4.2.3).

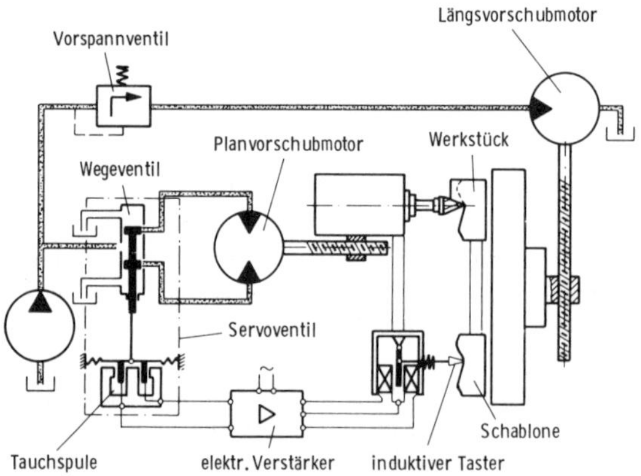

Bild 4-9.
Stetiges elektrohydraulisches Nachformsystem (nach Heller).

Das Servoventil steuert den Ölstrom zweier Hydraulikmotoren. Bei konstantem Fördervolumen der Pumpe fällt der Leitvorschub bei Öffnung des Servoventils annähernd proportional zum Anstieg des Stellgliedvorschubs ab, da sich der Ölstrom gleichmäßig auf beide Ölkreisläufe verteilt.

Der Vorteil elektrohydraulischer Systeme gegenüber rein hydraulischen Systemen ist darin begründet, daß Korrekturnetzwerke eingefügt werden können. So ist es durch zusätzliche dynamisch angepaßte Rückführsysteme möglich, bestimmte systembedingte Fehler (Lage-, Geschwindigkeits- und Beschleunigungsfehler) zu kompensieren [18].

4.3.3. Stetiges hydraulisches Nachformsystem

Stetige hydraulische Nachformsysteme werden häufig an kleinen bis mittleren Dreh-, Fräs- und Hobelmaschinen eingesetzt. Daher wird im folgenden auf deren Funktionsweise und die Analyse des Übertragungsverhaltens ausführlicher eingegangen. Die Ableitung einiger Gleichungen sowie die Analyse und die Darstellung des Übertragungsverhaltens ist in Abschn. 9.2 und in Abschn. 9.3 enthalten.

Die Funktionsweise der hydraulischen Nachformsysteme ist analog den bisher beschriebenen Systemen. Das von der Schablone kommende Wegsignal verschiebt einen Steuerkolben. Dadurch werden je nach Verschieberichtung Strömungsquerschnitte vergrößert oder verkleinert. Die Querschnittsveränderung bewirkt im Ölstrom eine Druckänderung. Diese wird dazu benutzt, das Kräftegleichgewicht eines beidseitig beaufschlagten Zylinder-Kolben-Systems zu stören. Der bewegliche Zylinder ist bestrebt, auf dem ortsfesten Kolben in die Richtung auszulenken, in der die größere Kraft wirkt. Diese Zylinderauslenkung wird über das Gehäuse des Nachformsystems zum Steuerkolben zurückgeführt. Ist der Zylinder der Steuerkolbenauslenkung vollständig nachgefahren, so stellt sich der ursprüngliche Strömungsquerschnitt am Steuerkolben und somit das ursprüngliche Druck-

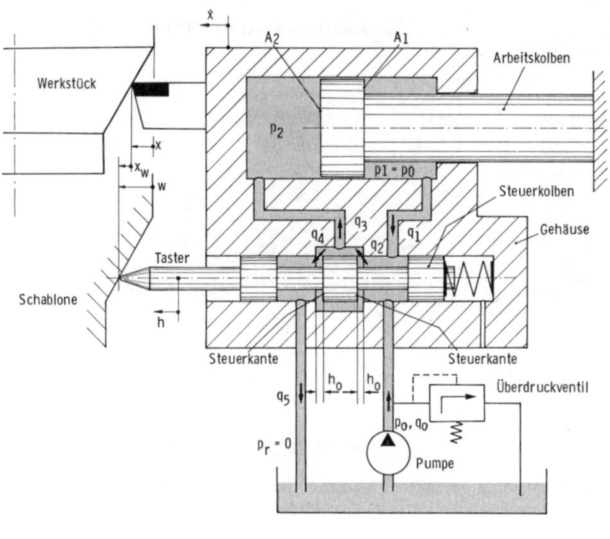

Bild 4-10.
Stetiges hydraulisches Nachformsystem.

verhältnis im Zylinder-Kolben-System wieder ein. Das System befindet sich im ruhenden Zustand [19 bis 22]. Der Systemaufbau und die regelungstechnischen Zusammenhänge sind aus Bild 4-10 erkennbar.

Es werden *symmetrische* und *unsymmetrische hydraulische Nachformsysteme* unterschieden. Dabei ist es das Kennzeichen der Symmetrie, daß der Öldruck gleichzeitig in *beiden* Zylinderkammern des Arbeitszylinders gegenläufig geregelt wird. Das Kennzeichen der Unsymmetrie ist es, daß nur der Öldruck *einer* Zylinderkammer geregelt wird. Die zweite Zylinderkammer – bei den meisten hydraulischen Nachformsystemen die mit der kleineren Kolbenfläche – ist mit konstantem Öldruck beaufschlagt.

Bild 4-11 zeigt die Gerätebilder symmetrischer und unsymmetrischer hydraulischer Nachformsysteme.

Symmetrische Nachformsysteme sind mit einem Gleichlaufkolben funktionsfähig. Dies ist ein Arbeitskolben, dessen beide Kolbenflächen annähernd oder

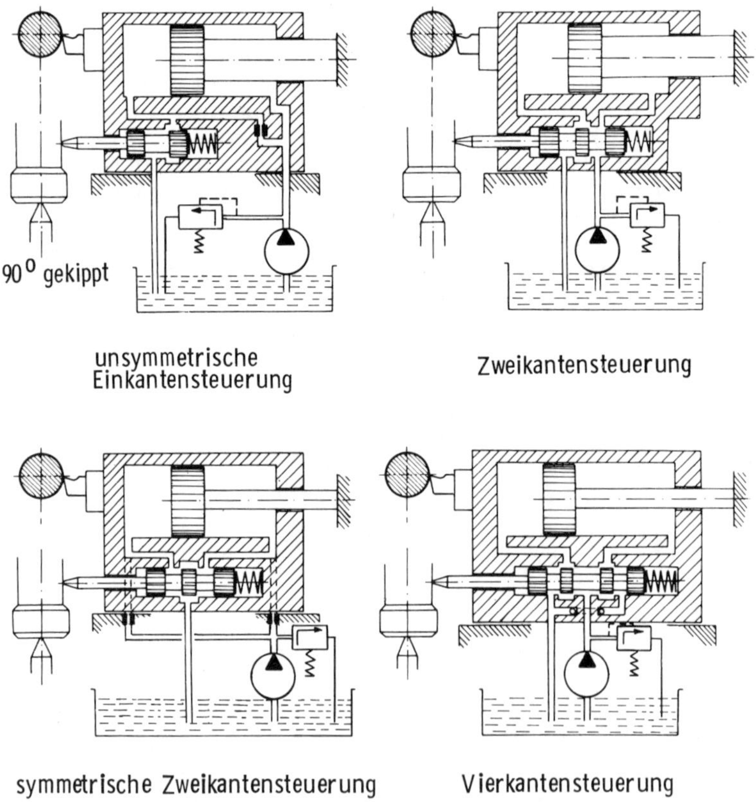

Bild 4-11. Gerätebilder von unsymmetrischen und symmetrischen hydraulischen Nachformsystemen.

exakt gleich (doppelseitige Kolbenstange) sind. Da die Drücke beider Zylinderkammern des Arbeitszylinders gegenläufig geregelt werden, wirkt bei gleicher Kolbenfläche die größere Kraft auf die Arbeitszylinderfläche, die mit dem größeren Druck beaufschlagt ist. Der Arbeitszylinder bewegt sich dadurch in die gleiche Richtung, in der die Tasterauslenkung erfolgte.

Bei unsymmetrischen Nachformsystemen wird das Kräftegleichgewicht dadurch realisiert, daß ein Differentialkolben zum Einsatz kommt. Der Differentialkolben hat auf der geregelten Arbeitszylinderseite eine größere Kolbenfläche als auf der ungeregelten Seite, wobei sich die Drücke im stationären Zustand des Systems umgekehrt wie die Kolbenflächen verhalten müssen.

Der volle Pumpendruck wirkt in der ungeregelten Zylinderkammer, da keine Strömungswiderstände (Steuerkanten des Steuerkolbens) zwischen Konstantdruckpumpe und Zylinderkammer liegen. Der Öldruck in der Zylinderkammer mit der größeren Arbeitskolbenfläche wird durch die Drosselwirkung der Steuerkanten unter das Druckniveau der ungeregelten Kammer gebracht. In Bild 4-10 ist ein unsymmetrisches Nachformsystem mit zwei aktiven Steuerkanten des Steuerkolbens dargestellt. Entsprechend der vorliegenden Anzahl der aktiven Steuerkanten unterscheidet man *Ein-*, *Zwei-* und *Vierkantensteuerungen.* Die Einkantensteuerung verfügt jedoch stets über eine Konstantdrossel, die im Zufluß zu der druckgesteuerten, größeren Arbeitskolbenfläche liegt.

Die auftretenden Nachformfehler nehmen mit wachsender Anzahl der Steuerkanten ab, da die Systemverstärkung (vgl. Abschn. 4.3.3.2) größer wird; zugleich erhöht sich aber der fertigungstechnische Aufwand für den Steuerkolben. Bei einer Vierkantensteuerung müssen *drei* Längenmaße im Toleranzbereich von wenigen μm gefertigt werden; dagegen ist diese Toleranz bei einer Zweikantensteuerung nur für *ein* Längenmaß erforderlich.

Stetige hydraulische Nachformsysteme haben in der Regel negative *Steuerkantenüberdeckung,* d. h. auch in der mittigen Steuerkolbenstellung ist an allen Steuerkanten ein Öldurchfluß von der Pumpe zum Sammelbehälter vorhanden. Bei positiver Steuerkantenüberdeckung müßte erst eine Auslenkung des Steuerkolbens gleich der Länge der positiven Überdeckung erfolgen, ehe der Strömungsquerschnitt freigegeben wird. Es würde sich eine Systemumkehrspanne ergeben, die gleich der positiven Steuerkantenüberdeckung ist. Bei negativer Steuerkantenüberdeckung kann auch eine Systemumkehrspanne auftreten, die durch Reibkräfte des Zylinder-Kolben-Systems bedingt ist und die durch Erhöhen der Kraftverstärkung (vgl. Abschn. 4.3.3.2) reduziert werden kann [19].

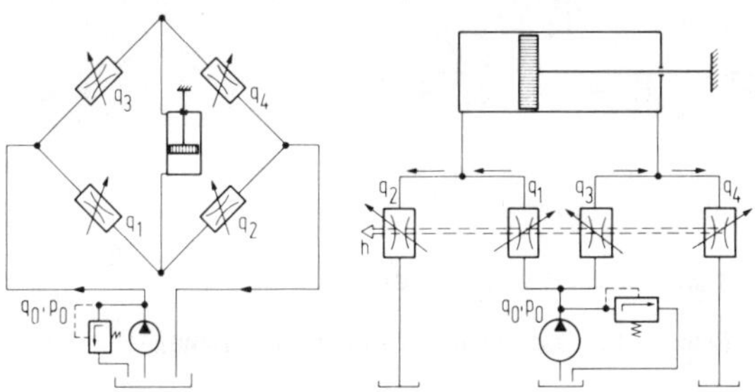

Bild 4-12.
Widerstandsbrückenschaltung und Ersatzschaltbild eines hydraulischen Nachformsystems (symmetrisch, vier Steuerkanten).

Die Drosselquerschnitte an den Steuerkanten des Steuerkolbens entsprechen variablen Drosseln, die im Gegentakt arbeiten. Dies bedeutet, daß die eine Steuerkante eines Steuerkolbens genau um den Betrag schließt bzw. öffnet, um den die gegenüberliegende Kante öffnet bzw. schließt. Die Funktionsweise der hydraulischen Nachformsysteme kann anhand einer analogen Widerstandsbrückenschaltung anschaulich dargestellt werden.

Bild 4-12 zeigt das Ersatzschaltbild und die Widerstandsbrückenschaltung eines symmetrischen hydraulischen Nachformsystems mit vier Steuerkanten.

4.3.3.1. Statisches und dynamisches Verhalten hydraulischer Nachformsysteme

Die theoretische Analyse des statischen und dynamischen Verhaltens hydraulischer Nachformsysteme erlaubt eine Systemauslegung derart, daß die auftretenden Nachformfehler unter vorgegebenen Grenzen bleiben. Zur Bestimmung des Systemverhaltens wird vom Blockschaltbild ausgegangen.

Bild 4-13 zeigt das Gerätebild und das vereinfachte Blockschaltbild eines elektrohydraulischen symmetrischen Vierkanten-Nachformsystems. Zwischen Taster und Steuerkolben ist bei diesem Nachformsystem ein induktives Wegmeßsystem geschaltet. Der Steuerkolben wird durch ein Tauchspulensystem bewegt. Die gleichzeitig im Bild durch gestrichelte Linien gekennzeichnete direkte mechanische Kopplung des Tasters mit dem Steuerkolben entspricht dem Aufbau eines rein hydraulischen Nachformsystems.

In den beiden ersten Blöcken des Blockschaltbildes ist das proportionale Zeitverhalten des elektrischen und des hydraulischen Verstärkers dargestellt. Der dritte Block zeigt die Übergangsfunktion des Geschwindigkeitsverhaltens des

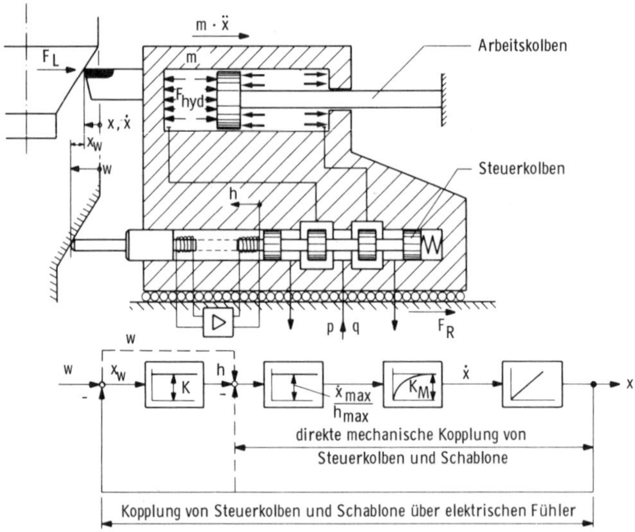

Bild 4-13. Gerätebild und vereinfachtes Blockschaltbild eines hydraulischen Nachformsystems.

Systems. Durch die Massenträgheit der Bauteile und der Ölsäule entsteht eine Verzögerung 1. Ordnung. Im vierten Block ist das integrierende Verhalten des Arbeitskolben-Zylindersystems berücksichtigt, d. h. die integrale Beziehung zwischen Weg und Geschwindigkeit.

Die nächsten Schritte bei der Untersuchung des Systemverhaltens hydraulischer Nachformsysteme sind das Aufstellen der statischen Kenngrößengleichungen, das Ableiten der Differentialgleichung sowie das Bestimmen des Übertragungsverhaltens des gesamten Systems.

4.3.3.2. Nachformfehler

Die Nachformfehler sind die geometrischen Differenzen zwischen dem Ort des Werkzeugs relativ zum Werkstück im Vergleich der Tasterlage zum Nachformmodell. Diese Fehler entstehen durch geometrische Fehler der mechanischen Übertragungskette zwischen Modell und Werkstück; durch lastbedingte Verformungen aber auch zu einem wesentlichen Teil durch die statischen und dynamischen Eigenschaften des Nachformsystems. Auf die Fehler des Nachformsystems wird im folgenden eingegangen.

Der *Lagefehler*, der Geschwindigkeitsfehler (Schleppfehler) und der Beschleunigungsfehler sind die wichtigsten Fehlerkriterien zur Gütebeschreibung der Nachformsysteme. Fehler werden z. T. auch von Reibkräften F_R zwischen Taster und Modell beeinflußt. Vorhandene Umkehrspannen und lastabhängige elastische Verformungen erzeugen den Lagefehler ϵ_l, Bild 4-14. Letzterer Fehler kann durch Erhöhen der Kraftverstärkung E_0 verringert werden. Den wesentlichen Einfluß auf den Lagefehler ϵ_l hat die Supportbelastung F_L (Schnittkräfte), die den Support in Kraftrichtung abdrängt.

Fehler in der Längsrichtung des Werkstücks können durch *Geschwindigkeitsfehler* (Schleppfehler) ϵ_g hervorgerufen werden. Sie entstehen dadurch, daß zur Erzeugung einer Supportgeschwindigkeit $\dot{x}$ eine Tasterauslenkung h erforderlich ist,

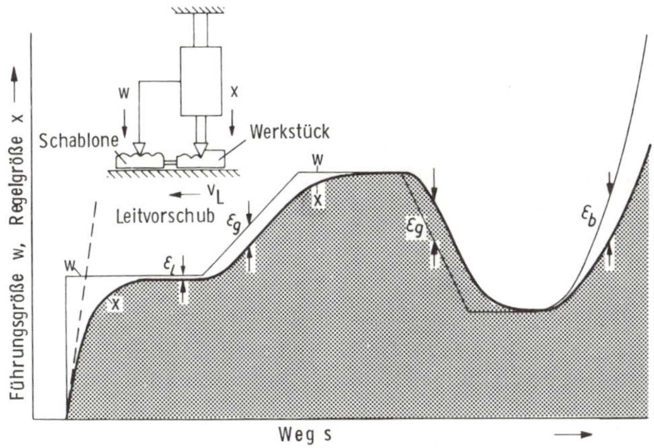

Bild 4-14. Lage-, Geschwindigkeits- und Beschleunigungsfehler eines hydraulischen Nachformsystems (nach Schäfer).

die wegen der endlichen Geschwindigkeitsverstärkung C_0 der Supportstellung vorauseilt. Dieser Fehler ist durch Erhöhen der Geschwindigkeitsverstärkung zu minimieren.

Beschleunigungsfehler ϵ_b entstehen zum einen durch den vorhandenen Geschwindigkeitsfehler und zusätzlich durch Massenträgheit der bewegten Bauteile und der Ölsäule. Bei einer sprunghaften Tasterauslenkung folgt der Support dieser Bewegung mit Verzögerung. Der Beschleunigungsfehler bewirkt ein Verrunden von Kanten und ein Verzerren von Profilen, bei denen andauernde Systembeschleunigung erforderlich ist (z. B. Kreisprofilen). Durch ein Erhöhen der Kraftverstärkung lassen sich diese Fehler verringern.

Bild 4-14 zeigt die Auswirkung der genannten Fehler beim Nachformen des dünn gezeichneten Schablonenprofils (Führungsgröße w). Das Werkstück erhält die dick gezeichnete Form (Regelgröße x). Die Gleichungen, die zur Fehleranalyse des hydraulischen Nachformsystems erforderlich sind, werden im folgenden Abschnitt abgeleitet.

Eine Fehlerminimierung wird möglich, wenn die Einflußparameter auf die statischen und dynamischen Systemeigenschaften entsprechend berücksichtigt werden. Hinweise hierzu geben die Gleichungen in Abschn. 4.3.3.3 und 4.3.3.4. Sind die Systemgeschwindigkeiten und Beschleunigungen annähernd konstant, so kann auch die Schablone mit geometrischen Korrekturen versehen werden, die den negativen Fehlerverlauf darstellen.

4.3.3.3. Statische Kenngrößen

Für die Genauigkeit eines hydraulischen Nachformsystems sind die statischen Kenngrößen wichtige Beurteilungskriterien. Die maßgebenden statischen Kenngrößen sind die Umkehrspanne, die Geschwindigkeitsverstärkung und die Kraftverstärkung.

In einem kleinen Bereich der Tasterauslenkung um Null ist die Druckdifferenz in den Zylinderkammern zu klein, um die Reibkräfte des Arbeitskolbens überwinden zu können; es entsteht eine *Umkehrspanne* U. Wird der Taster weiter ausgelenkt, so entsteht auf Grund der Druckdifferenz und der Öldurchflußmenge eine entsprechende Supportgeschwindigkeit $\dot{x}$, die bei maximaler Tasterauslenkung im unbelasteten Systemzustand zu ihrem Maximalwert anwächst.

Unter der Voraussetzung, daß das System als reibungslos betrachtet wird und die äußere Belastung F_L des Supports gleich null ist, kann eine Beziehung zwischen Tasterauslenkung h und Supportgeschwindigkeit $\dot{x}$ angegeben werden, die *Geschwindigkeitsverstärkung* C_0 genannt wird, Bild 4-15:

$$C_0 = \left.\frac{\partial \dot{x}}{\partial h}\right|_{F_L = 0} \qquad (4\text{-}1).$$

Dieser Differentialquotient gibt an, welche Geschwindigkeitsänderung des Supports durch eine Tasterauslenkung im unbelasteten Systemzustand hervorgerufen wird.

Die Ermittlung der Geschwindigkeitsverstärkung kann an Hand des in Bild 4-15 dargestellten Meßaufbaus erfolgen. Die analytische Lösung der Differentialgleichung führt zu folgendem Ergebnis:

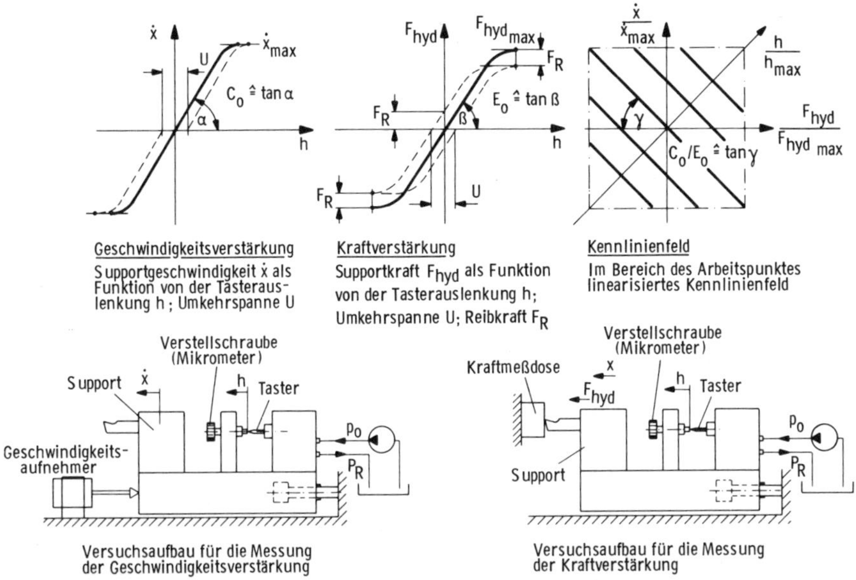

Bild 4-15. Geschwindigkeitsverstärkung, Kraftverstärkung und Kennlinienfeld eines hydraulischen Nachformsystems.

$$C_0 = K_1 \frac{B\sqrt{p_0}}{A_2} \qquad (4\text{-}2).$$

In Gl. (4-2) bedeuten:

K_1 konstanter Faktor, der den Einfluß der Steuerkantenzahl und den Einfluß der Symmetrie bzw. Unsymmetrie berücksichtigt;

B konstanter Faktor, der den Einfluß der Steuerkantenlänge $d_{SK}\pi$ des Durchflußkoeffizienten α_D und der Dichte ρ des Öls berücksichtigt:
$\alpha_D \approx 0{,}6$ bei Reynoldszahl Re > 200 [19],

$$B = \alpha_D \, d_{SK} \, \pi \sqrt{\frac{2}{\rho}} \qquad (4\text{-}3);$$

A_2 Arbeitskolbenfläche bei Gleichlaufkolben bzw. größere Arbeitskolbenfläche bei Differentialkolben.

In Tabelle 4-1 ist die Konstante K_1 in Abhängigkeit von der Steuerkantenanzahl, Symmetrie oder Unsymmetrie und der Kolbenfläche A_2 zusammengestellt.

Die äußeren Kräfte F_L auf den Support stehen mit der durch die Druckdifferenz in den Arbeitszylinderkammern erzeugten Kraft F_{hyd} im Gleichgewicht. Die Druckdifferenz wird wiederum von der Größe der Tasterauslenkung h bestimmt.

Tabelle 4-1. Konstante K_1 in Abhängigkeit von Steuerkantenanzahl, Symmetrie oder Unsymmetrie und Kolbenfläche.

Anzahl der Steuerkanten	Symmetrie/ Unsymmetrie	Arbeitskolbenfläche A_2	K_1
1	unsymmetrisch	$A_2 = 2 \cdot A_1$	$1/2 \cdot \sqrt{2}$
2	symmetrisch	$A_2 = A_1$	$1/2 \cdot \sqrt{2}$
	unsymmetrisch	$A_2 = 2 \cdot A_1$	$\sqrt{2}$
4	symmetrisch	$A_2 = A_1$	$\sqrt{2}$

Die Abhängigkeit zwischen der Tasterauslenkung h und der Supportkraft F_{hyd} – unter der Voraussetzung, daß die Supportgeschwindigkeit $\dot{x}$ gleich null ist – wird als *Kraftverstärkung* E_0 bezeichnet (Bild 4-15).

$$E_0 = \left.\frac{\partial F_{hyd}}{\partial h}\right|_{\dot{x} = 0} \quad (4\text{-}4).$$

Dieser Differentialquotient gibt an, welche Kraftänderung am stillstehenden Support durch eine Tasterauslenkung entsteht.

Die Kraftverstärkung wird entweder durch einen Versuch mit einem Meßaufbau entsprechend Bild 4-15 bestimmt oder durch das Lösen der Differentialgleichung; dies führt zu folgender Gleichung:

$$E_0 = K_2 \frac{A_2\, p_0}{h_0} \quad (4\text{-}5).$$

K_2, A_2 und p_0 haben die gleiche Bedeutung wie die Konstanten K_1, A_2 und p_0 bei der Geschwindigkeitsverstärkung.

h_0 ist der Ausgangsspalt bei mittiger Stellung des Steuerkolben-Zylindersystems; dieser bewirkt eine negative Steuerkantenüberdeckung.

Tabelle 4-2 gibt den Zusammenhang zwischen der Konstanten K_2, der Steuerkantenanzahl, Symmetrie oder Unsymmetrie und der Kolbenfläche A_2 an.

Beim Nachformen wechseln Supportgeschwindigkeit und -belastung entsprechend der Bearbeitungsaufgabe. Für diesen Arbeitsbereich gilt ein *Kennlinien-*

Tabelle 4-2. Konstante K_2 in Abhängigkeit von Steuerkantenzahl, Symmetrie oder Unsymmetrie und Kolbenfläche.

Anzahl der Steuerkanten	Symmetrie/ Unsymmetrie	Arbeitskolbenfläche A_2	K_2
1	unsymmetrisch	$A_2 = 2 \cdot A_1$	1/2
2	symmetrisch	$A_2 = A_1$	1
	unsymmetrisch	$A_2 = 2 \cdot A_1$	1
4	symmetrisch	$A_2 = A_1$	2

feld (Bild 4-15). Die vereinfachte mathematische Beschreibung dieses Kennlinienfeldes – eine Funktion der Supportgeschwindigkeit, der Tasterauslenkung und der äußeren Kräfte – ist mit Hilfe der beschriebenen Verstärkungsgrößen möglich.

Reale Kennlinienfelder bestehen aus nichtlinearen Kennlinien, die nur im mittleren Steuerkolbenarbeitsbereich annähernd linear verlaufen. Da das Gehäuse des Nachformsystems der Steuerkolbenauslenkung nahezu unmittelbar folgt, liegt der Arbeitsbereich des Steuerkolbens in diesem annähernd linearen Gebiet. Der Gültigkeitsbereich des Kennlinienfeldes ist nur in unmittelbarer Nähe um die Null-Lage des Steuerkolbens von Interesse, so daß die Linearisierung der Kennlinien in diesem Bereich zulässig ist.

Für die Supportgeschwindigkeit $\dot{x}$ und die Supportkraft F_{hyd} folgt nach der Linearisierung:

$$\dot{x} = C_0\, h \,\Big|\, F_L = 0 \qquad (4\text{-}6)$$

$$F_{hyd} = E_0\, h \,\Big|\, \dot{x} = 0 \qquad (4\text{-}7).$$

Durch Superposition ergibt sich:

$$h = \frac{F_{hyd}}{E_0} + \frac{\dot{x}}{C_0} \qquad (4\text{-}8).$$

Durch Normierung der Gl. (4-8) mit den Größen:

$$C_0 = \frac{\dot{x}_{max}}{h_{max}} \,\Bigg|\, F_L = 0 \qquad (4\text{-}9)$$

$$E_0 = \frac{F_{hyd\,max}}{h_{max}} \,\Bigg|\, \dot{x} = 0 \qquad (4\text{-}10)$$

erhält man die Gleichung für das Kennlinienfeld:

$$\frac{h}{h_{max}} = \frac{F_{hyd}}{F_{hyd\,max}} + \frac{\dot{x}}{\dot{x}_{max}} \quad \text{für } C_0 = \text{konst und } E_0 = \text{konst} \qquad (4\text{-}11).$$

4.3.3.4. Dynamische Kenngrößen

Bei den Servo-Nachformsystemen, zu denen das hydraulische Nachformsystem zählt, ist das dynamische Verhalten von großem Interesse. Der Forderung nach einer hohen Systemverstärkung – um die Nachformfehler möglichst gering zu halten – steht die Gefahr der Instabilität bzw. des Überschwingens entgegen. Im folgenden sei die Vorgehensweise für die Berechnung der dynamischen Parameter, wie Eigenfrequenz und Dämpfung, erläutert, die schon im Konstruktionsstadium als geeignete Auslegungskriterien herangezogen werden müssen.

Basierend auf dem Aufbau des Systems, entsprechend Bild 4-13 und der in Gl. (4-8) beschriebenen Zusammenhänge für die hydraulische Kraft läßt sich folgende Differentialgleichung für das Kräftegleichgewicht aufstellen:

$$\Sigma F = 0 = F_{hyd} - F_{Beschl.} - F_L - F_R$$

$$F_{hyd} = E_0\, h - \frac{E_0}{C_0}\, \dot{x} = m_{ges}\, \ddot{x} + F_L + F_R \qquad (4\text{-}12)$$

mit F_L als Supportbelastung durch Prozeßkräfte und F_R als Reibkräfte in den Führungen.

Gl. (4-12) umgestellt ergibt:

$$m_{ges} \frac{C_0}{E_0}\, \ddot{x} + \dot{x} = C_0\, h - \frac{(F_L + F_R)\, C_0}{E_0} \qquad (4\text{-}13).$$

Hierin ist

$$T = m_{ges} \frac{C_0}{E_0} \qquad (4\text{-}14)$$

die Zeitkonstante der Regelstrecke (proportionales Glied mit Verzögerung erster Ordnung).

Gl. (4-13) wird mit Hilfe der Fouriertransformation in den Frequenzbereich überführt.

Unter Anwendung des harmonischen Ansatzes

$$x \mathrel{\hat{=}} \hat{x}\, e^{j\omega t} = \bar{x}$$

$$\dot{x} \mathrel{\hat{=}} j\omega\, \hat{x}\, e^{j\omega t} = j\omega\, \bar{x}$$

$$\ddot{x} \mathrel{\hat{=}} (j\omega)^2\, x\, e^{j\omega t} = (j\omega)^2\, \bar{x}$$

$$\dot{h} \mathrel{\hat{=}} \hat{h}\, e^{j\omega t} = \bar{h} \qquad \text{usw.}$$

ergibt sich aus Gl. (4-13) die Frequenzganggleichung der Strecke zu

$$\bar{x}(1 + T(j\omega))j\omega = C_0\, \bar{h} - \frac{C_0}{E_0}\, (\bar{F}_L + \bar{F}_R) \qquad (4\text{-}15).$$

In Bild 4-16 ist diese Streckengleichung im linken Teil in Form eines Blockdiagramms dargestellt. Durch die Rückführung des Streckenausgangssignals x (Bewegung des Supports als Regelgröße) und Vergleich mit dem Vorgabewert w (Sollwert) entsteht der Folgeregelkreis des Nachformsystems.

Wie schon in Bild 4-13 beschrieben, enthält Bild 4-16 zwei alternative Lösungen für das Tastsystem; die direkte mechanische Kopplung des Tasters mit dem

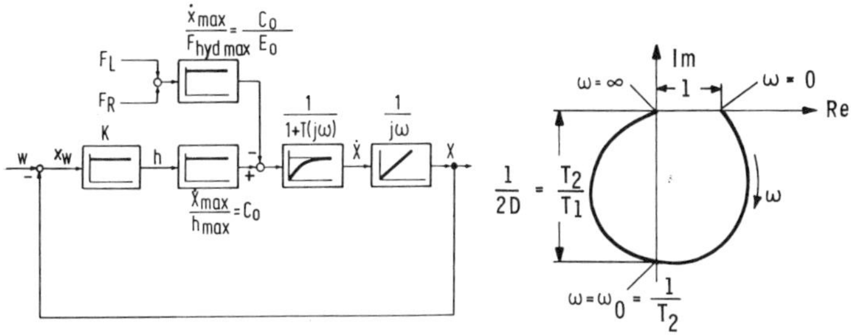

Bild 4-16. Blockschaltbild und qualitative Ortskurve eines idealisierten hydraulischen Nachformsystems.

Steuerkolben bzw. die Abtastung mittels eines mechanisch-elektrischen oder rein elektrischen Wegaufnehmers in Verbindung mit einem elektrisch ansteuerbaren Servoventil.

Der *Führungsfrequenzgang* $G_W(j\omega)$ des Nachformsystems beschreibt das dynamische Folgeverhalten der Schlittenbewegung x als Funktion der Vorgabegröße w; er ist wie folgt darstellbar (Ableitung der Gleichungen siehe auch Abschn. 9):

$$G_W(j\omega) = \left.\frac{\bar{x}}{\bar{w}}\right|_{\bar{F}_L = 0;\, \bar{F}_R = 0} \tag{4-16}$$

$$G_W(j\omega) = \frac{K\,C_0 \left(\dfrac{1}{1 + j\omega\,T}\right)\left(\dfrac{1}{j\omega}\right)}{1 + K\,C_0 \left(\dfrac{1}{1 + j\omega\,T}\right)\left(\dfrac{1}{j\omega}\right)} = \frac{K\,C_0}{K\,C_0 + (1 + j\omega\,T)\,(j\omega)}$$

$$G_W(j\omega) = \frac{1}{1 + \dfrac{1}{K\,C_0}\,j\omega + \dfrac{T}{K\,C_0}\,(j\omega)^2} \tag{4-17}$$

bzw. in allgemeiner Form:

$$G_W(j\omega) = \frac{1}{1 + j\omega\,T_1 + (j\omega)^2\,T_2^2} \tag{4-18}$$

mit

$$T_1 = \frac{1}{K\,C_0} \quad \text{und } T_2 = \sqrt{\frac{T}{K\,C_0}} \tag{4-19}$$

$$T = m_{ges} \frac{C_0}{E_0} \qquad (4\text{-}20).$$

In Bild 4-16 (rechts) ist die Gleichung des Führungsfrequenzgangs in Form einer Ortskurve graphisch dargestellt.

Die folgenden charakteristischen Größen, die die dynamische Güte des Nachformsystems beschreiben, sind Gl. (4-18) bzw. Gl. (4-19) oder der Ortskurve zu entnehmen.

Eigenfrequenz des Systems:

$$\omega_0 = \sqrt{\frac{1}{T_2^2}} = \sqrt{\frac{K\,C_0}{T}}$$

mit Gl. (4-20) folgt:

$$\omega_0 = \sqrt{\frac{K\,E_0}{m_{ges}}} \qquad (4\text{-}21);$$

Dämpfung des Systems:

$$D = \frac{T_1}{2\,T_2} = 1/2 \sqrt{\frac{E_0}{K\,C_0^2\,m_{ges}}} \qquad (4\text{-}22);$$

Resonanzüberhöhung bei $\omega = \omega_0$:

$$\frac{\bar{x}_{\omega = \omega_0}}{\bar{x}_{\omega = 0}} = \frac{1}{2\,D} = \sqrt{\frac{K\,C_0^2\,m_{ges}}{E_0}} \qquad (4\text{-}23).$$

Mit dem Ziel, ein gutes Folgeverhalten zu erreichen, ist die Forderung verbunden, eine hohe Eigenfrequenz ($\omega_0 > 20$ Hz) bei gleichzeitig ausreichender Dämpfung ($D \approx 0{,}7$) anzustreben. Laut Gl. (4-21) bis (4-23) bedeutet dies, eine hohe Kraftverstärkung E_0 bei gleichzeitig minimaler Supportmasse zu verwirklichen. Die Geschwindigkeitsverstärkung C_0 ist derart abzustimmen, daß die geforderte Dämpfung eingehalten wird. Die Gl. (4-2) und (4-5) geben Hinweise, in welcher Weise das Verhalten E_0/C_0^2 konstruktiv maximiert werden kann;

$$\frac{E_0}{C_0^2} = \frac{K_2 \cdot A_2^3}{K_1^2 \cdot B^2 \cdot h_0} \qquad (4\text{-}24),$$

K_1, K_2 s. Tabelle 4-1 und 4-2.

Dieses hier behandelte Beipsiel berücksichtigt nicht die Verzögerungen des Servoventils. Praktisch ist für den Block in Bild 4-16, der das Servoventil beschreibt, ein proportionales Übertragungsverhalten mit Verzögerungen erster und sogar zweiter Ordnung anzunehmen. In diesem Fall kann das System bei zu hoch gewählter Kreisverstärkung instabil werden.

Unter Berücksichtigung der Ventilübertragungsfunktion

$$G_{Vent} = \frac{K}{1 + j\omega\, T_{Vent}} \tag{4-25}$$

gelten unter Anwendung des Nyquistkriteriums (s. Abschn. 9) für den Führungsfrequenzgang des offenen Kreises G_{W_0} die Bedingungen:

$$G_{W_0} < \{1;0\} \quad \text{stabil}$$

$$G_{W_0} = \{1;0\} \quad \text{Stabilitätsrand}$$

$$G_{W_0} > \{1;0\} \quad \text{instabil}$$

$$G_{W_0} = \frac{-K}{1 + j\omega\, T_{Vent}}\; C_0\; \frac{1}{1 + j\omega\, T}\; \frac{1}{j\omega} \tag{4-26}$$

Während mit dem Frequenzgang für das Folgeverhalten (Gl. (4-18)) die Geschwindigkeits- und Beschleunigungsfehler (Bild 4-15) aufgrund der dynamischen Veränderung der Vorgabegröße w beschreibbar sind, gilt für Fehler, die auf Belastungskräfte und Reibkräfte des Supports zurückzuführen sind, der *Störungsfrequenzgang* $G_F(j\omega)$:

$$G_F(j\omega) = \left.\frac{\bar{x}}{(\bar{F}_L + \bar{F}_R)}\right|_{\bar{w} = 0} \tag{4-27}$$

$$G_F(j\omega) = \frac{-\dfrac{1}{E_0\, K}}{1 + \dfrac{1}{K\, C_0}\, j\omega + \dfrac{T}{K\, C_0}\, (j\omega)^2} \tag{4-28}$$

Um den Nachformfehler – bedingt durch äußere Lasten und Reibkräfte – klein zu halten, gilt lt. Gl. (4-28) die Forderung, die Kraftverstärkung E_0 möglichst groß zu wählen.

Bezüglich des Schwingverhaltens des Folgekreises durch eine äußere Kraftanregung gelten die gleichen Betrachtungen wie sie für Gl. (4-18) angestellt wurden, da der Nenner von Gl. (4-28) dem von Gl. (4-18) entspricht.

Im statischen Fall ($\omega = 0$) gilt:

$$\left\{\frac{\bar{x}}{(\bar{F}_L + \bar{F}_R)}\right\}_{\omega = 0} = -\frac{1}{E_0\, K} \tag{4-29}$$

Diese Größe entspricht dem Reziprokwert der statischen Systemsteifigkeit.

5. Informationsverarbeitung

Mit der zunehmenden Automatisierung der Fertigungsprozesse ergaben sich auch höhere Anforderungen an die Informationsverarbeitung. Die Entwicklung der elektronischen Steuerungstechnik vollzog sich auf unterschiedlichen Ebenen. Zum einen wirkte sich dies im maschinen- bzw. prozeßnahen Bereich durch leistungsfähige, kleinbauende Steuerungskomponenten aus, zum anderen eröffnete die Entwicklung leistungsfähiger Datenverarbeitungsanlagen die Möglichkeit, die Steuerung des Fertigungsprozesses in den gesamten Informationsfluß eines Betriebes einzugliedern. Zum Informationsfluß bei höher integrierten Systemen zählt die Ausgabe der Steuerdaten zu den Bearbeitungs- und Transporteinheiten. Von dort werden Betriebsdaten aufgenommen, gesammelt und ausgewertet, um den Fertigungsablauf zu überwachen und gemäß vorgegebener Strategien zu steuern.

Die Einführung der Halbleitertechnologie bei den Maschinensteuerungen ermöglichte es, den Raumbedarf erheblich zu verkleinern. Daher können die Geräte mit in den Schaltschränken der Bearbeitungsmaschinen untergebracht werden. Allen Geräten zur digitalen Informationsverarbeitung ist gemeinsam, daß die zu verarbeitenden Daten in einer bestimmten Form definiert werden müssen. Die Darstellungsform der Daten orientiert sich an der Funktionsweise der Geräte, die auf den elektrischen Zuständen „Ein" und „Aus" basiert. Solche Größen, die nur zwei Werte oder Zustände annehmen können, nennt man binäre Größen.

Binäre Informationen können in Logiknetzwerken verarbeitet werden. Die Logiknetzwerke sind aus Schaltelementen aufgebaut, die logische Funktionen (Verknüpfungs- oder Grundfunktionen nach DIN 19 237) realisieren. In den folgenden Abschnitten wird u. a. die Umwandlung von Informationsdaten in unterschiedliche Darstellungsformen und ihre Verarbeitung in Logiknetzwerken gezeigt [23 bis 26].

5.1. Grundlagen

5.1.1. Zahlensysteme

Das allgemein gebräuchliche Zahlensystem ist das Dezimalsystem. Aufgrund praktischer Anforderungen sind bei Steuersystemen andere Zahlensysteme besser geeignet.

In jedem Zahlensystem läßt sich eine Zahl als Summe von Potenzen schreiben, deren allgemeine Form im oberen Teil von Bild 5-1 angegeben ist. Der Wert einer Stelle innerhalb einer mehrstelligen Zahl bestimmt sich aus dem Produkt der Ziffer mit der Wertigkeit der Ziffernstelle. Die Wertigkeit ist eine ganzzahlige Potenz zu der Basis, nach der das Zahlensystem benannt ist. Der zugehörige Exponent entspricht dem Ziffernstellenabstand vom Komma aus gerechnet. Die

Potenzschreibweise:

$$Z = b_n \cdot B^n + b_{n-1} \cdot B^{n-1} + \ldots b_1 \cdot B^1 + b_0 \cdot B^0 + b_{-1} \cdot B^{-1} + \ldots . + b_m \cdot B^m$$

Kurzform: $Z = \sum_{i=m}^{n} b_i \cdot B^i \qquad 0 \leqslant b_i < B$ B: Basis des Zahlensystems

Zahlendarstellung in gebräuchlichen Zahlensystemen :

Dezimal-			Dual-							Oktal-			Hexadezimalsystem	
10^2	10^1	10^0	2^6	2^5	2^4	2^3	2^2	2^1	2^0	8^2	8^1	8^0	16^1	16^0
		0							0			0		0
		1							1			1		1
		2						1	0			2		2
		3						1	1			3		3
		4					1	0	0			4		4
		5					1	0	1			5		5
		6					1	1	0			6		6
		7					1	1	1			7		7
		8				1	0	0	0		1	0		8
		9				1	0	0	1		1	1		9
	1	0				1	0	1	0		1	2		A
	1	1				1	0	1	1		1	3		B
	1	2				1	1	0	0		1	4		C
	1	3				1	1	0	1		1	5		D
	1	4				1	1	1	0		1	6		E
	1	5				1	1	1	1		1	7		F
	1	6			1	0	0	0	0		2	0	1	0
	1	7			1	0	0	0	1		2	1	1	1
	⋮	⋮			⋮	⋮	⋮	⋮	⋮		⋮	⋮		⋮
	2	7			1	1	0	1	1		3	3	1	B
	⋮	⋮			⋮	⋮	⋮	⋮	⋮		⋮	⋮	⋮	⋮
1	0	0	1	1	0	0	1	0	0	1	4	4	6	4
	⋮	⋮			⋮	⋮	⋮	⋮	⋮		⋮	⋮	⋮	⋮

Bild 5-1.
Zahlensysteme.

erste Stelle links vom Komma ist die Stelle Null; von ihr aus wird nach links steigend, nach rechts fallend gezählt. Wertigkeiten im Oktalsystem sind z. B.

$$8^{-2} = 0{,}01_8$$
$$8^{-1} = 0{,}1_8$$
$$8^0 = 1_8$$
$$8^1 = 10_8$$
$$8^2 = 100_8$$

Weiterhin gibt die Basis die Anzahl der unterscheidbaren Ziffern an.

Eine besondere Bedeutung hat das Dualsystem erlangt, da Dualzahlen in Logiknetzwerken verarbeitet werden können. Im Dualsystem beträgt die Basis 2; die unterscheidbaren Ziffern lauten 0 und 1. Da die Darstellung großer Zahlen jedoch zu einer sehr großen Stellenanzahl führt, sind in der Digitalrechentechnik noch das Oktal(8)- und das Hexadezimal(16)-System gebräuchlich. Zahlen aus diesen Zahlensystemen lassen sich sehr leicht in Dualzahlen umwandeln und gleichzeitig übersichtlich darstellen. Die Tabelle in Bild 5-1 zeigt eine Gegenüberstellung der gebräuchlichsten Zahlensysteme. Die unterscheidbaren Ziffern lauten im Dezimalsystem 0, 1, 2, 3, 4, 5, 6, 7, 8, 9, im Oktalsystem 0, 1, 2, 3, 4, 5, 6, 7 und im Hexadezimalsystem 0, 1, 2, 3, 4, 5, 6, 7, 8, 9, A, B, C, D, E, F.

Dezimalzahl : $Z_{10} = 13{,}6875$

Aufspalten : 13   0,6875

Umwandlung in Dualzahl:

13 : 2 = 6 Rest 1	0,6875 · 2 = 1,375 = 0,375 + 1
6 : 2 = 3 Rest 0	0,375 · 2 = 0,75 = 0,75 + 0
3 : 2 = 1 Rest 1	0,75 · 2 = 1,5 = 0,5 + 1
1 : 2 = 0 Rest 1	0,5 · 2 = 1,0 = 0 + 1
Dualzahl = 1101	0 · 2 = 0 dualer Rest = 0,1011

Dualzahl : $Z_2 = 1101{,}1011$

Umwandlung in Oktalzahl : |001|101|,|101|100| Umwandlung in Hexadezimalzahl : |1101|,|1011|

$Z_8 = 1 \quad 5 \,, \quad 5 \quad 4$ $Z_{16} = \quad D \,, \; B$

Rückwandlung in Dualzahl : Z_2 = 1|101|,|101|100| Z_2 = |1101|,|1011|

Umwandlung in Dezimalzahl : $Z_{10} = \sum_{i=m}^{n} b_i \cdot B^i$

$0 \leq b_i < B$ B Basis des Zahlensystems

Bild 5-2. Umwandlung von Zahlen für die Darstellung in verschiedenen Zahlensystemen.

Will man Dezimalzahlen durch Logiknetzwerke verarbeiten, müssen diese in Dualzahlen umgewandelt werden. Auch hier zeigt sich die besondere Bedeutung des Dualsystems, das als Zwischenstufe dient, wenn Dezimalzahlen in Oktal- oder Hexadezimalzahlen umgewandelt werden sollen.

Eine Dezimalzahl wird zur Umwandlung in einen ganzzahligen und einen gebrochenen Teil aufgespalten. Beide Teile werden mit Hilfe der sogenannten Zigeunermathematik in die entsprechenden Teile der Dualzahl umgewandelt, Bild 5-2. Zur Unterscheidung der Zahlendarstellung in unterschiedlichen Systemen wird die Basis als Index mit angegeben.

Die weitere Umwandlung der Dualzahl in eine Oktalzahl geschieht folgendermaßen: Vom Komma der Dualzahl ausgehend werden nach beiden Seiten je drei Ziffernstellen abgetrennt. Verbleibende Ziffern ergänzt man auf drei Stellen durch Nullen. Jeder dieser Blöcke wird nach der Tabelle in Bild 5-1 in eine Oktalziffer umgewandelt, die insgesamt die Oktalzahl Z_8 darstellen. Die Rückwandlung der Oktalzahl in eine Dualzahl erfolgt ziffernweise in Dreierblöcken, in eine Dezimalzahl über die Potenzschreibweise.

Die Umwandlung von Dualzahlen in Hexadezimalzahlen und umgekehrt geschieht analog der Umwandlung in Oktalzahlen, nur daß hier die Ziffernblöcke vier anstatt drei Stellen umfassen.

Die zentrale Stellung des Dualsystems begründet sich darin, daß sich Dualzahlen mit digital arbeitenden Bausteinen addieren lassen. Alle weiteren arithmetischen Operationen (z. B. Subtraktion, Multiplikation) sind auf die Addition zurückführbar. Dies bedeutet, daß mit Dualzahlen in weitem Umfang maschinell gerechnet werden kann.

Bild 5-3 zeigt, wie die vier Grundrechenarten mit Dualzahlen ausgeführt werden. Zur Darstellung negativer Dualzahlen wird das sogenannte Zweierkomple-

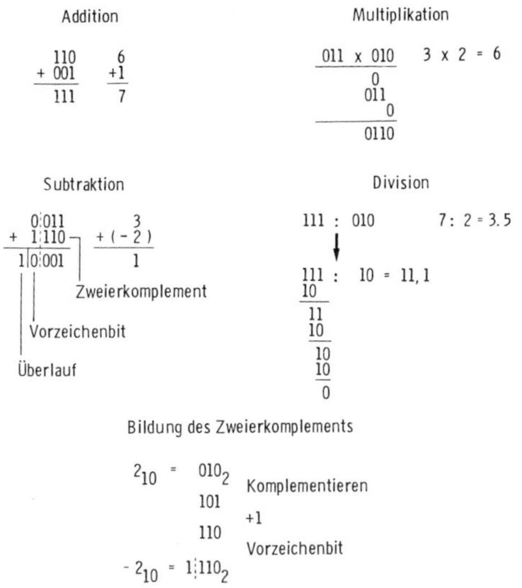

Bild 5-3.
Arithmetik mit Dualzahlen.

ment gebildet, mit dem die Subtraktion in eine Addition übergeführt werden kann. Der dabei entstehende Überlauf (linke Stelle) bleibt ohne Betracht.

Das Zweierkomplement wird folgendermaßen gebildet (Bild 5-3): Alle Stellen der Dualzahl werden komplementiert und auf die so gebildete Dualzahl eine „1" addiert. Die Stellenzahl wird so groß gewählt, daß bei der positiven Dualzahl in der ersten Stelle eine „0" steht. Durch die Bildung des Zweierkomplements wird die erste Stelle mit einer „1" besetzt, wodurch die Dualzahl als negativ gekennzeichnet wird.

Bis auf diese Ausnahme kann mit Dualzahlen wie mit Dezimalzahlen gerechnet werden. Die Division zweier ganzer Dualzahlen (Integerzahl) kann auf eine gebrochene Dualzahl (Realzahl) führen. Gebrochene Dualzahlen lassen sich in zwei Arten darstellen: ab *Festkommazahl* (*Fix-Point-Zahl,* Bild 5-3) und ab *Gleitkommazahl* (*Floating-Point-Zahl*). Im Gegensatz zur Festkommadarstellung eignet sich die Gleitkommadarstellung auch zur Verarbeitung von Zahlen unterschiedlicher Größenordnung (z. B. Multiplikation einer großen Zahl mit einer kleinen Zahl). Das Rechnen mit Floating-Point-Zahlen ist jedoch aufwendiger, da jede Zahl in eine Mantisse (Faktor) und in einen Exponenten zur Basis zwei unterteilt ist.

5.1.2. Datencodes

Damit Daten in digitale Geräte eingegeben und dort verarbeitet werden können, muß man die Informationen in geeigneter Weise darstellen. Man spricht von der Codierung der Daten.

Für die stellenweise Darstellung von Dezimalzahlen als Binärzahlen eignen sich BCD (binär codierte Dezimalziffern)-Codes. Diese Codes verbinden den gewohnten dezimalen Zahlenaufbau mit der binären Schreibweise.

Tetraden	8421 - BCD-Code	4 - Bit - Binär - Code	Gray - BCD - Code	4 - Bit - Gray - Code
0000	0	0	0	0
0001	1	1		F
0010	2	2	9	9
0011	3	3		E
0100	4	4	1	1
0101	5	5	2	2
0110	6	6	8	8
0111	7	7	3	3
1000	8	8		B
1001	9	9		C
1010		A		A
1011		B		D
1100		C	6	6
1101		D	5	5
1110		E	7	7
1111		F	4	4

Bild 5-4.
Tetradencodes.

Zur Darstellung einer Dezimalziffer werden vierstellige Binärzahlen (Tetraden) benötigt. Tetraden bieten $2^4 = 16$ mögliche Binärkombinationen, von denen man jedoch nur zehn braucht. Die einzelnen Dezimalziffern werden je nach der technischen Anforderung den einzelnen Tetraden zugeordnet. Die vier gebräuchlichsten Codes zeigt Bild 5-4.

Im 8421-BCD-Code wird die Dezimalziffer als gleichwertige Dualzahl dargestellt. Beim 8421-Hexadezimal-Code werden alle 16 Möglichkeiten einer Tetrade ausgenutzt.

Der Gray-Code ordnet die Dezimalziffern den Tetraden in der Art zu, daß sich die Tetraden von einer Dezimalziffer zur nächsten nur in einer Stelle ändern. Das ist gleichermaßen für die Darstellung von Hexadezimalziffern möglich. Vom Aufbau her sind beliebig viele Zuordnungen zu finden, die dem Bildungsgesetz für den Gray-Code gehorchen. Im Bild 5-4 wird jeweils ein geschlossener Gray-Code gezeigt. Bei einem geschlossenen Gray-Code entsteht beim Übergang von der höchstwertigen Ziffer „9" oder „F" zur „0" ebenfalls nur eine Änderung in der Tetrade. Der Gray-Code wird z. B. bei der Codierung von Wegmaßstäben benutzt (Abschn. 10), um beim Übergang von einem Wert zum nächsten nur eine Informationsänderung in einer Stelle zu enthalten. Damit hat dieser Code den Vorteil, daß eine Verschmutzung bzw. Beschädigung der Skala aufgrund der Störung des Musters erkannt werden kann.

Ebenso wie die Ziffern können auch Buchstaben, Satzzeichen und Sonderzeichen codiert und damit in Logiknetzwerken verarbeitet werden. Hierbei sind dann etwa 50 bis 60 Zeichen darzustellen. Um einen derartigen Zeichenumfang zu definieren, benötigt man sechsstellige Binärkombinationen ($2^6 = 64$); (DIN 66024).

Allgemein werden siebenstellige Binärkombinationen verwendet, die zur Codesicherung noch eine achte Stelle (Parity) haben. Mit dieser achten Stelle wird die Anzahl der „1"- bzw. „0"-wertigen Binärzeichen auf eine gerade oder ungerade Anzahl ergänzt. Dadurch können in codierten Zeichen einfache Fehler erkannt

EIA 244 A										ASCII, ISO, DIN 66024								
			P						Parityspur	P								
8	7	6	5	4	T	3	2	1	Spur	8	7	6	5	4	T	3	2	1
Lochkombination									Zeichen	Lochkombination								
		●			·				0			●	●		·			
					·			●	1	●		●	●		·			●
					·		●		2	●		●	●		·		●	
			●		·		●	●	3			●	●		·		●	●
					·	●			4	●		●	●		·	●		
			●		·	●		●	5			●	●		·	●		●
			●		·	●	●		6			●	●		·	●	●	
					·	●	●	●	7	●		●	●		·	●	●	●
				●	·				8	●		●	●	●	·			
			●	●	·			●	9			●	●	●	·			●
	●	●	●		·				+			●		●	·		●	●
	●				·				-			●		●	·	●		●
	●	●	●		·	●	●		F	●	●				·	●	●	
	●	●			·	●	●	●	G		●				·	●	●	●
	●		●		·	●			M		●			●	·	●		●
	●				·	●		●	N		●			●	·	●	●	
		●	●		·		●		S		●		●		·		●	●
		●			·		●	●	T	●	●		●		·	●		
		●	●		·	●	●	●	X	●	●		●	●	·			
		●	●	●	·				Y		●		●	●	·			●
		●		●	·			●	Z		●		●	●	·		●	
●					·				Wagenrückl.	●				●	·	●		●

Bild 5-5.
Lochstreifencodes für ausgewählte Zeichen nach EIA und ASCII bzw. ISO, DIN.

werden. Die achtstelligen Binärzeichen können auf einem 8-Spur (bzw. 8-Kanal)-Lochstreifen durch gestanzte Lochreihen markiert werden. In Bild 5-5 sind zwei weit verbreitete Codes dargestellt. Ausgewählt wurden die Codierungen, die in der NC-Technik am gebräuchlichsten sind. Es handelt sich dabei um den ASCII-(ISO-, DIN-) und den EIA-Code. Zur Speicherung eines Zeichens auf dem Lochstreifen wird jede „1" der Binärkombination durch ein Loch dargestellt. Die Lochreihe T enthält keine Information. Sie dient zum Transport des Lochstreifens beim Stanzen bzw. beim Abtasten der Lochungen.

Informationen, die in Steuerungen oder Rechenanlagen eingegeben werden, nennt man Daten. Informationsträger (wie z. B. Lochstreifen) werden deshalb auch als Datenträger bezeichnet. Sie dienen zum Bereitstellen und Speichern von Daten.

Eine andere Form von Datenträger ist die Lochkarte. Auf jeder Lochkarte kann in 80 Spalten je ein Zeichen mit zwölf Binärstellen verschlüsselt werden. Buchstaben und Ziffern werden im allgemeinen für alle Datenverarbeitungsanlagen in der gleichen Weise codiert. In Bild 5-6 ist die Codierung von Ziffern (eine Lochung) und Buchstaben (zwei Lochungen) angegeben, wie sie nach dem ASCII-oder dem Hollerith-Code definiert sind. Die Übersicht über die Lochkartenzeilen, die für Ziffern bzw. Buchstaben gestanzt werden, ist im rechten Teil des Bildes angegeben. Die Sonderzeichen werden je nach Datenverarbeitungsanlage unterschiedlich codiert, so daß hier keine allgemeingültige Aussage möglich ist.

Lochkarten haben gegenüber Lochstreifen den Vorteil, daß man die Datenfolge durch Kartenaustausch leicht verändern kann. Sie sind robuster und können

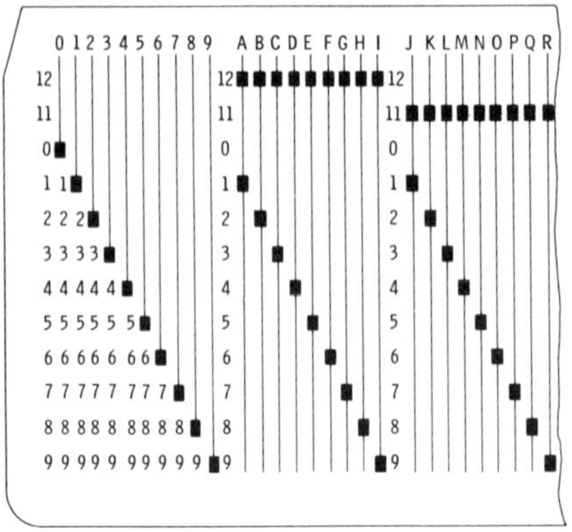

Ziffern- und Buchstabenschlüssel im Hollerith - Code (026) oder ASC II - Code (029)

	0	1	2	3	4	5	6	7	8	9
12		A	B	C	D	E	F	G	H	I
11		J	K	L	M	N	O	P	Q	R
0			S	T	U	V	W	X	Y	Z
	0	1	2	3	4	5	6	7	8	9

Bild 5-6.
Codierung von Daten auf Lochkarte.

zusätzlich mit dem Klartext der Informationen bedruckt werden. Lochstreifen dagegen bieten den Vorteil, daß mit ihnen größere Datenmengen auf einem kleineren Raum speicherbar sind und daß die Daten schneller in die Numerische Steuerung eingelesen werden können. Zudem sind Lese- und Stanzgeräte für Lochstreifen mechanisch nicht so aufwendig und daher preisgünstiger als diejenigen für Lochkarten. In der Steuerungstechnik hat sich der Lochstreifen durchgesetzt. Besonders beanspruchte Streifen werden nicht aus Papier-, sondern aus Metall- oder Kunststoffband hergestellt.

Außer den hier genannten sind weitere Datenträger in Gebrauch, die die Informationen magnetisch speichern. Der magnetisierbare Träger kann die Form einer Platte (Ausführung als Plattenstapel, Discy oder Floppy) oder eines Bandes (Ausführung als Magnetband oder -kassette) besitzen. Bei diesen Datenträgern kann die Information vom Benutzer nicht mehr optisch, sondern nur noch in Verbindung mit Rechenanlagen decodiert werden.

5.1.3. Boolesche Algebra

Binäre Informationen können in digital arbeitenden Geräten, sogenannten Logiknetzwerken, verarbeitet werden. Sie enthalten Schaltelemente, die logische Funktionen realisieren. Die wichtigsten sind die UND- und die ODER-Funktion, die im folgenden näher betrachtet werden. Logiknetzwerke verknüpfen die Zustände der Eingangsgrößen (Signale an den Eingängen) zu Ausgangsgrößen (Signale an den Ausgängen). In Bild 5-7 ist ein Logiknetzwerk in allgemeiner Darstellung

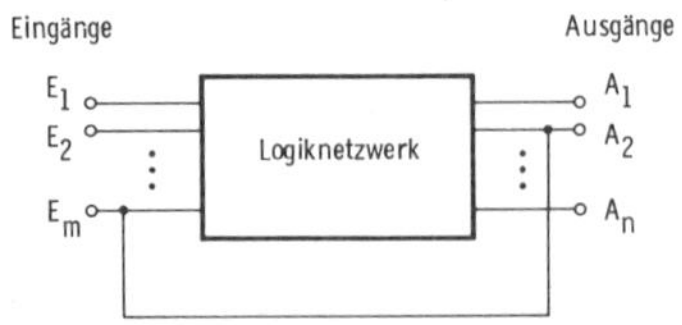

Bild 5-7.
Logiknetzwerk in allgemeiner Darstellung.

gezeigt. Dort ist auch zu sehen, daß zur Erzeugung spezieller Funktionen Ausgänge auf Eingänge geschaltet werden können.

Das typische Merkmal der Logiknetzwerke besteht darin, daß die Ein- und Ausgangszustände und die interne Arbeitsweise zweiwertig (binär) sind.

Die möglichen Zustände der auftretenden Signale der Größen werden wie folgt definiert:

„1": ein Signal ist vorhanden (Spannung liegt an, Strom fließt, Druck ist vorhanden);

„0": ein Signal ist nicht vorhanden (Spannung, Strom oder Druck gleich null).

Die logische Funktion eines Logiknetzwerks kann mathematisch mit Hilfe der Booleschen Algebra beschrieben werden. Sie stellt alle Vorschriften bereit, um mit logischen Größen (Zustandsvariablen) zu rechnen.

Die fundamentalen Rechenoperationen der Booleschen Algebra sind in fünf Postulaten enthalten. Postulat ① definiert den binären Charakter der logischen Zustandsvariablen X. Postulat ② beschreibt die Komplementbildung (Negation) und sagt aus, daß der Zustand „0" das Gegenstück zum Zustand „1" ist und umgekehrt. Als Symbol für die Negation dient der Querstrich über der Variablen:

① $X = 0$, wenn $X \neq 1$ ② $\overline{0} = 1$

(1') $X = 1$, wenn $X \neq 0$ (2') $\overline{1} = 0$

Die Postulate 3 bis 5 definieren die Resultate aller mit zwei Eingangsvariablen möglichen Kombinationen für die UND- und die ODER-Verknüpfungen, für deren mathematische Schreibweise Symbole genormt werden:

UND: ③ $0 \cdot 0 = 0$ ④ $1 \cdot 1 = 1$ ⑤ $0 \cdot 1 = 1 \cdot 0 = 0$

ODER: (3') $0 + 0 = 0$ (4') $1 + 1 = 1$ (5') $0 + 1 = 1 + 0 = 1$

Im folgenden werden die internationalen Symbole für die Darstellung benutzt (DIN 6600), Tabelle 5-1.

Tabelle 5-1. Symbole für Verknüpfungen.

Verknüpfungsform	Symbol international	nach DIN 6600
UND	·	$\wedge$ ·
ODER	+	$\vee$ +

In Bild 5-8 sind die drei Grundfunktionen angegeben, die durch die Postulate definiert worden sind. Für jede Funktion sind neben der Booleschen Schreibweise noch die Wertetabelle und das Schaltzeichen angegeben. Alle drei Darstellungsweisen besitzen die gleiche Aussage.

Die Wertetabelle umfaßt alle möglichen Variationen der Eingangszustände und ordnet diesen die zugehörigen Ausgangszustände zu. Jede Zeile der Wertetabelle

Grundfunktionen

	UND	ODER	NICHT
Schreibweise	$A \cdot B = F$	$A + B = F$	$\bar{A} = F$

Wertetabelle

UND:

A	B	F
0	0	0
0	1	0
1	0	0
1	1	1

ODER:

A	B	F
0	0	0
0	1	1
1	0	1
1	1	1

NICHT:

A	$\bar{A}$	F
0	1	1
1	0	0

Schaltzeichen

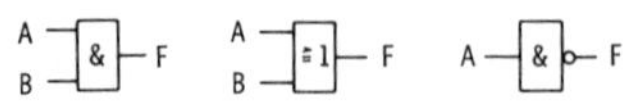

Bild 5-8.
Grundfunktionen in verschiedener Darstellungsweise.

ist eine UND-Verknüpfung der dargestellten Zustände der Eingangsvariablen – hier A und B – zum angegebenen Zustand der Ausgangsvariablen F.

Für n Variablen ergeben sich 2^n Zeilen für die Wertetabelle. Das bedeutet, daß die Wertetabelle für zwei Eingangsvariablen vier Zeilen umfaßt und die Ausgangsvariable durch eine vierstellige Kombination der Zustände „0" und „1" beschrieben werden kann.

Die Variation mit Wiederholung dieser vierstelligen Zahlenkombination für die Ausgangsvariablen führt auf 16 unterscheidbare Ausdrücke. Diese sind in Bild 5-9 dargestellt. Die obere Tabelle zeigt die Kombinationen der Eingangszustände sowie deren Verknüpfung zu den 16 möglichen Ausgangsfunktionen. Die untere Tabelle erläutert diese Verknüpfungen. Zwei der dargestellten Verknüpfungen sind die bereits genannten UND- und ODER-Funktionen (F2 und

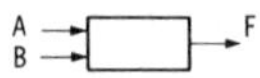

Eing.		mögliche Ausgangsfunktionen F_i															
A	B	F1	F2	F3	F4	F5	F6	F7	F8	F9	F10	F11	F12	F13	F14	F15	F16
0	0	0	0	0	0	0	0	0	0	1	1	1	1	1	1	1	1
0	1	0	0	0	0	1	1	1	1	0	0	0	0	1	1	1	1
1	0	0	0	1	1	0	0	1	1	0	0	1	1	0	0	1	1
1	1	0	1	0	1	0	1	0	1	0	1	0	1	0	1	0	1

Ausgangsfunktion	Aussage	Boolescher Ausdruck $F_i =$	Name der Verknüpfung
F1	nie	0	
F2	A und B	$A \cdot B$	UND
F3	A und nicht B	$A \cdot \bar{B}$	
F4	gleich A	A	
F5	B und nicht A	$\bar{A} \cdot B$	
F6	gleich B	B	
F7	A ungleich B	$\bar{A} \cdot B + A \cdot \bar{B}$	EXOR
F8	mindestens eines	$A + B$	ODER
F9	weder A noch B	$\bar{A} \cdot \bar{B} = \overline{A + B}$	NOR
F10	A gleich B	$\bar{A} \cdot \bar{B} + A \cdot B$	EXNOR
F11	nicht B	$\bar{B}$	
F12	A oder nicht B	$A + \bar{B}$	
F13	nicht A	$\bar{A}$	
F14	B oder nicht A	$\bar{A} + B$	
F15	eines nicht	$\overline{A \cdot B} = \bar{A} + \bar{B}$	NAND
F16	immer	1	

Bild 5-9.
Mögliche Verknüpfungen mit zwei Eingangsvariablen A und B.

F8). Außer diesen sind noch die Namen für diejenigen Verknüpfugnen angegeben, die als Funktionsbausteine erhältlich sind: NAND, NOR, EXOR (Antivalenz, Exklusiv-ODER) und EXNOR (Äquivalenz).

In der Spalte 3 der Auflistung werden die Booleschen Ausdrücke für die Funktionen F1 bis F16 angegeben. Jeder dieser Funktionen kann als Gleichung geschrieben werden, sie lautet z. B. für F7:

$$F7 = \overline{A} \cdot B + A \cdot \overline{B}.$$

Diese Darstellung der logischen Funktionen wird Boolesche Gleichung genannt. Eine Boolesche Gleichung enthält alle Eingangsvariablen, aus denen durch logische Verknüpfung die Zustände der Ausgangsvariablen abgeleitet werden. Jedoch werden nur diejenigen Verknüpfungen der Eingangszustände aufgenommen, für die die Ausgangsvariable den Wert „1" annimmt. Boolesche Gleichungen sind nur aus ODER-verknüpften UND-Funktionen aufgebaut. Sie lassen sich vorteilhaft aus der verbalen Formulierung logischer Bedingungen erstellen. Der Betriebszustand einer Bearbeitungsmaschine kann zum Beispiel folgendermaßen über die Zustände der Maschinenfunktionen A, B und C definiert werden:

Die Maschine befindet sich im Betriebszustand F, wenn
- Funktion A *und* Funktion B den Zustand „1" haben, *oder*
- Funktion B den Zustand „1" *und* Funktion C den Zustand „0" haben.

Die Boolesche Gleichung lautet dann:

$$F = A \cdot B + B \cdot \overline{C}.$$

Logische Ausdrücke, die in Form Boolescher Gleichungen gegeben sind, lassen sich in vielen Fällen vereinfachen, meistens dann, wenn die Funktionen drei oder mehr Eingangsvariablen enthalten. Für diese Vereinfachung werden die Theoreme der Booleschen Algebra benötigt, Tabelle 5-2.

Diese Theoreme lassen sich durch die Postulate beweisen. Zur vereinfachten Darstellung kann das Symbol „ · " für die UND-Verknüpfung der Variablen entfallen.

Die Boolesche Gleichung einer logischen Funktion läßt sich nicht in allen Fällen – vor allem bei komplexen logischen Bedingungen – direkt aus der verbalen Formulierung ableiten. Dann setzt man die „Wertetabelle" als Hilfsmittel ein. In dieser werden zeilenweise alle Kombinationen der Zustände der Eingangsvariablen angeordnet. Bei jeweils nur zwei möglichen Zuständen umfaßt die Tabelle für n Eingangsvariablen 2^n Zeilen. In einer Spalte für die Ausgangsvariable wird der Zustand eingetragen, der durch die Kombination der Eingangssignale gebildet werden soll. In der Wertetabelle sind also neben den logischen Bedingungen für den Wert „1" der Ausgangsvariablen auch die für den Wert „0" angegeben.

In Bild 5-10 ist an einem Beispiel dargestellt, wie aus der Wertetabelle der Boolesche Ausdruck für eine logische Funktion ermittelt und dann mit Hilfe der Theoreme vereinfacht werden kann. Betrachtet wird zunächst nur die Ausgangsvariable F1. Ihr Zustand ist in diesem Fall eine Funktion von drei Eingangsvariablen A, B und C. Die Wertetabelle hat daher $2^3 = 8$ Zeilen. Sie gibt an, bei welchen Signalkombinationen von A, B und C das Ausgangssignal vorhanden

Tabelle 5-2. Theoreme der Booleschen Algebra.

(1)	$X + 1 = 1$	
(1')	$X \cdot 0 = 0$	
(2)	$X + 0 = X$	
(2')	$X \cdot 1 = X$	
(3)	$X + X = X$	
(3')	$X \cdot X = X$	
(4)	$\overline{(X)} = \overline{X}$	
(4')	$\overline{\overline{(X)}} = X$	
(5)	$X + Y = Y + X$	Kommunative
(5')	$X \cdot Y = Y \cdot X$	Gesetze
(6)	$X + \overline{X} = 1$	
(6')	$X \cdot \overline{X} = 0$	
(7)	$X + XY = X$	
(7')	$X(X + Y) = X$	
(8)	$(X + \overline{Y})\, Y = XY$	
(8')	$X\overline{Y} + Y = X + Y$	
(9)	$X + Y + Z = (X + Y) + Z = X + (Y + Z)$	Assoziative
(9')	$XYZ = (XY)Z = X(YZ)$	Gesetze
(10)	$XY + XZ = X(Y + Z)$	
(10')	$(X + Y)\,(X + Z) = X + YZ$	
(11)	$(X + Y)\,(Y + Z)\,(Z + \overline{X}) = (X + Y)\,(Z + \overline{X})$	
(11')	$XY + YZ + Z\overline{X} = XY + \overline{X}Z$	
(12)	$(X + Y)\,(\overline{X} + Z) = XZ + \overline{X}Y$	
(13)	$\overline{(X + Y + Z + \ldots)} = \overline{X} \cdot \overline{Y} \cdot \overline{Z}$	De Morgan
(13')	$\overline{XYZ \ldots} = \overline{X} + \overline{Y} + \overline{Z}$	

bzw. nicht vorhanden ist. Um den Booleschen Ausdruck für die Funktion der Variablen F1 zu erhalten, schreibt man die Eingangsvariablenzustände aller Zeilen mit dem Ausgangszustand „1" als UND-Funktionen und verknüpft diese Ausdrücke (Zeilen) durch logische ODER-Funktionen (Disjunktionen). Dieser

Wertetabelle

Eingänge			Ausgänge	
A	B	C	F1	F2
0	0	0	0	1
0	0	1	0	0
0	1	0	0	1
0	1	1	1	1
1	0	0	1	0
1	0	1	1	0
1	1	0	1	0
1	1	1	1	0

Vollständige disjunktive Normalform für F1

$$F1 = \overline{A}\,B\,C + A\,\overline{B}\,\overline{C} + A\,\overline{B}\,C + A\,B\,\overline{C} + A\,B\,C$$

Bildung der vereinfachten disjunktiven Normalform :

	Theorem
$F1 = \overline{A}BC + A\overline{B}\overline{C} + A\overline{B}C + AB\overline{C} + ABC$	
$= \overline{A}BC + A\,(\overline{B}\overline{C} + \overline{B}C + B\overline{C} + BC)$	(10)
$= \overline{A}BC + A\,[\overline{B}\,(\overline{C} + C) + B\,(\overline{C} + C)]$	(10)
$= \overline{A}BC + A\,(\overline{B} \cdot 1 + B \cdot 1)$	(6)
$= \overline{A}BC + A\,(\overline{B} + B)$	(2')
$= \overline{A}BC + A$	
$F1 = BC + A$	(8')

$$F2 = \overline{A}\,(\overline{C} + B)$$

Bild 5-10. Wertetabelle und disjunktive Normalform.

Boolesche Ausdruck wird „vollständige disjunktive Normalform" genannt. Durch Anwendung der Theoreme kann dieser Ausdruck vereinfacht bzw. minimiert werden und führt auf die „vereinfachte disjunktive Normalform". Sollte die Funktion F1 durch ein Logiknetzwerk realisiert werden, so kann der Aufwand an Verknüpfungsgliedern durch die Minimierung erheblich verringert werden.

Sind in der Wertetabelle mehr Zeilen mit dem Zustand „1" für die Ausgangsvariable vorhanden als Zeilen mit dem Zustand „0", so kann entsprechend der Boolesche Ausdruck für das Komplement der Ausgangsvariablen aufgestellt werden. Eine abschließende Komplementierung der vereinfachten Normalform ergibt dann den Ausdruck für die Ausgangsvariable.

5.1.4. Karnaugh-Veitch-Diagramm

Eine andere Möglichkeit, Boolesche Ausdrücke zu minimieren, besteht in der Anwendung des sogenannten Karnaugh-Veitch-Diagramms (K-V-Diagramms), ein grafisches Minimierverfahren, dessen Vorteil vor allem darin liegt, daß die vielfach sehr aufwendige Anwendung der Theoreme entfallen kann.

Ein K-V-Diagramm besteht aus schachbrettartig angeordneten Feldern. Wie die Wertetabelle für n Eingangsvariablen 2^n Zeilen umfaßt, so enthält das K-V-Diagramm 2^n Felder. Bild 5-11 zeigt die K-V-Diagramme für zwei und drei Eingangsvariablen. Durch Verdopplung der Felderanzahlen kann das Diagramm für jeweils eine Eingangsvariable mehr eingerichtet werden. Die Anzahl der Eingangsvariablen ist theoretisch unbegrenzt, praktisch ergibt sich aber eine Grenze durch die Übersichtlichkeit des K-V-Diagramms, die bei etwa fünf Eingangsvariablen liegt.

Die Eingangsvariablen schreibt man so an den Rand des Diagramms, daß alle Felder von verschiedenen Kombinationen der Eingangsvariablen belegt werden. In

für 2 Eingangsvariable A und B
(z.B. ODER-Funktion)

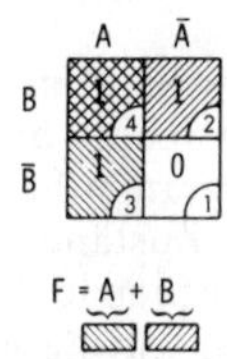

Kombination der Eingangsvariablen			
Nr.	A	B	F = A + B
1	0	0	0
2	0	1	1
3	1	0	1
4	1	1	1

für 3 Eingangsvariable A, B und C
(mit Beispiel für F1)

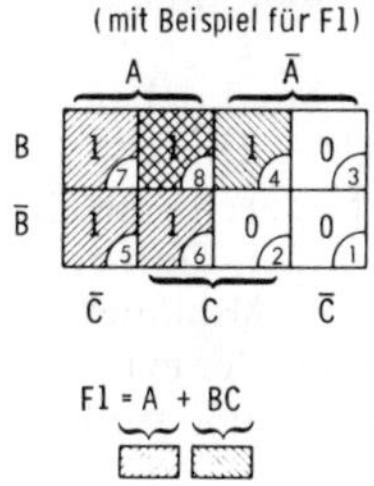

Kombination der Eingangsvariablen				
Nr.	A	B	C	F1
1	0	0	0	0
2	0	0	1	0
3	0	1	0	0
4	0	1	1	1
5	1	0	0	1
6	1	0	1	1
7	1	1	0	1
8	1	1	1	1

Bild 5-11.
Karnaugh-Veitch-Diagramme für zwei und drei Eingangsvariable.

der Wertetabelle sind die Kombinationen der Eingangsvariablen numeriert. Zum besseren Verständnis sind diese Zahlen in die zugehörigen Felder des K-V-Diagramms eingetragen. Jedes Feld des K-V-Diagramms entspricht einer Zeile der Wertetabelle.

Die Zuordnung der Eingangsvariablen zu den Zeilen und Spalten des Diagramms kann man sinngemäß auch in anderer Weise vornehmen als hier gezeigt. Die in Zeilen bzw. Spalten benachbarten Felder eines K-V-Diagramms unterscheiden sich jeweils nur durch eine Variable. Dies gilt auch, wenn das K-V-Diagramm bei der praktischen Anwendung mehrfach aneinandergereiht wird, was nach allen Richtungen hin möglich ist. Bild 5-12 zeigt eine Ausführung des K-V-Diagramms für vier Eingangsvariable.

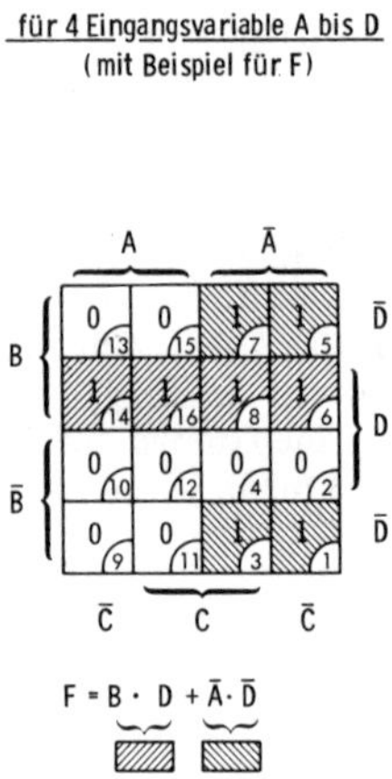

Kombination der Eingangsvariablen

Nr.	A	B	C	D	F
1	0	0	0	0	1
2	0	0	0	1	0
3	0	0	1	0	1
4	0	0	1	1	0
5	0	1	0	0	1
6	0	1	0	1	1
7	0	1	1	0	1
8	0	1	1	1	1
9	1	0	0	0	0
10	1	0	0	1	0
11	1	0	1	0	0
12	1	0	1	1	0
13	1	1	0	0	0
14	1	1	0	1	1
15	1	1	1	0	0
16	1	1	1	1	1

Bild 5-12.
Karnaugh-Veitch-Diagramme für vier Eingangsvariable.

Als Beispiel für die Anwendung des K-V-Diagramms soll die grafische Minimierung der Funktion aus Bild 5-10 gezeigt werden. In Bild 5-11 ist rechts unten nochmals die Wertetabelle angegeben. Links unten ist das K-V-Diagramm für die drei Eingangsvariablen A, B und C angegeben. Als erstes werden die Zustände der Ausgangsvariablen F1 („0" bzw. „1") jeder Zeile in das entsprechende Feld übertragen. Damit umfaßt das K-V-Diagramm dieselbe Information wie die Wertetabelle.

Zur Minimierung werden möglichst viele benachbarte Felder mit dem Inhalt „1" zu rechteckigen Blöcken vereinigt, die 2, 4, 8 . . . , d. h. 2^n (n = 1, 2 . . . n) Felder umfassen. Während jedes einzelne Feld durch die n Variablen beschrieben ist, entfällt bei jeder Verdoppelung der Felderanzahl eine Variable. Umfaßt ein Block z. B. die Hälfte aller Felder des K-V-Diagramms, so kann er durch eine einzige Variable beschrieben werden. Bei der Blockbildung lassen sich die Felder mehrfach in verschiedene Blöcke einbeziehen. Zum Abschluß der Minimierung werden die Booleschen Ausdrücke aller entstandenen Blöcke sowie der evtl. verbleibenden Einzelfelder ODER-verknüpft, und man erhält die minimierte logische Funktion für die Ausgangsvariable.

Nimmt man das K-V-Diagramm für die Variable F1 in Bild 5-11, so kann zunächst ein Block gebildet werden, der die linke Hälfte der Felder umfaßt. Dies bedeutet, daß dieser Block allein durch die Variable A beschrieben wird.

Ein Feld (obere Zeile, drittes Feld von links) ist noch nicht berücksichtigt worden. Dieses läßt sich mit seinem Nachbarfeld, das bereits bei der Blockbildung benutzt wurde, zu einem Block zusammenfassen. Diese beiden Felder werden durch die UND-Verknüpfung der Variablen B und C beschrieben.

Damit sind alle Felder mit einer „1" des K-V-Diagramms berücksichtigt und die logische Funktion für F1 lautet:

$$F1 = A + B\,C.$$

5.2. Bausteine

5.2.1. Realisierung der Grundfunktionen

Die Schaltzeichen für die logischen Funktionen gestatten die Erstellung von Schaltplänen für Logiknetzwerke unabhängig von der Art der technischen Realisierung der Grundfunktionen. Die Grundfunktionen werden als Bausteine realisiert und können nach den Schaltplänen zu Logiknetzwerken zusammengeschaltet werden. Je nach Einsatzgebiet sind Logiknetzwerke in unterschiedlichen Techniken realisierbar. Pneumatische Bausteine [27], Bild 5-13, steuern eine Luftströmung durch Ventilklappen oder nutzen strömungstechnische Effekte

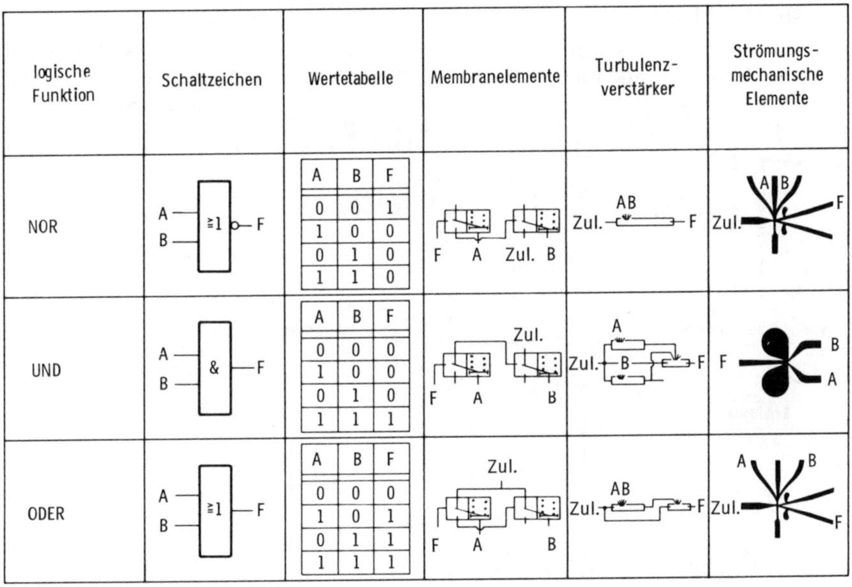

Bild 5-13. Pneumatische Logikbausteine zur Informationsverarbeitung.

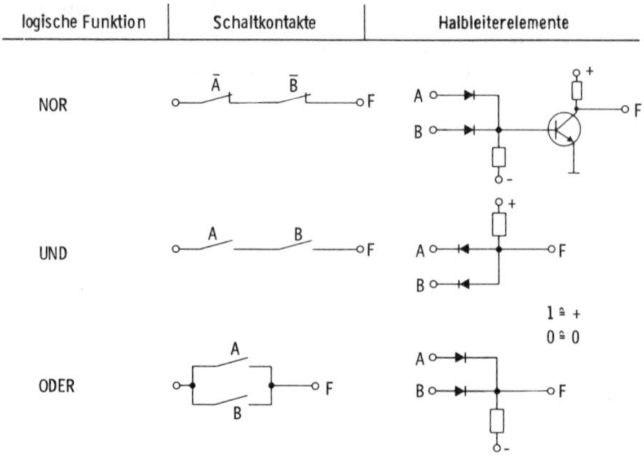

Bild 5-14.
Elektrische und elektronische Bausteine zur Informationsverarbeitung.

aus. Die binären Signale sind „Luftdruck vorhanden" und „Luftdruck nicht vorhanden" (Bild 5-13).

Weiter verbreitet sind die elektrischen und elektronischen Bausteine, Bild 5-14. Die binären Signale dieser Bausteine sind „Spannung vorhanden" und „Spannung nicht vorhanden".

Bei den Schaltkontakten wird zwischen Arbeits- und Ruhekontakten unterschieden. Die Ruhekontakte, also die im Ruhezustand geschlossenen Kontakte, werden durch einen Querstrich über der Variablenbezeichnung gekennzeichnet. Bedien- und Anzeigeelemente sind in Abschn. 5.2.3 näher beschrieben.

In Bild 5-15 ist die Verknüpfung für die Ausgangsvariable F1 aus Bild 5-10 als logische Schaltung mit unterschiedlichen Baulementen realisiert. Bild 5-15 zeigt

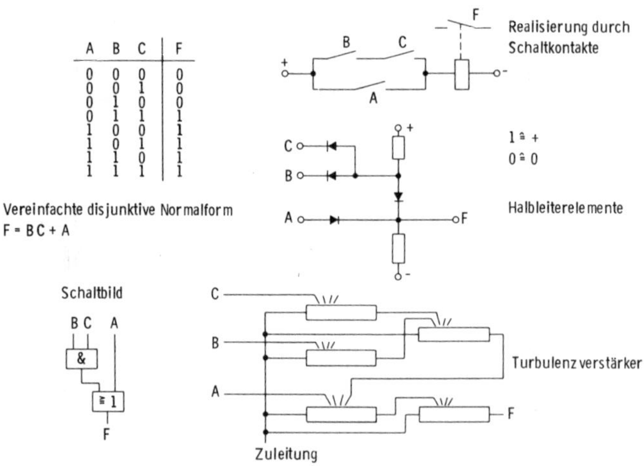

Bild 5-15. Logische Schaltung in unterschiedlicher technischer Realisierung.

im linken Teil die Wertetabelle, die vereinfachte disjunktive Normalform und das zugehörige Schaltbild mit den Schaltzeichen der Grundfunktionen. Der rechte Teil von Bild 5-15 zeigt die Realisierung des Logiknetzwerks mit unterschiedlichen Bauelementen.

An der Schaltung, die mit Schaltkontakten aufgebaut wurde, läßt sich die erzielte Minimierung am deutlichsten zeigen. Ohne Minimierung würden statt der tatsächlich benötigten drei Schließer zehn Schließer und fünf Öffner, d. h. insgesamt 15 Schaltkontakte benötigt, um die Funktion F nach der Wertetabelle zu erhalten.

Die Eingangsgrößen A, B und C können z. B. Zustände von Maschinenfunktionen und die Ausgangsgröße F z. B. das ordnungsgemäße Einschalten einer Werkzeugmaschine darstellen. Die Wertetabelle definiert dann, wann die Maschine in Funktion gesetzt werden darf.

Die gezeigten Schaltungen können in dieser Art für Steuerungen eingesetzt werden. Daraus ist zu ersehen, daß die Boolesche Algebra in Verbindung mit dem K-V-Diagramm ein geeignetes Hilfsmittel darstellt, Steuerungsaufgaben zu beschreiben. In der Steuerungstechnik bestehen jedoch Aufgaben, die durch die Grundfunktionen nicht direkt gelöst werden können. Diese benötigten komplexeren Funktionen lassen sich aus Bausteinen der Grundfunktionen realisieren.

5.2.2. Erweiterte Funktionen

Einzelne der komplexeren Funktionen werden immer wieder in der gleichen Struktur angewendet. Für diese wurden spezielle Schaltungen entwickelt [28].

Flip-Flop:

Das Flip-Flop (bistabiler Multivibrator) ist ein Bauelement, das zum Speichern eines binären Signals dient. Aus dem Schaltzeichen in Bild 5-16 ist zu ersehen, daß das Flip-Flop über je zwei Ein- und Ausgänge verfügt.

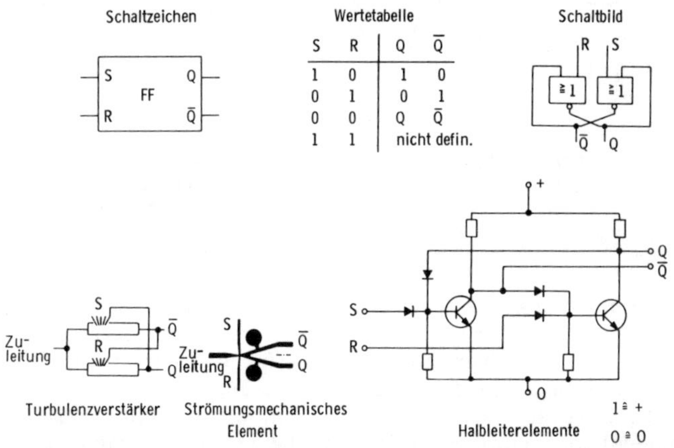

S	R	Q	$\bar{Q}$
1	0	1	0
0	1	0	1
0	0	Q	$\bar{Q}$
1	1	nicht defin.	

Bild 5-16. Flip-Flop (Speicher) in unterschiedlicher technischer Realisierung.

Legt man ein Signal an den Setzeingang S, so wird – nach der Wertetabelle – der direkte Ausgang Q gesetzt und so lange gehalten, bis das Flip-Flop über den Rücksetzeingang R zurückgesetzt wird. Der Ausgang $\overline{Q}$ hat jederzeit den komplementären, d. h. entgegengesetzten Signalzustand zum Ausgang Q.

Das Schaltbild in Bild 5-16 zeigt, wie ein Flip-Flop aus zwei NOR-Funktionsgliedern aufgebaut werden kann. Der Ausgang des einen Logikelements ist jeweils auf einen Eingang des anderen Logikelements geschaltet, wodurch ein Speicherverhalten entsteht.

1:2-Untersetzer:

Durch die Beschaltung eines Flip-Flops, Bild 5-17, ist es möglich, das Flip-Flop über einen Takteingang T im Wechsel zu setzen und zurückzusetzen. Durch eine im Bild nicht gezeigte innere Beschaltung wird erreicht, daß die Ausgänge erst bei Wegnahme des Signals T (Rückflanke) in den neuen Zustand gelangen (dynamisches Setzen, dynamischer Eingang T). Die Funktion ist dann ähnlich der eines Druckschalters, der im Wechsel ein- und ausschaltet. Das Impulsdiagramm zeigt, daß die Ausgänge bei jeder zweiten Taktrückflanke gesetzt bzw. rückgesetzt werden. Die Frequenz des Eingangstaktes wird also im Verhältnis 1:2 geteilt. Unabhängig vom augenblicklichen Zustand der Ausgänge kann das Flip-Flop über die Eingänge S und R definiert gesetzt und zurückgesetzt werden.

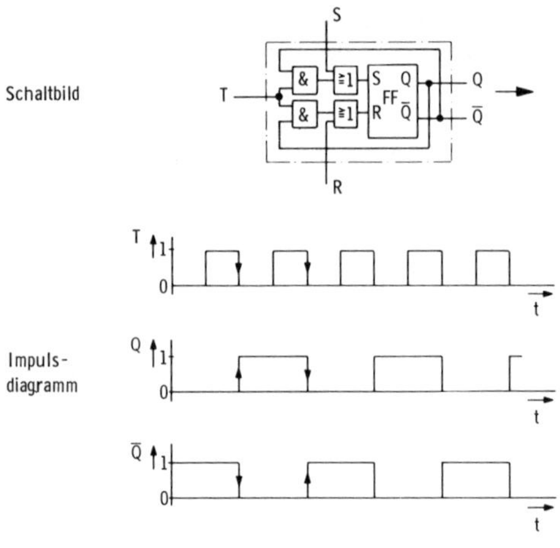

Bild 5-17.
Flip-Flop als 1:2-Untersetzer (rückflankengesteuert).

Binärzähler:

Koppelt man mehrere rückflankengesteuerte Flip-Flops wie in Bild 5-18, so wird jedes Flip-Flop vom vorhergehenden getaktet, das erste vom zu zählenden Eingangstakt selbst. Jede Stufe halbiert an ihrem Ausgang die Frequenz der Eingangstakte, wie das Impulsdiagramm zeigt. An den Ausgängen Q_0 bis Q_3 kann man die Anzahl der Eingangstakte als Dualzahl ablesen. Mit n = 4 Stufen lassen sich $2^n = 16$ unterscheidbare Dualzahlen realisieren, die den Dezimalzahlen 0 bis 15 entsprechen.

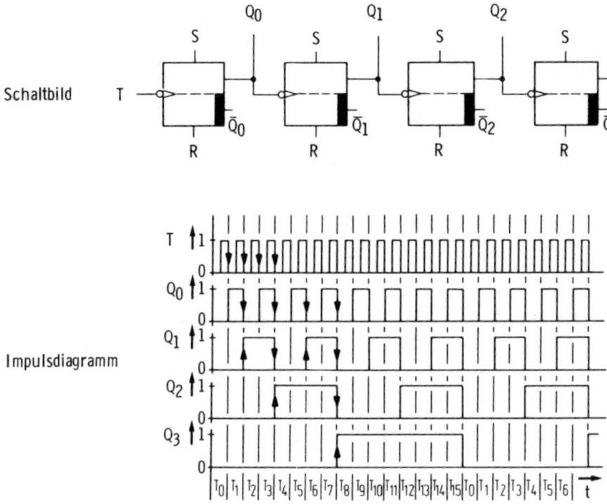

Bild 5-18.
Binärzähler (rückflankengesteuert).

Über die Setz- und Rücksetzeingänge können die Zählerstufen definiert auf „0" oder „1" gesetzt werden, so daß der Zählvorgang bei einem vorwählbaren Anfangswert beginnen kann. Durch Vergrößern der Stufenanzahl läßt sich der Zählumfang beliebig erweitern.

Bei Benutzung der komplementären Ausgänge $\overline{Q}_0$ bis $\overline{Q}_3$ zur Zählanzeige kann die Anordnung mit der gleichen Zählkapazität als Abwärtszähler eingesetzt werden.

Wie in Abschn. 5.3.2.1 noch gezeigt wird, kann die Funktionsweise informationsverarbeitender Geräte, die auf der Basis von Mikroprozessoren oder Kleinrechnern aufgebaut sind, durch Programmierung (Software) festgelegt werden. Dementsprechend ist es möglich, einen Zähler durch Softwarefunktionen nachzubilden. Meist können die hardwaremäßig aufgebauten Zähler eine höhere Taktfrequenz verarbeiten, so daß diese bevorzugt eingesetzt werden. Das gleiche gilt für Arithmetikbausteine.

Halbaddierer:

Außer den Speicher- und Zählbausteinen werden in Steuerungen auch Bausteine benötigt, mit denen sich Rechenoperationen ausführen lassen. Bild 5-19 zeigt

Wertetabelle

A	B	S	Ü
0	0	0	0
1	0	1	0
0	1	1	0
1	1	0	1

disjunktive Normalform

$S = A \cdot \overline{B} + \overline{A} \cdot B$

$Ü = A \cdot B$

Schaltbild

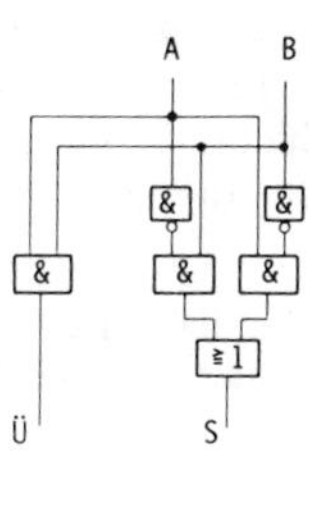

Bild 5-19.
Entwicklung eines einfachen Addierers (Halbaddierer).

eine Schaltung, die zum Addieren von zwei einstelligen Dualzahlen dient. Die Wertetabelle gibt an, wie dies geschieht und wann ein Übertrag zur nächst höheren Ziffernstelle entsteht. Das Schaltbild wurde nach der disjunktiven Normalform (Abschn. 5.1.3) aufgebaut. Dieses Logiknetzwerk eignet sich nur zur Addition einer binären Ziffernstelle. Bei mehrstelligen Dualzahlen muß man noch den Übergang Ü von der niederwertigeren Stelle berücksichtigen.

Volladdierer:

Die Volladdierer dienen zum Addieren der n-ten Stelle A_n und B_n zweier Dualzahlen A und B unter Berücksichtigung des Übertrags $Ü_{n-1}$ von der niederwertigeren Stelle. Die Wertetabelle in Bild 5-20 zeigt die Verknüpfung der Eingänge A_n, B_n und $Ü_{n-1}$ zu den Ausgängen S_n und $Ü_n$.

Wertetabelle

A_n	B_n	$Ü_{n-1}$	S_n	$Ü_n$
0	0	0	0	0
1	0	0	1	0
0	1	0	1	0
1	1	0	0	1
0	0	1	1	0
1	0	1	0	1
0	1	1	0	1
1	1	1	1	1

Vereinfachte disjunktive Normalform

$S'_n = A_n \overline{B_n} + \overline{A_n} B_n$ $\quad Ü'_n = A_n \cdot B_n$ (1.Halbaddierer)

$S_n = \overline{Ü_{n-1}} S'_n + Ü_{n-1} \overline{S'_n}$ $\quad Ü''_n = S'_n \cdot Ü_{n-1}$ (2.Halbaddierer)

$Ü_n = Ü'_n + Ü''_n$

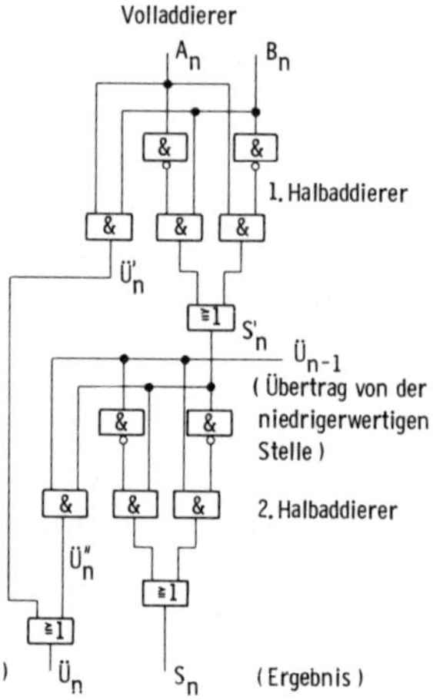

Bild 5-20. Aus zwei Halbaddierern aufgebauter Volladdierer.

Der Volladdierer ist aus zwei Halbaddierern aufgebaut. Der erste Halbaddierer summiert die Ziffernstellen A_n und B_n, während der zweite den Übertrag $Ü_{n-1}$ berücksichtigt.

Vergleicher:

Bei der Verarbeitung von Informationen ist es oftmals notwendig, die Zahlenwerte zweier Signale zu vergleichen. Im linken Teil des Bildes 5-21 sind das Schaltbild und die Wertetabelle für die logische Funktion „Äquivalenz" (EX-NOR) angegeben. Das Ausgangssignal F hat den Zustand „1", wenn die Eingangssignale A und B gleichzeitig den Zustand „1" oder den Zustand „0" aufweisen, d. h. die Signale äquivalent (gleichwertig) sind.

Werden mehrere dieser Schaltungen gekoppelt, so erhält man einen Vergleicher, mit dem mehrstellige Zahlen (z. B. Soll- und Istwert einer Wegposition) auf Äquivalenz geprüft werden können.

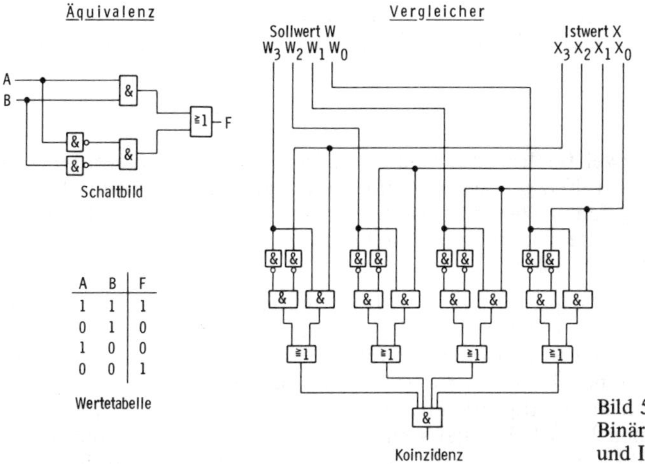

A	B	F
1	1	1
0	1	0
1	0	0
0	0	1

Bild 5-21.
Binärer Vergleich von Soll- und Istwert.

Im rechten Teil des Bildes 5-21 ist ein Vergleicher für vierstellige Dualzahlen dargestellt. Der Sollwert W und der Istwert X stimmen überein (Koinzidenzsignal „1"), wenn jede der Stellen W_i mit der Stelle X_i, $i = 0 \ldots 3$, übereinstimmt. Zum Vergleich jeder Ziffernstelle i wird ein Äquivalenzelement eingesetzt, insgesamt vier. Die Ausgänge werden durch eine logische UND-Funktion zum Koinzidenzsignal verknüpft.

Decodierer:

Bei dem Binärzähler in Bild 5-18 liegt der Zählerstand als Dualzahl an den Ausgängen an. In Bild 5-22 ist ein sogenannter Decodierer gezeigt, der die vierstel-

Wertetabelle

Q_3	Q_2	Q_1	Q_0	Ziffer
0	0	0	0	0
0	0	0	1	1
0	0	1	0	2
0	0	1	1	3
0	1	0	0	4
0	1	0	1	5
0	1	1	0	6
0	1	1	1	7
1	0	0	0	8
1	0	0	1	9

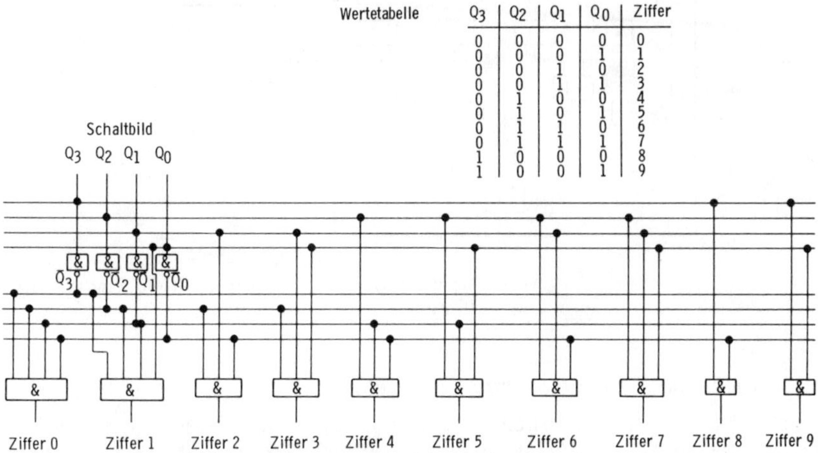

Bild 5-22. Decodierung von Dezimalziffern aus dem 8421-Code.

ligen Dualzahlen entschlüsselt und eine Dezimalanzeige ansteuern kann. Die Wertetabelle in Bild 5-22 stellt die Dezimalziffern 0 bis 9 den entsprechenden Dualzahlen gegenüber.

Paritypüfer:

In Bild 5-5 wurden zwei Lochstreifen-Codes mit Parityspur gezeigt. Werden Zeichen von einem Lochstreifen gelesen, so können diese mit einem Paritypüfer auf einfache Übertragungsfehler überprüft werden. Solche Übertragungsfehler treten z. B. auf, wenn bei einem verschmutzten Lochstreifen die Information einer Stelle nicht erkannt werden kann.

In Bild 5-23 ist das Prinzipschaltbild eines Paritypüfers angegeben, der auch als Baustein erhältlich ist. Der Paritypüfer besteht aus einer Zusammenschaltung von EXOR (Exklusiv-ODER, Antivalenz)-Funktionen. Am Ausgang eines EXOR-Bausteins liegt dann eine „1", wenn nur an einem Eingang eine „1" anliegt. Wird das gelesene Zeichen als richtig erkannt, erscheint am Ausgang des Bausteines eine „1". Durch einen Umschalter kann ausgewählt werden, ob auf eine gerade oder ungerade Anzahl von Löchern je Zeichen überprüft werden soll. In Bild 5-23 sind als Beispiel acht Lochstreifeninformationen für ein Zeichen am Eingang des Paritypüfers angegeben. Die Paritymeldung lautet „1", da das Zeichen eine gerade Anzahl (4) von „1"-Informationen enthält und auf gerade Parityanzahl überprüft wird.

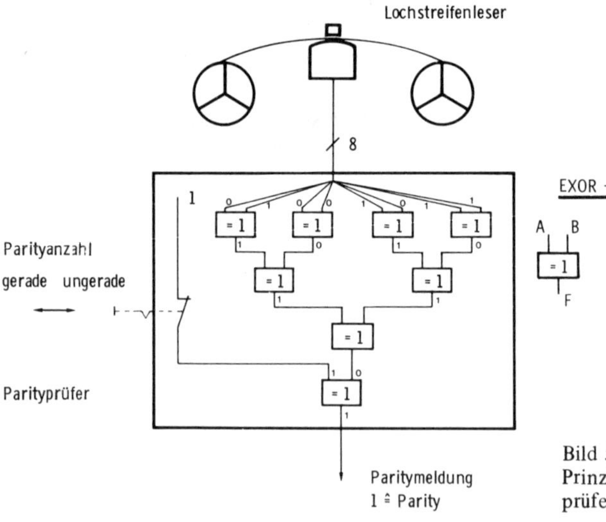

A	B	F
0	0	0
0	1	1
1	0	1
1	1	0

Bild 5-23.
Prinzipschaltbild eines Paritypüfers.

5.2.3. Bedien- und Anzeigeelemente, Signalgeber

Wie aus Abschn. 5.2.1 zu erkennen ist, lassen sich logische Verknüpfungen in unterschiedlicher Technik (z. B. pneumatisch oder elektrisch) realisieren und in Steuerungsgeräten einsetzen. Die Eingangssignale der Logiknetzwerke werden

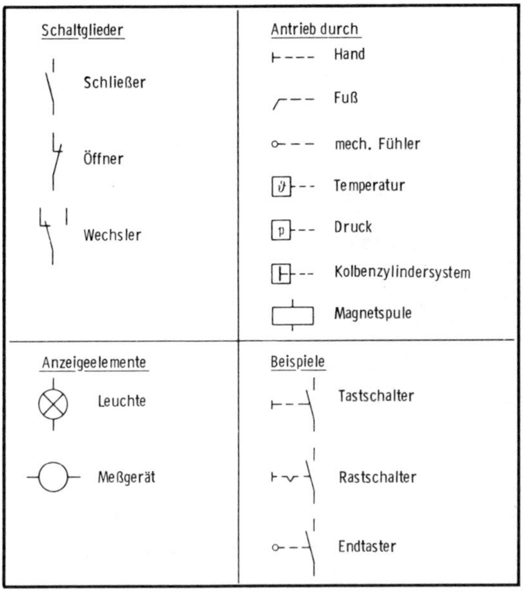

Bild 5-24.
Schaltzeichen für Bedien- und Anzeigeelemente.

von den Bedienelementen und Signalgebern erzeugt, während die Ausgangssignale Anzeigeelemente oder Antriebe (Ventile, Kupplungen, Motoren usw.) ansteuern. Da an heutigen Werkzeugmaschinen zum größten Teil elektrische Steuerungen anzutreffen sind [29], sollen in diesem Abschnitt nur Bauelemente für elektrische Schaltungen beschrieben werden.

In Bild 5-24 sind die Schaltzeichen der gebräuchlichsten Schaltglieder und Anzeigeelemente wiedergegeben. Die Schaltglieder können als Signalgeber eingesetzt werden. Je nach Art des Antriebs der Schalter können z. B. Druck- oder Temperaturfühler realisiert werden. Die Signalgeber können als Tast- oder Rastschalter ausgebildet sein, die sich nur in ihrer Bedienungsfunktion unterscheiden. Bei Tastschaltern bleiben die Kontakte so lange betätigt, wie die Betätigungskraft wirkt. Danach kehren die Kontakte durch Federkraft in die Ruhelage zurück. Rastschalter dagegen müssen durch eine Betätigungskraft wieder in ihre Ausgangslage zurückgestellt werden. Tast- und Rastschalter können mit mehreren Kontakten (Öffner und/oder Schließer) bestückt sein.

Ein Schalter mit einer Magnetspule als Antrieb ist ein Relais. Ein Relais ermöglicht es, einen oder mehrere Kontakte durch elektrischen Steuerstrom über größere Entfernungen und an unzugänglichen Stellen zu betätigen. Bei entsprechender Auslegung können durch einen kleinen Erregerstrom in der Magnetspule weit größere Ströme mit den Kontakten geschaltet werden (Leistungsverstärkung). Bild 5-25 zeigt das Gerätebild eines Relais. An der Magnetspule sitzt der bewegliche Anker. Fließt der Erregerstrom durch die Spule, wird ein Magnetfeld erzeugt und der Anker angezogen. Über einen Schalthebel wird diese Bewegung auf die Schaltkontakte übertragen. Das in Bild 5-25 gezeigte Relais hat zwei Um-

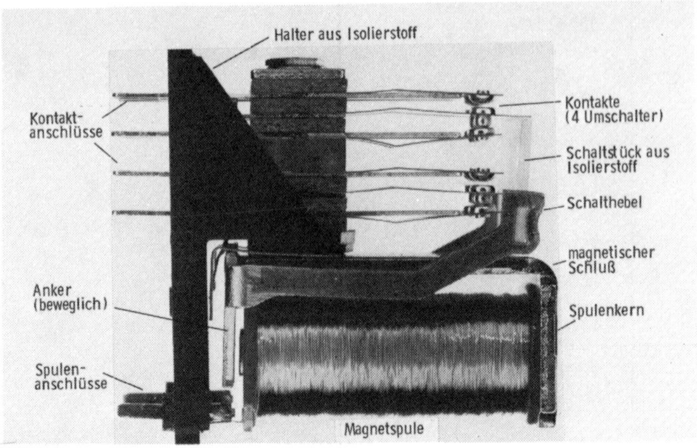

Bild 5-25. Gerätebild eines Relais.

schaltkontakte, d. h. es werden gleichzeitig zwei Kontakte geöffnet und zwei Kontakte geschlossen. Durch Verschaltung von Relais ist es möglich, Logiknetzwerke beliebigen Umfangs aufzubauen.

Relais zur Schaltung von Geräten mit höherer Leistung (Motore, Heizspulen usw.) nennt man Schütze. Sie können einen thermischen Überlastschutz haben, d. h. das Schütz fällt ab, sobald die eingestellte Grenzleistung überschritten wird.

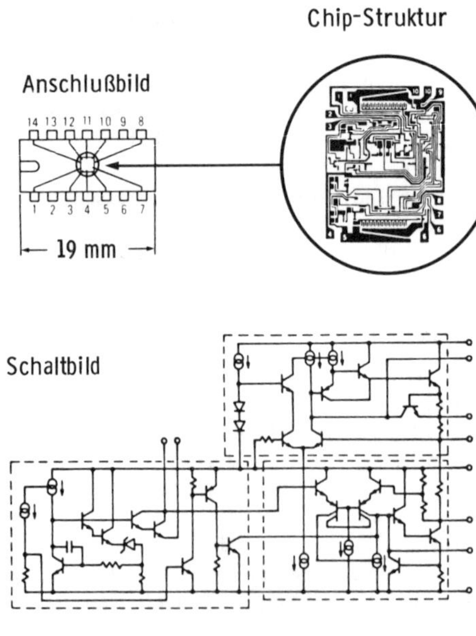

Bild 5-26.
Aufbau und Schaltung eines integrierten Schaltkreises (IC).

Außer den elektromechanischen Schaltern sind auch Halbleiterbauelemente (Bild 5-14 bis 5-16) zum Aufbau von Logiknetzwerken geeignet. Heute werden die Schaltungen nicht mehr aus einzelnen (diskreten) Bauelementen (Widerstände, Dioden, Transistoren) aufgebaut, sondern sogenannte integrierte Schaltkreise (IC) eingesetzt. Diese enthalten auf einer Fläche von nur einigen Quadratmillimetern eine Vielzahl von Bauteilen und werden für ausgewählte Schaltungen hergestellt. In Bild 5-26 ist ein integrierter Schaltkreis dargestellt. Der obere Teil von Bild 5-26 zeigt den physikalischen Aufbau. Im unteren Teil ist das zugehörige Schaltbild zu sehen. Aus diesem ist die Vielzahl der Bauelemente zu entnehmen, die durch Anwendung modernster Halbleitertechnologie auf geringstem Raum untergebracht werden können.

Zur Anzeige von Meßwerten werden häufig Meßgeräte mit analoger Anzeige verwendet. Bei NC-Maschinen ist es jedoch erwünscht, Signalwerte als digitale Zahl anzugeben oder zusätzlich durch erläuternden Text zu ergänzen. Für diese Aufgaben wurden unterschiedliche Anzeigeelemente entwickelt.

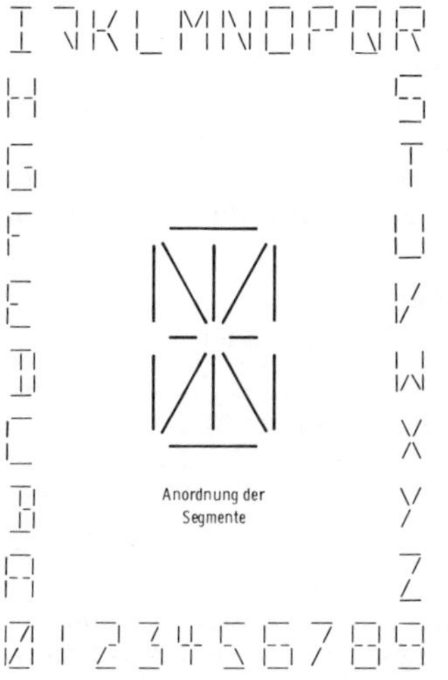

Bild 5-27.
Darstellung von Ziffern und Buchstaben mit einer 16-Segment-Anzeige.

In Bild 5-27 ist die Struktur einer 16-Segment-Anzeige dargestellt. Weiterhin wird gezeigt, welche Segmente zur Darstellung von Buchstaben und Ziffern angesteuert werden. Die Segmente können lichtemittierend arbeiten oder sie werden durch Polarisation des Umgebungslichts sichtbar. Durch die Aneinanderreihung mehrerer Anzeigeelemente sind ganze Textzeilen darstellbar.

Zeichen beliebiger Form können mit einer Matrixanzeige veranschaulicht werden. Bild 5-28 zeigt, welcher Zeichenvorrat durch die Anordnung von Leuchtpunkten in einer 5 x 7-Matrix wiedergegeben werden kann. Darüber hinaus sind für spezielle Anwendungsfälle weitere Sonderzeichen zu erzeugen.

Die Ansteuerung der einzelnen Segmente oder Punkte erfolgt über Decodierschaltungen, die ihre Information von Logiknetzwerken oder programmierbaren Geräten erhalten (s. Abschn. 5.3.2).

Bild 5-28.
Zeichendarstellung mit einer 5x7-Matrix-Anzeige.

5.3. Rechner

Nachdem Elektronenrechner zunächst hauptsächlich in Rechenzentren von größeren Unternehmen für kaufmännische und mathematische Aufgaben Anwendung fanden, werden sie heute auch als Prozeßrechner zur Automatisierung technischer Prozesse unterschiedlichen Umfangs benutzt. Diese Entwicklung wurde sehr stark von der Miniaturisierung der Rechner unterstützt. Der Aufbau moderner Werkzeugmaschinensteuerungen ist heute in zunehmendem Maß vom Einsatz der Mini- und Mikrorechner geprägt. Die früher notwendige Einhaltung bestimmter Umgebungsbedingungen, wie vollklimatisierte Räume und völlige Staubfreiheit, ist heute nicht mehr erforderlich. Im folgenden werden einige Grundlagen, die für das Verständnis der Funktionsweise von Elektronenrechnern notwendig sind, erläutert.

Nach Aufbau, Wirkungsweise und Anwendung unterscheidet man drei Arten von elektronischen Rechnern [30]: Digital-, Analog- und Hybridrechner.

Der Hybridrechner, eine Kombination von Digital- und Analogrechner, spielt im Werkzeugmaschinenbereich keine Rolle. Er wird daher an dieser Stelle nicht weiter behandelt.

5.3.1. Analogrechner

Mit einem Analogrechner, Bild 5-29, läßt sich das physikalische Verhalten technischer Systeme simulieren und untersuchen, deren mathematische Zusammenhänge bekannt und durch Differentialgleichungen beschreibbar sind. Das Hauptanwendungsgebiet von Analogrechnern im Werkzeugmaschinenbereich besteht in der Optimierung der Reglereinstellung komplexer regelungstechnischer Vorgänge durch Simulation. Im Gegensatz zur analytischen Systembeschreibung von Regelkreisen können mit Hilfe des Analogrechners auch Nichtlinearitäten der Systemkomponenten bei der Berechnung mit einbezogen und deren Auswirkung untersucht werden. Die Reaktion des simulierten Systems auf unterschiedliche Eingangsfunktionen läßt sich auf einem Oszilloskop bzw. x-y-Schreiber darstellen [31] und auswerten.

Die physikalischen Größen des technischen Systems realisiert man im Analogrechner durch elektrische Spannungen. Mathematische Operationen werden in elektronischen Bausteinen, wie Summierern, Integrierern, Koeffizientenpotentiometern, Multiplizierern, Vergleichern, Funktionsgebern u. a. vorgenommen, Bild 5-30. Liegen von einem technischen Problem das Übertragungsverhalten

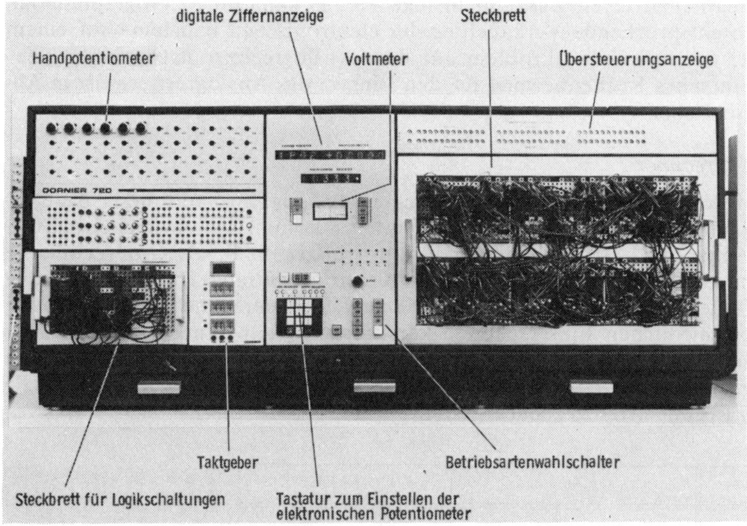

Bild 5-29. Analogrechner (nach IRT, RWTH Aachen).

Bezeichnung	Symbol	Operation
Rechenverstärker (Gleichspannungsverstärker)	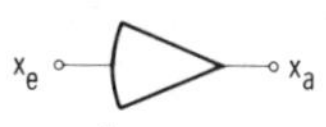	$x_a = -K \cdot x_e$ mit $K \gg 10^5$
Potentiometer	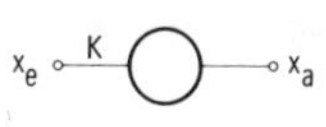	$x_a = K \cdot x_e$ mit $0 < K < 1$
Inverter	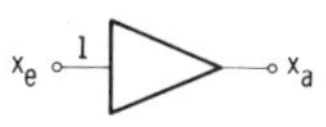	$x_a = -1 \cdot x_e$
Summierer	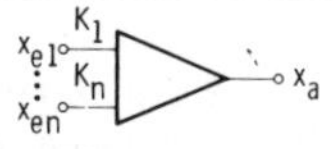	$x_a = -\sum_{i=1}^{n} K_i \cdot x_{ei}$
Integrator	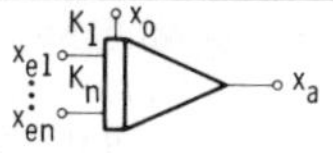	$x_a = -\int_0^t (\sum_{i=1}^{n} K_i \cdot x_{ei}) \cdot dt + x_0$
Multiplizierer	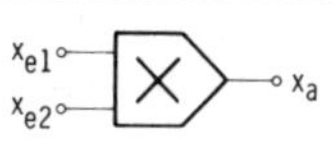	$x_a = -x_{e1} \cdot x_{e2}$
Funktionsgeber	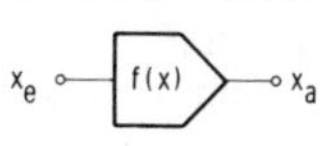	$x_a = f(x_e)$

Bild 5-30.
Symbole für Analogrechenschaltung.

bzw. die mathematischen Zusammenhänge vor, so kann durch Programmieren, d. h. durch entsprechende Verkabelung der elektronischen Bausteine auf einem Steckbrett, das technische Problem auf dem Analogrechner nachgebildet werden. Ein einfaches Rechenbeispiel für den Einsatz des Analogrechners ist in Abschn. 9 beschrieben.

5.3.2. Digitalrechner

Wenn heute von einem Computer gesprochen wird, dann ist mit dieser Bezeichnung fast immer ein Digitalrechner gemeint. Er kommt in verschiedenen Ausführungsformen und Größenordnungen zum Einsatz, z. B. als Großrechner in Rechenzentren, als Klein- oder Minicomputer zur dezentralen Datenverarbeitung „vor Ort" oder als Mikrocomputer in Tisch- und Taschenrechnern. Entsprechend ihrer unterschiedlichen Einsatzgebiete kann man Digitalrechner in drei Kategorien einteilen: Kaufmännische Rechner, mathematisch-wissenschaftliche Rechner und Prozeßrechner. In Bild 5-31 sind typische Anwendungsfälle und Merkmale dieser drei Rechnerarten gegenübergestellt.

Digitalrechner	typische Anwendung	Merkmale
kaufmännische Rechner	Banken, Versicherungen, Verlage Kaufhäuser, Buchungsunternehmen übergeordneter Rechner in Fertigungsbetrieben z. B. zur Fertigungssteuerung Arbeitsplan- und Zeichnungserstellung Lohnbuchhaltung	Aufgaben wie: einfache Berechnungen Abspeichern und Umspeichern, Sortieren intensiver Datenverkehr große Speicherkapazität umfangreiche Peripherie
math.-wissensch. Rechner	wissenschaftliche Institute Ingenieurbüros Forschungslabors	umfangreiche Berechnungen große Rechengenauigkeit durch große interne Stellenzahl wenig Ein- und Ausgabe
Prozeßrechner	Meßwerterfassung Meßwertverarbeitung Überwachung Protokollierung Steuern und Regeln Optimieren	Kopplung mit Prozeß über Prozeßsignalelemente Echtzeitbetrieb Unterbrechersystem

Bild 5-31. Anwendungsgebiete von Digitalrechnern.

Das Hauptanwendungsgebiet von Prozeßrechnern ist die Automatisierungs- und Steuerungstechnik. Vor einigen Jahren waren die Rechner noch sehr teuer und voluminös. Sie wurden vornehmlich zur Automatisierung umfangreicher Anlagen (z. B. Walzwerke) verwendet. Heute sind Prozeßrechner unterschiedlicher Leistungsfähigkeit auf dem Markt, so daß für jede Steuerungsaufgabe eine angepaßte Gerätekonfiguration ausgewählt werden kann. Durch die Entwicklung preiswerter Mikroprozessoren ergibt sich heute ein breites Anwendungsfeld im Bereich der Prozeßsteuerung.

So zählt heute auch die Steuerung von Werkzeugmaschinen zum Anwendungsbereich der Prozeßrechner. Da Prozeßrechner mit dem zu steuernden Prozeß gekoppelt werden müssen, verfügen sie über eine Anzahl von analogen und digitalen Ein-/Ausgabeelementen zur Meßdatenaufnahme und Stellgrößenausgabe. Der Einsatz eines Prozeßrechners zur Realisierung von Steuerungen ist in Abschn. 6.3.3 erläutert.

5.3.2.1. Aufbau und Funktion

Zur Beschreibung von Aufbau und Funktion eines Digitalrechners sind zunächst die Begriffe *Hardware* und *Software* grob zu erläutern. Unter Software faßt man Befehle und Daten zusammen, die sowohl den internen Ablauf im Digitalrechner steuern (Systemprogramme) als auch die Problemstellung des Rechnerbenutzers beschreiben (Anwenderprogramme). Diese Programme werden im Arbeits- oder Peripheriespeicher abgelegt und bei einer anderen Aufgabenstellung einfach ausgetauscht. Bevor anschließend die Software eines Digitalrechners näher behandelt wird, soll im folgenden auf die Hardware eingegangen werden.

Hardware

Als Hardwarestruktur wird der „maschinentechnische" Aufbau des Digitalrechners bezeichnet [32]. Dazu zählen die Funktionseinheiten Rechenwerk, Leitwerk, Arbeitsspeicher und Ein-/Ausgabewerk, Bild 5-32. Zur Hardware gehören ebenso die im Abschn. 5.3.2.2 beschriebenen Peripheriegeräte, wie Bildschirmgeräte mit Tastatur, Drucker und Externspeicher. Rechenwerk und Steuerwerk bilden den Kern eines Digitalrechners. Sie bestimmen seine „Hardwareintelligenz" und werden unter dem Begriff *Zentraleinheit* (CPU, Central Processing Unit) zusammengefaßt.

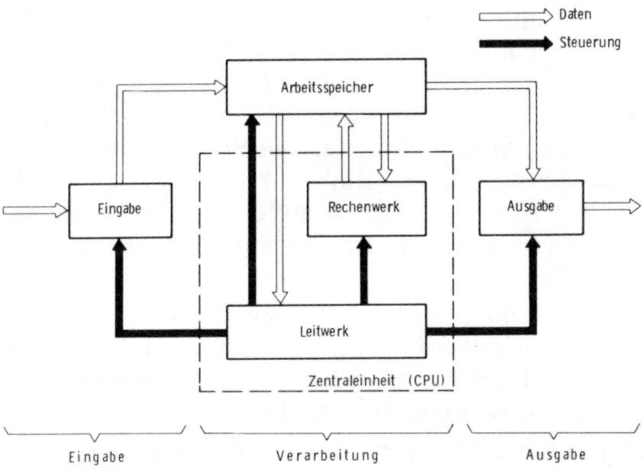

Bild 5-32.
Prinzipieller Aufbau eines Digitalrechners.

Nach DIN 44300 ist das Rechenwerk (AU, Arithmetic Unit) folgendermaßen definiert:

„Das Rechenwerk stellt bei einer digitalen Rechenanlage den Teil dar, der die Rechenoperationen ausführt. Zu diesen können neben arithmetischen Operationen auch Boolesche Verknüpfungen sowie Verschieben, Vergleichen und Runden gehören" (s. a. Abschn. 5.2). Sein arithmetischer Funktionsumfang umfaßt in den meisten Fällen nur die vier Grundrechenarten mit ganzen Zahlen; im einfachsten Fall (z. B. bei Mikrocomputern für Taschenrechner) nur die Operationen Addition und Subtraktion. Alle komplexeren Rechenarten, wie Wurzelberechnung, trigonometrische Funktionen usw., sowie Berechnungen im Gleitkommaformat, müssen daher per Dienstleistungsprogramm (Unterprogramm) auf diese Grundoperationen zurückgeführt werden.

Unter dem Begriff *Leitwerk* (CU, Control Unit) ist jene funktionelle Einheit eines Digitalrechners zu verstehen, die die einzelnen Befehle eines Programms in der definierten Reihenfolge aufruft, entschlüsselt und die verlangten Operationen durch entsprechende Steuersignale veranlaßt [26].

Die *Ein-/Ausgabekanäle* stellen die Verbindung des Rechners mit der Außenwelt (Peripheriegeräte, Prozeß) her. Sie dienen zur Übertragung von Daten zwischen dem Arbeitsspeicher und den peripheren Geräten, wie Lochstreifenleser, Stanzer, Magnetplatte, Drucker sowie den Prozeßein-/ausgängen.

Die Kommunikation zwischen den einzelnen Funktionseinheiten wird bei modernen Rechenanlagen über einen *Informationsbus* (busline) abgewickelt. Die Übertragungsgeschwindigkeit von Bussystemen liegt etwa zwischen 1 MBaud bei Mikrorechnern und etwa 100 MBaud bei Großanlagen der oberen Preisklasse (1 Baud ≙ 1 Bit/s).

Im *Arbeitsspeicher* eines Rechners wird die Software, auf die in kürzester Zeit zugegriffen werden muß, abgelegt. Das sind sowohl die gerade bearbeiteten System- und Anwenderprogramme als auch die mit diesen Programmen zu verarbeitenden Daten und Ergebnisse. Programme, die nicht dauernd benötigt werden und größere Datenmengen werden in Externspeichern gespeichert.

Der Arbeitsspeicher wird von der Zentraleinheit beschrieben und gelesen. Alle Speicherplätze sind einzeln adressierbar. Die als eine zusammenhängende Einheit behandelten Speicherplätze werden Worte genannt. Ein Wort besteht aus einer Anzahl von Bits (z. B. 4, 8, 12, 16, 24, 32, 64). Diese Wortlänge ist durch die Rechnerstruktur vorgegeben. Die Anzahl der in einem Speicher ablegbaren Worte gibt die Speichergröße an. Sie wird in der Einheit k (kilo ≙ 1024 ≙ 2^{10}) ausgedrückt. Ein wichtiges Merkmal von Speichern ist außer ihre Größe die Zugriffszeit. Das ist die Zeit, die benötigt wird, um ein bestimmtes Wort aus dem Speicher zu lesen.

Eine Übersicht über die wichtigsten Kenngrößen von Speichern folgt in Abschn. 5.3.2.2 (Bild 5-35). Als Arbeitsspeicher werden Kernspeicher oder Halbleiterspeicher eingesetzt. Sie unterscheiden sich zum einen in der Technologie der Informationsspeicherung, zum anderen aber vor allem im Preis.

Informationsträger beim Kernspeicher sind kleine Ringe aus Ferrit mit einem Durchmesser von etwa einem halben Millimeter. Sie können zwei stabile Magnetisierungszustände annehmen und somit den Informationsgehalt 1 Bit, also logisch „0" oder „1" speichern. Der Magnetisierungszustand bleibt dabei ohne äußere Energiequelle, d. h. auch nach Abschalten des Rechners, erhalten.

Die zweite Gruppe von Arbeitsspeichern bilden die Halbleiterspeicher. Sie werden heute in zunehmendem Maß eingesetzt, besonders bei Mini- und Mikrorechnern. Die als Chip (IC) aufgebauten Halbleiterspeicher sind wesentlich kleiner und preisgünstiger als Kernspeicher. Folgende Arten können unterschieden werden:

- RAM (Random-Access-Memory). Schreib-Lese-Speicher.
- ROM (Read-Only-Memory). Nur-Lese-Speicher mit festem Informationsinhalt (Festwertspeicher), der bei der Herstellung eingeschrieben wird und dann unveränderbar ist.
- PROM (Programmable ROM). Nur-Lese-Speicher, dessen Inhalt vom Anwender mit einem Programmiergerät eingespeichert werden kann und dann unveränderbar ist.
- EPROM (Erasable PROM). Nur-Lese-Speicher, reprogrammierbar, Inhalt durch UV-Licht löschbar.

Software

Das Wort *Software* ist eine Sammelbezeichnung für alle Programme, die einerseits die Funktionsweise des Rechners bestimmen. Andererseits sind es Anweisungen, die von ihm bearbeitet werden sollen. Man unterscheidet daher bei diesen Programmen zwischen Systemprogrammen und Problem- bzw. Anwenderprogrammen. In den Anwenderprogrammen (s. Abschn. 5.3.2.3) beschreibt der Benutzer des Digitalrechners die Lösungsalgorithmen seiner speziellen Problemstellung. Die Systemprogramme koordinieren die Rechnerhardwarekomponenten. Sie werden normalerweise vom Rechnerhersteller mitgeliefert und gewöhnlich für einen bestimmten Einsatzbereich des Rechners bei der Inbetriebnahme in den Arbeitsspeicher geladen.

Eines der wichtigsten Systemprogramme ist das Betriebssystem. Es koordiniert und verwaltet die Anwenderprogramme durch Realisierung der folgenden Funktionen [33]:
- Festlegung der Auftragsfolge, Ablaufplanung und Ablaufsteuerung,
- Durchführung aller Ein-/Ausgabeoperationen,
- Abwicklung von Zeitaufträgen,
- Verwaltung des Arbeitsspeichers und Schutz des Benutzerprogramms gegen Überschreiben durch andere Programme,
- Verwaltung des Hintergrundspeichers (bei größeren Rechenanlagen),
- Fehlerbehandlung.

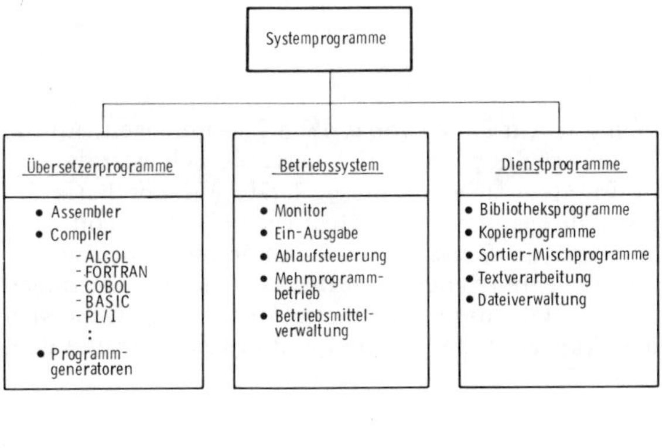

Bild 5-33.
Übersicht über die wichtigsten Systemprogramme eines Datenverarbeitungssystems (nach Siemens).

Darüberhinaus steht dem Anwender bei größeren Rechenanlagen eine Vielzahl von Übersetzungs-, Organisations- und Dienstleistungsprogrammen zur Verfügung. In Bild 5-33 ist eine Übersicht über die wichtigsten Systemprogramme eines Datenverarbeitungssystems (DVS) dargestellt.

5.3.2.2. Peripherie

Die Zentraleinheit eines Rechners ist nicht ohne Zusatzgeräte betreibbar. Zur Ein- und Ausgabe der zu verarbeitenden Daten muß der Rechner an seine Umwelt „angeschlossen" werden. Große Datenmengen, die im Arbeitsspeicher der Zentraleinheit keinen Platz mehr finden, werden in peripheren Speichern abgelegt. Geräte zur Erfüllung dieser Aufgaben bezeichnet man als Rechnerperipherie. Diese kann in drei Gruppen unterteilt werden. Während kaufmännische und mathematisch-wissenschaftliche Rechner über eine Speicher- und Benutzerperipherie verfügen, benötigen Prozeßrechner außerdem eine Prozeßperipherie. Am Beispiel des in Bild 5-34 dargestellten Prozeßrechensystems sind die verschiedenen Arten von peripheren Geräten vorgestellt.

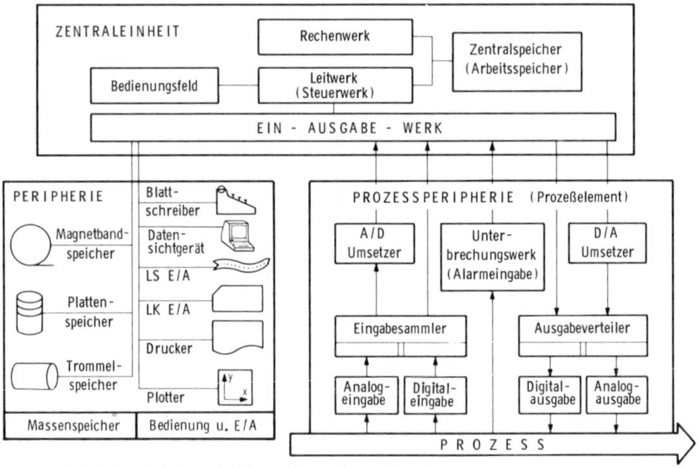

Bild 5-34. Prinzipieller Aufbau eines Prozeßrechensystems.

Speicherperipherie

Externe Massenspeicher dienen zur Aufnahme von großen Datenmengen, auf die ein schneller Zugriff wie beim Arbeitsspeicher nicht erforderlich ist oder die archiviert werden sollen. Größtenteils arbeiten diese Geräte auf der Basis des magnetischen Aufzeichnungsverfahrens, bei dem ähnlich wie bei einem Tonbandgerät ein magnetischer Datenträger an Schreib- und Leseköpfen vorbei bewegt wird und Daten nach einem festgelegten Schema auf den Datenträger übertragen bzw. von ihm gelesen werden. Es gibt unterschiedliche Ausführungen, die sich nach dem Aufbau, der Speicherkapazität, der Art und Zeit des Zugriffs und dem Preis unterscheiden, Bild 5-35.

Speicherart	Halbleiter-speicher (RAM)	Kernspeicher	Trommelspeicher	Plattenspeicher	Floppy-Disk	Magnetband-speicher	Magnetblasen-speicher (bubbles)
Speicher-kapazität ca.	1-32 kBit je Chip	4-16 kByte je Modul	0,2 - 3 MByte	0,25 - 300 MByte je Einheit	256 kByte je Disk	20 MByte je Band	256 kBit
mittlere Zugriffszeit ca.	50 ns - 1 µs	0,5 - 1 µs	1 - 30 ms	Festkopfplatte 10 - 20 ms Wechselplatte 30 - 210 ms	0,3 - 0,5 s	Sekunden bis zu Minuten je nach Daten-organisation	< 4 ms
Speicherkosten ca.	0,1 - 1 Pfg/Bit	1 - 10 Pfg/Bit	10 - 50 Pfg/Bit	0,01 - 0,1 Pfg/Bit	< 0,001 Pfg/Bit	0,001 Pfg/Bit	0,5 Pfg/Bit

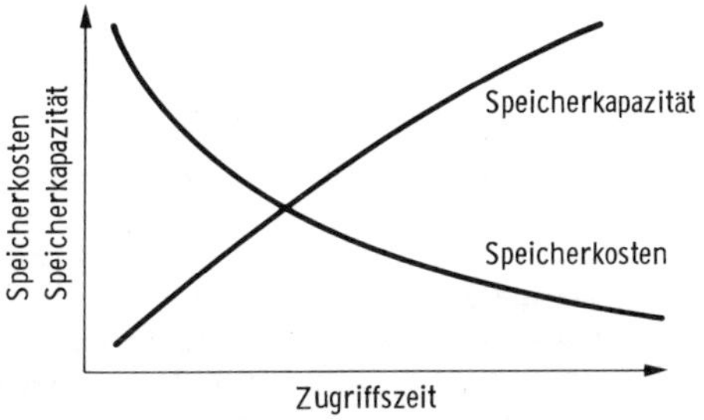

Bild 5-35.
Speicherkenngrößen.

Plattenspeicher, zu denen auch die Floppy-Disk zählt, sowie Trommelspeicher haben einen „wahlfreien Zugriff" (random access). Das bedeutet, daß jede gespeicherte Information einzeln oder in Gruppen zusammengefaßt ansprechbar ist und in der für das Gerät typischen Zugriffszeit zur Verfügung steht. Diese ergibt sich aus der Zeit für die Positionierung des Schreib-/Lesekopfes und der Drehzahl des Speichermediums.

Magnetband- oder Magnetkassettenspeicher arbeiten sequentiell, d. h. alle Daten werden in Blöcke zusammengefaßt und nacheinander gespeichert. Das Aufsuchen bestimmter Datenblöcke kann zu langen Suchläufen führen. Daher werden Bandspeicher hauptsächlich zur Archivierung und Sicherung großer Datenmengen benutzt.

Zu den neuesten Entwicklungen bei Massenspeichern zählen Magnetblasenspeicher (bubble memories). Die speichernden Elemente sind hier mikroskopisch kleine, magnetische Bereiche, sogenannte Domänen. Sie sind in Form von ringförmigen Ketten angeordnet und können mit hoher Frequenz rundgeschoben werden. Die Information wird über feststehende Lese-/Schreibstellen ausgetauscht. Im Gegensatz zu den schon beschriebenen Externspeichern ist ein mechanisch bewegtes Element nicht mehr vorhanden. Wegen ihres günstigen Preises und ihrer kleinen Baugröße sind Magnetblasenspeicher besonders für die Anwendung bei Mikroprozessoren geeignet.

Benutzerperipherie

Die Geräte, über die der Mensch mit dem Rechner korrespondiert, werden als Benutzerperipherie bezeichnet. Das sind im wesentlichen die Ein-/Ausgabeeinheiten, wie Bedienungsblattschreiber, Datensichtgerät mit alphanumerischer

Tastatur, Lochkarten- und Lochstreifen Ein-/Ausgaben, Zeilendrucker und Plotter (s. Bild 5-34). Lochkarten verlieren als Eingabemedium gegenüber dem Datensichtgerät immer mehr an Bedeutung. Lochstreifen werden heute als Eingabemedien u. a. bei Werkzeugmaschinensteuerungen benutzt. Da auf Lochstreifen z. B. Werkstückprogramme gespeichert sind, kann man sie und ebenfalls die Lochkarten auch zu den externen Speichern zählen.

Zur Ausgabe von Programmlisten und Rechenergebnissen dienen im allgemeinen sehr leistungsfähige Schnelldrucker. In Großrechenzentren wird der Umgang mit großen Papiermengen (Outputs) vermieden, indem man zumindest während der Programmtestphase die Ausgabe der Ergebnisse auf Mikrofilm bzw. Mikrofiches vornimmt.

Prozeßperipherie

Zur automatischen Steuerung eines Prozesses durch einen Prozeßrechner ist der direkte Datenaustausch zwischen Rechner und Prozeß notwendig. Über die Prozeßperipherie ist der Rechner on-line an den Prozeß gekoppelt. Meßwertaufnehmer (Sensoren) liefern die benötigten Prozeßdaten, und über Stellelemente beeinflußt der Rechner den Prozeßablauf. Da die Meß- und Stelldaten im Rechner nur als digitale Größen verarbeitet werden können, müssen alle analogen Prozeßmeßgrößen, wie z. B. Druck, Temperatur, usw., mit Hilfe von A/D-Wandlern digitalisiert werden. Analoge Stellelemente (Ventile, DC-Motor usw.) werden vom Rechner über D/A-Wandler angesteuert. Eine Auswahl an Meß- und Stell- bzw. Anzeigeelementen ist in Abschn. 6 enthalten (Bild 6-17).

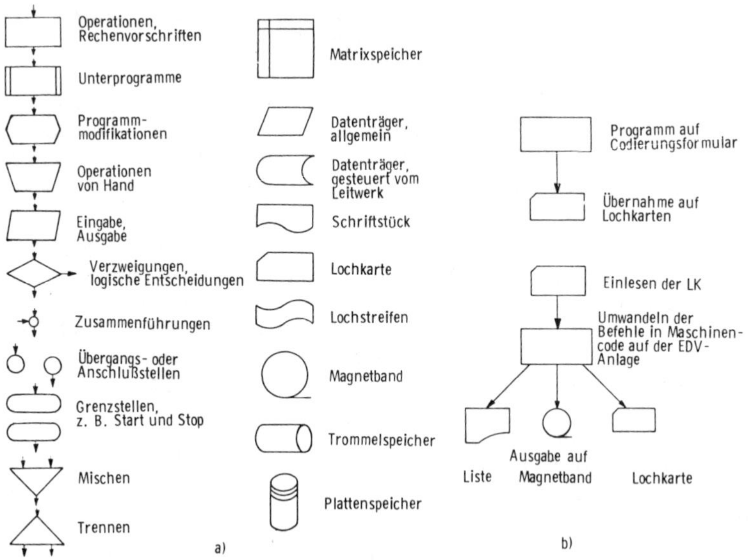

Bild 5-36. Datenfluß und Programmablaufsymbole (a); Erstellung und Assemblierung eines Rechenprogramms (b).

5.3.2.3. Anwendersoftware

Unter Anwendersoftware werden die Programme in einem Rechner verstanden, mit denen der Benutzer einer Datenverarbeitungsanlage die Lösungsanweisungen seiner speziellen Problemstellung beschreibt. Die Formulierung der Aufeinanderfolge einzelner Verarbeitungsschritte bezeichnet man als Programmierung. Es ist sinnvoll, die Gesamtheit aller Operationen und Anweisungen durch eine anschauliche Darstellung mit Hilfe von Verzweigungen, Schleifen, Unterprogrammaufrufen u. a., unter Verwendung genormter Sinnbilder in Form eines Programmablaufplans festzulegen, Bild 5-36.

Das Programm, d. h. alle vom Rechner zu verarbeitenden Befehle und Daten werden rechnerintern im sogenannten *Maschinencode,* einer Folge aus den Binärzeichen „0" und „1", gespeichert. Diese Verschlüsselung des Programmablaufs ist bei jedem Rechnerfabrikat anders. Eine Programmierung im Maschinencode, der auch als „Maschinensprache" bezeichnet wird, ist sehr aufwendig und uneffektiv. Es wurden daher Programmiersprachen entwickelt, die der menschlichen Ausdrucksweise angepaßt sind und mit denen die Problemstellung einfach zu formulieren ist. Allerdings müssen die Programme, bevor sie im Rechner ablaufen können, mit Hilfe von *Übersetzern* (s. Bild 5-33) in die für den Rechner verständliche Maschinensprache übertragen werden.

Programmiersprachen lassen sich in verschiedene Klassen einteilen, Bild 5-37. Merkmale sind außer der Einteilung in maschinen- und problemorientierte Sprachen die Begriffe Programmierkomfort, Programmlaufzeit und Speicherplatzbedarf.

In der Prozeßrechentechnik, wo kurze Programmlaufzeiten und kleine Programmlängen, besonders bei schnellen, zeitkritischen Prozessen angestrebt werden, er-

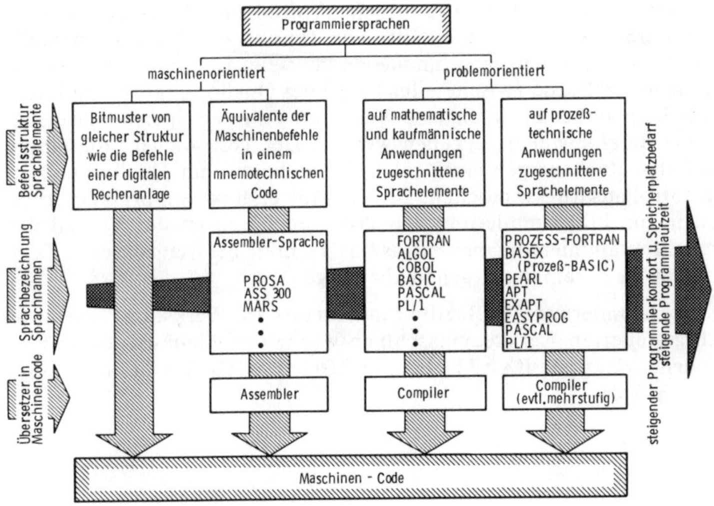

Bild 5-37. Einteilung von Programmiersprachen.

folgt die Programmierung überwiegend in einer maschinenorientierten Sprache. Sieht man von der Maschinensprache ab, die im eigentlichen Sinn gar keine Programmiersprache ist, dann stehen dem Anwender die sogenannten Assemblersprachen zur Verfügung. Mit ihnen lassen sich die Rechnerbefehle unter Verwendung eines mnemotechnischen Codes (leicht zu merkende Abkürzungen) angeben. Das in der Assemblersprache geschriebene Anwenderprogramm wird mittels eines Übersetzungsprogramms, das *Assembler* heißt und zu den Systemprogrammen eines Rechners gehört, in den Maschinencode übersetzt (assembliert). Eine Programmierung in der Maschinensprache geschieht höchstens zur Korrektur einzelner Befehle eines Programms, das bereits übersetzt und in den Arbeitsspeicher geladen wurde und bei dem ein Neuladen und Assemblieren aufwendiger wäre.

Die maschinenorientierte Programmierung in der Assemblersprache erfordert genaue Kenntnisse über die rechnerinterne Programmverarbeitung, da jeder Verarbeitungsschritt einzeln vorzugeben ist. Jedem Befehl des Quellprogramms entspricht nach der Assemblierung (Übersetzung in die Maschinensprache) ein Befehl oder eine Befehlsgruppe im sogenannten Objektprogramm, so daß auch hinsichtlich der Anzahl der benötigten Arbeitsspeicherzellen ein eindeutiger Bezug besteht. Im Programmlisting werden die programmierten Anweisungen des Quellprogramms in Assemblersprache und direkt daneben das zugehörige Objektprogramm im Maschinencode (Objektcode) mit den Speicherplatzadressen ausgedruckt. Damit ist der Test jedes einzelnen Programmschritts unter Zuhilfenahme der Möglichkeiten des Rechners z. B. durch Setzen von Haltepunkten an definierten Programmstellen oder Lesen von Speicherzelleninhalten durchführbar.

Problemorientierte Sprachen verfügen über Sprachelemente, die auf mathematisch-wissenschaftliche, kaufmännische oder bestimmte technische Probleme zugeschnitten sind. Sie sind losgelöst von der internen Rechnerstruktur und für verschiedene Rechner anwendbar. Die in einer problemorientierten Sprache geschriebenen Programme werden mit Hilfe von *Compilern,* das sind ebenfalls Übersetzungsprogramme, in den Maschinencode übersetzt (compiliert). Es kann aber weder ein genauer Bezug zwischen der Länge des Quellprogramms und dem benötigten Speicherplatzbedarf noch eine Zuordnung zu den Speicheradressen, in denen einzelne Befehle stehen, gegeben werden. Der Test solcher Programme ist nur anhand des Rechenergebnisses oder durch bereits im Quellprogramm vorgesehene Kontrollausdrucke möglich. Bei der Anwendung von problemorientierten Sprachen zur Programmierung von Prozeßrechnern ist der Vorteil des komfortableren Programmiervorgangs mit dem Nachteil der schlechteren Testmöglichkeit gegenüber Assemblersprachen abzuwägen.

Auch für die Programmierung des Bearbeitungsablaufs zur Werkstückherstellung mit numerisch gesteuerten Werkzeugmaschinen wurden problemorientierte Programmiersprachen, wie z. B. EXAPT, EASYPROG, PROGRAMAT, u. a., entwickelt (s. Abschn. 7.2).

6. Prozeßsteuerungen

Mit steigendem Automatisierungsgrad von Fertigungsprozessen erlangt die Prozeßsteuerung eine wachsende Bedeutung. Die Steuerungsaufgaben nehmen an Komplexität zu. Eine Vielzahl von Signalen aus dem Prozeß ist zu verarbeiten, die notwendigen Steuersignale sind zu bestimmen und an die Stellglieder auszugeben. Dabei liegt der Schwerpunkt der Aufgaben, die von den Prozeßsteuerungen zu erfüllen sind, in der logischen Verknüpfung der Eingangssignale zu den Ausgangssignalen.

Bei umfangreichen Steuerungsaufgaben kann der Logikanteil sehr komplex und dadurch unübersichtlich werden. Planung und Entwurf können durch Einsatz der Booleschen Algebra und der zugehörigen grafischen Hilfsmittel wirkungsvoll unterstützt werden (Abschn. 5). In den meisten Anwendungsfällen versucht man die Anzahl der logischen Verknüpfungsfunktionen zur Beschreibung der Steuerungsaufgabe zu minimieren, um auf diese Weise z. B. den Geräteaufwand bei Relaissteuerungen so gering wie möglich zu halten.

Neue Technologien führten zu neuartigen Bauelementen, die auch in der Steuerungstechnik Anwendung finden. Dabei sind vor allem die programmierbaren Geräte zu nennen, an der Spitze die Mikroprozessoren, die die Struktur der Steuerungsgeräte wesentlich verändert haben.

6.1. Verknüpfungssteuerungen

Der Begriff der Verknüpfungssteuerung, früher auch häufig Verriegelungssteuerung genannt, ist in der Vornorm DIN 19237 [34] (Steuerungstechnik) definiert als „eine Steuerung, die den Signalzuständen der Eingangssignale bestimmte Signalzustände der Ausgangssignale im Sinne Boolescher Verknüpfungen zuordnet". Verknüpfungsfunktionen sind z. B. UND-, ODER-, NICHT-, NOR- und NAND-Funktionen (Abschn. 5.1.3).

Die Gliederung einer Verknüpfungssteuerung von der Eingabe- zur Stellebene (vertikal) zeigt Bild 6-1. Die Eingabeebene umfaßt alle Signale, die von den Signalgebern gebildet werden. Signalgeber sind z. B. die Handbedienelemente einer Werkzeugmaschine – wie Handtaster und -schalter – sowie die Elemente, die zum Melden von Maschinenzuständen (Rückmeldungen) dienen – wie Grenzsignalgeber, Drucksignalgeber, Wegsignalgeber, usw. In der Eingabeebene werden ggf. die von den Signalgebern gebildeten Signale entkoppelt, d. h. von der Verknüpfungsebene getrennt und an das Spannungsniveau der Verknüpfungsebene angepaßt. Dies ist z. B. bei Halbleitersteuerungen erforderlich, wenn die Signalgeber mit 24 V Gleichspannung oder 220 V Wechselspannung arbeiten und die Versorgungsspannung der elektronischen Bauelemente 5 V Gleichspannung beträgt.

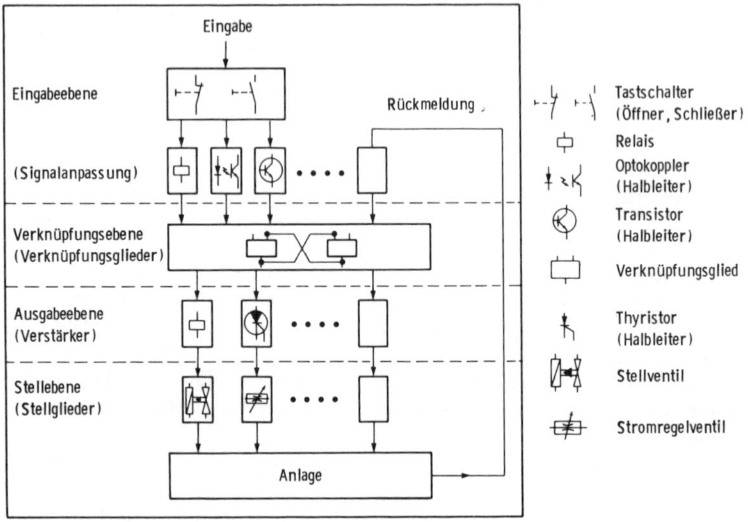

Bild 6-1. Prinzipieller Aufbau einer Verknüpfungssteuerung (vertikale Gliederung).

In der Verknüpfungsebene erfolgt die eigentliche Signalverarbeitung im Sinne logischer Verknüpfungen, z. B. Selbsthalte- und Verriegelungsfunktionen. Die Verknüpfungen können entweder durch eine Reihen- oder Parallelschaltung von Relaiskontakten oder durch den Einsatz von Halbleiterbauelementen bzw. Rechnern realisiert sein.

Um die Elemente der Stellebene (Motore, Kupplungen, Ventile usw.) anzusteuern, müssen die Signale verstärkt werden. Dies geschieht in der Ausgabeebene. Bei Relaissteuerungen reicht die Schaltleistung der Relais häufig aus. Sollen größere Leistungen geschaltet werden, setzt man Schütze ein.

Die bereits erwähnten Selbsthalte- und Verriegelungsfunktionen kommen in fast allen Verknüpfungssteuerungen vor. Diese sollen daher anhand eines Beispiels näher betrachtet werden. Beide Funktionen sind in einer Schaltung zur Steue-

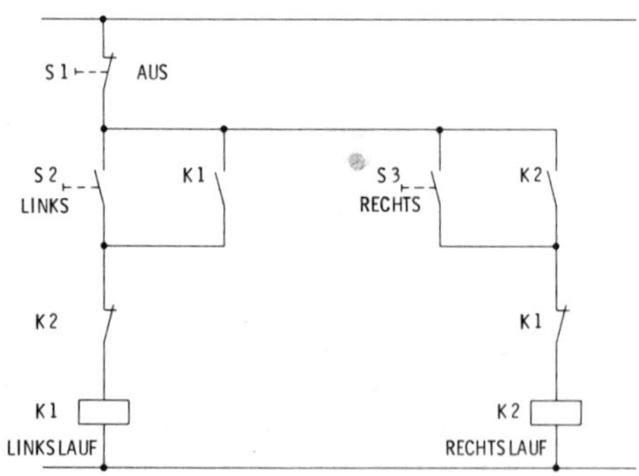

Bild 6-2.
Schaltung zur Drehrichtungswahl eines Motors.

rung der Drehrichtung eines Motors enthalten, die in Bild 6-2 als Stromlaufplan dargestellt ist.

Betrachtet man den linken Strompfad, so kommt die Selbsthaltung auf folgende Weise zustande: Wird der Taster S2 gedrückt, so kann der Strom über die Kontakte S1, S2, K2 durch die Relaisspule K1 fließen. Das Relais K1 wird erregt und schaltet den hier nicht dargestellten Antriebsmotor auf Linkslauf. Gleichzeitig werden alle Kontakte im Stromlaufplan, die mit K1 bezeichnet sind, in die Arbeitsstellung bewegt.

Damit das Relais K1 nach Loslassen des Tasters S2 weiter angezogen bleibt, wird parallel zum Taster S2 ein Kontakt (Schließer) des Relais K1 geschaltet. Über diesen Kontakt bleibt das Relais nach Öffnung von S2 weiter erregt – es hält sich selbst. Der Parallelkontakt K1 heißt „Selbsthaltekontakt" und die Schaltung „Selbsthaltung". Zum Ausschalten des Linkslaufs dient der Taster S1, der bei Betätigung den Stromkreis unterbricht, wodurch das Relais K1 abfällt.

Der rechte Teil der Schaltung dient sinngemäß dazu, den Antriebsmotor über das Relais K2 auf Rechtslauf zu schalten. Damit dies jedoch verhindert wird, wenn der Motor über K1 in Linkslauf geschaltet ist, wurde ein Kontakt des Relais K1 – ein Öffner – in den Strompfad einbezogen. Ist Relais K1 angezogen, so ist dieser Kontakt K1 geöffnet und K2 kann nicht erregt werden. Entsprechend wird der Strompfad des Relais K1 gegen gleichzeitiges Einschalten von Relais K2 gesichert. Diese Schaltung nennt man „Verriegelung"; die zugehörigen Kontakte sind die „Verriegelungskontakte".

6.2. Ablaufsteuerungen

Außer den in Abschn. 6.1 behandelten Verknüpfungssteuerungen sind bei Werkzeugmaschinen die Ablaufsteuerungen von großer Bedeutung. Dabei handelt es sich um Steuerungen mit zwangsläufig schrittweisem Ablauf, wobei das Weiterschalten von einem Schritt auf den programmgemäß folgenden in Abhängigkeit von Weiterschaltbedingungen erfolgt [34]. Während bei der Verknüpfungssteuerung alle Verknüpfungen zu jedem beliebigen Zeitpunkt ausgeführt werden können, ist bei Ablaufsteuerungen die Weiterschaltbedingung für den jeweils nächsten Schritt zu erfüllen. Um dies zu erreichen, wird in der Weiterschaltbedingung der Ausgang des aktuellen Schritts (Fertigmeldung) mit der entsprechenden Weiterschaltbedingung verknüpft.

Charakteristisch für eine Ablaufsteuerung ist ein weitgehend automatischer Ablauf. Dieser wird durch ein Startsignal ausgelöst und bis zum Ende selbsttätig weitergeführt.

Arbeitsweise und Eigenschaften einer Ablaufsteuerung zeigt Bild 6-3. Es handelt sich hier um einen Teil der Steuerung für ein Bohrwerk. Der Steuerungsablauf ist in Schritte aufgeteilt, die der Arbeitsfolge des Bohrvorgangs entsprechen.

Ausgelöst wird der Bohrzyklus durch einen Startbefehl, z. B. vom Bediener (manuell) oder von einer angekoppelten Fertigungseinrichtung (automatisch). Befindet sich der Bohrer in der Ausgangsstellung, wird der Bohrzyklus durch Einschalten des Eilgangs begonnen (Schritt 1). Damit wird die Weiterschaltbedingung für Schritt 2 wirksam. Beim Erreichen des Reduzierpunkts wird ein

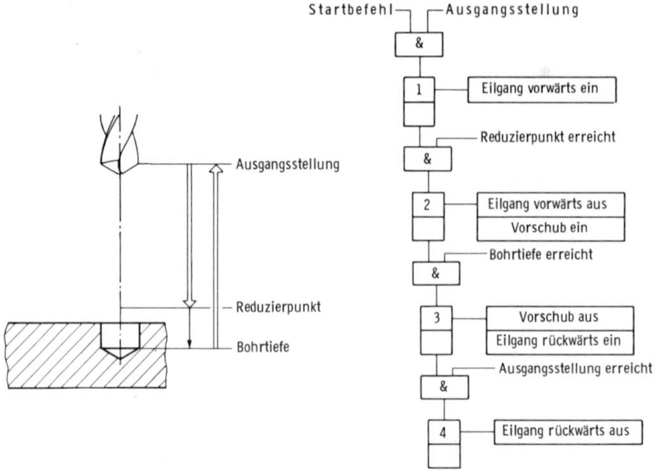

Bild 6-3. Funktionsplan einer Ablaufsteuerung (Bohrwerk).

Schaltnocken betätigt und damit die Weiterschaltbedingung für Schritt 2 erfüllt. Ähnliches geschieht bei den folgenden Schritten. Schritt 4 führt in den Ausgangszustand für die eventuelle Auslösung eines erneuten Starts.

6.3. Realisierungsformen

Bis vor wenigen Jahren wurden die elektrischen Steuerungen für Werkzeugmaschinen ausschließlich als Relais- bzw. Schützsteuerung aufgebaut. Durch die Entwicklung der Halbleitertechnik gewannen Halbleitersteuerungen zunehmend an Bedeutung. Da diese ohne mechanische Elemente arbeiten, werden sie auch kontaktlose Steuerungen genannt. Dazu kam in den letzten Jahren eine neue Steuerungsart, bei der die Beschreibung der Steuerungsaufgabe als Programm in einem Speicher abgelegt wird. Sie werden speicherprogrammierte Steuerungen genannt. Steuerungen lassen sich entsprechend DIN 19237 [34] in der in Bild 6-4 dargestellten Weise gliedern. Bei den Steuerungen mit verdrahteten Bauelementen wird die Steuerungsaufgabe bzw. das Steuerprogramm durch die elektrische Verbindung der Bauteile festgelegt. Diese Art der Steuerung nennt man daher „verbindungsprogrammiert". Zum Unterschied werden Steuerungen, bei denen die Anweisungen des Programms in einem Speicher softwaremäßig abgelegt werden, als „speicherprogrammiert" bezeichnet.

Zu den *verbindungsprogrammierten* Steuerungen gehören die bereits erwähnten Relais- und Schützsteuerungen sowie die Halbleitersteuerungen mit diskreten Elementen. Verbindungsprogrammierte Steuerungen können unterschiedlich ausgelegt werden. Ist der Leitungsanschluß durch Klemm-, Löt- oder Schraubverbindungen realisiert, so kann die Verdrahtung nur durch mechanischen Eingriff verändert werden. In diesem Fall bezeichnet man die Steuerung als *festprogrammiert.* Diese Art wird hauptsächlich für Verknüpfungssteuerungen eingesetzt.

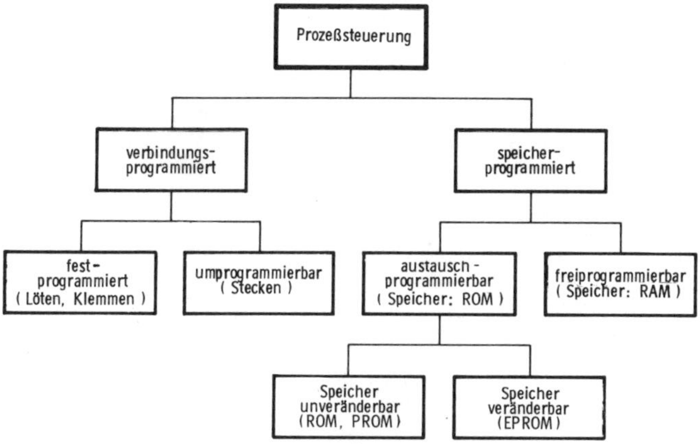

Bild 6-4. Gliederung von Prozeßsteuerungen (DIN 19237).

Es sind Steuerungen, die die Ausgangssignale aus den Eingangssignalen durch logische Verknüpfungen erzeugen.

Durch steckbare Leitungsverbindungen, Kreuzschienenverteiler oder Diodenmatrizen (Abschn. 6.3.2) werden bei einer verbindungsprogrammierten Steuerung die werkstückbedingten Ablaufschritte des Prozesses *umprogrammierbar.* Diese Art der Steuerungen wird vorwiegend für Ablaufsteuerungen eingesetzt. Die per Stecker programmierte Schrittfolge wird bei Ablaufsteuerungen nach zeit-, weg- oder anderen prozeßabhängig vorgegebenen Bedingungen abgearbeitet.

Im Gegensatz zur verbindungsprogrammierten Steuerung wird bei einer *speicherprogrammierten* Steuerung das Programm in einem Speicher abgelegt. Die Hardware der Steuerung wird dadurch problemunabhängig und ist für einen Gerätetyp im Grundausbau immer gleichartig. Die weitere Unterteilung dieser Steuerungsart richtet sich nach dem zur Anwendung kommenden Speichertyp.

Bei den *freiprogrammierbaren* Steuerungen auf der Basis von Prozeßrechnern bzw. Mikrocomputern ist der Programmspeicher ein Schreib-Lese-Speicher (RAM = Random Access Memory), dessen Inhalt ohne mechanische Eingriffe in das Steuerungsgerät geändert werden kann. Kommen Nur-Lese-Speicher (ROM = Read Only Memory) zum Einsatz, so handelt es sich um *austauschprogrammierbare Steuerungen.* Die Software kann nur durch Austausch der Speicherbausteine verändert werden. Die Bezeichnung ROM wird zum einen als Oberbegriff für die Nur-Lese-Speicher benutzt; andererseits benennt sie einen Speichertyp, der bei der Herstellung durch Maskierungsverfahren einmalig programmiert werden kann.

Die austauschprogrammierbaren Steuerungen werden nochmals in Steuerungen mit unveränderbarem Speicher (ROM, PROM) oder mit veränderbarem Speicher (EPROM) untergliedert.

Die genannten Steuerungsarten werden zur Realisierung der unterschiedlichen Prozeßsteuerungen eingesetzt.

6.3.1. Verbindungsprogrammierte Steuerungen

Sowohl Verknüpfungs- als auch Ablaufsteuerungen lassen sich als verbindungsprogrammierte Steuerung realisieren. Eine typische Verknüpfungssteuerung in Relais- und in Halbleitertechnik soll am Beispiel einer Vorschubantriebsteuerung erläutert werden, Bild 6-5 und 6-6.

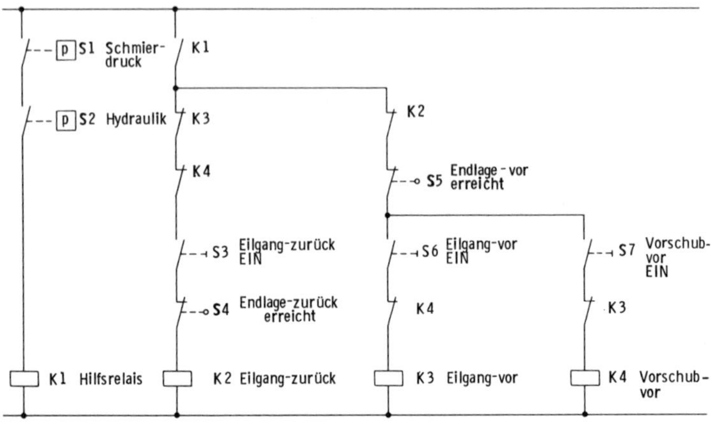

Bild 6-5. Realisierung einer Vorschubsteuerung in Relaistechnik.

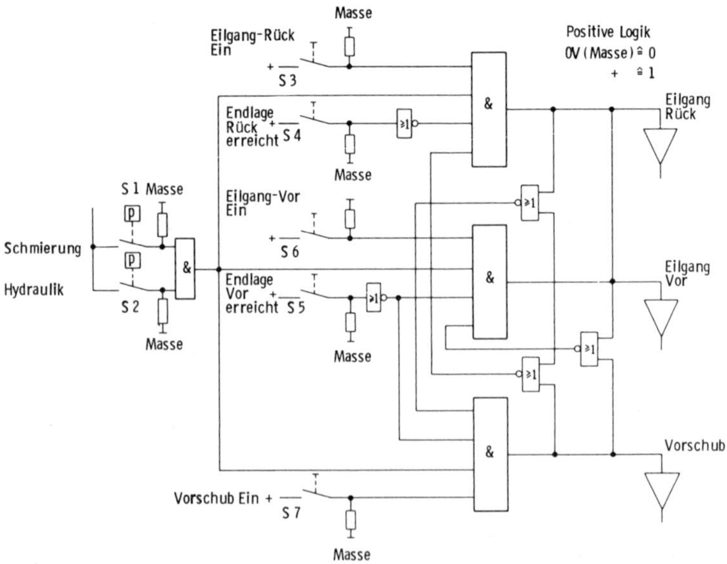

Bild 6-6. Realisierung einer Vorschubsteuerung in Halbleitertechnik.

Der Vorschubantrieb erlaubt drei Bewegungen: Eilgang-Vor, Eilgang-Rück und Vorschub. Jede dieser Tischbewegungen läßt sich über einen Taster einschalten und bleibt solange erhalten, bis der Taster losgelassen wird. Jedoch wird der Tastendruck nur dann wirksam, wenn keine der beiden anderen Bewegungen betätigt ist (Verriegelung). Die Bewegungen ruhen, sobald ein Endtaster angefahren wird. Ein Tastendruck ist ebenfalls unwirksam, wenn entweder die Hydraulik oder die Schmierung gestört sind.

Bei der Halbleitersteuerung (Bild 6-6) liegt bei geschlossenem Kontakt am Eingang eines logischen Elements eine positive Spannung an, bei offenem Kontakt wird der Eingang über einen Widerstand auf Nullpotential gehalten. Während bei Relaissteuerungen die bereits vorhandenen Relais in der Regel zum Schalten des Stellelements ausreichen, benötigt man bei Halbleitersteuerungen gesonderte Ausgangsverstärker (Treiber).

Zur Realisierung von *Ablaufsteuerungen* können die gleichen Bauelemente eingesetzt werden wie bei Verknüpfungssteuerungen (Relais, Halbleiterbausteine).

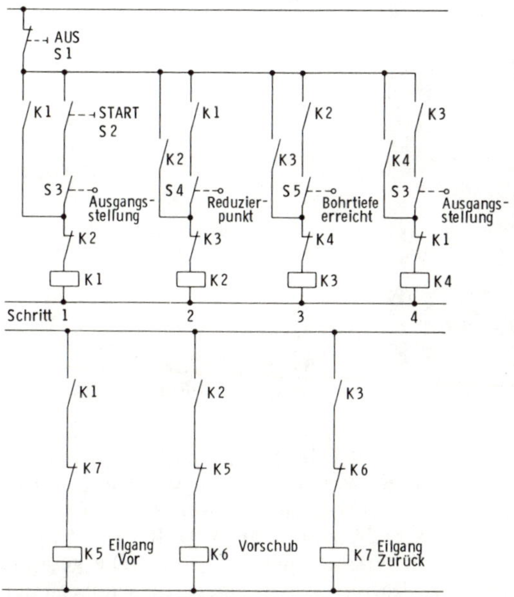

Bild 6-7.
Stromlaufplan für die Ablaufsteuerung eines Bohrwerks.

Bild 6-7 zeigt die Realisierung der Steuerungsaufgabe aus Bild 6-3 als Beispiel für eine Ablaufsteuerung in verbindungsprogrammierter Form. Im oberen Bildteil erkennt man die Weiterschaltbedingungen für die vier Schritte des Bohrzyklus. Der untere Teil zeigt die Schaltung für die Antriebe. Da in diesem Beispiel die Weiterschaltbedingungen prinzipiell gleich sind, sei die Schaltung lediglich für den ersten Schritt erläutert.

Befindet sich der Bohrer in der Ausgangsstellung und wird der Starttaster betätigt, so zieht das Relais K1 an, und der Eilgang wird eingeschaltet. Der Taster für die Ausgangsstellung geht in die Ruhestellung zurück. Um das Relais K1 im angezogenen Zustand zu halten, ist der Selbsthaltekontakt K1 erforderlich. Mit dem Anziehen von Relais K1 ist auch der Kontakt im Strompfad für K2 geschlossen. Sobald der Taster für den Reduzierpunkt betätigt wird, zieht Relais K2 an. Es wird die Verriegelung im Strompfad für K1 geöffnet, so daß K1 wieder abfällt.

Der jeweils nächste Schritt löscht also den vorhergehenden. Für eine kurze Zeitspanne sind zwei Relais gleichzeitig angezogen. Daher können die Antriebe nicht direkt von den Relais K1, K2 und K3 geschaltet werden. Der unten im Bild 6-7 gezeichnete Schaltungsteil gewährleistet, daß eine neue Bewegung erst dann eingeschaltet werden kann, wenn die vorherige ausgeschaltet ist.

Bild 6-8.
Ansicht eines Relaisschaltschranks.

Bild 6-8 zeigt die Ansicht eines Schaltschranks, der Relais und Schütze enthält. Die Kabel zu den Stellelementen werden über Steckverbindungen (im Bild unten) angeschlossen. Die Leitungen zur Verdrahtung der Relais untereinander sind in Kabelkanälen verlegt und daher nicht zu erkennen. In Bild 6-9 ist im Vergleich dazu eine elektronische Halbleitersteuerung dargestellt. Die gesamte Steuerung befindet sich auf steckbaren Karten, die in einem Einschubrahmen untergebracht sind. Diese Steckkarten (Printplatten) sind als gedruckte Schaltungen ausgeführt, d. h. alle Bauelemente werden mit ihren Anschlüssen durch eine Kunststoffplatine gesteckt. Die Verbindung der Anschlüsse geschieht durch Anlöten der Bauteile an dünne Kupferbahnen auf der Rückseite der Platine, Bild 6-10. Die Karten werden in die zugehörigen Einbauplätze des Rahmens geschoben. Die Leitungszuführung geschieht auch hier durch Steckverbindungen. Ein Einschubrahmen wird in der Regel in einen Schaltschrank eingebaut.

Halbleitersteuerungen besitzen gegenüber elektromechanischen Steuerungen Vorteile wie

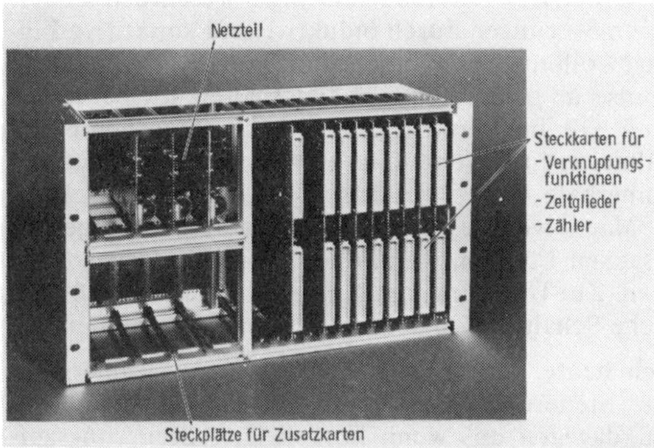

Bild 6-9.
Elektronische Halbleitersteuerung mit Steckkarten im Einschubrahmen (nach Bosch-Bendix).

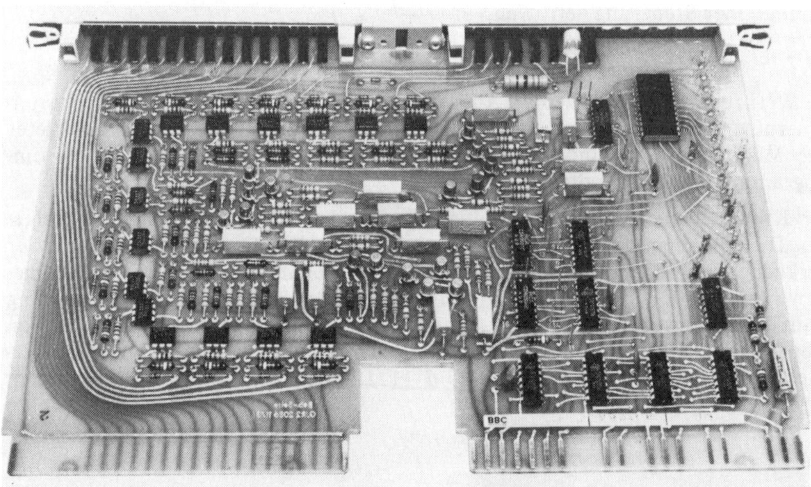

Bild 6-10. Ansicht einer Printplatte (nach BBC).

- kein Verschleiß, daher höhere Lebensdauer und Wartungsfreiheit;
- höhere Schaltfrequenz;
- kleinerer Leistungsbedarf, d. h. niedrigeren Stromverbrauch und geringere Erwärmung;
- kleinerer Raumbedarf.

Während Relais nur eine begrenzte Lebensdauer von etwa 10^7 Schaltspielen, d. h. Ein- und Ausschaltzyklen, besitzen, ist die Lebensdauer eines kontaktlosen Bauelementes (z. B. integrierter Schaltkreis) praktisch unbegrenzt. Ebenso ist die maximal mögliche Schaltfrequenz, die bei Relais durch die Trägheit der mechanischen Elemente beschränkt ist, bei Halbleiterbauelementen wesentlich höher. Beim praktischen Einsatz können Störungen durch induktive und kapazitive Einkopplung auftreten, die zu ungewollten Schaltvorgängen führen. Bei Halbleitern genügen bereits kurze Störimpulse im μs-Bereich zum Umschalten, die bei Relais überhaupt keine Wirkung haben. Die im Vergleich zum Relais wesentlich geringere Betriebsspannung von Halbleitern trägt ebenfalls zu einer höheren Störempfindlichkeit bei. Störquellen innerhalb eines Betriebes sind z. B. Motoren, Hubmagnete, Magnetkupplungen, Magnetventile, deren Magnetfelder Störungen in der Halbleitersteuerung verursachen können, wenn diese Elemente in der Nähe der Steuerung eingesetzt werden. Zur Unterdrückung dieser Störungen benötigen Halbleitersteuerungen zusätzliche Schaltungs- und Abschirmungsmaßnahmen.

Relaissteuerungen werden auch heute noch häufig für Werkzeugmaschinen verwendet, wenn relativ einfache Steuerungsaufgaben zu bewältigen sind. Halbleitersteuerungen wendet man dagegen an, wenn komplizierte Steuerungsaufgaben zu lösen sind oder wenn eine hohe Arbeitsgeschwindigkeit verlangt wird. Die Wahl der Steuerungsart wird jedoch in erster Linie aufgrund der Wirtschaftlichkeit einer Steuerung getroffen.

6.3.2. Stecktafelsteuerungen

Bei Werkzeugmaschinen werden Ablaufsteuerungen oft in Form einer Stecktafelsteuerung, auch Kreuzschienenverteiler genannt, realisiert. Die Stecktafel bietet eine Möglichkeit, verbindungsprogrammierte Steuerungen mittels Stecker umprogrammierbar zu gestalten.

Der Kreuzschienenverteiler besteht aus senkrecht zueinander stehenden Schienen. Die senkrechten Schienen entsprechen den zu betätigenden Funktionen der Werkzeugmaschine, wie z. B. den Schlittenbewegungen und der Vorschubgeschwindigkeit. Die waagerechten Schienen werden schrittweise mit Spannung beaufschlagt, sie entsprechen den Arbeitsschritten. Die Schienen werden an den Kreuzungsstellen, bei denen der Arbeitsschritt die entsprechende Funktion verlangt, durch Schalter verbunden, Bild 6-11. Die Dioden dienen zum Entkoppeln

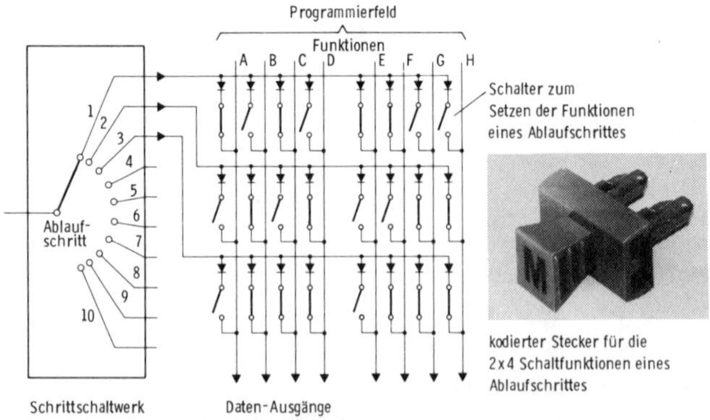

Bild 6-11. Kreuzschienenverteiler mit Programmierung durch kodierte Stecker (nach Ghielmetti).

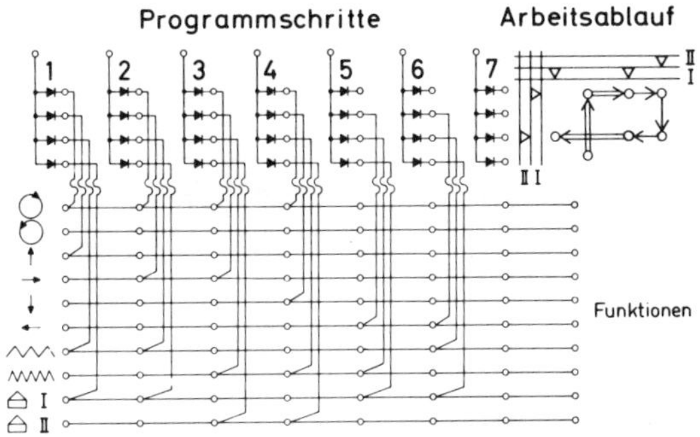

Bild 6-12.
Kreuzschienenverteiler mit Schnurprogrammierung (nach Stute).

der Schienen. Mit codierten Steckern werden je Schritt bis zu 8 Funktionen programmiert. Das Weiterschalten zum nächsten Schritt geschieht nach einer Rückmeldung von der Werkzeugmaschine, z. B. von Endschaltern an den Schlitten. Die Endschalter werden von Nocken betätigt, die auf einer Nockenleiste angebracht sind. Die Nockenleisten sind parallel zu den Verfahrachsen angeordnet.

Bild 6-12 zeigt einen Kreuzschienenverteiler mit erweiterten Möglichkeiten. In diesem Beispiel können zur Schrittfortschaltung Nocken der Nockenleiste I oder II benutzt werden. Für das Beispiel ergibt sich folgender Arbeitsablauf:

1. Schritt: Drehrichtung rechts, Schlitten nach oben, Eilgang. Schrittfortschaltung, sobald ein Kontakt von der Nockenleiste I betätigt wird.

2. Schritt: Drehrichtung rechts, Schlitten nach rechts, Eilgang. Schrittfortschaltung, sobald ein Kontakt von der Nockenleiste I betätigt wird.

3. Schritt: Drehrichtung rechts, Schlitten nach rechts, Vorschub. Schrittfortschaltung, sobald ein Kontakt von der Nockenleiste II betätigt wird.

usw.

Mehr als eine Nockenleiste ist z. B. dann erforderlich, wenn mehrere Nocken in kurzem Abstand voneinander untergebracht werden müssen. Weiterhin können

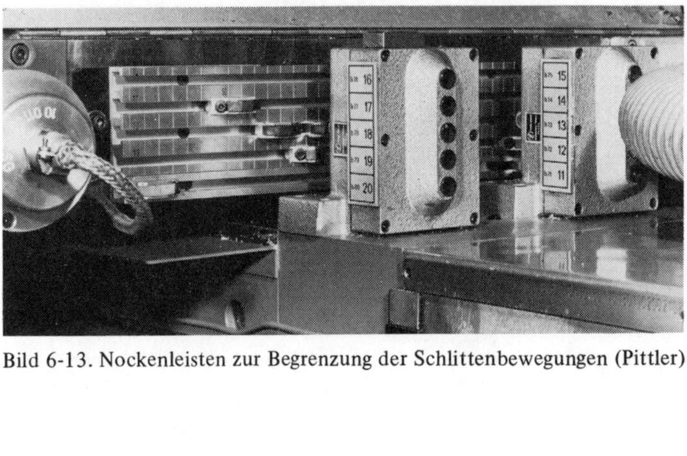

Bild 6-13. Nockenleisten zur Begrenzung der Schlittenbewegungen (Pittler).

für unterschiedliche Werkstücke die Nocken auf verschiedenen Nockenleisten angebracht sein, so daß ein Programmwechsel ohne Neujustierung der Nocken nur durch Wahl einer anderen Nockenleiste möglich ist. In Bild 6-13 sind die Nocken zur Endschalterbetätigung zu erkennen. Die Programmierung des Steuerungsablaufs durch Stecker erlaubt eine unkomplizierte Änderung der Programme. Bild 6-14 zeigt das Programmierfeld einer Stecktafelsteuerung. Die codierten Stecker sind durch eine transparente Folie gesteckt. Bild 6-15 zeigt, wie mit

Bild 6-14. Programmierfeld einer numerischen Steuerung (Ghielmetti).

Bild 6-15. Kreuzschienenverteiler mit kodierten Steckern auf Speicherfolie (Ghielmetti).

der Folie die Stecker abgenommen werden können. Sie dient somit als externer Programmspeicher. Damit läßt sich eine Maschine in kürzerer Zeit für ein anderes Werkstück umrüsten.

Die Genauigkeit der Verfahrwege ist durch die Schaltgenauigkeit der Endschalter auf etwa 0,1 mm begrenzt. Sie ist jedoch für viele Anwendungen ausreichend, z. B. auch für Industrieroboter. In Verbindung mit Wegmeßsystemen (Abschn. 10) und Lageregelkreisen (Abschn. 9) ist diese Steuerung auch für wesentlich feinere Auflösungen (0,001 mm) geeignet.

6.3.3. Prozeßrechnersteuerungen

Wie in Abschn. 5.3.2 bereits erwähnt, können technische Prozesse mit Hilfe von Rechnern gesteuert werden; besonders dann, wenn der Prozeßablauf aufgrund komplizierter Steuer- und Regelalgorithmen und wegen einer großen Anzahl von Meß- und Stellgrößen nicht mehr wirtschaftlich mit festverdrahteten Steuerungen zu bewältigen ist, bietet sich der Einsatz von Prozeßrechnern an. Voraussetzung dafür ist eine enge Kopplung zwischen Rechner und Prozeß über eine entsprechende Prozeßperipherie. Über die Prozeßperipherie werden Signale, wie Meßwerte und Stellgrößen, ausgetauscht; man spricht vom On-Line-Betrieb, Bild 6-16.

Im Gegensatz zu festverdrahteten Steuerungseinrichtungen, bei denen für jede Steuerfunktion ein Steuerelement gebraucht wird (Parallelverarbeitung), arbeiten Prozeßrechner die vorgegebene Steuerungsaufgabe mit großer Geschwindigkeit sequentiell ab; die zeitkontinuierliche Steuerung bzw. Regelung von Prozeßgrößen wird durch eine zeitdiskrete Verarbeitung der Prozeßdaten ersetzt (Zeitmultiplexbetrieb, Abschn. 9.3). Dieser speziellen Betriebsart trägt der Prozeßrechner durch eine Reihe von Hard- und Softwareeigenschaften Rechnung und unterscheidet ihn dadurch von Rechnern für den technisch-wissenschaftlichen bzw. kaufmännischen Einsatz.

- Termingebundener Echtzeitbetrieb (Real-Time-Betrieb):
  Die Abarbeitung jeder einzelnen Steuerungsaufgabe (Task) muß in so kurzer Zeit erfolgen, daß sich nach außen hin ein quasikontinuierliches Steuer- und Regelungsverhalten einstellt.

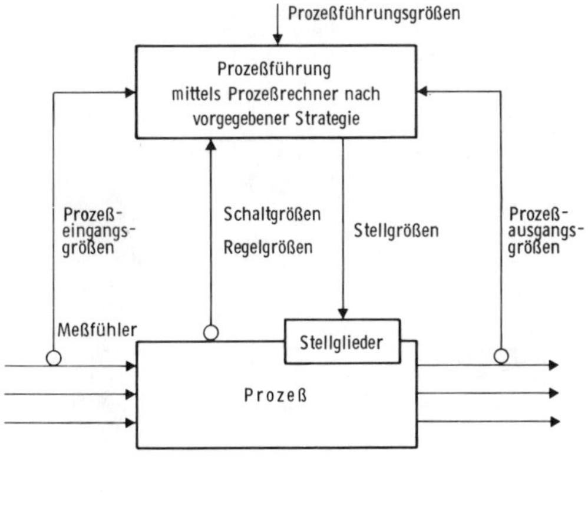

Bild 6-16.
Blockschaltbild eines Prozeßrechensystems (nach Steinbuch).

– Multi-Task-Verwaltung:

Diese Organisationsform gestattet es, die einzelnen Steuerungsaufgaben voneinander logisch zu entkoppeln. Dadurch wird trotz der sequentiellen Arbeitsweise des Rechners eine Quasi-Parallelverarbeitung aller Steuerungsaufgaben unterstützt.

– Unterbrecher-Betrieb (Interrupt-Betrieb):

Vom Prozeß können mehrere Anforderungen unterschiedlicher Wichtigkeit an den Prozeßrechner gestellt werden. Sind besonders kurze Reaktionszeiten zur Abarbeitung der Anforderungen notwendig, kann der Prozeßrechner über ein Interruptsignal veranlaßt werden, die gerade ablaufende Aufgabe zu unterbrechen, um auf die vorrangigere Aufgabe direkt reagieren zu können. Ist die außerplanmäßige Anforderung abgearbeitet, setzt der Rechner die Bearbeitung des unterbrochenen Programms fort.

Unterbrecher-Betrieb und Multi-Tasking sind typische Kennzeichen eines Prozeßrechners. Ein weiteres Merkmal ist sein prozeßspezifischer gerätetechnischer Aufbau (Bild 5-34).

Im linken Teil von Bild 5-34 ist als Peripheriebeispiel eine Anzahl von Geräten zusammengefaßt, die identisch sein kann mit der Peripherie eines normalen Digitalrechners; rechts sieht man die den Prozeßrechner auszeichnende Prozeßperipherie. Analoge Prozeßsignale werden in entsprechenden Wandlern für die digitale Verarbeitung im Rechner umgesetzt. In Bild 6-17 ist eine Auswahl von analogen und digitalen Meß- und Stellgeräten zusammengestellt.

Prozeßrechner werden dort eingesetzt, wo der Mensch dem Prozeßablauf wegen der hohen Geschwindigkeit nicht mehr folgen oder die vielen zu überwachenden oder zu steuernden Funktionen eines Prozesses nicht mehr überblicken kann. Zu den wesentlichen Aufgaben eines Prozeßrechners gehören:

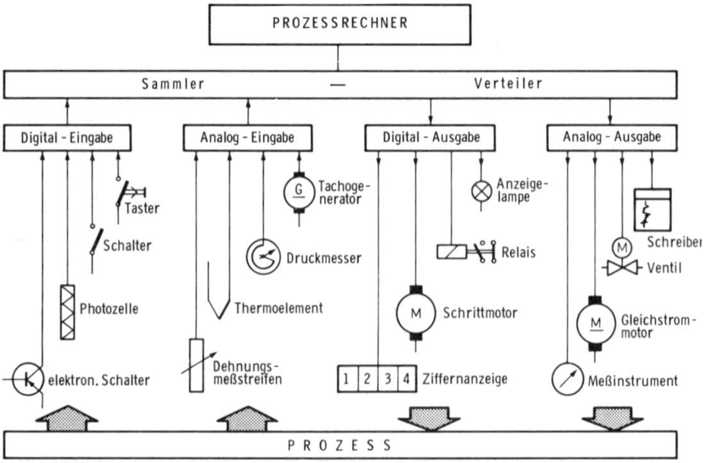

Bild 6-17. Prozeßperipherie.

– Meßwerterfassung:

In starrer Folge (zyklisch), durch Alarme initiiert (sporadisch) oder als Folge von Entscheidungen im Programm (angewählt). Beispiel: Erfassung der Istposition für den Lageregelkreis durch den Prozeßrechner einer CNC (vergl. Abschn. 7.3.2).

– Meßwertverarbeitung:

Verdichtung von Daten, Ermitteln von Kennwerten für eine Prozeßführung, Kennlinienlinearisierung, Korrektur mit anderen Meßwerten und Tabellen. Beispiel: Interpolation (vergl. Abschn. 8.1).

– Überwachung:

Grenzwertüberwachung, Ablaufkontrolle, Materialverfolgung. Beispiel: Endschalter (vergl. Abschn. 8.5).

– Protokollierung:

Betriebsprotokolle, Tabellen, Diagramme.

– Steuerung und Regelung:

Digitale Regelung nach Regelalgorithmen, Sollwertvorgabe. Beispiel: Lageregelung (Abschn. 9.3), Leistungsregelung (Abschn. 11.2.1).

– Führungsaufgaben:

Anwendung von Regelungs- und Optimierungsmodellen. Beispiel: Optimierregelung (Abschn. 11.5).

Mikroprozessoren:

Durch die Entwicklung des preisgünstigen Mikroprozessors (MPU, Micro-Processing-Unit) wurde ein sehr breites Anwendungsfeld für Prozeßsteuerungen durch Rechner eröffnet. Als Mikroprozessor bezeichnet man einen Baustein, bei dem die gesamte Zentraleinheit (CPU, Central Processing Unit, vergl. Abschn. 5.3.2.1) auf einem Siliziumplättchen (Chip) untergebracht ist. Durch die weit fortgeschrittene Integrationstechnik ist es heute möglich, mehrere zehntausend Transistorfunktionen auf einem Halbleiterplättchen von etwa 5 mm x 6 mm Kantenlänge unterzubringen, Bild 6-18.

Mikroprozessoren der ersten Generation, wie der 8008 von Intel, kamen Anfang der siebziger Jahre auf den Markt. Zwar wiesen diese Mikroprozessoren bereits die typischen Merkmale eines Prozeßrechners auf, jedoch waren Befehlssatz, Befehlsausführungszeit und Interruptverhalten nur bedingt für den Einsatz in größeren Systemen, z. B. einer Werkzeugmaschinensteuerung, geeignet. Mit der Entwicklung von Bausteinen der zweiten Generation (z. B. Intel 8080, Motorala 6800) konnte der Datendurchsatz um den Faktor 10 gesteigert werden. Bild 6-19 zeigt ein Mikroprozessorsystem in seiner Minimalkonfiguration. Zur Programmspeicherung werden sowohl ROM's und bei kleineren Stückzahlen EPROM's eingesetzt (vergl. Abschn. 5.3.2.1). Zur Aufnahme variabler Daten (Koeffizienten, Zwischenergebnisse usw.) ist der Mikroprozessor mit einem RAM verbunden.

Bild 6-18. Interne Struktur eines integrierten Schaltkreises (Siemens).

Den Datenaustausch mit der Außenwelt, dem Prozeß, wickelt das System über universelle Ein-/Ausgabebausteine ab.

Die Ein-/Ausgabebausteine lassen sich von der MPU bei der Systeminitialisierung auf die prozeßspezifischen Erfordernisse durch Einschreiben von Kontrollworten programmieren. Da die Kontrollworte bausteinintern in Schreib-/Lesespeichern abgelegt sind, ist die Programmierung ein reversibler Vorgang und kann beliebig oft, sogar während des Betriebs, geändert werden. Bild 6-20 zeigt das vereinfachte Blockschaltbild eines parallelen Ein-/Ausgabebausteins (PIA, Peripheral

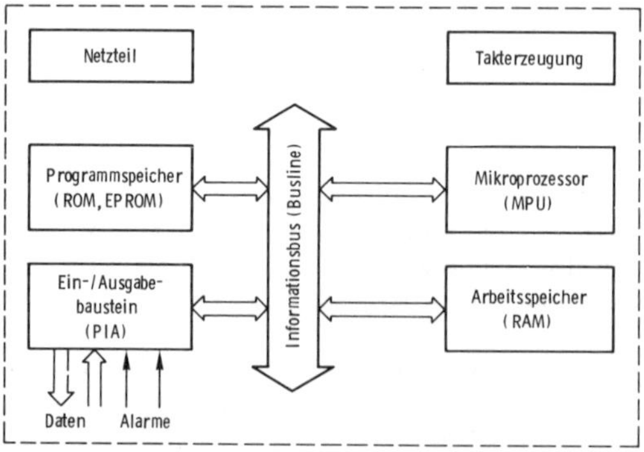

Bild 6-19.
Schematischer Aufbau eines Mikrocomputersystems.

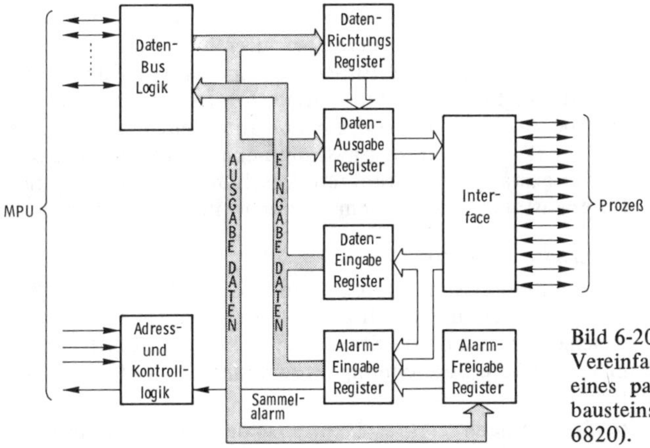

Bild 6-20.
Vereinfachtes Blockschaltbild eines parallelen Ein/Ausgabebausteins (PIA (nach Motorola 6820).

Interface Adapter). Die bidirektionalen Daten der MPU werden zunächst in zwei unidirektionale Datenpfade (Schreib- und Lesedaten getrennt) aufgesplittet. Das im Datenrichtungsregister hinterlegte Kontrollwort schaltet bitweise das Datenausgaberegister frei und legt somit die Transferrichtung jedes einzelnen Anschlusses an der Prozeßperipherie fest.

Desgleichen bestimmt das Interruptfreigaberegister, ob Prozeßeingabedaten in das Alarmregister gelangen und eine Unterbrechungsmeldung an die MPU absetzen. Über das Dateneingaberegister kann der Zustand der Prozeßperipherie unabhängig von der gewählten Programmierung ausgelesen werden.

Mikrocomputer auf einem Chip:

Die steigende Integrationsdichte von Halbleiterbauelementen gestattet es heute, kleinere Mikrocomputersysteme auf einem einzigen Chip zusammenzufassen, Bild 6-21.

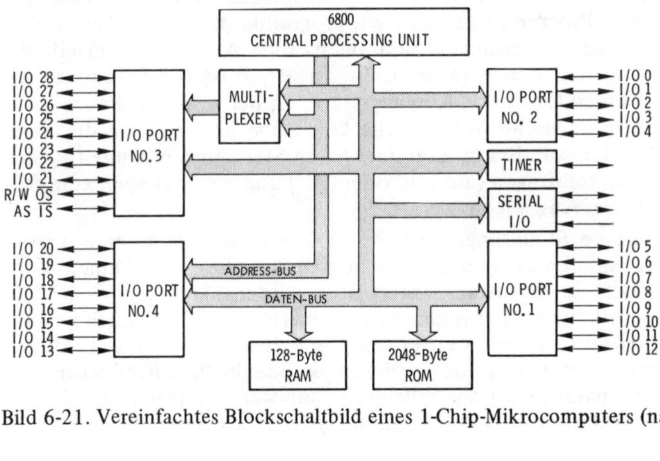

Bild 6-21. Vereinfachtes Blockschaltbild eines 1-Chip-Mikrocomputers (nach Motorola).

Durch Fortfall der externen Adreß- und Datenleitungen stehen etwa 80 % der Gehäuseanschlüsse für Peripheriesignale zur Verfügung. Reicht der interne RAM- und ROM-Bereich nicht aus, lassen sich die Ein-/Ausgabeports Nr. 3 und 4 bitweise zur Adressierung externer Speicher oder weiterer Ein-/Ausgabekanäle umprogrammieren. Der in Bild 6-21 gezeichnete Timer kann gleichermaßen zum Zählen schneller Ereignissignale oder zur Zeitmessung benutzt werden. Die serielle Ein-/Ausgabenahtstelle gestattet den direkten Anschluß eines Bedienungsterminals bzw. den Datenaustausch mit einem übergeordneten Rechner.

6.3.4. Symbolprogrammierbare Steuerungen (SPS)

Für die Gerätekurzbezeichnung ‚Symbolprogrammierbare Steuerung (SPS)' wurde im Sprachgebrauch in Anlehnung an DIN 19237 der Begriff ‚Speicherprogrammierbare bzw. Speicherprogrammierte Steuerung (SPS)' eingeführt. Die im englischen Sprachraum verwendete Bezeichnung ‚Programmable Controller (PC)' ist ebenfalls gebräuchlich.

Speicherprogrammierte Steuerungen gibt es in unterschiedlichen gerätetechnischen Ausführungen, die auf die jeweiligen Aufgabenstellungen zugeschnitten sind. In der Reihe der speicherprogrammierten Steuerungen gibt es ein speicherprogrammierbares Steuerungsgerät, das anstelle von verbindungsprogrammierten Relais- und Halbleitersteuerungen eingesetzt werden kann. Die Verwirklichung der Steuerungsaufgabe, d. h. der logischen Verknüpfung in Form von Software, die in einem Speicher abgelegt ist, schafft die wünschenswerte Flexibilität, um eine Änderung der Steuerungsaufgabe ohne großen Verdrahtungsaufwand vornehmen zu können.

Zum Programmieren der Steuerungen benutzt man eine Sprache, deren Sprachelemente sich an den bei Anwendern üblicherweise verwendeten Unterlagen zur Aufgabenbeschreibung orientieren. Die Eingabe des Programms erfolgt über Programmiergeräte, deren Tasten mit von den Sprachelementen hergeleiteten Symbolen gekennzeichnet sind. Die Art der Programmierung hat dazu geführt, diese Steuerungssysteme als symbolprogrammierbare Steuerungen (SPS) zu bezeichnen.

Ohne das Verknüpfungsprogramm ist eine symbolprogrammierbare Steuerung nicht arbeitsfähig. Das Programm ist in einem Programmspeicher enthalten und setzt sich aus einzelnen Anweisungen zusammen. Eine Anweisung enthält die sogenannte Operation und den Parameter. In der Regel ist der Parameter die Nummer (Adresse) einer Ein- oder Ausgangsstufe, an der z. B. ein Endschalter oder ein Magnetventil angeschlossen ist. Die Operation gibt an, wie der Parameter verarbeitet werden soll. Bei programmierbaren Steuerungen handelt es sich meist um Signalzustandsabfragen (auf „0" oder „1") und Anweisungen zum Setzen und Rücksetzen von Ausgängen.

Symbolprogrammierbare Steuerungen arbeiten taktgesteuert, d. h. eine Anweisung wird nach der anderen bearbeitet (serielle Arbeitsweise). Da zu einem Zeitpunkt nur ein einziger Signalzustand verarbeitet werden kann, ergibt sich ein Unterschied zu verbindungsprogrammierten Steuerungen, die beliebig viele Signalzustände gleichzeitig verarbeiten können (parallele Arbeitsweise). Da die Zeit zur Ausführung einer Anweisung im Mikrosekundenbereich liegt, kann man jedoch von einer sogenannten quasiparallelen Arbeitsweise sprechen. Bild 6-22 faßt die wesentlichen Merkmale beider Steuerungsarten zusammen.

Unterscheidung durch die ... \ Steuerungsart	verbindungsprogrammierte Steuerung	symbolprogrammierbare Steuerung
Programmierung	Hardware (Verdrahtung)	Software (Anweisungen)
Arbeitsweise	parallel	seriell
Technologie	elektromechanisch (Relais) oder kontaktlos (Halbleiterbauelemente)	kontaktlos (Halbleiterbauelemente) (Mikroprozessor)

Bild 6-22. Gegenüberstellung von verbindungsprogrammierter und symbolprogrammierbarer Steuerung.

Bei einer symbolprogrammierbaren Steuerung ist die Funktion der Steuerung nicht mehr durch die Hardware, sondern durch die Software festgelegt. Die Hardware ist problemunabhängig und damit immer gleichartig. Sie hat die Aufgabe, den Speicherinhalt zu verarbeiten.

Aufbau und Wirkungsweise

Die SPS entstanden aus der Prozeßrechnertechnik. Im allgemeinen enthält eine SPS eine Zentraleinheit bestehend aus Prozessor und Speicher. Bild 6-23 zeigt eine Realisierungsform mit zwei Prozessoren, einer für die Verarbeitung der logischen Signale (Bitverarbeitung) und einer für die Realisierung arithmetischer Funktionen und die Textverarbeitung (Wortverarbeitung). Ein Koordinator leitet das Zusammenwirken beider Prozessoren in Verbindung mit den Anweisungen des Programms im Speicher.

Zur Datenübertragung stehen zwei Datenübertragungswege (Bussysteme) zur Verfügung. Gegenüber symbolprogrammierbaren Steuerungen mit nur einem zentralen Bussystem kann damit eine höhere Arbeitsgeschwindigkeit erzielt werden. Die Signalgeber und Stellglieder des angeschlossenen Prozesses werden an die Ein- und Ausgangsstufen der SPS direkt angeschlossen. Die Ein- und Ausgabestu-

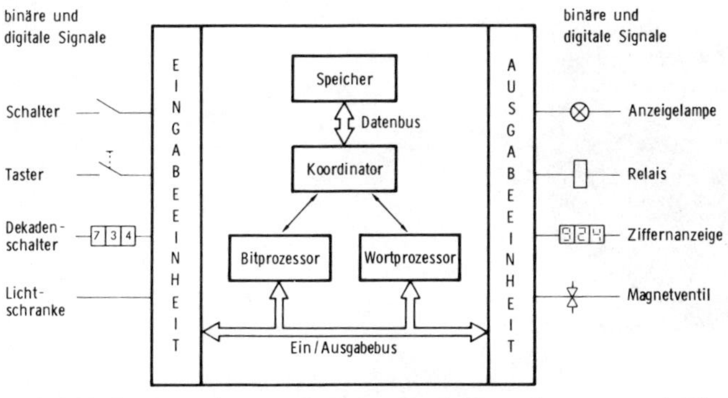

Bild 6-23. Struktur einer symbolprogrammierbaren Steuerung mit Bit- und Wortprozessor.

fen sind in bezug auf Spannung, Leistung, Entstörung usw. für einen direkten Anschluß von Stellelementen und Signalgebern ausgelegt (z. B. 24 V = , 110 V~, 220 V~) und enthalten Elemente zur Anzeige der Signalzustände. Im Zentralspeicher ist das Steuerprogramm für die zu steuernde Maschine abgelegt. Es besteht aus einer Anweisungsfolge, die beschreibt, unter welchen Bedingungen die Ausgangssignale gesetzt bzw. gelöscht werden. Eine zusammengehörende Folge von Anweisungen, die z. B. beim Stromlaufplan einem Strompfad zur Ansteuerung eines Ausgangs entspricht, wird bei der SPS Satz genannt. Zur Erstellung eines vollständigen SPS-Programms werden also alle Strompfade eines Stromlaufplans programmiert. Die entsprechenden Sätze bilden aneinandergereiht das Steuerprogramm.

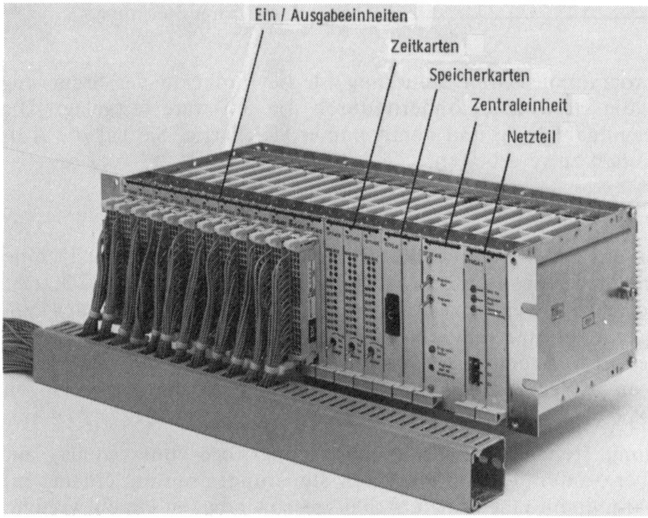

Bild 6-24. Symbolprogrammierbare Steuerung mit einem Aufbau im Einschubrahmen (nach BBC).

Bild 6-25. Symbolprogrammierbare Steuerung in Kompaktbauweise (Eberle).

Bild 6-24 zeigt eine ausgeführte SPS, die in einem Einschubrahmen untergebracht ist. Zu erkennen sind einzelne Karten für das Netzteil, den Speicher, den Prozessor und für die Ein- und Ausgänge.

Eine kompakte SPS-Ausführung, bei der alle zum Betrieb notwendigen Funktionsbausteine fest in einem Gehäuse untergebracht sind, zeigt Bild 6-25.

Bei SPS werden die Anweisungen nacheinander zyklisch abgetastet. Dies bedeutet, daß das gesamte Programm dauernd abgearbeitet wird; unabhängig davon, ob sich Signalzustände ändern. Ist die letzte Anweisung des Programms bearbeitet, wird wieder bei der ersten begonnen, Bild 6-26. Während eines Zyklus werden alle Ein- und Ausgänge abgefragt und alle Ausgänge auf ihren aktuellen Wert gesetzt. Da sich ein solcher Zyklus je nach Programmlänge und Gerät alle 1 bis 20 ms wiederholt, ist sichergestellt, daß mindestens ähnliche Reaktionszeiten auf Signalzustandsänderungen wie bei Relaissteuerungen erreicht werden [35].

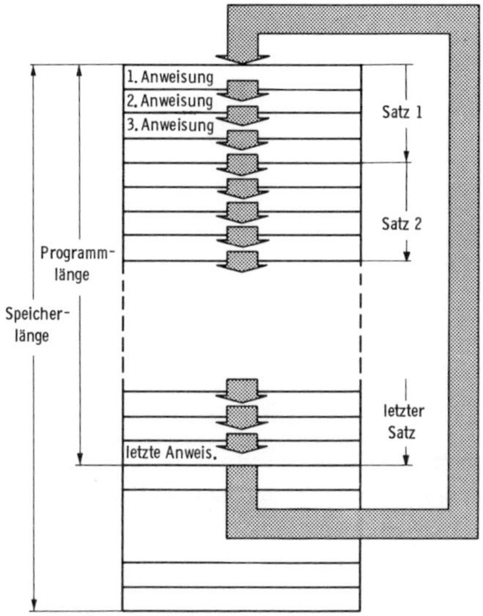

Bild 6-26.
Darstellung der zyklischen Programmbearbeitung bei einer symbolprogrammierbaren Steuerung (SPS).

Die für die Programmierung des Steuerungsablaufs notwendigen Anweisungen sind vorwiegend logischer Natur, z. B. UND, ODER. Außer diesen kann man Zeitbedingungen programmieren, die der Funktion von Zeitrelais bei elektromechanischen Steuerungen entsprechen. Weitere spezielle Anweisungen dienen zur Programmierung von Zählern. Der Anweisungsvorrat einiger Geräte umfaßt auch unbedingte und bedingte Sprunganweisungen. Unbedingte Sprünge werden immer, bedingte nur dann ausgeführt, wenn die vorhergehende logische Bedingung erfüllt ist (Verzweigung). Die Verwendung von bedingten Sprunganweisungen gestattet eine Programmierung von komplexen Programmabläufen, die über die Aneinanderreihung von logischen Sätzen hinausgeht. Auf diese Weise lassen sich z. B. auch Ablaufsteuerungen (s. Abschn. 6.2) einfach realisieren.

Programmierung

Die Logik einer zu programmierenden Steuerungsaufgabe kann in Form von Ablaufplänen (Bild 6-3), Booleschen Gleichungen (Tabelle 5-2) oder Stromlaufplänen (Bild 6-2) beschrieben werden. Diese Beschreibung muß in eine Form umgesetzt werden, die der jeweiligen SPS angepaßt ist. Dies ist der eigentliche Programmiervorgang. Es werden unterschiedliche Programmierungsarten angewendet.

Boolesche Gleichungen eignen sich gut zur Beschreibung logischer Zusammenhänge und wurden zunächst vielfach verwendet. Heute sind sie nur wenig gebräuchlich. In den meisten Fällen wird die Aussage einer logischen Gleichung in eine Anweisungsfolge umgesetzt. Eine solche Programmiersprache enthält im wesentlichen Anweisungen zur Verknüpfung wie UND, ODER, NICHT und zur Ausgabe wie Setzen und Rücksetzen von Signalzuständen. Bild 6-27 zeigt dies an einem einfachen Beispiel. Die Anweisungen sind so geartet, daß eine direkte Programmierung ausgehend vom Logikplan (Funktionsplan) möglich ist. Besondere Kenntnisse der Datenverarbeitung sind für die Programmierung nicht erforderlich.

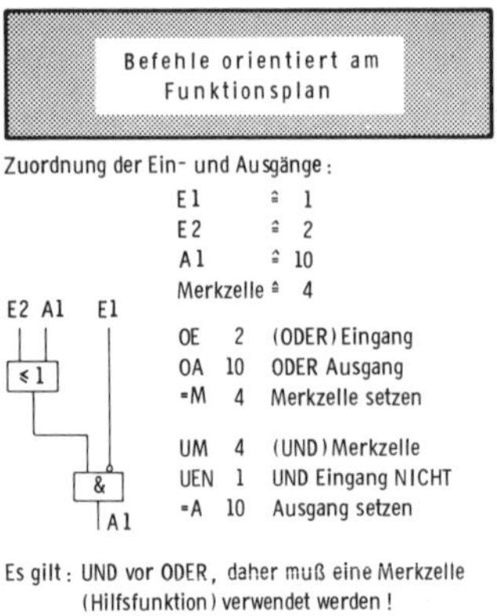

Bild 6-27.
Mnemotechnische Programmierung einer Selbsthalteschaltung nach einem Funktionsplan.

Eine weitere Möglichkeit der Programmierung besteht in der direkten Eingabe von Symbolen zur Darstellung des Stromlaufplans, Bild 6-28, über eine Tastatur meist in Verbindung mit einem Datensichtgerät (Bildschirm), Bild 6-29. Diese Art der Programmierung ist besonders einfach und anschaulich.

Die Vielzahl der auf dem Markt angebotenen SPS-Systeme hat eine unüberschaubare Anzahl unterschiedlicher SPS-Sprachen zur Folge. Um dieser Vielzahl zu begegnen, wurde mit der DIN-Vornorm 19 239 ein erster Schritt zur Vereinheitlichung der Sprachelemente für symbolprogrammierbare Steuerungen unternommen. In Ergänzung zu dieser Norm wird in der VDI-Richtlinie 2880 u. a. für die in der Norm definierten Sprachelemente eine Syntax empfohlen.

Anwendungsaspekte

Relais- und Halbleitersteuerungen müssen für jeden Anwendungsfall neu projektiert und verdrahtet werden. Man muß also die Schaltung konzipieren, die Bau-

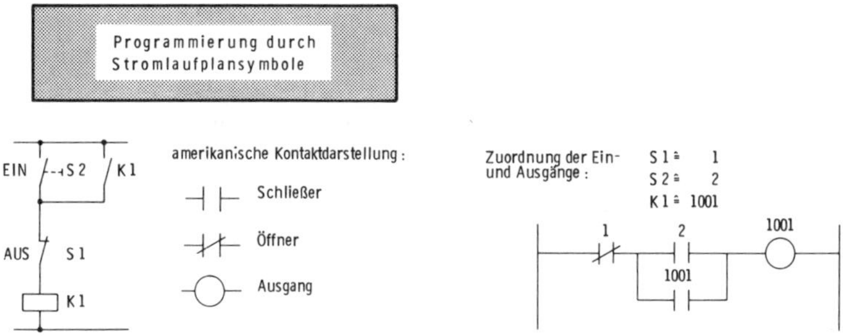

Bild 6-28. Programmierung einer Selbsthalteschaltung mit Symbolen in Anlehnung an den Stromlaufplan.

Bild 6-29.
Programmiergerät zur Programmierung mit Stromlaufplansymbolen (Elan).

elemente oder Baugruppen auswählen, bestellen und die Fertigungsunterlagen, wie Schaltpläne und Verdrahtungslisten, anfertigen. Die Steuerung wird dann mechanisch aufgebaut, verdrahtet und geprüft. Dabei festgestellte Fehler sind anschließend zu beseitigen. Zum Schluß nimmt man die Dokumentation der Schaltung vor. Ein Teil dieser Tätigkeiten wiederholt sich bei Änderungen.

Alle diese Arbeiten nehmen sehr viel Zeit in Anspruch und sind mit einem hohen Anteil an Personalkosten verbunden. Eine Zeit- und evtl. eine Kostenreduzierung läßt sich durch die Verwendungen von SPS erzielen. Bild 6-30 zeigt qualitativ, wie sich durch die Überlappung von Projektierungs- und Realisierungszeiten bei symbolprogrammierbaren Steuerungen die Gesamterstellungszeiten gegenüber verbindungsprogrammierten Steuerungen verkürzen.

SPS sind unabhängig von der Art der zu lösenden Aufgabe immer wieder verwendbar. In diesem Zusammenhang spricht man daher auch von „vorkonfektio-

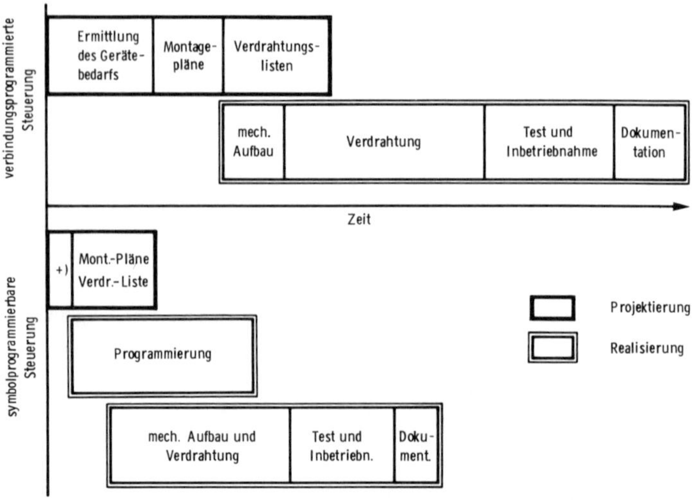

Bild 6-30. Projektierungs- und Realisierungszeiten bei verbindungs- und symbolprogrammierbaren Steuerungen (qualitativ).
+) Ermittlung des Gerätebedarfs

nierter Hardware". Als besonderer Vorteil ist auch die leichte Änderungsmöglichkeit eingegebener Programme zu nennen.

SPS sind für alle Steuerungsprobleme geeignet, die auch durch Relais- bzw. Schützensteuerungen gelöst werden können. Anstelle von verbindungsprogrammierten Halbleitersteuerungen lassen sich SPS meist jedoch nur einsetzen, wenn man an die Reaktionszeit keine höheren Anforderungen stellt als bei elektromechanischen Steuerungen (bedingt durch die zyklisch serielle Arbeitsweise).

Ist die SPS von der Technik her einsetzbar, entscheidet ein Wirtschaftlichkeitsvergleich mit konventionellen Steuerungen über einen möglichen Einsatz. Die Materialkosten einer programmierbaren Steuerung liegen in der Regel höher als bei vergleichbaren Relais-Lösungen, vor allem bei einem kleinen Aufgabenumfang der Steuerung. Dafür werden jedoch verstärkt kleinere kompakte Steuerungen (Bild 6-25) angeboten, um den Grundaufwand zu reduzieren.

Andererseits liegt die SPS in folgenden Punkten kostenmäßig günstiger: Projektierung (vereinfachter und schneller Steuerungsentwurf), problemlose und schnelle Realisierung (Programmeingabe) und Inbetriebnahme (Fehlersuchhilfen, leichte Fehlerkorrektur). Ein sinnvoller Einsatz ergibt sich vor allem bei Anwendungen, die folgende Eigenschaften aufweisen [36].

Steuerungen mit großer Verarbeitungstiefe:

Die Verarbeitungstiefe ist ein Maß für die Komplexität einer Steuerung. Bei verdrahteten Steuerungen entspricht sie der Anzahl der signalverarbeitenden Logikelemente (Hilfsschütze, Relais, Logikglieder usw.), bezogen auf die Anzahl der binären Ein- und Ausgangssignale. Je größer die Verarbeitungstiefe, desto höher ist der Preis für den Logikteil bei verbindungsprogrammierten Steuerungen. Da Speicherplatzreserven meist in einem gewissen Umfang vorhanden sind und die Kosten für Speichererweiterungen niedriger sind als für zusätzliche Bauelemente (beispielsweise Relais) und ihre Verdrahtung, wird der SPS-Einsatz mit steigender Komplexität der Steuerungsaufgabe wirtschaftlicher, Bild 6-31.

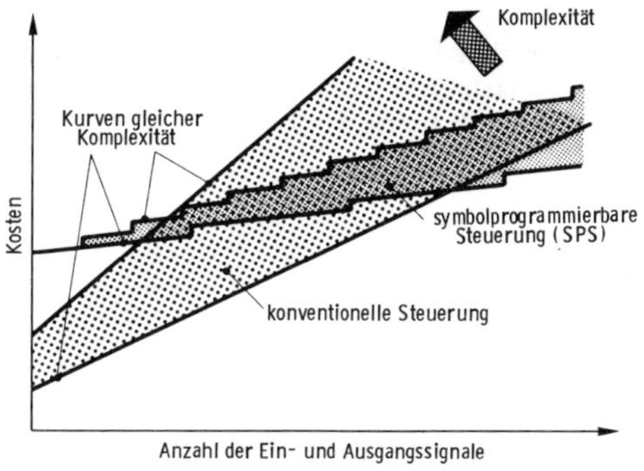

Bild 6-31.
Kostenvergleich von symbolprogrammierbarer und verbindungsprogrammierbarer Steuerung bei steigender Komplexität (qualitativ).

Änderung der Steuerungsfunktionen:

Bei vielen Anwendungen, beispielsweise bei Transferstraßen im Automobilbau, müssen (durch Modellwechsel verursacht) in relativ kurzen Zeitabständen Änderungen in der Steuerung vorgenommen werden. Wenn diese oft auch geringfügig sind, so muß man doch die gesamte Anlage stillsetzen. Verdrahtungsänderungen benötigen ein Mehrfaches der Zeit, die für die Umprogrammierung erforderlich ist. Deshalb kann ein SPS-Einsatz schon aus diesem Grund sinnvoll sein.

Geringe Fertigstellungszeit der Steuerungsanlage:

Soll eine Anlage sehr schnell ausgeliefert werden, so ist der SPS-Einsatz oft die einzige Möglichkeit, diese Frist einzuhalten, weil Steuerungsentwurf, Aufbau und Test wesentlich schneller vonstatten gehen als bei verbindungsprogrammierten Steuerungen.

Einsatz bei der Einzelfertigung von Anlagen:

Bei der Einzelfertigung, beispielsweise für Sondermaschinen wie Großwerkzeugmaschinen, können Kosten für einmalige Arbeiten, vor allem Test und Dokumentation, die einen hohen Anteil an Personalkosten enthalten, nicht auf größere Stückzahlen umgelegt werden. Hier bietet die SPS Vorteile, weil bei der Inbetriebnahme erkannte Fehler schnell korrigierbar sind. Die bei den meisten Geräten vorhandene Möglichkeit des automatischen Programmausdrucks bedeutet eine erhebliche Erleichterung bei der Dokumentation, weil ein großer Teil der Zeichnungsarbeiten – z. B. für Stromlaufpläne – entfallen kann. Vor allem ist der Änderungsdienst bei herkömmlichen Lösungen sehr aufwendig, teuer und fehleranfällig. Bei der SPS kann unmittelbar eine Änderung des aktuellen Programms ausgedruckt werden. Abweichungen zwischen Dokumentation und Programm, beispielsweise durch Zeichen- und Schreibfehler, sind ausgeschlossen.

Einsatz bei der Serienfertigung von Anlagen:

Wird eine Steuerung ohne wesentliche Veränderungen in größeren Stückzahlen benötigt, lassen sich die Realisierungskosten durch den SPS-Einsatz erheblich reduzieren, weil lediglich die Ein- und Ausgänge verdrahtet werden müssen. Bei konventionellen Steuerungen muß man zusätzliche Personalkosten für den Aufbau des Logikteils berücksichtigen. Dagegen wird bei der SPS das Steuerungsprogramm nur einmal geschrieben und extern gespeichert, beispielsweise auf Magnetbandkassetten. Es braucht dann lediglich in den Speicher weiterer Steuerungen eingegeben zu werden. Die auch bei Serienmaschinen vorkommenden speziellen Kundenwünsche lassen sich anschließend schnell durch Ändern oder Hinzufügen von Programmteilen ausführen.

7. Numerische Steuerungen

Bei den in Abschn. 6.2 behandelten Ablaufsteuerungen werden der Programmablauf durch Kreuzschienenverteiler und die Länge der zu verfahrenden Wege durch verschiebbare Nocken oder andere mechanische Hilfsmittel vorgegeben. Für häufig wechselnde Bearbeitungsaufgaben sind die Zeiten zur Umprogrammierung für derart gesteuerte Maschinen in der Regel sehr hoch. Eine Steigerung der Flexibilität bietet der Einsatz sogenannter numerischer Steuerungen (Numerical Control, NC), bei denen Art und Reihenfolge der Fertigungsvorgänge für ein Werkstück im Werkstückprogramm festgelegt sind, das die Steuerinformationen in Form alphanumerischer Zeichen enthält [37 bis 43]. So zählt die NC – golbal betrachtet – zur Familie der Ablaufsteuerungen, wobei die einzelnen Steuerschritte durch alphanumerische Zeichen vorgegeben werden.

Numerische Steuerungen sind heute ausschließlich in Halbleitertechnik aufgebaut. In modernen numerischen Steuerungen müssen nicht nur logische Verknüpfungen, sondern auch oft komplexe Rechenoperationen durchgeführt werden. Deshalb finden außer den in Abschn. 5.2 behandelten einfachen elektronischen Bausteinen zunehmend auch die in Abschn. 5.3 vorgestellten Minicomputer und Mikrocomputer Verwendung.

7.1. Allgemeine Funktionsbeschreibung numerischer Steuerungen

Die Bearbeitung eines Werkstücks auf einer numerisch gesteuerten Werkzeugmaschine wird durch das Werkstückprogramm, auch NC-Programm genannt, beschrieben. In der Regel gibt man die Daten des NC-Programms in die Steuerung über Lochstreifen oder Magnetband-Kassetten ein, es besteht jedoch bei den meisten Steuerungen zusätzlich die Möglichkeit, den Arbeitsablauf über ein Tastenfeld direkt zu programmieren (Abschn. 7.3). Bei der „Hand-NC" wird das NC-Programm primär per Hand eingegeben. Die Steuerung ist dazu mit Funktionstasten entsprechend komfortabel gestaltet.

Steuerungen, die über einen NC-Programmspeicher verfügen, gestatten zusätzlich, bereits eingelesene NC-Programme über das Bedienfeld zu verändern bzw. zu korrigieren.

Die eingegebenen Informationen des Werkstückprogramms und die Korrekturen werden in der Steuerung dekodiert und nach geometrischen und technologischen Daten getrennt weiterverarbeitet, Bild 7-1. Geometrische Daten sind alle Angaben über die zu verfahrenden Werkzeugwege, aus denen schließlich die gewünschte Geometrie des Werkstücks entsteht. Technologische Informationen sind die Schaltfunktionen für z. B. Vorschubgeschwindigkeit, Spindeldrehzahl, Werkzeugwechsel, Kühlmittelschaltung, usw.

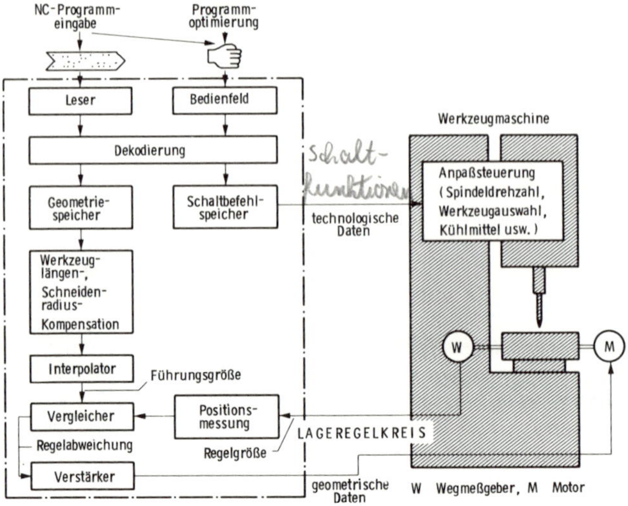

Bild 7-1. Informationsfluß in einer numerischen Steuerung.

Die Schaltfunktionen gelangen als Schaltbefehle an die sogenannte Anpaßsteuerung der Werkzeugmaschine, in der sie mit den von der Werkzeugmaschine kommenden Rückmeldungen verknüpft und in Steuerbefehle für die zu schaltenden Aggregate umgesetzt werden. Die Verknüpfungen bestehen zum großen Teil aus Verriegelungs- bzw. Sicherheitsschaltungen, damit widersprüchliche und den Maschinenbediener sowie die Maschine gefährdende Funktionen (Eilgangvorschub, Tisch rechts-Tisch links, Vorschub Ein bevor Spindel Ein, usw.) nicht ausgelöst werden.

Bevor die geometrischen Daten von der Steuerung ausgegeben werden, müssen sie auf die angeschlossene Werkzeugmaschine und die aktuelle Werkstück-Werkzeugkonfiguration zugeschnitten sein. So kann beispielsweise die NC-Programmierung unabhängig von der aktuellen Spannposition des Rohteils erfolgen, wenn für eine Koordinatentransformation die Lage des Werkstücknullpunkts zum Nullpunkt des Maschinenmeßsystems zusätzlich eingegeben wird (s. Abschn. 7.2).

Ähnliche Korrekturberechnungen werden durchgeführt, wenn die Längen von Bohr- und Drehwerkzeugen oder die Durchmesser von Fräswerkzeugen von den programmierten Daten abweichen. Programmiert man die gewünschte Werkstückkontur losgelöst von der aktuellen Werkzeuggeometrie und gibt die Werkzeuggeometriedaten getrennt in die Steuerung ein, so werden aus diesen Daten automatisch die zur Erzeugung der Kontur mit diesem Werkzeug erforderlichen Werkzeugbahnen generiert. Das NC-Programm selbst ist dann also unabhängig vom eingesetzten Werkzeug (vgl. Abschn. 7.2.3.2).

Die Programmierung der zu erzeugenden Kontur geschieht durch die Angabe von Konturendpunktkoordinaten und der Art der Verbindungen zwischen jeweiligem Anfangs- und Endpunkt als Wegbedingung (z. B. Gerade, Kreisbogen, usw.). Je

Steuerungstyp	Problem	Werkzeug	Anwendung
Punktsteuerung	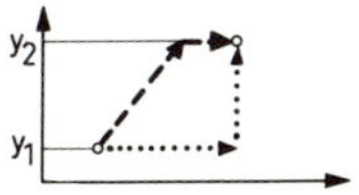 Interpolator nicht erforderlich	beim Verfahren nicht im Eingriff	Bohren Punktschweißen
Streckensteuerung einfach	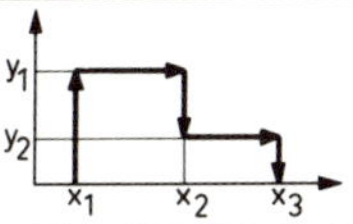 Interpolator nicht erforderlich	beim Verfahren im Eingriff	Drehen (zylindrisch) Fräsen (achsparallel)
Streckensteuerung erweitert	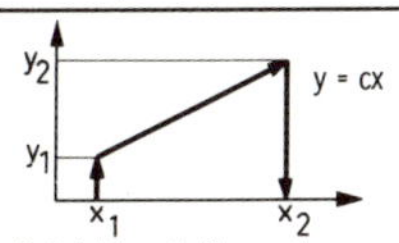 mit Getriebeschaltung oder Linearinterpolator	beim Verfahren im Eingriff	Drehen (konisch) Fräsen (beliebige Geraden)
Bahnsteuerung	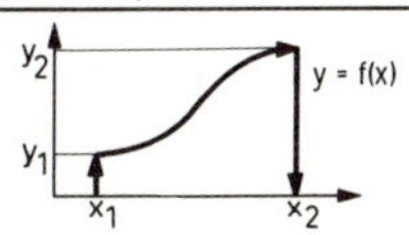 Bahninterpolator (nach Gleichung 2. oder höheren Grades)	beim Verfahren im Eingriff	Drehen Fräsen Brennschneiden (beliebige Konturen)

Bild 7-2. Darstellung der unterschiedlichen Steuerungsarten.

nach Verlauf der Bewegung sind Steuerungen unterschiedlicher Komplexität für deren Realisierung geeignet. Man unterscheidet diesbezüglich zwischen Punkt-, Strecken- und Bahnsteuerungen [40; 42], Bild 7-2.

Punktsteuerungen werden für einfache Positioniervorgänge eingesetzt, wie sie z. B. für die Bohrbearbeitung oder beim Punktschweißen erforderlich sind. Bei Punktsteuerungen darf das Werkzeug während des Positioniervorgangs nicht im Eingriff sein, da der programmierte Endpunkt der Werkzeugbewegung auf einem nicht kontrollierten Weg angefahren wird.

Bei *Streckensteuerungen* wird der Endpunkt einer Bearbeitungsstrecke auf einem geraden Weg angefahren, wobei das Werkzeug beim Verfahren im Eingriff sein kann. Mit einfachen Streckensteuerungen können nur achsparallele, mit erweiterten Streckensteuerungen beliebige Geraden verfahren werden. Streckensteuerungen eignen sich z. B. für einfache Dreh- und Fräsbearbeitungen.

Werkzeug- und Tischbewegungen nach beliebig vorgegebenen Kurven sind nur mit *Bahnsteuerungen* möglich. Die Bewegungen in den einzelnen Achsen stehen in einer strengen funktionalen Abhängigkeit zueinander. Bahnsteuerungen werden im Werkzeugmaschinenbau für Dreh- und Fräsmaschinen, Stanz- und Nibbelmaschinen, Brennschneidemaschinen und Bearbeitungszentren eingesetzt. In der Regel vermögen die meisten Bahnsteuerungen nur Geraden und Kreisbögen oder Kurven, die aus Kreisabschnitten zusammengesetzt sind, auszuführen.

Kennung		Funktion und Bedeutung
%		Programmanfang
: N /: /N	1 bis 9999	Hauptsatz Nebensatz Ausblendbarer Hauptsatz Ausblendbarer Nebensatz
G	00 01 ● 02 03 33	Eilgang Geradeninterpolation Kreisinterpolation im Uhrzeigersinn Kreisinterpolation im Gegenuhrzeigersinn Gewindeschneiden
G	■ 04	Verweilzeit zeitlich vorbestimmt unter Adresse X in ms
G	17 ● 18 19	Ebenenanwahl X – Y Ebenenanwahl X – Z Ebenenanwahl Y – Z
G	39	Eckenkorrektur bei Fräserradiusbahnkompensation
G	40 ● 41 42	Keine Fräserradiusbahnkorrektur Fräserradiusbahnkompensation links, Werkzeug links vom Werkstück Fräserradiusbahnkompensation rechts, Werkzeug rechts vom Werkstück
G	■ 53	Keine Nullpunktverschiebung
G	54 ● 55	Nullpunktverschiebung 1 Nullpunktverschiebung 2
G	70 71 ●	Eingabesystem Zoll Eingabesystem metrisch
G	80 ● 81 bis 89	Kein Bohrzyklus Bohrzyklen
G	90 ● 91	Absolutmaßeingabe Kettenmaßeingabe
G	■ 92	Istwertspeicher-Setzen
G	94 ● 95	Vorschub unter Adresse F in mm/min Vorschub unter Adresse F in mm/U
D	1 bis 99	Werkzeugkorrekturnummer
X	0 bis ± 99999999 1 bis 99999999	Weginformation in µm Verweilzeit in ms

Y	0 bis ± 99999999	Weginformation in µm
Z	0 bis ± 99999999	Weginformation in µm
4. Achse	0 bis ± 99999999	Weginformation in µm oder in 0,001 ● Mögliche Adressen A, B, C, U, V, W
R	0 bis 9	Parameter für Unterprogramme
I	0 bis ± 99999999 oder 1 bis 2000000	Interpolationsparameter für X-Achse für Kreisinterpolation oder Hilfsvektor für Übergangsfräserradius-Bahnkompensation in µm
J	0 bis ± 99999999 oder 1 bis 2000000	Interpolationsparameter für Y-Achse für Kreisinterpolation oder Hilfsvektor für Übergangsfräserradius-Bahnkompensation in µm Gewindesteigung in µm
K	0 bis ± 99999999 oder 1 bis 2000000	Interpolationsparameter für Z-Achse für Kreisinterpolation oder Hilfsvektor für Übergangsfräserradius-Bahnkompensation in µm Gewindesteigung in µm
F	1 bis 15000 1 bis 50000	Vorschub in mm/min Vorschub in 10^{-3} mm/U
S	1 bis 9999	Spindeldrehzahl in min^{-1}
T	1 bis 9999	Werkzeugnummer
H	1 bis 999	Hilfsfunktionen
L	01 . . bis 99 . . . . 01 bis 99	Nummer des aufzurufenden Unterprogramms Anzahl der Durchläufe des Unterprogramms
M	■ 00 01 02 17 30	Programmierter Halt, unbedingt Programmierter Halt, bedingt Programmende ohne Rückspulen, steht im letzten Satz des Programms Unterprogrammende, steht im letzten Satz des Unterprogramms Programmende mit Rückspulen bis Programmanfang, steht im letzten Satz des Programms
M	03 04 05 ●	Spindeldrehrichtung rechts Spindeldrehrichtung links Spindel Halt
M	00 bis 99	Zusatzfunktionen, z. T. frei belegbar
( ) LF		Anmerkungsbeginn Anmerkungsende Satzende

Bild 7-3. Auszug aus dem Programmschlüssel einer numerischen Steuerung für Fräsmaschinen.

● Löschstellung
■ Satzweise, alle übrigen selbsthaltend

Bei der erweiterten Streckensteuerung und bei der Bahnsteuerung sind sogenannte Interpolatoren erforderlich (vgl. Bild 7-1). Ein Interpolator berechnet für einen eingegebenen Wegabschnitt die zu koordinierende Bewegungsfolge in den Achsen nach Richtung und Geschwindigkeit und erzeugt entsprechende Führungsgrößen für die Vorschubantriebe der Achsen. Durch Überlagerung der einzelnen Achsbewegungen entsteht dann eine Werkzeugbewegung entlang der programmierten Werkstückkontur (vgl. Abschn. 8).

7.2. NC-Programmierung und Bedienung von NC-Maschinen

Bei der NC-Programmierung wird die Folge der einzelnen Steuerinformationen festgelegt, die für die Bearbeitung eines Werkstücks auf einer NC-Maschine erforderlich ist. Zur rationellen Programmierung werden heute unterschiedliche, rechnerunterstützte Programmierverfahren angewandt, deren Einsatz von der Maschinenart, dem Schwierigkeitsgrad der Werkstückbearbeitung und von der Ausrüstung des Anwenderbetriebes abhängt. Das NC-Programm wird in einer definierten Form auf einem Datenträger (Lochstreifen oder Magnetbandkassette) gespeichert und vor der Werkstückbearbeitung in die numerische Steuerung der betreffenden Maschine eingegeben.

Bevor auf die verschiedenen Verfahren der Programmierung eingegangen wird, soll im folgenden der Aufbau eines NC-Programms erläutert und die wichtigsten Vereinbarungen hinsichtlich der Maschinenkoordinatensysteme erklärt werden [42; 43].

7.2.1. Aufbau eines NC-Programms

Das NC-Programm besteht aus einer Anzahl von Sätzen, die jeweils einem Bearbeitungsschritt entsprechen (s. Abschn. 6.2). Die Bearbeitungsanweisungen in einem Satz werden durch die „Wörter", einer Kombination aus Kennbuchstaben (Adresse) und Ziffernfolge mit oder ohne Vorzeichen verschlüsselt. Die Bedeutung und die Anordnung dieser Wörter ist im Programmschlüssel der jeweiligen NC-Steuerung festgelegt, dem DIN 66025 zugrunde liegt. Für eine Fräsmaschine ist in Bild 7-3 die Bedeutung der wichtigsten Wörter zusammengestellt.

Die erste Anweisung in einem NC-Programm ist das Programmanfangszeichen, %. Danach folgen die NC-Sätze, die jeweils durch die Satznummer N eingeleitet und durch das Satzendezeichen LF (Line Feed) beendet werden. Jeder Satz kann eine unterschiedliche Anzahl von Wörtern enthalten. Die meisten Funktionen sind selbsthaltende Funktionen, d. h. sie müssen nicht in jedem Satz neu geschrieben werden. Ein Teil der Funktionen wird beim Einschalten der NC-Steuerung automatisch vorgegeben. Sie sind in Bild 7-3 durch den Begriff „Löschstellung" gekennzeichnet. In Bild 7-4 sind die ersten beiden Sätze eines NC-Programms und ihre Verschlüsselung auf dem Lochstreifen dargestellt.

Mit der Wegbedingung G (Geometrieangaben) kann der Programmierer u. a. die Interpolationsart (linear oder zirkular), die Art der Maßeingabe (mm oder inch, inkremental oder absolut), die Werkzeugradiuskorrektur, die Nullpunktverschiebung und die Bohrzyklen anwählen. Bewegungen in den einzelnen Maschinenachsen werden durch die Weginformation festgelegt. Sie besteht aus einem Buchstaben zur Auswahl der betreffenden Achse – X, Y, Z bei Linearachsen und A,

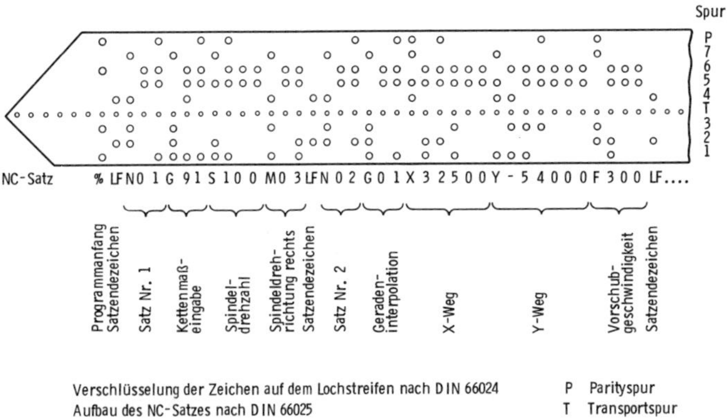

Bild 7-4. Darstellung eines NC-Satzes auf einem 8-Spur-Lochstreifen.

B, C bei Drehachsen, Bild 7-5, – und einer Ziffernfolge zur Angabe der Wegstrecke. Beim Verfahren von kreisförmigen Bahnen wird durch die Kreisinterpolationsparameter I, J, K die Lage des Kreisbogenmittelpunkts angegeben.

Außer diesen geometrischen Informationen, die die Werkzeugbewegungen beschreiben, enthält ein NC-Programm auch technologische Instruktionen zur Werkstückbearbeitung.

Das F-Wort (Feed) gibt die Vorschubgeschwindigkeit in mm/min oder den (Umdrehungs-) Vorschub in mm/Umdr. an. Die Auswahl wird durch ein bestimmtes G-Wort getroffen (Bild 7-3).

Die Spindeldrehzahl in min^{-1} oder die Schnittgeschwindigkeit in m/min wird durch das S-Wort (Speed) programmiert. Anstelle der direkten Zahlenwerte für die Vorschubangaben und Spindeldrehzahl sind bei älteren Steuerungstypen Schlüsselzahlen von 00 bis 99 anzugeben. Bei Maschinen mit Werkzeugwechslern kann durch das T-Wort (Tool) ein Werkzeug und seine zugehörige Korrekurnummer D für eine spätere Werkzeuglängenkorrektur bzw. Fräserradiusbahnkorrektur (G41, G42) ausgewählt werden. Die zahlreichen Zusatzfunktionen, wie z. B. Spindel-Rechtslauf-Linkslauf, Getriebestufenumschaltung, Kühlmittel-Ein-Aus, Programmende, werden durch M-Worte (Miscellaneous functions) angegeben. Außer den genannten gibt es je nach Funktionsumfang der Steuerung noch eine Anzahl weiterer NC-Wörter. Erwähnt sei nur die L-Funktion für den Aufruf von Unterprogrammen (Abschn. 7.4). Sie erspart die Programmierung häufig wiederkehrender Bearbeitungszyklen, wie sie z. B. bei einer Schnittaufteilung vorkommen. Es sind dann lediglich die veränderlichen Größen als Unterprogrammparameter (R-Parameter) neu anzugeben.

Das Programmende wird immer durch die Zusatzfunktion M02 festgelegt oder, wenn der Lochstreifen auf den Programmanfang zurückgespult werden soll, durch M30.

Zur Darstellung der Zeichen eines NC-Programms auf einem 8-Spur-Lochstreifen (s. Bild 7-4) sind zwei Codes nach ISO-R 840 bzw. DIN 66024 und nach EIA-

RS 244-A (vgl. Abschn. 5.1.2) gebräuchlich. Beide unterscheiden sich außer durch die Lage der Parityspur auch durch die Art der Parityprüfung (vgl. Abschn. 5.2.2). Der ISO-Code verfügt über eine Prüfung auf gerade Parity und der EIA-Code auf ungerade Parity. Moderne numerische Rechnersteuerungen erkennen anhand des ersten gelesenen Zeichens (Bild 7-3) den verwendeten Code und schalten die interne Dekodierung entsprechend um. Darüber hinaus besteht beim ISO-Code die Möglichkeit, Anweisungen, die nicht zum eigentlichen NC-Programm gehören, auf den Lochstreifen zu stanzen. Durch den in Klammern gesetzten Text können dann über eine Anzeige z. B. ein Display dem Bediener Hinweise zur Maschinenbedienung gegeben werden.

7.2.2. Koordinatensysteme und Bezugspunkte

Die Festlegung von Koordinatensystemen und Bezugspunkten im Arbeitsraum der Werkzeugmaschine ist eine notwendige Voraussetzung für die Beschreibung der Bearbeitungsbewegungen. In Bild 7-5 ist die Lage der Koordinatensysteme, wie sie in DIN-Norm 66217 definiert ist, am Beispiel einiger Werkzeugmaschinen dargestellt. Die Anzahl und die Art der Achsen ist maschinenabhängig. Es wurden folgende allgemeingültige Festlegungen getroffen: Verwendet wird ein rechtshändiges, rechtwinkliges Koordinatensystem mit den Achsen X, Y und Z, das auf die Hauptführungsbahnen der Maschine ausgerichtet ist und sich auf das in der Maschine eingespannte Werkstück bezieht. Die Z-Achse liegt parallel zur Achse der Arbeitsspindel bzw. ist mit ihr identisch. Die positive Richtung der Z-Achse verläuft vom Werkstück zum Werkzeug bzw. bei Drehmaschinen von der Arbeitsspindel zum Werkstück. Die X-Achse ist die Hauptachse in der Positionierebene.

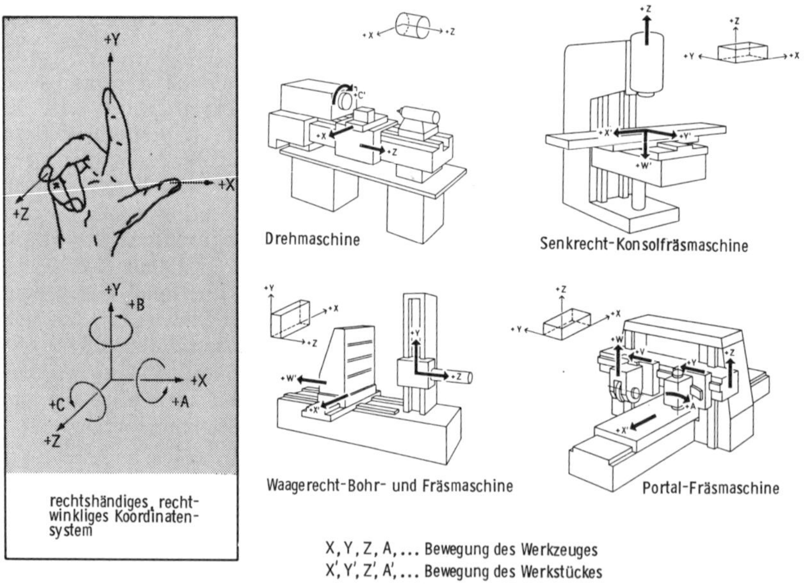

Bild 7-5. Koordinaten von Werkzeugmaschinen (nach DIN 66217).

Sie liegt grundsätzlich parallel zur Werkstückaufspannfläche und verläuft, wenn möglich, horizontal. Sind Koordinatenachsen parallel zur X-, Y- oder Z-Achse vorhanden, so werden diese mit U, V und W bezeichnet. Die Buchstaben A, B, C kennzeichnen Drehachsen, wie z. B. Drehtische, die den X-, Y-, Z-Koordinaten zugeordnet sind. Der positive Drehsinn ist nach der „Rechtsschraubenregel" festgelegt (Bild 7-5).

Zur Erzeugung der Positionierbewegung kann entweder das Werkzeug oder das Werkstück verfahren werden. Wird das Werkzeug bewegt, dann stimmt die positive Bewegungsrichtung mit der positiven Achsrichtung überein und sie wird mit + X, + Y usw. bezeichnet. Bei Bewegung des Werkstücks ist die positive Bewegungsrichtung der Achsrichtung entgegengerichtet, sie wird mit + X', + Y' usw. bezeichnet. Im ersten Fall spricht man auch von Werkstückkoordinaten, im zweiten von Werkzeug- oder Maschinenkoordinaten. Für die Drehachsen A, B, C gilt entsprechendes.

Da das Koordinatensystem auf das Werkstück bezogen ist, erfolgt die Programmierung unabhängig davon, ob bei der Bearbeitung das Werkzeug oder das Werkstück bewegt wird. Der Programmierer nimmt immer an, daß sich das Werkzeug relativ zum Koordinatensystem des stillstehend gedachten Werkstücks bewegt.

Zur Programmierung der Spindeldrehrichtung bei einer Dreh-, Fräs- oder Bohrmaschine sei an dieser Stelle eine Merkregel angeführt: Zum Bohren mit einem Rechtsbohrer muß immer Spindelrechtslauf, d. h. M03 programmiert werden.

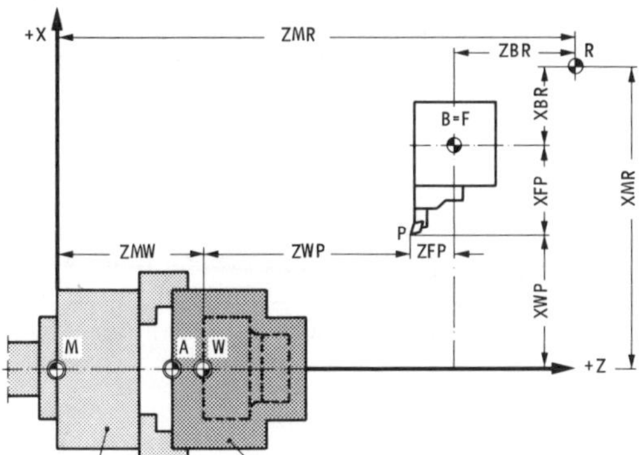

Bild 7-6. Bezugspunkte bei einer NC-Drehmaschine.

R Referenzpunkt
F Schlittenbezugspunkt
B Startpunkt
M Maschinen-Nullpunkt
A Anschlagpunkt
W Werkstück-Nullpunkt
P Werkzeugspitze

XFP, ZFP	Werkzeugeinspannlängen
XWP, ZWP	Werkzeug-Istposition im Werkstückkoordinatensystem bei Programmstart
XMR, ZMR	Abstände Maschinen-Nullpunkt-Referenzpunkt
XBR, ZBR	Abstände Startpunkt-Referenzpunkt
ZMW	Abstand Maschinen-Nullpunkt-Werkstück-Nullpunkt

Außer den Koordinatensystemen sind an jeder numerisch gesteuerten Werkzeugmaschine verschiedene Bezugspunkte definiert. Die wichtigsten sind in Bild 7-6 am Beispiel einer Drehmaschine aufgezeigt. Mit ihrer Hilfe wird der Bezug zwischen der Lage des Werkstücks im Arbeitsraum der Maschine und der Stellung des Werkzeugs hergestellt.

Maschinennullpunkt M 

Der Maschinennullpunkt liegt im Ursprung des Maschinenkoordinatensystems unveränderlich fest. Er ist durch die Maschinenkonstruktion vorgegeben und kann nicht verschoben werden.

Referenzpunkt R 

Der Referenzpunkt ist ein durch Endschalter (grob) und das Meßsystem (fein) auffindbarer, festgelegter Punkt, der meist in einer „äußeren Ecke" des Arbeitsraums liegt. Er wird bei der Inbetriebnahme der Maschine auf einen festen Abstand XMR, ZMR zum Maschinennullpunkt eingestellt und bleibt dann unverändert.

Durch den Befehl „Referenzpunktfahrt" kann der Referenzpunkt von Hand oder per Programm mit einer Genauigkeit von einem Weginkrement (meistens 1 μm) angefahren werden. Bei Maschinen mit zyklisch-absolutem oder inkrementalem Meßsystem (Abschn. 10) werden dann automatisch die Istpositionszähler der Steuerung auf null oder auf andere bei der Inbetriebnahme vorgegebene Werte, z. B. XMR, ZMR, gesetzt und dadurch die Lage des steuerungsinternen Nullpunktes definiert.

Werkstücknullpunkt W 

Der Werkstücknullpunkt ist der Ursprung des Werkstückkoordinatensystems, auf das sich die Programmierung bezieht. Seine Lage kann vom Programmierer frei gewählt werden. Bei einem Drehteil ist das sinnvollerweise der Schnittpunkt der Rotationsachse mit der Bezugskante der Längenvermaßung.

Schlittenbezugspunkt F 

Der Schlittenbezugspunkt ist ein auf dem Werkzeugträgerschlitten definierter Punkt. Nach der Referenzpunktfahrt deckt er sich genau mit dem Referenzpunkt, d. h. der Schlitten steht an einer definierten Stelle im Arbeitsraum.

Startpunkt B 

Der Startpunkt kennzeichnet die Position des Schlittenbezugspunkts bei Programmbeginn. Er wird vor Programmbeginn vom Referenzpunkt aus von Hand und am Ende einer Werkstückbearbeitung per Programm angefahren, um von dort die Bearbeitung des nächsten Werkstücks zu starten.

Bei der Bearbeitung eines Werkstücks werden fast immer mehrere Werkzeuge, wie z. B. Schruppwerkzeuge, Schlichtwerkzeuge, Bohrwerkzeuge usw., eingesetzt. Die als Einspannlängen bezeichneten Abstände XFP und ZFP (Bild 7-6) zwischen der spanbildenden Schneide und dem Bezugspunkt F für die Schlittenbewegung haben unterschiedliche Werte. Nach einem Werkzeugwechsel hat die Spitze des neuen Werkzeugs eine andere Lage im Koordinatensystem, ohne daß die Achsen der Maschine bewegt wurden. Dieser Unterschiedsbetrag zur Einspannlänge des alten Werkzeugs muß bei der Programmierung berücksichtigt werden (s. Abschn. 7.2.3.1). Kleinere Abweichungen der Werkzeugmaße durch Verschleiß, durch ungenaue Werkzeugvoreinstellung oder durch temperaturbedingte Maschinenverlagerungen können mit der Werkzeuglängenkorrektur vom Maschinenbediener während der Bearbeitung noch berichtigt werden.

Bei unterschiedlichen Rohteilmaßen der Werkstücke kommt es vor, daß der Werkstücknullpunkt, auf den die Programmierung bezogen ist, nicht bei jedem Werkstück an derselben Stelle im Arbeitsraum der Maschine liegt. Mit einer einstellbaren Nullpunktverschiebung kann der Maschinenbediener das vom Programmierer berücksichtigte Maß ZMW (Bild 7-6) korrigieren.

7.2.3. Manuelle Programmierung

7.2.3.1. Grundlagen und Vorgehensweise

Bei der manuellen Programmierung werden die einzelnen Bearbeitungsschritte vom NC-Programmierer festgelegt. Mit den im Programmschlüssel der NC-Maschine (Bild 7-3) vorgegebenen NC-Funktionen bildet er NC-Sätze, die in ihrer Gesamtheit das NC-Werkstückprogramm ergeben. Maschinenleistung, Werkstück- und Rohteilabmessungen, Werkstoff, Werkzeuggeometrie, Werkstückoberflächen-

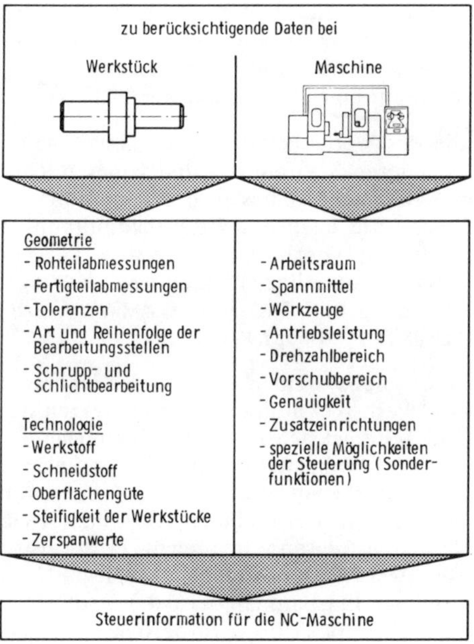

Bild 7-7.
Erstellung der Steuerinformation für eine NC-Maschine.

güten u. a. müssen dabei berücksichtigt werden, Bild 7-7. In einem Arbeitsplan wird die Reihenfolge der Bearbeitung festgelegt. Im Einrichteblatt werden dem Maschinenbediener Angaben über die Spannlage des Werkstücks, die zu verwendenden Werkzeuge mit ihren Codenummern und Einstellängen und häufig auch über die Entfernung des Startpunkts vom Referenzpunkt (Abstände XBR, ZBR in Bild 7-6) mitgeteilt.

Den weitaus größten Zeitanteil der Programmierung nimmt die Festlegung der Werkzeugbewegungen in Anspruch. Je nach Steuerungstyp können lineare und zirkulare Verfahrwege vorgegeben werden. Die gesamte, die Werkstückform erzeugende Bewegung, ist daher in Einzelabschnitte zu unterteilen. Bei Rohteilaufmaßen, die nicht in einem Schnitt zerspant werden können, ist eine Zerlegung in mehrere Bearbeitungsvorgänge erforderlich. Diese sogenannte Schnittaufteilung verlangt oft die Berechnung von Wegpunkten, die in der Werkstückzeichnung nicht vermaßt sind. Sie kann sehr aufwendig sein, so daß sich hier – wie später noch vorgestellt wird – die Unterstützung durch einen Rechner anbietet. Besondere Sorgfalt ist bei der Festlegung des Bahnverlaufs (Achsbewegungen) darauf zu verwenden, daß der Bearbeitungsvorgang kollisionsfrei erfolgt. Kollisionsgefahren treten besonders dann auf, wenn mit Werkzeugen großer Abmessungen an engen und verwinkelten Werkstückbereichen gearbeitet werden muß.

Die Angabe von Verfahrwegen ist auf zwei Arten möglich. Bei der inkrementalen Maßangabe (Kettenmaßprogrammierung, G91) wird die Differenz vom momentanen Standort des Werkzeugs zum Endpunkt des nächsten Wegstücks vorzeichenrichtig angegeben. Bei der absoluten Maßangabe (Bezugsmaßprogrammierung, G90) werden die Koordinatenwerte des Endpunkts im Werkstückkoordinatensystem bezogen auf den Werkstücknullpunkt W (Bild 7-6) programmiert. In der Praxis wird überwiegend absolut programmiert, da die Programmkontrolle und die Programmkorrektur einfacher durchzuführen ist. Außerdem bezieht sich die Vermaßung in Werkstückzeichnungen meist auf eine Bezugskante.

Die Lage des Werkstücks, also auch die des Werkstücknullpunkts, im Arbeitsraum der Maschine hängt von dem verwendeten Spannmittel und von den Rohteilabmessungen ab. In einer der ersten Anweisungen eines absolut programmierten NC-Programms ist daher der Steuerung die Lage des Werkstücknullpunkts anzugeben. Dies geschieht bei Maschinen mit absolutem Meßsystem (s. Abschn. 10), dessen Nullpunkt mit dem Maschinennullpunkt identisch ist, durch Programmierung der Nullpunktverschiebung (in Bild 7-6 das Maß ZMW). Außerdem ist auch das Werkzeugeinstellmaß XFP, ZFP zu berücksichtigen.

Bei inkrementalen oder zyklisch-absoluten Meßsystemen, die bei der Mehrzahl der Maschinen vorhanden sind, wird der Werkstücknullpunkt durch Setzen der Istpositionszähler indirekt festgelegt. Unter Berücksichtigung der Spannlage des Werkstücks sowie der Lage des Schlittenstartpunkts B und der Werkzeuglänge kann der Programmierer den Abstand der Werkzeugspitze des eingewechselten Werkzeugs vom Werkstücknullpunkt berechnen. Wenn dieser Abstand (XWP, ZWP in Bild 7-6) der Steuerung vor der ersten Achsenbewegung als Positionsistwert mitgeteilt wird, ist damit auch der Werkstücknullpunkt festgelegt. Nach jedem Wechsel auf ein Werkzeug mit anderer Einspannlänge ist die Neufestsetzung des Nullpunkts, d. h. der neuen Werkzeugistposition, erforderlich.

Die bei Drehwerkzeugen eingesetzten Wendeschneidplatten sind nicht spitz, sondern haben eine Schneidenrundung (z. B. r_s = 1,2 mm). Auch bei Fräsern kommen sehr unterschiedliche Durchmesser vor. Bei der manuellen Programmierung wird immer die Fertigkontur des Werkstücks programmiert ohne zunächst die Werkzeugradien zu berücksichtigen. Damit bei der Zerspanung keine Konturfehler auftreten, ist es erforderlich, daß sich der Schneidenrundungs- bzw. der Fräsermittelpunkt auf einer äquidistanten Bahn zur Werkstückkontur bewegt. Der Abstand entspricht dem Werkzeugradius. Durch die sogenannte Schneiden- bzw. Fräserradiuskorrektur (SRK bzw. FRK) wird der Versatz automatisch von der numerischen Steuerung berücksichtigt. Der Werkzeugradius wird nicht im NC-Programm festgelegt, sondern von Hand vor Programmbeginn in die Steuerung eingegeben. Dadurch ist das NC-Programm unabhängig vom Radius des gerade verwendeten Werkzeugs, der sich z. B. durch Nachschleifen verändern kann.

Außer den geometrischen Informationen muß das NC-Programm auch technologische Informationen beinhalten. Das sind hauptsächlich die vom Werkstückmaterial und Schneidstoff abhängigen Schnittwerte, wie Schnittgeschwindigkeiten und Vorschübe. In Richtwerttabellen (z. B. INFOS) [44] sind für die gängigsten Werkstoffkombinationen Angaben über günstige Schnittgeschwindigkeiten, Vorschübe und Schnittiefen gemacht.

Zur Unterstützung des manuellen Programmierens wurden Programmierplätze entwickelt. Sie enthalten meist einen Tischrechner, um dem Programmierer die notwendigen geometrischen und technologischen Berechnungen zu erleichtern. Wesentlicher Bestandteil ist eine Tastatur ähnlich wie bei einer Schreibmaschine, über die das Werkstückprogramm eingegeben und auf Lochstreifen gestanzt werden kann. In vielen Fällen ist zusätzlich ein Lochstreifenleser vorhanden, der mit der Schreibmaschine gekoppelt ist. Damit ist man z. B. in der Lage, den erstellten Lochstreifen zu prüfen, indem der ausgedruckte Text mit dem Programmblatt verglichen wird. Komfortable Programmierplätze sind mit einem Plotter oder einem graphischen Display ausgerüstet, so daß der programmierte Bahnverlauf des Werkzeugs aufgezeichnet, visuell geprüft und evtl. vorliegende Fehler sofort beseitigt werden können (Abschn. 7.2.4).

Neuere Entwicklungen von NC-Steuerungen führten u. a. zur sogenannten Hand-NC (Abschn. 7.3.3). Die Geometrieeingabe geschieht dabei vor Ort an der Maschine in einer komfortablen und einfachen Weise zum Teil über Funktionstasten, die einen ganzen Arbeitszyklus beschreiben. Die Generierung der NC-Sätze unter Berücksichtigung der Schnittaufteilung und anderer Zyklen besorgt der Steuerungsrechner.

7.2.3.2. Programmierbeispiel

In Bild 7-8 ist ein einfaches Beispiel einer Fräsbearbeitung mit Fräserradiuskompensation dargestellt (Programmschlüssel aus Bild 7-3).

Vor Beginn der Bearbeitung steht die Mittelachse des Fräsers im Startpunkt B. Im ersten Programmsatz N1 fährt der Fräser in der X-/Y-Ebene an das Werkstück heran, wobei gleichzeitig die Frässpindel eingeschaltet wird. Beim Verfahren wird der vorher von Hand in den Korrekturspeicher D32 eingegebene Fräserradius von 10 mm berücksichtigt. Die Funktion G41 gibt an, daß sich das Werk-

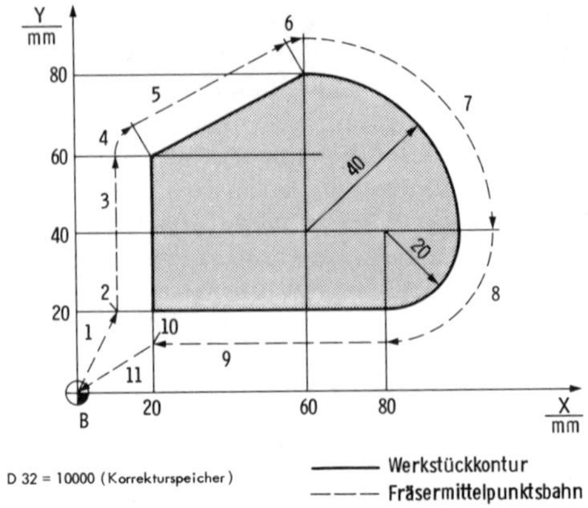


```
%
N1  G91 G17 G00 G41 X 20000 Y 20000          J 40000 D32 S1500 M03 LF
N2          G01     Z-25000                          F 500         LF
N3                          Y 40000                  F 250         LF
N4              G39                 I 40000  J 20000               LF
N5                  X 40000 Y 20000                                LF
N6              G39                 I 40000                        LF
N7          G02     X 40000 Y-40000          J-40000               LF
N8                  X-20000 Y-20000 I-20000                        LF
N9          G01     X-60000                                        LF
N10         G00     Z 25000                                        LF
N11             G40 X-20000 Y-20000                                LF
N12                                                          M02   LF
```

Bild 7-8.
Programmierbeispiel mit Fräserradiuskompensation (nach Siemens).

zeug in Bewegungsrichtung links vom Werkstück befindet. Mit J 40000 (oder auch J1) wird vorgegeben, daß die Äquidistante am Endpunkt des Satzes parallel zur Y-Achse weiter verläuft.

Im Satz N2 erfolgt eine Zustellbewegung des Fräsers in Z-Richtung (senkrecht zur Zeichenebene) und im Satz N3 die erste Zerspanung. An der dann folgenden Werkstückecke wird in den Äquidistantenzug durch Programmierung von G39 ein Kreisbogen eingefügt. Das Verhältnis von I 40000/J 20000 (oder auch gekürzt I2/J1) gibt die Richtung der Äquidistanten am Ende des Kreisbogens an, so daß diese selbständig von der Steuerung zu berechnen ist. Im Satz N6 wird die Richtung nur durch I 40000 (parallel zur X-Achse) angegeben, wobei der Zahlenwert in diesem Fall keine Bedeutung hat. Der weitere Arbeitsablauf kann anhand des Programmschlüssels leicht verfolgt werden.

7.2.4. *Maschinelle Programmierung*

Obwohl ein Programmierplatz zur manuellen Programmerstellung bereits eine Erleichterung für die Programmierer bringt, verbleiben doch eine Reihe von oft wiederkehrenden Tätigkeiten, die zeitaufwendig und fehlerverursachend sind. Dazu gehören z. B. das Nachschlagen in Werkstoff- und Werkzeugkarteien, das Berücksichtigen der Maschinendaten, das Berechnen von Spindeldrehzahlen und Vorschüben, das Umrechnen von Koordinaten usw. Um den Programmierer zu entlasten und die Fehleranfälligkeit seiner Arbeit zu reduzieren, wurden rechnerunterstützte Programmierverfahren entwickelt, bei denen auch die vorstehend genannten Tätigkeiten weitgehend automatisch von einer Datenverarbeitungsanlage vorgenommen werden.

Im Gegensatz zur manuellen Programmierung wird die Werkstückbearbeitung bei der maschinellen Programmierung in einer problemorientierten Sprache beschrieben. Solche Sprachen verwenden mnemotechnische Ausdrücke, d. h. Wörter und Symbole, die leicht zu merken sind. Das Programm, jetzt Teileprogramm genannt, wird zunächst unabhängig von der Werkzeugmaschine und der Steuerung erstellt und anschließend von einem Rechner mit Hilfe von Übersetzungsprogrammen in eine der Maschine angepaßte Form übersetzt.

Maschinelle Programmiersysteme können in geometrie- und technologieorientierte Systeme unterteilt werden. Einige Werkzeugmaschinenhersteller bieten geometrisch orientierte Programmiersysteme an, die meist auf ihr eigenes Maschinenspektrum ausgerichtet sind. Ein Kleinrechner, der in einen Programmierplatz integriert ist, übernimmt die geometrischen Berechnungen, wie z. B. Schnittaufteilung und Kollisionskontrolle. Ferner können Aufzeichnungen des Bearbeitungsablaufs auf einem Plotter erstellt und Programmlisten ausgedruckt werden.

Technologieorientierte Systeme nehmen außer der Berechnung geometrischer Informationen auch die Bestimmung der technologischen Bearbeitungswerte, wie z. B. Vorschub- und Schnittgeschwindigkeiten, vor.

Maschinelle Programmiersysteme sind in den meisten Fällen auf bestimmte Bearbeitungsarten, wie Bohren, Drehen, Fräsen, zugeschnitten und in ihrer Leistungsfähigkeit sehr unterschiedlich. Dementsprechend sind einige Systeme mit Kleinrechnern realisiert, während andere den Einsatz von Großrechenanlagen verlangen. Das universellste Programmiersystem ist APT (Automatically Programmed

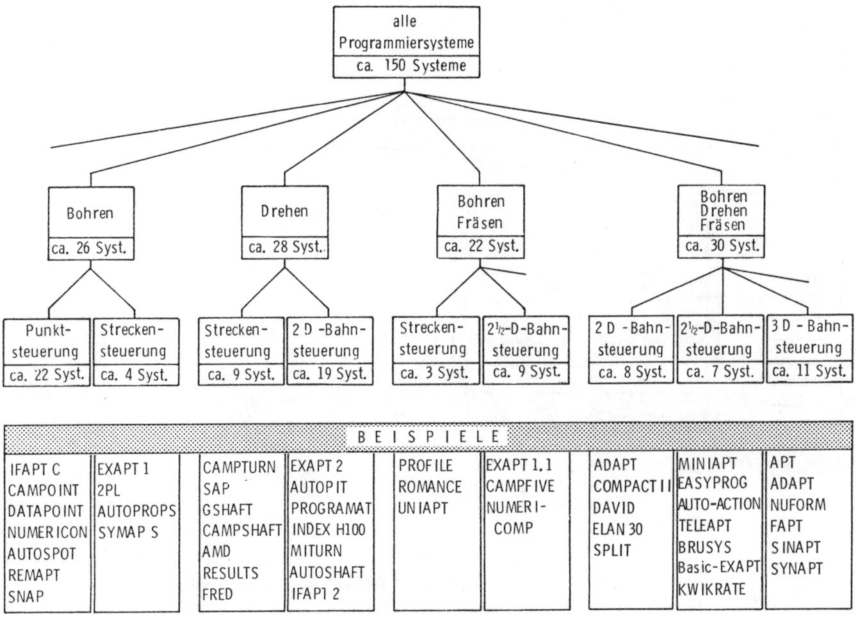

Bild 7-9. Grobauswahl geeigneter Programmiersysteme.

Tools). Es ist geeignet für einfache und komplexe Bearbeitungsaufgaben auf Maschinen mit bis zu fünf gesteuerten Achsen. Da APT jedoch schnelle, große Rechner benötigt, wurden abgemagerte Systeme für begrenzte Anwendungen und kleinere Rechner entwickelt [45].

In Bild 7-9 ist die Zuordnung verschiedener Programmiersysteme zu den Anwendungsbereichen dargestellt. Die bekanntesten von APT abgeleiteten Systeme sind: EXAPT, ADAPT, IFAPT, MINIAPT, BASIC-EXAPT. Als Systeme von Werkzeugmaschinenherstellern seien genannt: EASYPROG, PROGRAMAT, H100, AUTOPIT.

7.2.4.1. EXAPT-System

Im folgenden soll anhand des EXAPT-Systems näher auf die maschinelle Programmierung eingegangen werden. EXAPT (Extended subset of APT) nutzt eine Untermenge von APT und gehört zu den technologieorientierten Systemen. Zu einem Programmiersystem zählen einerseits die Programmiersprache zur Beschreibung der Werkstückbearbeitung und andererseits Rechnerprogramme zur Übersetzung des Teileprogramms in die Steuerbefehle für die Werkzeugmaschine. Die Sprachelemente des Systems lassen sich am besten mit Hilfe eines Programmierbeispiels beschreiben (s. Abschn. 7.2.4.2), so daß zunächst die Verarbeitung des Teileprogramms erläutert werden soll, Bild 7-10.

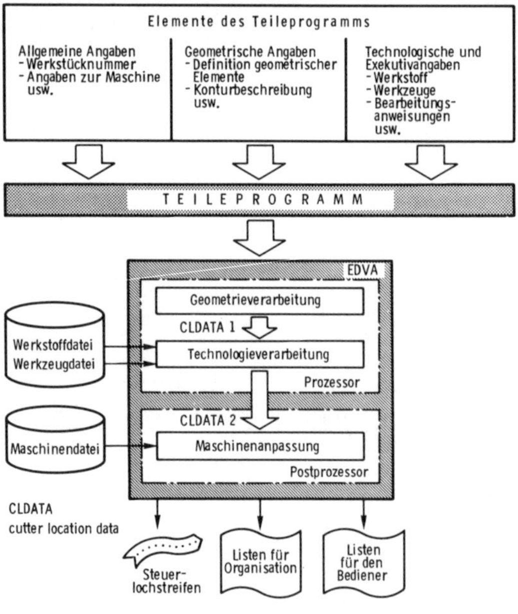

Bild 7-10.
Teileprogrammverarbeitung bei der maschinellen Programmierung.

Die Umwandlung des in der Symbolsprache geschriebenen Teileprogramms in die Steuerinformationen für die Werkzeugmaschine erfolgt in zwei Schritten in den Rechnerprogrammen: Prozessor und Postprozessor.

Im Prozessor werden die Anweisungen des Teileprogramms zunächst auf formale Fehler überprüft. Es werden alle arithmetischen und geometrischen Anweisungen sowie die Bahn des Werkzeugbezugspunkts berechnet. Mit den Daten aus der Werkstoff- und Werkzeugkartei bestimmt der Prozessor die Schnittwerte, wie Spanungstiefe, Schnittgeschwindigkeit und Vorschubgeschwindigkeit. Eventuell notwendige Schnittaufteilungen und Kollisionsberechnungen werden ebenfalls erledigt. Die vom Prozessor erstellten Daten bedeuten eine allgemeine Lösung des Bearbeitungsproblems und sind von der verwendeten Werkzeugmaschine unabhängig. Sie werden auf einem Datenträger (z. B. Magnetplatte oder -band) zwischengespeichert und mit CLDATA (CL, Cutter Location) bezeichnet. Der Vorteil liegt darin, daß diese Daten für eine große Anzahl von NC-Maschinen verwendet werden können.

Erst durch den Postprozessor werden diese maschinenunabhängigen Daten an eine ganz bestimmte Werkzeugmaschine angepaßt. Dabei wird den vom Prozessor berechneten Größen, wie Wege, Drehzahl- und Vorschubwerte, die von der Maschinensteuerung verlangte Codierung in der NC-Sprache zugeordnet und als Steuerlochstreifen im richtigen Format ausgegeben. Außerdem erstellt der Postprozessor für den Maschinenbediener und die Betriebsorganisation Listen, wie z. B. das Einrichte- und Werkzeugeinstellblatt.

Das EXAPT-System setzt sich aus mehreren Sprachteilen zusammen, deren Einsatzbereich und Leistungsumfang aus Bild 7-11 hervorgeht. Einfache Aufgaben beim Nibbeln, Bohren und Fräsen, Drehen sowie Brennschneiden können mit dem universellen Grundbaustein (BASIC-EXAPT) behandelt werden. Weitere Leistungsstufen bis hin zur Behandlung von firmenspezifischen Verfahren lassen sich durch entsprechende Ausbaustufen, z. B. für die Bohr- und Fräsbearbeitung (EXAPT 1.1) und für das Drehen (EXAPT 2), realisieren.

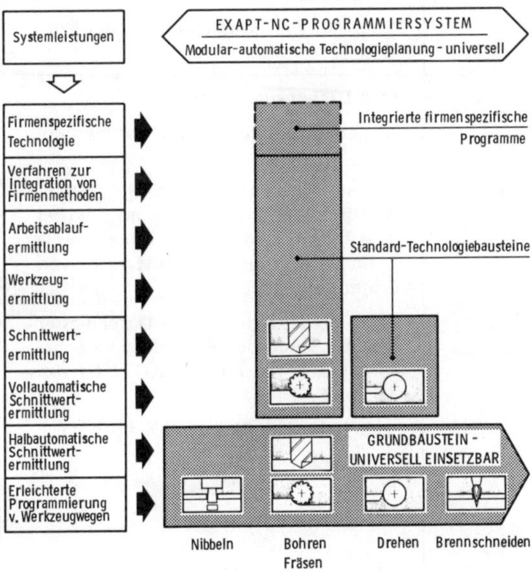

Bild 7-11.
EXAPT-Programmiersystem (nach EXAPT-Verein).

Tabelle 7-1. EXAPT Teileprogramm.

Hauptgruppe	Statement	Erläuterung
allgemeine Anweisungen	xxxEXAPT 2-PROCESSORxxx	Überschrift/Meldung des Prozessors
	1 PARTNO/DREHTEIL	Kennzeichnung des Werkstücks
	2 MACHIN/EX2PP	Postprozessoraufruf
	3 CLPRNT	Kontrollausdruck der Zwischenausgaben soll erfolgen
	4 MACHDT/30,150,0.1,10,5, 3000, 0.8	Kenndaten der Maschine (Spindelleistung 30 kW, Drehmoment 150 mkp, Vorschubbereich von 0.1 bis 10 mm/Umdr., Drehzahlbereich von 5 bis 3000 min^{-1}, Korrekturfaktor für die Rauhtiefe 0.8)
Rohteilbeschreibung	5 CONTUR/BLANCO	Beginn der Rohteilkonturbeschreibung (Umfahren im Uhrzeigersinn)
	6 BEGIN/–5,0,YLARGE, PLAN,–5	Beginn bei Punkt (X=–5, Y=0) in positiver Y-Richtung mit Planfläche bei X = – 5
	7 RGT/DIA,70	nach rechts; Zylinder mit Durchmesser 70
	8 RGT/PLAN,165	nach rechts; Planfläche bei X = 165
	9 RGT/DIA,0	nach rechts; Zylinder mit Durchmesser 0; Schließen des Konturzugs
	10 TERMCO	Ende der Konturbeschreibung des Rohteils
Fertigteilbeschreibung	11 SURFIN/FINE	Oberflächengüte (Surface finish)
	12 CONTUR/PARTCO	Beginn der Fertigteilkonturbeschreibung
	13 M1,BEGIN/0,0, YLARGE, PLAN,0,BEVEL,2	Beginn bei Punkt M1 (X=0, Y=0) in positiver Y-Richtung mit Planfläche bei X = 0. Am Ende des Konturelements befindet sich eine Fase (BEVEL) von 2 mm Breite
	14 RGT/DIA,40,ROUND,1.5	nach rechts; Zylinder mit Durchmesser 40. Am Ende des Konturelements befindet sich ein Radius (ROUND) von 1,5 mm
	15 LFT/PLAN,40	nach links; Planfläche bei X = 40
	16 RGT/DIA,60	nach rechts; Zylinder mit Durchmesser 60

Tabelle 7-1 (Fortsetzung).

Hauptgruppe	Statement	Erläuterung
Fertigteilbeschreibung	17 M2, RGT/PLAN,70, ROUND, 1.5	nach rechts bei Punkt M2; Planfläche bei X = 70 mit Radius von 1,5 mm am Ende
	18 LFT/DIA,40	nach links, Zylinder mit Durchmesser 40
	19 RGT/PLAN,105,ROUND,1.5	nach rechts; Planfläche bei X = 105 mit Radius von 1,5 mm am Ende
	20 LFT/DIA,30,BEVEL,2.	nach links; Zylinder mit Durchmesser 30 mit Fase von 2 mm am Ende
	21 RGT/PLAN,160	nach rechts; Planfläche bei X = 160
	22 M3,RGT/DIA,0	nach rechts bei Punkt M3; Zylinder mit Durchmesser 0, Schließen des Konturzugs
	23 TERMCO	Ende der Konturbeschreibung des Fertigteils
technologische Anweisungen	24 PART/MATERL,250	Werkstoffangabe über Codezahl der der Werkstoffdatei (MATERIAL)
	25 CUTLOC/BEHIND	Werkzeug- (CUTTER) position (LOCATION) hinter (BEHIND) der Drehachse (in Bild 7-12 oberhalb der Mittellinie)
	26 OVSIZE/FINE,0.04	Aufmaß (OVERSIZE) für die Feinbearbeitung
	27 SCHRUP=CONT/SO,LONG,. ROUGH,TOOL,123, SETANG,–90	Definition der Schruppbearbeitung der Kontur (CONTOUR), Einzelbearbeitung (SINGLE OPERATION), Längsbearbeitung (LONG), Schruppbearbeitung (ROUGH) mit dem Werkzeug (TOOL) 123 laut Werkzeugdatei, Anstellwinkel (SETTING ANGLE) – 90°.
	28 FEIN=CONT/SO,LONG, FINE,TOOL,128,SETANG, –90	dto. für Feinbearbeitung (FINE)
	29 CHUCK/12,0,300,50,20, –100	Angaben zum Spannmittel (CHUCK) Futter Nr. 12, Nullpunktabstand 0, Außendurchmesser 300, Einspanntiefe 50, Innendurchmesser 20, Innenlänge –100
	30 CLAMP/–5	Einspannebene des Werkstücks (CLAMPINGPLANE) Planfläche bei X = – 5

Tabelle 7-1 (Fortsetzung).

Haupt-gruppe	Statement	Erläuterung
Exekutivanweisungen	31 COOLNT/ON	Kühlmittel ein (COOLANT ON)
	32 WORK/SCHRUP,FEIN	Bearbeitungsaufruf (WORK) der in Statement 27 und 28 definierten Arbeitsbedingungen
	33 CUT/M3,RE,M2	Bearbeitungsstellenaufruf: von M3 entgegen der Beschreibungsrichtung (REVERS) bis M2
	34 WORK/NOMORE	Ende der Bearbeitung
	35 CLAMP/160,INVERS	Umspannen auf Einspannebene X = 160
	36 WORK/SCHRUP,FEIN	Bearbeitungsaufruf
	37 CUT/M1,TO,M2	Bearbeitungsaufruf: von M1 in Beschreibungsrichtung (TO) bis M2
	38 WORK/NOMORE	Ende der Bearbeitung
	39 FINI	Teileprogrammende

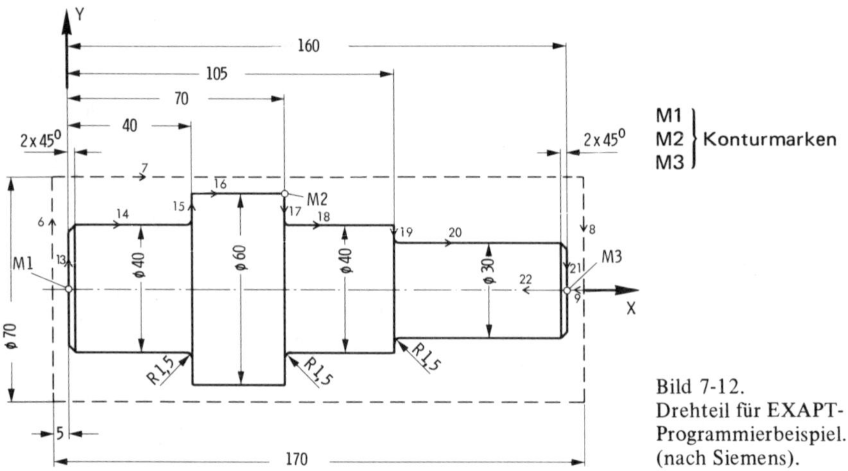

Bild 7-12.
Drehteil für EXAPT-Programmierbeispiel.
(nach Siemens).

7.2.4.2. Programmierbeispiel

Anhand eines Drehteils, Bild 7-12, sollen die wichtigsten Anweisungen der Programmiersprache zur Erstellung des Teileprogramms vorgestellt werden. Das Teileprogramm ist in Tabelle 7-1 dargestellt und erläutert. Es beginnt mit allgemeinen Anweisungen (Statements 1 bis 4). Die Beschreibung der Roh- und Fertigteilkontur erfolgt von einem zu definierenden Anfangspunkt aus durch

Umfahren der Kontur im Uhrzeigersinn und Aneinanderreihung einzelner Konturelemente. Bei Drehteilen beschränkt sich die Beschreibung auf eine Hälfte des symmetrischen Körperquerschnitts.

Beim EXAPT-System werden die Achsen mit X, Y, Z bezeichnet. Abweichend von der Bezeichnung der Achsen einer Drehmaschine (Längsrichtung Z, Durchmesserrichtung X) wird bei EXAPT die mathematische Achsenfestlegung X und Y benutzt.

In den Statements 5 bis 10 wird die Rohteilkontur beschrieben, beginnend beim Punkt X = – 5, Y = 0 und fortschreitend in positiver Y-Richtung (YLARGE). PLAN gibt eine Planfläche und die Zahl den Koordinatenwert auf der X-Achse an. DIA beschreibt einen Längsverlauf, d. h. einen Zylinder mit dem durch die folgende Zahl angegebenen Durchmesser. Bei RGT bzw. LFT knickt die Kontur nach rechts bzw. links ab.

Die Fertigteilkontur wird in den Statements 11 bis 23 festgelegt. An die Konturelemente kann z. B. ein Radius (ROUND) oder eine Fase (BEVEL) von anzugebender Größe angehängt werden. Der Endpunkt des Konturelements und der Übergang zum folgenden Element ergibt sich jeweils aus der nächsten Anweisung.

Nach Beschreibung der Werkstückgeometrie folgen in den Statements 24 bis 30 die technologischen Anweisungen, die angeben, wie bearbeitet wird. In Anweisung 27 bzw. 28 werden der Schrupp- bzw. Schlichtvorgang definiert. Den frei gewählten Symbolen SCHRUP bzw. FEIN wird die Bearbeitungsart und das Werkzeug zugeordnet. CHUCK und CLAMP geben die Abmessungen des Drehfutters und die Einspannlage an.

Ab Statement 31 folgen die Exekutivanweisungen.

Nach Kühlmittel-EIN werden durch WORK die schon definierten Bearbeitungsvorgänge SCHRUP und FEIN aufgerufen. Zunächst wird die erste Bearbeitungsoperation, also Schruppen, an der oder den in den folgenden Anweisungen aufgerufenen Bearbeitungsstellen vorgenommen; anschließend werden dieselben Bearbeitungsstellen geschlichtet. WORK/NOMORE beendet die Bearbeitung. Es folgt ein Umspannen des Werkstücks und die Bearbeitung der zweiten Aufspannung vom Punkt M1 nach Punkt M2.

7.2.5. Kostenvergleich der Programmierverfahren

Die Kosten für die Programmierung von numerisch gesteuerten Werkzeugmaschinen spielen besonders bei der Fertigung von kleinen Stückzahlen eine erhebliche Rolle. Vielfach ist der wirtschaftliche Einsatz von NC-Maschinen davon abhängig, in welcher Höhe Programmierkosten (bezogen auf das einzelne Werkstück) entstehen. Bei der Kostenaufstellung ist das verwendete Programmierverfahren maßgebend. Es kann allerdings nicht grundsätzlich ausgesagt werden, welches Programmierverfahren das günstigere ist [46].

In die Ermittlung der Programmierkosten gehen als Fixkosten bei der manuellen Programmierung im wesentlichen die Arbeitsplatzkosten ein. Bei den maschinellen Verfahren kommen Rechnerkosten hinzu. Die variablen Kosten, z. B. Lohnkosten, Rechnerstundensatz, werden durch die Komplexität der Werkstücke bei verschiedenen Programmiersystemen unterschiedlich beeinflußt. Bei manueller

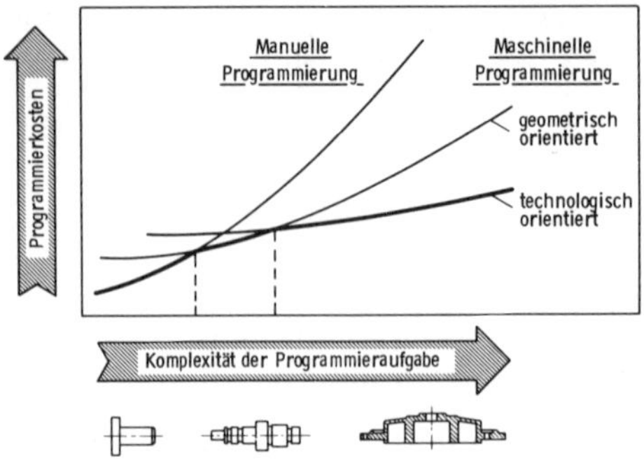

Bild 7-13.
Kostenvergleich der verschiedenen Programmierverfahren.

Programmierung steigen sie mit zunehmender Komplexität erheblich an, bei maschineller Programmierung ist dagegen nur eine geringe Zunahme zu verzeichnen, Bild 7-13.

7.2.6. *Bedienung von NC-Maschinen*

Zur Bedienung einer NC-Maschine sind meist zwei Bedientafeln vorhanden. Über die Steuerungsbedientafel werden hauptsächlich NC-spezifische Funktionen aus-

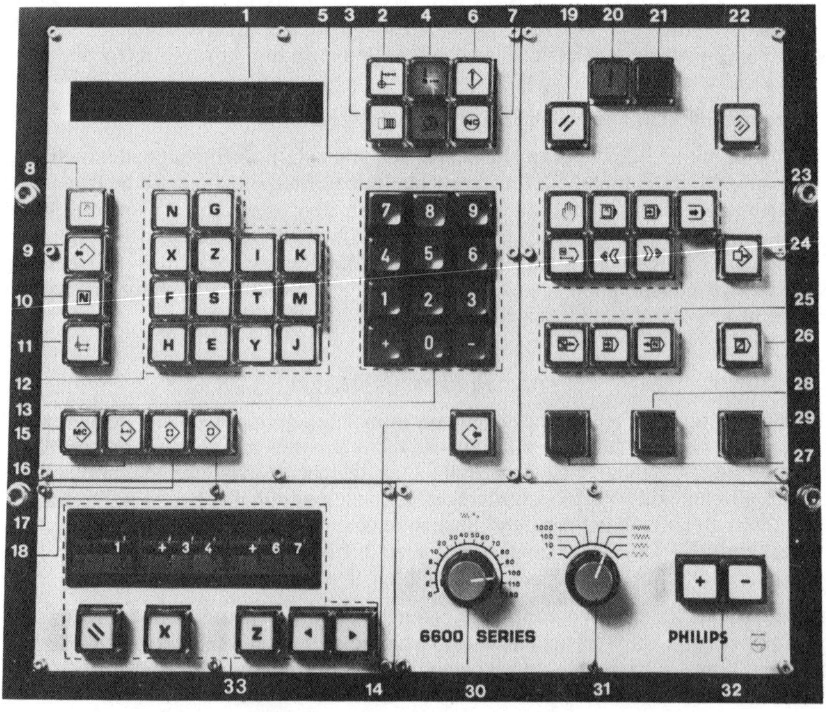

Bild 7-14. Bedientafel einer CNC-Steuerung für Drehmaschinen (nach Philips).

geführt, wie z. B. die Eingabe von NC-Sätzen oder Korrekturen von Hand, Anzeigen von Positionswerten u. a. Die Maschinenbedientafel enthält hauptsächlich Bedienelemente, die direkt während der Bearbeitung oder bei der Vorbereitung betätigt werden müssen, z. B. Handverfahren der Achsen, Overrideschalter, NC-Start-Stop u. a. Sie wird möglichst in der Nähe der Bearbeitungsstelle, häufig an sogenannten Pendeln, untergebracht. Bei den heutigen, kleinbauenden Mikroprozessorsteuerungen (vgl. Abschn. 7.3) können beide Bedientafeln auch in einem Gehäuse vereinigt sein, Bild 7-14.

Bevor man das Werkstückprogramm in die Steuerung eingibt und die Produktion aufgenommen werden kann, sind an der NC-Maschine einige vorbereitende Arbeiten auszuführen. Diese Tätigkeiten bezeichnet man als „Einrichten" der Maschine.

Im Einrichteblatt sind u. a. die benötigten Werkzeuge aufgelistet. Sie werden in Werkzeughaltern eingespannt und in der Einstellerei unter einem optischen Einstellgerät mit Fadenkreuz auf ihre Einstellmaße ausgerichtet, Bild 7-15. Die Werkzeugkennzeichnung ist durch Werkzeugcodierung oder Werkzeugplatzcodierung möglich. Bei Werkzeugcodierung (meist bei Kettenmagazinen angewendet) wird der Werkzeughalter mit einem Codenocken versehen (Bild 2-19). Die Platzcodierung findet man bei Tellermagazinen. Vor Beginn der Bearbeitung ist das Werkzeugmagazin mit den vorgesehenen Werkzeugen zu bestücken.

Zum Einrichten gehört auch das Vorbereiten des Spannmittels und das Positionieren von Reitstock und Lünette. Bei der Drehbearbeitung ist das Drehfutter

---

◁ 1. Universalanzeige

Kontrollampen
2. Steuerung arbeitet im Kettenmaßsystem
3. Gewindeschneiden
4. In Position
5. Programmierter Programmstop
6. Hauptspeicher überfüllt
7. Interne Weiterverarbeitung

Registerwahl
8. Eingabespeicher
9. Satzspeicher
10. Sollwertspeicher
11. Istwertspeicher
12. Adressentastenfeld
13. Dateneingabetastenfeld
14. Datenübernahme in den Satzspeicher

Daten-Ein/Ausgabe
15. Maschinen – Variablen
16. Werkzeugkorrekturen
17. Macros
18. Teileprogramm
19. Nullsetzen der gesamten Steuerung mit Ausnahme des Istwertregisters
20. Voralarm
21. Hauptalarm
22. Nullsetzen des Istwertregisters
23. Tastenfeld für die Betriebsarten
   - Handbetrieb
   - Dateneingabe von Hand
   - Automatikbetrieb Einzelsatz
   - Automatikbetrieb Folgesatz

   Programmkorrektur
   - Programmübernahme auf Magnetbandkassette oder Lochstreifen
24. Taster für Satzübernahme in Hauptspeicher
25. Tastenfeld für Programmablauf
   - Rücklauf zum Programmanfang
   - Überspringen eines Satzes
   - Satz suchen
26. Satz ausblenden
27. Starttaste
28. Vorschub-Stop-Taste
29. Taster Wiederanfahren einer Position
30. Wahlschalter für Vorschubbeeinflussung
31. Wahlschalter für „Handbetrieb"
32. Tipptasten für Handbetrieb
33. Inkrementale Werkzeugkorrektur

Bild 7-15.
Werkzeugeinstellgerät (nach Zoller).

mit den entsprechenden Backen auszuwählen. Langdrehteile werden mit Reitstock oder Lünette, einer Vorrichtung zur Abstützung des Werkstücks, eingespannt[2]). Bei der Fräsbearbeitung wird das Werkstück mittels Anschlagwinkel, Spannpratzen und Spannböcken auf dem Maschinentisch aufgespannt und – falls erforderlich – mit der Meßuhr ausgerichtet. An den Spannstellen vorgefertigte Teile werden häufig in Vorrichtungen aufgenommen, die einen schnelleren und lagegenaueren Werkstückwechsel ermöglichen.

Nach dem Einrichten der NC-Maschine ist zunächst bei Maschinen mit nicht absoluten Meßsystemen der Referenzpunkt anzufahren, um das Meßsystem der Maschine mit der Steuerung zu synchronisieren. Erst dann ist die Maschine für den NC-Betrieb betriebsbereit.

Bei großen Maschinen ist es günstig, wenn der Startpunkt des NC-Programms möglichst nahe am Werkstück liegt, allerdings unter der Berücksichtigung, daß Werkstück- und Werkzeugwechsel noch ungehindert vorgenommen werden können. Vor dem Start des NC-Programms verfährt der Bediener den Maschinenschlitten auf den vom Programmierer festgelegten Startpunkt.

Meist findet außer einer Kontrolle des NC-Programm-Listings keine Überprüfung des Steuerlochstreifens – besonders bei manueller Erstellung – statt. Es ist daher beim ersten Durchlauf des Werkstückprogramms besondere Vorsicht geboten, um Kollisionen infolge einer Fehlprogrammierung zu vermeiden. Empfehlenswert ist es, zunächst erst einen sogenannten Trockenlauf ohne Werkstück evtl. mit erhöhtem Probelaufvorschub durchzuführen. Dabei ist dann eine grobe Prüfung des Steuerlochstreifens möglich.

Der erste Probelauf mit eingespanntem Werkstück muß ebenfalls mit größter Vorsicht erfolgen. Dazu werden dem Einrichter einige Hilfsmittel angeboten. In der Betriebsart „Einzelsatz" (3. Taste im Feld 23, Bild 7-14) stoppt die Steuerung nach jedem NC-Satz die Werkzeugbewegung. Durch die Starttaste (Taste 27, Bild 7-14) kann die Bearbeitung fortgesetzt werden. Über den Override-Schalter (Schalter 30, Bild 7-14, meist ein Stufenschalter von 0 bis 120 %) ist die pro-

2) Vgl. *Weck, M.:* Werkzeugmaschinen. Bd. 1, Maschinenarten, Bauformen und Anwendungsbereiche

grammierte Vorschubgeschwindigkeit beeinflußbar. Bei Annäherung des Werkzeugs an das Werkstück, besonders bei Eilganggeschwindigkeit, ist es zweckmäßig, die Verfahrgeschwindigkeit von Hand zu drosseln und den noch möglichen Verfahrweg mit dem im Anzeigefeld der Steuerung angegebenen Restverfahrweg zu vergleichen. Im Fall einer Fehlprogrammierung ist dann ein frühzeitiger Vorschub- oder Programmstop möglich.

Zur Kontrolle der Fertigungsgenauigkeit muß die Bearbeitung von bestimmten Stellen für eine Vermessung des Werkstücks unterbrochen werden. Die Programmunterbrechung ist von Hand vornehmbar oder, wenn bei jedem Teil zu messen ist, schon im Programmablauf mit einplanbar. Bei hochgenauer Fertigung, z. B. bei Passungen, wird ein sogenannter Meßschnitt, das ist der letzte Schnitt vor Fertigstellung der Passung, vorgesehen. Eine notwendige Korrektur kann dann noch früh genug mittels einer Werkzeugkorrektur durchgeführt werden.

Wenn das Werkstück nicht die gewünschten Maße hat, oder die Bearbeitung technologisch nicht gut verläuft, sind Korrekturen erforderlich (Programmoptimierung). Zunächst werden sich beim Testen des Programms Änderungen der NC-Sätze ergeben. Bei CNC-Steuerungen ist über die Steuerungsbedientafel (Bild 7-14) eine NC-Programmkorrektur möglich. Es können ganze Sätze oder einzelne Wörter gelöscht, verändert oder eingefügt werden. Erst nach abgeschlossenem Programmtest wird von der Programmierabteilung ein neuer, korrigierter Lochstreifen erstellt. Steuerungen mit angeschlossenem Stanzer können direkt einen korrigierten Streifen ausgeben.

Eingriffe in den automatischen Ablauf der NC-Bearbeitung durch den Bediener sind auch bei Werkzeugbruch erforderlich. Das Programm muß unterbrochen werden und das Werkzeug wird von Hand aus dem Schnitt – d. h. vom Werkstück weg – gefahren. Nach dem Auswechseln des Werkzeugs oder der Wendeschneidplatte kann das Programm dann an einer Stelle fortgesetzt werden, die vor dem Unterbrechungspunkt liegt. Einige Steuerungen bieten die Möglichkeit, diesen Punkt automatisch anzufahren (Taste 29, Bild 7-14). Ansonsten muß auf den letzten Hauptsatz, das ist ein Satz, der alle notwendigen Anfangsbedingungen, wie z. B. Spindel-EIN, enthält, zurückgespult und von dort wieder begonnen werden.

Die Bedienung einer NC-Maschine erfordert normalerweise keine Facharbeiterausbildung, jedoch gut ausgebildetes und gewissenhaftes Personal. Die notwendigen Kenntnisse zur Handhabung der Maschine und Steuerung, wie das Verstehen von Zeichnungen und NC-Programmen, wird meist in Kursen vermittelt, die die Maschinenhersteller anbieten. Ist die Programmierung an der Maschinensteuerung vorgesehen, so sind Facharbeiterkenntnisse unerläßlich (Abschn. 7.3.3).

7.3. Ausführungsformen numerischer Steuerungen

Die Entwicklung numerischer Steuerungen ist erheblich von der Entwicklung elektronischer Bauelemente abhängig. So führte die drastische Reduzierung der Baugröße infolge der heute möglichen hohen Integrationsdichte und des gesteigerten Funktionsumfangs elektrischer Schaltkreise sehr schnell von einfachen numerischen Steuerungen hin zu kompakten und leistungsfähigeren Bauformen. Der Kosteneinbruch bei Prozessoren und Speichern begünstigte schließlich die Entwicklung und den Einsatz sogenannter CNC-Steuerungen (Computerized Numerical Control) und unterschiedlicher leistungsfähiger Steuerungskonzepte.

7.3.1. Verbindungsprogrammierte numerische Steuerung (NC)

Frühere numerische Steuerungen (bis etwa 1975) waren vollständig mit festverdrahteten, diskreten Bauelementen der digitalen Informationsverarbeitung (Abschn. 5.2) aufgebaut. Für jede Anwendung (Drehen, Fräsen usw.) wurden zugeschnittene Lösungen entwickelt. Änderungen und Erweiterungen der Steuerungsfunktionen waren nur mit aufwendigen Änderungen der Steuerungshardware möglich.

Eine solche verbindungsprogrammierte NC-Steuerung ist in Bild 7-16 gezeigt. Sie ist zusätzlich zur üblichen Hardware-NC mit einem Halbleiterspeicher zur Aufnahme eines NC-Programms (max. 7000 Zeichen) ausgestattet. Als Eingabeeinheit für die NC-Teileprogramme dient ein Lochstreifenleser. Programm- und Werkzeugkorrekturen können über Dekadenschalter in die Steuerung eingebracht werden. Ein Anzeigeelement ermöglicht die sequentielle Kontrolle der Eingabedaten.

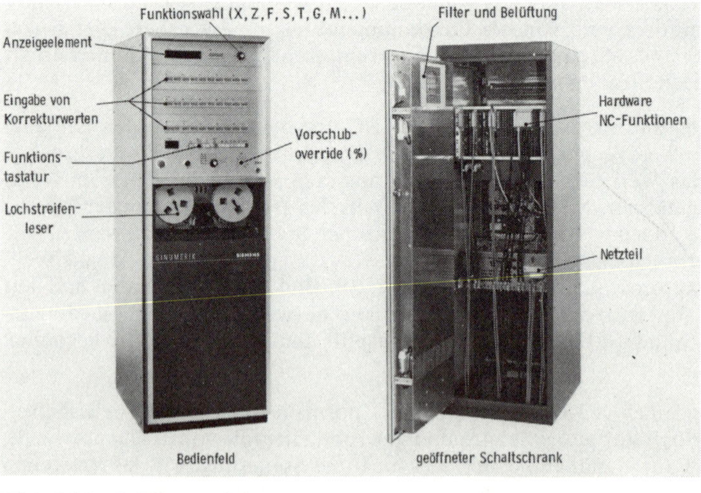

Bild 7-16. Geöffneter Schaltschrank einer verbindungsprogrammierten Steuerung (NC) (nach Siemens).

Steuerungen für einfache Bearbeitungsaufgaben werden teilweise auch manuell mit codierten Steckern über ein Programmierfeld programmiert, Bild 7-17, indem, ähnlich wie bei einem Kreuzschienenverteiler, je Achse numerisch die Position und die Vorschubgeschwindigkeit sowie die Maschinenfunktionen eingegeben werden. Vorteilhaft gegenüber der Lochstreifeneingabe ist die anschauliche Darstellung des gesamten NC-Programms und die einfache Änderungsmöglichkeit

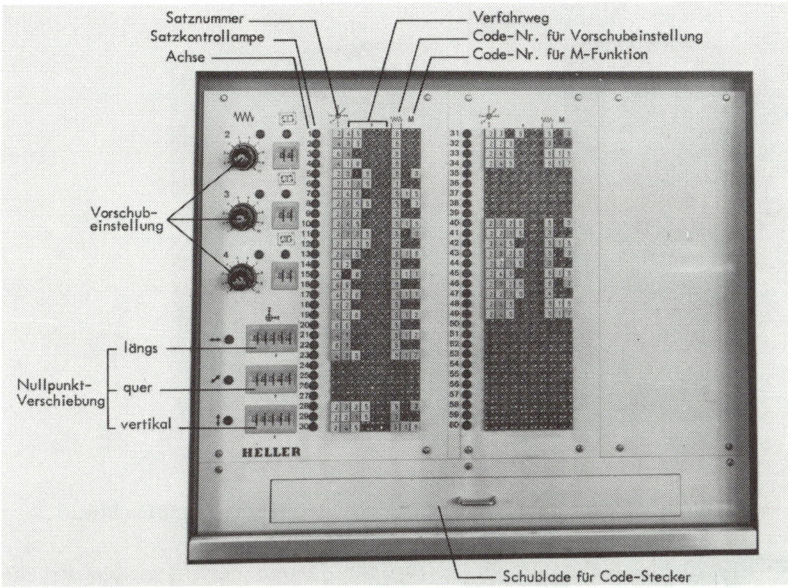

Bild 7-17. Bedienfeld einer NC-Steuerung zur manuellen Dateneingabe (nach Heller).

von Programmteilen an der Maschine durch Umstecken. Die Bearbeitungsaufgabe (im Beispiel max. 60 NC-Sätze) läßt sich archivieren, indem eine Schablone in Form einer gelochten Plastikfolie vor dem Einfügen der Stecker auf das Datenmodulfeld gelegt wird. Die Folie mit den Steckern kann man dann abziehen und aufbewahren (s. a. Bild 6-15).

7.3.2. Speicherprogrammierte numerische Steuerung (CNC)

Mit zunehmender Etablierung numerischer Steuerungen stiegen die anwenderseitigen Anforderungen an Verfügbarkeit, Flexibilität, Servicefreundlichkeit, Funktionsumfang und Bedienbarkeit der Steuerungen sowie an ihre einfache Anpaßbarkeit an die jeweilige Maschine derart, daß diese von festverdrahteten Steuerungen nur mit großem Aufwand erfüllt werden konnten. Mit der Entwicklung hochintegrierter elektronischer Bauelemente sowie der degressiven Kostenentwicklung bei Prozessoren und Speichern bot sich jedoch eine einfachere und wirtschaftlichere Lösung zur Realisierung solcher komplexen Steuerungen an. Diese speicherprogrammierten Steuerungen (Computerized Numerical Control, CNC) enthalten als zentrales Bauelement einen oder mehrere Rechner (zunächst bis etwa 1977 Minicomputer, danach zunehmend Mikrocomputer, vgl. Abschn. 6.3.3). Bild 7-18 zeigt den geöffneten Steuerschrank einer CNC-Steuerung. Man erkennt, daß der Rechner selbst nur einen geringen Teil des Raumes einnimmt.

Die Konzeption der CNC-Steuerungen besteht darin, in großen Stückzahlen gebaute, einheitliche und zuverlässige Computerhardware durch Implementierung unterschiedlicher Systemprogramme (Software) an die jeweilige Fertigungs- Ergänzung

CNC-Maschinen enthalten Rechner!

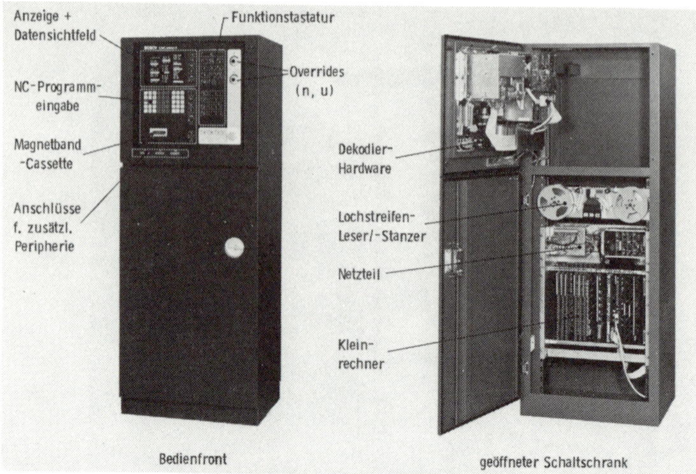

Bild 7-18. Schaltschrank einer speicherprogrammierten Steuerung (CNC) (nach Bosch).

aufgabe und die spezielle Maschine anzupassen. Damit besteht gleichzeitig die Möglichkeit, nachträglich noch leicht zusätzliche Funktionen, die dem Anwender als Zusatzausrüstung (Options) angeboten werden, ohne wesentliche Änderungen der Hardware in die Steuerungssoftware einzufügen.

Diese Vorteile der Softwarelösung für numerische Steuerungen kommen vor allem dem Steuerungshersteller zugute. Für den Anwender ergeben sich Vorteile dadurch, daß der Prozeßrechner Aufgaben übernimmt, deren Realisierung bei der konventionellen Hardware-NC nicht möglich ist. Einige Beispiele für solche zusätzlichen Einsatzmöglichkeiten einer CNC, besonders in bezug auf deren Funktionsumfang, vermittelt Abschn. 7.4.

Die Struktur des in Bild 7-19 gezeigten CNC-Systemprogramms – nicht zu verwechseln mit dem Werkstückprogramm (Abschn. 7.2) – entspricht weitgehend der Struktur einer verbindungsprogrammierten NC (vgl. Bild 7-1). Die Funktionsblöcke sind lediglich (anstatt festverdrahtet) in Form von Softwareprogrammmoduln realisiert. Das gesamte CNC-Systemprogramm ist dem Steuerungsanwender in der Regel nicht zugänglich.

Das NC-Werkstückprogramm wird über einen Lochstreifenleser oder über eine Handbedientafel eingegeben und im Zentralspeicher des Prozeßrechners zwischengespeichert. Der für die Dekodierung verantwortliche Teil des CNC-Systemprogramms formt die Eingabedaten verarbeitungsgerecht um und nimmt programmierte und nachträglich eingegebene Korrekturen vor. Die so aufbereiteten NC-Satzinformationen werden satzweise während der Bearbeitung in einen Wechselpuffer geladen und nach geometrischen und technologischen Daten getrennt ausgegeben.

Für die Schaltfunktionen geht der Weg über die Digitalausgabe des Prozeßrechners an die Funktions- und Anpaßsteuerung der Werkzeugmaschine, die heute

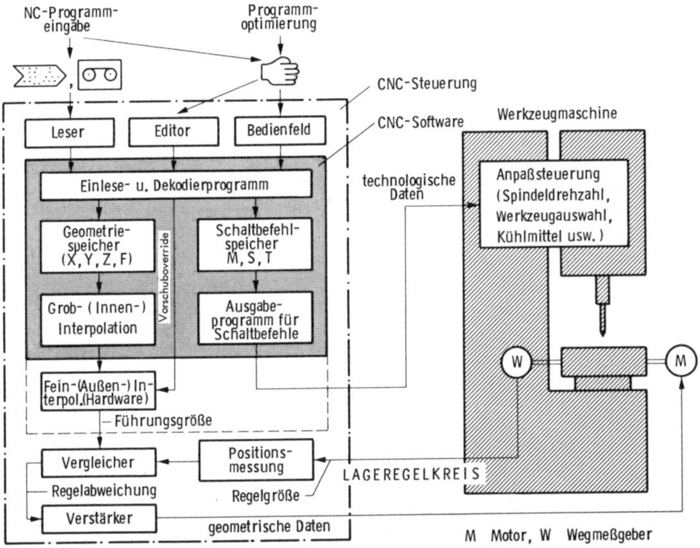

Bild 7-19. Struktur einer CNC-Steuerung.

vielfach durch symbolprogrammierbare Steuerungen (SPS) realisiert wird (Abschn. 6.3.4). Da die gesamte Interpolationsaufgabe, besonders bei komplizierten Kurven und bei hohen Genauigkeitsanforderungen oder bei großer Vorschubgeschwindigkeit, sehr rechenintensiv ist, beschränkt sich der Aufgabenanteil der CNC-Software in der Regel lediglich auf die Berechnung von Stützpunkten, während die zwischen den Stützpunkten liegenden Geradenstücke von einem Hardwareinterpolator berechnet werden (vgl. Abschn. 8.1).

7.3.3. Handeingabesteuerungen

Mit numerischen Handeingabesteuerungen können auch kleinere Betriebe die Vorteile der NC-Technik in vollem Umfang nutzen. Der gravierende Unterschied zu Standard-CNC-Steuerungen besteht darin, daß die Steuerinformationen in der Regel über die Bedienkonsole an der Maschine erstellt werden. Die dabei anfallenden Maschinenstillstandszeiten werden durch komfortable Programmierhilfen und durch die Möglichkeit, zeitlich parallel zur Produktion an der Maschine programmieren zu können, so gering wie möglich gehalten. Werkzeugmaschinen mit numerischen Handeingabesteuerungen sind leicht in konventionell organisierte Produktionsstätten einzugliedern, da eine zusätzliche Programmierabteilung nicht erforderlich ist. Der dadurch gegenüber Standard-CNC-Steuerungen geringere Personal- und Investitionsaufwand macht solche Steuerungen auch für Kleinbetriebe interessant.

Eine einfache Handeingabe-CNC-Steuerung für Drehmaschinen ist in Bild 7-20 gezeigt. Die Programmierung erfolgt an der Maschine als komplettes Werkstückprogramm oder satzweise bei der Erstellung des ersten Werkstücks eines Loses.

Bild 7-20.
Hand-NC für die Drehbearbeitung (Gildemeister – Fanuc N.E.F.).

Als Programmierhilfen stehen die Funktionen: Gewindeschneiden, Schnittaufteilung, Werkzeugkorrektur, Programmteilwiederholung u. a. zur Verfügung, die über Funktionstasten aufgerufen werden.

Die Bearbeitung der Folgeteile des Loses wird durch Neustarten des erstellten und gespeicherten NC-Programms initiiert, die Bedienperson hat jederzeit die Möglichkeit, auf die Bearbeitung korrigierend und optimierend einzuwirken. Zur Programmarchivierung besteht die Möglichkeit, das fertige NC-Programm auf einem batteriegepufferten RAM zwischenzuspeichern und von dort mit einem Zusatzgerät auf Magnetbandkassetten zu überspielen.

Die Wahl der Bedienungselemente auf dem Steuerpult kommt den Denk- und Bediengewohnheiten des Maschinenführers entgegen (Funktionstastatur, Handrad). Sie trägt zu einer erheblichen Reduktion der Programmierzeit bei. Diese modernen Steuerungen zeichnen sich durch ihre Kompaktheit, ihre vorteilhafte ergonomische Gestaltung und Anbringung an der Maschine sowie durch die vollständige Integration in die Maschinensteuertafel aus.

Aufgrund der komplexeren geometrischen Verhältnisse im Vergleich zum Drehen wird für Fräsmaschinen-Handeingabesteuerungen noch keine zugeschnittene Programmiersprache angeboten. Auch die für die Drehbearbeitung angespro-

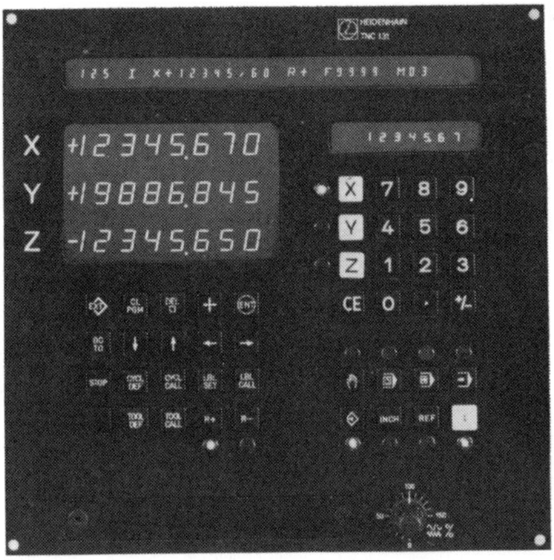

Bild 7-21.
Einfache Hand-NC für die Fräsbearbeitung (Heidenhain).

chenen komfortablen Bedienerunterstützungen fehlen hier noch weitgehend. Bild 7-21 zeigt eine einfache Handeingabesteuerung für die Fräsbearbeitung, die bei ihrer Kompaktheit einen großen Funktionsumfang enthält. In absehbarer Zeit werden auch für die Fräsbearbeitung Hand-NC-Steuerungen zur Verfügung stehen, deren Funktionsumfang mit dem der derzeitigen Steuerungen für Drehmaschinen vergleichbar ist.

7.4. Funktionsumfang numerischer Steuerungen

Eine Gegenüberstellung des Funktionsumfangs älterer NC-Steuerungen und speicherprogrammierter Standard- und Handeingabe-CNC-Steuerungen gibt Bild 7-22. Der Funktionsumfang konventioneller festverdrahteter NC ist in CNC-Steuerungen softwaremäßig realisiert und um die in Bild 7-22 angegebenen Möglichkeiten erweitert. Zur komfortablen Handbedienung sind in Handeingabesteuerungen viele der zusätzlichen Programmiererleichterungen und Bedienhilfen implementiert.

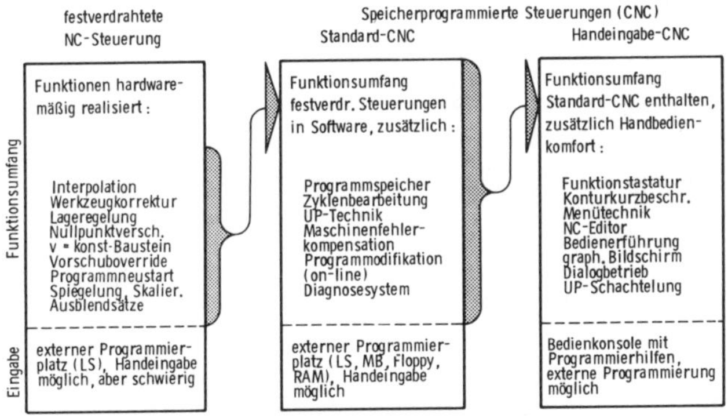

Bild 7-22. Funktionsumfang numerischer Steuerungen.

7.4.1. Funktionen zur Bedienung und Programmeingabe

Dem Programmierer moderner CNC-Steuerungen, speziell der Handeingabesteuerungen, steht heute eine breite Palette verschiedener Bedien- und Programmiererleichterungen zur Verfügung. So enthalten alle CNC-Steuerungen NC-Programmspeicher für mehrere NC-Teileprogramme, Korrekturspeicher für die Programmoptimierung und Werkzeugkorrekturspeicher zur Aufnahme der aktuellen Geometrien mehrerer Werkzeuge. Die Möglichkeit zum Ausstanzen korrigierter Steuerlochstreifen, die zu fast allen Steuerungen angeboten wird, macht den zeitaufwendigen Rücklauf zur Arbeitsvorbereitung bzw. zum Programmierbüro bei Programmkorrekturen überflüssig.

Spezielle Bearbeitungszyklen für Gewindeschneiden, Einstechen und Bohren, sowie die Möglichkeit zur Spiegelung, Skalierung und Ausblendung einzelner NC-Sätze gehören ebenso zur Ausstattung komfortabler numerischer Steuerungen wie die Unterprogrammtechnik [42; 43].

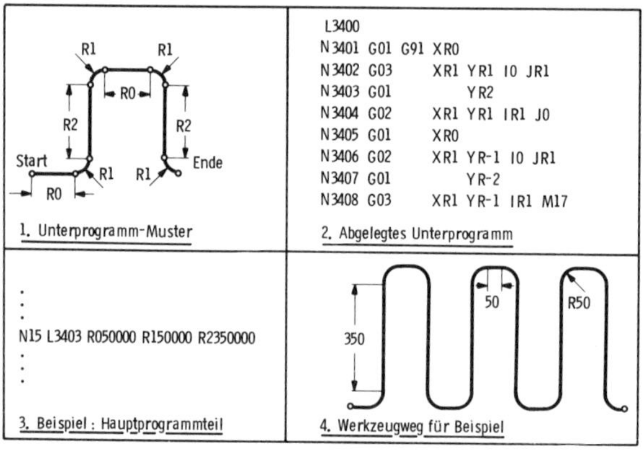

Bild 7-23. Unterprogrammtechnik mit Parameterübergabe beim Zeilenfräsen (nach Siemens).

In der Unterprogrammtechnik werden häufig wiederkehrende Bearbeitungsfolgen (Bohrzyklen, Bohrbilder, Fräsbilder) einmalig als Unterprogramm beschrieben und durch einen symbolischen Namen und die aktuellen Parameter aufgerufen, Bild 7-23 zeigt ein Beispiel. Das Unterprogramm ist durch L34 definiert und enthält die Variablen R0 bis R2. Im Beispiel wird das Unterprogramm dreimal hintereinander mit den gleichen Parametern aufgerufen.

Einige numerische Steuerungen bieten die Möglichkeit, Programme zu unterbrechen, das Werkzeug durch Handsteuerung außer Schnitt zu bringen, um es z. B. zu überprüfen oder Schneidplatten auszuwechseln und die Bearbeitung dann nach automatischem Wiederanfahren an das Werkstück fortzusetzen. Auch achs- und konturparallele programmierte Schnittaufteilungen für die Bearbeitung aus dem Vollen oder von vorgeformten Teilen werden angeboten, Bild 7-24.

Als Datenträger für NC-Programme finden zunehmend industrielle Magnetbandkassetten, batteriegepufferte transportable Halbleiterspeicher und Disketten Anwendung. Letztere zeichnen sich gegenüber Lochstreifen durch ihre hohe Spei-

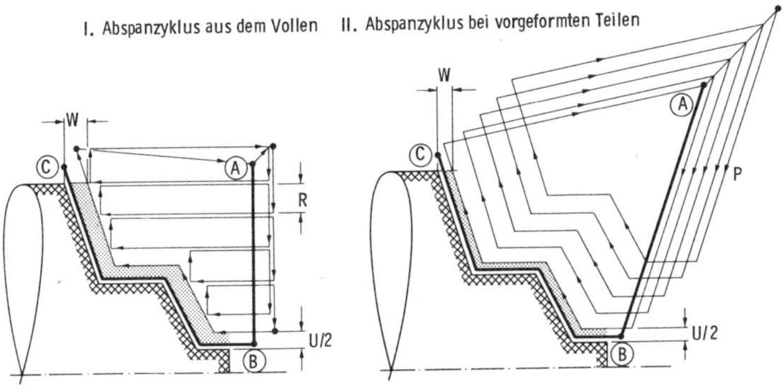

Bild 7-24. Zyklenbearbeitung (Beispiel Schnittaufteilung) (nach Siemens).

cherfähigkeit (etwa 550 m Lochstreifen/Diskette) und hohe Lesegeschwindigkeit (Diskette: 15000 Zeichen/s) sowie durch ihre geringe Baugröße und Kosten aus.

Unterschiedliche Datencodes auf dem Steuerlochstreifen (ISO oder EAI, vgl. Abschn. 5.1.2) können über einen Schalter angewählt oder sogar automatisch von der Steuerung erkannt werden.

Die Kommunikation zwischen Bediener und Anlage nimmt mehr und mehr die Form eines Dialogs an. Matrixanzeigen, graphische Bildschirme und Bedienerführung bei der Programmerstellung und Optimierung kennzeichnen diese Entwicklung. Bild 7-25 zeigt beispielsweise den graphischen Bildschirm einer kom-

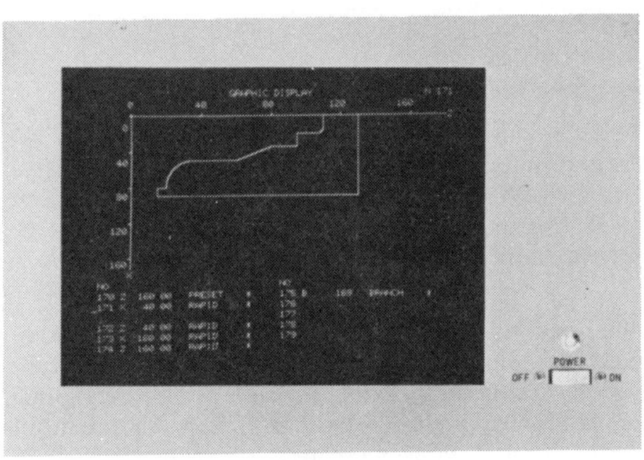

Bild 7-25. Graphischer Bildschirm einer Handeingabesteuerung (Siemens).

fortablen Handeingabe-CNC-Steuerung. Der Bildschirm stellt die Fertigteilkontur des Werkstücks sowie die Werkzeuge graphisch dar und gibt gleichzeitig Auskunft über die programmierten Werkzeugdaten, die aktuellen Positionswerte und Programmdaten, sowie über die notwendigen Diagnosedaten.

Dem Maschinenbediener steht damit ein effektives Simulations- und Kontrollsystem für NC-Programme zur Verfügung, das zu einer weitgehenden Verminderung der Fehlerquote und der Programmoptimierzeit beiträgt.

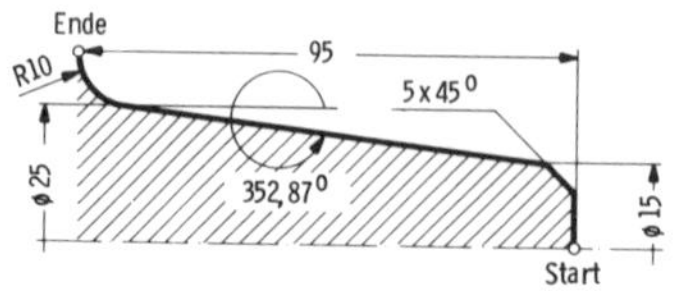

Standard-NC-Programmierung

```
N15 G91 G01 X10000
N16 X5000 Z-5000
N17 X10000 Z-80000
N18 G03 X10000 Z-10000 I10000
```

Koordinaten nach Umrechnung aus Werkstattzeichnung

Konturkurzbeschreibung

```
N15 G91 A90 A352,87 B-5 X25 Z-95 B10
```

Erläuterung: A: Winkel zur pos. Z-Achse
B (positiv): Radius
B (negativ): Fase

Maße und Winkel direkt aus Werkstattzeichnung

Bild 7-26. Konturzugprogrammierung (SPRINT T) (nach Siemens).

Besonderes Augenmerk wurde bei Handeingabesteuerungen auf eine Verkürzung der Programmierzeiten durch neuere und komfortablere Programmiertechniken gelegt. Bei der Konturkurzbeschreibung wird beispielsweise die Fertigteilkontur in einzelne über zwei oder drei Punkte gehende Konturzüge zerlegt und diese als NC-Sätze formuliert [47], Bild 7-26. Die Programmierung erfolgt über Eingabe der Endpunktkoordinaten und Winkel (Adresse A), die den Konturzug eindeutig definieren und die direkt aus der Werkstattzeichnung hervorgehen. Fasen und Radiusübergänge werden nicht gesondert programmiert, sondern über die NC-Adresse B als Randbedingungen der Konturzüge definiert. Ein Vergleich des Programmieraufwands zwischen Konturzugprogrammierung und herkömmlicher NC-Programmierung zeigt deutlich die Vorteile dieser Technik (Bild 7-26).

7.4.2. Zusätzliche Funktionen numerischer Steuerungen

Außer der Steigerung des Funktionsumfangs moderner CNC-Steuerungen hinsichtlich des Bedien- und Programmierkomforts wird die Rechenfähigkeit der Steuerungen bei der Realisierung weiterer Aufgabenstellungen genutzt. So werden sogenannte Softwareendschalter angeboten, die der Programmierer auf bestimmten Vorschubwegen setzen kann, um die Maschine gegen Kollision zu sichern.

Systematische Maschinenfehler, bedingt durch Spindelsteigungsfehler, Umkehrspanne, Temperaturgang, Spindeldurchhang u. a., werden an der Maschine einmal vermessen und als Daten in ein Korrekturprogramm eingegeben. Die Fertigungsungenauigkeiten und Temperaturabhängigkeiten bestimmter Maschinenbauteile können auf diese Weise kompensiert und die Herstellgenauigkeit der Werkstücke erhöht werden.

Gesteuerte Getriebeumschaltung, Bausteine zur Einhaltung konstanter Schnittgeschwindigkeiten sowie Spindelgenauhalt in mehreren definierten Positionen zum automatischem Werkstück-, Werkzeug- oder Spannmittelwechsel sind im Zusammenhang mit den Zusatzfunktionen für moderne Steuerungen zu nennen.

Die ersten CNC-Steuerungen wirkten in der gleichen Weise wie NC-Steuerungen auf die Anpaßsteuerung der Werkzeugmaschine ein. Da sich die Logik der Anpaßsteuerung jedoch mit den Mitteln der Booleschen Algebra beschreiben läßt, kann sie auch von einem Programmteil der CNC-Systemsoftware durchgeführt werden. Aus einer solchen Verlagerung der Anpaßsteuerlogik in das CNC-Systemprogramm resultiert eine neue prozeßnahe Nahtstelle, Bild 7-27, die heute bei einigen modernen CNC-Steuerungen zu finden ist.

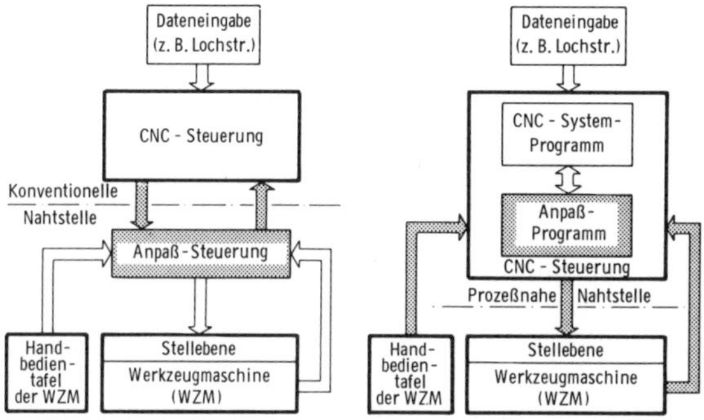

Bild 7-27.
Datenfluß von einer CNC-Steuerung über die konventionelle und prozeßnahe Nahtstelle.

Da eine Anpaßsteuerlogik auf einfache Weise auch durch eine symbolprogrammierbare Steuerung, SPS (Abschn. 6.3.4) zu realisieren ist, haben viele Hersteller den CNC-Prozeßrechner mit einer kostengünstigen SPS kombiniert. Bild 7-28 zeigt eine CNC, deren Funktionsumfang durch Programme zur Anpassung, Fehlerdiagnose und Datenerfassung erweitert worden ist (s. Abschn. 15).

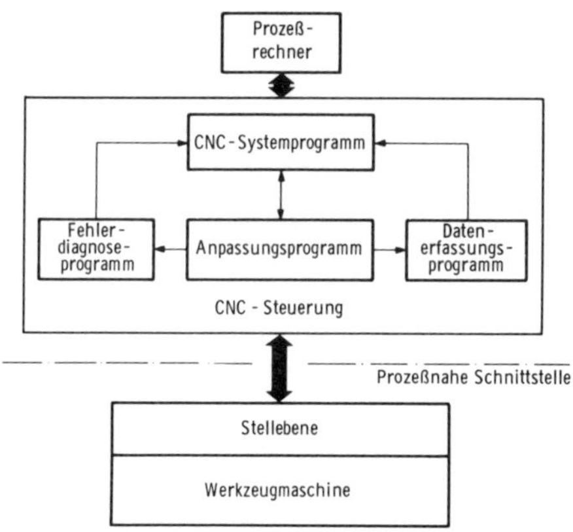

Bild 7-28.
CNC-Steuerung mit erweitertem Funktionsumfang.

Eine höhere Auslastung der zur Verfügung stehenden Prozeßrechnerkapazität wird erzielt, wenn spezielle Softwaremoduln zur Betriebsdatenerfassung in die CNC zusätzlich eingebracht werden. Dadurch ergibt sich die Möglichkeit, organisatorische Daten, wie Produktionszeit, Stillstandszeit, Rüstzeit, Ausfälle im Betrieb usw., zu erfassen und zur Schwachstellenanalyse zu verwenden.

Die zukünftige Entwicklung wird dahin gehen, die Möglichkeiten des Prozeßrechners noch stärker zu nutzen. Man strebt an, den Zustand des Bearbeitungsprozesses mit Hilfe von Sensoren zu erfassen und entsprechend der im Rechner abgelegten Prozeßführungsstrategie die Maschine derart zu steuern, daß vorgegebene Zielkriterien, z. B. eine kostenoptimale bzw. zeitoptimale Teilefertigung, erfüllt werden. Darüberhinaus unterliegt die Anlage einer ständigen Überwachung hinsichtlich Überlastung und anderen Sicherheitsmerkmalen. Diese Entwicklung steht jedoch erst im Anfangsstadium. Ausgereifte Lösungen liegen vereinzelt für bestimmte Fertigungsverfahren vor. In Abschn. 11 wird hierauf näher eingegangen.

7.5. Entwicklungstendenzen bei modernen NC-Steuerungen

Im voranstehenden Abschnitt wurden moderne Steuerungen vorgestellt, die gegenüber früheren Steuerungsgenerationen vor allem Erweiterungen hinsichtlich Funktionsumfang und Bedienbarkeit aufweisen. Voraussetzung zur Erreichung dieser Komfortstufe war u. a. die Erzielung eines erhöhten Datendurchsatzes innerhalb der Steuerung. Einerseits ermöglicht die steigende Leistungsfähigkeit der Prozessorbauelemente diesen höheren Datendurchsatz, auf der anderen Seite geht man wegen des günstigen Preis-/Leistungsverhältnisses dazu über, eine Funktionsaufteilung auf mehrere Mikroprozessoren vorzunehmen. Dadurch können mehrere zeitkritische Funktionen steuerungsintern parallel bearbeitet werden. Die Entwicklung auf dem Mikroprozessorsektor unterstützt diese Vorgehensweise, da vermehrt Prozessoren mit Spezialeigenschaften – etwa besonders geeignet für Ein-/Ausgabeprozeduren oder Arithmetikfunktionen – angeboten werden. Andere moderne Prozessoren sind so strukturiert, daß sie die Kopplung mehrerer Prozessoren zu Systemen unterstützen.

7.5.1. Dezentraler Aufbau numerischer Steuerungen

Zu Beginn der Entwicklung gekoppelter Prozessorsysteme für numerische Steuerungen wurde der zentrale Steuerungsrechner durch die Anbindung eines Ein-/Ausgabeprozessors von der zeitintensiven Bedienung der Peripheriegeräte befreit. Der nächste Schritt führte dazu, auch umfangreiche arithmetische Berechnungen (Interpolation, Lageregelung) in gesonderte Prozessoren zu verlagern. Bild 7-29 zeigt dazu ein Beispiel [48], bei dem die Prozessoren über einen zentralen Datenspeicher gekoppelt sind. Die im System vorhandenen Mikrocomputer greifen zeitlich versetzt auf den zentralen Speicher zu, so daß ein Prozessor die Daten, die ein anderer Prozessor dort abgelegt hat, lesen, interpretieren und weiterverarbeiten kann.

Auch die in Bild 7-30 dargestellte Steuerungsstruktur (Sinumerik 8 MC, Siemens) basiert auf mehreren gekoppelten Mikroprozessoren [49]. Die Daten werden zwischen den einzelnen Mikroprozessoren über ein Bussystem ausgetauscht,

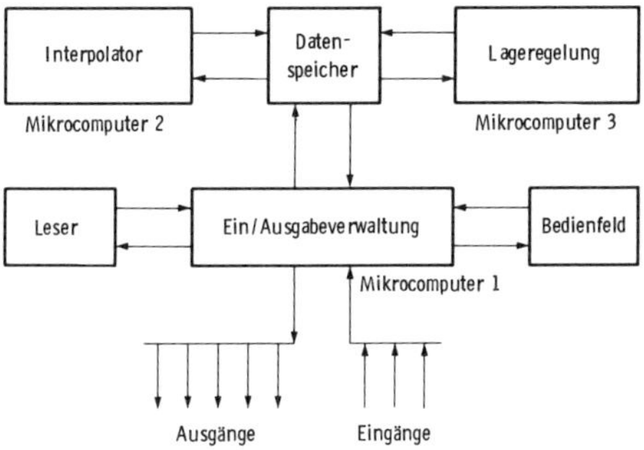

Bild 7-29.
Steuerung mit gekoppelten Prozessoren (AEG-NUMERIC System III).

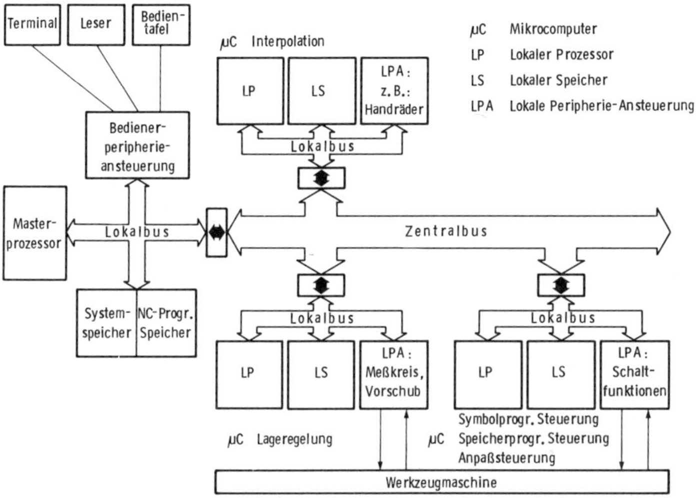

Bild 7-30. Struktur der Steuerung „Sinumerik 8 MC" (nach Siemens).

d. h. die Austauschdaten können von den Lokalrechnern direkt in einen Speicherbereich des Masterrechners eingeschrieben oder dort gelesen werden. Da die Umsetzung der geometrischen Daten in Vorschubsignale auf separaten Moduln vorgenommen wird, läßt sich das System ausgehend von einer Vier-Achsen-Steuerung bis zu einer Steuerung für zehn Achsen ausbauen.

Die Schaltfunktionen der Maschine werden dabei – wie bei neuen Entwicklungen heute üblich – von einer in das System integrierten „symbolprogrammierten Steuerung (SPS)" (vgl. Abschn. 6.3.4) bedient und überwacht. Diese Methode erleichtert die Anpassung einer Steuerung an verschiedene Werkzeugmaschinenarten. Wie Bild 7-30 veranschaulicht, ist auch diese SPS direkt über das Bussystem mit den anderen Prozessoren gekoppelt.

7.5.2. Mehrprozessorsteuerung (MPST)

Am konsequentesten wird die aufgezeigte Entwicklung der Verteilung der Steuerungsaufgabe auf mehrere gekoppelte Prozessoren im MPST-Konzept (Mehrprozessorsteuerung) angewandt [50; 51].

Hierzu werden die steuerungsinternen Datenverarbeitungsaufgaben einer CNC so in weitgehend eigenständig ablaufende Funktionsblöcke unterteilt, daß der benötigte Datenaustausch zwischen den Funktionsblöcken minimal bleibt. Jeder Funktionsblock läßt sich dann durch eine eigene Mikrocomputerkarte realisieren. Voraussetzung dazu ist allerdings, daß auch die Steuerungssoftware so modular strukturiert ist, daß sie auf einzelne Karten verteilt werden kann.

Bei einer Kopplung der Karten mittels eines Datenübertragungskanals erfüllen die vorher separaten Funktionsblöcke in Zusammenarbeit die gesamte Steuerungsaufgabe. Ebenso ist aber auch die Möglichkeit gegeben, bei Verwendung entsprechend leistungsfähiger Prozessoren mehrere Funktionsblöcke auf einem Modul zu realisieren. Als Datenübertragungskanal dient ein paralleles Bussystem, das hinsichtlich der Signalbelegung und der Kommunikationsprozeduren festgelegt und zur Normung vorgeschlagen wurde (MPST-Bus).

Während frühere CNC-Versionen – trotz softwaremäßiger Realisierung der Steuerungsfunktionen – nur mit erheblichem Kostenaufwand an spezielle Anwenderprobleme anzupassen waren, wurde bei diesem MPST-Konzept die Software so strukturiert, daß Anwenderwünsche einfach zu berücksichtigen sind. Selbst nachträglich lassen sich noch spezielle Funktionen auf separaten Moduln in das System einbinden. Dabei können sowohl vom Anwender selbst entwickelte als auch von Softwarehäusern erstellte Funktionen eingesetzt werden. Hinsichtlich des verwendeten Prozessortyps ist ebenfalls keine Einschränkung vorhanden, solange das Verhalten der Moduln zum Bussystem den MPST-Festlegungen entspricht. Vor allem diese Möglichkeit bietet den Vorzug, neue Entwicklungen auf dem Mikroprozessorsektor in schon bestehende Steuerungssysteme zu integrieren oder einzelne Moduln durch komfortablere zu ersetzen. Dadurch läßt sich das heute zu beobachtende rasche Veralten von Steuerungsgenerationen vermeiden.

Wegen der dabei möglichen internen parallelen Datenverarbeitung sind auch Zusatzfunktionen mit zeitkritischer Echtzeitverarbeitung durch Einfügen weiterer Prozessorkarten in das System zu integrieren. Beispiele dazu sind Adaptive-Control-Funktionen (vgl. Abschn. 11), Betriebsdatenerfassung (vgl. Abschn. 14), Diagnosefunktionen sowie intelligente Koppelmodule zum Anschluß serieller Bussysteme (DNC-Anschluß) (vgl. Abschn. 12).

Ein weiteres Einsatzgebiet für das MPST-Konzept ist der Bereich der bis heute noch wenig von der NC-Technik unterstützten komplexen Sondermaschinen. Ein Basissystem kann um Interpolator- und SPS-Karten erweitert und so an komplexe, vielachsige Steuerungsaufgaben angepaßt werden. Dieselbe Möglichkeit eröffnet sich für Systeme, bei denen die Maschine und die darin integrierten Handhabungsgeräte von demselben NC-System gesteuert werden sollen.

Bild 7-31 zeigt als Beispiel das Blockschema einer Steuerung nach dem MPST-Konzept. Die Kopplung der Moduln übernimmt der MPST-Parallelbus als Datenkanal. Der Modul „zentrales Steuerwerk" verwaltet und überwacht das gesamte

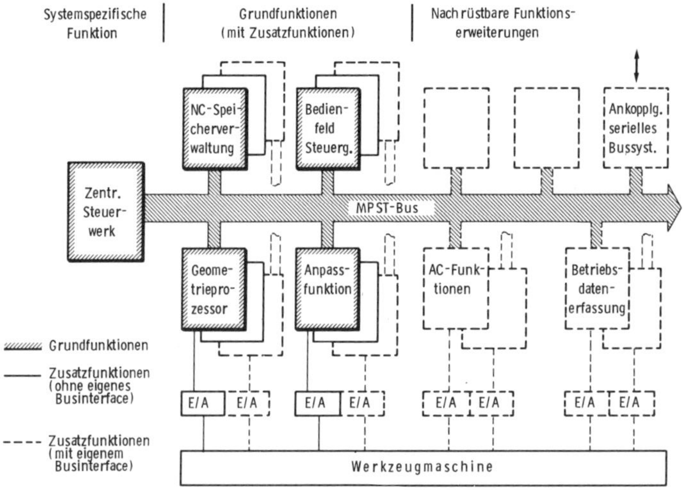

Bild 7-31. Verteilung der Funktionen in einem Mehrprozessorsteuersystem (MPST).

Steuerungssystem. Die NC-Grundfunktion ist schraffiert dargestellt. Module mit Funktionserweiterungen können entweder eigenständig Daten über den MPST-Bus austauschen oder anderen Funktionsblöcken zugeordnet und von diesen verwaltet werden (gestaffelte Blöcke). Als nachrüstbare separate Funktionserweiterungen sind beispielsweise AC-Funktionen, Betriebsdatenerfassung sowie ein Modul zur Ankopplung eines seriellen Bussystems dargestellt.

8. Verarbeitung geometrischer Daten

Wie in Abschn. 7.2 verdeutlicht, muß die numerische Steuerung zur Koordination der Vorschubachsenbewegung und zur Korrektur von Werkstücklagen im Arbeitsraum sowie von Werkstücklängen und -durchmessern eine Vielzahl von Rechenoperationen durchführen. Die folgenden Abschnitte beschreiben diesen Aufgabenteil der Steuerung.

8.1. Interpolation

Die erweiterte Streckensteuerung und die Bahnsteuerung (vgl. Absch. 7.1) erfordern die Umsetzung der geometrischen Informationen in eine achsspezifische, koordinierte Bewegungsfolge, so daß die Addition der Geschwindigkeitsvektoren der gesteuerten Achsen zu jedem Zeitpunkt den Konturverlauf beschreibt. Die dazu erforderliche Umsetzeinheit wird als *Geometrieprozessor* bezeichnet. Eine wesentliche Teilfunktion des Geometrieprozessors, die Berechnung einer dichten Folge von Lagestützwerten (vgl. Abschn. 9) übernimmt der *Interpolator*. Die wesentlichen Forderungen an einen Interpolator sind im folgenden genannt:

- Die vom Interpolator erzeugten Formelemente sollen die gewünschte Werkstückkontur möglichst gut annähern.
- Die am häufigsten verwendeten Konturelemente sind Geraden und Kreise; Interpolatoren sollten deshalb zumindest für die Linear- und Zirkularinterpolation (Kreisinterpolation) ausgelegt sein.
- Eine weitere Steuergröße ist die Bahngeschwindigkeit; sie muß aus technologischen Gründen in weiten Grenzen vorgebbar sein und unabhängig von der Konturform eingehalten werden.
- Die numerisch vorgegebenen Endpunkte müssen exakt erreicht werden, da sich sonst interpolationsbedingte Bahnfehler (z. B. Rundungsfehler) aufsummieren.

Interpolatoren für WZM-Steuerungen arbeiten aufgrund des geforderten hohen Auflösungsvermögens ausschließlich digital. Hinsichtlich ihrer technischen Realisierung unterscheidet man verbindungsprogrammierte Interpolatoren (Hardwareinterpolation) und speicherprogrammierte Interpolatoren (Softwareinterpolation). Häufig werden heute Mischformen eingesetzt, die aus einem Software- und einem Hardwareinterpolator bestehen; man spricht dann von einer zweistufigen Interpolation.

Während der einstufige Interpolator die Eingabedaten direkt in eine dichte Folge von achsspezifischen Lageführungsgrößen umrechnet, bestimmt der zweistufige

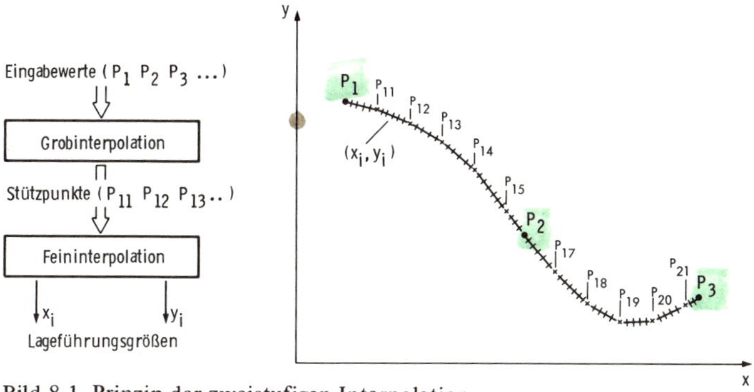

Bild 8-1. Prinzip der zweistufigen Interpolation.

Interpolator aus den Eingabedaten zunächst Zwischenwerte, sogenannte Stützpunkte (Grobinterpolation).

Der Konturverlauf in Bild 8-1 sei durch die Vorgabewerte P_1, P_2, P_3 bestimmt. Der Grobinterpolator berechnet aus den Vorgabewerten die in Bild 8-1 dargestellten Stützpunkte P_{11}, P_{12}, P_{13} usw. Ein nachgeschalteter Feininterpolator interpoliert linear zwischen den so ermittelten Zwischenwerten x_i, y_i.

Durch entsprechende Wahl des Grobinterpolationsrasters ist es möglich, die nachgeschaltete Feininterpolation auf eine Geradeninterpolation kleiner Wegabschnitte zu beschränken. Die Aufteilung erlaubt den Einsatz von Mikroprozessoren mit vergleichsweise geringen Leistungsmerkmalen zur Stützpunktberechnung (vgl. Abschn. 8.1.2.2).

8.1.1. Interpolationsarten

Die Interpolationsart beschreibt die Ordnung des vom Interpolator zu erzeugenden Konturverlaufs. Die weitaus häufigste Interpolationsart ist die Linearinterpolation zwischen mehreren translatorischen und/oder rotatorischen Achsen. Eine weitere wichtige Interpolationsart ist die Zirkular- oder Kreisinterpolation.

Eine Überlagerung von zirkularer Interpolation in einer Ebene mit einer linearen Bewegung in einer senkrecht zu der Ebene verlaufenden Achse führt zur Wendel- oder Schraubenlinieninterpolation. Interpolationsverfahren höherer Ordnung, wie parabolische und elliptische Interpolation, sind in der Praxis nur in Ausnahmefällen von Bedeutung.

Die beliebige Positionierung und Orientierung eines Werkzeugs im Raum erfordert normalerweise eine Bewegungsmöglichkeit mit sechs Freiheitsgraden. Außer drei translatorischen Achsen X, Y, Z müssen drei Rotations-, d. h. Winkelachsen A, B, C angesteuert werden. Die Berechnung der Achsenbewegung führt ein entsprechender Mehrachseninterpolator durch.

In der Regel wird die Rotationsachse des Werkzeugs (z. B. Fräser) nicht gesteuert, so daß Fräs- und Bohrwerke mit fünf gesteuerten Achsen (drei lineare und zwei Schwenkachsen) auskommen. Drehmaschinen verfügen über zwei lineare Achsen und die meisten Fräs- und Bohrmaschinen über drei lineare Achsen, evtl. ergänzt um eine rotatorische Fräserschwenkachse und einen Drehtisch[3]).

8.1.2. Interpolationsverfahren

Zur Bestimmung der einzelnen, achsabhängigen Lageführungsgrößen hat man eine Vielzahl von Interpolationsverfahren entwickelt. Grundsätzlich geht man bei der Herleitung von der exakten mathematischen Gleichung aus, die sich für ein karthesisches Koordinatensystem in den folgenden Grundformen darstellen läßt [52]:

implizite Darstellung:

$$F(x, y, z) = 0 \qquad (8\text{-}1);$$

explizite Darstellung:

$$x = F(y, z)$$
$$y = F(x, z)$$
$$z = F(x, y) \qquad (8\text{-}2);$$

Parameterdarstellung:

$$x = F(\tau)$$
$$y = F(\tau)$$
$$z = F(\tau) \qquad (8\text{-}3);$$

τ: gemeinsamer Parameter (z. B. Zeit).

Zur Herleitung von Interpolationsverfahren ist eine Darstellung in Parameterform, Gl. (8-3), besonders geeignet. Wählt man den gemeinsamen Parameter proportional zur Zeit t, wird die funktionale Abhängigkeit von der Zeit automatisch berücksichtigt. Interpolationsverfahren, die auf der Parameterdarstellung aufbauen, haben den Vorteil, daß die resultierende Bahngeschwindigkeit unter der Voraussetzung eines zeitlich konstanten Interpolationsrasters ebenfalls konstant, d. h. keine Funktion der zu beschreibenden Geometrie ist.

In den folgenden Abschnitten werden einige Interpolationsverfahren vorgestellt, die zur Steuerung von Werkzeugmaschinen zur Anwendung kommen.

8.1.2.1. Einstufige Interpolationsverfahren und Verfahren zur Feininterpolation

Suchschrittverfahren

Das Suchschrittverfahren geht von der impliziten Funktionsdarstellung in der Ebene aus. Jeder Punkt des zu berechnenden Konturelements erfüllt die Funktionsgleichung $F(x, y) = 0$, für alle anderen Punkte neben der Kontur gilt entsprechend $F(x, y) \neq 0$. Die Größe des Zahlenwerts sowie die Art des Vorzeichens bestimmen Größe und Richtung der momentanen Abweichung eines Interpola-

---

3) s. S. 146

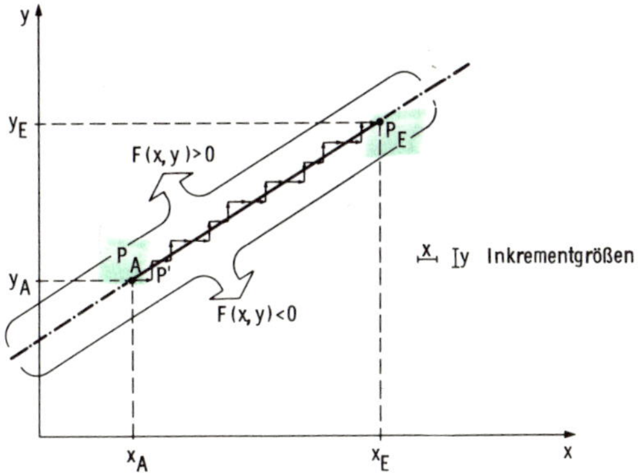

Bild 8-2.
Linearinterpolation nach dem Suchschrittverfahren.

tionspunkts in bezug auf die zu interpolierende Kontur. Ist der Konturverlauf monoton, kann allein aus dem Vorzeichen geschlossen werden, in welcher Achsrichtung das nächste Inkrement auszugeben ist.

Am Beispiel der Zwei-Achsen Linearinterpolation soll das Verfahren erläutert werden, Bild 8-2. Die gegebene Gerade sei in positiver x-Richtung zwischen den Punkten P_A und P_E zu interpolieren. Vom Ausgangspunkt P_A wird zunächst ein Inkrement in beliebiger Achsrichtung ausgegeben; danach bestimmt man das Vorzeichen der Abweichung von der idealen Kontur an der neuen Position P' mit den Koordinaten P' = (x', y'). Im gezeigten Beispiel erfolgt bei einer positiven Abweichung ($F(x, y) > 0$) eine Korrektur in x-Richtung, eine negative Abweichung hingegen ($F(x, y) < 0$) bedingt eine Kompensation in y-Richtung. Für den Sonderfall $F(x, y) = 0$ stimmt die inkrementale Annäherung exakt mit der Sollkontur überein, das nächste Ausgabeinkrement kann daher sowohl in x-, als auch in y-Richtung erfolgen. Zweckmäßigerweise wird in diesem Fall das nächste Inkrement in der Achsrichtung ausgegeben, die der idealen tangentialen Bewegungsrichtung am nächsten kommt. Der sich einstellende Istkonturverlauf pendelt treppenförmig um die Sollkontur. Da jeder Ausgabeschritt einzeln berechnet wird, entspricht die maximal mögliche Abweichung von der Sollkontur einem Inkrement; der Fehler in Normalenrichtung zur Bahn ist normalerweise kleiner.

Um den Funktionswert F(x, y) nicht nach jedem Suchschritt neu berechnen zu müssen, bestimmt man lediglich die Funktionsabweichungen ΔF_{xn}, ΔF_{yn}, die für einen Funktionszuwachs von einem Inkrement (Δx, Δy) beim Rechenschritt n auf n + 1 auftritt:

$$F(x_{n+1}, y_n) - F(x_n, y_n) = F(x_n + \Delta x, y_n) - F(x_n, y_n) = \Delta F_{xn} \qquad (8\text{-}4),$$

$$F(x_n, y_{n+1}) - F(x_n, y_n) = F(x_n, y_n + \Delta y) - F(x_n, y_n) = \Delta F_{yn} \qquad (8\text{-}5).$$

Für die in Bild 8-2 gezeichnete Gerade folgt mit dem Geradenansatz in Punktsteigungsform in impliziter Darstellung:

$$F(x, y) = \left(\frac{y - y_A}{y_E - y_A} - \frac{x - x_A}{x_E - x_A}\right) = 0 \qquad (8\text{-}6)$$

bzw. durch Erweitern

$$F(x, y) = (y - y_A) \cdot (x_E - x_A) - (x - x_A) \cdot (y_E - y_A) \quad (8\text{-}7).$$

Die Funktionsabweichungen bestimmen sich aus

$$\Delta F_{xn} = F(x_n + \Delta x, y_n) - F(x_n, y_n) = - \Delta x \cdot (y_E - y_A)$$

$$\Delta F_{yn} = F(x_n, y_n + \Delta y) - F(x_n, y_n) = + \Delta y \cdot (x_E - x_A) \quad (8\text{-}8)$$

und die Gesamtfunktionsabweichung aus der Definition

$$F_{A_n} = - \sum \Delta F_{xn} + \sum \Delta F_{yn} \quad (8\text{-}9).$$

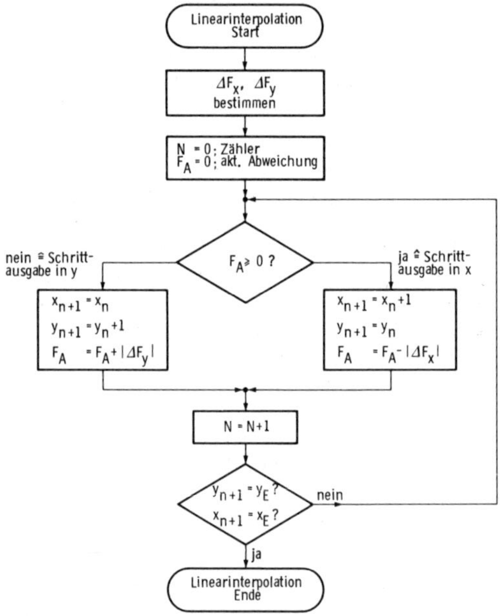

Bild 8-3.
Rechenverlauf der Linearinterpolation nach dem Suchschrittverfahren.

Das Interpolationsverfahren läuft nun nach dem folgenden Rechenschema ab, Bild 8-3. Zunächst werden die Funktionsabweichungen ΔF_x und ΔF_y nach Gl. (8-8) bestimmt. Da ihr Funktionswert konstant ist, ist ihre Berechnung nur einmal in einem Vorlauf erforderlich. Danach erfolgt die Initialisierung des Schrittzählers N sowie des Registers F_A, das die aktuelle Abweichung der Funktion F(x, y) enthält. Die anschließende Verzweigung entscheidet, ob ein Schritt in x- oder y-Richtung auszugeben ist. In den achsspezifischen Zweigen werden die aktuellen Koordinaten und das Abweichungsregister F_A auf den aktuellen Stand gebracht. Nach Erhöhung des Schrittzählers beginnt die Abfrage, ob die Endkoordinaten bereits erreicht sind; ist das Ergebnis der Abfrage negativ, wird das Verfahren fortgesetzt, im anderen Fall beendet.

Da beim Suchschrittverfahren das Vorzeichen der aktuellen Abweichung F_A die Wahl der Ausgabeachse bestimmt, kann das Verfahren nur die funktionelle Abhängigkeit von *zwei* Variablen in einem Rechendurchlauf berücksichtigen. Für die Linearinterpolation in drei Achsen (x, y, z) ist deshalb eine gemeinsame Bezugsachse zur Bestimmung der Lagewerte erforderlich; wählt man beispielsweise die x-Achse als Bezugsachse, ergeben sich die Funktionsgleichungen in der x/y- bzw. x/z-Ebene zu

$$F(x, y, z = 0) = 0 \text{ und } F(x, y = 0, z) = 0.$$

Ihre Berechnung erfolgt analog dem o. g. Schema. Das Suchschrittverfahren eignet sich auch für die Zirkularinterpolation und zur Berechnung von monotonen Funktionen höherer Ordnung. Da es einzelne Weginkremente berechnet, bietet es sich besonders für den Feininterpolator (Hardware) in einem zweistufigen Konzept an. Als Softwareinterpolationsverfahren ist es aufgrund der mit wachsender Bahngeschwindigkeit proportional ansteigenden Rechnerbelastung (Wegrasterausgabe) nur bedingt brauchbar [53 bis 55].

Ein weiterer Nachteil des Verfahrens ist in der Geometrieabhängigkeit der Vorschubgeschwindigkeit zu sehen. Wird der Algorithmus mit konstantem Interpolationstakt angestoßen, stellt sich nur für eine Kontur mit der Krümmung null (Linearinterpolation) eine konstante Bahngeschwindigkeit ein.

Bei der Zirkularinterpolation hingegen (Krümmung = konst $\neq 0$) durchläuft das Steigungsverhältnis innerhalb eines Viertelkreises alle Werte zwischen null und unendlich. Während die Geschwindigkeitskomponenten (beim Verfahren eines Viertelkreises in Uhrzeigerrichtung im 1. Quadranten) zunächst nur in x-Richtung erzeugt werden, stellt sich in der Mitte des Quadranten ein treppenförmiger Verlauf der Achsgeschwindigkeiten ein. Zum Interpolationsende werden hauptsächlich Impulse in y-Richtung ausgegeben. Dies hat zur Folge, daß die programmierte Bahngeschwindigkeit nicht konstant, sondern um den Faktor $1 : \sqrt{2}$ abweichen kann, Bild 8-4.

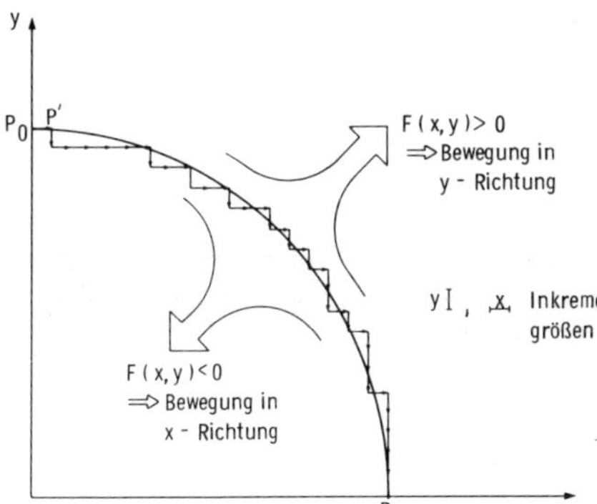

Bild 8-4.
Kreisinterpolation nach dem Suchschrittverfahren.

Digital Differential Analyzer (DDA) Linearinterpolation

Eines der bekanntesten Verfahren basiert auf der numerischen Integration von Geschwindigkeitskomponenten (DDA). In Bild 8-5 ist eine Funktion y = f(x)

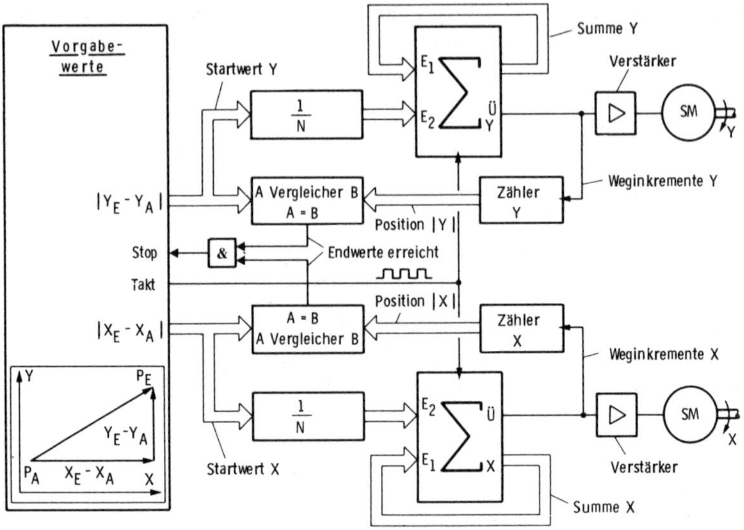

Bild 8-5. Blockschaltbild eines Linearinterpolators nach dem DDA-Verfahren.

als Geradenstück zwischen den Punkten P_A und P_E gezeichnet. Soll sich ein Werkstück auf dieser Geraden mit konstanter Geschwindigkeit bewegen, müssen die Wegkomponenten $(x_E - x_A)$, $(y_E - y_A)$ gleichförmig in der Interpolationszeit T durchlaufen werden. Für die technische Lösung der Interpolation sind die Zwischenwerte als Funktion der Zeit zu bestimmen [37];

$$x(t) = x_A + \int_0^t \dot{x}\, dt = x_A + \int_0^t \frac{x_E - x_A}{T}\, dt \qquad (8\text{-}10).$$

$$y(t) = y_A + \int_0^t \dot{y}\, dt = y_A + \int_0^t \frac{y_E - y_A}{T}\, dt \qquad (8\text{-}11).$$

Zerlegt man die Interpolationszeit T in N gleiche Zeitabschnitte der Dauer Δt, so läßt sich für genügend kleine Δt die Integration der Geschwindigkeitskomponenten auf eine Summation zurückführen. Dann gilt mit:

$$T = N \cdot \Delta t \text{ und } t = \nu \cdot \Delta t$$

$$\left.\begin{aligned} x(t) &= x(\nu \cdot \Delta t) = x_A + \frac{x_E - x_A}{N} \cdot \nu \\ y(t) &= y(\nu \cdot \Delta t) = y_A + \frac{y_E - y_A}{N} \cdot \nu \end{aligned}\right\} \quad \nu = 0, 1, 2, 3 \ldots, N \qquad (8\text{-}12).$$

Mit jeder Summation werden die Lagewerte $x(\nu \cdot \Delta t)$, $y(\nu \cdot \Delta t)$ um einen konstanten Betrag erhöht. Für die technische Verwirklichung (z. B. bei Schrittmotorantrieben) ist es jedoch notwendig, daß die Zuwachsrate für ein Rechenzeitraster Δt nicht größer als die Ausgabefeinheit ΔF des Vorschubantriebs ist. Hieraus leitet sich für N die Nebenbedingung ab:

$$\text{MAX}\left\{\frac{|y_E - y_A|}{N}, \frac{|x_E - x_A|}{N}\right\} \leqslant \Delta F \qquad \text{(8-13).}$$

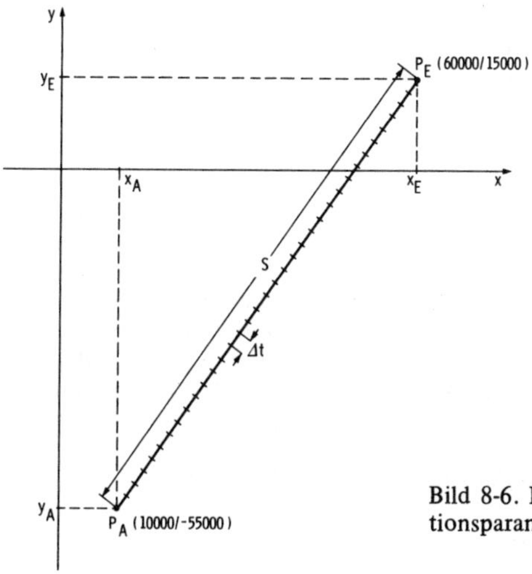

Bild 8-6. Bestimmung der erforderlichen Interpolationsparameter für die DDA-Linearinterpolation.

Bild 8-5 zeigt den prinzipiellen Aufbau eines 2-Achsen-Linearinterpolators nach dem DDA-Verfahren. Als Startwerte legt das übergeordnete Versorgungsprogramm die zu verfahrenden Wegdifferenzen $x_E - x_A$ und $y_E - y_A$ ab. Diese Werte werden zunächst durch N geteilt. Da für die Größe des Divisors N nach Gl. (8-13) lediglich ein minimaler Wert nicht unterschritten werden darf, rundet man N auf die nächsthöhere Zehnerstelle auf; die Divisionsoperationen in Gl. (8-12) können dann durch einfache Zahlenverschiebungen der Integrandenwerte nach rechts ersetzt werden.

Zu Beginn der Interpolation sind die beiden Summationsregister Σ_x, Σ_y null gesetzt. Mit jedem Rechentakt der Interpolationsfrequenz f_0 wird erneut eine Addition der Form $E_1 + E_2$ = Summe + Übertrag

$$\text{Summe x:} \quad \text{Summe x} + \frac{|x_E - x_A|}{N}$$

$$\text{Summe y:} \quad \text{Summe y} + \frac{|y_E - y_A|}{N}$$

ausgeführt. Durch die vorausgegangene Division durch N ist sichergestellt, daß die Zuwachswerte $\Delta x, \Delta y < 1$, d. h. kleiner als ein Inkrement sind; die Werte in den Summationsregistern können somit als echte Brüche interpretiert werden. Da die Stellenzahl der Addierer und Summationsregister begrenzt und nach der Definition nur Werte kleiner Eins aufnehmen kann, treten bei der fortlaufenden Addition Überträge auf die „Einerstelle" auf, die als inkrementale Lagesollimpulse auf die Achsantriebe gelangen; der nicht ganzzahlige Rest verbleibt im Summationsregister. Nach N Additionen ist die Interpolation abgeschlossen.

Die Frequenz f_0 des Rechentakts berechnet sich aus der gewünschten Bahngeschwindigkeit v_B aus:

$$f_0 = \frac{N}{T}; \quad v_B = \frac{\sqrt{(x_E - x_A)^2 + (y_E - y_A)^2}}{T}$$

$$f_0 = v_B \cdot \frac{N}{\sqrt{(x_E - x_A)^2 + (y_E - y_A)^2}} \qquad (8\text{-}14).$$

Das folgende Rechenbeispiel soll das Verfahren verdeutlichen; gegeben seien der absolute Koordinatenanfangspunkt P_A (10000, – 55000) und der Koordinatenendpunkt P_E (60000, 15000) in Mikrometern, die Ausgabefeinheit ΔF der verwendeten Antriebe entspricht 10 μm, die Bahngeschwindigkeit v_B soll konstant 0,5 m/min betragen (Bild 8-6).

Zunächst wird die Länge L des Interpolationsabschnitts bestimmt:

$$\begin{aligned} L &= \sqrt{(x_E - x_A)^2 + (y_E - y_A)^2} \\ &= \sqrt{50000^2 + 70000^2} \approx 86023\ \mu m \end{aligned} \qquad (8\text{-}15).$$

Die Interpolationsdauer T berechnet sich aus:

$$T = \frac{L}{v_B} = 86023\ \mu m \cdot \frac{60\ \frac{s}{min}}{0{,}5\ \frac{m}{min} \cdot 10^6\ \frac{\mu m}{m}} \approx 10{,}323\ s \qquad (8\text{-}16).$$

Aus der Ungl. (8-13) wird die erforderliche Mindestgröße von N berechnet:

$$\text{MAX}\left\{\left|\frac{15000 + 55000}{N}\right|\ \mu m, \left|\frac{60000 - 10000}{N}\right|\ \mu m\right\} \leqslant 10\ \mu m$$

$$N_{min} = \frac{70000}{10} = 7000 \qquad (8\text{-}17).$$

Man rundet dann N_{min} auf die nächsthöhere Zehnerstelle auf

$$N = MOD_{10}\{N_{min}\} = MOD_{10}\{7000\} = 10000 \qquad (8\text{-}18).$$

Schließlich berechnet sich das erforderliche Interpolationsraster Δt aus Gl. (8-12) und (8-16)

$$t = \frac{T}{N} = \frac{10{,}323\ s}{10000} = 1{,}0323\ ms \qquad (8\text{-}19)$$

bzw. die Interpolationsfrequenz f_0 aus:

$$f_0 = \frac{1}{\Delta t} \approx 968\ Hz \qquad (8\text{-}20).$$

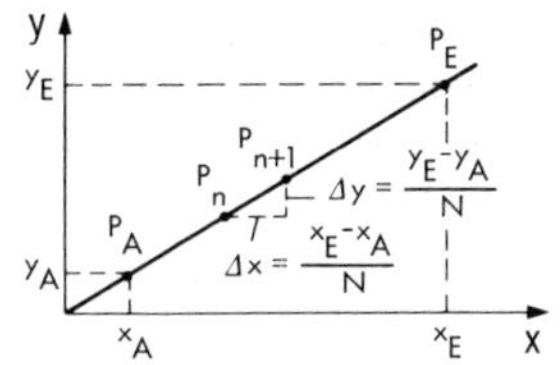

Koordinaten des Punktes (P_n):

$$x_n = x_A + \sum_1^n \frac{x_E - x_A}{N}\ ; \quad y_n = y_A + \sum_1^n \frac{y_E - y_A}{N}\ ;$$

$1 \leq n \leq N$

Beispiel einer linear interpolierten Strecke:

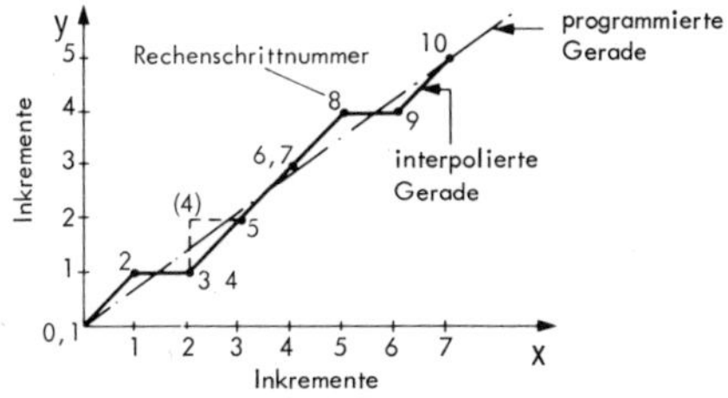

$N = 10;\ \Delta x = \frac{7-0}{10} = 0{,}7;\ \Delta y = \frac{5-0}{10} = 0{,}5;\ \Delta s = 1;\ \Delta x, \Delta y < \Delta s$								
Schritte n	Übertrag (Inkrement-berechnung)		Additionsrest <1		Inkrement-ausgabe in		gefahrener Weg	
	x	y	x	y	x	y	x	y
1	0	0	0,7	0,5			0	0
2	1	1	0,4	0	×	×	1	1
3	1	0	0,1	0,5	×		2	1
4	0	1	0,8	0		(×)	2	1
5	1	0	0,5	0,5	×	×	3	2
6	1	1	0,2	0	×	×	4	3
7	0	0	0,9	0,5			4	3
8	1	1	0,6	0	×	×	5	4
9	1	0	0,3	0,5	×		6	4
10	1	1	0	0	×	×	7	5

Bild 8-7. Interner Rechenablauf des DDA-Interpolators.

Bild 8-7 zeigt schrittweise den internen Rechenablauf für ein kurzes Wegstück. Es sei angenommen, daß sieben Inkremente in x-Richtung und fünf Inkremente in y-Richtung auszugeben sind. Die Achse, in deren Richtung der größere Weg ausgefahren wird, bezeichnet man als führende Achse (in diesem Fall die x-Achse). Zur Vereinfachung ist der Anfangspunkt in den Koordinatenursprung gelegt.

Nach der Nebenbedingung von Gl. (8-13) muß N mindestens so groß gewählt werden wie die Anzahl der auszugebenden Inkremente in der führenden Achse. In Bild 8-7 ist N = 10 angenommen, so daß sich die achsspezifischen Zuwachswerte aus x = 0,7 und y = 0,5 ergeben. Die Tabelle in Bild 8-7 verdeutlicht den Ablauf der einzelnen Rechenschritte. Der Algorithmus wird so lange fortgesetzt, bis nach N Schritten alle Weginkremente ausgegeben sind.

Um einen glatteren Kurvenverlauf zu erzielen, werden beim DDA-Verfahren Ausgabeimpulse in den geführten Achsen so lange zwischengespeichert, bis in der führenden Achse ebenfalls ein Inkrement auszugeben ist. Dadurch läßt sich eine evtl. treppenförmig verlaufende Kontur (in Bild 8-7 gestrichelt dargestellt) vermeiden. Die maximale Abweichung einer Achse von der Sollkurve ist immer kleiner als ein Inkrement. Wegen der Trägheit der Antriebselemente (vgl. Abschn. 9) nähert sich der tatsächliche Kurvenverlauf durch Verschleifen der Ecken der Sollgeraden an.

Kreisinterpolation nach dem DDA-Verfahren

Das DDA-Verfahren ist auch für die Kreisinterpolation anwendbar. Dabei müssen die Geschwindigkeitskomponenten der einzelnen Achsen jeweils in Richtung der Kreistangente erzeugt werden.

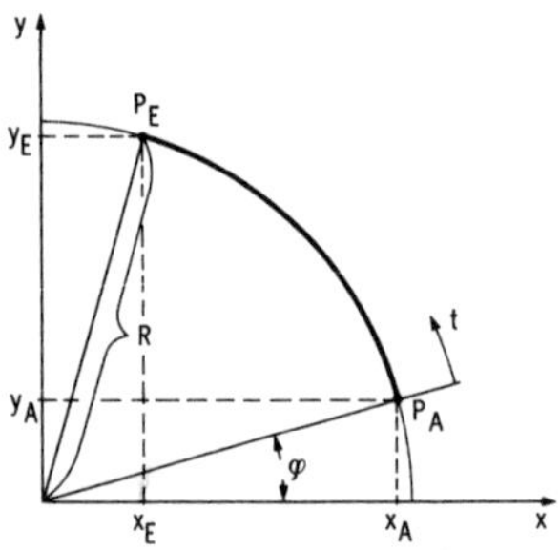

Bild 8-8.
Herleitung des zirkularen DDA-Interpolationsverfahrens.

Betrachtet man einen Kreis mit dem Mittelpunkt im Ursprung des Koordinatensystems $x_M, y_M = 0$, Kettenmaßdarstellung in Bild 8-8, so gilt:

$$x = R \cdot \cos \varphi \qquad (8\text{-}21),$$

$$y = R \cdot \sin \varphi \qquad (8\text{-}22).$$

Für die Interpolation sind wiederum die Punkte der Kreisbahn als Funktion der Zeit zu bestimmen – Parameteransatz, Gl. (8-3). Bei einer vorgegebenen Bahngeschwindigkeit v_B folgt mit:

$$v_B = \frac{2\pi R}{T} \quad \text{und} \quad \varphi = 2\pi \cdot \frac{t}{T} \tag{8-23}$$

$$x(t) = R \cos \left\{\frac{2\pi t}{T}\right\} \tag{8-24}$$

$$y(t) = R \sin \left\{\frac{2\pi t}{T}\right\} \tag{8-25}$$

In Gl. (8-23) bis (8-25) ist T die Zeit, in der ein Vollkreis durchfahren wird. Differenziert man Gl. (8-24) und (8-25) nach der Zeit, ergeben sich die achsspezifischen Geschwindigkeitskomponenten v_x bzw. v_y für die angegebene Interpolationsrichtung aus:

$$v_x = \dot{x} = \frac{dx}{dt} = -\frac{2\pi R}{T} \cdot \sin \left\{\frac{2\pi t}{T}\right\} = -\frac{2\pi}{T} \cdot y(t) \tag{8-26}$$

$$v_y = \dot{y} = \frac{dy}{dt} = \frac{2\pi R}{T} \cdot \cos \left\{\frac{2\pi t}{T}\right\} = \frac{2\pi}{T} \cdot x(t) \tag{8-27}$$

Die berechneten Geschwindigkeitskomponenten setzt man in die Grundgleichungen des DDA-Algorithmus, Gl. (8-11), ein:

$$x(t) = x_A + \int_0^t \dot{x}\, dt = x_A - \frac{2\pi}{T} \int_0^t y(t)\, dt \tag{8-28}$$

$$y(t) = y_A + \int_0^t \dot{y}\, dt = y_A + \frac{2\pi}{T} \int_0^t x(t)\, dt \tag{8-29}$$

Ersetzt man die Integration durch eine Summation hinreichend kleiner Weginkremente, so folgt

$$\left.\begin{aligned} x(t) &\approx x(\nu \cdot \Delta t) = x_A - \frac{2\pi}{N} \sum_{i=0}^{\nu} y(i \cdot \Delta t) \\ y(t) &\approx y(\nu \cdot \Delta t) = y_A + \frac{2\pi}{N} \sum_{i=0}^{\nu} x(i \cdot \Delta t) \end{aligned}\right\} \quad \nu = 0, 1, 2, 3, \ldots, N \tag{8-30}$$

und der Nebenbedingung

$$\mathrm{MAX}\left\{\left|\frac{y_E - y_A}{N}\right|, \left|\frac{y_E - y_A}{N}\right|\right\} \leqslant \Delta F \qquad (8\text{-}31).$$

Im Gegensatz zur Linearinterpolation sind jetzt die Zuwachsgrößen über der Zeit nicht konstant; ihr Wert berechnet sich iterativ aus den bereits erreichten Koordinatenwerten der jeweils anderen Achse. Diese gegenseitige Abhängigkeit ist im Schrifttum auch unter dem Begriff „Kreisrückspeisung" beschrieben.

Bild 8-9 zeigt das Blockschaltbild eines Zirkularinterpolators nach dem DDA-Verfahren, der die Grundgl. (8-30) löst.

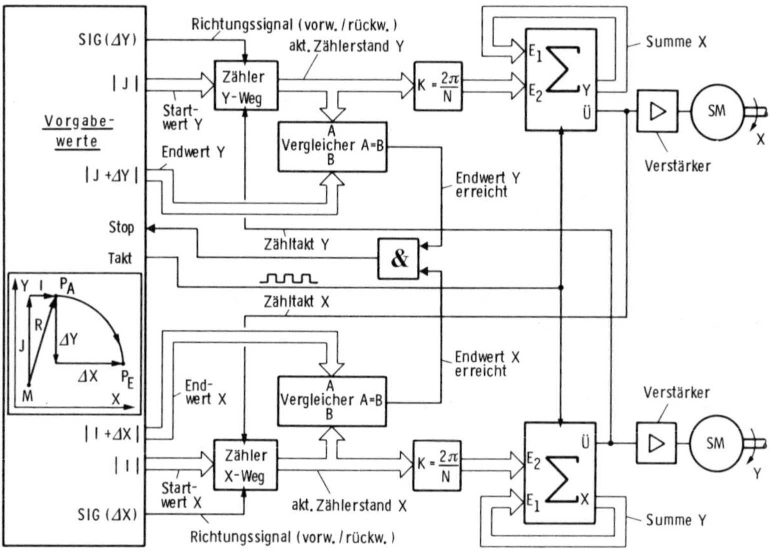

Bild 8-9. Blockschaltbild eines Zirkularinterpolators nach dem DDA-Verfahren.

Zu Beginn der Interpolation werden die beiden Zähler mit den Kreisabschnittswerten I und J geladen; ihr Streckenverhältnis m = – J/I entspricht der Steigung der Kurve im Anfangspunkt. Die Summationsregister Σ_x und Σ_y sind zurückgesetzt. Mit jedem Rechentakt f_0 addieren die in Bild 8-9 dargestellten Summierer einen dem aktuellen Steigungsverhältnis entsprechenden Wert auf ihre internen Akkumulationsregister auf. Die dabei auftretenden Überträge werden wiederum als Lagesollimpulse den Vorschubantrieben zugeführt; sie gelangen ebenfalls auf die Zähleingänge der beiden Lagesollwertzähler (Vorwärts-Rückwärtszähler). Ihr Zählerstand entspricht der aktuellen Sollage $x(\nu \cdot \Delta t)$ bzw. $y(\nu \cdot \Delta t)$. Diese Werte werden laut Gl. (8-30) in den Summationsregistern der jeweils anderen Achse weiterverarbeitet (Kreisrückspeisung). Die Division durch die Proportionalitätskonstante $K = 2\pi/N$ läßt sich bei entsprechender Wahl durch eine einfache Zahlenverschiebung der Lagesollwertgrößen $x(\nu \cdot \Delta t)$, $y(\nu \cdot \Delta t)$ nach rechts berücksichtigen, s. Gl. (8-31). Der bei der Rundung auftretende „Fehler" in der Proportionalitätskonstanten hat nur Einfluß auf die erzeugte Bahngeschwindigkeit und kann durch Variation des Rechentakts f_0 ausgeglichen werden.

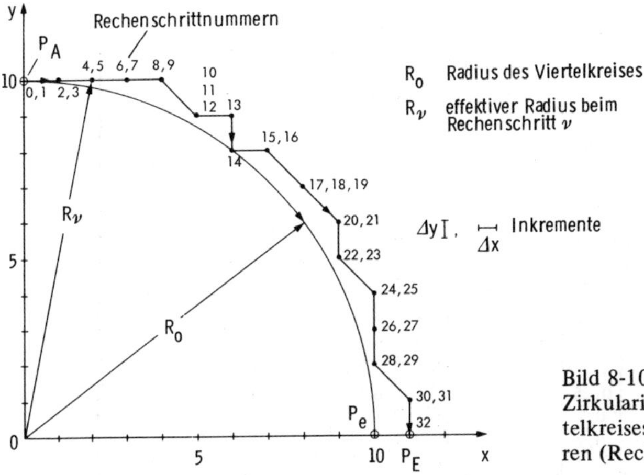

Bild 8-10.
Zirkularinterpolation eines Viertelkreises nach dem DDA-Verfahren (Rechenbeispiel).

Der sich einstellende Interpolationsverlauf ist im folgenden erläutert. Bild 8-10 zeigt einen Viertelkreis mit den Anfangskoordinaten P_A (0,10) und den Endkoordinaten P_E (10,0). Die gewählte Einheit entspricht aus Gründen der Übersichtlichkeit der Ausgabefeinheit des Interpolators, d. h. einem Inkrement. Die bei der Interpolation anfallenden Zwischenwerte sind Schritt für Schritt in Bild 8-11 festgehalten.

Es zeigt sich, daß der gewünschte Endpunkt nicht exakt erreicht wird. Diese Abweichung (Kreisaufweitung) ist auf einen systematischen Fehler im Rechenverfahren zurückzuführen, da die Integration in Gl. (8-28) und (8-29) durch eine Addition endlicher Zuwachswerte, Gl. (8-30), ersetzt wurde. Im Gegensatz zur Linearinterpolation sind jedoch die Integranden nicht konstant, sondern eine Funktion der Zeit. Es läßt sich zeigen, daß sich der relative Fehler $\frac{R_\nu - R_0}{R_0}$ proportional zur Rechenschrittzahl und umgekehrt proportional zum Quadrat des Divisors N verhält;

$$\frac{R_\nu - R_0}{R_0} \sim \frac{\nu}{N^2} \qquad (8\text{-}32).$$

N = 2·π·2D			K = 0,05		$\Delta x_\nu = K \cdot y_\nu$			$\Delta y_\nu = K \cdot x_\nu$
Rechen-schritt	Summierer x	Carry	Δx	Lagewert x	Summierer y	Carry	Δy	Lagewert y
0	0		0,5	0	0		0	10
1	0,5		0,5	0	0		0	10
2	0 (+1)→	x	0,5	1	0		0,05	10
3	0,5		0,5	1	0,05		0,05	10
4	0 (+1)→	x	0,5	2	0,1		0,1	10
5	0,5		0,5	2	0,2		0,1	10
6	0 (+1)→	x	0,5	3	0,3		0,15	10
7	0,5		0,5	3	0,45		0,15	10
8	0 (+1)→	x	0,5	4	0,6		0,2	10
9	0,5		0,5	4	0,8		0,2	10
10	0 (+1)→	x	0,45	5	0 (+1)→	x	0,25	9
11	0,45		0,45	5	0,25		0,25	9
12	0,9		0,45	5	0,5		0,25	9
13	0,35 (+1)→	x	0,45	6	0,75		0,3	9
14	0,8		0,4	6	0,05 (+1)→	x	0,3	8
15	0,2 (+1)→	x	0,4	7	0,35		0,35	8
16	0,6		0,4	7	0,7		0,35	8
17	0(+1)→	x	0,35	8	0,05 (+1)→	x	0,4	7
18	0,35		0,35	8	0,45		0,4	7
19	0,7		0,35	8	0,85		0,4	7
20	0,05 (+1)→	x	0,3	9	0,25 (+1)→	x	0,45	6
21	0,35		0,3	9	0,7		0,45	6
22	0,65		0,25	9	0,15 (+1)→	x	0,45	5
23	0,9		0,25	9	0,6		0,45	5
24	0,15 (+1)→	x	0,2	10	0,05 (+1)→	x	0,5	4
25	0,35		0,2	10	0,55		0,5	4
26	0,55		0,15	10	0,05 (+1)→	x	0,5	3
27	0,7		0,15	10	0,55		0,5	3
28	0,85		0,1	10	0,05 (+1)→	x	0,5	2
29	0,95		0,1	10	0,55		0,5	2
30	0,05 (+1)→	x	0,05	11	0,55 (+1)→	x	0,505	1
31	0,1		0,05	11	0,555		0,505	1
32	0,15		0	11	0,06 (+1)→	x	0,505	0

Rechenbeispiel: Rechenschritt 14

$\text{Summierer } x_{14} = \text{Summierer } x_{13} + \Delta x_{13} = 0{,}35 + 0{,}45 = 0{,}8$

$\Delta x_{14} = K \cdot y_{14} = 0{,}05 \cdot 8 = 0{,}4$

$\text{Summierer } y_{14} = \text{Summierer } y_{13} + \Delta y_{13} = 0{,}75 + 0{,}3 = 1{,}05 = 1 + \text{Carry}$

$\Delta y_{14} = K \cdot x_{14} = 0{,}05 \cdot 6 = 0{,}3$

Bild 8-11. Rechentabelle für die Zirkularinterpolation eines Viertelkreises.

Für große N, also kleines K kann der Radiusfehler daher beliebig klein gemacht werden.

Dem DDA-Verfahren liegt als Funktionsansatz eine Darstellung in der Parameterform zugrunde, Gl. (8-3). Die erzeugte Bahngeschwindigkeit ist daher bei gleichbleibender Taktfrequenz konstant und unabhängig von der Geometrie der zu verfahrenden Kontur. Wegen ihres recht einfachen Aufbaus werden sie häufig als einstufige Interpolatoren in älteren festverdrahteten Steuerungen bzw. als Feininterpolatoren in speicherprogrammierten Steuerungen eingesetzt.

8.1.2.2. Zweistufige Interpolationsverfahren und Verfahren zur Grobinterpolation

DFB-Verfahren (Direkte Funktionsberechnung)

Interpolatoren, die nach dem DFB-Verfahren arbeiten, bestimmen die achsspezifischen Lagestützwerte durch direkte Berechnung der Funktionsgleichung an der Stelle $x(\tau)$, $y(\tau)$, $z(\tau)$. Da sie nicht auf einem iterativen Lösungsansatz, wie z. B. das Suchschrittverfahren bzw. das DDA-Verfahren, aufbauen, ist der Einsatz eines leistungsfähigen Geometrierechners (Minicomputer bzw. Mikrocomputer mit erweitertem Arithmetikumfang) erforderlich. Man verwendet, falls möglich, eine Darstellung in Parameterform, um Geometrie und Bahngeschwindigkeit gekoppelt berechnen zu können.

Die direkte Funktionsberechnung ist auf beliebige Interpolationsarten anwendbar. Sie kommt jedoch hauptsächlich bei der Berechnung komplexer Kurven als Grobinterpolationsverfahren zum Einsatz.

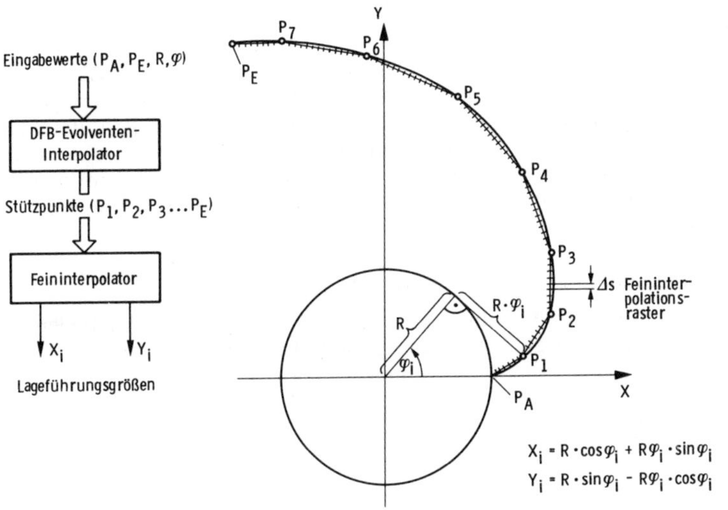

Bild 8-12. Evolventenförmige Interpolation nach dem DFB-Verfahren (zweistufige Interpolation).

Bild 8-12 zeigt beispielsweise die Stützpunktberechnung für einen evolventenförmigen Konturverlauf, die eine direkte Fräsbearbeitung großer Zahnräder mit Fingerfräsern ermöglichen würde. Die Feininterpolation zwischen den ermittelten Stützwerten übernimmt ein einfacher Linearinterpolator nach Abschn. 8.1.2.1. Auf eine detaillierte Beschreibung des DFB-Verfahrens wird in diesem Buch verzichtet [37; 53; 55].

In den letzten Jahren gewinnen Softwareinterpolationsverfahren zur Zirkularinterpolation immer mehr an Bedeutung. Der Einsatz von Mikroprozessoren in numerischen Steuerungen (CNC) und der Trend zum Mehrprozessorkonzept (vgl. Absch. 7.5) mit dezentralisierten Funktionsblöcken brachte eine zunehmende Verlagerung von festverdrahteten zu speicherprogrammierten Interpolatoren mit sich. Darüber hinaus bieten alle Mikroprozessorhersteller eine Reihe komplexer Peripheriebausteine (vgl. Abschn. 6.3.3) an, die den Koppelaufwand für den Hardwarerest, z. B. Wegausgabe, Istpositionserfassung usw., erheblich verringern. So kann z. B. das zeitgerechte Anstoßen des Interpolationsalgorithmus sowie die Erfassung der Istposition eines Zwei-Achsen-Interpolators von einem einzigen peripheren Zählerbaustein übernommen werden. Zählerbausteine lassen sich beispielsweise durch Programmierung, d. h. ohne Änderung der Hardware, eine Reihe von Aufgaben anpassen:

- programmierbarer Teiler,
- Ereigniszähler,
- Frequenzmesser,
- Periodendauermesser,
- programmierbarer Rechteckgenerator,
- programmierbarer Frequenzverhältnismesser,
- Echtzeituhr usw.

Die Aufzählung zeigt, daß der Mikroprozessor von vielen zeitkritischen Zähl- und Steueraufgaben entlastet wird und vielfach auch Prozessoren mit geringeren Leistungsmerkmalen (eingeschränkter Arithmetikumfang, langsamere Befehlsausführungszeit) einsetzbar sind. Voraussetzung ist jedoch, daß numerische Interpolationsverfahren zum Einsatz kommen, die auf den beschränkten Arithmetikumfang des Prozeßrechners abgestimmt sind. Ein zugeschnittenes Verfahren zur Zirkularinterpolation ist im folgenden beschrieben.

Zirkularinterpolation durch Rekursion erster Ordnung

Ein elegantes Verfahren zur Berechnung von *Stützwerten* ist in [53] hergeleitet. Das Interpolationsverfahren geht von der Kreisgleichung in Parameterform aus. Es gilt mit

$$\omega = 2\,\pi \cdot \frac{1}{T} = \frac{v_B}{R}$$

$$x = R \cdot \cos \omega t$$

$$y = R \cdot \sin \omega t \qquad (8\text{-}33).$$

Nähert man den zu verfahrenden Kreisbogen durch einen Polygonzug hoher Auflösung an, tritt ein Sehnenfehler ΔS auf, der sich aus

$$\Delta S = R \cdot \left(1 - \cos \frac{\alpha}{2}\right) \qquad (8\text{-}34)$$

ergibt, Bild 8-13.

Für einen zulässigen Sehnenfehler ΔS_{max} berechnet sich der maximale Winkelschritt α_{max} aus

$$\alpha_{max} = 2 \cdot \arccos\left(1 - \frac{\Delta S_{max}}{R}\right) \quad (8\text{-}35).$$

Die Grundgl. (8-33) setzt die exakte Berechnung der Sinus- bzw. Cosinusfunktion voraus. Werden jedoch die Stützpunkte fortlaufend nach einem rekursiven Ansatz bestimmt, ergeben sich mit den Beziehungen für die trigonometrischen Summen von Winkelfunktionen

$$\sin(\alpha + \beta) = \sin\alpha \cdot \cos\beta + \cos\alpha \cdot \sin\beta$$

$$\cos(\alpha + \beta) = \cos\alpha \cdot \cos\beta - \sin\alpha \cdot \sin\beta \quad (8\text{-}36).$$

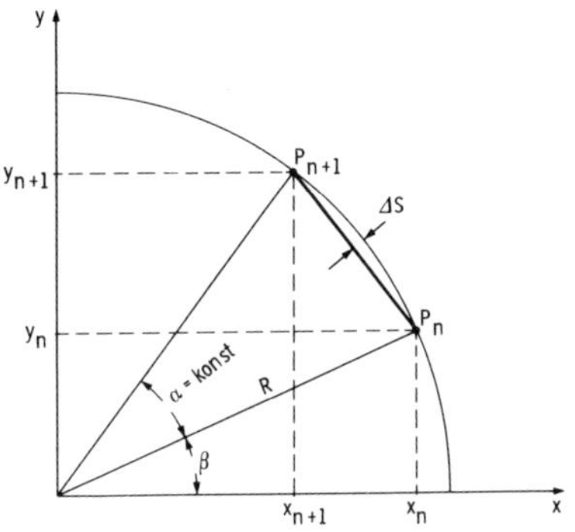

Bild 8-13.
Annähern des Kreisbogens durch einen Polygonzug mit konstantem Winkelschritt α.

Die Koordinaten P_{n+1} in Bild 8-12 aus den Koordinaten P_n (mit $x_n = R \cdot \cos\beta$, $y_n = R \cdot \sin\beta$) ergeben

$$x_{n+1} = R \cdot \cos(\alpha + \beta) = x_n \cdot \cos\alpha - y_n \cdot \sin\alpha$$

$$y_{n+1} = R \cdot \sin(\alpha + \beta) = y_n \cdot \cos\alpha + x_n \cdot \sin\alpha \quad (8\text{-}37).$$

Die Koordinaten des Punkts P_{n+1} lassen sich somit aus den Koordinaten des Punkts P_n bestimmen. Die Größen sin α und cos α sind für ein vorgegebenes Interpolationsstück konstant und brauchen nur satzweise in einem Vorlauf berechnet zu werden.

Zirkularinterpolation durch Rekursion zweiter Ordnung

Das zuvor beschriebene Verfahren läßt sich durch einen Rekursionsansatz zweiter Ordnung noch weiter vereinfachen [53].

Aus den Gleichungen für die Koordinatenwerte (Bild 8-13)

$$x_n = R \cdot \cos(\beta + n \cdot \alpha)$$

$$y_n = R \cdot \sin(\beta + n \cdot \alpha) \quad (8\text{-}38)$$

können unter Anwendung der Produktformeln der trigonometrischen Funktionen [52]

$$\sin\alpha \cdot \sin\beta = \frac{1}{2}\left\{\cos(\alpha-\beta) - \cos(\alpha+\beta)\right\}$$

$$\sin\alpha \cdot \cos\beta = \frac{1}{2}\left\{\sin(\alpha-\beta) + \sin(\alpha+\beta)\right\}$$

$$\cos\alpha \cdot \cos\beta = \frac{1}{2}\left\{\cos(\alpha-\beta) + \cos(\alpha+\beta)\right\} \qquad (8\text{-}39)$$

sowie den Gleichungen für die Summe zweier Winkel, Gl. (8-36), zwei neue Lösungsansätze bestimmt werden.

Es folgt nach Gl. (8-38) für

$$x_{n+1} = R \cdot \cos(\beta + (n+1) \cdot \alpha),$$

$$y_{n+1} = R \cdot \sin(\beta + (n+1) \cdot \alpha) \qquad (8\text{-}40)$$

$$x_{n+1} = 2 \cdot \cos\alpha \cdot x_n - x_{n-1}$$

$$y_{n+1} = 2 \cdot \cos\alpha \cdot y_n - y_{n-1} \qquad (8\text{-}41)$$

bzw.

$$x_{n+1} = -2 \cdot \sin\alpha \cdot y_n + x_{n-1}$$

$$y_{n+1} = 2 \cdot \sin\alpha \cdot x_n + y_{n-1} \qquad (8\text{-}42).$$

Ableitung für x_{n+1} in Gl. (8-41)

$$x_{n+1} = R \cdot \cos(\beta + (n+1) \cdot \alpha) = R \cdot \cos(\beta + n \cdot \alpha + \alpha).$$

Einsetzen in die Summenformel von Winkeln Gl. (8-36):

$$x_{n+1} = R \cdot \cos(\beta + n \cdot \alpha) \cdot \cos\alpha - R \sin(\beta + n \cdot \alpha) \cdot \sin\alpha.$$

Anwenden der Produktformel, Gl. (8-39), auf den 2. Term:

$$x_{n+1} = \underbrace{R \cdot \cos(\beta + n\,\alpha)}_{x_n} \cdot \cos\alpha \underbrace{- \frac{R}{2}\cos(\beta + (n-1)\,\alpha)}_{-\frac{1}{2}x_{n-1}} + \underbrace{\frac{R}{2}\cos(\beta + (n+1) \cdot \alpha)}_{\frac{1}{2}x_{n+1}}$$

Es folgt schließlich:

$$\frac{1}{2} x_{n+1} = \cos\alpha \cdot x_n - \frac{1}{2} x_{n-1}$$

$$x_{n+1} = 2 \cos\alpha \cdot x_n - x_{n-1}.$$

Die Ableitungen für y_{n+1} in Gl. (8-41) bzw. für die Lösungen in Gl. (8-42) laufen analog; auf ihre detaillierte Ableitung sei an dieser Stelle verzichtet.

Das Verfahren beschränkt sich auf die Lösung von zwei Multiplikationen und zwei Additionen/Subtraktionen je Stützpunkt und ist deshalb für einen Softwarealgorithmus besonders geeignet. Zu bemerken ist, daß das Verfahren im Gegensatz zur Rekursion erster Ordnung auch dann einen exakten Polygonzug berechnet, wenn die Vorgabewerte sin α bzw. cos α mit einem Fehler behaftet sind. Der Fehler wirkt sich ausschließlich auf die Bahngeschwindigkeit aus. Die Größen der Vorgabewerte sin α, cos α werden zweckmäßigerweise als Funktion des maximal zulässigen Sehnenfehlers ΔS, des Kreisradius R und der Bahngeschwindigkeit v_B in einer Tabelle abgelegt, so daß meist die Berechnung der Sinus- bzw. Cosinusfunktion entfällt.

8.2. Korrekturverfahren

Außer der Interpolation, d. h. der Umsetzung der geometrischen Eingangsformation in eine zeitgerechte Folge von Lagesollwerten, wurden mit der Weiterentwicklung der CNC eine größere Anzahl von geometrischen Korrekturverfahren in die Steuerung verlagert. Korrekturverfahren dienen allgemein der vereinfachten Maschinenhandhabung in Verbindung mit der Erstellung von NC-Programmen; sie erhöhen nicht die Arbeitsgenauigkeit von Werkzeugmaschinen. Im einzelnen zählen dazu Möglichkeiten zur Nullpunktverschiebung (Abschn. 7.2.2), wahlweise Eingabe in Kettenmaß und Absolutdarstellung, Maßstabsänderungen (mm/Zoll), Spiegelung von Achsen und die Berücksichtigung der Werkzeuglängen und Radiuskomponensation.

Obwohl Korrekturverfahren bereits sehr früh entwickelt und eingesetzt wurden, waren sie lange Zeit nicht Bestandteil der NC-Steuerung, da die z. T. komplizierten Berechnungen für die früher vorherrschenden festverdrahteten Steuerungen zu aufwendig waren. Diese Aufgaben übernahmen vielfach die NC-Postprozessoren (s. Abschn. 7.2.4.1); nachträgliche Änderungen machten einen erneuten NC-Übersetzungslauf notwendig, da die Korrekturwerte bereits bei der Erstellung des NC-Lochstreifens berücksichtigt waren.

Durch den Einsatz der CNC ließen sich diese Funktionen kostengünstig in die Steuerung verlagern. Da die CNC-Steuerung die geometrischen Korrekurinformationen erst zur „Laufzeit" dekodiert und verarbeitet, ist die NC-Lochstreifeninformation weitgehend unabhängig von den jeweiligen aktuellen Werkzeugmaßen generierbar. In Bild 8-14 ist der Informationsfluß der geometrischen Daten in einer CNC-Steuerung dargestellt.

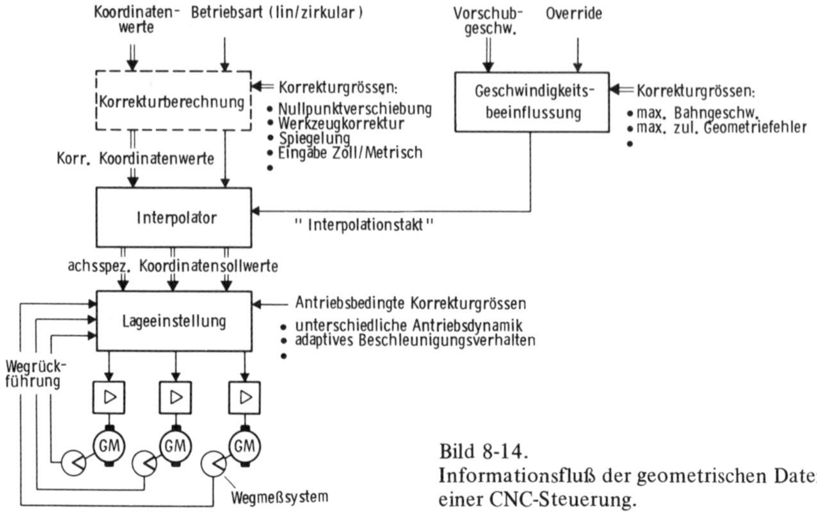

Bild 8-14.
Informationsfluß der geometrischen Daten in einer CNC-Steuerung.

8.3. Externe Geschwindigkeitsbeeinflussung und Vorschuboverride

Technische Interpolatoren haben außer der Vorgabe einer programmierbaren (absoluten) Bahngeschwindigkeit noch eine weitere Möglichkeit der Geschwindigkeitsbeeinflussung, den *Vorschuboverride* (Override = Überlagern). Dieser Stelleingang befindet sich an der Steuerung und gestattet es, den programmier-

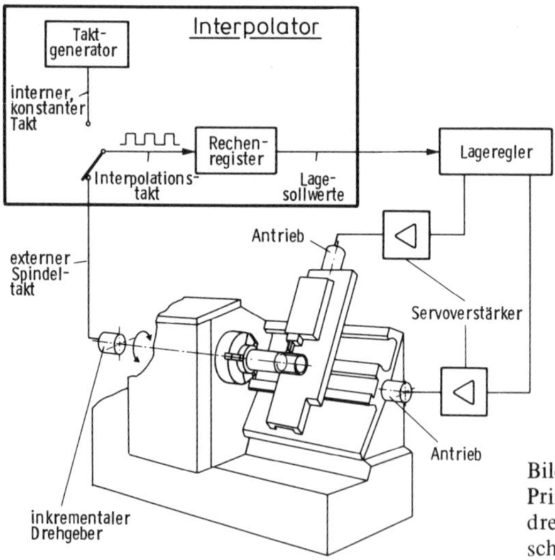

Bild 8-15.
Prinzipdarstellung zur Erzeugung einer drehzahlproportionalen Vorschubgeschwindigkeit (Gewindeschneiden).

ten Absolutvorschub proportional im Bereich von 0 bis 130 % zu variieren, um sich geänderten technologischen Gegebenheiten während der Bearbeitung anpassen zu können. Im einfachsten Fall erfolgt die Einstellung des Overridewerts von Hand über einen mehrstufigen rastenden Wahlschalter, der eine *reproduzierbare* Geschwindigkeitseinstellung ermöglicht. Die Skala des Overrideschalters ist nach einer geometrischen Reihe mit ca. 15 bis 20 Zwischenstellungen gestuft.

Weitere Einsatzfälle, die eine externe Geschwindigkeitsbeeinflussung benötigen, sind AC-Regelungen (vgl. Abschn. 11) und v-konstant-Einrichtungen mit Umdrehungsvorschub bei Drehmaschinen. Darüber hinaus ist es bei einigen Fertigungsverfahren (z. B. Gewindeschneiden) erforderlich, die Vorschubbewegung auf den Drehwinkel des Hauptspindelantriebs zu synchronisieren, um einen konstanten Umdrehungsvorschub oder eine konstante Gewindesteigung zu erzielen. Für solche Einsatzfälle wird daher die Interpolationsrasterfrequenz nicht intern erzeugt, sondern von einem auf der Hauptspindel angebrachten Drehgeber abgeleitet, Bild 8-15.

8.4. Fehlerkompensationsverfahren

Im Gegensatz zu den in Abschn. 8.2 genannten Korrekturverfahren dienen die Fehlerkompensationsverfahren zur Erhöhung der Arbeitsgenauigkeit. Hierzu zählen in erster Linie die Losekompensation der Schlittenantriebe, die Kompensation von Werkstückfehlern durch Temperaturdrift sowie die Spindelsteigungsfehlerkompensation. Diese Kompensationsmöglichkeiten sind heute in vielen Steuerungen realisiert.

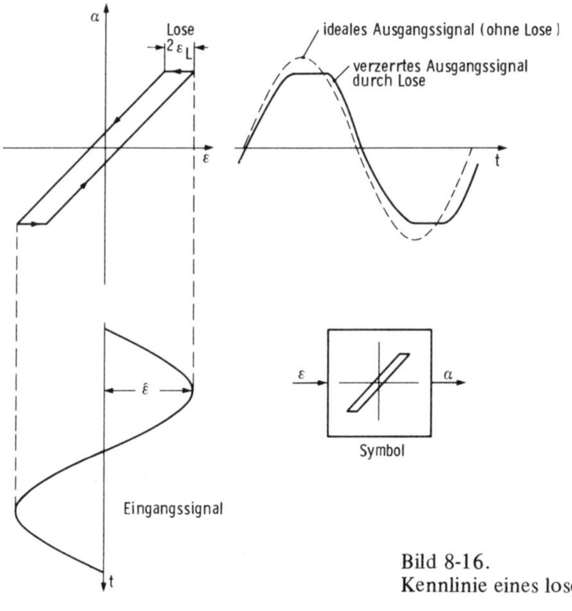

Bild 8-16.
Kennlinie eines losebehafteten Schlittenantriebs.

Zur Losekompensation muß bei einem Vorzeichenwechsel in einer Achse lediglich ein konstanter Betrag, die Lose, auf den zu verfahrenden Weg addiert bzw. subtrahiert werden (Bild 8-14). Dies geschieht einmalig im Berechnungsvorlauf für jeden einzelnen NC-Satz.

Im Gegensatz dazu handelt es sich bei der Spindelsteigungsfehlerkompensation um ein dynamisches Kompensationsverfahren. Sie gewinnt, obgleich z. Z. nur in leistungsfähigen Steuerungen realisiert, immer mehr an Bedeutung. Bei diesem Verfahren wird der geometrische Fehler der Vorschubspindel über ihrer Länge einmal ausgemessen und die Abweichungen von der idealen Steigung abschnittsweise in einer Korrekturtabelle gespeichert (etwa 50 bis 100 Korrekturwerte je Achse). Da die einzelnen Abschnitte meist kleiner sind als der zu verfahrende NC-Satz, müssen die achsspezifischen Korrekturwerte während der Interpolation ständig berücksichtigt werden.

8.5. Referenzpunktfahrt

An jeder numerisch gesteuerten Werkzeugmaschine ist ein fester Referenzpunkt je Achse vorgesehen, der nach dem Einschalten der Steuerung angefahren werden muß (vgl. Abschn. 7.2.2).

Bei den meisten Steuerungen kann dieser Referenzpunkt wahlweise von Hand durch Betätigen einer entsprechenden Taste, oder durch das Programm angefahren. werden. Die Erfassung des Referenzpunkts verlangt dabei eine Genauigkeit von ± 1 Weginkrement. Bei Resolvern und Induktosyn-Maßstäben wird dazu einer der elektrischen Nulldurchgänge der Meßsysteme benutzt, bei Schrittmotorsteuerungen wird eine definierte Wicklungskombination der Schrittmotoren abgefragt. Da viele Meßsysteme zyklisch absolut arbeiten (vgl. Abschn. 10), muß der Ansprechbereich des Referenzpunktsignals über Vorabschalter reduziert werden [56; 57].

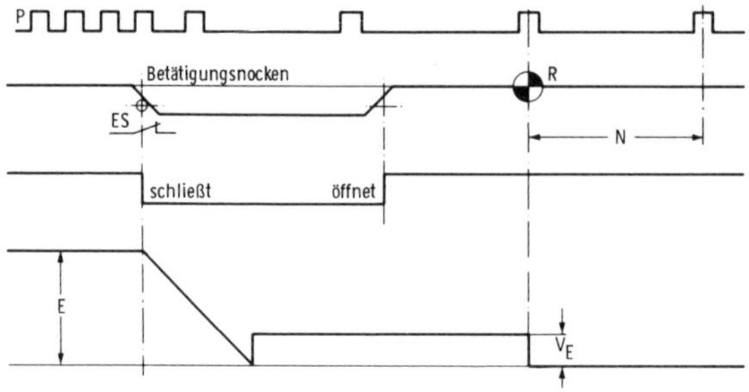

Bild 8-17.
Referenzpunktfahrt.
E Eilgang
ES Endschalter
N Weg pro Umdrehung des Weggebers
P Nullmarke des Weggebers
R Maschinenreferenzpunkt
VE Einfahrgeschwindigkeit

Bild 8-17 zeigt den Verlauf der Referenzpunktfahrt für eine Vorschubachse mit Winkelschrittgeber. Nachdem bei Erreichen des Endschalters (ES) der Vorschub von Eilgang auf Einfahrgeschwindigkeit reduziert wurde, wählt man den ersten Nullimpuls der zyklisch wiederkehrenden Nullmarken des Winkelschrittgebers nach dem erneuten Öffnen des Endschalters als Referenzpunkt aus.

9. Vorschubantriebe

9.1. Prinzipieller Aufbau von Vorschubantrieben

Zu den wichtigsten Elementen automatischer Fertigungseinrichtungen zählen die Vorschubantriebe, die entsprechend den vorgegebenen Bewegungsanweisungen in Verbindung mit den Werkzeugen die Kontur der Werkstücke erzeugen. Bei rein mechanischen bzw. elektro- oder hydromechanischen Fertigungsautomaten liegen die für die Bearbeitung eines Werkstücks erforderlichen Informationen über Weg und Geschwindigkeit in Form von mechanischen Speichern, in Kurvenscheiben und Schablonen vor (vgl. Abschn. 2 und 3). Numerisch gesteuerte Werkzeugmaschinen erhalten die entsprechenden Informationen als codierte Signale von Datenträgern, wie Lochstreifen, Magnetband o. ä., Bild 9-1 [37].

Die Steuerungseinheit der Maschine wertet diese Signale aus und gibt sie über den Interpolator an den Vorschubantrieb (die Stelleinrichtung für die Relativbewegung zwischen Werkzeug und Werkstück) als Führungsgröße weiter. Der Vorschubmotor führt daraufhin eine Drehwinkeländerung mit vorgegebener

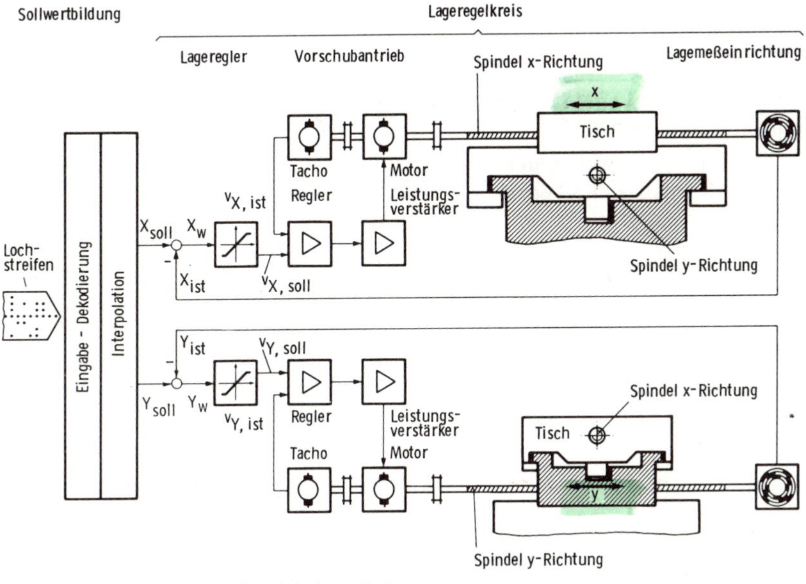

Bild 9-1. Gerätebild einer Zwei-Achsen-Bahnsteuerung.

Drehzahl aus, die durch die mechanischen Übertragungselemente in eine entsprechende Lageänderung des zu bewegenden Maschinenteils umgesetzt wird. Bedingt durch eine hohe geforderte Werkstückgenauigkeit müssen die Vorschubantriebe so beschaffen sein, daß die von der Steuerung vorgegebenen Lage- und Geschwindigkeitswerte mit höchster Genauigkeit und quasi ohne Verzögerung in die Relativbewegung zwischen Werkzeug und Werkstück umgewandelt werden. Diese Forderung gilt besonders für mehrachsige, bahngesteuerte Werkzeugmaschinen, bei denen die einzelnen Achsbewegungen funktional abhängig sind und jede Achse mit einem eigenen Vorschubantrieb ausgestattet ist. Dabei müssen alle Antriebe zusätzlich das gleiche dynamische Übertragungsverhalten aufweisen, da sonst Fehler bei der Erzeugung ebener und räumlicher Konturen auftreten würden.

Die Forderungen an Vorschubantriebe lassen sich folgendermaßen zusammenfassen:

- Gute Dynamik:
  Änderungen der Führungsgröße müssen mit geringer Verzögerung vom zu bewegenden Maschinenteil ausgeführt werden (Zeitkonstanten $<$ 20 bis 30 ms).
- Verzerrungsfreie Signalübertragung:
  Der Übergang von einer Position in die andere muß bei den hohen dynamischen Anforderungen ohne Schwingungen ausgeführt werden ($D \approx 0{,}7$); mechanische Übertragungselemente sind ohne Umkehrspanne und Spiel mit ausreichender Steifigkeit zu realisieren.
- Ausregeln von Störgrößen:
  Reib- und Schnittkräfte und deren Schwankungen erfordern hohe statische und dynamische Steifigkeit des Antriebs bzw. des gesamten Regelkreises.
- Anpassung der einzelnen Achsen:
  Bei mehrachsigen Maschinen muß das Übertragungsverhalten aller Vorschubantriebe gleich sein, d. h. die reaktionsschnelleren Antriebe sind den langsameren anzupassen.

Die Steuerung einer Werkzeugmaschine hat unter anderem die Aufgabe, aufgrund der Informationen über die zu verfahrenden Wege und Geschwindigkeiten Führungsgrößen an die Vorschubantriebe auszugeben. Die Umsetzung dieser Führungsgrößen in die entsprechenden Lage- und Geschwindigkeitswerte vollzieht sich entweder mit Hilfe eines stetigen Antriebs innerhalb eines übergeordneten Lageregelkreises, Bild 9-1, oder mit Hilfe eines Schrittmotors in offener Steuerkette, Bild 9-2.

In der Regelungstechnik wird zwischen den Begriffen „Steuerung" und „Regelung" unterschieden, wobei man den Verlauf des Signalflusses zwischen Eingangs- und Ausgangsgröße betrachtet. Im englischen Sprachgebrauch besteht begrifflich keine klare Trennung zwischen Steuerung und Regelung.

Kennzeichen einer Steuerung ist der offene Wirkungsablauf, bei dem die Signalübertragung nur in einer Richtung vor sich geht. Für einen Vorschubantrieb mit einer Lagesteuerung bedeutet dies, daß der Lage-Istwert nicht mit der Führungsgröße, dem Lage-Sollwert, verglichen wird. Zur Lagesteuerung finden Schrittmotoren als Antriebsmotoren Anwendung, da der Rotor dieses Motortyps bei

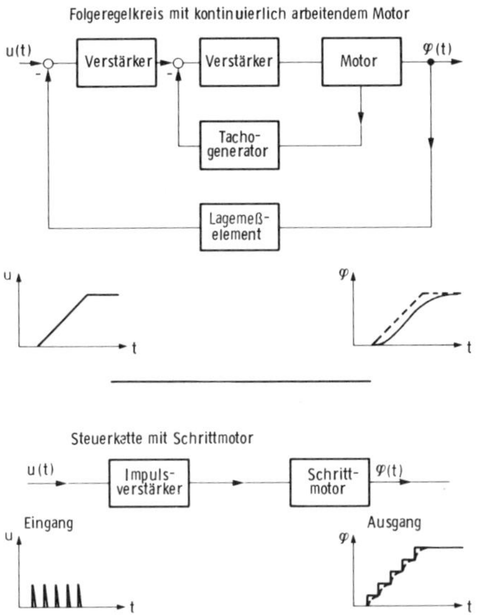

Bild 9-2.
Gegenüberstellung Regelkreis und Steuerkette.

einem Steuerimpuls eine definierte Winkeldrehung ausführt und die Anzahl der Impulse direkt proportional einem bestimmten Drehwinkel bzw. Vorschubweg ist. Die Winkelgeschwindigkeit ist über die Frequenz der Steuerimpulse steuerbar (Bild 9-2 unten).

Beim Einsatz von stetigen Antrieben, z. B. dem Gleichstrom- oder Hydraulikmotor, ist ein Regelkreis, der sogenannte Lageregelkreis, erforderlich (Bild 9-1 und 9-2). Eine ausführliche Darstellung eines stetigen Vorschubregelkreises zeigt Bild 9-3. Der Lageregelkreis erlaubt es, die Drehung und die Winkelgeschwindigkeit des stetigen Antriebsmotors nach der Führungsgröße zu regeln. Der Lageregelkreis besteht aus folgenden Komponenten:

- Regeleinrichtung,
- Antriebssystem (Verstärker, Motor und mechanische Übertragungselemente),
- Meßsystem.

In der Regeleinrichtung wird der aktuelle Drehwinkel φ des Motors oder entsprechend die Istlage x des Maschinentischs von der Führungsgröße w, dem Lage-Sollwert, subtrahiert. Das Ergebnis ist die Regelabweichung

$$x_w = w - x \qquad (9\text{-}1).$$

Sie ist eine geschwindigkeitsproportionale Größe, die dem Lageregler zugeführt wird. Im Regler wird aus der Differenz zwischen Soll- und Istwert zur Optimierung des dynamischen Systemverhaltens eine zeitlich modifizierte Stellgröße für den Antriebsmotor gebildet. Zur Erhöhung der Antriebsdynamik sind dem Lageregler ein Drehzahl- sowie ein Stromregler unterlagert. Wird die Regelabweichung x_w null, so hat der Tisch seine Sollposition erreicht.

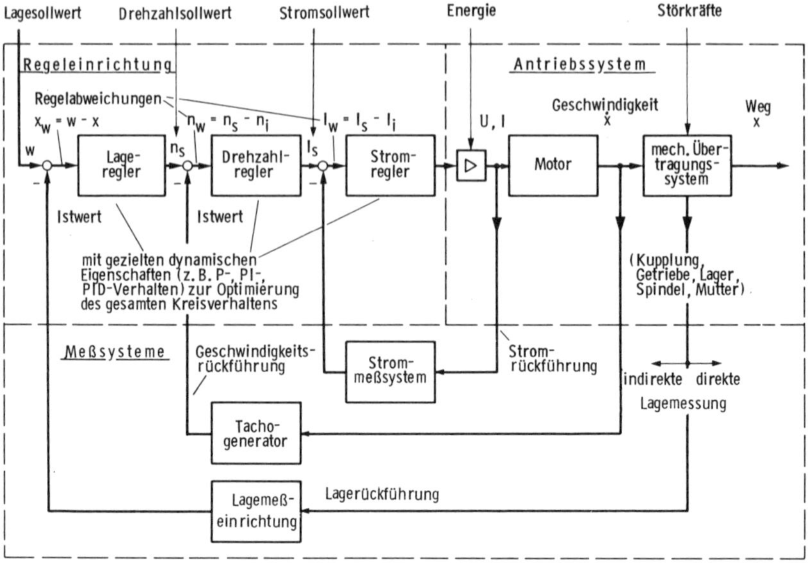

Bild 9-3. Komponenten des Lageregelkreises mit unterlagerter Geschwindigkeits- und Stromrückführung.

Das Antriebssystem besteht aus dem Leistungsverstärker, dem Servomotor und den mechanischen Übertragungselementen. Der Leistungsverstärker stellt die notwendige Energie für den Antrieb zur Verfügung. Als stetige Antriebsmotoren verwendet man Gleichstrom- und Hydraulikmotoren. Die rotatorische Bewegung des Motors wird über ein Spindel-Mutter-System oder Ritzel-Zahnstange-System in die translatorische Bewegung des Tischs umgewandelt (vgl. Abschn. 9.5).

Das Meßsystem schließt über die Lagerückführung den Regelkreis. Die Lage x des Schlittens wird mit einem Winkel- oder Lagemeßsystem (vgl. Abschn. 10) erfaßt und der Regeleinrichtung zur Bildung des Soll-/Istwert-Vergleichs zugeführt. Mit Hilfe des Lageregelkreises wird die Istposition des Tischs der Sollposition nachgeführt und der Einfluß von Störkräften eliminiert.

Die Forderung, daß der Lageistwert des Maschinentischs der Sollposition möglichst fehlerfrei folgt, läßt sich realisieren durch

- hohe Kreisverstärkung des Regelkreises,
- hohe Dämpfung zur Vermeidung von Instabilitäten und Überschwingen,
- geringe Zeitkonstante des Antriebs,
- kleine Massenträgheitsmomente der rotierenden Teile,
- hohe mechanische Eigenfrequenz,
- hohe Steifigkeit der im Kraftfluß liegenden mechanischen Elemente,
- geringes Spiel bei den mechanischen Übertragungselementen,
- ein Verhältnis der Eigenfrequenzen des mechanischen Übertragungssystems

und des Regelkreises $\frac{\omega_{0\,mech}}{\omega_{0\,Regelkreis}} > 2$.

Wegen der großen Universalität werden für die Reglerfunktionen mehr und mehr Digitalrechner bzw. Mikroprozessoren eingesetzt. Solche Regelungssysteme werden mit dem Begriff DDC (Direct Digital Control) bezeichnet. Der Prozeßrechner bildet aus der Führungsgröße w und der Regelgröße x die Regelabweichung x_w (digital), verknüpft die Regelabweichung nach einem vorgegebenen Regelalgorithmus und gibt die entsprechende Stellgröße y aus. Der Rechner ist, soweit es die Dynamik der Prozesse zuläßt, durchaus in der Lage, sogar mehrere unterschiedliche Prozeßabläufe zu regeln.

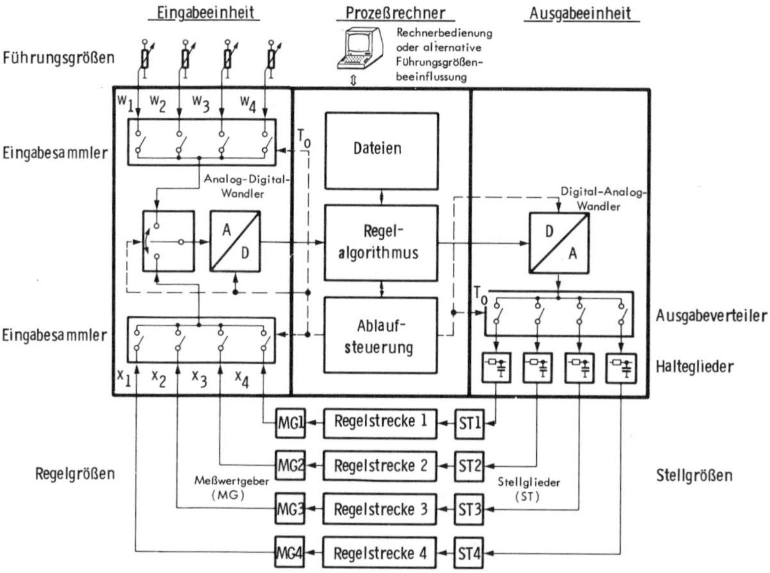

Bild 9-4. DDC-System für eine Mehrfachregelungsaufgabe.

Ein DDC-System für vier verschiedene Regelstrecken ist in Bild 9-4 dargestellt. Es besteht aus den Komponenten Eingabeeinheit, Prozeßrechner und Ausgabeeinheit. In der Eingabeeinheit werden die Eingabegrößen, die als analoge Spannungen vorliegen, in digitale Werte umgewandelt. Der Prozeßrechner beinhaltet Programmsysteme mit entsprechenden Regelalgorithmen sowie einer Ablaufsteuerung zur Koordination der Eingangs- und Ausgangssignale. In der Ausgabeeinheit werden die digitalen Stellgrößen in analoge Spannungen umgewandelt [58].

Im einzelnen laufen folgende Vorgänge ab. Die Eingabegröße (Führungsgrößen, Regelgrößen) liegen in Form von elektrischen Spannungen vor. Die Führungsgrößenvorgabe geschieht durch Potentiometer oder über Tastatur zur direkten Speicherung im Rechner. Die Regelgrößen werden, falls sie nicht schon als elektrische Spannungen vorliegen, durch Meßwertgeber umgeformt. Ein Abtastintervall setzt sich aus vier Regelzyklen für die vier Einzelsysteme zusammen. Über die Eingabesammler werden die entsprechenden analogen Eingabespannungen angewählt, im Analog-Digital-Wandler in digitale Eingangswerte umgesetzt und dem Prozeßrechner zugeführt.

Bei AC-Systemen (s. Abschn. 11) sind die Strecken teilweise so vernetzt, daß die Regelgrößen mehrerer Strecken gleichzeitig für die Berechnung der Stellgröße benötigt werden. Für solch komplizierte Regelstrategien ist der Prozeßrechner wesentlich besser geeignet als der stetige, analoge Regler. Auch für die Lageregelung der Vorschubantriebe setzen sich künftig DDC-Systeme durch. Wegen der hohen Streckendynamik ist jedoch für jede Achse ein separater Prozessor erforderlich.

Zum Beschreiben des dynamischen Verhaltens der Lageregelung muß außer dem Signalfluß das Übertragungsverhalten des Gesamtsystems und der Einzelsysteme bekannt sein. Eine genaue Analyse des dynamischen Verhaltens der Lageregelkreise erfordert einige regelungstechnische Grundkenntnisse, die im folgenden in kurzer Form zusammengestellt sind [13; 59].

9.2. Lineare zeitkontinuierliche Übertragungssysteme

Vereinfacht läßt sich der Lageregelkreis für eine Bewegungsachse durch den Signalflußplan in Bild 9-5 beschreiben.

Das Zeitverhalten der einzelnen Übertragungselemente (Blöcke in Bild 9-5) läßt sich auf unterschiedliche Art darstellen. Hierauf wird im folgenden näher eingegangen.

9.2.1. Regelungstechnische Grundlagen für lineare zeitkontinuierliche Übertragungssysteme

9.2.1.1. Zeitverhalten von Regelkreisgliedern

Differentialgleichung:

Das Verhalten von Regelkreisgliedern, d. h. die zeitliche Abhängigkeit von Eingangsgröße x_e und Ausgangsgröße x_a, läßt sich mit Hilfe einer Differentialgleichung beschreiben. Dabei spielen nicht nur die Augenblickswerte x_a und x_e eine Rolle, sondern auch noch deren zeitliche Ableitungen $\dot{x}_e$ und $\dot{x}_a$, $\ddot{x}_e$ und $\ddot{x}_a$ usw.

$$\ldots + a_2 \cdot \ddot{x}_a(t) + a_1 \cdot \dot{x}_a(t) + a_0 \cdot x_a(t) =$$

$$= b_0 \cdot x_e(t) + b_1 \cdot \dot{x}_e(t) + b_2 \cdot \ddot{x}_e(t) + \ldots \qquad (9\text{-}2).$$

In Gl. (9-2) sind x_e und x_a beliebige physikalische Größen, z. B. Wege, Kräfte, elektrische Spannungen. Die Größen a_0, a_1, a_2, b_0, b_1, . . . sind systembestimmende konstante Beiwerte. Die Berechnung bzw. Messung dieser Beiwerte muß von Fall zu Fall aus dem gerätetechnischen Aufbau der Regelkreisglieder vorgenommen werden [12; 60; 61].

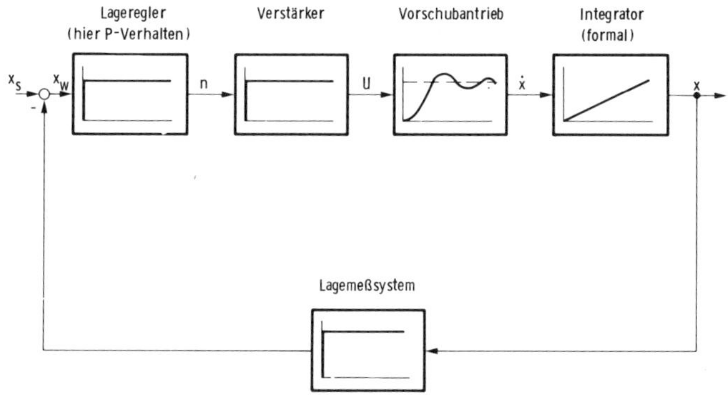

Bild 9-5. Vereinfachter Signalflußplan des Lageregelkreises.

Übergangsfunktion, Gewichtsfunktion:

Eine Möglichkeit, das Zeitverhalten eines linearen Regelkreisglieds zu untersuchen, ist die Lösung der Differentialgleichung. Zur Beurteilung und zum Vergleich von Regelkreisgliedern werden spezielle Eingangssignale herangezogen und die entstehenden Ausgangssignale bewertet. Die wichtigsten normierten Eingangssignale sind die Sprungfunktion und die Impulsfunktion. Am häufigsten findet die Sprungfunktion Anwendung; dabei springt zum Zeitpunkt $t = 0$ das Systemeingangssignal auf einen endlichen Wert, Bild 9-6.

Durch Normierung auf die Sprunghöhe x_e des Eingangssignals erhält man die Übergangsfunktion h(t);

$$h(t) = \frac{x_a(t)}{x_e(t)} = \frac{\text{Sprungantwort}}{\text{Sprunghöhe}} \qquad (9\text{-}3).$$

Verstärkungsfaktor, Zeitkonstante, Totzeit, Verzugszeit, Ausgleichszeit, Überschwingmaß, Periodendauer (Ausschwingfrequenz) und Ausschwingdauer (Dämpfungsmaß) sind die wichtigsten systembeschreibenden Parameter, die man aus der Differentialgleichung berechnen bzw. der gemessenen Übergangsfunktion entnehmen kann. Bild 9-6 zeigt einige typische Verläufe von Sprungantwortsignalen (Übergangsfunktionen) für verschiedene Proportionalsysteme.

Laplace-Transformation, Übertragungsfunktion:

Lineare Differentialgleichungen mit konstanten Koeffizienten für vorgegebene Anfangsbedingungen lassen sich sehr einfach mit Hilfe der Laplace-Transformation lösen. Die Laplace-Transformation ordnet einer Funktion f(t) im Zeitbereich eine andere Funktion G(s) im Bildbereich umkehrbar eindeutig zu. Der Vorteil der Transformation liegt darin, daß die Operationen, wie Differentiation und Integration der Zeitfunktion sowie die Aneinanderreihung und Vermaschung von Systemblöcken, durch Lösung einfacher algebraischer Gleichungen im Bildbereich ersetzt werden. Zur Lösung einer Differentialgleichung wird die Zeitfunk-

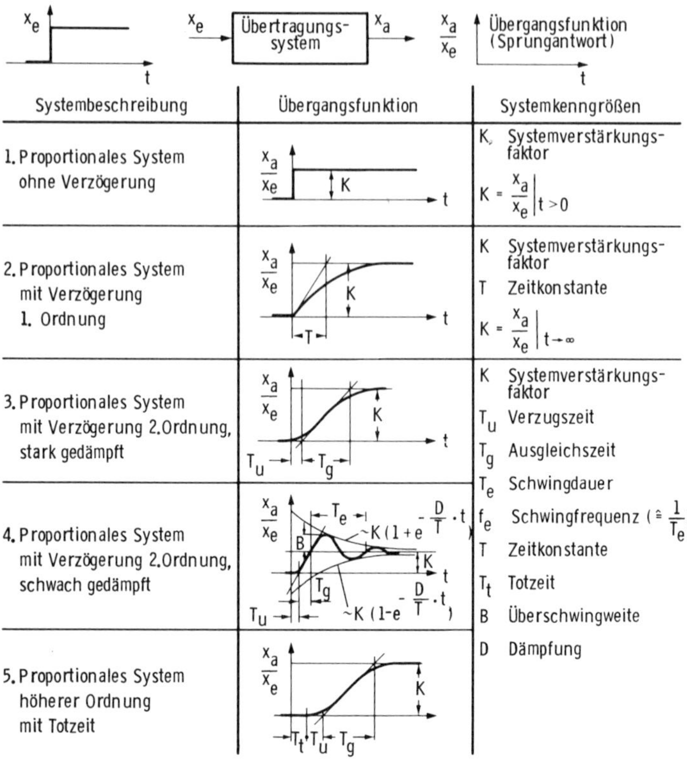

Bild 9-6. Übergangsfunktionen und Systemkenngrößen von verschiedenen Übertragungssystemen.

tion zunächst mittels Laplace-Transformation in den Bildbereich übertragen, Bild 9-7, [62; 63]:

$$G(s) = \mathcal{L}\{f(t)\} \tag{9-4}$$

In den meisten Fällen läßt sich die Transformation mit Hilfe sogenannter Korrespondenztafeln realisieren. Es entsteht eine algebraische Gleichung, die einfach

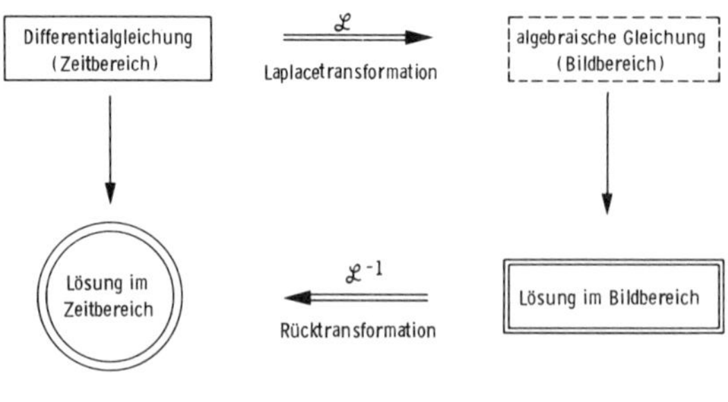

Bild 9-7.
Möglichkeiten zur Lösung von Differentialgleichungen.

gelöst werden kann. Für die Rücktransformation sind meist wieder die Korrespondenztafeln ausreichend (evtl. vorher Partialbruchzerlegung):

$$f(t) = \mathcal{L}^{-1} \{G(s)\} \qquad (9\text{-}5).$$

Die Transformation einer Differentialgleichung in den Bildbereich ergibt eine algebraische Gleichung folgender Form:

$$\bar{x}_a(s) = \underbrace{G(s) \cdot \bar{x}_e(s)}_{A} + \underbrace{K_1 \cdot x_a(t = 0)}_{B} \qquad (9\text{-}6).$$

Der Term A wird vom komplexen Eingangssignal $\bar{x}_e(s)$ bestimmt; der Term B hängt von den Anfangsbedingungen $x_a(t = 0)$ ab. Werden bei dieser Darstellungsform die Anfangsbedingungen null gesetzt, d. h. $x_a(t = 0) = 0$, so ergibt sich folgende Gleichung:

$$\bar{x}_a(s) = G(s) \cdot \bar{x}_e(s) \qquad (9\text{-}7).$$

Dabei wird das Verhältnis von komplexer Ausgangsgröße zu komplexer Eingangsgröße als Übertragungsfunktion G(s) bezeichnet:

$$G(s) = \frac{\bar{x}_a(s)}{\bar{x}_e(s)} \qquad (9\text{-}8).$$

Die Übertragungsfunktion G(s) ist die Laplace-transformierte der normierten Impulsantwort (Gewichtsfunktion):

$$G(s) = \mathcal{L} \{g(t)\} \qquad (9\text{-}9)$$

mit

$$g(t) = \frac{d}{dt} h(t) \qquad (9\text{-}10).$$

Die Übertragungfunktion ist ein wichtiges Hilfsmittel zur Beschreibung der dynamischen Eigenschaften von Übertragungssystemen [64].

Definition: s ist eine komplexe Frequenz: $s = \sigma + j\omega$.

In ihrem Aufbau ist die Übertragungsfunktion identisch mit der häufiger verwendeten Systembeschreibungsform, dem Frequenzgang.

Frequenzgang:

Die Übertragungsfunktion G(s) beschreibt vollständig die dynamischen Eigenschaften des jeweiligen Übertragungselements. Nachteilig ist jedoch, daß sie als Funktion der komplexen Frequenz s wenig anschaulich und kaum meßbar ist. Der Frequenzgang $G(j\omega)$ indessen ist eine komplexe Funktion von reellen Frequenzwerten. Als Systemeingangsfunktionen werden im Bildbereich leicht darzustellende Signale verwendet, nämlich harmonische Signale mit rein sinusförmigem Verlauf. Wird die Eingangsgröße sinusförmig geändert, so hat die Ausgangsgröße nach einem Einschwingvorgang ebenfalls einen Sinusverlauf.

Nach diesem Einschwingvorgang ist die Frequenz der Ausgangsgröße gleich der der Eingangsgröße. Das Amplitudenverhältnis von Eingangs- und Ausgangsschwingung sowie die Phasenschiebung zwischen den beiden Schwingungen sind eine Funktion der Frequenz, Bild 9-8.

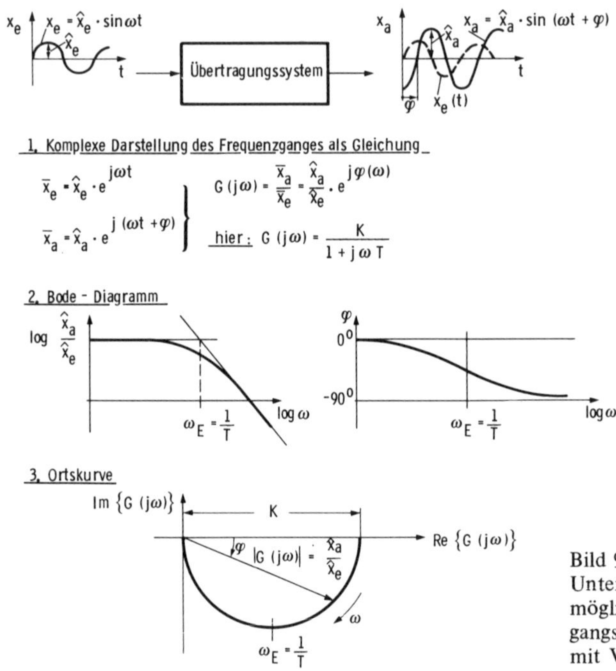

Bild 9-8.
Unterschiedliche Darstellungsmöglichkeiten des Frequenzgangs (proportionales System mit Verzögerung 1. Ordnung).

Eingangsgröße:

$$x_e = \hat{x}_e \cdot \sin\omega t \quad \text{oder} \quad \bar{x}_e = \hat{x}_e \cdot e^{j\omega t} \qquad (9\text{-}11).$$

Ausgangsgröße:

$$x_a = \hat{x}_a \cdot \sin(\omega t + \varphi) \quad \text{oder} \quad \bar{x}_a = \hat{x}_a \cdot e^{j(\omega t + \varphi)} \qquad (9\text{-}12).$$

Der Frequenzgang eines Übertragungssystems ist die Funktion, die das Amplitudenverhältnis von Ausgangs- und Eingangsgröße (Amplitudengang) und die Phasenverschiebung (Phasengang) in Abhängigkeit von der Frequenz beschreibt.

Man ermittelt den Frequenzgang entweder meßtechnisch oder bei vorliegender Differentialgleichung des Systems, indem die sinusförmigen Schwingungen von Eingangs- und Ausgangsgröße sowie deren zeitliche Ableitungen in die entsprechende Differentialgleichung eingesetzt und das Verhältnis von Ausgangsgröße zu Eingangsgröße gebildet werden:

$$G(j\omega) = \frac{\bar{x}_a(j\omega)}{\bar{x}_e(j\omega)} = \frac{b_0 + b_1 \cdot j\omega - b_2 \cdot \omega^2 + \ldots}{a_0 + a_1 \cdot j\omega - a_2 \cdot \omega^2 + \ldots} = \frac{\hat{x}_a(\omega)}{\hat{x}_e(\omega)}\, e^{j\varphi(\omega)} \qquad (9\text{-}13).$$

Berechnung des Frequenzgangs am Beispiel eines Einmassenschwingers:

Die Schwingungsgleichung für den Einmassenschwinger ergibt sich durch Bilden des Kräftegleichgewichts aus Bild 9-9:

Beschleunigungskraft + Dämpfungskraft + Federkraft = angreifende Kraft

$$m \cdot \ddot{x}(t) \quad + \quad c \cdot \dot{x}(t) \quad + \quad k \cdot x(t) \quad = \quad F(t) \qquad (9\text{-}14)$$

mit m als Masse, c als Dämpfung und k als Federkonstante.

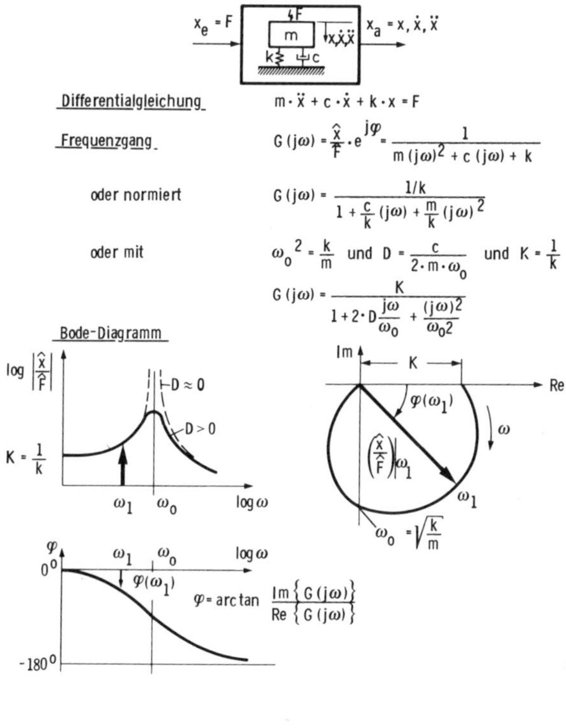

Bild 9-9.
Darstellung eines Einmassenschwingers (System 2. Ordnung, schwach gedämpft).

Eine Division durch die Federkonstante k ergibt die allgemeine Form der Differentialgleichung für ein Proportionalsystem mit Verzögerung 2. Ordnung (mit $x \equiv x_a$ und $F \equiv x_e$):

$$\underbrace{\frac{m}{k}}_{T_2^2}\,\ddot{x}(t) + \underbrace{\frac{c}{k}}_{T_1}\,\dot{x}(t) + x(t) = \underbrace{\frac{1}{k}}_{K}\,F(t) \qquad (9\text{-}15)$$

$$T_2^2 \cdot \ddot{x}(t) + T_1 \cdot \dot{x}(t) + x(t) = K \cdot F(t) \qquad (9\text{-}16).$$

Der Frequenzgang $G(j\omega)$ berechnet sich mit Hilfe des harmonischen Ansatzes aus der Differentialgleichung

$$x = \hat{x} \cdot e^{j(\omega t + \varphi)} \mathrel{\hat{=}} \bar{x}$$

$$\dot{x} = j\omega \cdot \hat{x} \cdot e^{j(\omega t + \varphi)} \mathrel{\hat{=}} j\omega \cdot \bar{x}$$

$$\ddot{x} = (j\omega)^2 \cdot \hat{x} \cdot e^{j(\omega t + \varphi)} \mathrel{\hat{=}} (j\omega)^2 \cdot \bar{x}$$

$$F = \hat{F} \cdot e^{j\omega t} \mathrel{\hat{=}} \bar{F} \qquad (9\text{-}17).$$

Nach der allgemeinen Definition für den Frequenzgang, Gl. (9-13), ergibt sich aus Gl. (9-16) und (9-17) für den Frequenzgang $G(j\omega)$ des Einmassenschwingers:

$$G(j\omega) = \frac{\bar{x}_a(j\omega)}{\bar{x}_e(j\omega)} = \frac{\bar{x}(j\omega)}{\bar{F}(j\omega)} = \frac{\hat{x}(\omega)}{\hat{F}(\omega)}\, e^{j\varphi(\omega)} = \frac{1}{1 + T_1 \cdot j\omega + T_2^2 \cdot (j\omega)^2} \qquad (9\text{-}18).$$

Statt der Beiwerte T_1 und T_2 werden vielfach andere Systemkennwerte benutzt; so z. B. die Eigenfrequenz ω_0 des dämpfungslos gedachten Systems:

$$\omega_0 = \frac{1}{T_2} = \sqrt{\frac{k}{m}} \qquad (9\text{-}19)$$

und der Dämpfungsgrad

$$D = \frac{1}{2}\,\frac{T_1}{T_2} = \frac{c}{2 \cdot m \cdot \omega_0} \qquad (9\text{-}20).$$

Diese Größen haben unmittelbar anschauliche Bedeutung. So ist beispielsweise der Dämpfungsgrad D ein Maß für das Abklingen einer Schwingung. Eine Dauerschwingung ist gekennzeichnet durch $D = 0$, eine aperiodische Schwingung durch $D = 1$. (Diese Darstellungsform ist jedoch nur bei schwingfähigen Systemen mit Verzögerung 2. Ordnung möglich.)

Die entsprechende Gleichung lautet dann:

$$G(j\omega) = \frac{K}{1 + 2 \cdot D\,\dfrac{j\omega}{\omega_0} + \dfrac{(j\omega)^2}{\omega_0^2}} \qquad (9\text{-}21).$$

Ortskurve, Bode-Diagramm:

Der Frequenzgang ist eine komplexe Funktion. Man kann diesen Verlauf in der komplexen Ebene darstellen. Die graphische Darstellung des Frequenzgangs bezeichnet man als Ortskurve. Dabei wird die Frequenz von $\omega = 0$ bis $\omega = \infty$ variiert. Das Bode-Diagramm ist die graphische Darstellung des Frequenzgangs in einem logarithmischen rechtwinklichen Koordinatensystem. Es sind zwei Diagramme notwendig, eines zur Darstellung des Amplitudenverlaufs und eines zur Darstellung des Phasenverlaufs, Bild 9-10.

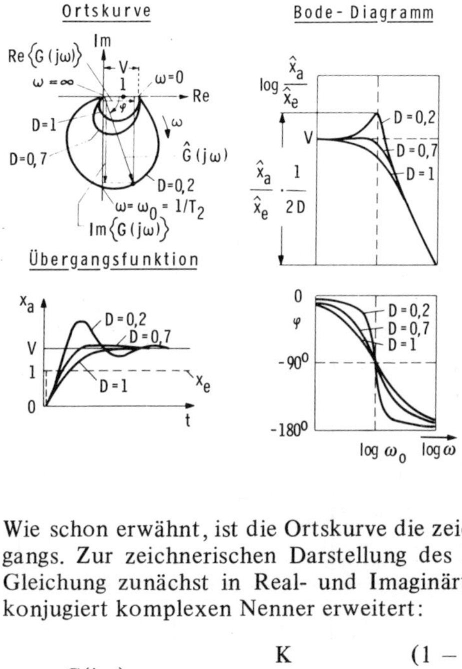

Bild 9-10.
Ortskurve, Übergangsfunktion und Bode-Diagramm für ein Proportionalsystem 2. Ordnung mit verschiedenen Dämpfungsgraden D.

Wie schon erwähnt, ist die Ortskurve die zeichnerische Darstellung des Frequenzgangs. Zur zeichnerischen Darstellung des Frequenzgangs, Gl. (9-18), wird die Gleichung zunächst in Real- und Imaginärteil zerlegt, indem man sie mit dem konjugiert komplexen Nenner erweitert:

$$G(j\omega) = \frac{K}{(1 - T_2^2 \cdot \omega^2) + j\omega \cdot T_1} \cdot \frac{(1 - T_2^2 \cdot \omega^2) - j\omega \cdot T_1}{(1 - T_2^2 \cdot \omega^2) - j\omega \cdot T_1} \qquad (9\text{-}22)$$

$$G(j\omega) = \underbrace{\frac{K(1 - T_2^2 \cdot \omega^2)}{(1 - T_2^2 \cdot \omega^2)^2 + T_1^2 \cdot \omega^2}}_{\text{Realteil: Re}\,\{G(j\omega)\}} - j \underbrace{\frac{T_1 \cdot \omega \cdot K}{(1 - T_2^2 \cdot \omega^2)^2 + T_1^2 \cdot \omega^2}}_{\text{Imaginärteil: Im}\,\{G(j\omega)\}} \qquad (9\text{-}23).$$

Die Lage des Vektors $G(j\omega)$ unter dem Winkel φ im komplexen Ortskurvendiagramm wird durch die reale und die imaginäre Komponente bestimmt. Bild 9-10 zeigt Ortskurve, Übergangsfunktion und Bode-Diagramm für ein schwingungsfähiges Proportionalsystem mit Verzögerung 2. Ordnung bei verschiedenen Dämpfungsgraden D.

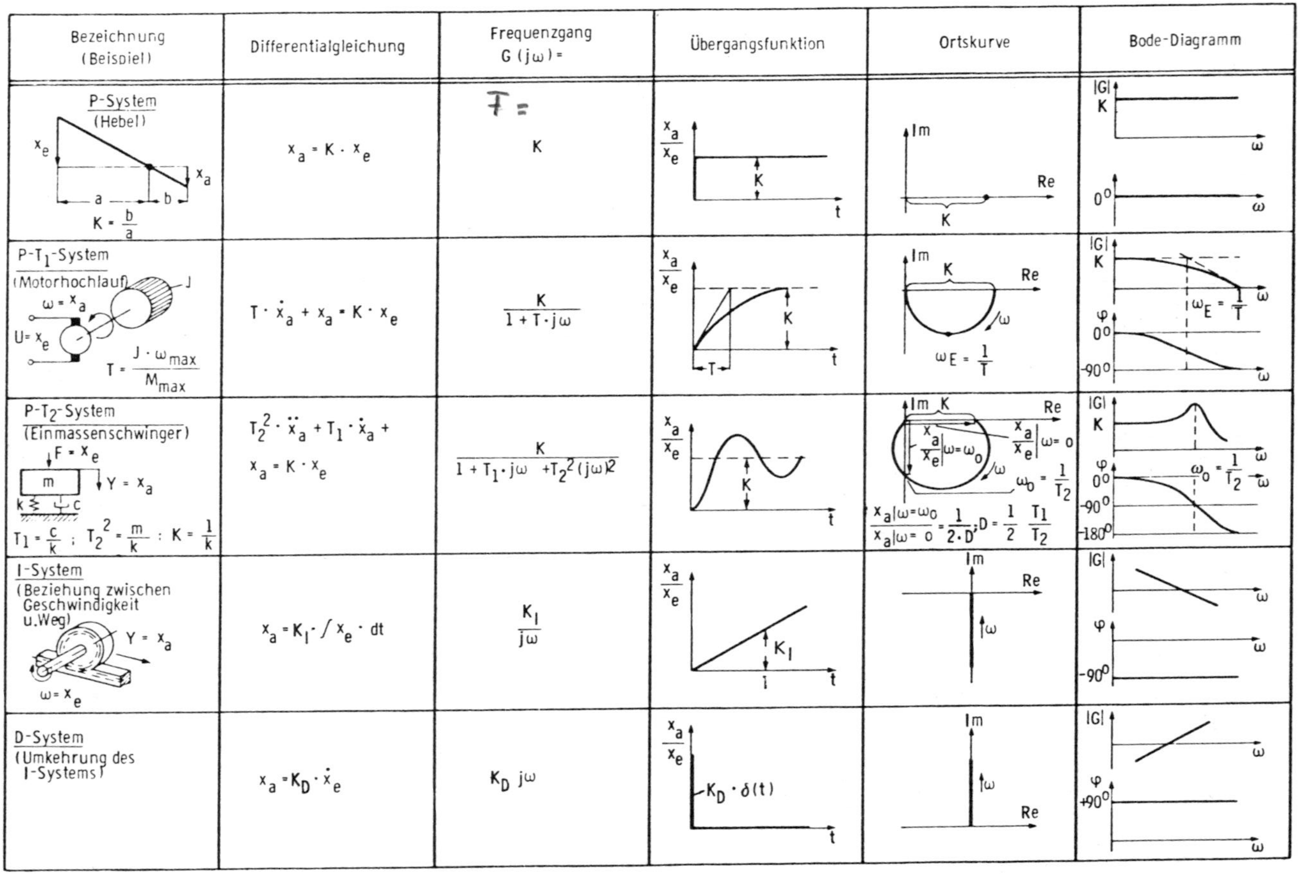

Bild 9-11. Grundsysteme von Regelkreisgliedern und ihre Darstellung.

Im Bode-Diagramm werden Amplitudengang und Phasengang getrennt gezeichnet. Der Amplitudengang (Verhältnis von Ausgangs- zu Eingangsamplitude) wird im doppelt logarithmischen Maßstab über der Frequenz aufgetragen. Die zugehörige Phasenverschiebung trägt man linear über dem Logarithmus der Frequenz auf. Amplitude und Phase sind wie folgt aus der Frequenzganggleichung ermittelbar:

$$\hat{G}(\omega) = |G(j\omega)| = \sqrt{(\mathrm{Re}\,\{G(j\omega)\})^2 + (\mathrm{Im}\,\{G(j\omega)\})^2} \qquad (9\text{-}24)$$

$$\varphi = \arctan \left\{ \frac{\mathrm{Im}\,\{G(j\omega)\}}{\mathrm{Re}\,\{G(j\omega)\}} \right\} \qquad (9\text{-}25).$$

9.2.1.2. Grundsysteme von Regelkreisgliedern und ihre Darstellung

In Bild 9-11 sind einige Grundsysteme von Regelkreisgliedern gezeigt und durch Differentialgleichung, Frequenzgang, Übergangsfunktion, Ortskurve und Bode-Diagramm beschrieben:

- Verzögerungsfreies P-Verhalten (Proportional):
  Die Ausgangsgröße ist der Eingangsgröße stets proportional. Es liegen keine frequenzabhängigen Amplituden- und Phasenveränderungen vor.
- P-T1-Verhalten (Proportional mit Verzögerung 1. Ordnung) und
- P-T2-Verhalten (Proportional mit Verzögerung 2. Ordnung):
  Die Ausgangsgröße ist der Eingangsgröße exakt proportional für $\omega = 0$ bzw. $t \to \infty$, d. h. im eingeschwungenen Zustand. Mit steigender Frequenz treten zunehmend Zeitverzögerungen, d. h. Phasenverschiebungen und Amplitudenveränderungen zwischen Eingangs- und Ausgangsgröße auf.
- Verzögerungsfreies I-Verhalten (Integral):
  Die Ausgangsgröße entspricht dem zeitlichen Integral der Eingangsgröße.
- Verzögerungsfreies D-Verhalten (Differential):
  Die Ausgangsgröße entspricht dem zeitlichen Differentialquotienten der Eingangsgröße.

9.2.1.3. Aufbau eines Regelkreises

Die Aufgabe eines Regelkreises besteht darin, eine bestimmte physikalische Größe innerhalb einer Anlage entweder konstant zu halten oder nach einem vorgeschriebenen Programm zu ändern, und dabei den Einfluß einwirkender Störgrößen zu kompensieren. Ein Regelkreis hat allgemein den in Bild 9-12 gezeigten Aufbau, wobei die folgenden regelungstechnischen Fachbegriffe üblich sind [11; 12; 61]:

Regelstrecke:

Die zu regelnde Anlage, in der eine oder mehrere Größen (Regelgrößen) gegen äußere Einflüsse konstant gehalten werden sollen.

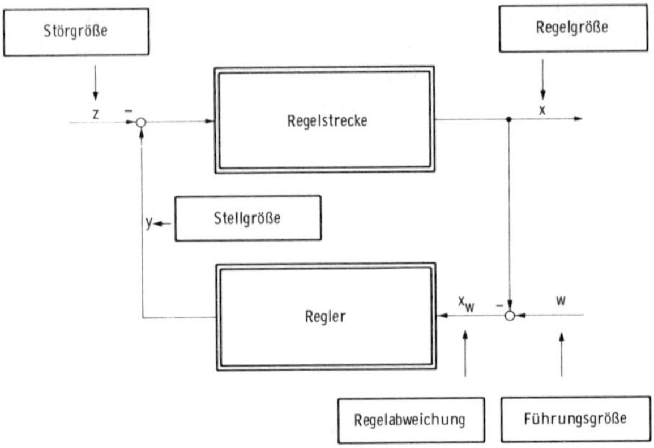

Bild 9-12.
Strukturbild des Regelkreises.

Regler:

Apparatur zur Bildung der Differenz zwischen Soll- und Istwert, d. h. der Regelabweichung und Betätigung des Stellglieds nach einem vorgegebenen dynamischen Eigenverhalten (z. B. P-, I-, PI-Verhalten).

Regelkreis:

Verkettung von Regelstrecke mit Regler.

Regelgröße:

Diejenige Veränderliche, die für den ordnungsgemäßen Betrieb der Regelstrecke konstant gehalten oder gezielt verändert werden soll.

Istwert:

Momentanwert der Regelgröße.

Regelabweichung:

Sollwert minus Istwert der Regelgröße.

Führungsgröße:

Vorgegebener, zeitlich konstanter oder variabler Sollwert der Regelgröße.

Stellgröße:

Veränderliche zur Beeinflussung des Energiestroms der Strecke und damit der Regelgröße. Die Stellgröße ist der Reglerausgang.

Stellglied:

In der Regelstrecke eingebautes Teil zur Steuerung des Energiestroms (z. B. Ventil).

Störgröße:

Jede Einflußgröße, welche die vorgegebene Regelgröße zu ändern versucht (z. B. Belastung).

9.2.1.4. *Signalfußplan (Bockschaltbild)*

Der Ablauf eines Regelungsvorgangs wird durch die Zeitverhalten der einzelnen Regelkreisglieder und durch die Art ihrer Zusammenschaltung (Struktur der Regelanlage) bestimmt.

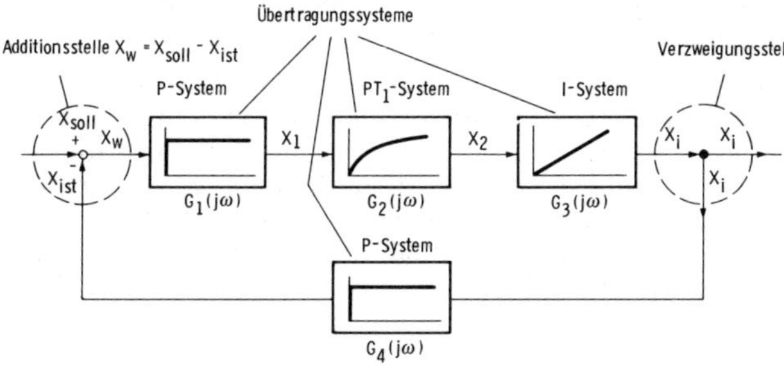

Frequenzgangdarstellung

$$G(j\omega) = \frac{G_1(j\omega)\cdot G_2(j\omega)\cdot G_3(j\omega)}{1 + G_1(j\omega)\cdot G_2(j\omega)\cdot G_3(j\omega)\cdot G_4(j\omega)}$$

Bild 9-13.
Darstellung eines Regelkreises im Signalflußplan mit zugehörigem Frequenzgang.

Der Signalflußplan in Bild 9-13 zeigt in schematischer Form die Verknüpfung der einzelnen Kreiselemente. Zur Kennzeichnung des Zeitverhaltens der einzelnen Elemente werden die zugehörigen Gleichungen oder die einzelnen Übergangsfunktionen mit in die jeweiligen Blöcke eingezeichnet. Die Signallinien können sich innerhalb eines Regelkreises verzweigen oder zusammentreffen. So entstehen Verzweigungs- und Additionsstellen im Signalflußplan.

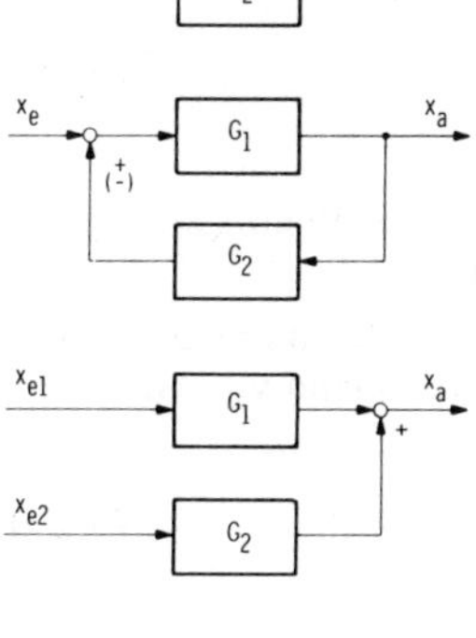

Serienschaltung

$G = G_1 \cdot G_2$

Parallelschaltung

$G = G_1 + G_2$

Mitkopplung (+)

$G = \frac{G_1}{1 - G_1 \cdot G_2}$

Gegenkopplung (-)

$G = \frac{G_1}{1 + G_1 \cdot G_2}$

Parallelschaltung

$\bar{x}_a = G_1 \cdot \bar{x}_{e1} + G_2 \cdot \bar{x}_{e2}$

Bild 9-14.
Verknüpfungsmöglichkeiten von Regelkreisgliedern.

Bei Verzweigungsstellen wird die Wirkungslinie im Signalflußplan geteilt und läuft von dort gleichzeitig zu verschiedenen Regelkreisgliedern weiter. Jeder Pfad erhält dasselbe Signal.

In Additionsstellen treffen verschiedene Signale zusammen und überlagern sich dort vorzeichengerecht. Die abgehende Größe ergibt sich aus Subtraktion bzw. Addition der ankommenden Größen. Bei den Additionspunkten sind immer die Vorzeichen für die eingehenden Größen anzugeben.

In einem Regelkreis sind mehrere Einzelübertragungssysteme miteinander verbunden, wobei jedes einzelne in seinem Zeitverhalten durch seinen Frequenzgang beschrieben wird. Zum Ermitteln des Gesamtfrequenzgangs sind einige Rechenregeln erforderlich, Bild 9-13 und 9-14. Der Vorteil der Frequenzgangdarstellung liegt darin, daß die in Regelkreisläufen vorkommenden Serienschaltungen und Gegenkopplungen durch einfache Additionen und Multiplikationen der Einzelfrequenzgänge berechnet werden können.

9.2.1.5. Stabilität von Regelkreisen

Die Feststellung, ob ein Regelkreis stabil ist oder nicht, ist eine der wichtigsten Aufgaben bei der mathematischen Untersuchung von Regelkreisen. Stabilität im regelungstechnischen Sinn bedeutet, daß ein von außen „angestoßenes" System nach Wegfall der Anregung Schwingungen mit abklingender Amplitude ausführt, d. h. zur Ruhe kommt. Ein instabiles System antwortet auf ein Eingangssignal mit einem monoton oder oszillatorisch ansteigenden Ausgangssignal. Dabei wird das Gesamtsystem funktionsuntüchtig; dies führt in manchen Fällen zur Zerstörung der Anlage. Für die Beurteilung der Stabilität oder Instabilität eines Regelkreises ist eine Reihe von Stabilitätskriterien entwickelt worden.

Ein stabiler Regelkreis ist für jedes beliebige Eingangssignal stabil und ein instabiler Regelkreis ist z. B. auch für ein verschwindendes Eingangssignal instabil. Die Stabilität eines Systems hängt dabei nur von dem Teil der Differentialgleichung ab, in dem die Regelgröße x_a und ihre zeitlichen Ableitungen auftreten, linker Teil Gl. (9-2).

Zur Lösung der homogenen Differentialgleichung mit konstanten Koeffizienten werden die Nullstellen der „charakteristischen Gleichung" benötigt [60]:

$$a_n \cdot \lambda^n + a_{n-1} \cdot \lambda^{n-1} + \ldots + a_1 \cdot \lambda + a_0 = 0$$

$$x_h(t) = \sum_{i=1}^{n} C_i \cdot e^{\lambda_i \cdot t} \quad \text{(Lösung der homogenen Differentialgleichung)} \qquad (9\text{-}26).$$

Die Koeffizienten C_i ergeben sich aus Anfangs- und Randbedingungen; λ_i sind die Nullstellen (Wurzeln) der charakteristischen Gleichung.

Ein Übertragungssystem ist dann stabil, wenn die Lösung der homogenen Differentialgleichung für $t \to \infty$ gegen null geht, d. h. jeder Summand von Gl. (9-26) muß für große Zeitwerte verschwinden:

$$\lim_{t \to \infty} C_i \cdot e^{\lambda_i \cdot t} = 0 \qquad i = 1, \ldots, n \qquad (9\text{-}27).$$

Damit lautet die Stabilitätsbedingung:

$$\mathrm{Re}\left\{\lambda_i\right\} < 0 \qquad i = 1, \ldots, n \qquad (9\text{-}28).$$

„Ein Regelkreis ist dann stabil, wenn sämtliche Nullstellen der zu seiner Differentialgleichung gehörenden charakteristischen Gleichung negative Realteile aufweisen. Da die Pole der Übertragungsfunktion des geschlossenen Regelkreises und die Nullstellen der charakteristischen Gleichung identisch sind, gilt obige Aussage auch bezüglich der Realteile der Pole der Übertragungsfunktion."

Algebraische Stabilitätskriterien sind nur anwendbar, wenn die Differentialgleichung oder ein analytischer Ausdruck für den Frequenzgang oder die Übertragungsfunktion des geschlossenen Regelkreises bekannt sind. Vielfach sind solche Ausdrücke aber nicht vorhanden. Eine wesentliche Vereinfachung bietet das Stabilitätskriterium von *Nyquist.*

Dieses Stabilitätskriterium geht vom Frequenzgang $G_0(j\omega)$ des offenen Regelkreises aus. Dazu wird der Regelkreis an beliebiger Stelle, z. B. vor dem Regler, aufgetrennt, Bild 9-15, so daß eine Reihenschaltung von Regler und Strecke entsteht. Der Frequenzgang $G_0(j\omega)$ des offenen Kreises ergibt sich dann durch Hintereinanderschaltung der Einzelfrequenzgänge.

Stabilitätsprüfung mit Hilfe der Ortskurve:

Zur Stabilitätsprüfung wird der Frequenzgang $G_0(j\omega)$ des aufgeschnittenen Regelkreises als Ortskurve dargestellt. Es wird geprüft, an welcher Stelle die Ortskurve die reelle Achse schneidet. Die Lage des Schnittpunkts ist das Kriterium

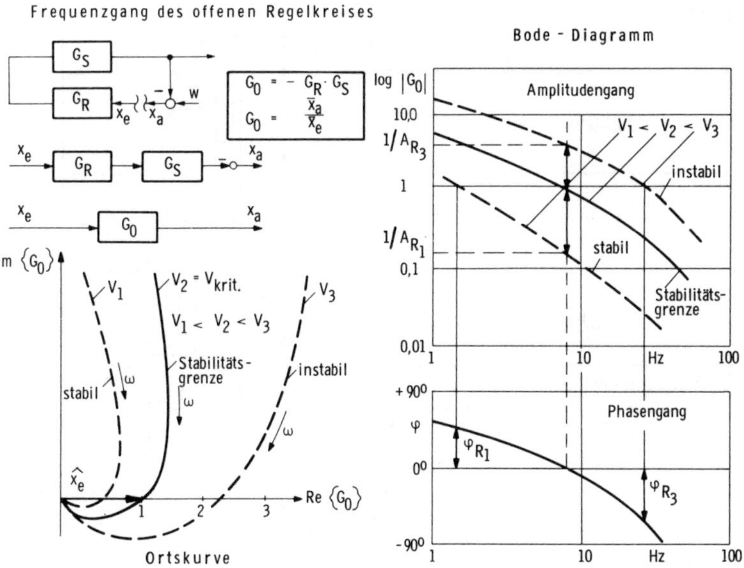

Bild 9-15. Stabilitätskriterium (nach Nyquist).

für Stabilität oder Instabilität des Systems. Für alle Punkte auf der positiven reellen Achse haben Eingangs- und Ausgangsschwingungen gleiche Phasenlage. Ist für diesen Fall die Amplitude der Ausgangsschwingung kleiner als die der Eingangsschwingung, so ist der Regelkreis stabil. Geht die Ortskurve $G_0(j\omega)$ durch den kritischen Punkt $P_K(\mathrm{Re}\{G_0(j\omega)\} = 1)$; (Imaginärteil $\mathrm{Im}\ \{G_0(j\omega)\} = 0$), d. h. haben Eingangs- und Ausgangsgeschwingung des aufgetrennten Regelkreises gleiche Amplitude, so befindet sich das System am Stabilitätsrand. Liegt der Schnittpunkt der Ortskurve mit der reellen Achse rechts vom kritischen Punkt P_K, so ist der Regelkreis instabil (Bild 9-15).

Die Stabilitätsbedingung lautet somit:

$$\left.\begin{array}{ll} \text{Stabilität:} & \mathrm{Re}\{G_0(j\omega)\} < 1 \\ \text{Stabilitätsgrenze:} & \mathrm{Re}\{G_0(j\omega)\} = 1 \\ \text{Instabilität:} & \mathrm{Re}\{G_0(j\omega)\} > 1 \end{array}\right\} \quad \text{bei } \mathrm{Im}\ \{G_0(j\omega)\} = 0 \qquad (9\text{-}29).$$

Stabilitätsprüfung mit Hilfe des Bode-Diagramms:

Analog zur Stabilitätsuntersuchung mit Hilfe der Ortskurve können auch Informationen dem Bode-Diagramm des Frequenzgangs $G_0(j\omega)$ entnommen werden (rechts in Bild 9-15). Zur Kennzeichnung des Schwingungsverhaltens benutzt man den Phasenrand φ_R und den Amplitudenrand A_R. Beide Bestimmungsstücke beziehen sich auf die Lage des kritischen Punkts $P_K(G_0(j\omega) = 1;\ \varphi = 0°)$. Der Regelvorgang ist stabil, wenn bei der Frequenz, für die der Phasenwinkel $\varphi = 0°$ beträgt, die Amplitude $G_0(j\omega) < 1$ ist.

Reglertyp	Differentialgleichung	Frequenzgang	Übergangsfunktion
P-Regler	$x_a(t) = K_R \cdot x_e(t)$	$\frac{\bar{x}_a}{\bar{x}_e} = K_R$	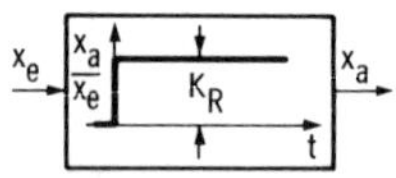
I-Regler	$x_a(t) = K_I \int x_e(t) \cdot dt$	$\frac{\bar{x}_a}{\bar{x}_e} = K_I \cdot \frac{1}{j\omega}$	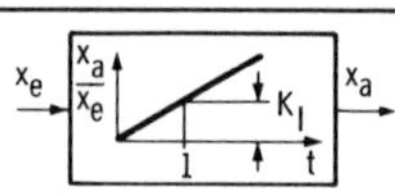
PI-Regler	$x_a(t) = K_R\left[x_e(t) + \frac{1}{T_n}\int x_e(t) \cdot dt\right]$	$\frac{\bar{x}_a}{\bar{x}_e} = K_R\left[1 + \frac{1}{T_n \cdot (j\omega)}\right]$	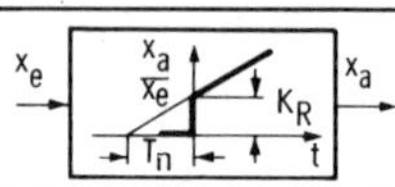
PID-Regler	$x_a(t) = K_R\left[x_e(t) + \frac{1}{T_n}\int x_e(t) \cdot dt + T_v \cdot \frac{dx_e(t)}{dt}\right]$	$\frac{\bar{x}_a}{\bar{x}_e} = K_R\left[1 + \frac{1}{T_n \cdot (j\omega)} + T_v \cdot (j\omega)\right]$	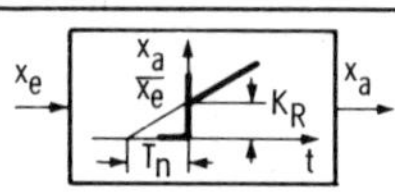

P Proportional
I Integral
D Differential
K_I integraler Verstärkungsfaktor
K_R proportionaler Verstärkungsfaktor
T_n Nachstellzeit
T_v Vorhaltzeit

Bild 9-16. Zusammenstellung häufig verwendeter Reglerstrukturen und deren Kenngrößen.

9.2.1.6. Einstellregeln für analog arbeitende Regler

Zur Optimierung des dynamischen Verhaltens des Regelkreises versucht man, die dynamischen Eigenschaften des Reglers entsprechend auszulegen. Bild 9-16 zeigt eine Zusammenstellung der am häufigsten verwendeten Reglertypen und deren beschreibende Kenngrößen.

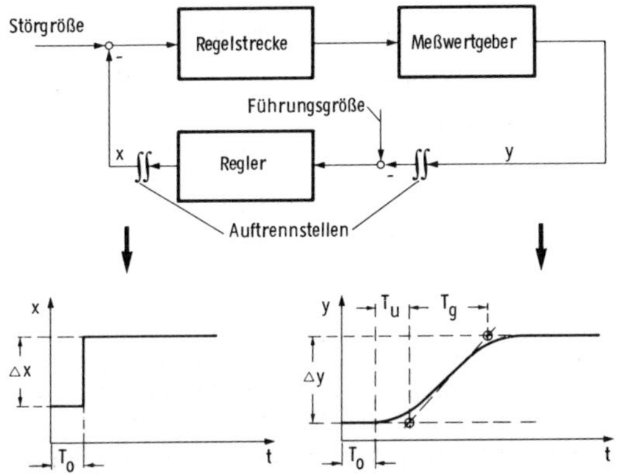

T_u Verzugszeit
T_g Ausgleichszeit
T_0 Totzeit

Bild 9-17.
Meßmethode zur Aufnahme der Übergangsfunktion.

Die Aufgabe beim Aufbau von Regelkreisen besteht hauptsächlich darin, den gesamten Regelkreis so zu dimensionieren, daß das Gesamtsystem betriebsfähig ist, d. h. ausreichend schnell, ohne dynamisches Überschwingen oder sogar Instabilität. Die Abstimmung des Reglers kann zum einen mit den in Abschn. 9.2.1.5 beschriebenen analytischen Verfahren vorgenommen werden. Eine andere Vorgehensweise besteht darin, aus zu messenden Kennwerten der Strecke der zu regelnden Anlage die optimalen Einstellparameter für den Regler zu ermitteln.

Ein Verfahren geht von der gemessenen oder berechneten Übergangsfunktion der Regelstrecke aus. Das Prinzip des Meßvorgangs ist in Bild 9-17 dargestellt. In den Meßvorgang sind auch die Stellglieder und Meßwertgeber mit einbezogen. Der Sprung wird an der Auftrennstelle hinter dem Reglerausgang angelegt und die Sprungantwort der Regelstrecke vor Eintritt in den Regler aufgezeichnet.

Wie Bild 9-17 zeigt, werden durch die Konstruktion der Wendetangente die Ersatzgrößen Verzugszeit T_u und Ausgleichszeit T_g gewonnen, die zusammen mit dem Übertragungsfaktor der Strecke

$$K_S = \frac{\Delta y}{\Delta x} \tag{9-30}$$

das dynamische und statische Verhalten der Regelstrecke ausreichend genau beschreiben. Für die Zeitverhältnisse $T_g/T_u > 3$ können die Einstellparameter für Regler mit Hilfe von Bild 9-18 berechnet werden [60].

Ein anderer Weg zur Ermittlung der Reglerparameter basiert auf praktische Untersuchungen an einem geschlossenen Regelkreis. Unabhängig vom Typ des zu

Regler		Aperiodischer Regelverlauf	Regelverlauf mit 20 % Überschwingen
P	K_R	$\frac{0{,}3}{K_S} \frac{T_g}{T_u}$	$\frac{0{,}7}{K_S} \frac{T_g}{T_u}$
PI	K_R	$\frac{0{,}35}{K_S} \frac{T_g}{T_u}$	$\frac{0{,}6}{K_S} \frac{T_g}{T_u}$
	T_n	$1{,}2\ T_g$	$1\ T_g$
PID	K_R	$\frac{0{,}6}{K_S} \frac{T_g}{T_u}$	$\frac{0{,}95}{K_S} \frac{T_g}{T_u}$
	T_n	$1\ T_g$	$1{,}35\ T_g$
	T_v	$0{,}5\ T_u$	$0{,}47\ T_u$

Bild 9-18.
Einstellwerte für Reglereinstellung nach Sprungfunktion der Regelstrecke; für $\frac{T_g}{T_u} > 3$. (Nach Chien, Hrones, Reswich).

Reglerkenngrößen
K_R Verstärkungsfaktor
T_n Nachstellzeit
T_v Vorhaltzeit

Kenngrößen aus Sprungantwort
K_S Verstärkungsfaktor
T_g Ausgleichszeit
T_u Verzugszeit

realisierenden Reglers wird das zu regelnde System zunächst in einem Regelkreis mit P-Regler betrieben. Ausgehend vom stabilen Betrieb wird der Verstärkungsfaktor K_R des P-Reglers so weit vergrößert, bis der Regelkreis gerade beginnt Dauerschwingungen auszuführen. Der dabei erreichte Verstärkungsfaktor K_{Rkrit} und die Periodendauer T_{krit} der sich ergebenden Dauerschwingung bilden die Grundlagen zur Berechnung der Reglerparameter. Für verschiedene Reglertypen können die Einstellwerte nach dem Schwingversuch aus Bild 9-19 entnommen werden [60].

Regler	K_R	T_n	T_v
P	$0{,}5 \cdot K_{R\,krit}$	-	-
PI	$0{,}45 \cdot K_{R\,krit}$	$0{,}85 \cdot T_{krit}$	-
PID	$0{,}6 \cdot K_{R\,krit}$	$0{,}5 \cdot T_{krit}$	$0{,}12 \cdot T_{krit}$

Bild 9-19.
Einstellwerte für Reglereinstellung nach einem Schwingversuch am Stabilitätsrand.

Reglerkenngrößen
K_R Verstärkungsfaktor
T_n Nachstellzeit
T_v Vorhaltzeit

Kenngrößen aus Schwingversuch
$K_{R\,krit}$ Verstärkungsfaktor am Stabilitätsrand
T_{krit} Periodendauer der sich einstellenden Schwingung

9.2.2. Simulation auf dem Analogrechner

Das Hauptanwendungsgebiet von Analogrechnern ist die Lösung von Differentialgleichungen im Zeitbereich. Damit eignen sie sich besonders für die rechnerische Behandlung von Regelvorgängen.

Die Programmierung eines Problems auf dem Analogrechner ist am Beispiel des Lageregelkreises demonstriert. Zur Simulation des Lageregelkreises wird die Differentialgleichung, in diesem Fall ein Proportionalsystem 2. Ordnung,

$$T_2^2 \cdot \ddot{x}_a + T_1 \cdot \dot{x}_a + x_a = K \cdot x_e \tag{9-31}$$

nach der höchsten Ableitung aufgelöst und durch die Zeitkonstante T_2^2 dividiert:

$$\ddot{x}_a = -\frac{T_1}{T_2^2}\,\dot{x}_a - \frac{1}{T_2^2}\,x_a + \frac{K}{T_2^2}\,x_e \qquad (9\text{-}32).$$

Die Programmierung von Gl. (9-32) geschieht durch Verwendung der Bausteine nach Bild 5-30 und entsprechende Verkabelung dieser Bausteine untereinander [31].

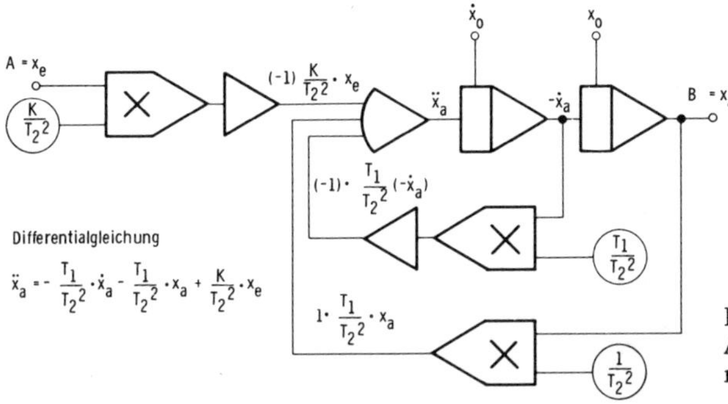

Bild 9-20. Analogrechenbeispiel Lageregelkreis.

Der Lageregelkreis nach Gl. (9-31) ist als Analogrechenschaltung in Bild 9-20 dargestellt. Am Punkt A kann man beliebige Eingangssignalverläufe einspeisen. Die Antwort des Systems, d. h. der Lage-Istwert, wird am Punkt B entnommen und auf einem Oszillographen zur Anzeige gebracht. Da das manuelle Variieren von Parametern und das Auswerten des entsprechenden Systemverhaltens relativ aufwendig ist, wird heute die Systemsimulation im Zeitbereich mit Digitalrechnern durchgeführt [65].

9.2.3. Simulation mit Hilfe des Digitalrechners

Für die Beschreibung und Nachbildung dynamischer Prozesse wurden bisher hauptsächlich Analogrechner eingesetzt. Dabei ist jedoch die Realisierung von Nichtlinearitäten nicht nur aufwendig, sie wird auch den heutigen Anforderungen nicht mehr gerecht. Die Simulation mit Digitalrechnern läßt eine genügende Genauigkeit zu, doch ist die Mehrzahl der Simulationsprogramme nur auf größeren Rechenanlagen lauffähig.

Beispielsweise ist mit dem System UNIDYN [65] ein Programm entwickelt worden, das die Simulation dynamischer Prozesse aus vielen Anwendungsbereichen ermöglicht. Das Programmsystem ist in der Programmiersprache FORTRAN IV nach DIN 66027 geschrieben und durch seine Programmstruktur auch auf Kleinrechnern ab 48 K-byte Speicherkapazität lauffähig.

Der zu simulierende Prozeß wird als Signalflußplan entsprechend seiner mathematischen oder regelungstechnischen Funktionenen einschließlich Nichtlinearitäten (z. B. Spiel, Schalter) nachgebildet. Jede dieser Funktionen wird durch ein Programmodul beschrieben; die einzelnen Modulen sind in einer Programmbibliothek zusammengefaßt.

Die Bibliothek umfaßt u. a.:
- Eingangsfunktionen, wie Diracstoß, Sprung, Rechteckimpuls, Sinuserregung,
- Übertragungsglieder, P, PI, I, IT, gemessene Frequenzgänge usw.,
- mathematische Verknüpfungen,
- logische Verknüpfungen,
- Nichtlinearitäten und
- Spezialblöcke.

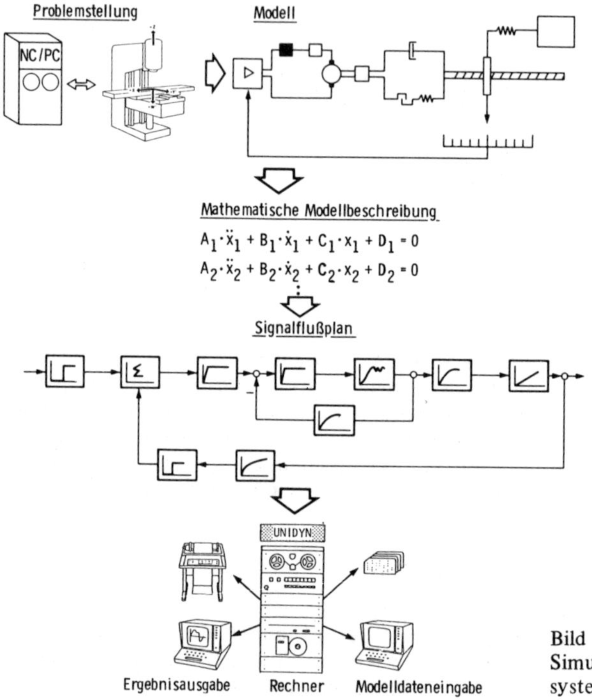

Bild 9-21.
Simulation mit dem Programmsystem UNIDYN.

In Bild 9-21 wird mit dem Programmsystem UNIDYN das dynamische Verhalten eines Vorschubsystems untersucht, um z. B. das Übertragungsverhalten zu optimieren (Reglerdimensionierung). Auf einem Datensichtgerät und durch Outputs werden die Reaktionen des Systems auf verschiedenartige Erregungen und Veränderungen von Systemgrößen (Steifigkeiten, Masse) gezeigt.

9.2.4. Vorschubantrieb als Regelkreis

Aufbau und Wirkungsweise der Lageregelung:

Elektrische Antriebsmotoren, speziell Gleichstromservoantriebe, haben in den letzten Jahren zunehmende Anwendung in Vorschubantrieben an Werkzeugmaschinen gefunden. Sie zeichnen sich durch ein sehr gutes statisches und dyna-

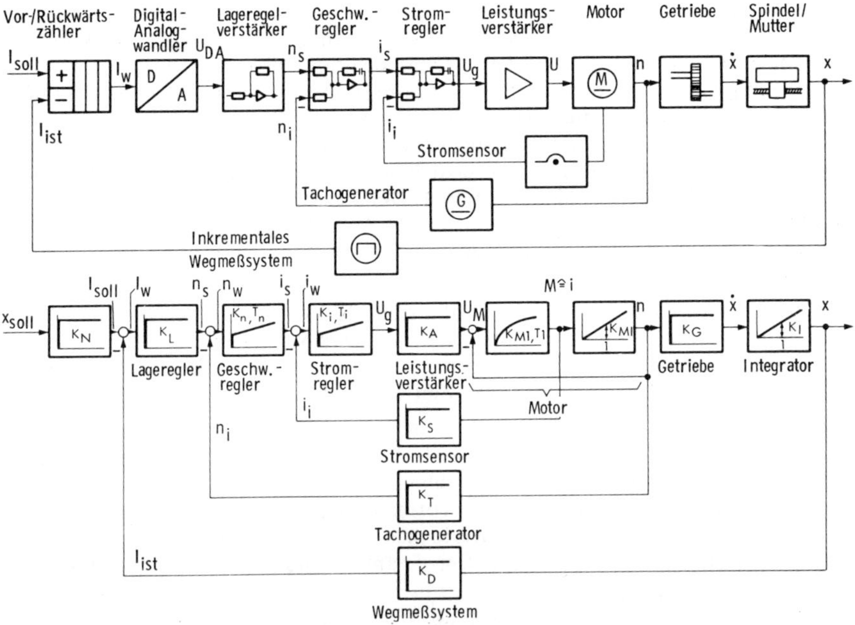

Bild 9-22. Gerätebild und Signalflußplan eines Lageregelkreises mit unterlagertem Geschwindigkeits- und Stromregelkreis.

misches Verhalten aus. In Bild 9-22 ist ein Vorschubantrieb im Gerätebild und Signalflußplan dargestellt. Er wird über einen Lageregelkreis mit unterlagertem Geschwindigkeits- und Stromregelkreis angesteuert [66].

Die Führungsgröße des Lageregelkreises wird – bedingt durch die heute üblichen inkrementalen Wegmeßsysteme (s. Abschn. 10) – von der Steuerung in Form einer Impulskette erzeugt.

Die Anzahl I_{soll} der Impulse ist ein Maß für den zu verfahrenden Weg x_{soll}, die Frequenz ein Maß für die Sollgeschwindigkeit des Tischs. In einem Vorwärts-/Rückwärts-Zähler wird die Regelabweichung I_w, d. h. die momentane Differenz zwischen den von der Steuerung ausgegebenen und den vom inkrementalen Wegmeßsystem erfaßten Impulsen I_{ist} gebildet. Der Regler selbst kann unterschiedliches dynamisches Verhalten aufweisen. Die Wahl des Reglertyps wird durch die Anzahl der Verzögerungsglieder und deren Übertragungsverhalten bestimmt. So kann man Regler mit proportionalem (P), proportional-integralem (PI) oder proportional-integral-differentialem (PID) Verhalten einsetzen.

In Bild 9-22 weist der Lageregler ein proportionales Verhalten auf. Er verstärkt die Lageregelabweichung I_W und bildet den Sollwert für den unterlagerten Geschwindigkeitsregelkreis, dem seinerseits wieder der Stromregelkreis unterlagert ist. Durch die Geschwindigkeitsrückführung und den Stromregler wird die Dynamik des Antriebs erheblich gesteigert und ein Überschwingen durch einen verbesserten Dämpfungsgrad vermieden.

Der Geschwindigkeitsregler in dem dargestellten Beispiel hat einen PI-Charakter, um kleinste Regelabweichungen ohne bleibenden Fehler ausregeln zu können. Der dem Geschwindigkeitsregler nachgeschaltete Stromregler erlaubt eine Beschleunigungssteuerung des Motors. Dadurch werden Drehzahlüberschwingungen beim Beschleunigen und Abbremsen vermieden. Aus der Differenz zwischen dem Sollwert des Geschwindigkeitsreglers n_s und der Spannung des Tachogenerators n_i wird – verknüpft mit der aktuellen Motorbelastung (Stromregelung) – die Stellgröße U_g für den Motor gebildet. Der Leistungsverstärker wandelt die so gebildete Stellgröße in eine entsprechende Motorspannung U_M um, aufgrund derer sich eine bestimmte Drehbeschleunigung $\dot{n}_M$ und Drehzahl n_M des Motors einstellt.

Der ungeregelte Gleichstrommotor läßt sich als Verzögerungsglied 2. Ordnung darstellen. Im Signalflußplan ergibt sich für dieses Verhalten ein gegengekoppeltes System; bestehend aus einer Verzögerung 1. Ordnung (elektrische Zeitkonstante) und einem Integralteil, dessen Zeitkonstante vom Massenträgheitsmoment abhängt.

Die Motordrehzahl n_M wird durch das Getriebe um das Verhältnis von Spindelsteigung zu Getriebeübersetzung h/i übersetzt und in eine translatorische Geschwindigkeit $\dot{x}$ umgewandelt. Durch formale Integration der Geschwindigkeit $\dot{x}$ erhält man den Lage-Istwert x des Werkstückschlittens, der durch die Wegaufnehmer (s. Abschn. 10.2) erfaßt wird. Der gesamte Vorschubantrieb ist ein System höherer Ordnung [67].

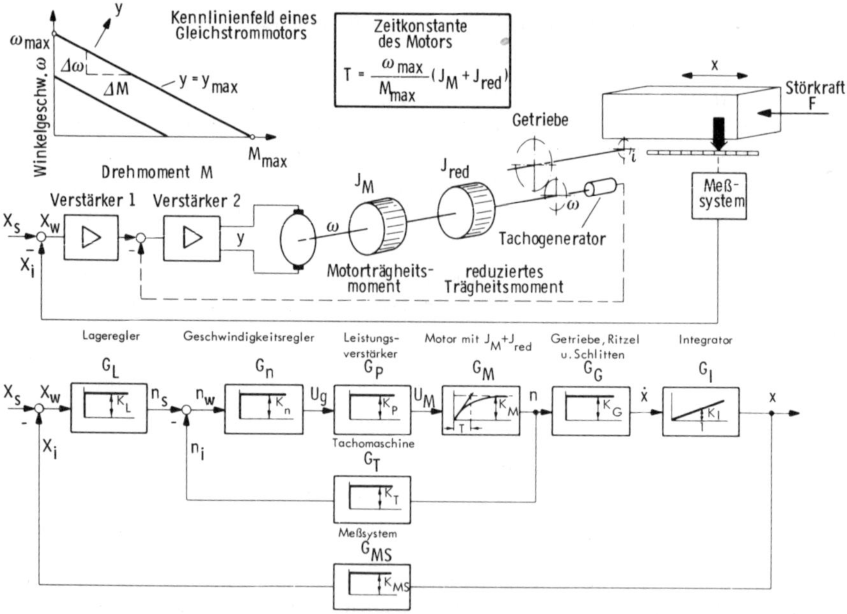

Bild 9-23. Gerätebild und Signalflußplan eines vereinfachten Lageregelkreises mit unterlagertem Geschwindigkeitsregelkreis.

9.2.5. Berechnung von zeitkontinuierlichen Lageregelkreisen

Für die qualitative Behandlung des Lageregelkreises wird in Bild 9-23 ein vereinfachtes Gerätebild und der entsprechende Signalflußplan benutzt. Die Einzelübertragungssysteme sind durch Differentialgleichung und Frequenzgang beschrieben. Der Lageregler hat ein proportionales Übertragungsverhalten:

Differentialgleichung		Frequenzgang	
$n_s = K_L \cdot x_W$	(9-33)	$G_L(j\omega) = K_L$	(9-34).

Der Geschwindigkeitsregler verfügt normalerweise über ein PI-Verhalten. Im Beispiel wird jedoch ein reines P-Verhalten angenommen:

Differentialgleichung		Frequenzgang	
$U_g = K_n \cdot n_W$	(9-35)	$G_n(j\omega) = K_n$	(9-36).

Für den Leistungsverstärker kann ebenfalls proportionales Verhalten angenommen werden:

Differentialgleichung		Frequenzgang	
$U_M = K_p \cdot U_g$	(9-37)	$G_p(j\omega) = K_p$	(9-38).

Der fremderregte Gleichstrommotor zeigt bezüglich der Abhängigkeit der Drehzahl n von der Spannung U proportionales Verhalten. Bedingt durch das Motorträgheitsmoment J_M und die auf die Motorwelle reduzierten Massen J_{red} ergibt sich in erster Näherung ein Proportionalsystem mit einer Verzögerung 1. Ordnung:

Differentialgleichung		Frequenzgang	
$T \cdot \dot{n} + n = K_M \cdot U_M$	(9-39)	$G_M(j\omega) = \dfrac{K_M}{1 + T \cdot j\omega}$	(9-40)

mit

$$T = \frac{J_{red} \cdot 2\pi \cdot n_{max}}{M_{max}} \qquad (9\text{-}41).$$

Über das Getriebe und das Spindel-Mutter-System wird die Rotationsbewegung des Motors in eine translatorische Tischbewegung umgeformt:

Differentialgleichung		Frequenzgang	
$\dot{x} = K_G\, n_M$	(9-42)	$G_G(j\omega) = K_G$	(9-43).

Formale Integration zur Ermittlung des Weges aus der Geschwindigkeitsgröße:

Differentialgleichung		Frequenzgang	
$x = K_I \cdot \int 2\,\dot{x} \cdot dt$	(9-44)	$G_I(j\omega) = \dfrac{K_I}{j\omega}$	(9-45).

Das Meßsystem (nahezu verzögerungsfreies P-Glied) läßt sich charakterisieren durch:

Differentialgleichung		Frequenzgang	
$x_i = K_{MS} \cdot x$	(9-46)	$G_{MS}(j\omega) = K_{MS}$	(9-47).

Für die Tachomaschine gilt:

Differentialgleichung		Frequenzgang	
$n_i = K_T \cdot n$	(9-48)	$G_T(j\omega) = K_T$	(9-49).

Zum Aufstellen des Führungsfrequenzgangs $G(j\omega)$ sei an die Rechenregeln in Bild 9-14 erinnert. Der Frequenzgang eines Regelkreises läßt sich stets mit Hilfe von Gl. (9-50) aufstellen:

$$G(\text{Regelkreis}) = \frac{G\,(\text{vorwärtsgerichtetes Teilsystem})}{1 + G\,(\text{vorwärtsgerichtetes Teilsystem}) \cdot G\,(\text{rückwärtsgerichtetes Teilsystem})} \quad (9\text{-}50).$$

Um die Funktion der unterlagerten Geschwindigkeitsregelung zu zeigen, ist in Bild 9-24 die Berechnung für einen Lageregelkreis ohne und mit Geschwindigkeitsregelung durchgeführt.

Wie aus Gl. (9-65) und (9-66) zu entnehmen ist, kann die Dämpfung des Lageregelkreises durch die Geschwindigkeitsrückführung beträchtlich gesteigert werden. Die Systemeigenfrequenz bleibt durch diese Maßnahme unberührt, Gl. (9-63).

9.2.6. Übertragungsverhalten des linearen Lageregelkreises

Der Lageregelkreis ist verallgemeinert im Signalflußplan (Bild 9-23) dargestellt. Das Übertragungsverhalten des Lageregelkreises läßt sich mit den im folgenden aufgeführten Parametern beschreiben.

Der wichtigste lineare und für das Verhalten des Lageregelkreises maßgebende Kennwert ist die Geschwindigkeitsverstärkung K_v (K_v-Faktor). Er ist das Verhältnis der Istgeschwindigkeit zur Lageabweichung (Schleppabstand) x_w im eingeschwungenen Zustand,

$$K_v = \frac{\dot{x}}{x_w} \quad (9\text{-}67).$$

Die Geschwindigkeitsverstärkung K_v hat die Einheit s^{-1} oder $\frac{m/min}{mm}$. Es gilt der folgende Zusammenhang:

$$K_v\,[s^{-1}] = \frac{1000}{60}\,K_v\left[\frac{m/min}{mm}\right] \quad (9\text{-}68).$$

Lageregelkreis <u>ohne</u> Geschwindigkeitsregelung	Lageregelkreis <u>mit</u> Geschwindigkeitsregelung
Frequenzgang des Geschwindigkeitsregelkreises	
	$G_{GS}(j\omega) = \dfrac{K_n K_p \dfrac{K_M}{1+j\omega T}}{1+K_n K_p \dfrac{K_M}{1+j\omega T} \boxed{K_T}}$ (9-51)
Frequenzgang des Lageregelkreises	
$G(j\omega) = \dfrac{K_L K_n K_p \dfrac{K_M}{1+j\omega T} K_G \dfrac{K_I}{j\omega}}{1+K_v K_n K_p \dfrac{K_M}{1+j\omega T} K_G \dfrac{K_I}{j\omega} K_{MS}}$ (9-52)	$G_G(j\omega) = \dfrac{K_L G_{GS}(j\omega) K_G \dfrac{K_I}{j\omega}}{1+K_L G_{GS}(j\omega) K_G \dfrac{K_I}{j\omega} K_{MS}}$ (9-53)
$= \dfrac{\dfrac{1}{K_{MS}}}{1+\dfrac{1}{K_L K_n K_p K_M K_G K_I K_{MS}} \cdot j\omega \ldots}$ $\ldots \dfrac{}{+\dfrac{T}{K_L K_n \ldots K_{MS}} (j\omega)^2}$ (9-54)	$= \dfrac{\dfrac{1}{K_{MS}}}{1+\dfrac{1+K_n K_L K_M \boxed{K_T}}{K_L K_n K_p K_M K_G K_I K_{MS}} \cdot j\omega + \ldots}$ $\ldots \dfrac{}{+\dfrac{T}{K_L K_n \ldots K_{MS}} (j\omega)^2}$ (9-55)
identisch mit Proportionalglied mit Verzögerung 2. Ordnung	
(9-56) $G_{PT2}(j\omega) = \dfrac{K}{1+T_1 j\omega + T_2^2 (j\omega)^2}$	$= \dfrac{K}{1+2D\dfrac{j\omega}{\omega_o} + \dfrac{(j\omega)^2}{\omega_o^2}}$ (9-57)
$T_1 = \dfrac{1}{K_L K_n K_p K_M K_G K_I K_{MS}}$ (9-58)	$T_{1G} = \dfrac{1+K_n K_L K_M \boxed{K_T}}{K_L K_n K_p K_M K_G K_I K_{MS}}$ (9-59)
$T_2 = T_{2G} = \sqrt{\dfrac{T}{K_L K_n K_p K_M K_G K_I K_{MS}}}$ (9-60)	
Geschwindigkeitsverstärkung	
$K_v = K_L K_n K_p K_M K_G K_I K_{MS}$ (9-61)	$K_{vG} = \dfrac{K_L K_n K_p K_M K_G K_I K_{MS}}{1+K_n K_p K_M \boxed{K_T}}$ (9-62)
Eigenfrequenz $\left(\omega_o = \dfrac{1}{T_2}\right)$	
$\omega_o = \omega_{oG} = \sqrt{\dfrac{K_L K_n K_p K_M K_G K_I K_{MS}}{T}}$ (9-63)	
Dämpfung $\left(D = \dfrac{1}{2} \dfrac{T_1}{T_2}\right)$ (9-64)	
$D = \dfrac{1}{2} \dfrac{1}{\sqrt{K_L K_n K_p K_M K_G K_S K_{MS} T}}$ (9-65)	$D_G = \dfrac{1}{2} \dfrac{1+K_n K_p K_M \boxed{K_T}}{\sqrt{K_L K_n K_L K_M K_G K_S K_{MS} T}}$ (9-66)

Bild 9-24. Berechnung eines Lageregelkreises ohne und mit Geschwindigkeitsregelung.

Der K_V-Wert ist ein Maß für die Abbildungstreue der Maschine beim Verfahren von Kurven in der Ebene oder im Raum. Der durch den Schleppabstand auftretende Werkstückfehler ist proportional $\dfrac{\dot{x}}{K_v}$. Übliche Werte der Geschwindigkeitsverstärkung liegen im Bereich $K_v = 10$ bis $40\ s^{-1}$. Die Geschwindigkeitsverstärkung K_v ist der Kreisverstärkung des offenen Regelkreises gleichzusetzen. Sie bestimmt die Lageabweichung beim Fahren mit konstanter Geschwindigkeit und ist bei der Auslegung von Lageregelkreisen für mehrere Maschinenachsen von großer Bedeutung (s. Abschn. 9.2.7).

Die Kennkreisfrequenz ω_0 ist ein Maß für die Güte der Signalübertragung. Eine hohe Kennkreisfrequenz bedeutet eine geringe Signalverzerrung durch das System. Im allgemeinen liegt $f_0 = \frac{\omega_0}{2\pi}$ bei 30 Hz. (Kennkreisfr. ≡ Eigenfr.)

Die Grenzfrequenz f_g eines Lageregelkreises ist die Frequenz, bei der bei sinusförmiger Lagesollwertänderung das Verhältnis der Istamplitude zur Sollamplitude den Wert $1/\sqrt{2}$ erreicht hat.

$$f_g \approx \frac{1}{2\pi} K_v \qquad (9\text{-}69).$$

Der Dämpfungsgrad D beschreibt die Schwingungsfähigkeit eines Systems. Ein hoher Dämpfungsgrad bedeutet geringe Schwingneigung des Systems (Ziel: $D \approx 0{,}7$) [13].

Der Lageregekreis ohne und mit Geschwindigkeitsregelung hat – wie die Ableitungen in Bild 9-24 zeigen – proportionales Übertragungsverhalten mit einer Verzögerung 2. Ordnung. Das Übertragungsverhalten des Lageregelkreises kann jedoch durch eine Geschwindigkeitsrückführung erheblich verbessert werden. Wie aus Bild 9-25 ersichtlich ist, steigt bei Lageregelkreisen ohne Geschwindigkeitsregelung mit abnehmender Geschwindigkeitsverstärkung K_v die Dämpfung D, d. h. eine höhere Dämpfung kann man nur durch den Verlust der Dynamik des Antriebs erreichen. Bei Regelkreisen mit Geschwindigkeitsrückführung läßt sich

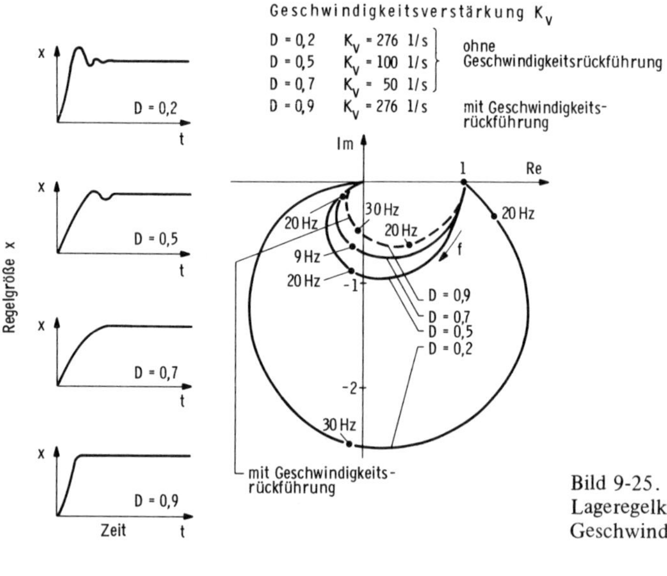

Bild 9-25.
Lageregelkreis mit und ohne Geschwindigkeitsrückführung.

über die Verstärkung K_T des Geschwindigkeitskreises die Dämpfung D des Systems dahingehend beeinflussen, daß bei hoher Geschwindigkeitsverstärkung K_v gleichzeitig eine große Dämpfung erzielt wird. Damit erhält der Antrieb ein gutes dynamisches Verhalten ohne überzuschwingen.

Das Beispiel in Bild 9-25 zeigt, daß man mit Geschwindigkeitsrückführung die gleiche Verstärkung K_v bei einer Dämpfung von D = 0,9 erzielen kann, wie es ohne Geschwindigkeitsrückführung nur bei D = 0,2 möglich ist.

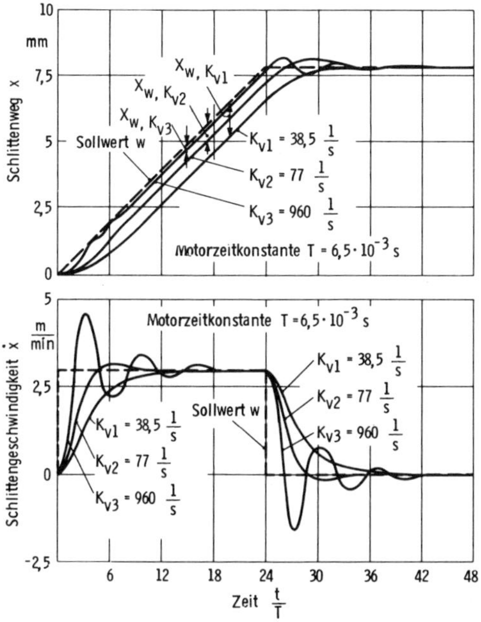

Bild 9-26.
Folgeverhalten eines Lageregelkreises (mit Geschwindigkeitsrückführung).

In Bild 9-26 ist der Schlittenweg x über der Zeit aufgetragen, die als Vielfaches der Motorzeitkonstanten angegeben ist. Im unteren Teil ist der Verlauf der Schlittengeschwindigkeit $\dot{x}$ wiedergegeben. Parameter ist die Geschwindigkeitsverstärkung K_V. Mit wachsender Verstärkung nimmt die Regelabweichung ab, während die Sollgeschwindigkeit schneller erreicht wird. Bei hohen Verstärkungen tritt aufgrund der abnehmenden Dämpfung beim Anfahren und Anhalten eine starke Schwingung auf. Die Verstärkung beschränkt man deshalb auf einen Wert, bei dem der Schlitten seine Position möglichst schnell – jedoch ohne großes Überschwingen – erreicht. Ein Maß für das Überschwingen ist der Dämfpungsgrad D.

9.2.7. Bahnerzeugung mit Lageregelkreisen (Werkstückfehler)

Bild 9-1 zeigt den Signalflußplan einer Zweiachsenbahnsteuerung für eine Werkzeugmaschine. Die Eingabedaten für die Wege und Geschwindigkeiten gelangen vom Lochstreifen zum Interpolator und werden als Führungsgrößen an die Lageregelkreise weitergeleitet. Bei der Signalübertragung vom Lochstreifen zum Maschinenschlitten treten Übertragungsfehler auf, die hauptsächlich von der Interpolationsart (vgl. Abschn. 8.1.1) und dem Verhalten der Lageregelkreise abhängen. Die so entstehenden Bahnabweichungen haben ihre Ursache in

- zu großen Zeitkonstanten,
- unterschiedlichen Geschwindigkeitsverstärkungen in den einzelnen Lageregelkreisen,
- ungleichem dynamischen Verhalten der Antriebseinheiten und
- nichtlinearen Signalübertragungen (Umkehrspanne).

Der daraus resultierende Werkstückfehler ergibt sich durch Superposition der Folgefehler in den einzelnen Achsen. Je größer die Geschwindigkeit und deren zeitliche Änderung ist, desto größer ist der resultierende Folgefehler.

Der Geschwindigkeitsfehler (Schleppabstand) berechnet sich aus dem Übertragungsverhalten des gesamten Lageregelkreises, d. h. der Kreisverstärkung K_v bzw. Geschwindigkeitsverstärkung:

$$\Delta x \approx \frac{\dot{x}}{K_{vx}} \tag{9-70}$$

$$\Delta y \approx \frac{\dot{y}}{K_{vy}} \tag{9-71}$$

Im stationären Zustand ($t \to \infty$) gelten die Gleichungen exakt.

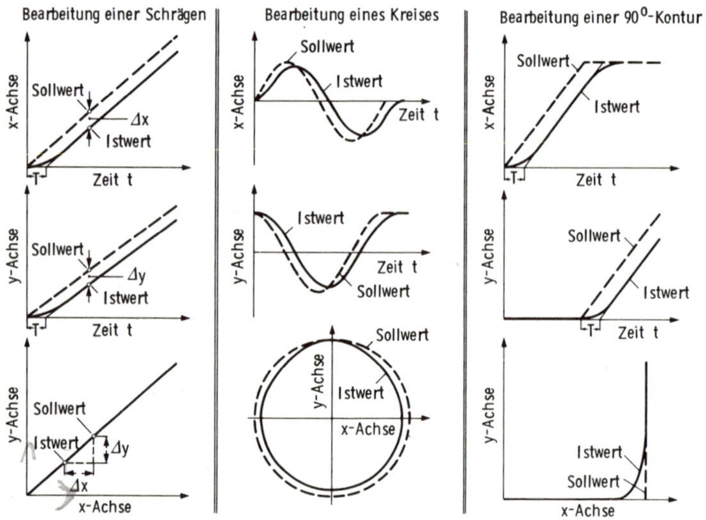

Bild 9-27. Systembedingte Bearbeitungsfehler bei einer zweiachsigen Bahnsteuerung (zwei gleiche Systeme 1. Ordnung).

In Bild 9-27 werden drei verschiedene Bearbeitungsarten bezüglich des auftretenden Bearbeitungsfehlers miteinander verglichen. Bei der Bearbeitung einer Schrägen tritt ein Werkstückfehler nicht in Erscheinung, wenn die Geschwindigkeitsverstärkungen der Regelkreise für alle Achsen gleich sind ($K_{vx} = K_{vy}$). Da sich die Schleppabstände wie die Teilgeschwindigkeiten verhalten und während der Bearbeitung konstant sind,

$$\frac{\dot{x}}{\dot{y}} = \frac{\Delta x}{\Delta y} \qquad (9\text{-}72),$$

folgt der Istwert dem Sollwert zeitlich verzögert auf der Sollkontur nach.

Eine Kreiskontur wird durch Überlagerung einer sinus- und einer kosinusförmigen Bewegung erzeugt, wenn der Maschinentisch in zwei um 90° versetzten Achsen verfahrbar ist. Die in Bild 9-27 gezeigte Abweichung ergibt sich durch die Anfahr- und Haltevorgänge in den Bewegungsabläufen der x- und y-Achse sowie durch die unterschiedlichen Schleppabstände, die durch die wechselnden Teilgeschwindigkeiten entstehen.

Auch beim Umfahren einer 90°-Kontur mit vorgegebener, konstanter Geschwindigkeit tritt ein Bearbeitungsfehler auf. Der Fehler ist um so größer, je schlechter das Zeitverhalten der Antriebssysteme ist.

Außer den systembedingten Bearbeitungsfehlern, die sich durch optimierte Einstellung der Parameter des Lageregelkreises zwar verkleinern aber nie ganz beseitigen lassen, kommen Fehler, die auf unterschiedliche Antriebsdynamik oder falsch eingestellte Lageregelkreise zurückzuführen sind, hinzu, Bild 9-28. Bei unterschiedlichen K_v-Faktoren wird bei der Bearbeitung einer Schrägen der Zielpunkt exakt angefahren, doch treten während der Bearbeitung Konturfehler auf, deren Größe vom Unterschied der K_v-Faktoren abhängt. Entsprechendes gilt für die Kreisbearbeitung. Die Kreiskontur wird in der Achse mit dem kleineren K_v-Faktor abgeflacht, d. h. es entsteht eine Ellipse. Treten durch unterschiedliche K_v-Faktoren Phasenverschiebungen auf, so wird die Ellipse in der Ebene gedreht. Eine unterschiedliche Antriebsdynamik läßt sich sehr leicht feststellen, wenn man parallel zu einem unter 45° ausgerichteten Lineal verfährt und gleichzeitig

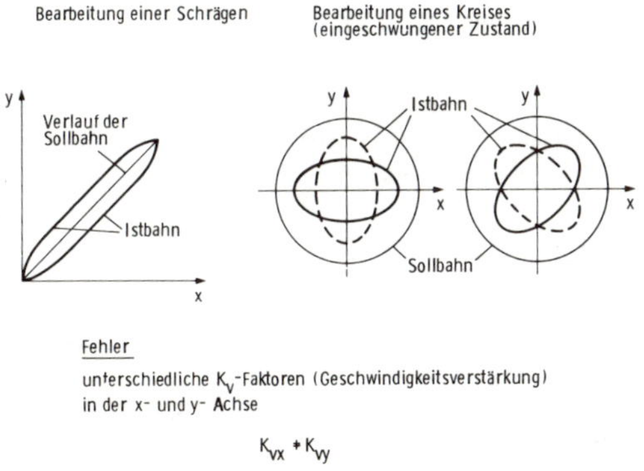

Bild 9-28.
Bearbeitungsfehler bei einer zweiachsigen Bahnsteuerung bedingt durch unterschiedliche Antriebsdynamik der Einzelsysteme.

den Abstand zum beweglichen Maschinenteil mit einer Meßuhr erfaßt. Beginnend vom Stillstand der Maschine bis zum erneuten Stillstand nach dem Verfahren unter 45° darf sich der Abstand zum Lineal nicht geändert haben.

Außer den dynamischen Fehlern, die sich infolge des Übertragungsverhaltens des Regelkreises ergeben, treten nichtlineare Signalübertragungsfehler auf. Diese entstehen bei indirekten Meßsystemen (s. Abschn. 10) durch die Umkehrspanne (Hysterese), die durch Spiel, Reibung und durch die Nachgiebigkeit der mechanischen Übertragungselemente bei Belastung verursacht wird. Daraus resultiert ein Bahnfehler in der Größe der Umkehrspanne. Eine Konturverfälschung kann durch den Lageregelkreis eliminiert werden, wenn man den Meßort des Wegmeßsystems so wählt, daß sich die Umkehrspanne erfassen läßt (Messung direkt am Maschinentisch, s. Abschn. 10). Moderne CNC-Steuerungen verfügen ebenfalls über Korrekturmöglichkeiten von systematischen Fehlern, Abschn. 8.4.

9.3. Lineare zeitdiskrete Übertragungssysteme

9.3.1. Regelungstechnische Grundlagen für zeitdiskrete Systeme

9.3.1.1. Darstellung zeitdiskreter Systeme

Durch den Einsatz von Prozeßrechnern und Mikroprozessoren gewinnen vermehrt „diskret" arbeitende Übertragungssysteme in der Steuerungs- und Regelungstechnik an Bedeutung. Diese Geräte lassen eine kontinuierliche Signalübertragung nicht zu. Auch der Thyristorsteller für Gleichstromantriebe, der nur mit der Frequenz der anliegenden Wechselspannung angesteuert werden kann, arbeitet zeitdiskret. Der als Regler eingesetzte Rechner bietet durch seine universelle Rechenfähigkeit die Möglichkeit zur Realisierung beliebiger Reglerstrategien. Er kann aber aus der Regelabweichung nur zu diskreten Zeitpunkten eine Stellgröße berechnen und in den Regelkreis eingreifen.

Im Werkzeugmaschinenbau finden DDC-Systeme zunehmend Anwendung. Vorschubantriebe und Adaptive Control Funktionen (s. Abschn. 11) sind die Anwendungsfelder. Zur dynamischen Analyse von DDC-Systemen sind in jüngster Zeit neue Theorien entwickelt worden [68; 69; 70].

Da die Mehrzahl der zu regelnden Systeme (Regelstrecken) zeitkontinuierlich arbeiten, ist es zweckmäßig, für zeitdiskret arbeitende Übertragungssysteme eine Ersatzdarstellung zu definieren, bei der Eingangs- und Ausgangsgröße ebenfalls wie zeitkontinuierliche Signale zu behandeln sind, Bild 9-29.

Zum Unterschied zu analog arbeitenden Systemen, auf die das zeitkontinuierliche Eingangssignal kontinuierlich einwirkt, wird bei zeitdiskreten Systemen das Eingangssignal $f_e(t)$ in diskreten, meist äquivalenten Intervallen T_0 abgefragt. Diese Diskretisierung wird als „Abtastung" bezeichnet. So entsteht eine Folge von Signalwerten $f_e(k \cdot T_0)$. Benötigt das nachgeschaltete Übertragungssystem wieder zeitkontinuierliche Signale, erfolgt eine Rückumsetzung mittels eines Halteglieds. Das Halteglied erzeugt aus einem Impuls $f_e(k \cdot T_0)$ als Eingangssignal eine betragsgleiche Ausgangsgröße $f_a(t)$ und hält diese bis zum Eintreffen des nächsten Eingangsimpulses $f_e[(k + 1) \cdot T_0]$ konstant. Es entsteht ein treppenförmiger Verlauf der Ausgangsgröße, deren äquivalenter kontinuierlicher Verlauf um $T_0/2$ im Vergleich zur Eingangsfunktion zeitlich versetzt ist.

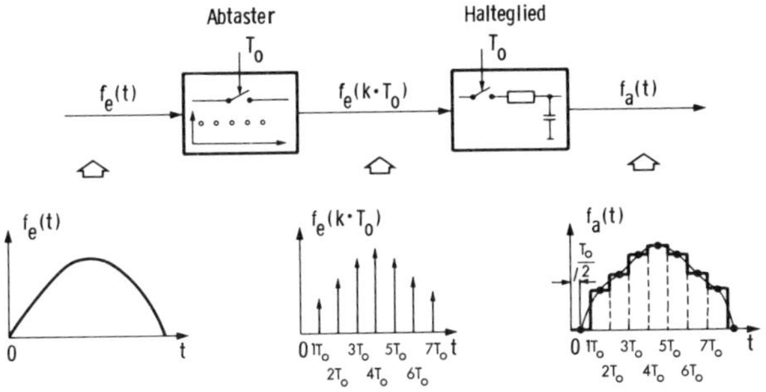

Bild 9-29.
Der Abtast-/Haltevorgang.

Man unterscheidet bei der regelungstechnischen Behandlung zeitdiskreter Systeme in Hinblick auf eine Analyse des dynamischen Übertragungsverhaltens sowie bei Stabilitätsbetrachtungen zweckmäßigerweise zwei Fälle.

Ist die Ausgleichszeit der Regelstrecke T_g (Bild 9-6) mehr als doppelt so groß wie die Abtastzeit $T_0 (T_g > 2\ T_0)$, so hat der Abtastprozeß keinen wesentlichen Einfluß auf die Gesamtdynamik des Systems. Diese sogenannten quasikontinuierlichen Abtastsysteme können folglich wie kontinuierliche Systeme mit den entsprechenden Regeln aus Abschn. 9.2.1 behandelt werden. Lediglich bei der Funktion von Abtaster und Halteglied ist ein zwischengeschaltetes Totzeitglied mit der Totzeit $T_t = T_0/2$ zu berücksichtigen.

Liegen andere Verhältnisse von Abtastzeit T_0 und Ausgleichszeit T_g vor ($T_g < 2\ T_0$), so bestimmt der Abtastvorgang wesentlich die Dynamik des Gesamtsystems. Dieser Einfluß ist daher nicht zu vernachlässigen. In diesem Fall sind andere mathematische Hilfsmittel heranzuziehen, insbesondere die z-Transformation, auf die in Abschn. 9.3.1.3 und 9.3.1.4 näher eingegangen wird.

Als einfaches Beispiel eines Abtastregelkreises sei die Drehzahlregelung eines Gleichstrommotors mit Hilfe eines Prozeßrechners als Regler erwähnt, Bild 9-30. Der extern vorgegebene Drehzahlsollwert $n_s(t)$ wird mit dem aktuellen Drehzahlistwert $n_i(t)$ kontinuierlich verglichen und die Regelabweichung $n_w(t)$ dem Regler zugeführt. Da im betrachteten Beispiel eine digitale Regelung vorliegt, muß die Regelabweichung $n_w(t)$ zunächst für den diskreten Regler aufbereitet wer-

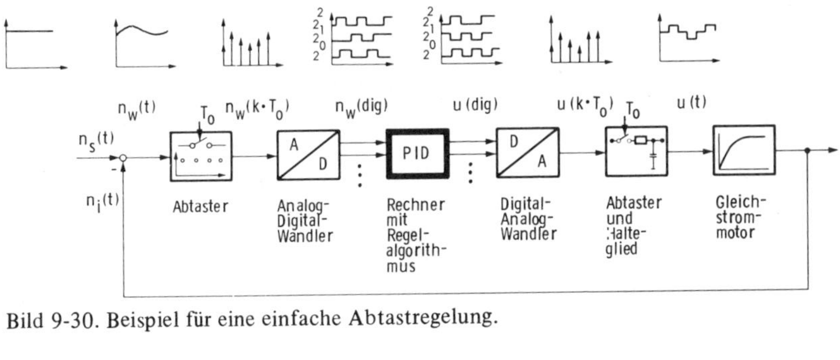

Bild 9-30. Beispiel für eine einfache Abtastregelung.

den. Die Diskretisierung der Regelabweichung $n_w(t)$ geschieht im Abtaster, indem man zu definierten Zeitpunkten $(k \cdot T_0)$ Proben der Regelabweichung entnimmt. Nach entsprechender Digitalisierung im Analog/Digital-Wandler steht dem digitalen Regler (Rechner) die Regelabweichung $n_w(k \cdot T_0)$ als Wertefolge n_w(digital) zur Verfügung. Der Rechner berechnet aus den Einzelwerten nach einem vorgegebenen Regelverhalten (z. B. P-, PI-, PID-Algorithmus) die Ausgangsgröße u(digital) als Stellgröße für den Motor. Die Wertefolge der Ausgangsgröße u(digital) wird anschließend digital-analog in die diskrete Stellgröße $u(k \cdot T_0)$ gewandelt. Der Reglereingriff läuft periodisch ab, d. h. nach der nächsten Abtastung $[(k + 1) \cdot T_0]$ stellt der Regler eine neue Stellgröße $u[(k + 1) \cdot T_0]$ zur Verfügung. Über das Halteglied wird die diskrete Wertefolge $u(k \cdot T_0)$ in quasi-zeitkontinuierliche, treppenförmige Signale u(t) umgewandelt [68; 69].

9.3.1.2. Zeitdiskreter Regler (lineare Differenzengleichungen)

Das Übertragungsverhalten von zeitkontinuierlichen Reglern läßt sich durch die entsprechenden Differentialgleichungen beschreiben. Wie bereits in Abschn. 9.2.1.5 dargestellt, ergeben sich für die einzelnen Reglerstrukturen die folgenden Beziehungen:

P-Regler:

$$y_P(t) = K_R \cdot x(t) \qquad (9\text{-}73),$$

I-Regler:

$$y_I(t) = K_I \cdot \int_0^t x(t) \cdot dt \qquad (9\text{-}74),$$

D-Regler:

$$y_D(t) = K_D \cdot \frac{dx(t)}{dt} \qquad (9\text{-}75)$$

mit K_R, K_I, K_D als proportionale Verstärkungsfaktoren.

Die idealisierte Differentialgleichung eines PID-Reglers lautet (Addition der P-, I- und D-Teile):

$$y_{PID}(t) = y_p(t) + y_I(t) + y_D(t) \qquad (9\text{-}76).$$

Nach Einsetzen der Gl. (9-73) bis (9-75) in Gl. (9-76) folgt:

$$y_{PID}(t) = K_R \left[x(t) + \frac{1}{T_n} \int_0^t x(t)\, dt + T_v \frac{dx(t)}{dt} \right] \qquad (9\text{-}77)$$

mit $\frac{K_R}{T_n} = K_I$ und $K_R \cdot T_v = K_D$

T_n: Nachstellzeit
T_v: Vorhaltzeit.

Für kleine Abtastzeiten T_0 kann man Gl. (9-77) direkt in eine Differenzengleichung umwandeln, um eine Darstellung für zeitdiskrete Systeme zu ermöglichen.

Anstelle der kontinuierlichen Funktionen x(t) und y(t) treten die diskreten Wertefolgen $x(k \cdot T_0)$ bzw. $y(k \cdot T_0)$, wobei die folgende verkürzte Darstellung gelten soll:

$$\begin{aligned} x(k \cdot T_0) &= x(k) \\ y(k \cdot T_0) &= y(k) \end{aligned} \qquad \text{für } k = 0, 1, 2, \ldots \tag{9-78}$$

Beim I-Regler wird das Integral durch eine entsprechende Summe (Rechteckregel) ersetzt:

$$y_I(k) = K_R \frac{T_0}{T_n} \sum_{i=0}^{k} x_i = y_i(k-1) + K_R \frac{T_0}{T_n} x(k) \tag{9-79}$$

Für den Differentialteil wird der Differentialquotient durch den Differenzenquotienten dargestellt:

$$y_D(k) = K_R \frac{T_v}{T_0} [x(k) - x(k-1)] \tag{9-80}$$

Mit

$$y_{PID}(k) = y_p(k) + y_I(k) + y_D(k) \tag{9-81}$$

ergibt sich für die Differenzengleichung eines PID-Reglers:

$$y_{PID}(k) = y_I(k-1) + K_R \left[x(k) + \frac{T_0}{T_n} x(k) + \frac{T_v}{T_0} (x(k) - x(k-1)) \right] \tag{9-82}$$

Unter Verwendung von Gl. (9-81) ergibt sich:

$$y_I(k-1) = y_{PID}(k-1) - y_p(k-1) - y_D(k-1) \tag{9-83}$$

Nach Einsetzen von Gl. (9-83) in Gl. (9-82) folgt für die Differenzengleichung eines PID-Reglers nach entsprechendem Umformen:

$$\begin{aligned} y_{PID}(k) = y_{PID}(k-1) + K_R \Bigg[& x(k) \left(1 + \frac{T_v}{T_0} + \frac{T_0}{T_n}\right) - \\ & - x(k-1) \left(1 + 2\frac{T_v}{T_0}\right) + x(k-2) \frac{T_v}{T_0} \Bigg] \end{aligned} \tag{9-84}$$

Im allgemeinen wird die Änderung der Stellgröße $\Delta y_{PID}(k) = y_{PID}(k) - y_{PID}(k-1)$ als sogenannter Geschwindigkeitsalgorithmus angegeben:

$$\Delta y_{PID}(k) = q_0 \cdot x(k) + q_1 \cdot x(k-1) + q_2 \cdot x(k-2)$$

mit $$q_0 = K_R \left(1 + \frac{T_v}{T_0} + \frac{T_0}{T_n}\right) \qquad (9\text{-}85).$$

$$q_1 = -K_R \left(1 + 2\frac{T_v}{T_0}\right)$$

$$q_2 = K_R \frac{T_v}{T_0}.$$

Für den Fall kleiner Abtastzeiten $T_0 < T_g/2$ lassen sich die Parameter q_0, q_1 und q_2 aus den Kriterien für die Reglerparameter K_R, T_n, T_v analoger PID-Regler berechnen. Damit können die Berechnungsmethoden für zeitkontinuierliche Regelkreise angewandt werden (Abschn. 9.2.1).

Der Rechner als Regler nutzt Gl. (9-84), um die Stellgröße nach dem PID-Algorithmus zu berechnen. Dabei werden nicht nur die aktuelle Regelabweichung während des Abtastzeitpunktes x(k) berücksichtigt, sondern auch die Werte der Stellgröße $y_{PID}(k-1)$ vor einem und die Regelabweichungen $x(k-1)$ und $x(k-2)$ vor einem bzw. zwei Abtastzeitpunkten.

Mit einer solchen Vorgehensweise ist man in der Lage, das Verhalten stetiger PID-Regler im Rechner nachzubilden. In vielen Fällen wird davon jedoch abgewichen, um die Fähigkeit des Rechners als Regler besser zu nutzen. Man verwendet strukturierte Regelalgorithmen, z. B. mit Deadbeat-Verhalten oder Zustandsregler (Abschn. 9.3.3). Ziel ist hierbei die schnelle und überschwingfreie Ausregelung der Störgrößen (s. a. Abschn. 11).

Regler	K_R	$K_I = K_R \cdot \frac{T_0}{T_n}$	$K_D = K_R \cdot \frac{T_v}{T_0}$
P	$\frac{1}{K_S} \cdot \frac{T_g}{T_u + T_0}$	-	-
PI	$\frac{0{,}9}{K_S} \cdot \frac{T_g}{T_u + 0{,}5\,T_0} - 0{,}5\,K_I$	$\frac{0{,}27}{K_S} \cdot \frac{T_0 \cdot T_g}{(T_u + 0{,}5\,T_0)^2}$	-
PID	$\frac{1{,}2}{K_S} \cdot \frac{T_g}{T_u + T_0} - 0{,}5\,K_I$	$\frac{0{,}6}{K_S} \cdot \frac{T_0 \cdot T_g}{(T_u + 0{,}5\,T_0)^2}$	$\frac{0{,}5}{K_S} \cdot \frac{T_g}{T_0}$

Reglerkenngrößen
K_R Verstärkungsfaktor
T_n Nachstellzeit
T_v Vorhaltzeit
T_0 Abtastzeit

Kenngrößen aus Sprungantwort
K_S Verstärkungsfaktor
T_g Ausgleichszeit
T_u Verzugszeit

Bild 9-31. Einstellregeln für zeitdiskrete Regler nach der Sprungantwort der Regelstrecke (für $T_u/T_0 > 0{,}25$) (nach Takahashi).

In Analogie zu den in Abschn. 9.2.1.6 behandelten Einstellregeln für kontinuierliche Regler gibt es entsprechende Regeln auch für zeitdiskrete Regler. Die notwendigen Einstellparameter K_R, K_I und K_D werden aus Kenngrößen der Übergangsfunktion der Regelstrecke abgeleitet, Bild 9-31. Dazu wird in einem Versuch die Sprungantwort der Regelstrecke aufgezeichnet (Bild 9-17) und daraus der Übertragungsfaktor K_S, die Verzugszeit T_u und die Ausgleichszeit T_g bestimmt.

Man kann die Einstellparameter für den diskreten Regler auch einem Schwingversuch entnehmen. Dazu wird der kritische Reglerübertragungsfaktor K_{krit} und die zugehörige Periodendauer T_{krit} bestimmt, bei der der Kreis gerade instabil wird, Bild 9-32.

Regler	K_R	$K_I = K_R \cdot \frac{T_0}{T_n}$	$K_D = K_R \cdot \frac{T_v}{T_0}$
P	$0{,}5\, K_{krit}$	-	-
PI	$0{,}45\, K_{krit} - 0{,}5\, K_I$	$0{,}54\, \frac{K_{krit}}{T_{krit}}$	-
PID	$0{,}6\, K_{Krit} - 0{,}5\, K_I$	$1{,}2\, \frac{K_{krit}}{T_{krit}}$	$0{,}075\, K_{krit} \cdot \frac{T_{krit}}{T_0}$

Reglerkenngrößen
K_R Verstärkungsfaktor
T_n Nachstellzeit
T_v Vorhaltzeit
T_0 Abtastzeit

Kenngrößen aus Schwingversuch
$K_{R\,krit}$ Verstärkungsfaktor am Stabilitätsrand
T_{krit} Periodendauer der sich einstellenden Schwingung
T_u Verzugszeit

Bild 9-32. Einstellregeln für zeitdiskrete Regler nach einem Schwingversuch am Stabilitätsrand (für $T_u/T_0 > 0{,}25$).

9.3.1.3. z-Transformation

Bei der Auslegung eines Reglers stehen sich zwei entgegenwirkende Eigenschaften gegenüber. Auf der einen Seite wird auf eine schnelle Reaktion der Regelgröße bei Vorgabeänderungen sowie eine schnelle Ausregelung von Störgrößen Wert gelegt. Gleichzeitig sollen Instabilität und zu großes Überschwingen jedoch vermieden werden. Bei quasikontinuierlichen Systemen ($T_g > 2\ T_0$) gelten die in Bild 9-18, 9-19 bzw. 9-31, 9-32 angegebenen Richtwerte zur Auslegung der Regler. Zur Analyse des dynamischen Verhaltens zeitdiskreter Systeme mit ($T_g < 2\ T_0$) wendet man die z-Transformation an [60]. Sie ermöglicht, wie die Fouriertransformation und Frequenzgangdarstellung stetiger Systeme, eine vereinfachte mathematische Beschreibung diskret arbeitender Systeme.

Die z-Transformation läßt sich mit Hilfe der Darstellung in Bild 9-33 definieren. Eine stetige zeitkontinuierliche Funktion f*(t) wird durch den Abtaster in Impulswerte (Gewichtsfunktion) digitalisiert und in Verbindung mit dem Halteglied in einen treppenförmigen Verlauf f(t) umgeformt. Die Beschreibung des stufenförmigen Verlaufs wird durch eine Addition und Subtraktion von Sprungfunktionen ermöglicht, deren Höhe durch die Funktionswerte f(k) bestimmt ist (s. unterer Teil von Bild 9-33).

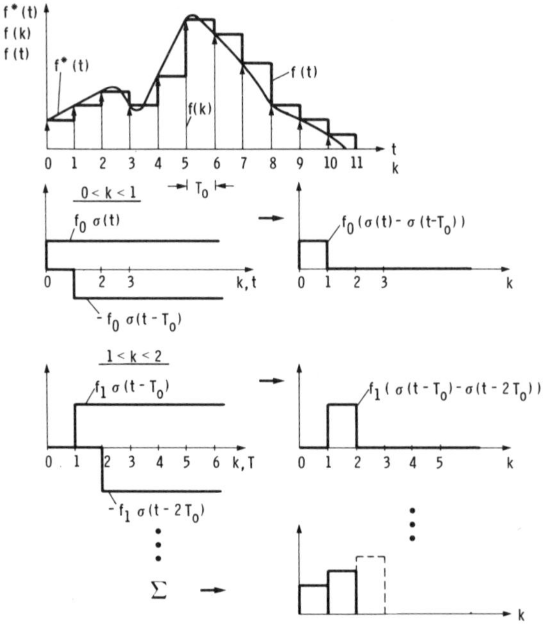

Bild 9-33.
Darstellung der z-Transformation.

Somit folgt für f(t):

$$f(t) = \sum_{k=0}^{\infty} f_k(\sigma(t - k \cdot T_0) - \sigma(t - (k+1) \cdot T_0)) \qquad (9\text{-}86).$$

In den Laplace-Bereich transformiert ergibt sich:

$$\mathcal{L}\left\{f(t)\right\} = \sum_{k=0}^{\infty} \frac{1}{s} f_k(e^{-k \cdot T_0 \cdot s} - e^{-(k+1) \cdot T_0 \cdot s}) \qquad (9\text{-}87)$$

$$= \underbrace{\frac{1 - e^{-T_0 \cdot s}}{s}} \sum_{k=0}^{\infty} f_k \cdot e^{-k \cdot T_0 \cdot s} \qquad (9\text{-}88).$$

$$= \quad G_H(s) \cdot f_k(s)$$

Der erste Teil von Gl. (9-88) $G_H(s)$ stellt den Frequenzgang der Haltefunktion dar, der zweite Teil $f_K(s)$ gibt die Wertefolge der abgetasteten Funktion im Laplace-Bereich wieder.

Ersetzt man im folgenden Ausdruck (Gewichtsfunktion),

$$f_k(s) = \sum_{k=0}^{\infty} f_k \cdot e^{-k \cdot T_0 \cdot s}$$

$$e^{T_0 \cdot s} \quad \text{durch} \quad z \tag{9-89}$$,

so erhält man die z-Transformierte der Impulsfolge f(k)

$$G(z) = \mathfrak{Z} \{f_k(s)\} = \sum_{k=0}^{\infty} f_k \cdot z^{-k} \tag{9-90}$$.

G(z) wird als „z-Übertragungsfunktion" bezeichnet. Am Beispiel des Einheitssprungs $f(t) = \sigma(t) = 1(t)$ soll die z-Transformation näher erläutert werden.

Darstellung des Einheitssprungs im Zeitbereich:

$$x(t) = 1(t) = \begin{cases} 1 \text{ für } t \geqslant 0 \\ 0 \text{ für } t < 0 \end{cases} \tag{9-91}$$.

Entsprechendes gilt für den Einheitssprung in der Differenzendarstellung:

$$x(k) = 1(k) \qquad \text{für } k = 0, 1, 2, \ldots \tag{9-92}$$.

Mit Gl. (9-90) ergibt sich die z-Transformierte des Einheitssprungs:

$$f(z) = x(z) = \sum_{k=0}^{\infty} x(k) \cdot z^{-k} = 1 + z^{-1} + z^{-2} + \ldots \tag{9-93}$$.

Gl. (9-93) beschreibt eine geometrische Reihe. Die allgemeine Form der geometrischen Reihe weist die Einzelelemente auf:

$$a_k = a_1 \cdot q^{k-1} \qquad \text{für } k = 1, 2, 3, \ldots \tag{9-94}$$.

Für den Einheitssprung berechnen sich die Faktoren

$$a_1 = 1$$

$$q = z^{-1} \tag{9-95}$$.

Die Summe der unendlichen geometrischen Reihe hat die Form

$$s = \frac{a_1}{1 - q} \tag{9-96}$$.

Definition	$f(z) = \mathfrak{Z}\{f(k)\} = \sum_{k=0}^{\infty} f(k) \cdot z^{-k}$
Linearität	$\mathfrak{Z}\{a_1 \cdot f_1(k) + a_2 \cdot f_2(k)\} = a_1 \cdot f_1(z) + a_2 \cdot f_2(z)$
Linksverschiebung	$\mathfrak{Z}\{f(k+m)\} = z^{+m} \cdot [f(z) - \sum_{i=0}^{m-1} f(i) \cdot z^{-i}]$
Rechtsverschiebung	$\mathfrak{Z}\{f(k-m)\} = z^{-m} \cdot f(z)$
Summenregel	$\mathfrak{Z}\{\sum_{i=0}^{k} f(i)\} = \frac{z}{z-1} \cdot f(z)$
Faltung	$\mathfrak{Z}\{\sum_{i=0}^{k} f_1(i) \cdot f_2(k-i)\} = f_1(z) \cdot f_2(z)$
Anfangswert	$\lim_{k \to 0} f(k) = \lim_{z \to \infty} f(z)$
Endwert	$\lim_{k \to \infty} f(k) = \lim_{z \to 1} (z-1) \cdot f(z)$

Bild 9-34. Rechenregeln der z-Transformation.
$k \mathrel{\hat{=}} k \cdot T_0$; T_0: Diskretisierungszeit

Mit Gl. (9-95) und (9-96) folgt schließlich als Summe der geometrischen Reihe die z-Transformierte des Einheitssprungs:

$$x(z) = \frac{1}{1 - z^{-1}} = \frac{z}{z - 1} \tag{9-97}$$

Eine Zusammenstellung der Rechenoperationen mit diskreten Funktionen im Zeitbereich und den zugehörigen Operationen im z-Bereich zeigt Bild 9-34.

9.3.1.4. z-Übertragungsfunktion

In Analogie zu der Umwandlung der Differentialgleichung eines Übertragungssystems mit Hilfe der Laplace-Transformation in den Frequenzbereich G(s) läßt sich die Differenzengleichung eines Systems mit Hilfe der z-Transformation in die Übertragungsfunktion G(z) umwandeln. Die Übertragungsfunktion G(z) ist definiert:

$$G(z) = \frac{x_a(z)}{x_e(z)} = \frac{b_0 + b_1 \cdot z^{-1} + b_2 \cdot z^{-2} + b_3 \cdot z^{-3} + \ldots + b_n \cdot z^{-n}}{a_0 + a_1 \cdot z^{-1} + a_2 \cdot z^{-2} + a_3 \cdot z^{-3} + \ldots + a_n \cdot z^{-n}} \tag{9-98}$$

mit

$x_a(z)$ als Ausgangsgröße des Systems,

$x_e(z)$ als Eingangsgröße des Systems,

a_i, b_i als Systemparameter.

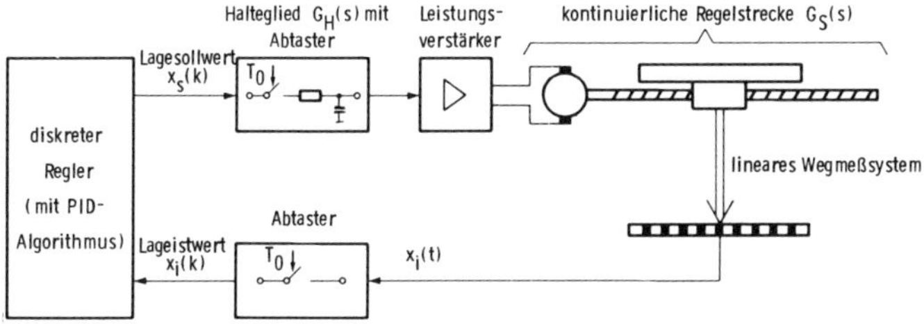

Bild 9-35. Darstellung einer kontinuierlichen Regelstrecke mit einem zeitdiskreten Regler (Lageregelkreis).

Zusammenschaltungen diskreter Übertragungssysteme lassen sich unter Verwendung von z-Übertragungsfunktionen G(z) mit denselben Regeln wie bei kontinuierlichen Systemen berechnen, Bild 9-14. In der Praxis besteht ein zeitdiskreter Regelkreis aus einem zeitdiskreten Regler und einer kontinuierlichen Regelstrecke, Bild 9-35.

Die Eingangsgröße im kontinuierlichen Systemteil hat, bedingt durch Abtaster und Halteglied, einen stufenförmigen Verlauf. Die Regelgröße wird über den Abtaster digitalisiert und dem diskreten Regler zugeführt.

Für die z-Übertragungsfunktion eines Abtastsystems, bestehend aus Abtaster, Halteglied und kontinuierlicher Regelstrecke, ergibt sich die z-Übertragungsfunktion

$$G_S(z) = \frac{z-1}{z} \mathfrak{Z} \left\{ \frac{G_S(s)}{s} \right\} = \frac{z-1}{z} \mathfrak{Z} \left\{ H_S(s) \right\} \tag{9-99}$$,

wobei $H_S(s)$ die Laplace-transformierte Übergangsfunktion der Strecke darstellt. In den meisten Fällen ist analog zur Laplace-Transformation die z-Transformation mit Hilfe sogenannter Korrespondenztabellen leicht durchführbar, Bild 9-36.

Beispiel: Bestimmung der z-Übertragungsfunktion für das Abtastsystem nach Bild 9-37.

Die z-Übertragungsfunktion berechnet sich aus:

$$G(z) = \frac{z-1}{z} \mathfrak{Z} \left\{ \frac{G_S(s)}{s} \right\} \tag{9-100}$$

mit $G_S(s) = G_{PT1}(s) \cdot G_I(s)$.

Die Übertragungsfunktion der Strecke berechnet sich aus:

$$G_S(s) = \frac{1}{1 + s \cdot T_1} \cdot \frac{1}{s \cdot T_2} = \frac{1}{T_1 \cdot T_2} \cdot \frac{1}{\frac{1}{T_1} + s} \cdot \frac{1}{s} \tag{9-101}$$

$f(t)$ o——● $F(s)$		$f(k)$ o——● $F(z)$	
1	$\frac{1}{s}$	1	$\frac{z}{z-1}$
t	$\frac{1}{s^2}$	kT	$\frac{T_o z}{(z-1)^2}$
t^2	$\frac{2}{s^3}$	$k^2 T^2$	$\frac{T_o^2 z(z+1)}{(z-1)^3}$
e^{-at}	$\frac{1}{s+a}$	e^{-akT}	$\frac{z}{z-e^{-aT_o}}$
$t \cdot e^{-at}$	$\frac{1}{(s+a)^2}$	kTe^{-akT}	$\frac{T_o z e^{-aT_o}}{(z-e^{-aT_o})^2}$
$e^{-at}-e^{-bt}$	$\frac{b-a}{(s+a)(s+b)}$	$e^{-akT}-e^{-bkT}$	$\frac{z(e^{-aT_o}-e^{-bT_o})}{(z-e^{-aT_o})(z-e^{-bT_o})}$
$\sin \omega t$	$\frac{\omega}{s^2+\omega^2}$	$\sin \omega kT$	$\frac{z \sin \omega T_o}{z^2-2z\cos \omega T_o+1}$
$\cos \omega t$	$\frac{s}{s^2+\omega^2}$	$\cos \omega kT$	$\frac{z(z-\cos \omega T_o)}{z^2-2z\cos \omega T_o+1}$
$e^{-at}\sin \omega t$	$\frac{\omega}{(s+a)^2+\omega^2}$	$e^{-akT}\sin \omega kT$	$\frac{z \cdot e^{-aT_o}\sin \omega T_o}{z^2-2z \cdot e^{-aT_o}\cos \omega T_o+e^{-2aT_o}}$
$e^{-at}\cos \omega t$	$\frac{s+a}{(s+a)^2+\omega^2}$	$e^{-akT}\cos \omega kT$	$\frac{z^2-z \cdot e^{-aT_o}\cos \omega T_o}{z^2-2z \cdot e^{-aT_o}\cos \omega T_o+e^{-2aT_o}}$

Bild 9-36. z-Transformationen und zugehörige Laplace-Transformationen.
T_0 Abtastintervall

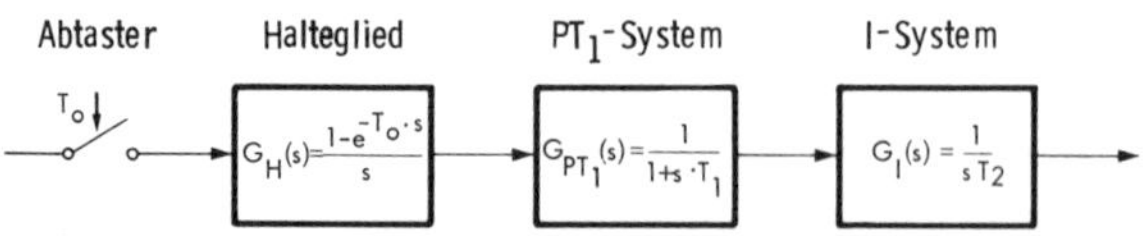

Bild 9-37. Abtastsystem bestehend aus Abtaster, Halteglied, PT_1-System und I-System.

mit Partialbruchzerlegung folgt:

$$\frac{A}{\frac{1}{T_1}+s}+\frac{B}{s}=\frac{A\cdot s+B\left(\frac{1}{T_1}+s\right)}{\left(\frac{1}{T_1}+s\right)\cdot s}=\frac{\frac{1}{T_1\cdot T_2}}{\left(\frac{1}{T_1}+s\right)\cdot s} \tag{9-102}$$

$$\frac{1}{T_1\cdot T_2}=A\cdot s+B\cdot\left(\frac{1}{T_1}+s\right) \tag{9-103}$$

Bestimmung der Größen A, B:

$$s=0$$

$$\Rightarrow \frac{1}{T_1\cdot T_2}=B\,\frac{1}{T_1} \qquad \Rightarrow B=\frac{1}{T_2} \tag{9-104}$$

$$s=-\frac{1}{T_1}$$

$$\Rightarrow \frac{1}{T_1\cdot T_2}=A\left(-\frac{1}{T_1}\right) \qquad \Rightarrow A=-\frac{1}{T_2} \tag{9-105}$$

damit folgt für den Frequenzgang

$$G(s)=-\frac{\frac{1}{T_2}}{\frac{1}{T_1}+s}+\frac{\frac{1}{T_2}}{s} \tag{9-106}$$

Berechnung der Sprungantwort:

$$H_S(s)=G_S(s)\,\frac{1}{s}=\frac{1}{T_2}\left(-\frac{1}{\frac{1}{T_1}+s}+\frac{1}{s}\right)\frac{1}{s}$$

$$=\frac{1}{T_2}\left(-\underbrace{\frac{1}{\left(\frac{1}{T_1}+s\right)s}}_{C}+\frac{1}{s^2}\right) \tag{9-107}$$

Mit Partialbruchzerlegung für den Term C folgt:

$$\frac{1}{\left(\frac{1}{T_1}+s\right)s} = \frac{D}{\frac{1}{T_1}+s} + \frac{E}{s} = \frac{D \cdot s + E\left(\frac{1}{T_1}+s\right)}{\left(\frac{1}{T_1}+s\right)s} \tag{9-108}$$

$$1 = D \cdot s + E\left(\frac{1}{T_1}+s\right) \tag{9-109}$$

$s = 0$

$$\Rightarrow 1 = E\,\frac{1}{T_1} \qquad \Rightarrow E = T_1 \tag{9-110}$$

$$s = -\frac{1}{T_1}$$

$$\Rightarrow 1 = D\left(-\frac{1}{T_1}\right) \qquad \Rightarrow D = -T_1 \tag{9-111}$$

Damit folgt für die Sprungantwort:

$$H_S(s) = \frac{1}{T_2}\left(\frac{T_1}{\frac{1}{T_1}+s} - \frac{T_1}{s} + \frac{1}{s^2}\right) \tag{9-112}$$

Die Transformation in den z-Bereich erfolgt mit der Korrespondenztafei (Bild 9-36):

$$H_S(s) \circ\!\!-\!\!\bullet\; H_S(z)$$

$$H_S(z) = \frac{1}{T_2}\left(\frac{T_1 \cdot z}{z - e^{-T_0/T_1}} - \frac{T_1 \cdot z}{z-1} + \frac{T_0 \cdot z}{(z-1)^2}\right) \tag{9-113}$$

Mit Gl. (9-99) folgt für die z-Transformation des Abtastsystems:

$$G_S(z) = H_S(z)\,\frac{z-1}{z} \tag{9-114}$$

$$G_S(z) = \frac{T_1}{T_2}\,\frac{z\left(e^{-T_0/T_1} + \frac{T_0}{T_1} - 1\right) + 1 - e^{-T_0/T_1}\left(1 + \frac{T_0}{T_1}\right)}{(z - e^{-T_0/T_1})\,(z-1)} \tag{9-115}$$

Übertragungssystem	Übertragungsfunktion G(s)	z-Übertragungsfunktion G(z)
I-Glied	$\frac{1}{s \cdot T_1}$	$\frac{T_0}{T_1} \cdot \frac{1}{z-1}$
PT_1-Glied	$\frac{1}{1+sT_1}$	$\frac{1-e^{-T_0/T_1}}{z-e^{-T_0/T_1}}$
PT_1-Glied in Reihe mit I-Glied	$\frac{1}{1+sT_1} \frac{1}{s \cdot T_2}$	$\frac{T_1}{T_2} \frac{z(e^{-T_0/T_1}+T_0/T_1-1)+1-e^{-T_0/T_1}(T_0/T_1+1)}{(z-e^{-T_0/T_1})(z-1)}$

Bild 9-38. z-Übertragungsfunktion einiger kontinuierlicher Systeme mit Abtaster und Halteglied.

Beispiele für die z-Übertragungsfunktion einiger zeitkontinuierlicher Systeme mit Abtaster und Haltglied sind in Bild 9-38 dargestellt [59].

Beispiel: Bildung der z-Übertragungsfunktion des diskreten PID-Reglers.

Die Differenzengleichung des PID-Reglers lautet:

$$y_{PID}(k) = y_{PID}(k-1) + q_0 \cdot x(k) + q_1 \cdot x(k-1) + q_2 \cdot x(k-2) \qquad (9\text{-}116).$$

Mit Hilfe der Verschiebungssätze (vgl. Bild 9-35) läßt sich Gl. (9-116) in den z-Bereich transformieren.

$$f(k-m) \quad \circ\!\!-\!\!\bullet \quad z^{-m} \cdot F(z)$$

$$y_{PID}(z) = y_{PID}(z) \cdot z^{-1} + q_0 \cdot x(z) + q_1 \cdot x(z) \cdot z^{-1} + q_2 \cdot x(z) \cdot z^{-2} \qquad (9\text{-}117).$$

Bildung der z-Übertragungsfunktion

$$y_{PID}(z) \cdot (1 - z^{-1}) = x(z) \cdot (q_0 + q_1 z^{-1} + q_2 z^{-2}) \qquad (9\text{-}118)$$

$$G_{PID}(z) = \frac{y_{PID}(z)}{x(z)} = \frac{q_0 + q_1 \cdot z^{-1} + q_2 \cdot z^{-2}}{1 - z^{-1}} \qquad (9\text{-}119)$$

$$G_{PID}(z) = \frac{q_0 \cdot z^2 + q_1 \cdot z + q_2}{z^2 - z} \qquad (9\text{-}120).$$

9.3.1.5. Inverse z-Transformation

Die Darstellung eines kompletten Regelkreises mittels der z-Transformation hat zum Ziel, das dynamische Verhalten des zusammengeschalteten Systems zu analysieren, Abschn. 9.3.2.

Die z-Transformation ist invertierbar, so kann der zeitliche Signalverlauf infolge bekannter Systemeingangsfunktionen ebenso ermittelt werden wie auch die systembeschreibenden Differenzengleichungen.

Es stehen mehrere Möglichkeiten zur Verfügung, eine z-Übertragungsfunktion in den Zeitbereich zurückzuwandeln. Die einfachste Möglichkeit ist der Vergleich mittels Transformationstabellen. Besteht Übereinstimmung zwischen der zu wandelnden Übertragungsfunktion und einem Tabellenwert, so kann die in den Zeitbereich zu transformierende Funktion direkt der Tabelle entnommen werden (s. Bild 9-36).

Besteht kein erkennbarer Zusammenhang zwischen Tabellenwert und Funktion, so wird versucht, durch Partialbruchzerlegung eine Analogie zu finden. Die Partialbrüche werden getrennt in den Zeitbereich transformiert und dort zur ursprünglichen Form zusammengesetzt.

9.3.2. Stabilitätsanalyse zeitdiskreter Lageregelung

Analog zur stetigen Lageregelung mit zeitkontinuierlichen Übertragungssystemen läßt sich ein Regelkreis (bestehend aus zeitdiskreten und stetigen Systemen) aufbauen. Am Beispiel eines einfachen Lageregelkreises mit diskretem Regler, Bild 9-39, soll der Umgang mit digitalen Regelkreisen näher erläutert werden, wobei das Gesamtsystem zeitdiskret beschrieben wird [70].

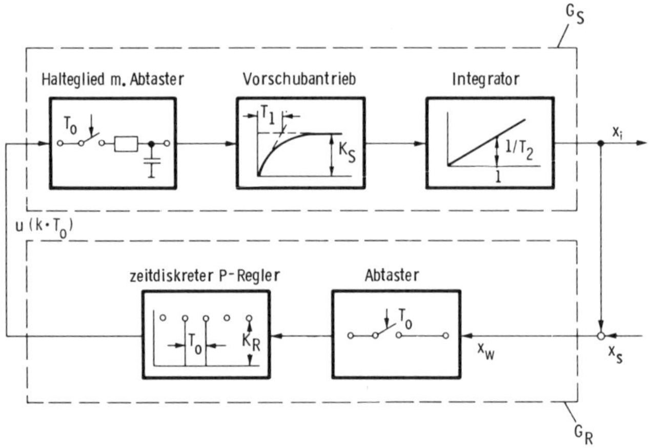

Bild 9-39. Signalflußplan eines Lageregelkreises mit zeitdiskretem Regelsystem.

Die Aufgabe besteht darin, den Regelkreis bezüglich Stabilität zu analysieren und das Übertragungsverhalten darzustellen. Dazu sind auch die zeitkontinuierlichen Systeme (Gleichstrommotor, Spindel-Mutter-System) in den z-Bereich zu transformieren, um eine gleichartige Behandlung des gesamten Kreises zu ermöglichen.

Zur Lösung der Aufgabe sind folgende Einzelschritte notwendig:

a) Beschreibung des Regleralgorithmus mit entsprechender Differenzengleichung.

b) Transformation der Differenzengleichung des Reglers in den z-Bereich und Bestimmung der z-Übertragungsfunktion.

c) Transformation der kontinuierlichen Regelstrecke mit Abtaster und Halteglied in den z-Bereich; Bestimmung der z-Übertragungsfunktion.

d) Berechnung der z-Führungsübertragungsfunktion.

e) Stabilitätsanalyse.

Zu a) Differenzengleichung des zeitdiskreten Reglers

Der Regler hat ein proportionales Übertragungsverhalten

$$U(k) = K_R \cdot x_w(k) \qquad (9\text{-}121).$$

Zu b) z-Transformation

Mit Hilfe der Verschiebungssätze (Bild 9-34) lassen sich die Differenzengleichungen in den z-Bereich transformieren, Gl. (9-121).

Proportionalregler:

$$U(z) = K_R \cdot x_w(z) \qquad (9\text{-}122)$$

$$G_R(z) = \frac{U(z)}{x_w(z)} = K_R \qquad (9\text{-}123).$$

Zu c) Umwandlung des kontinuierlichen Systems

Das zeitkontinuierliche Antriebssystem (Gleichstrommotor; Spindel-Mutter-System) kann durch die Reihenschaltung aus PT1-System und I-System dargestellt werden (vgl. Abschn. 9.3.1.4 und Bild 9-38).

Übertragungsfunktion der Regelstrecke

$$G_S(s) = \frac{1}{1 + s \cdot T_1} \; \frac{1}{s \cdot T_2} \qquad (9\text{-}124)$$

ergibt entsprechend der Abbildung von Gl. (9-106) bis (9-115) die folgende z-Übertragungsfunktion:

$$G_S(z) = \frac{T_1}{T_2} \; \frac{1 + z\left(e^{-T_0/T_1} + \frac{T_0}{T_1} - 1\right) - e^{-T_0/T_1}\left(1 + \frac{T_0}{T_1}\right)}{(z - e^{-T_0/T_1}) \cdot (z - 1)} \qquad (9\text{-}125).$$

Zu d) z-Führungsübertragungsfunktion

Analog der Führungsfrequenzgangdarstellung $G(j\omega)$ beim kontinuierlichen Regelkreis ist bei diskreten Regelsystemen die z-Führungsübertragungsfunktion $G(z)$ definiert.

Die z-Übertragungsfunktion $G(z)$ lautet:

$$G(z) = \frac{x_i(z)}{x_s(z)} = \frac{G_R(z) \cdot G_S(z)}{1 + G_R(z) \cdot G_S(z)} \tag{9-126}$$

oder eingesetzt:

$$G(z) = \frac{K_R \dfrac{T_1}{T_2} \dfrac{1 + z\left(e^{-T_0/T_1} + \dfrac{T_0}{T_1} - 1\right) - e^{-T_0/T_1}\left(1 + \dfrac{T_0}{T_1}\right)}{(z - e^{-T_0/T_1})(z - 1)}}{1 + K_R \dfrac{T_1}{T_2} \dfrac{1 + z\left(e^{-T_0/T_1} + \dfrac{T_0}{T_1} - 1\right) - e^{-T_0/T_1}\left(1 + \dfrac{T_0}{T_1}\right)}{(z - e^{-T_0/T_1}) \cdot (z - 1)}} \tag{9-127}$$

und umgeformt:

$$G(z) = \frac{K_R \dfrac{T_1}{T_2}\left[1 + z\left(e^{-T_0/T_1} + \dfrac{T_0}{T_1} - 1\right) - e^{-T_0/T_1}\left(1 + \dfrac{T_0}{T_1}\right)\right]}{z^2 + z\left(-1 - e^{-T_0/T_1} + K_R \dfrac{T_1}{T_2} e^{-T_0/T_1} + K_R \dfrac{T_0}{T_2} - K_R \dfrac{T_1}{T_2}\right) + e^{-T_0/T_1}\left(1 - K_R \dfrac{T_1}{T_2} - K_R \dfrac{T_0}{T_2}\right) + K_R \dfrac{T_1}{T_2}} \tag{9-128}$$

Zu e) Stabilitätsanalyse

Bei Stabilität des Gesamtsystems muß Gl. (9-128) der folgenden Bedingung genügen:

„Ein diskretes Übertragungssystem ist dann stabil, wenn sämtliche Wurzeln der charakteristischen Gleichung, d. h. die Nenner von Gl. (9-128) (Pole der z-Übertragungsfunktion) innerhalb des Einheitskreises der z-Ebene liegen".

Die charakteristische Gleichung lautet:

$$z^2 + z\left(-1 - e^{-T_0/T_1} + K_R \frac{T_1}{T_2} e^{-T_0/T_1} + K_R \frac{T_0}{T_2} - K_R \frac{T_1}{T_2}\right) +$$

$$+ e^{-T_0/T_1}\left(1 - K_R \frac{T_1}{T_2} - K_R \frac{T_0}{T_2}\right) + K_R \frac{T_1}{T_2} = 0 \tag{9-129}$$

Die Lösung der quadratischen Gleichung gibt die Wurzeln der charakteristischen Gleichung:

$$z_{1,2,} = -\frac{1}{2}\left(-1 - e^{-T_0/T_1} + K_R \frac{T_1}{T_2} e^{-T_0/T_1} + K_R \frac{T_0}{T_2} - K_R \frac{T_1}{T_2}\right) \pm$$

$$\sqrt{\left[-\frac{1}{2}\left(-1 - e^{-T_0/T_1} + K_R \frac{T_1}{T_2} e^{-T_0/T_1} + K_R \frac{T_0}{T_2} - K_R \frac{T_1}{T_2}\right)\right]^2 - \left[e^{-T_0/T_1}\left(1 - K_R \frac{T_1}{T_2} - K_R \frac{T_0}{T_2}\right) + K_R \frac{T_1}{T_2}\right]} \quad (9\text{-}130).$$

Beispiel

Stabilitätsanalyse für folgenden Regelkreis:

K_R = 20 (Verstärkungsfaktor P-Regler)

T_0 = 10 ms (Abtastzeit)

T_1 = 100 ms (Hochlaufzeitkonstante des Motors)

T_2 = 1 s (Integrationszeit)

in Gl. (9-130) eingesetzt folgt:

z_1 = 0,948 + j 0,128

z_2 = 0,948 − j 0,128 (9-131),

d. h. innerhalb des Einheitskreises stabil.

Beispiel

Stabilitätsanalyse für folgenden Regelkreis:

K_R = 20 T_0 = 1 s T_1 = 100 ms T_2 = 1 s

in Gl. (9-130) eingesetzt folgt:

z_1 = − 0,118

z_2 = − 16,886 (9-132),

d. h. außerhalb des Einheitskreises instabil.

Gl. (9-131) und (9-132) zeigen die starke Abhängigkeit der Stabilität von der Abtastzeit T_0.

9.3.3. Zustandsregelung

Ein Übertragungssystem oder auch der gesamte Regelkreis läßt sich durch ein System von gewöhnlichen Gleichungen und Differentialgleichungen, meist höherer Ordnung, im Zeitbereich beschreiben. Für den linearen Fall ist es üblich, Transformationen anzuwenden (Laplace-Transformation, z-Transformation), die das Differentialgleichungssystem in ein System gewöhnlicher Gleichungen im komplexen Bereich umwandelt (vgl. Abschn. 9.2 und 9.3.1.3). Lassen sich z. B.

Nichtlinearitäten der Übertragungssysteme nicht vernachlässigen, müssen notwendige Berechnungen im Zeitbereich vorgenommen werden. Weisen die Differentialgleichungen Ableitungen höherer Ordnung auf, ist eine Beschreibung im Zustandsraum vorteilhaft. Dabei werden die Differentialgleichungen in Systeme von Differentialgleichungen erster Ordnung und gewöhnliche Gleichungen umgewandelt. Dies geschieht durch Einführen von Zwischengrößen, den Zustandsvariablen [61].

Damit wird aus der systembeschreibenden Differentialgleichung höherer Ordnung mit einer Eingangsgröße u(t), der Ausgangsgröße y(t) und den zeitlichen Ableitungen $\overset{(n)}{y}(t)$

$$a_n \cdot \overset{(n)}{y}(t) + a_{n-1} \cdot \overset{(n-1)}{y}(t) + \ldots + a_2 \cdot \ddot{y}(t) + a_1 \cdot \dot{y}(t) + a_0 \cdot y(t) = b_0 \cdot u(t) \tag{9-133}$$

durch Einführen der Zwischengrößen $x_1(t), x_2(t), \ldots x_n(t)$

$$x_1(t) = y(t), \quad x_2(t) = \dot{y}(t), \quad x_3(t) = \ddot{y}(t), \ldots, \quad x_{n-1}(t) = \overset{(n-2)}{y}(t)$$

$$x_n(t) = \overset{(n-1)}{y}(t), \quad \dot{x}_n(t) = \overset{(n)}{y}(t) \tag{9-134}$$

und Ersetzen der Ausgangsgröße y(t) durch die Zwischengrößen

$$\begin{aligned} \dot{x}_1(t) &= x_2(t) \\ \dot{x}_2(t) &= x_3(t) \\ &\;\vdots \\ \dot{x}_{n-1}(t) &= x_n(t) \end{aligned} \tag{9-135}$$

eine Differentialgleichung erster Ordnung:

$$a_n \cdot \dot{x}_n(t) + a_{n-1} \cdot x_n(t) + \ldots + a_2 \cdot x_3(t) + a_1 \cdot x_2(t) + a_0 \cdot x_1(t) = b_0 \cdot u(t) \tag{9-136}$$

bzw. nach Umformung:

$$\dot{x}_n = -\frac{a_0}{a_n} x_1(t) - \frac{a_1}{a_n} x_2(t) - \ldots - \frac{a_{n-1}}{a_n} x_n(t) + \frac{b_0}{a_n} u(t) \tag{9-137}$$

Das systembeschreibende Gleichungssystem setzt sich nunmehr aus Differentialgleichungen erster Ordnung, (Gl. (9-135) und (9-137), zusammen, die die Ableitungen der Zwischengrößen $x_i(t)$ und die Eingangsgröße u(t) enthalten. Die Ausgangsgröße y(t) tritt in den Differentialgleichungen nicht auf, sie wird durch eine Zwischengröße ausgedrückt:

$$y(t) = x_1(t) \tag{9-138}$$

Zum Aufbau des Differentialgleichungssystems werden die n Ableitungen der n Zustandsgrößen $x_i(t)$, Gl. (9-135) und (9-137), durch die n Zustandsgrößen $x_i(t)$, Gl. (9-134), und die p Eingangsgrößen $u_i(t)$ dargestellt. Für ein System mit mehreren (p) Eingangsgrößen gilt:

$$
\begin{aligned}
\dot{x}_1 &= f_1(x_1(t), \; \ldots, \; x_n(t); \; u_1(t), \; \ldots, \; u_p(t)) \\
&\;\vdots \\
\dot{x}_n &= f_n(x_1(t), \; \ldots, \; x_n(t); \; u_1(t), \; \ldots, \; u_p(t))
\end{aligned}
\qquad (9\text{-}139).
$$

Die q Ausgangsgrößen $y_i(t)$ bilden ein Gleichungssystem gewöhnlicher Gleichungen als Funktion der Zustandsgrößen:

$$
\begin{aligned}
y_1(t) &= g_1(x_1(t), \; \ldots, \; x_n(t)) \\
&\;\vdots \\
y_q(t) &= g_q(x_1(t), \; \ldots, \; x_n(t))
\end{aligned}
\qquad (9\text{-}140).
$$

Als übersichtliche Darstellungsart bietet sich die Matrizenschreibweise an:

$$\underline{\dot{x}}(t) = \underline{A} \cdot \underline{x}(t) + \underline{B} \cdot \underline{u}(t) \qquad (9\text{-}141)$$

$$\underline{y}(t) = \underline{C} \cdot \underline{x}(t) \qquad (9\text{-}142)$$

mit $\dot{x}(t)$ als n-reihiger Vektor der Ableitungen der Zustandsgrößen,
$x(t)$ als n-reihiger Vektor der Zustandsgrößen,
$u(t)$ als p-reihiger Vektor der Eingangsgrößen,
$y(t)$ als q-reihiger Vektor der Ausgangsgrößen,
A als n,n Systemmatrix,
B als u,p Eingangsmatrix und
C als q,n Ausgangsmatrix.

Das Beispiel in Gl. (9-135), q = 1, lautet in Matrizenschreibweise:

$$
\begin{bmatrix} \dot{x}_1(t) \\ \dot{x}_2(t) \\ \vdots \\ \dot{x}_n(t) \end{bmatrix}
=
\begin{bmatrix}
0 & 1 & 0 & 0 & \ldots & 0 \\
0 & 0 & 1 & 0 & \ldots & 0 \\
 & & \vdots & & & \\
-\frac{a_0}{a_n} & -\frac{a_1}{a_n} & -\frac{a_2}{a_n} & -\frac{a_3}{a_n} & \ldots & -\frac{a_{n-1}}{a_n}
\end{bmatrix}
\begin{bmatrix} x_1(t) \\ x_2(t) \\ \vdots \\ x_n(t) \end{bmatrix}
+
\begin{bmatrix} 0 \\ 0 \\ \vdots \\ \frac{b_0}{a_n} \end{bmatrix}
\cdot u(t)
\qquad (9\text{-}143)
$$

und:

$$y(t) = \begin{bmatrix} 1 & 0 & 0 & \dots & 0 \end{bmatrix} \cdot \begin{bmatrix} x_1(t) \\ x_2(t) \\ \cdot \\ \cdot \\ \cdot \\ x_n(t) \end{bmatrix} \qquad (9\text{-}144).$$

Die Vektordifferentialgleichung Gl. (9-143) wird als Zustandsdifferentialgleichung bezeichnet, Gl. (9-144) als Ausgangsgleichung; beide Gleichungen zusammen, Gl. (9-143) und (9-144), als Zustandsgleichungen. Die Komponenten des Zustandsvektors $x_i(t)$ bestimmen für jeden Zeitpunkt t das System im n-dimensionalen Raum, dem sogenannten Zustandsraum.

Der Entwurf eines Zustandsreglers geht von den Zustandsgleichungen des Systems aus. Struktur und Parameter des Reglers gehen aus der Optimierung mit bestimmten Regelgütekriterien hervor (z. B. Entwurf auf endliche Einstellzeit, Deadbeat-Entwurf).

Man ist bemüht, die Zustandsgrößen $x_i(t)$ so zu wählen, daß sie mit tatsächlich physikalisch auftretenden Meßgrößen identisch sind. Damit vereinfacht sich der Entwurf eines Zustandsreglers erheblich.

Sind eine oder mehrere Zustandsgrößen nicht meßbar, müssen sie durch einen Beobachter rekonstruiert werden. Ein Prozeß wird beobachtbar genannt, wenn bei bekannter Eingangsgröße u(t) ein beliebiger Systemzustand $x_i(t)$ in endlicher Zeit aus Messungen der Ausgangsgröße y(t) bestimmbar ist. Bild 9-40 zeigt eine Zustandsregelung mit Beobachter.

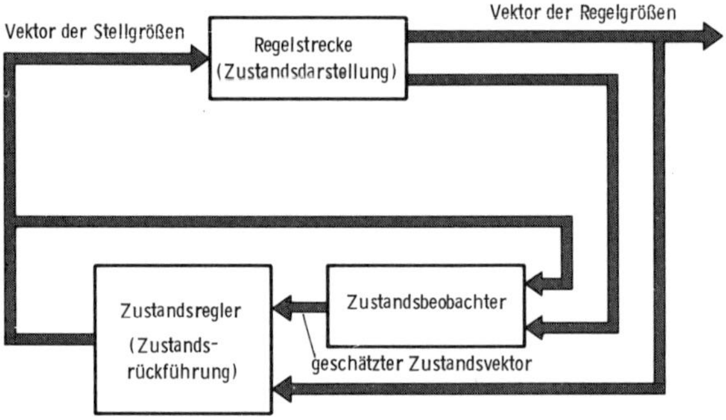

Bild 9-40.
Zustandsregelung mit Beobachter.

Die bisherigen Untersuchungen für Differentialgleichungen im Zustandsraum lassen sich auf Differenzengleichungen übertragen; man gelangt zu einer diskreten Zustandsbeschreibung. Dazu wurden die Ableitungen der Zustandsgrößen nach der Zeit durch diskrete Wertefolgen ersetzt.

Die Vorteile von Reglerentwurfsverfahren im Zustandsraum ergeben sich durch Vergleich mit den klassischen Verfahrensweisen. So waren die klassischen Entwurfsverfahren auf Einfachsysteme mit nur einer Eingangs- und einer Ausgangsgröße zugeschnitten. Mehrfachsysteme mußten zunächst entkoppelt und als Einfachsysteme dargestellt werden. Dem entgegengesetzt liegen die eigentlichen Vorteile der Betrachtung im Zustandsraum bei der Auslegung und Stabilitätsanalyse von Mehrfachsystemen. Der Trend zum Zustandsregler wird durch leistungsfähige und kostengünstige Prozeß- bzw. Mikrorechner unterstützt. Die Beschreibung durch Vektordifferential- bzw. Vektordifferenzengleichungen gestattet in den meisten Fällen eine rationelle numerische Behandlung auf dem Digitalrechner.

9.4. Antriebseinheiten von Vorschubantrieben

9.4.1. Anforderungen an die Antriebseinheiten

An die Antriebseinheiten von Werkzeugmaschinen mit Bahnsteuerungen werden hohe Anforderungen gestellt, da sie als Stellglied im Lageregelkreis die Bearbeitungsqualität wesentlich beeinflussen. Es lassen sich folgende Anforderungen herleiten:

- Einzelantriebe, für jede Achse getrennt ansteuerbar,
- ruckfreier Geschwindigkeitsverlauf auch bei kleinen Vorschubgeschwindigkeiten,
- Eilganggeschwindigkeiten 10 bis 15 m/min,
- in der Geschwindigkeit steuerbar im Verhältnis von etwa 1 : 10000 bis 1 : 30000,
- Drehmoment an der Motorwelle 5 bis 100 Nm,
- hohe Stromüberlastbarkeit beim Beschleunigen und Abbremsen (kurzfristig 4- bis 10fach),
- Ausführen kleinster Weginkremente ($< 1\ \mu m$),
- hohe dynamische Güte, d. h. geringe Zeitkonstanten (Anregelzeiten 10 bis 50 ms), um möglichst geringe Anfahr- und Verzögerungszeiten zu erzielen.

Die genannten Forderungen lassen sich mit speziell entwickelten Elektro- und Hydraulikmotoren in Verbindung mit Regel- und Steuereinrichtungen verwirklichen.

9.4.2. Elektrische Antriebseinheiten

Heute findet im Werkzeugmaschinenbau für Vorschubantriebe hauptsächlich der Gleichstrommotor Anwendung. Weitaus weniger Bedeutung hat der Schrittmotor (elektrisch und elektrohydraulisch), der bei Antrieben von Druckern, Zeichenmaschinen usw. eingesetzt wird. Mit Gleichstrommotoren läßt sich der gesamte Geschwindigkeitsbereich von der kleinsten Vorschubgeschwindigkeit bis zur Eilganggeschwindigkeit stetig durchsteuern. Es ist kein Umschalten zwischen Vorschub und Eilgang mehr erforderlich. Diese technische Eigenschaft führt zu konstruktiv sehr einfachen Lösungen bei der Werkzeugmaschine, da man auf Schaltgetriebe verzichten kann.

In der Erprobung sind Drehstrommotoren (Asynchron- und Synchronmotoren) mit großem Drehzahlstellbereich. Problematisch erweist sich die Realisierung preislich akzeptabler Regelgeräte für den im Verhältnis zum Gleichstrommotor höheren Ansteuerungsaufwand.

9.4.2.1. Gleichstrommotoren

Bauarten

Kennzeichnend für Gleichstromservomotoren sind die dynamischen Eigenschaften der Antriebe, wie geringes Trägheitsmoment, hohes Beschleunigungsmoment sowie extrem ruhiger und runder Lauf auch bei kleinsten Drehzahlen. Gleichstromservomotoren werden vorwiegend in Sonderbauformen gebaut. Zur Verringerung der Massen der sich drehenden Teile bieten sich u. a. folgende Maßnahmen an:

- stabförmiger Rotor mit aufgeklebter Wicklung,
- korbförmige, eisenlose Ankerwicklung zwischen dem Stator und einem feststehenden Magnetkern,
- scheibenförmiger Rotor mit aufgeklebten Kupferleitern.

Neuere Entwicklungen favorisieren den Langsamläufer mit vergleichsweise hohem Trägheitsmoment. Konstruktive Lösungen zeigt Bild 9-41.

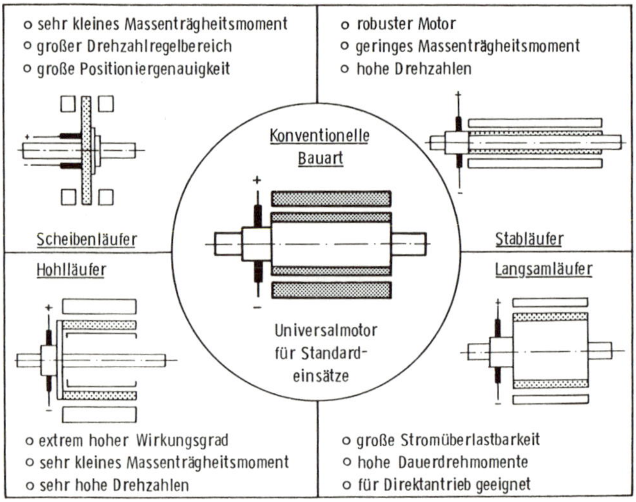

Bild 9-41. Bauarten von Gleichstrommotoren.

Schnelläufer

Den Unterschied zwischen einem herkömmlichen Gleichstrommotor und einem Gleichstromservomotor zeigt Bild 9-42. Beide Ausführungen haben das gleiche

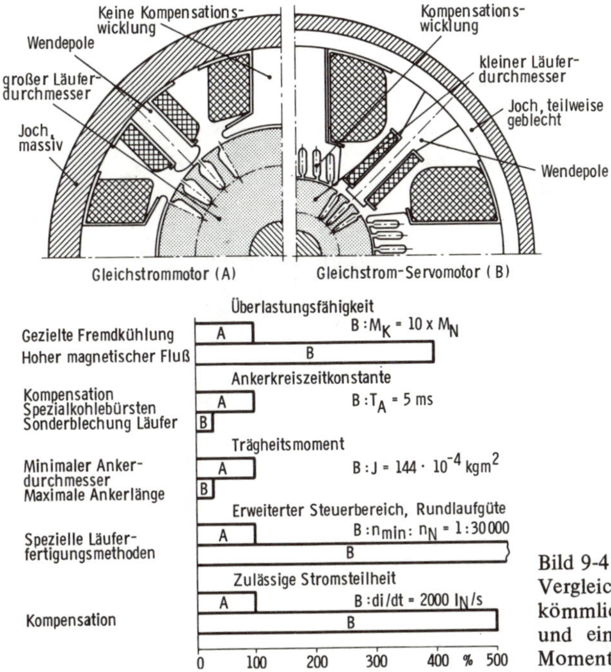

Bild 9-42.
Vergleich zwischen einem herkömmlichen Gleichstrommotor und einem Servomotor gleichen Moments (nach Siemens).

Nennmoment. Beim Gleichstromservomotor kann man die Kompensationswicklung, den kleinen Ankerdurchmesser und die Blechung des Jochrings erkennen. Das gute Beschleunigungsverhalten wird durch das extrem niedrige Trägheitsmoment des schlanken Läufers erreicht. Diese Bauform läßt jedoch nur geringe Beschleunigungs- und Dauerdrehmomente durch die damit verbundene begrenzte Wärmekapazität zu. Die geforderten Drehmomente lassen sich nur durch hohe Drehzahlen (bis 6000 $Umin^{-1}$) und Verwendung eines Getriebes realisieren.

Beispiel: Scheibenläufer

Scheibenläufermotoren sind Gleichstromservomotoren mit Permanentfelderregung, in deren Luftspalt eine aus Isolationsmaterial bestehende Scheibe (Rotor) mit aufgeklebten Kupferleitern drehbar gelagert ist, Bild 9-43. Das von 8 bis 10 Polpaaren gebildete Magnetfeld breitet sich homogen im Innern des Motors aus. Der magnetische Rückschluß erfolgt durch die Eisenteile des Motorgehäuses. Der Strom wird über Spezialkohlebürsten direkt auf die Leiterzüge übertragen. Durch die Wechselwirkung mit dem Magnetfeld wirkt auf die Läuferscheibe eine Kraft, so daß sich die Scheibe dreht (Barlowsches Rad).

Durch das Fehlen des Eisens im Anker wird nicht nur das Trägheitsmoment reduziert, es ergeben sich außerdem sehr kleine Werte für die Ankerinduktion. Dadurch lassen sich große Stromanstiegsgeschwindigkeiten realisieren, so daß der Motor in wenigen Millisekunden auf die gewünschte Drehzahl gebracht werden kann.

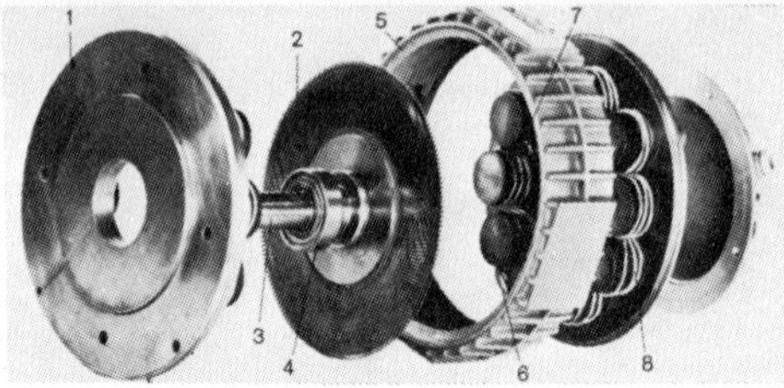

1 Lagerschild
2 Scheibenläufer (Rotor)
3 Welle
4 Lager
5 Gehäuse
6 Permanentmagnete
7 Bürste
8 Magnetisierungswicklung

Bild 9-43.
Aufbau eines Scheibenläufermotors (nach BBC).

Beispiel: Hohlläufer (Glockenankerläufer)

Beim Hohlläufermotor sind die Ankerwicklungen auf einem glockenförmigen Wicklungskorb aufgebracht, der fest mit der Motorwelle verbunden ist. Im Gegensatz zum konventionellen Gleichstrommotor ist das Eisen des Ankers nicht Teil der Welle, sondern feststehend und bildet einen Teil des Gehäuses. Damit ergibt sich für den Rotor ein geringes Massenträgheitsmoment, Bild 9-41.

Beispiel: Stabläufer

Minertia-Motoren sind Gleichstromservomotoren mit stabförmigem Anker, die sehr geringe Trägheitsmomente und ein hohes Beschleunigungsvermögen aufweisen. Auf der Motorwelle ist ein nutenloser Siliziumstahlblechkern als Träger der Ankerwicklung aufgepreßt. Die Wicklung selbst wird mit Glasfaserbandagen festgehalten, Bild 9-41.

Langsamläufer

Servomotoren dieses Typs sind dauermagneterregte Gleichstrommotoren mit Nebenschlußverhalten. Sie zeichnen sich durch hohe Drehmomente auch bei niedrigen Drehzahlen aus. Die dabei entstehende Verlustwärme wird von der hohen Wärmespeicherkapazität des großen Läufers aufgenommen. Der Motor eignet sich für den Direktantrieb von Vorschubspindeln. Es werden Drehzahlen bis zu 3000 min^{-1} erreicht. Der in Bild 9-44 abgebildete Motor hat ein geschlossenes, unbelüftetes Gehäuse. Bedingt durch die Dauermagneterregung ist der Wirkungsgrad sehr hoch.

Bild 9-44.
Dauermagneterregter Gleichstromservomotor (nach Siemens).

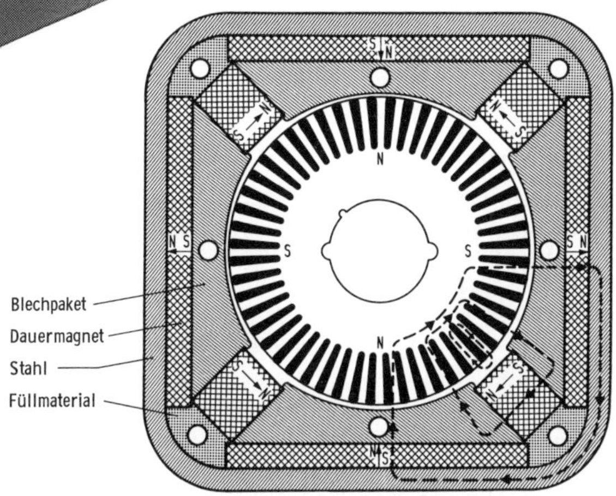

9.4.2.2. Drehstrommotoren

Außer den vielen Vorteilen des Gleichstrommotors, u. a. die gute Drehzahlregelbarkeit, weist der genannte Motortyp einen spezifischen Nachteil auf; die begrenzte Belastbarkeit des Kollektors. So dürfen die Kommutierungsgrenzkurven (Strombelastbarkeit des Kollektors in Abhängigkeit von der Drehzahl) z. B. beim Beschleunigen nicht überschritten werden. Ein erhöhter Verschleiß oder gar die Zerstörung des Kollektors wäre die Folge; zumal der Kollektor auch im normalen Betrieb einem Verschleiß unterliegt.

Diese Nachteile werden durch Drehstrommotoren (Asynchron- und Synchronmotoren) vermieden, die keinen Kollektor haben. Wesentliche Vorteile gegenüber dem Gleichstrommotor sind:

- keine Kollektoren und Schleifringe,
- günstiges Leistungsgewicht,
- kleine Massenträgheitsmomente der bewegten Teile,
- höhere Leistungen und Drehzahlen,
- drehzahlunabhängiges Dauerdrehmoment,
- Beschleunigungsmoment im gesamten Drehzahlbereich verfügbar.

Als weiterer Vorteil der Drehstrommotoren ist zu nennen, daß der größte Teil der Verlustleistung im Stator entsteht und somit weniger Wärme auf die mechanischen Übertragungselemente der Werkzeugmaschine übertragen wird.

Asynchronmotor

Ein robuster und wartungsarmer Motor ist der Asynchronmotor mit Kurzschlußläufer. Der Rotor trägt über den Umfang verteilte Wicklungen, die in sich kurzgeschlossen sind. In den Statorwicklungen wird ein Drehfeld erzeugt, das in den Rotorwicklungen eine Spannung induziert, worauf ein Stromfluß in den Rotorwicklungen entsteht. Durch Überlagerung mit dem erzeugenden Statordrehfeld wirkt eine Kraft und damit ein Drehmoment auf dem Rotor. Die Drehzahl läßt sich durch Polumschaltung und Variation der Statorfrequenz steuern. Eine Veränderung der Statorspannung verändert lediglich die Größe des Kippmoments und die Drehsteifigkeit, ohne jedoch die Motorcharakteristik wesentlich zu beeinflussen [71].

Synchronmotor

Der Stator einer Drehstromsynchronmaschine trägt die Drehstromwicklung, während der Rotor eine Gleichspannungswicklung oder auch Permanentmagnete hat. Einen drehzahlgeregelten Synchronmotor mit Permanenterregung zeigt Bild 9-45. Auf dem Rotor sind die Permanentmagnete sowie der Geber zur berührungslosen Rotorpositions- und Drehzahlmessung angebracht. Damit ist kein elektrischer Kontakt über Kollektoren oder Bürsten vom Stator zum Rotor erforderlich.

Die Statorwicklungen werden mit Gleichstrom bestimmter Größe und Polarität so angesteuert, daß durch die Wechselwirkung mit dem Rotormagnetfeld eine Kraft und damit ein Drehmoment auf den Rotor entsteht. Der Rotor dreht sich daraufhin um einen definierten Winkel in eine stabile Endlage. Um eine konti-

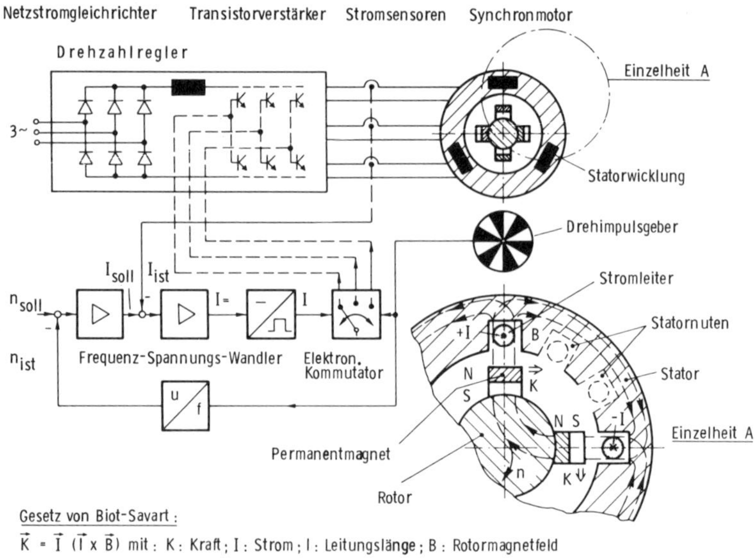

Bild 9-45. Drehzahlregelung eines permanenterregten bürstenlosen Synchronmotors.

nierliche Rotordrehung zu erzeugen, muß die Polarität der Statorströme in Abhängigkeit von der Rotorposition geändert werden. Die Statorströme haben sinusförmigen Verlauf. Hinsichtlich der Wirkungsweise ist dieser Synchronmotor mit einem fremderregten Gleichstrommotor vergleichbar, wobei das Magnetfeld vom Rotor erzeugt wird und die Kommutierung (Stromwendung) des Stroms in den Statorwicklungen durch entsprechende elektronische Ansteuerung erfolgt.

Einen Synchronmotor mit Permanenterregung sowie die entsprechende Ansteuerungseinheit zeigt Bild 9-46. Mit der dargestellten Anlagenkonfiguration läßt sich der für Vorschubantriebe benötigte hohe Drehzahlstellbereich realisieren.

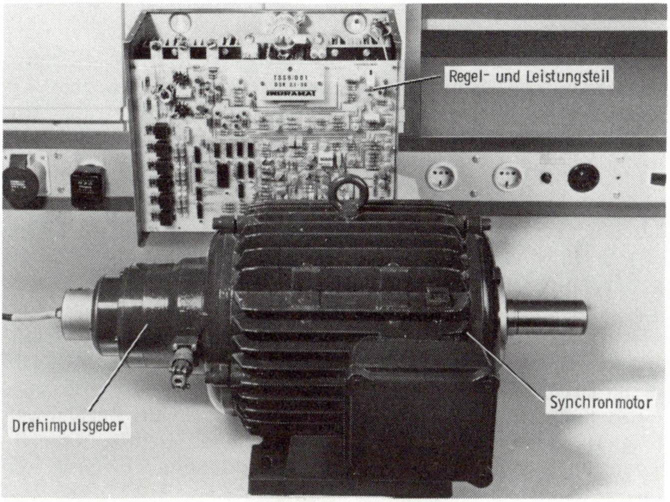

Bild 9-46. Synchronmotor mit Ansteuerung (nach Indramat).

9.4.2.3. Antriebsverstärker

Der Vorschubantrieb umfaßt außer dem Antriebsmotor und den mechanischen Übertragungselementen die Ansteuerungseinheit für den Antriebsmotor, den Antriebsverstärker.

Numerisch gesteuerte Werkzeugmaschinen benötigen Ansteuerungen, die einen Betrieb in allen vier Quadranten des Motor Drehzahl-Drehmoment-Diagramms zulassen. Der Betrieb in vier Quadranten ermöglicht die folgenden Betriebszustände:

- Rechtslauf motorisch,
- Rechtslauf bremsend,
- Linkslauf motorisch,
- Linkslauf bremsend.

Sollen Gleichstrommotoren bzw. Drehstromsynchronmotoren (Prinzip der elektronischen Kommutierung) angesteuert werden, ist eine regelbare, umsteuerbare

Gleichspannungsquelle hoher Leistung erforderlich. Die notwendige Energie wird dabei dem Wechselstrom- bzw. Drehstromnetz entnommen und im steuerbaren Gleichrichter umgeformt.

Zur Steuerung von Drehstromasynchronmotoren werden sinusförmige Spannungen variabler Frequenz und Amplitude benötigt. Im Umrichter geschieht die entsprechende Umsetzung aus der Netzspannung meist über einen Gleichspannungszwischenkreis. Da die Behandlung der Umrichterverfahren detaillierte Kenntnisse der Stromrichtertechnik erfordern, kann an dieser Stelle nur auf das weiterführende Schrifttum verwiesen werden [72; 73].

Die folgenden Ausführungen beziehen sich auf den am häufigsten eingesetzten Gleichspannungsverstärker.

Moderne Antriebsverstärker setzen sich aus dem Regel- und Kontrollteil sowie der Leistungseinheit zusammen. Um die dynamischen Eigenschaften der Vorschubmotoren voll nutzen zu können, werden die Verstärker mit den modernsten Bauelementen der Regelungs- und Leistungselektronik ausgerüstet.

Der Regelteil umfaßt in den meisten Fällen eine Drehzahlregelung mit unterlagerter Stromregelung. Der Sollwert der Drehzahlregelung wird zumeist von der übergeordneten Maschinensteuerung (NC, CNC) in Form einer Gleichspannung vorgegeben. Den Drehzahlistwert liefert entweder als drehzahlproportionale Gleichspannung die Tachomaschine, deren Läufer kraftschlüssig mit der Motorwelle verbunden ist, oder ein berührlos messendes System, z. B. ein optischer Drehimpulsgeber. Dabei wird die drehzahlproportionale Impulsfrequenz (Hell/Dunkel-Wechsel der Rasterscheibe) ausgewertet. Die Verarbeitung der Regelabweichung geschieht im Drehzahlregler. Der Drehzahlregler hat ein proportionales und integrales Übertragungsverhalten. Durch den P-Anteil kann auf Regelabweichungen schnell reagiert werden, der I-Anteil eliminiert auch kleinste Regelabweichungen. Die Drehzahl/Drehmoment-Kennlinienfelder für einen ungeregelten und einen drehzahlgeregelten Gleichstrommotor sind in Bild 9-47 gegenübergestellt.

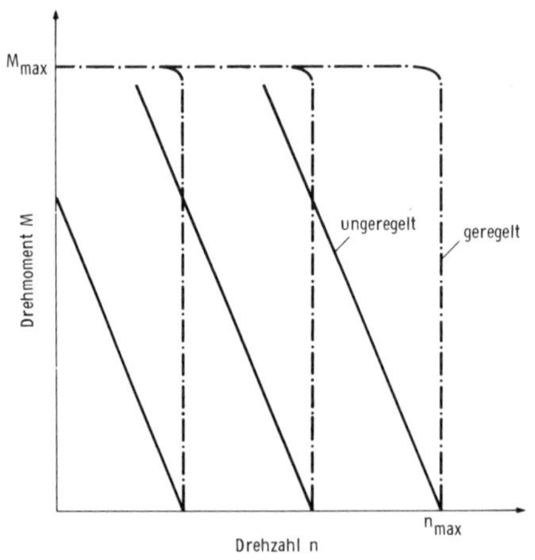

Bild 9-47.
Drehmoment/Drehzahl-Kennlinienfelder eines ungeregelten und eines mit einem PI-Regler drehzahlgeregelten Gleichstrommotors (nach Siemens).

Die vom Geschwindigkeitsregelkreis erzeugte Stellgröße wird dem Stromregler als Stromsollwert zugeführt. Der Stromistwert wird mittels Meßwiderstände im Hauptstromkreis oder mit Stromwandlern in der Stromversorgung ermittelt. Der Stromregler hat PI-Verhalten mit drehzahlabhängiger Strombegrenzung. Bei Gleichstrommotoren muß der Maximalstrom in Abhängigkeit von der Motordrehzahl reduziert werden, da der mechanischen Kommutierung durch die Bürsten und den Kollektor Grenzen gesetzt sind.

Das so geregelte und begrenzte Stromäquivalent muß jetzt noch im Leistungsverstärker in den realen Motorstrom umgesetzt werden. Nach dem derzeitigen Stand der Technik stehen Transistor- und Thyristorverstärker zur Verfügung. Transistorverstärker werden für kleine und mittlere Antriebsaufgaben bis etwa 10 kW Leistung gebaut. Thyristorverstärker umfassen die gesamte Leistungspalette bis zu Leistungen von mehreren hundert Kilowatt.

Transistorverstärker sind hochdynamische Leistungsverstärker. In Verbindung mit massenträgheitsarmen Motoren lassen sich reaktionsschnelle Antriebe realisieren. Der Nachteil dieses Verstärkertyps besteht darin, daß er eine Gleichspannungsquelle voraussetzt, bzw. daß der Netzwechsel bzw. Drehstrom zunächst gleichgerichtet werden muß. Von der Funktion her wird zwischen stetiger Gleichspannungsverstellung und Impulsbreiten- oder Frequenzmodulation unterschieden.

Gleichspannungsverstärker erzeugen eine der Eingangsspannung proportionale Ausgangsspannung und werden mit Leistungsoperationsverstärkern realisiert,

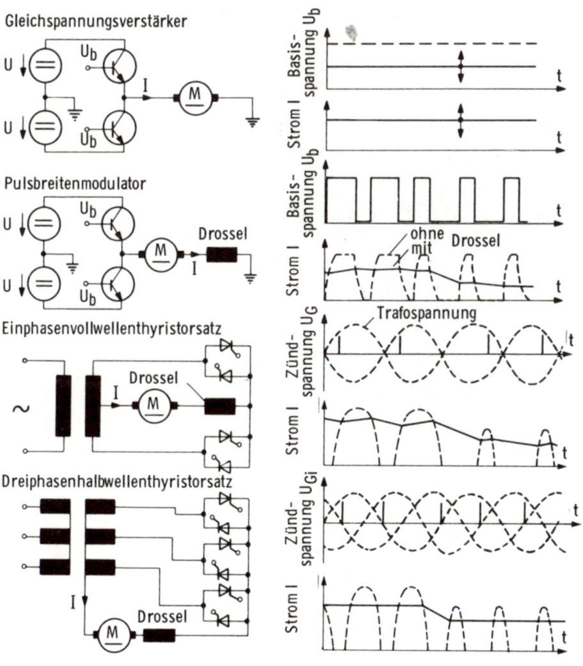

Bild 9-48.
Grundschaltungen elektronischer Regelverstärker.

Bild 9-48. Die Dynamik ist sehr hoch und hängt nur von den Totzeiten in den Leistungstransistoren ab (10 bis 100 μs). Der Einsatz dieses Verstärkertyps beschränkt sich auf kleinere Antriebssysteme, da die Verlustleistung der Leistungstransistoren gleich der Nennleistung des Motors werden kann.

Beim Impulsbreiten- oder Frequenzmodulator arbeiten die Transistoren als elektronische Schalter, die eine Gleichspannung impulsförmig auf den Motor schalten. Über die Pulsbreite bzw. Frequenz wird der Mittelwert des Ausgangsstroms gesteuert (Bild 9-48). Bei Taktfrequenzen von 10 bis 20 kHz haben diese Verstärker nahezu die gleichen dynamischen Eigenschaften wie die Gleichspannungsverstärker mit wesentlich geringeren Verlustleistungen im Transistor. Der Ausgangsstrom wird bei den genannten Taktfrequenzen durch die Motorinduktivität hinreichend geglättet, so daß in den meisten Fällen zusätzliche Glättungsdrosseln verzichtbar sind.

Die Tyristorverstärker arbeiten nach dem Prinzip der Phasenanschnittsteuerung (Bild 9-48, unten). Sie werden direkt aus dem Wechselstrom- bzw. Drehstromnetz gespeist. Thyristoren sind elektronische Schalter, die über einen Zündimpuls aktiviert werden. Unterschreitet der Strom durch den Thyristor (z. B. beim Nulldurchgang der Netzspannung) einen bestimmten Schwellwert, sperrt der Thyristor. Analog zum Pulsbreitenmodulator wird über die Leitdauer der Thyristoren

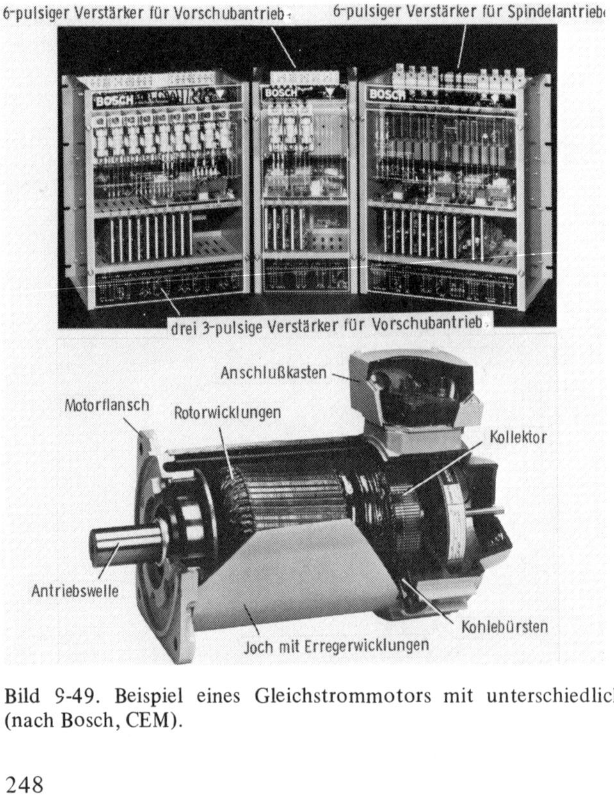

Bild 9-49. Beispiel eines Gleichstrommotors mit unterschiedlichen Thyristorverstärkern (nach Bosch, CEM).

der Mittelwert des Motorstroms gesteuert. Bei Thyristorverstärkern kann die Welligkeit des Ausgangsstroms nicht vernachlässigt werden, da sie sehr niederfrequent ist und besonders bei hochdynamischen Antrieben das System zu ungewollten Schwingungen anregt.

Die Taktfrequenz bei einphasig halbgesteuerten Verstärkern ist identisch mit der Netzfrequenz (d. h. f_{T1H} = 50 Hz) und erhöht sich bei dreiphasig vollgesteuerten Schaltungen auf f_{T3V} = 300 Hz. Zur Reduzierung der Stromwelligkeit können Glättungsdrosseln eingesetzt werden. Ein gut geglätteter Gleichstrom ist bei Gleichstromantrieben mit hoher Dynamik notwendig, da das Beschleunigungs- und Abbremsvermögen bei lückendem Strom reduziert wird (Abhängigkeit der Kommutierungsgrenzkurven vom Scheitelwert des Stroms).

Für Wechselstromnetze werden Einphasen-Vollwellen-Thyristorsätze, für Drehstromnetze Dreiphasen-Halbwellen- oder Dreiphasen-Vollwellen-Thyristorsätze gebaut. Bild 9-49 zeigt einen Gleichstrommotor sowie unterschiedliche Antriebsverstärker für eine 3-Achsen-Steuerung.

9.4.2.4. Linearmotoren

Da viele Bewegungen in Produktionsanlagen translatorisch ablaufen, bietet sich die Verwendung von Linearmotoren an. Bei diesem Motor kann auf die beim herkömmlichen Drehantrieb notwendigen Umwandlungsgetriebe, wie Spindel-Mutter-System oder Zahnstange-Ritzel, verzichtet werden.

Der Linearmotor, Bild 9-50, entspricht der Abwicklung von Ständer einschließlich der Ständerwicklung und Läufer eines Drehstromasynchronmotors, wo-

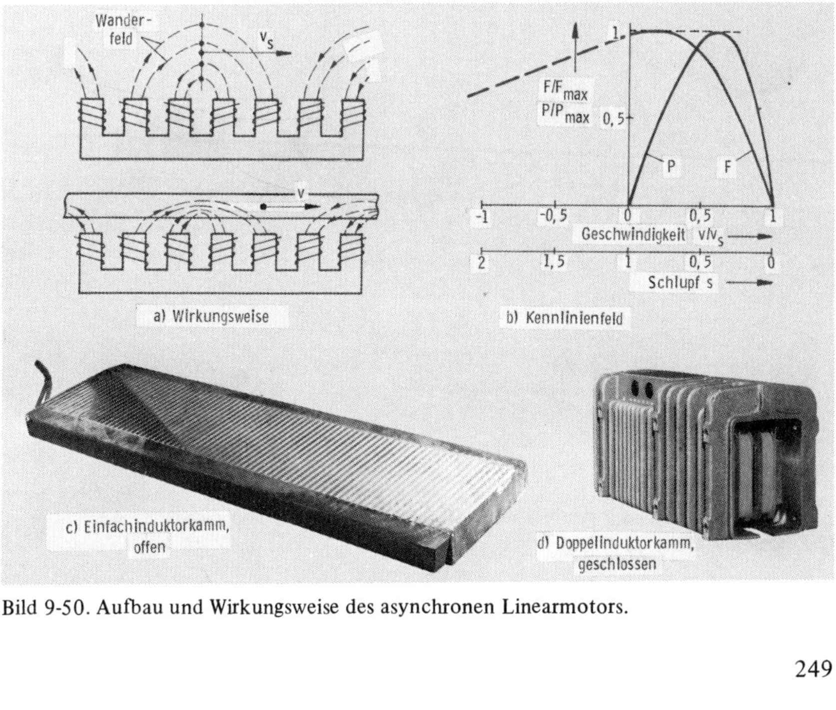

Bild 9-50. Aufbau und Wirkungsweise des asynchronen Linearmotors.

bei anstelle des magnetischen Drehfelds ein lineares Wanderfeld erzeugt wird, das sich mit der Synchrongeschwindigkeit v_S fortbewegt. Seine Wirkungsweise beruht wie die des Kurzschlußläufermotors auf dem Induktionsprinzip. Zwischen den Polpaaren des Ständers, beim Linearmotor Induktor genannt, befindet sich in dem elektromagnetischen Wanderfeld die Reaktionsschiene, bestehend aus einem elektrisch leitfähigen Material. Die in der Reaktionsschiene induzierten Spannungen rufen elektrische Ströme hervor, deren Magnetfelder in Wechselwirkung mit dem Wanderfeld des Induktors eine Kraft erzeugen. Die Kraft und der Wirkungsgrad sind wie beim Asynchronmotor eine Funktion des Schlupfes s (Bild 9-50).

Gerade bei den langsamen Geschwindigkeiten, wie sie bei Vorschubantrieben vorherrschen, ist der Wirkungsgrad dieser Antriebsart sehr schlecht. Die Leistungsverluste führen zu hohen Erwärmungen der Reaktionsschiene. Diese Wärmequelle ist wiederum eine Gefahr für die thermoelastische Verformung der Werkzeugmaschine[3]).

Hauptanwendungsgebiet des Asynchronlinearmotors ist die Transporttechnik, z. B. Werkstückfördersysteme zwischen verketteten Maschinen.

9.4.2.5. Elektrische Schrittmotoren

Das charakteristische Verhalten der Schrittmotoren ist das schrittweise Drehen der Motorwelle. Dabei entspricht eine Umdrehung der Motorwelle einer bestimmten Anzahl von Winkelschritten. Diese Eigenschaft ermöglicht ein schrittgenaues Positionieren ohne Rückmeldung, d. h. es ist kein Regelkreis mit aufwendigem Meßsystem erforderlich. Die Problemstellungen beim Schrittmotor sind meist

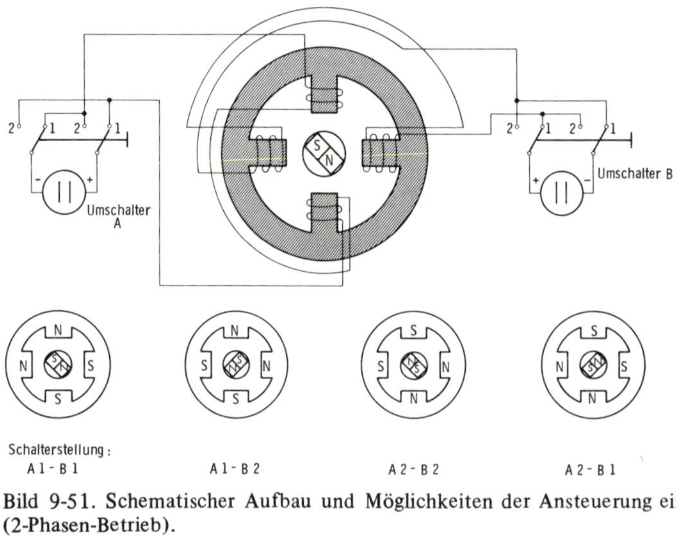

Bild 9-51. Schematischer Aufbau und Möglichkeiten der Ansteuerung eines Schrittmotors (2-Phasen-Betrieb).

3) Vgl. *Weck, M.:* Werkzeugmaschinen, Bd. 2 Konstruktion und Berechnung.

dynamischer Art, z. B. beim Hochlaufen und Abbremsen sowie beim Betrieb im Bereich der Eigenfrequenzen. Gebräuchlich sind heute Permanentmagnetschrittmotoren und Drehfeldschrittmotoren mit weichmagnetischem Anker nach dem Reluktanzprinzip (geringster magnetischer Widerstand).

Funktionsweise des Schrittmotors

Die Funktionsweise des Schrittmotors soll Bild 9-51 verdeutlichen. Der Stator des Schrittmotors hat vier ausgeprägte Pole mit elektrischen Wicklungen. Die beiden gegenüberliegenden Wicklungen werden vom gleichen Strom durchflossen. Der Rotor ist als Permanentmagnet ausgebildet. Die Ansteuerung der Wicklungen erfolgt zweiphasig, d. h. die beiden Wicklungskombinationen können getrennt angesteuert werden. Zum Umpolen des Stroms dienen die Umschalter A und B. Durch Kombination lassen sich damit 4 definierte Stromzustände einstellen, wodurch die Statorpole des Schrittmotors unterschiedlich magnetisiert werden. Die Polung der Statorelektromagnete ist für eine Umdrehung der Schrittmotorwelle

Schritt	Der Vorgang, bei dem sich die Motorwelle um den Schrittwinkel dreht.
Schrittwinkel	Der Nennwinkel, um den sich die Motorwelle je Steuerimpuls dreht.
Schrittfrequenz	Die Anzahl der Schritte, die die Motorwelle bei konstanter Steuerfrequenz in einer Sekunde macht.
Drehzahl	Umdrehung pro Minute, berechnet aus Schrittfrequenz $\frac{\text{Schrittwinkel} \cdot 60}{360^{\circ}}$.
Selbsthaltemoment	Das max. Drehmoment, mit dem man einen nicht erregten Motor statisch belasten kann, ohne ihn um einen Schrittwinkel zu verdrehen.
Haltemoment	Das max. Drehmoment, mit dem man einen erregten Motor statisch belasten kann, ohne ihn um einen Schrittwinkel zu verdrehen.
Anlaufbereich	Betriebsbereich, in welchem der Motor ohne Schrittfehler bei einer bestimmten starr angekuppelten Zusatzschwungmasse anlaufen und anhalten kann.
Beschleunigungsbereich	Betriebsbereich, in welchem der Motor bei einer bestimmten starr angekuppelten Zusatzschwungmasse ohne Schrittfehler in einer Drehrichtung arbeiten jedoch nicht ohne Schrittfehler anlaufen oder anhalten kann.
Leerlauf	Die Betriebsart, bei der der Motor weder durch von außen angreifende Drehmomente noch durch angekuppelte Zusatzschwungmassen belastet wird.
Anlaufgrenzfrequenz (Start-Stop-Frequenz)	Größte Steuerfrequenz, bei welcher der Motor mit einer bestimmten Last, bestehend aus Reibmoment und Beschleunigungsmoment für starr angekuppelte Schwungmassen, ohne Schrittfehler anlaufen kann.
Anlaufgrenzmoment	Das höchste Lastmoment, bei dem der Motor mit einer starr angekuppelten Schwungmasse bei einer bestimmten Steuerfrequenz ohne Schrittfehler anlaufen kann.

Bild 9-52. Definitionen zum Schrittmotor.

im Uhrzeigersinn im unteren Teil von Bild 9-51 dargestellt. Ausgehend von der Schalterstellung A1 – B1, in der der Rotor die gezeichnete stabile Lage einnimmt, wird durch Betätigen des Schalters B der Rotor um 90° im Uhrzeigersinn verdreht. Eine weitere Drehung wird durch Betätigen der Schalter A und B in der dargestellten Reihenfolge erzeugt. Durch zyklisches Umschalten in der festgelegten Reihenfolge dreht sich der Rotor mit einer vorgebbaren Geschwindigkeit, die mit der Schaltfrequenz gesteuert wird. Zum besseren Verständnis des Schrittmotors sind in Bild 9-52 die wichtigsten Begriffe angegeben.

Kenngrößen

Schnittwinkel (Grad)	0,72
Anlaufdrehmoment (Ncm)	680
max. Drehmoment (Ncm)	700
Haltemoment, erregt (Ncm)	750
max. Leistung (W) bei ......kHz	430 15
Rotorträgheitsmoment (Nms^2)	$7.5 \cdot 10^{-4}$
Schritte/Umdrehung	500
Positionierfehler (Minuten)	± 3
max. Schrittfrequenz (kHz)	30
max. Drehzahl (min^{-1})	3600
max. Start-Stop-Frequenz (kHz)	1,8
max. Start-Stop-Drehzahl (min^{-1})	500
Resonanzfrequenzbereich (Hz) (ohne Masse)	100
Resonanzdrehzahlbereich (min^{-1})	12
max. Strom/Wicklung (A)	5
Widerstand/Wicklung (Ω)	0,3
Gewicht (kg) ca.	8,5

Drehmoment-Drehzahl-Kennlinie

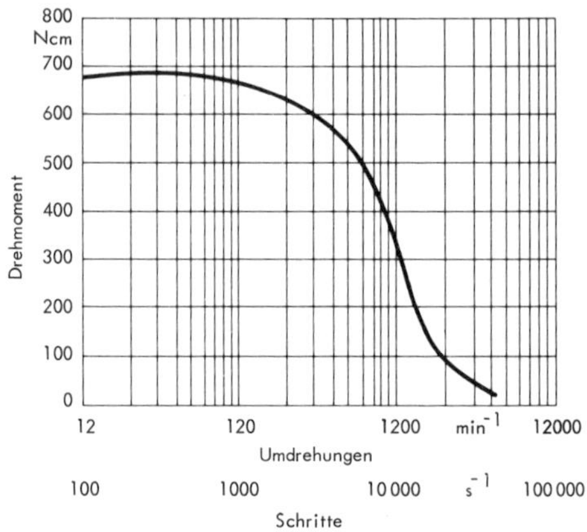

Beschleunigungs- u. Abbremsverhalten
(Sollfrequenz ≥ Start-Stop-Frequenz)

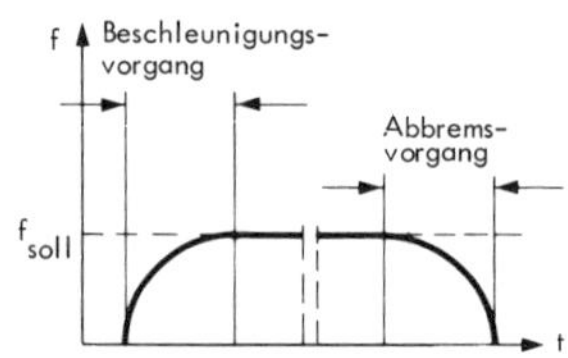

Bild 9-53. Technische Daten eines 5-Phasen-Schrittmotors (nach Berger).

Die technischen Daten eines Schrittmotors sowie die Drehmoment-/Drehzahlabhängigkeit zeigt Bild 9-53. Damit der Schrittmotor nicht außer Tritt fällt, d. h. bei jedem Ansteuerungsimpuls eine entsprechende Winkeldrehung ausführt, sind einige Werte begrenzt. Als Start-/Stopfrequenz bezeichnet man die sprunghafte Frequenzänderung, mit der ein Schrittmotor ohne Schrittfehler aus dem Stillstand beschleunigt oder abgebremst werden kann. Sie darf wegen des begrenzten Beschleunigungsvermögens nicht überschritten werden. Ist der Frequenzsprung größer als die Start-/Stopfrequenz, so muß man die Frequenz nach einer vorgegebenen Zeitfunktion bis zur gewünschten Frequenz erhöhen. Für einen optimalen Beschleunigungsvorgang wird die Frequenz nach einer e-Funktion geändert. Für den Abbremsvorgang muß die Hochlaufkurve in umgekehrter Richtung durchlaufen werden (s. Bild 9-53).

Permanentmagnetschrittmotor

Den Aufbau und die Wirkungsweise eines Permanentmagnetschrittmotors zeigt Bild 9-54. Der lamellierte Stator trägt je nach Bauform mehrere räumlich versetzte Pole mit je einer Spule. Die Polenden können zur Verkleinerung des Schrittwinkels α in Längsrichtung gezahnt sein. Der Rotor besteht aus einem in achsialer Richtung magnetisierten Permanentmagneten, dessen Pole zwei Zahnkränze (Polschuhe) aus Weicheisen bilden. Die Zahnung der beiden Polschuhe ist so angeordnet, daß jeweils einem Zahn des einen Polschuhs eine Zahnlücke des anderen Polschuhs gegenübersteht. Der Permanentmagnetschrittmotor funktio-

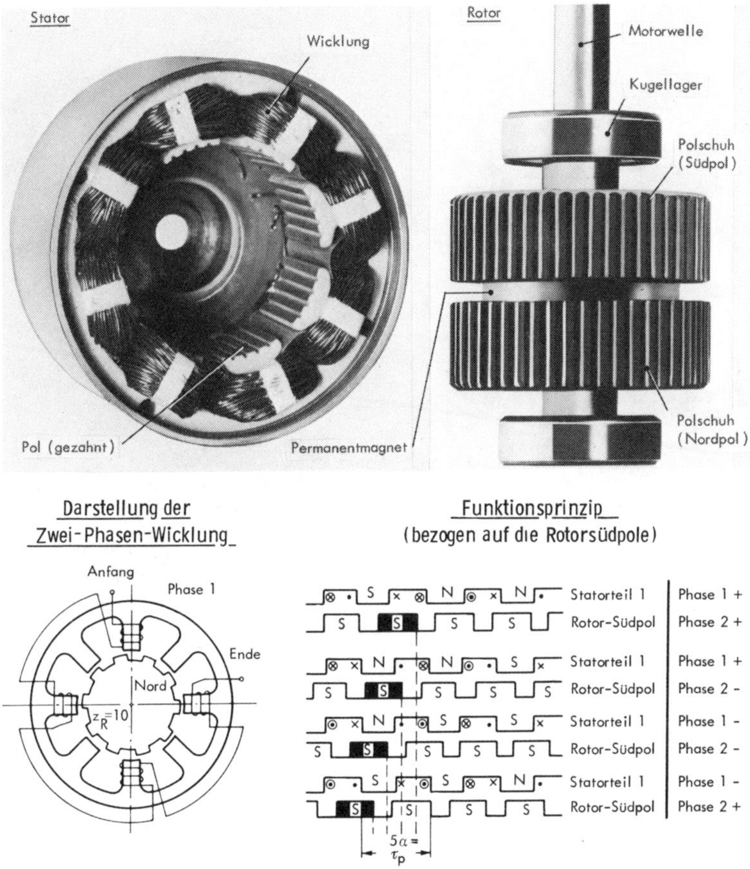

Bild 9-54. Aufbau und Wirkungsweise eines 2-Phasen-Permanentmagnetschrittmotors (nach Berger).

niert aufgrund der Wechselwirkung zwischen den Kräften, die durch die Magnetisierung des Rotors und den Stromfluß durch die Statorspulen entstehen. Der Stator des in Bild 9-54 dargestellten Schrittmotors trägt eine 2-Phasen-Wicklung, d. h. es sind zwei voneinander unabhängige Teilwicklungen vorhanden. Die beiden Teilwicklungen sind auf jeweils vier der acht Hauptpole verteilt (Phase 1, linke Seite von Bild 9-54). Das schrittweise Weiterschalten des Rotors erfolgt durch Stromumkehr in den beiden Teilwicklungen des Stators (s. Bild 9-51). Dabei nimmt der Rotor die im unteren Teil von Bild 9-54 eingezeichneten stabilen Lagen ein. Nach fünf Schritten ist eine Statorpolteilung $\tau p = 360°/8$ durchlaufen. Damit ergibt sich ein Schrittwinkel von $\alpha = \tau p/5 = 9°$. Zur Verkleinerung des Schrittwinkels werden die Statorhauptpole mit mehreren Einzelzähnen versehen und die Anzahl der Rotorzähne entsprechend vergrößert. Haben die Statorhauptpole jeweils 5 Zähne und verfügt ein Rotorkranz über 50 Polschuhe, so läßt sich damit der Schrittwinkel auf $\alpha = 9°/5 = 1{,}8°$ verkleinern, Bild 9-54 oben.

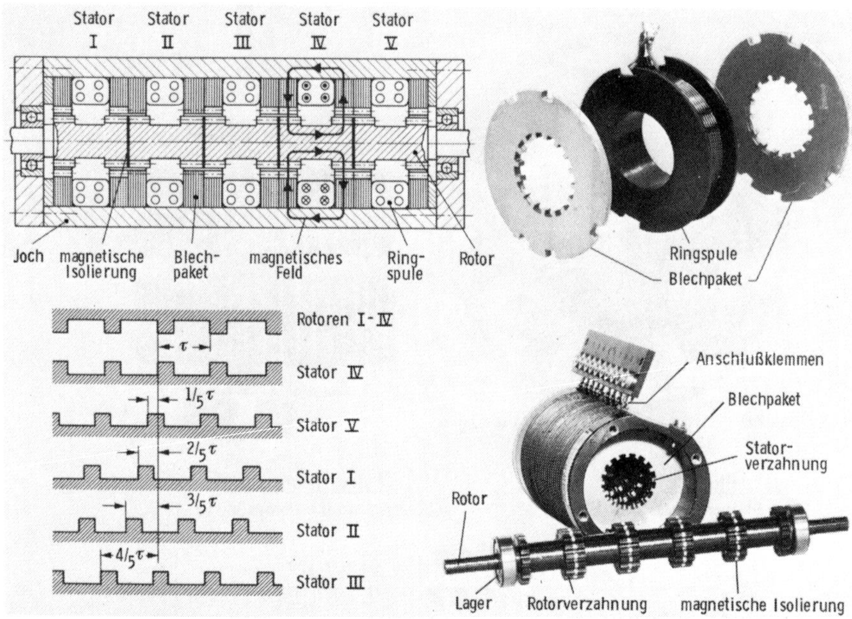

Bild 9-55. 5-Stator-Schrittmotor (Reluktanzprinzip nach Fanuc).

Schrittmotoren mit weichmagnetischem Anker

In Bild 9-55 sind der Aufbau und die Wirkungsweise eines nach dem Reluktanzprinzip arbeitenden Schrittmotors dargestellt (Beispiel: 5-Stator-Schrittmotor). Die Motorwelle trägt fünf zahnradförmige Rotoreinheiten gleicher Polzahl und gleicher Orientierung, die magnetisch voneinander isoliert sind. Der Stator hat fünf Einzelstatoren ebenfalls gleicher Polzahl wie die Rotoren, jedoch ist die Nutung benachbarter Statoren um 1/5 Polteilung versetzt. Jeder Stator besteht aus einer Ringspule und zwei Blechpaketen. Der magnetische Fluß schließt sich über das Joch, den Blechpaketen und das Läufereisen.

Fließt ein Strom durch die Wicklung eines Statorteils, so wirken Kräfte auf die Zähne des Weicheisenrotors, die den Rotor in eine Position mit dem geringsten magnetischen Widerstand (Reluktanz) verdreht (s. Bild 9-55, Stator IV erregt). Die sich einstellende Lage ist stabil. Werden die Statorwicklungen in der Reihenfolge 1, 2, 3, 4, 5, 1, 2, . . . nacheinander erregt, so bewegt sich der Rotor in Winkelschritten von 1/5 Polteilung. Die Folge 5, 4, 3, 2, 1, 5, 4, . . . ergibt die entgegengesetzte Drehrichtung. Die Drehzahl n ist der Schrittfrequenz f proportional.

$$\omega = \frac{2 \cdot \pi \cdot f}{p \cdot m} \qquad (9\text{-}145)$$

$$n = \frac{f}{p \cdot m} \qquad (9\text{-}146).$$

Hierin bedeuten p die Polzahl und m die Anzahl der Statoren. In Bild 9-55 ist m = 5.

Durch die gemeinsame Ansteuerung der Spulen kann der Schrittwinkel verkleinert werden,

Beispiel: 1, (1 + 2); 2, (2 + 3); 3, (3 + 4); 4, (4 + 5); 5, (5 + 1); 1 . . . .

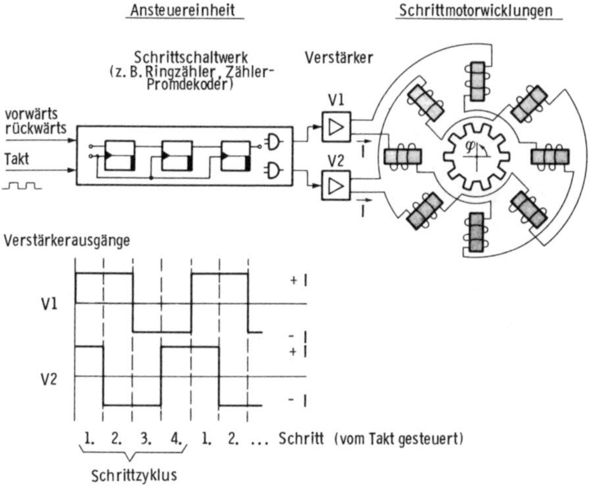

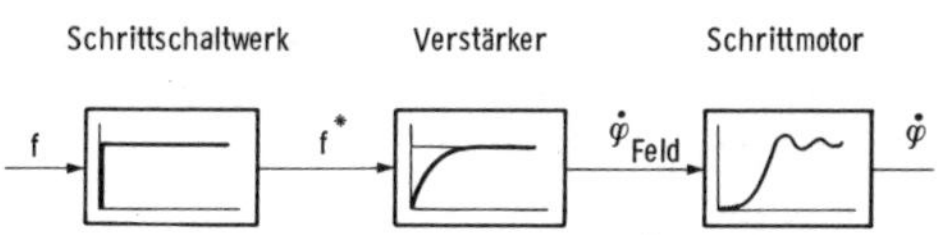

Bild 9-56.
Ersatzschaltbild und Signalflußplan einer 2-Phasen-Steuerung für einen Schrittmotor.

Ansteuerung von Schrittmotoren

Ein Schrittmotorsystem besteht aus einer Ansteuereinheit und dem eigentlichen Schrittmotor, Bild 9-56. Als Eingangsgrößen dienen ein logisches Signal für die Drehzahlrichtung des Motors sowie ein Takt zur Bestimmung der Motordrehzahl und der Anzahl auszugebender Winkelschritte. Die Informationen gelangen in ein elektronisches Schrittschaltwerk, das den Stromfluß in den Schrittmotorwicklungen nach einem festen Schema steuert. Über Leistungsverstärker werden dann die Wicklungsströme erzeugt. In dem in Bild 9-56 dargestellten Beispiel hat der Schrittmotor eine 2-Phasen-Wicklung, die auf acht Hauptpole verteilt ist. Vom Takt gesteuert wechseln die Ströme in den beiden Wicklungskombinationen ihr Vorzeichen, wodurch der Rotor um einen bestimmten Schrittwinkel verdreht wird. Nach einer Schrittsequenz von 4 Schritten wiederholt sich der Zyklus.

Im unteren Teil von Bild 9-56 ist die Schrittmotoransteuerung als Signalflußplan dargestellt. Das Schrittschaltwerk bereitet die Eingangsfrequenz f für den jeweiligen Motortyp auf und erzeugt eine Frequenz f*, die über den Leistungsverstärker als Rotorwinkelgeschwindigkeit $\dot{\varphi}_{Feld}$ den Wicklungen des Schrittmotors zugeführt wird. Der Schrittmotor bildet ein schwingungsfähiges System, darstellbar als P-System mit Verzögerung 2. Ordnung. Als Ausgangsgröße stellt sich aufgrund eines bestimmten Eingangstakts eine Winkelgeschwindigkeit $\dot{\varphi}$ an der Motorwelle ein.

Schrittmotor mit Reibungsdämpfung

Bei Betrieb des Schrittmotors im Bereich der Eigenfrequenz ω_0 können starke Schwingungen und dadurch so große Beschleunigungsmomente auftreten, daß das zulässige Maximalmoment (Kippmoment) überschritten wird. Dadurch gehen Schritte verloren oder es werden zuviele Schritte ausgeführt:

$$\omega_0 = \sqrt{\frac{k_{rot}}{J_{red}}} \qquad (9\text{-}147).$$

Darin bedeuten k_{rot} die Torsionssteifigkeit des Antriebs (durch magnetische Haltekräfte) und J_{red} das gesamte auf die Motorwelle reduzierte Massenträgheitsmoment.

Zur Unterdrückung der hohen Schwingungsamplituden werden z. B. Reibungsdämpfer eingebaut. Der Dämpfer besteht aus zwei Stützmassen, die über eine Reibungskupplung (Teflonscheiben) mit der Motorwelle gekoppelt sind. Das Reibmoment ist über Tellerfedern einstellbar. Bei stationärem Betrieb tritt kein Reibmoment auf[3]).

Linearschrittmotor (Fanuc)

Der Linearschrittmotor ist die Abwicklung eines Rotationsschrittmotors (Analogie: Linearmotor – Asynchronmotor). Dabei entspricht der Induktorkamm dem Stator und die Reaktionsschiene dem Rotor eines Rotationsschrittmotors. Induktorkamm und Reaktionsschiene tragen gleich geteilte Nuten. Die einzelnen

---

3) s. S. 250

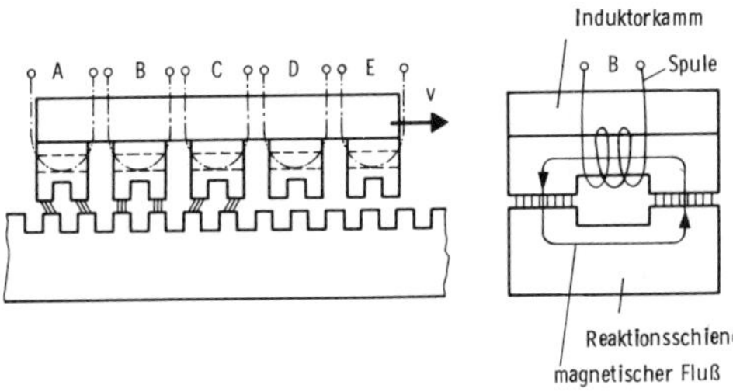

Bild 9-57.
Funktionsprinzip des Linearschrittmotors (nach Fujitsu).

Induktorkämme sind in Bild 9-57 um je 1/5 Teilung versetzt. Durch eine folgerichtige Strombeaufschlagung der einzelnen Induktorkämme bewegt sich der anzutreibende Tisch.

Elektrohydraulischer Schrittmotor

Für Vorschubantriebe an Werkzeugmaschinen reicht das Drehmoment elektrischer Schrittmotoren meist nicht aus. Zum Erzielen höherer Drehmomente wird ein hydraulischer Drehmomentverstärker an die Schrittmotorwelle gekoppelt, der aus folgenden Elementen besteht, Bild 9-58:

- Servoventil,
- Hydraulikmotor,
- Schraube und Mutter.

Dieses System ist ein interner hydromechanischer Folgeregelkreis.

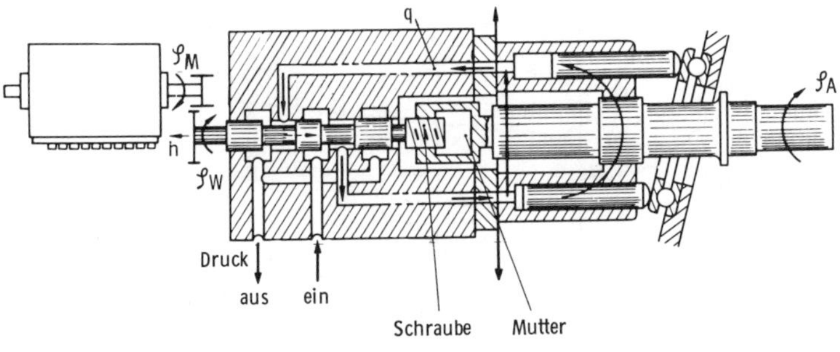

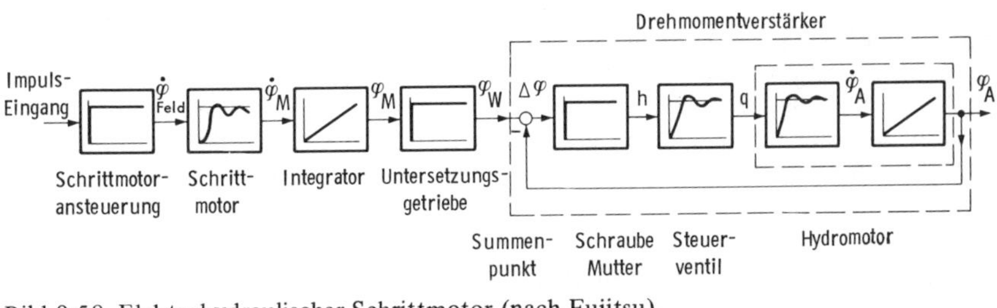

Bild 9-58. Elektrohydraulischer Schrittmotor (nach Fujitsu).

Funktionsweise des elektrohydraulischen Schrittmotors

Der Steuerkolben des Servoventils und die Hydromotorwelle sind über eine Schraube-Mutter-Verbindung mechanisch gekoppelt. In der Schraube-Mutter-Verbindung wird die Regelabweichung gebildet. Eine Drehung des Steuerkolbens durch den Schrittmotor oder eine Winkelabweichung der Hydromotorwelle bewirken eine axiale Auslenkung des Steuerkolbens. Der nun fließende Ölstrom treibt die Motorwelle so lange, bis der Steuerkolben wieder in Sperrstellung geschraubt ist.

Obwohl der hydraulische Drehmomentverstärker auch große Winkelabweichungen nachholt – im Gegensatz zum rein elektrischen Schrittmotor, der bei zu hoher Belastung bzw. zu hohen Frequenzen aus dem Tritt fallen kann –, besteht die Forderung nach einem möglichst kleinen Folgefehler. Dies bedeutet für die Auslegung des Verstärkers:

- hohe Torsionssteifigkeit des Hydroantriebs,
- hohe Eigenfrequenz ω_0,
- kleine Steuerkolbenmasse,
- Eigenfrequenz ω_0 des Drehmomentverstärkers $> 2\ \omega_0$ des Schrittmotors,
- Schraube-Mutter-Verbindung spielfrei.

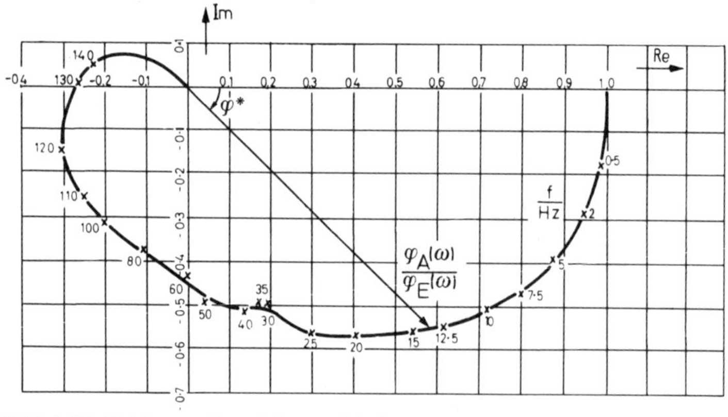

Bild 9-59. Ortskurve eines 5-Stator-Schrittmotors mit hydraulischem Drehmomentverstärker.

Die Ortskurve eines 5-Stator-Schrittmotors mit hydraulischem Drehmomentverstärker zeigt Bild 9-59. Es ergibt sich ein System 3. Ordnung mit einer Eigenfrequenz von ω_0 = 60 Hz. Die Bauart der Schrittmotoren und ihre inkrementale Signalverarbeitung machen generell eine Wegmessung am Maschinenschlitten überflüssig. Übertragungsfehler und elastische Verformungen der mechanischen Elemente mindern jedoch die Genauigkeit des Bearbeitungsergebnisses.

Sonderfall

Zum Verbessern der Lagegenauigkeit werden mechanische Übertragungsfehler des dargestellten Spindel-Mutter-Vorschubantriebs durch ein Wegmeßsystem er-

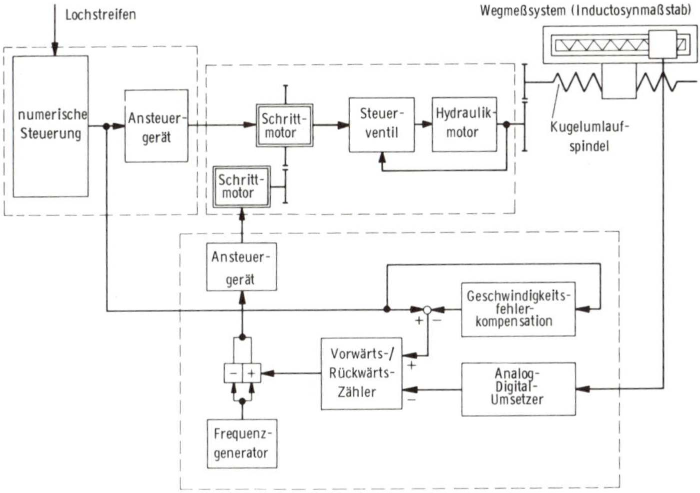

Bild 9-60. Elektrohydraulischer Schrittmotor mit Rückführung zur Kompensation mechanischer Übertragungsfehler (nach Fujitsu).

faßt, digitalisiert und einem Vorwärts-/Rückwärtszähler zum Soll-/Istvergleich zugeführt, Bild 9-60. Systembedingte Fehler werden mit einem zusätzlichen Schrittmotor durch Verdrehen des Hauptschrittmotorgehäuses ausgeglichen. Eine Störgrößenaufschaltung kompensiert Geschwindigkeitsfehler, die in funktionalem Zusammenhang mit der Signalfolge der numerischen Steuerung stehen und von vornherein bekannt sind. Diese Steuerung ist jedoch sehr aufwendig, so daß die eigentlichen preislichen Vorteile des Schrittmotorantriebs im Vergleich zum Gleichstromantrieb wieder verlorengehen.

9.4.3. Hydraulische Antriebseinheiten

Hydraulische Steuerungen werden seit langem in der Luftfahrttechnik eingesetzt. Der hydraulische Servoantrieb hat sich in den letzten Jahren zunehmend auch als Antriebselement im Werkzeugmaschinenbau durchgesetzt. Seine Vorzüge sind (schnelles Ansprechen innerhalb weiter Drehmoment- und Drehzahlbereiche, stufenlose Drehzahländerung, großes Drehmoment und gleichmäßige Drehmomentabgabe [27].

Ein Flüssigkeitsantrieb besteht aus den *angetriebenen* Elementen vom Druckölstrom und den *treibenden* Elementen für die Umsetzung der Druckenergie in mechanische Arbeit. Geradlinig hin- und hergehende Bewegungen realisiert man häufig auch direkt durch Zylinder und Kolben (Tischantriebe, Hobel-, Schleifmaschinen). Rotatorische Bewegungen werden mit Hydraulikmotoren erzeugt.

Zum Verständnis der Vorgänge in hydraulischen Antrieben geht man davon aus, das die Kräfte im wesentlichen durch den statischen Druck erzeugt werden. Die Geschwindigkeitsenergie ist sehr gering und praktisch ohne Bedeutung.

9.4.3.1. Kolben-Zylinder-Antriebe

Geradlinig hin- und hergehende Bewegungen an Hobel-, Stoß- und Räummaschinen und an Pressen sowie für Zustell- und Schaltbewegungen von Kupplungen und Getrieberädern werden vorwiegend von Kolben-Zylinder-Antrieben ausgeführt. Grundsätzlich unterscheidet man zwischen Zylindern mit einseitiger oder durchgehender Kolbenstange sowie zwischen Systemen mit feststehendem Zylinder oder mit feststehender Kolbenstange.

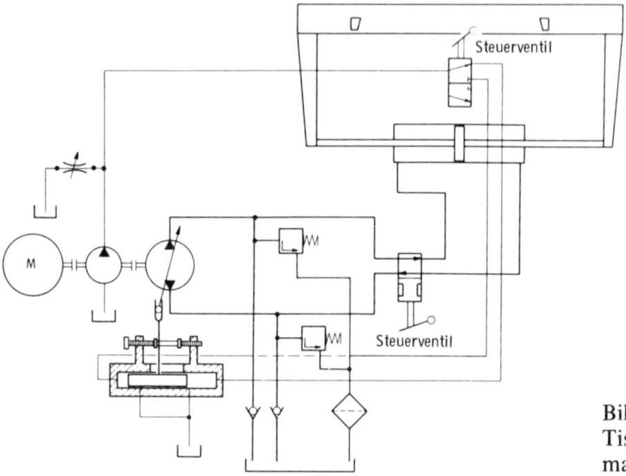

Bild 9-61.
Tischantrieb einer Flachschleifmaschine (nach Blohm).

In Bild 9-61 ist als Beispiel ein selbstschaltender Tischantrieb für eine Flachschleifmaschine zu sehen. Zwei Nocken schalten an den Umkehrpunkten ein Steuerventil. Dieses betätigt den Umschaltkolben, der die Förderrichtung der Hydropumpe verstellt. Einstellbare Anschläge an der Umschaltmechanik geben die Fördermenge der Pumpe und somit die Geschwindigkeit des Kolbens und des Maschinentischs vor.

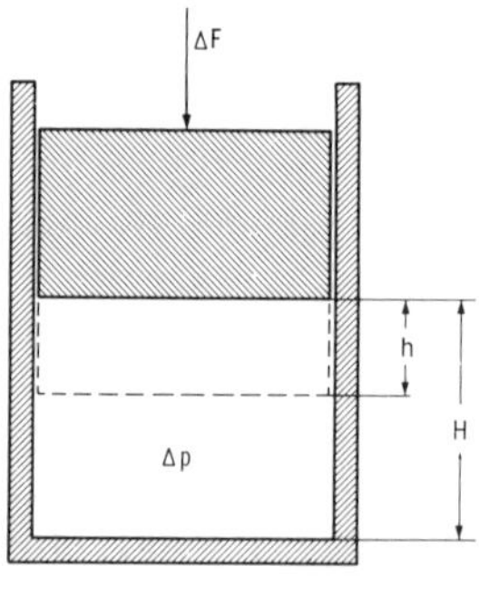

$$k_{öl} = \frac{A}{ß_{öl}\, H} \quad (9\text{-}148) \qquad k_{Sp} = \frac{E_{St}\, A}{L} \quad (9\text{-}149)$$

$$k_{öl} = \frac{E_{öl}\, A}{H} \quad (9\text{-}150)$$

$$ß_{öl} = (0{,}5 \text{ bis } 0{,}7) \cdot 10^{-5}\ cm^2/N \quad \text{(Kompressibilitätsmodul)}$$

$$E_{öl} = \frac{1}{ß} = (1{,}4 \text{ bis } 2) \cdot 10^5\ N/cm^2 \quad \text{(Elastizitätsmodul)}$$

$$\frac{k_{öl}}{k_{Sp}} = \frac{E_{öl}}{E_{St}} \quad \text{(Zylinderhub L = Spindellänge H)} \quad (9\text{-}151)$$

$$E_{St} = 2{,}1 \cdot 10^7\ \frac{N}{cm^2} \quad (9\text{-}152)$$

$$\frac{k_{öl}}{k_{Sp}} = \frac{1{,}4 \cdot 10^5}{2{,}1 \cdot 10^7} = \frac{1}{150} \quad (9\text{-}153)$$

Bild 9-62.
Vergleich der Federkonstanten einer Vorschubspindel aus Stahl mit einem Hydrozylinder.

Wegen der Kompressibilität des Öls haben Kolben-Zylinder-Antriebe nur eine geringe Steifigkeit. Als Positionierantrieb sind sie deshalb nur für kurze Hübe (max. rd. 400 mm) geeignet. Wie kritisch der Einsatz von Hydrozylindern wegen der geringen Steifigkeit des Hydrauliköls ist, soll das folgende Berechnungsbeispiel zeigen.

In Bild 9-62 ist die Federsteife einer Vorschubspindel aus Stahl k_{Sp} der einer gleichlangen Ölsäule von ebenfalls gleichem Querschnitt $k_{Öl}$ gegenübergestellt. Wie Bild 9-62 zu entnehmen ist, müßte die Ölsäule im Zylinder einen mehr als 150fach größeren Querschnitt haben als die Stahlspindel. Die Kolbenstangensteifigkeit und die Elastizität der Ölsäule im Zuflußrohr sind dabei noch nicht berücksichtigt.

9.4.3.2. Hydraulikmotoren

Axialkolbenmotor

Beim Axialkolbenmotor sind mehrere Kolben axial in einer mit der Motorwelle rotierenden Trommel angeordnet. Die Axialbewegung der Kolben verläuft entlang einer schrägen Regelscheibe, deren Schrägungswinkel α in Bild 9-63 konstant ist, bei anderen Motoren auch verstellbar sein kann. Der Schrägungswinkel bestimmt das Schluckvolumen des Motors.

Das Drucköl gelangt durch einen Steuerspiegel in eine Hälfte der Zylinderbohrungen und treibt die Kolben von dem Steuerspiegel weg. Die mechanisch mit

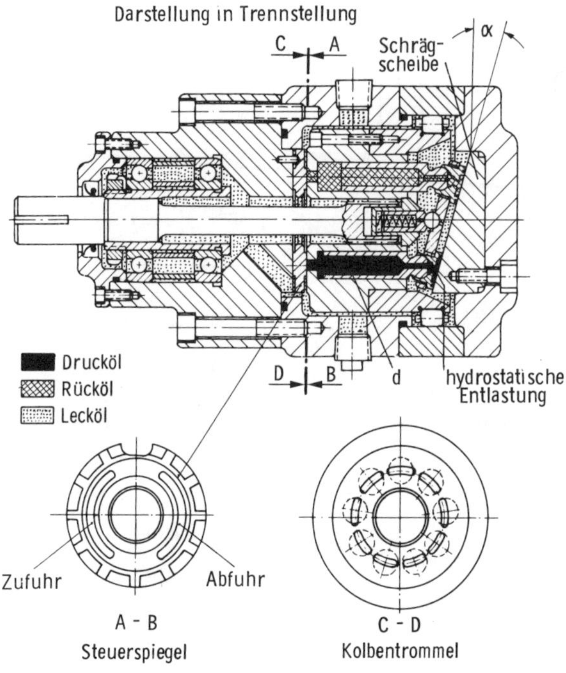

Bild 9-63.
Axialkolbenmotor (Denison).

dem Antriebswellenflansch verbundenen Kolben laufen zwangsläufig mit dem Zylinderblock und der Antriebswelle um.

Die Druckflächen zwischen Kolben und Regelscheibe sind über eine innere Ölzufuhr durch die Kolben hindurch hydrostatisch entlastet. Der Axialkolbenmotor ist auch als Pumpe verwendbar, wenn man ein Drehmoment über die Welle einleitet.

Rollflügelmotor

Der Hartmannmotor, Bild 9-64, setzt mit dem zwangsgeführten Rotor und den Drehschiebern das von innen zugeführte Drucköl direkt tangential in ein kontinuierliches Drehmoment um. Zum Abdichten der umlaufenden Druckkammern rollen je zwei diagonal angeordnete Drehschieber auf dem inneren Durchmesser des Rotors ab. Hierzu werden die Drehschieber von der Motorwelle über Steuerräder im Verhältnis 2:1 angetrieben; zum Durchlaß des Rotors sind linsenförmige Aussparungen vorgesehen. Die Anordnung ist symmetrisch.

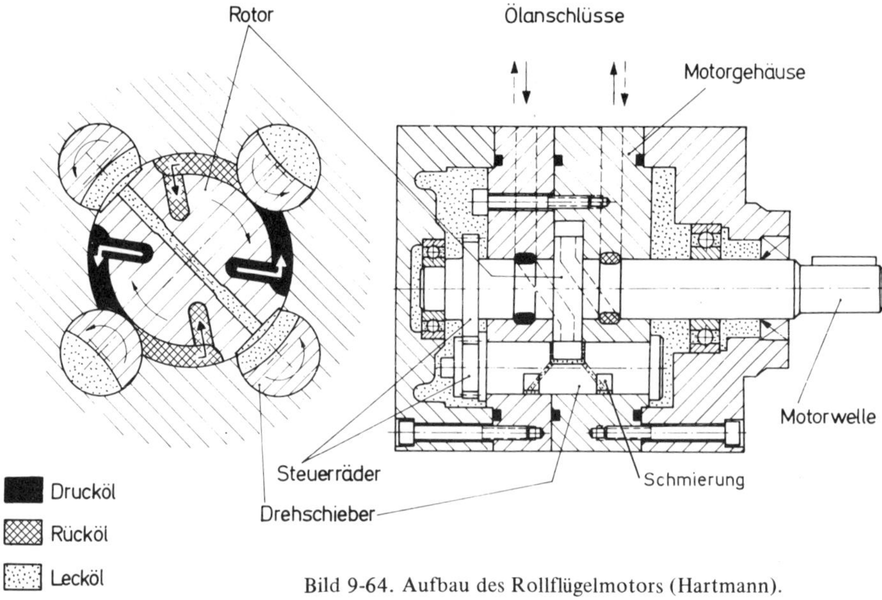

Bild 9-64. Aufbau des Rollflügelmotors (Hartmann).

Merkmale des Hartmannmotors sind:

- gleichförmiger Lauf auch bei kleinen Drehzahlen (Langsamläufer, direkte Kupplung an Vorschubspindel möglich),
- geringes Massenträgheitsmoment,
- kompakte Bauweise,
- geringes Leistungsgewicht.

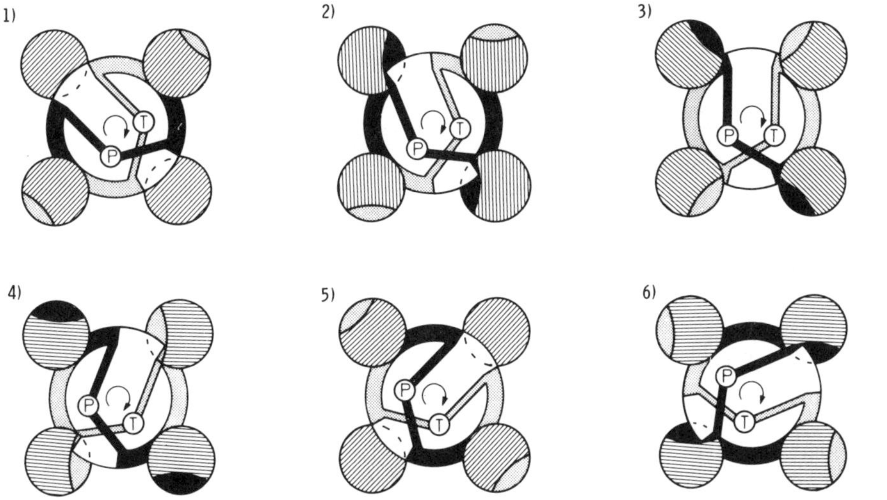

Bild 9-65. Funktionsweise des Rollflügelmotors.

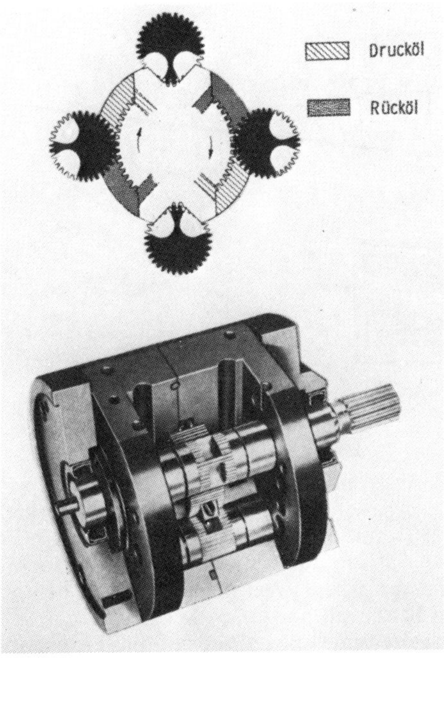

Bild 9-66.
Rollflügelhydromotor (nach Indramat).

Bild 9-65 zeigt in sechs Phasen den Funktionsablauf bei der Erzeugung einer Umdrehung des Hartmannmotors. Durch die Anordnung der Schieber entstehen zwei umlaufende Druckkammern (in Bild 9-65 schwarz), wobei jeweils nach einer Drehung der Motorwelle um 90° das folgende Drehschieberpaar die Begrenzung der Druckräume übernimmt.

Indramatrollflügelmotor

Bei diesem Motor handelt es sich um eine Variante des Hartmannmotors, bei der die Funktionen Abdichten, Abrollen der Drehschieber auf dem Rotor und Zwangsantrieb der Drehschieber über Steuerräder in ein und derselber Wirkungsebene vereint sind. Das Funktionsprinzip des Hartmannmotors ist beibehalten, Bild 9-66.

9.4.3.3. Servoventile

Die schnelle Änderung des Ölstroms zur Steuerung der Drehzahl von Hydraulikmotoren entsprechend der geforderten Dynamik geschieht über elektrisch ansteuerbare Servoventile. Diese Ventile sind das Bindeglied zwischen der Hydraulik und der vorgelagerten elektronischen Signalverarbeitung im Regelkreis.

Das Servoventil hat gegenüber anderen Systemen den Vorteil, daß mit sehr kleinen Steuerleistungen große hydromechanische Leistungen in wenigen Millisekunden mit hoher Präzision gesteuert werden können. Es ist somit ein elektrohyraulischer Leistungsverstärker, der mit sehr kleinen elektrischen Eingangssignalen – im Milliwatt-Bereich – hydraulische Leistungen von mehreren Kilowatt steuert.

Die Leistungsverstärkung liegt in der Regel im Bereich von $1:10^3$ bis $1:10^5$. Trotz der hohen Leistungsverstärkung sind Servoventile sehr klein, Bild 9-67.

Bild 9-67.
Elektrohydraulisches Servoventil für 30 kW Leistungsumsatz (nach Moog).

Funktionsweise des Servoventils

Bild 9-68 zeigt den schematischen Aufbau eines Servoventils. Das Ventil hat einen elektromagnetischen Stellantrieb sowie einen hydraulischen Vorverstärker. Die Verstellung des Steuerkolbens – und somit der hydraulische Durchfluß – ist in Richtung und Größe dem elektrischen Strom durch die Steuerspulen proportional. Der von den Spulen aufgenommene Strom erzeugt eine auf den beweglichen Anker (Flapper) wirkende, dem Strom proportionale Magnetkraft. Diese Eingangsstufe wandelt somit den eingespeisten Spulenstrom in eine proportio-

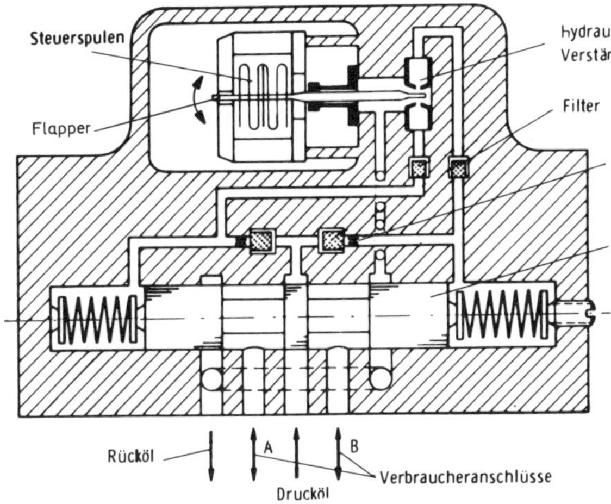

Bild 9-68.
Servoventil (nach Moog).

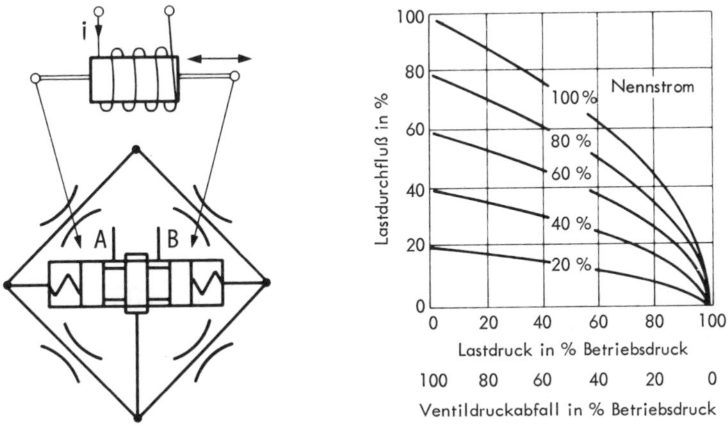

Bild 9-69. Ersatzschaltbild und statisches Kennlinienfeld eines Servoventils.

nale Auslenkung um. Der hydraulische Vorverstärker besteht aus einem Düse-Prallplatte-System. Wird die Prallplatte aus der Mittelstellung verschoben, baut sich ein Differenzdruck auf, der auf die Stirnflächen des Steuerkolbens eine Kraft ausübt und dessen Verschiebung verursacht. Der Steuerkolben hat vier Steuerkanten und steuert damit die Durchflußmenge für den Verbraucher. Die Konstantdrosseln und Düsen (variable Drosseln) bilden im Prinzip eine Brückenschaltung, Bild 9-69 (vgl. auch Abschn. 4.3.1).

Übertragungsverhalten eines Servoventils

Der Frequenzgang des Servoventils wird von einem elektrischen und einem mechanischen Anteil beeinflußt. Der Steuerstrom (Eingangsgröße) und der Öl-

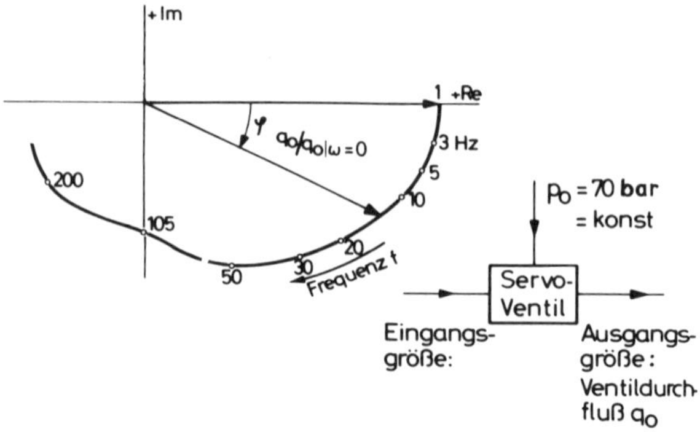

Bild 9-70.
Ortskurve eines Servoventils (mit Stromsteuerung).

strom (Ausgangsgröße) stehen in einem proportionalen Verhältnis. Bei der Berechnung eines Systems kann der Frequenzgang durch den eines Übertragungssystems zweiter Ordnung angenähert werden. Für ein bestimmtes Servoventil zeigt Bild 9-70 die Ortskurve.

9.4.3.4. System Hydraulikmotor – Servoventil

Das Bild 9-71 zeigt einen Hydraulikmotor mit aufgebautem Anschlußblock für Rohrleitungen und Servoventil sowie angeflanschtem Tachogenerator. Das Servoventil dosiert die zugeführte Ölmenge für den Motor (in diesem Fall Hartmannmotor mit konstantem Schluckvolumen); es dient also zur Drehzahlverstellung. Der Tachogenerator liefert eine der Drehzahl proportionale Spannung an die Regelungseinrichtung (Geschwindigkeitsrückführung).

Merkmale eines Antriebs aus Hydromotor und Servoventil sind:

- Kompaktbauweise nach dem Baukastenprinzip,
- kurze Verbindungswege zwischen Servoventil und Motor (geringes eingeschlossenes Ölvolumen, deshalb hohe Torsionssteifigkeit des Motors),
- nahezu verzögerungsfreies Signal des Tachogenerators durch direktes Ankuppeln (wichtig für den Geschwindigkeitsregelkreis).

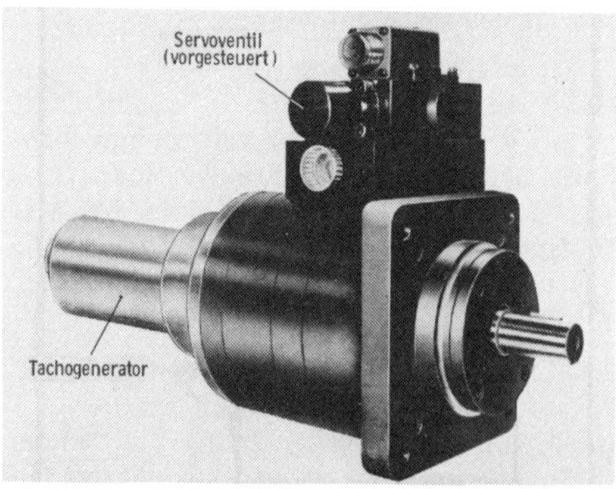

Bild 9-71.
Hydromotor mit Servoventil und Tachogenerator (nach Moog).

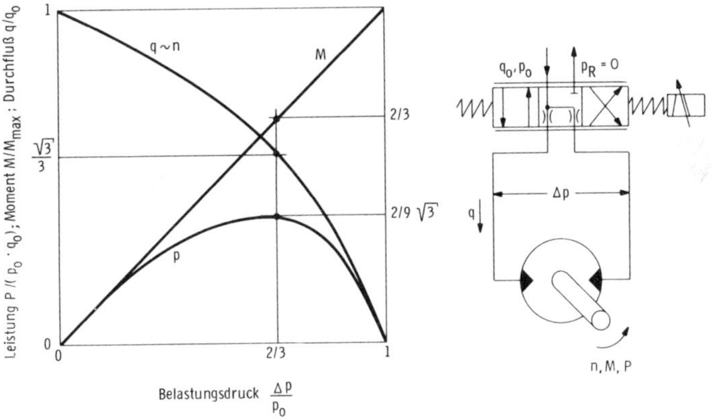

Bild 9-72. Leistung, Moment und Durchfluß am idealisierten System Servoventil/Hydromotor.

In Bild 9-72 sind in normierter Form Leistung, Moment und Durchfluß des idealisierten Systems Servoventil (Hydromotor in Abhängigkeit vom Belastungsdruck Δp) aufgetragen.

Unter der Voraussetzung inkompressibler Flüssigkeit lautet die Gleichung für die theoretisch am Motor zur Verfügung stehende Leistung:

$$P = \Delta p \cdot q = \Delta p \cdot q_0 \sqrt{1 - \Delta p/p_0} = p_0 \cdot q_0 \frac{\Delta p}{p_0} \sqrt{1 - \Delta p/p_0} \qquad (9\text{-}154)$$

mit $q_0 = V_0 \cdot n$ als dem Öldurchsatz durch den Motor, p_0 als dem Pumpendruck und Δp als dem Öldruck vor dem Motor.

Die Leistung erreicht bei $\Delta p/p_0 = 2/3$ ihren Maximalwert, der nur $2/9\sqrt{3} \approx 0{,}38$ der installierten hydraulischen Leistung beträgt. Bei diesem Wert wird entsprechend Bild 9-72 2/3 oder 66 % des maximalen Drehmoments erreicht.

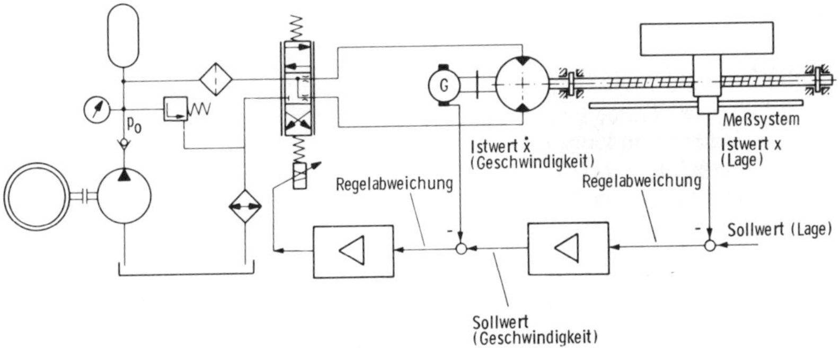

Bild 9-73. Gerätebild eines elektrohydraulischen Vorschubantriebs.

9.4.3.5. Elektrohydraulischer Antrieb als Regelkreis

In Bild 9-73 ist ein elektrohydraulischer Vorschubantrieb skizziert. Der geschlossene Regelkreis ermöglicht ein genaues Positionieren und über die Drehzahlregelung eine exakte Einhaltung der Geschwindigkeit [13].

Die Vorschubspindel ist mit dem Hydromotor verbunden, der ein konstantes Schluckvolumen hat. Die Drehzahlsteuerung geschieht durch Drosselung der von der Pumpe zur Verfügung gestellten Ölmenge im Servoventil.

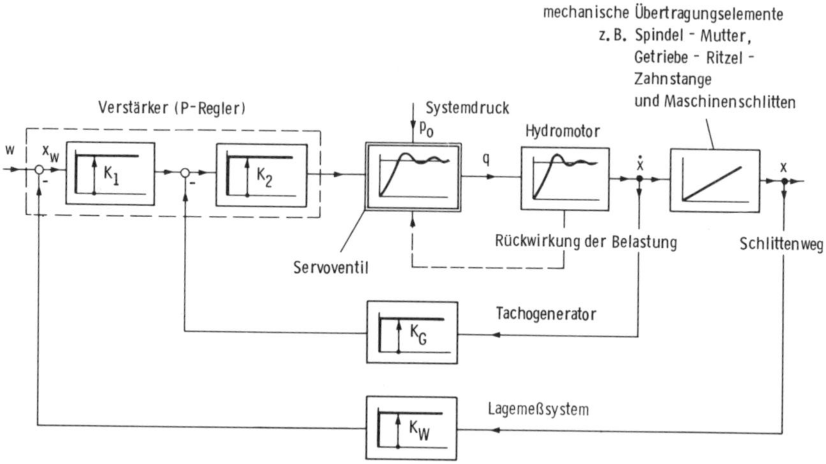

Bild 9-74. Vereinfachter Signalflußplan eines elektrohydraulischen Vorschubantriebs.

Bild 9-74 zeigt das Blockschaltbild eines elektrohydraulischen Vorschubantriebs. Der Antrieb ist mit einem Lage- und Geschwindigkeitsregelkreis ausgestattet. Die Verstärker, der Tachogenerator und das Wegmeßelement können in erster Näherung durch reine Proportionalglieder dargestellt werden. Das Servoventil und der Hydromotor weisen ein Proportionalverhalten mit Verzögerung 2. Ordnung auf.

9.4.4. Vergleich von Gleichstrom-, Schritt- und Hydraulikmotoren

Das Bild 9-75 zeigt vergleichbare charakteristische Kennwerte von Gleichstrom-, Schritt- und Hydraulikmotor. Alle drei Antriebssysteme können (besonders in Verbindung mit einer Lageregelung) als technisch gleichwertig betrachtet werden. Für den Einsatz sind im wesentlichen folgende Kriterien ausschlaggebend:

- erforderliche Leistung,
- Kosten (Energie !),
- Zuverlässigkeit,
- Wartungsaufwand,
- Umweltfreundlichkeit (Geräusch!).

Gleichstrommotor	Hydraulikmotor	Schrittmotor
Kurzschlußmoment M_{max}	Maximalmoment M_{max}	Kippmoment M_k
Maximaldrehzahl n_{max}	Maximaldrehzahl n_{max}	maximale Grenzfrequenz x Schrittwinkel $n_{max} = \varphi$, f_{gmax}
Eigenträgheitsmoment J_m	Eigenträgheitsmoment J_m	Eigenträgheitsmoment J_m
Ankerwiderstand R_a	Lecikölkoeffizient L	Wicklungswiderstand R_w
Ankerinduktivität L_a	dyn. Speicherverm. $\frac{V_{ges}}{\varkappa}$	Wicklungsinduktivität L_w
elektrische Zeitkonstante $T_1 = \frac{L_a}{R_a} \neq$ konst	Zeitkonst. d. Druckanstiegs $T_1 = \frac{V_{ges}}{\varkappa \cdot L}$	elektrische Zeitkonstante $T_1 = \frac{L_w}{R_w} \neq$ konst
mechan. Zeitkonstante $T_2 = \frac{2\pi n_{max}}{M_{max}} \cdot J =$ konst	mechan. Zeitkonstante $T_2 = \frac{2\pi n_{max}}{M_{max}} \cdot \frac{i}{i_{nenn}} \cdot J \neq$ konst	mechan. Zeitkonstante $T_2 = \frac{2\pi(n_2 - n_1)}{M(n_2)} \cdot J \neq$ konst
Eigenfrequenz $\omega_o = \frac{1}{\sqrt{T_1 \cdot T_2}}$	Eigenfrequenz $\omega_o = \frac{V_m}{2\pi}\sqrt{\frac{4\,\varkappa}{V_{ges} \cdot J}}$	Eigenfrequenz $\omega_o = \sqrt{\frac{\frac{\delta M}{\delta \varphi}}{J}}$

Bild 9-75. Gegenüberstellung der Kennwerte von Gleichstromnebenbeschluß-, Hydraulik- und Schrittmotoren.

In Bild 9-76 sind die Gleichungen für die statischen Kennlinienfelder von Gleichstrommotoren und Hydromotoren mit Servoventil abgeleitet und gegenübergestellt.

Die Ableitung des Moments nach der Drehzahl wird mit „Drehzahlsteifigkeit" bezeichnet; diese ist für den Gleichstrommotor konstant und für das System Servoventil-Hydromotor veränderlich.

System Servoventil-Hydromotor:

$$\frac{dM}{dn} = -\frac{2\,M_{max} \cdot n}{\left(\frac{\alpha(i)}{\alpha(i)_{max}}\,n_{max}\right)^2} \qquad (9\text{-}180)$$

$$\text{Bei } n = 0 \text{ ist } \frac{dM}{dn} = 0 \qquad (9\text{-}182).$$

Gleichstrommotor:

$$\frac{dM}{dn} = -\frac{M_{max}}{n_{max}} \qquad (9\text{-}181).$$

Die Kennlinienfelder eines fremderregten Gleichstrommotors und eines Hydromotors mit Servoventil sind anhand von Bild 9-77 miteinander verglichen. Bei

Gleichstrom-Nebenschlußmotor

Motorgleichungen :

$$U = K_1 \, \varnothing n + I_A R_A \qquad (9\text{-}155)$$

$\Rightarrow$

$$n = \frac{U}{K_1 \varnothing} - \frac{I_A R_A}{K_1 \varnothing} \qquad (9\text{-}156)$$

$$M = K_2 \, \varnothing \, I_A \qquad (9\text{-}157)$$

$\Rightarrow$

$$I_A = \frac{M}{K_2 \varnothing} \qquad (9\text{-}158)$$

Gl. (9-158) $\Rightarrow$ Gl. (9-156)

$$\boxed{n = \frac{I}{K_1 \varnothing} U - \frac{R_A}{K_1 K_2 \varnothing^2} M} \qquad (9\text{-}159)$$

$$\boxed{n = C_1 \, U - C_2 \, M} \qquad (9\text{-}160)$$

Normierung

$$n = n_{max} \quad \text{wenn } U = U_{max} \qquad M = 0 \quad (9\text{-}161)$$

$$n_{max} = C_1 \, U_{max} \qquad (M = 0)(9\text{-}162)$$

$$M = M_{max} \quad \text{wenn } U = U_{max} \qquad n = 0 \quad (9\text{-}163)$$

$$M_{max} = \frac{C_1}{C_2} U_{max} \qquad (n = 0) \; (9\text{-}164)$$

Gl. (9-160) + Gl. (9-162)

$$\frac{n}{n_{max}} = \frac{C_1 \, U - C_2 \, M}{C_1 \, U_{max}} \qquad (9\text{-}165)$$

$\Rightarrow$ (9-166)

$$\frac{n}{n_{max}} = \frac{U}{U_{max}} - \frac{C_2}{C_1 \, U_{max}} M \quad \text{mit Gl.(9-164)}$$

$\Rightarrow$

Kennlinienfeld

$$\boxed{\frac{n}{n_{max}} = \frac{U}{U_{max}} - \frac{M}{M_{max}}} \qquad (9\text{-}167)$$

Servoventil-Hydromotor

Durchflußgleichung für Servoventil :

$$q_{ventil} = \underbrace{\alpha_D \, A(i) \sqrt{\frac{2}{\rho}}}_{\alpha(i);} \; \sqrt{\Delta p_{ventil}} \qquad (9\text{-}168)$$

$$\alpha_D = f\,(\Delta p, Re)$$

mit :

$$\Delta p_{ventil} = p_o - p_M = p_o - \frac{M}{V_M} \cdot 2\pi \qquad (9\text{-}169)$$

$\Rightarrow$

$$q_{ventil} = \alpha(i) \sqrt{p_o - \frac{2\pi M}{V_M}} \qquad (9\text{-}170)$$

$$n = \frac{q}{V_M} \qquad (9\text{-}171)$$

Gl. (9-170) $\Rightarrow$ Gl. (9-171)

$$\boxed{n = \frac{\alpha(i)}{V_M} \sqrt{p_o - \frac{2\pi M}{V_M}}} \qquad (9\text{-}172)$$

$$V_M = \text{konst} \qquad (9\text{-}173)$$

$$n = n_{max} \quad \text{wenn } \alpha(i) = \alpha(i)_{max} \qquad M = 0 \quad (9\text{-}174)$$

$$n_{max} = \frac{\alpha(i)_{max}}{V_M} \sqrt{p_o} \qquad (9\text{-}175)$$

Gl. (9-172) + Gl. (9-175)

$$\frac{n}{n_{max}} = \frac{\dfrac{\alpha(i)}{V_M} \sqrt{p_o - \dfrac{2\pi M}{V_M}}}{\dfrac{\alpha(i)_{max}}{V_M} \sqrt{p_o}} \qquad (9\text{-}176)$$

$\Rightarrow$

$$\frac{n}{n_{max}} = \frac{\alpha(i)}{\alpha(i)_{max}} \sqrt{1 - \frac{2\pi M}{V_M p_o}} \qquad (9\text{-}177)$$

$$\text{mit } M_{max} = V_M \, p_o \cdot \frac{1}{2\pi} \qquad (9\text{-}178)$$

$\Rightarrow$

$$\boxed{\frac{n}{n_{max}} = \frac{\alpha(i)}{\alpha(i)_{max}} \sqrt{1 - \frac{M}{M_{max}}}} \qquad (9\text{-}179)$$

Bild 9-76. Gleichungen für die statischen Kennlinienfelder von fremderregtem Gleichstrommotor und Servoventil-Hydromotor.

den Gleichstrommotoren ist bei Vernachlässigung der magnetischen Verluste im Ankerkreis die Abhängigkeit der Drehzahl vom Drehmoment linear. Wegen der nichtlinearen Durchflußcharakteristik des Servoventils ergibt sich beim System Servoventil-Hydromotor eine nicht-lineare Kennlinie. Da unabhängig von der Ventilöffnung (durch den Steuerstrom i) bei Stillstand des Motors der volle Druck auf den Motor wirkt, beginnen alle Kurven bei $M/M_{max} = 1$. Bei kleinen Ventilöffnungen verlaufen die Kurven wegen des Drosselwiderstands flacher.

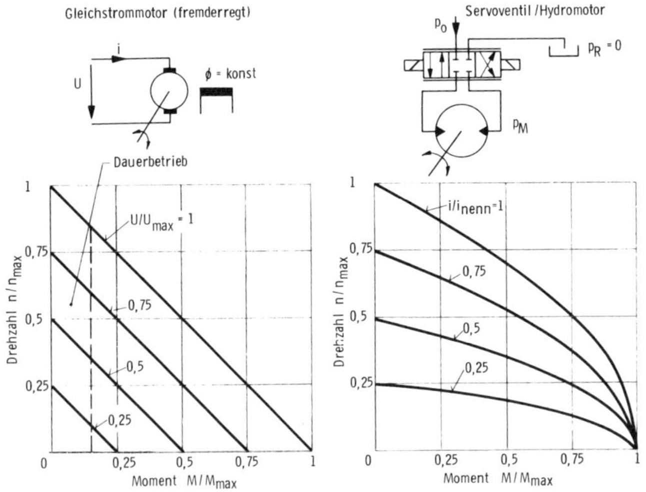

Bild 9-77. Gegenüberstellung Gleichstrommotor-Hydromotor.

Für Vorschubantriebe an Werkzeugmaschinen sind alle beschriebenen Motorarten – Gleichstrommotor, Hydraulikmotor, elektrischer Schrittmotor sowie elektrohydraulischer Schrittmotor – prinzipiell geeignet. Hersteller von Vorschubantrieben gehen jedoch mehr und mehr dazu über, den Gleichstrommotor als Antrieb einzusetzen. Die Auslegung und die Inbetriebnahme eines Gleichstromantriebs sind wesentlich unkomplizierter als beim hydraulischen Antrieb. Vorausberechnete Ergebnisse über Zeitverhalten und Trägheitsmomente sind reproduzierbar, während das dynamische Verhalten eines hydraulischen Antriebs stark von den Maschinendaten und Antriebsbedingungen abhängt. Zudem ist beim letztgenannten Antrieb ein Hydrauliksystem erforderlich, das häufige Wartungsarbeiten erforderlich macht. Wenn nicht aus Konstruktionsgründen ein besonders kleinbauender Vorschubantrieb (Hydromotor – Servoventil) mit einem relativ hohen Drehmoment verlangt wird, setzt man auch aus Kostengründen und nicht zuletzt aus Geräuschemissionsgründen Gleichstrommotoren ein [67].

9.5. Mechanische Übertragungselemente für Vorschubantriebe

Zu den mechanischen Übertragungselementen sind alle Bauteile eines Vorschubantriebs zu rechnen, die im Kraftfluß zwischen Motor und Werkzeug bzw. Werkstück liegen [66]. Folgende Übertragungselemente sind dabei von Bedeutung: Kupplungen, Spindel-Mutter-Systeme, Zahnstange-Ritzel-Systeme, Lagerungen, Führungen, Aufspanntische und Verbindungselemente sowie Übertragungseinheiten (z. B. Vorschubgetriebe). Bild 9-78 zeigt den schematischen Aufbau eines Vorschubantriebs mit Hydraulikmotor, Gewindespindel, Gewindemutter und Werkstücktisch.

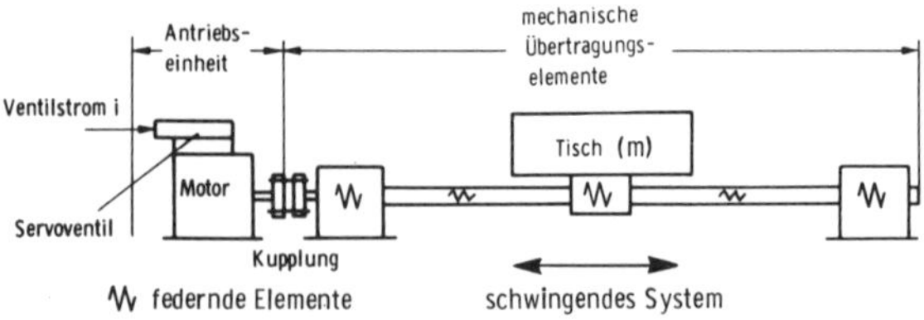

Bild 9-78. Schematischer Aufbau eines Vorschubantriebs mit Hydraulikmotor und Spindel-Mutter-System.

Die Aufgabe der mechanischen Übertragungselemente eines Vorschubantriebs für einen Lageregelkreis ist es, die vom Vorschubmotor kommende Stellbewegung proportional auf das Werkstück zu übertragen. Diesem Bestreben wirken außer kinematischen Fehlern des Systems insbesondere statische und dynamische Verformungen der Übertragungselemente infolge von Reibkräften, Schnittkräften und Beschleunigungskräften entgegen.

Der Kraftfluß für die Umwandlung der Motorbewegung in eine geeignete lineare Vorschubbewegung erfaßt viele Einzelelemente, die (wie Schwingsysteme) Feder- und Masseverhalten aufweisen. Diese Systemeigenschaften führen dazu, daß bei einer Systemanregung die Elemente des Vorschubantriebs Schwingungen ausführen können.

Relative Schwingungen zwischen Werkstück und Werkzeug haben geometrische Abweichungen und eine schlechte Oberflächengüte der zu bearbeitenden Werkstückfläche zur Folge. Darüber hinaus führen diese Schwingungen zu einer erhöhten Werkzeugbeanspruchung.

9.5.1. Übertragungsverhalten

Das Übertragungsverhalten der mechanischen Übertragungselemente beschreibt den frequenzabhängigen funktionalen Zusammenhang zwischen der Ausgangsgröße und der Eingangsgröße des Systems. Dabei wird die Istausgangsgröße auf die Amplitude der Sollausgangsgröße bezogen. Die Abweichung der Ist- von der Sollausgangsgröße wird als Übertragungsfehler bezeichnet [3; 13; 39; 66; 74].

Kinematische Übertragungsfehler der mechanischen Übertragungselemente entstehen durch eine fehlerhafte Fertigung oder Montage und durch Verschleiß der Elemente. Diese Fehler sind daher in den geometrischen Abweichungen des Vorschubsystems begründet.

Ein ausreichendes Systemspiel ist vielfach für die Funktion der mechanischen Übertragungselemente erforderlich. Es geht jedoch unter Berücksichtigung eventueller Über- oder Untersetzungen bei wechselnder Belastungsrichtung proportional in den kinematischen Übertragungsfehler ein. Besonders die mechanischen Übertragungselemente, die sich unmittelbar vor der Bearbeitungsstelle befinden (z. B. Spindel-Mutter-System), müssen spielfrei arbeiten, da sich dieses Spiel direkt als Bearbeitungsfehler auswirkt.

Die kinematischen Übertragungsfehler, die von geometrischen Bauteilfehlern herrühren, können außer geometrischen Bearbeitungsfehlern auch schwingungsanregende Wechselkräfte hervorrufen (z. B. Eingriffsteilungsfehler bei Zahnradgetrieben).

Folgende geometrische Bauteilfehler haben dominierenden Einfluß auf den kinematischen Übertragungsfehler:

- Steigungs-, Taumel- und Exzentrizitätsfehler von Spindeln,
- Verzahnungsfehler,
- Rundheits-, Exzentrizitäts-, Taumel- und Fluchtungsfehler von Lagerungen,
- Geradlinigkeits-, Winkel-, Parallelitäts- und Fluchtungsfehler von Führungen.

Die *Übertragungsfehler,* die durch *statische Verformungen* der Übertragungselemente bewirkt werden, haben ihre Ursache in den statischen Reibkräften[4]), den Schnittkräften und den Gewichtskräften.

Die *dynamischen Übertragungsfehler* der mechanischen Übertragungselemente werden durch zeitlich veränderliche Anregungskräfte hervorgerufen. Dabei treten Beschleunigungsfehler (fremderregte und selbsterregte Schwingungen) auf, die der Vorschubbewegung überlagert sind[5]).

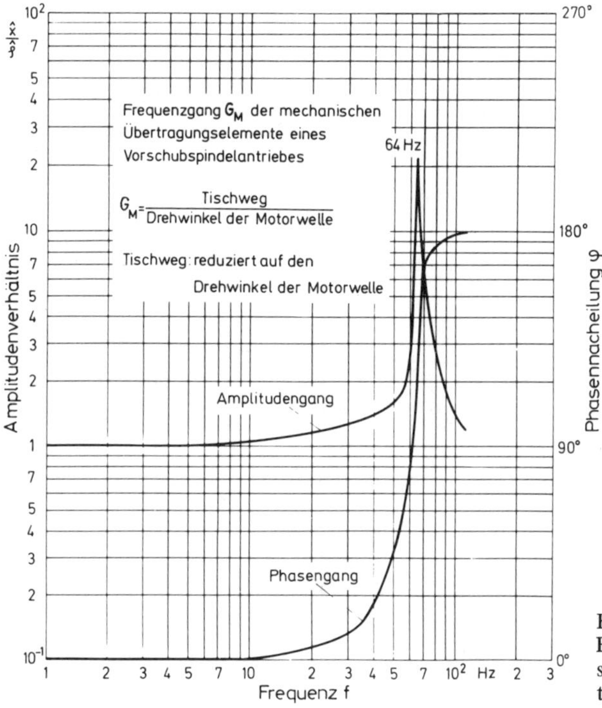

Bild 9-79.
Frequenzgang der mechanischen Übertragungselemente eines Vorschubantriebs.

4) Vgl. *Weck, M.:* Werkzeugmaschinen. Bd. 2, Konstruktion und Berechnung, Abschn. 4.1.1.

5) Vgl. *Weck, M.:* Werkzeugmaschinen. Bd. 4, Meßtechnische Untersuchung und Beurteilung, Abschn. 4.

Bezüglich des Schwingungsverhaltens hat die unterste Resonanzstelle bei Vorschubantrieben meistens den größten Einfluß auf die dynamischen Übertragungsfehler, da im unteren Frequenzbereich häufig anregende Kräfte zu finden sind, die ihre Ursache im Bearbeitungsprozeß oder in kinematischen Fehlern der Übertragungselemente haben können. Vereinfacht kann man das dynamische Übertragungsverhalten der mechanischen Übertragungselemente deshalb durch das Übertragungsverhalten eines analogen schwingungsfähigen Ersatzsystems mit einem Zeitverhalten 2. Ordnung annähern, wobei die unterste Resonanzstelle des realen Systems als Eigenfrequenz des Ersatzsystems verwendet wird.

Das dynamische Übertragungsverhalten der mechanischen Übertragungselemente des in Bild 9-78 dargestellten Systems ist in Bild 9-79 gezeigt. Es wurde aus einer Frequenzgangmessung gewonnen, die das Systemverhalten im Bereich der untersten Resonanzstelle wiedergibt. Bei höheren Frequenzen sind weitere Resonanzstellen mit geringeren Amplituden zu finden.

Die Resonanzstelle bei 64 Hz entsteht durch eine Schwingung des Systems Tisch-Spindelmutter-Spindel. Eine große Tischmasse im Zusammenhang mit einer relativ hohen Nachgiebigkeit der Spindelmutter und der Spindel ist bei den meisten Vorschubantrieben für die unterste Resonanzstelle verantwortlich.

Im folgenden ist die Auswirkung der mechanischen Übertragungselemente auf das dynamische Übertragungsverhalten eines Lageregelkreises analysiert, wobei die Systemkonfiguration des Vorschubsystems variiert wurde. Bild 9-80 zeigt die drei untersuchten Systemanordnungen.

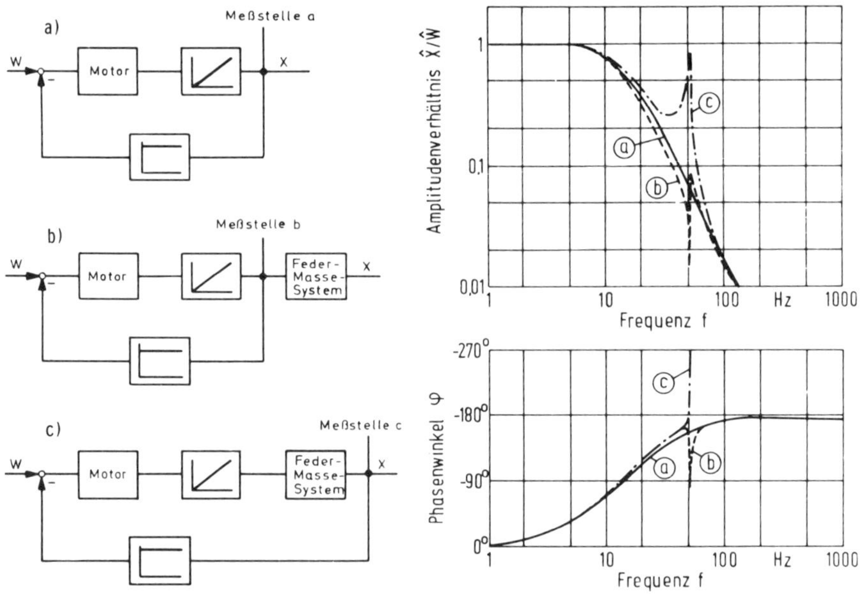

Bild 9-80. Auswirkung der mechanischen Übertragungselemente auf das Übertragungsverhalten eines Vorschubantriebs.

Bei der theoretischen Systemanordnung in Bild 9-80a sind die mechanischen Übertragungselemente vom Vorschubantrieb abgekoppelt. Die Meßstelle für die Frequenzgangmessung und für die Rückführung des Lageregelkreises sind identisch. Für die Frequenzgangdarstellung (Bild 9-80, Kurve a) wurde die Linearbewegung x, die ein über Spindel und Spindelmutter angekoppelter Schlitten ausführen würde, aus der Spindelsteigung h berechnet. Der zugehörige mit a bezeichnete Amplituden- und Phasenverlauf zeigt keine Resonanzstelle. Dies ist darin begründet, daß der Vorschubmotor und das Meßsystem eine geringe Massenträgheit und Nachgiebigkeit aufweisen.

Bei der Systemkonfiguration in Bild 9-80b wurden die Meßstelle für den Lageregelkreis beibehalten und die mechanischen Übertragungselemente angekoppelt. Der Regelkreis wird in dieser Anordnung der Meßstelle nur durch Rückwirkungen der Eigenschwingungen der mechanischen Übertragungselemente beeinflußt. Dies wirkt sich günstig auf das dynamische Übertragungsverhalten des Gesamtsystems aus, wie der Amplituden- und Phasenverlauf (Bild 9-80, Kurve b) zeigt. In der Praxis würde ein derartiges Vorschubsystem einem Lageregelkreis mit einem Drehgeber an der Vorschubspindel entsprechen (indirekte Wegmessung, s. Abschn. 10).

Wird die Schlittenbewegung x als Meßgröße für den Lageregelkreis benutzt, Bild 9-80c, wirken die dynamischen Einflüsse der mechanischen Übertragungselemente innerhalb des Regelkreises. Dies entspricht einem Vorschubsystem, bei dem der Vorschubweg direkt durch einen Linearmaßstab erfaßt wird (direkte Wegmessung). Das schwingungsfähige Verhalten dieser Elemente kann zur Instabilität des Regelkreises führen, was der Amplituden- und Phasengang (Bild 9-80, Kurve c) zu erkennen gibt.

9.5.2. Hinweise für die Auslegung von Vorschubantrieben

Für die Auslegung der mechanischen Übertragungselemente eines Vorschubantriebs sind die zulässigen Übertragungsfehler maßgebend. Welcher der Übertragungsfehler – der kinematische, der statische oder der dynamische – den größten Einfluß auf ein zu erzielendes Bearbeitungsergebnis hat, hängt vom Aufbau des Vorschubsystems, der Art des Einsatzes und von der Belastung ab.

Die geometrischen Abweichungen der einzelnen mechanischen Übertragungselemente sind durch Einzelfehlermessungen bestimmbar (z. B. Steigungsfehlermessung an Spindeln). In den meisten Fällen ist es jedoch nicht möglich, aus mehreren zusammenwirkenden Einzelfehlern den kinematischen Gesamtübertragungsfehler zu ermitteln.

Durch eine *Übertragungsfehlermessung*[6]) ist das reale kinematische Gesamtübertragungsverhalten bestimmbar. Die Bauteile, die wegen ihrer geometrischen Einzelfehler ausschlaggebend am resultierenden kinematischen Übertragungsfehler beteiligt sind, können anhand einer Analyse der Fehlerfrequenzen (z. B. Drehfrequenzen von Spindeln, Zahneingriffsfrequenzen) ausfindig gemacht werden. Durch Nacharbeit der fehlerhaften Bauteile ist es dadurch möglich, den kinematischen Übertragungsfehler zu verringern.

6) Vgl. *Weck, M.*: Werkzeugmaschinen. Bd. 4, Meßtechnische Untersuchung und Beurteilung, Abschn. 2.2

Die *statischen Übertragungsfehler* hängen von den Steifigkeiten und den im Vorschubantrieb wirkenden Kräften ab. Bei der konstruktiven Auslegung der mechanischen Übertragungselemente sind die Steifigkeiten der Bauteile so zu wählen, daß unter Berücksichtigung der maximalen Schnitt- und Beschleunigungskräfte und dem maximalen Werkstückgewicht die Verformungen innerhalb einer vorgegebenen Fehlergrenze liegen.

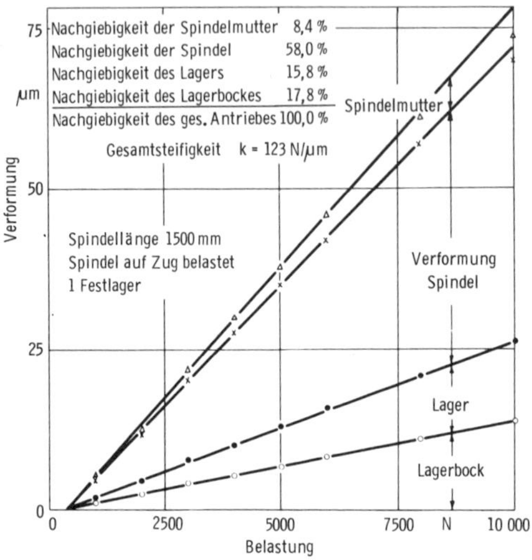

Bild 9-81.
Statisches Nachgiebigkeitsverhalten eines Spindel-Mutter-Systems.

In Bild 9-81 ist eine Nachgiebigkeitsanalyse der Einzelkomponenten eines Spindel-Mutter-Systems dargestellt. Mit 58 % Nachgiebigkeitsanteil ist die Spindel vom statischen Gesichtspunkt her das schwächste Glied. Würde die statische Steifigkeit der Spindel bei gleichbleibendem Massenträgheitsmoment vergrößert, verlagerte sich die Resonanzfrequenz nach oben. Dies kann ein erwünschter Effekt sein, da (wie erwähnt) besonders im unteren Frequenzbereich häufig anregende Wechselkräfte vorliegen, die einen ungünstigen Einfluß auf das dynamische Übertragungsverhalten haben. Allerdings ist eine Spindeldurchmesservergrößerung zur Erhöhung der Steifigkeit nicht immer geeignet, da das Massenträgheitsmoment bei einer Durchmesservergrößerung überproportional ansteigt:

$$\text{Steifigkeit} \sim d_{Sp}^2,$$

$$\text{Massenträgheitsmoment} \sim d_{Sp}^4.$$

Dies bedeutet, daß die Wahl des richtigen Spindeldurchmessers in einem Kompromiß zwischen ausreichender statischer Steifigkeit bei gerade noch vertretbarem Massenträgheitsmoment besteht. Bild 9-82 zeigt zwei Vorschubantriebe, die bis auf das Untersetzungsgetriebe identisch sind. Bei gleichem Gesamtübersetzungsverhältnis und gleichen Radbreiten ist das auf die Motorwelle reduzierte Massenträgheitsmoment des einstufigen Getriebes 2,7fach größer als das des zweistufigen Getriebes. Dies resultiert aus dem großen Trägheitsmoment des Abtriebsrads des einstufigen Getriebes.

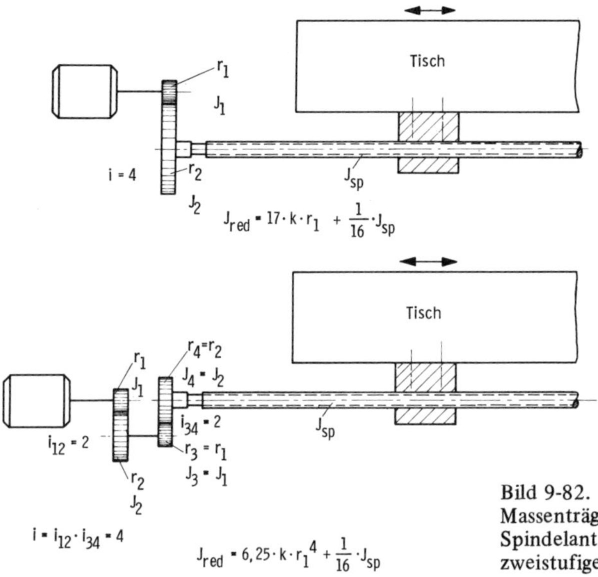

Bild 9-82.
Massenträgheitsmomente bei zwei Spindelantrieben mit einstufigem und zweistufigem Vorschubgetriebe.

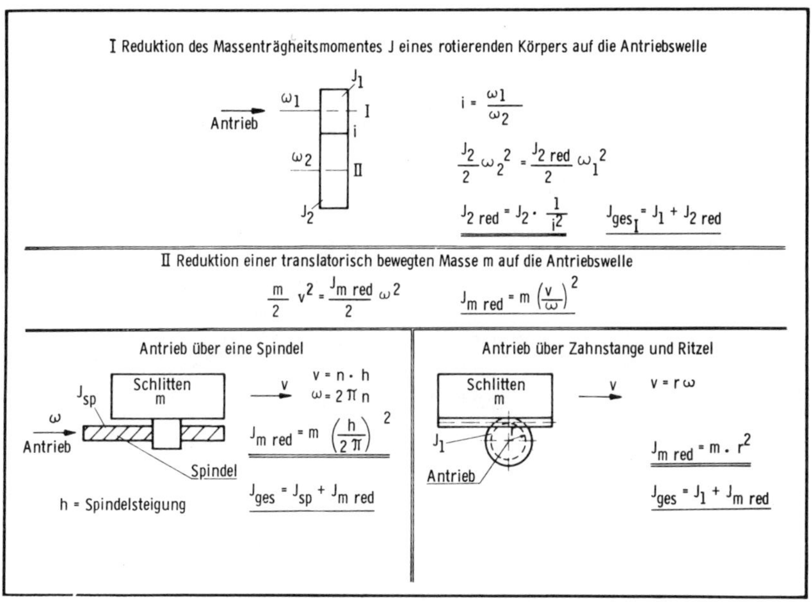

Bild 9-83. Reduktion von Massenträgheiten auf die Antriebswelle des Vorschubantriebs.

Trotz des geringeren Massenträgheitsmoments des zweistufigen Getriebes wird man das einstufige Getriebe bevorzugen, da es außer der kleineren Nachgiebigkeit und des geringeren Spiels den Vorteil der geringeren Fertigungskosten hat. Die Auswahl der sinnvollsten Lösung wird somit letztlich durch eine Wirtschaftlichkeitsbetrachtung beeinflußt.

Bei der Systemauslegung ist darauf zu achten, daß mögliche Anregungsfrequenzen in einem ausreichenden Frequenzabstand von den Resonanzfrequenzen liegen. Für die rechnerische Auslegung genügt in vielen Fällen die Ermittlung der untersten bzw. ersten Resonanzstelle mit Hilfe des Ersatzsystems 2. Ordnung. Nach dem Berechnen der Anregungsfrequenzen (z. B. Spindeldrehfrequenzen, Zahneingriffsfrequenzen usw.) wird durch einen Vergleich mit der Resonanzfrequenz der Frequenzabstand überprüft. In diesem Zusammenhang gilt die Faustformel, daß die Frequenz der ersten Resonanzstelle des mechanischen Systems mindestens doppelt so groß sein soll wie die Eigenfrequenz des Lageregelkreises. Ist der Frequenzabstand zu gering, so muß man durch Variation der Massenträgheiten und der Federsteifigkeiten die Eigenfrequenzen der mechanischen Übertragungselemente verschieben.

Eine gezielte Auslegung des dynamischen Übertragungsverhaltens der mechanischen Bauelemente ist meist nur mit Hilfe von Rechnerprogrammen möglich [65; 67]. Bei der Berechnung des dynamischen Übertragungsverhaltens eines Vorschubantriebs (vgl. Abschn. 9.2) ist zum Bestimmen der Antriebszeitkonstanten T eine Reduktion der Massenträgheitsmomente auf die Motorwelle erforderlich:

$$T = 2\,\pi\,\frac{n_{max}\,J_{red}}{M_{max}} \qquad (9\text{-}183).$$

Bild 9-83 zeigt die prinzipielle Vorgehensweise bei der Reduktion der Massenträgheitsmomente. Die Umrechnung basiert auf dem Energieerhaltungssatz.

9.5.3. Konstruktionsbeispiele

Wesentlichen Einfluß auf das Übertragungsverhalten der mechanischen Übertragungselemente hat eine günstige konstruktive Auslegung der Einzelelemente. Im folgenden ist deshalb eine Auswahl von Konstruktionsbeispielen erläutert, die nach Gesichtspunkten eines günstigen Übertragungsverhaltens getroffen wurde. Der allgemeine Entwicklungstrend geht zu Antriebssystemen mit Langsamläufermotoren, die direkt an die Gewindespindel angekoppelt sind (vgl. Abschn. 9.4) und zu möglichst steifen Übertragungselementen.

9.5.3.1. Vorschubspindeln

Spindel-Mutter-Systeme wandeln die Motordrehbewegung in eine lineare Vorschubbewegung um.

Die *Kugelgewindespindel* ist eine Vorschubspindel, die in idealer Weise die gestellten Forderungen an das Übertragungsverhalten erfüllt. Ein spielfreier Lauf des Systems wird durch gegenseitiges Verspannen von zwei Muttern entsprechend Bild 9-84 erreicht. Die Vorspannkraft sowie die Anzahl der tragenden Gänge

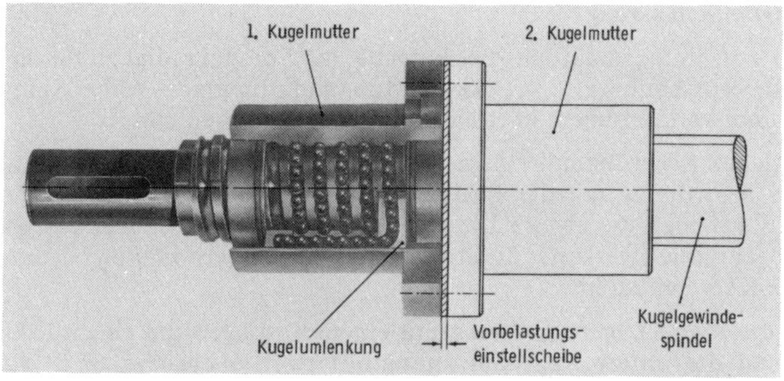

Bild 9-84. Kugelgewindespindel mit Einrichtung zum Spielausgleich.

haben direkten Einfluß auf die Steifigkeit des Systems. Die Rückführung der Kugeln muß stoßfrei erfolgen (übergangsloses Einlaufen der Kugeln in die Gewindegänge). Als wichtigste Vorteile sind die geringe Reibung (μ = 0,01 bis 0,02), der hohe Wirkungsgrad (η = 0,95 bis 0,99) und somit ein minimaler Verschleiß sowie vernachlässigbare Erwärmung zu nennen. Die ***hydrostatische Spindelmutter*** ist für die Aufnahme von sehr großen Vorschubkräften geeignet und kommt deshalb vorwiegend in Großmaschinen zum Einsatz.

Wie aus Bild 9-85 ersichtlich, läuft die hydrostatische Mutter auf einem einfachen Trapezgewinde. Im Gegensatz zu herkömmlichen Gewindemuttern sind in die Flanken der hydrostatischen Mutter Öltaschen eingearbeitet, die über konstante Drosseln aus einer gemeinsamen Leitung mit Drucköl versorgt werden. Das Drucköl wird von einer ebenfalls gemeinsamen Leitung aus dem Spalt im Mutter- und Spindelgewindegrund abgeführt.

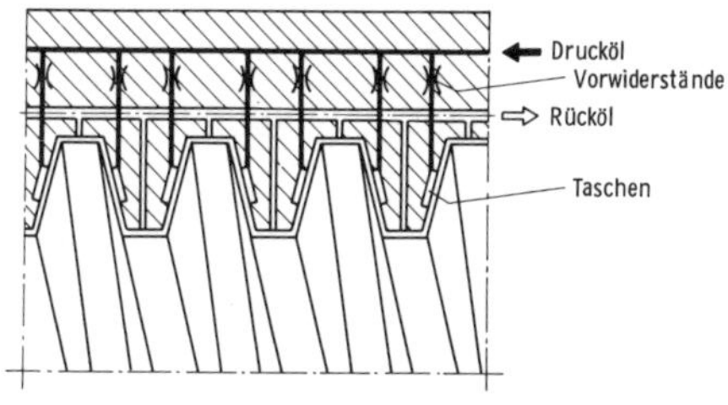

Bild 9-85.
Prinzip einer hydrostatischen Spindelmutter.

Als Vorteile sind Spielfreiheit, hohe Steifigkeit der Mutter, minimale Reibung und kein Verschleiß zu nennen. Diesen Vorteilen stehen einige wesentliche Nachteile gegenüber. Es ist ein großer Spindeldurchmesser bei zugleich kleinem Kerndurchmesser erforderlich, was ein großes Massenträgheitsmoment und eine hohe Spindelnachgiebigkeit zur Folge hat. Weiterhin sind die Herstellungskosten relativ hoch, und es entstehen zusätzliche Kosten für das erforderliche Ölversorgungssystem. Für Vorschubsysteme werden, soweit möglich, aus diesen Gründen bevorzugt Kugelgewindespindeln eingesetzt.

9.5.3.2. Vorschubspindellagerung

Die Lagerung der Vorschubspindel hat die Aufgabe, die Spindel radial zu führen und gleichzeitig die Vorschubkräfte in Axialrichtung aufzunehmen, wobei Spindelverformungen und -verlagerungen in erlaubten Grenzen bleiben müssen.

Bei der herkömmlichen Lagerung mit einem Festlager und einem Loslager nimmt die Steifigkeit der Anordnung mit der Entfernung des Schlittens vom Festlager hyperbolisch ab. Führt man die zweite Lagerstelle ebenfalls als Festlager aus, so läßt sich eine spiegelbildlich verlaufende Steifigkeitskurve superponieren, so daß eine symmetrische Kurve entsteht.

In Bild 9-86 ist die obere Lageranordnung mit einem Festlager und einem Loslager ausgeführt und die untere Lageranordnung mit zwei Festlagern. Es ist zu erkennen, daß die Gesamtsteifigkeit bei zwei Axiallagern wesentlich vergrößert wird und in der Spindelmitte über einen größeren Bereich annähernd konstant ist.

Das Verfahren des Vorschubschlittens bewirkt aufgrund der Reibung zwischen Spindel und Spindelmutter eine Erwärmung der Spindel, die eine Spindelausdehnung zur Folge hat. Bei doppelseitig eingespannter Spindel führt dies zu zusätz-

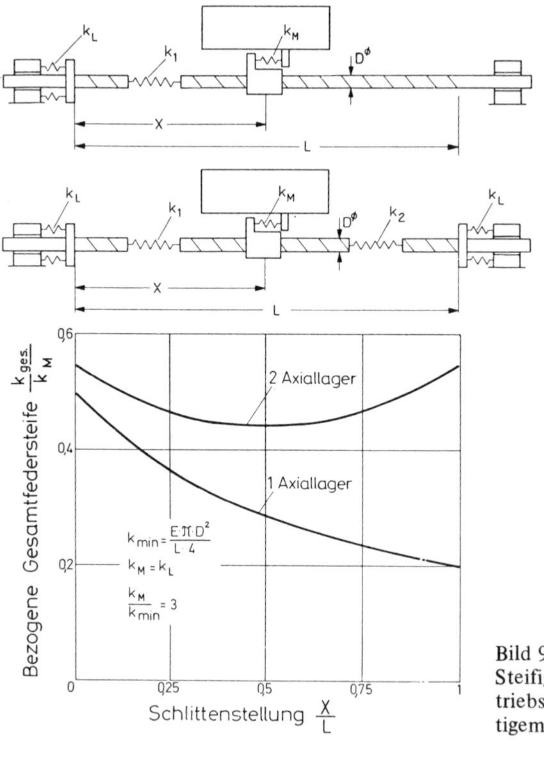

Bild 9-86.
Steifigkeitsverhalten eines Spindelantriebs mit einseitigem und doppelseitigem Axialfestlager.

lichen Druckkräften, die eine Stauchung der Spindel verursachen. Spindeln, die aufgrund hoher Reibbelastung im Dauerbetrieb einer starken Erwärmung unterliegen, werden deshalb in kaltem Zustand auf Zug vorgespannt. Bei Wärmedehnung wird dann zunächst die Vorspannung abgebaut. Es besteht die Gefahr, daß bei der Lagerentlastung Lagerspiel entsteht. Erst bei weiterer Erwärmung können axiale Druckkräfte entstehen, die dann jedoch – bei richtiger Wahl der Vorspannung – gering sind.

Folgende Konstruktionsregeln sind bei der Auslegung von steifen Spindellagerungen zu beachten:

- Nadel- und Rollenlager sind wegen der Linienberührung und somit höherer Steifigkeit Kugellagern vorzuziehen.
- Lagerringe und Zwischenringe sollen möglichst vermieden werden, da die Kontaktflächen die Steifigkeit verringern.
- Passungs- und Distanzflächen sollen geschliffen werden. Hohe Rauhigkeit bedingt einen geringen Traganteil und führt zu einer Steifigkeitsverminderung.
- Das Vorspannen der Axiallager ist unbedingt erforderlich.
- Es sind steife Verbindungen zwischen trennbaren Flächen anzustreben.

Bild 9-87 zeigt ein Einbauspiel für ein kombiniertes Radial-Axial-Rollenlager. Die Vorspannung des Axiallagers kann man durch geeignete Wahl der Distanzbüchsenlänge erzielen.

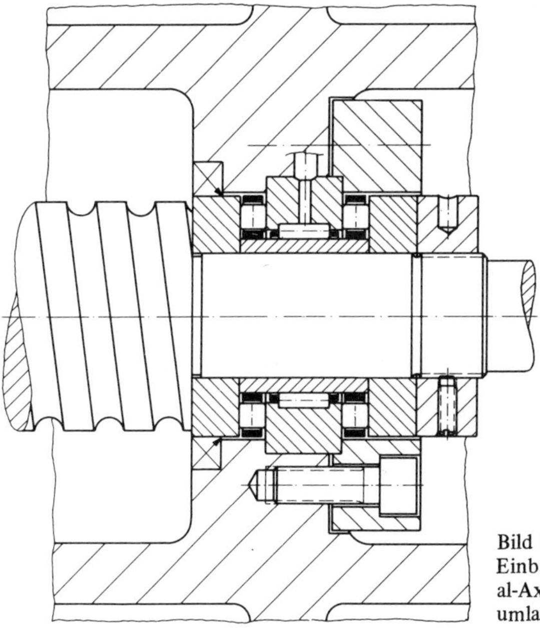

Bild 9-87.
Einbaubeispiel für kombiniertes Radial-Axial-Rollenlager für eine Kugelumlaufspindel.

9.5.3.3. Vorschubgetriebe

Vorschubgetriebe sind für die Untersetzung hoher Motordrehzahlen auf eine für den Vorschubantrieb geeignete Drehzahl erforderlich. Ein Vorschubgetriebe muß so aufgebaut sein, daß es im Vor- und Rücklauf nahezu spielfrei arbeitet. Dies läßt sich durch tangentiales Verspannen von zwei Zahnräder erreichen, die mit einem Gegenrad von der Breite der beiden Zahnräder kämmen.

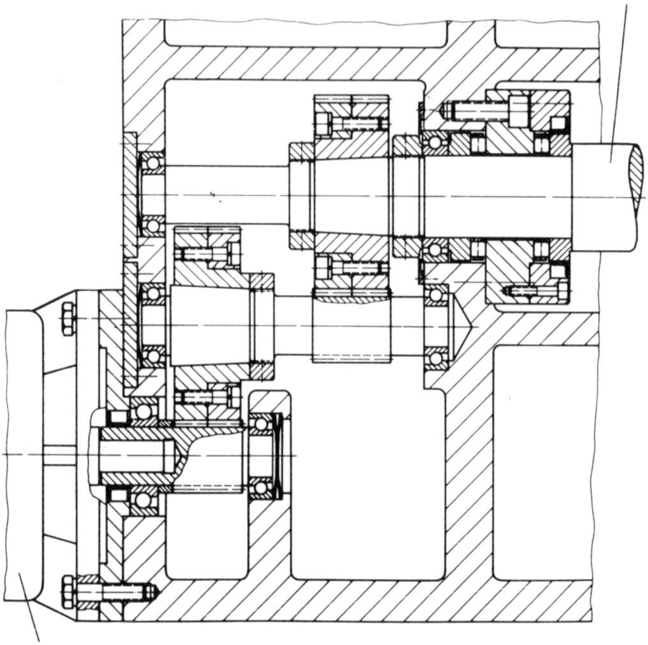

Bild 9-88. Spielfreies Untersetzungsgetriebe für Vorschubspindeln.

Bei dem in Bild 9-88 dargestellten Vorschubgetriebe ist das tangentiale Verspannen konstruktiv durch ein Zahnrad mit einem angeflanschten, verdrehbaren Zahnradring gelöst. Zusätzlich sind steifigkeitsverbessernde Maßnahmen zu erkennen, wie ein Schrumpfsitz zwischen Motorwelle und Ritzel (Preßölverband), eine Lagerung der Wellen mit Radialschulterkugellagern und eine Lagerung der Spindel mit einem vorgespannten Axial-Rollenlager.

Eine weitere Möglichkeit, Vorschubgetriebe spielfrei ohne Radteilung zu verwirklichen (d. h. kleinere Radbreite, kleineres Massenträgheitsmoment), besteht darin, die Zahnradwellen in justierbaren Exzenterbüchsen zu lagern. Durch Verdrehen der Exzenterbüchsen kann man den Achsabstand verändern, um das Zahnflankenspiel zu eliminieren.

Bei langen Verfahrwegen, wie sie an Langtischfräsmaschinen und Plattenbohrwerken vorkommen, würden sich die langen Vorschubspindeln durch die Axialbelastung und das Eigengewicht stark verformen und zum Ausknicken neigen. Zusätzlich besteht bei langen Spindeln die Gefahr, daß die Spindel-Drehfrequenz in den Bereich der Biegeeigenfrequenz der Spindel fällt.

Für diese Anwendungsfälle empfiehlt sich der Einsatz eines *Zahnstange-Ritzel-Antriebs.* Eine spielfreie Vorschubübertragung in beide Bewegungsrichtungen läßt sich durch ein vorgespanntes Getriebe erreichen.

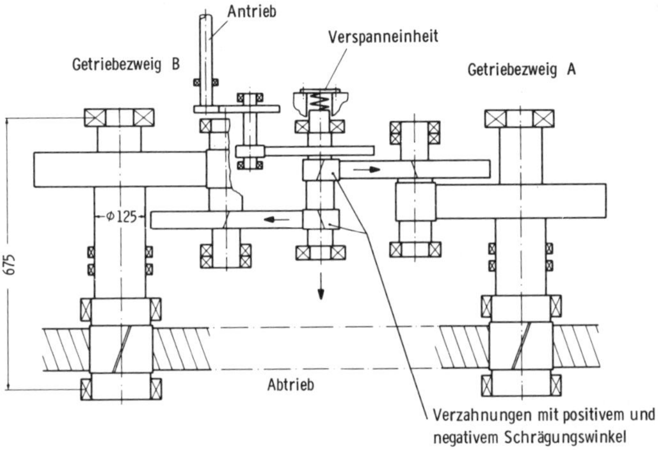

Bild 9-89. Spielfreier Vorschubantrieb mit Zahnstange-Ritzel-System.

Bei dem in Bild 8-89 dargestellten Getriebe wird das Spiel dadurch eliminiert, daß ein Räderblock aus zwei schrägverzahnten Rädern mit gegensinniger Schrägungsrichtung der beiden Verzahnungen axial in die Verzweigung des Getriebestrangs A und B verschoben wird.

Um ein mehrstufiges Getriebe bei einem Zahnstange-Ritzel-System zu vermeiden, wird häufig ein *hydrostatisches Zahnstange-Schnecke-System* (Johnson-Drive) eingesetzt. Ein typisches Anwendungsgebiet der Zahnstange-Schnecke-Systeme sind Tisch- oder Supportantriebe für Großwerkzeugmaschinen (z. B. Portalfräsmaschinen). Die Vorteile des Systems sind außer der geringen Reibung die hohe Steifigkeit.

Bild 9-90 verdeutlicht die Funktionsweise. Die Zahnstange ist mit Öltaschen versehen. Die Ölversorgung geschieht durch längs zur Zahnstange verschiebbare Hohlkolben, die auf die Zuleitungen der Öltaschen gepreßt und zusammen mit dem Schlitten an die Stelle der Zahnstange verfahren werden, an der die Schnecke in die Zahnstange eingreift. Das Leck- und Rücköl fließt frei über die Schnecke in eine Sammelrinne ab. Der Antrieb der Schnecke geschieht über eine Verzahnung im Schneckenaußenzylinder und ein Zwischenrad. Das Zwischenrad ist unmittelbar am Vorschubmotor angeflanscht.

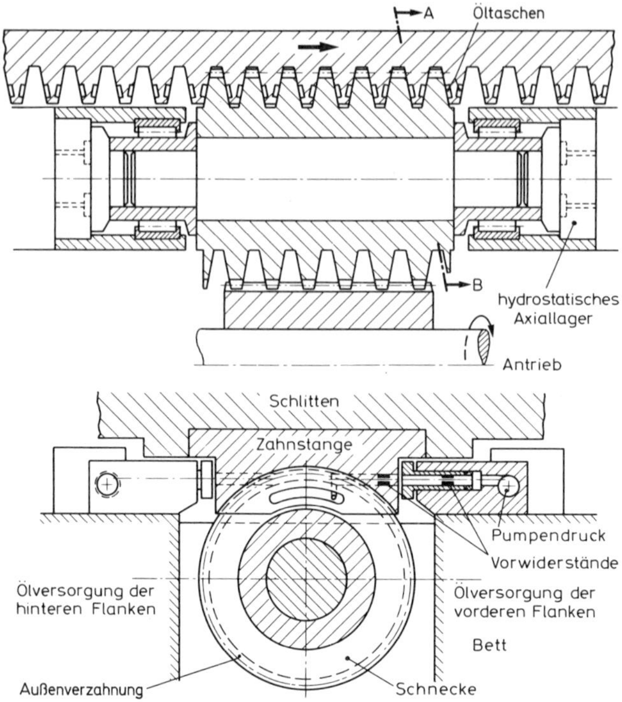

Bild 9-90. Vorschubantrieb mit hydrostatischem Zahnstange-Schnecke-System (Johnson-Drive) (nach Ingersoll).

Das Ziel, in einer Getriebestufe eine möglichst hohe Untersetzung bei großer Steifigkeit zu erreichen, erfüllen einige *Sondervorschubgetriebe.* In Bild 9-91 ist stellvertretend das Funktionsprinzip eines koaxialen Sondervorschubgetriebes (Harmonic Drive) dargestellt. Ein starrer zylindrischer Ring (Circular Spline) mit Innenverzahnung ist stationär mit dem Gehäuse verbunden. In diesem starren Ring befindet sich eine elastische, topfförmige Stahlbüchse (Flexspline) mit einer Außenverzahnung, die meist zwei bis drei Zähne weniger als die Innenverzahnung hat. Die Außenverzahnung wird von zwei sich planetenartig drehenden, mit dem Antrieb verbundenen Rollen (Wave Generator) rotatorisch umlaufend an zwei gegenüberliegenden Stellen in die Innenverzahnung gedrückt. Infolge der unterschiedlichen Zähnezahl entsteht zwischen dem stationären Ring und der flexiblen Stahlbüchse eine Relativdrehung, die über die Stahlbüchse an den Abtrieb gegeben wird. Bei einer Umdrehung des Rollenträgers macht die elastische Stahlbüchse eine Gegendrehung, die der Zähnezahldifferenz zwischen Innen- und Außenverzahnung entspricht.

Ein auf diese Weise aufgebautes Getriebe hat eine hohe Torsionssteifigkeit, da eine Getriebestufe für die erforderliche Untersetzung ausreicht und der Traganteil der Innenverzahnung durch die doppelseitige Zahnberührung sehr groß ist.

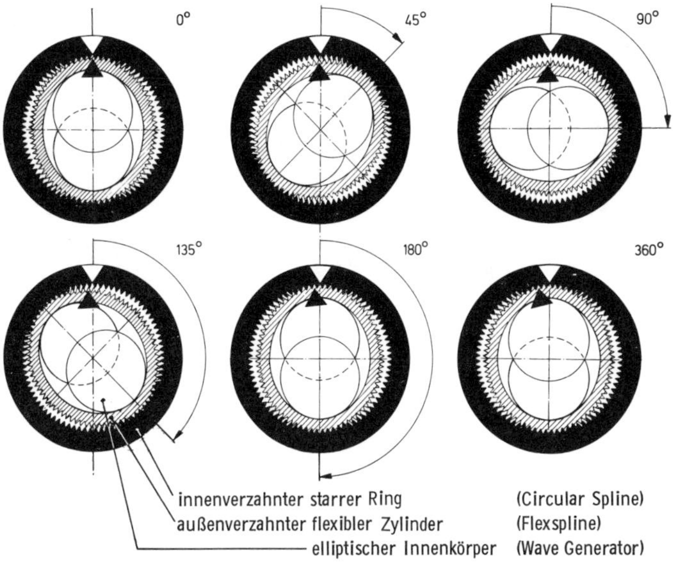

Bild 9-91. Funktionsprinzip eines koaxialen Kompaktgetriebes (nach Harmonic Drive System GmbH).

Die Verbindung eines elektrischen Schrittmotors mit einem Harmonic Drive zeigt Bild 9-92. Hierbei wird die elastische Stahlbüchse durch ein umlaufendes Magnetfeld verformt, indem jeweils gegenüberliegende Pole eines Stators erregt werden und so die Verzahnungen in Eingriff bringen.

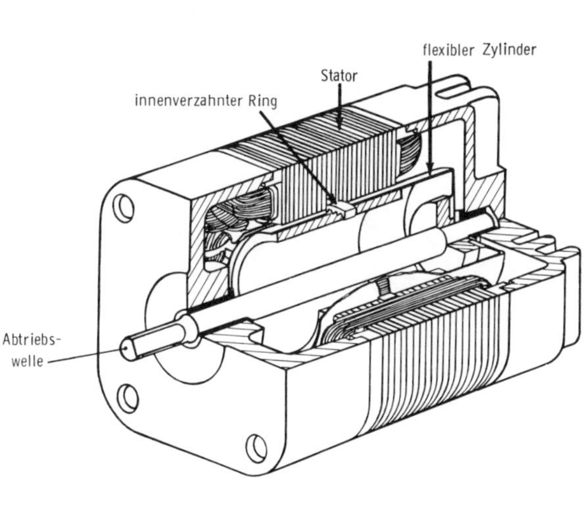

Bild 9-92.
Elektrischer Schrittmotor mit koaxialem Kompaktgetriebe und Zahnstange-Ritzel-System.

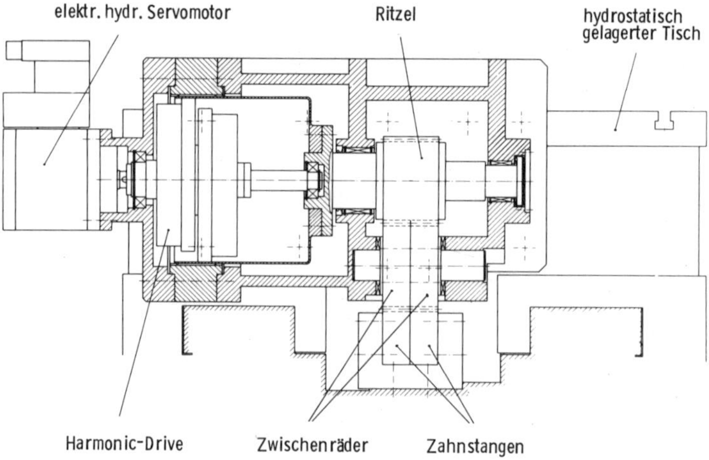

Bild 9-93. Elektrohydraulischer Vorschubantrieb mit koaxialem Kompaktgetriebe und Zahnstange-Ritzel-System.

In Bild 9-33 ist ein elektrohydraulischer Vorschubantrieb mit einem Harmonic Drive dargestellt. Die Tischbewegung wird über Ritzel und Zahnstange erzeugt. Der starre Ring des Harmonic Drive mit der Innenverzahnung ist in die Gesamtkonstruktion eingefügt. Die Antriebswelle ist an den Rollenträger des Harmonic Drive angekoppelt. Die elastische außenverzahnte Stahlbüchse ist mit einem Flansch verbunden, der an der im Gehäuse gelagerten Ritzelantriebswelle befestigt ist. Dieser Flansch dient zugleich als Gegenlager für die Welle des Rollenträgers.

10. Positionsmeßsysteme für NC-Maschinen

Ein wesentlicher Bestandteil des Lageregelkreises bei numerisch gesteuerten Werkzeugmaschinen ist die Meßeinrichtung, mit der die Istposition bewegter Maschinenteile erfaßt wird. Als Beispiele seien die Schlittenwegmessung und die Bestimmung der Winkellage von Antriebsspindeln oder Drehtischen genannt. Analoge und digitale Meßsysteme mit elektronischen Auswerteeinheiten ermöglichen eine genaue und schnelle Erfassung der Maschinenpositionen sowie eine automatische Auswertung der Meßergebnisse. Durch Verwendung solcher Meßsysteme wird eine hohe Positioniergenauigkeit und damit auch eine hohe Fertigungsqualität erzielt.

10.1. Grundlagen der Weg- und Winkelmessung

Die Begriffe der Meßtechnik sind in VDI/VDE 2600 und in DIN 1319 festgelegt [75; 76]. Die wichtigsten Begriffe werden im folgenden erläutert.

10.1.1. Grundbegriffe

Meßgröße und Meßwert

Die Meßgröße ist die physikalische Größe, deren Wert durch die Messung ermittelt werden soll (z. B. Weg, Winkel).

Der Meßwert ist der spezielle, zu ermittelnde Wert der Meßgröße; er wird als Produkt aus Zahlenwert und Einheit angegeben (z. B. 345,125 mm; 10,32 grad).

Meßaufnehmer

Der Meßaufnehmer ist ein Meßgerät, das an seinem Eingang die Meßgröße aufnimmt und an seinem Ausgang ein entsprechendes Meßsignal abgibt. Statt der in VDI/VDE 2600 empfohlenen Bezeichnung „Meßaufnehmer" findet man auch häufig noch die Bezeichnung „Meßgeber".

Meßort

Als Meßort wird der Ort bezeichnet, an dem sich der Meßaufnehmer befindet.

10.1.2. Meßprinzipien und Meßverfahren

Unter dem Meßprinzip versteht man die charakteristische physikalische Gesetzmäßigkeit, die bei der Messung benutzt wird. Beispielsweise bewirkt eine Helligkeitsschwankung infolge eines bewegten Gitters zwischen Lichtquelle und Photodiode eine Änderung der Beleuchtungsstärke und damit eine Änderung der Ausgangsspannung der Photodioden. Dies kann bei Weg- und Winkelmeßeinrichtungen, die nach dem photoelektrischen Prinzip arbeiten, genutzt werden. Das Meßverfahren ist die praktische Anwendung des Meßprinzips zur Meßwerterfassung. Im folgenden werden die unterschiedlichen Arten bzw. Merkmale der Meßwerterfassung anhand einfacher Beispiele erläutert.

10.1.2.1. Direkte und Indirekte Meßwerterfassung

Bei der direkten Meßwerterfassung gewinnt man den Meßwert durch einen unmittelbaren Vergleich zwischen der Meßgröße und einer entsprechenden Bezugsgröße. Bei der indirekten Meßwerterfassung wird die gesuchte Meßgröße in eine andersartige physikalische Größe umgewandelt und aus dieser (unter Verwendung physikalischer Zusammenhänge) der Meßwert ermittelt.

In Bild 10-1 sind die direkte und indirekte Meßwerterfassung gegenübergestellt. In der im linken Bildteil skizzierten Meßanordnung dient der Linearmaßstab als Meßbezugsgröße. Die Position des Schlittens kann vom Aufnehmer direkt am Maßstab erfaßt werden. Eine indirekte Messung liegt vor, wenn die lineare Bewegung des Schlittens über den Umfang der Vorschubspindeldrehung erfaßt wird. Ein Winkelschrittaufnehmer an der Vorschubspindel dient zur Aufnahme des Meßwerts. Durch den eindeutigen Zusammenhang zwischen der Drehbewegung der Gewindespindel und der linearen Schlittenbewegung ist die Wegmessung des Schlittens indirekt über die Winkelmessung möglich (Bild 10-1 rechts).

Zur indirekten Meßwerterfassung zählt auch die in Bild 10-1 in der Mitte dargestellte Anordnung. Über Präzisionsgetriebe, bestehend aus Meßzahnstange und Ritzel, wird die lineare Bewegung in eine Drehbewegung umgewandelt, die von einen Winkelaufnehmer erfaßt wird. Ein Grund für die Verwendung dieser Meßanordnung ist darin zu suchen, daß Linearmaßstäbe für größere Verfahrwege

Direkte Meßwerterfassung	Indirekte Meßwerterfassung	
Meßsystem arbeitet translatorisch und ist unmittelbar mit der Längsbewegung des Maschinenschlittens gekoppelt	Antriebselement und Wandler getrennt Umwandlung von Längs- in Drehbewegung über Zahnstange und Ritzel	Antriebselement und Wandler identisch Erfassung der Längsbewegung über die Drehbewegung der Arbeitsspindel
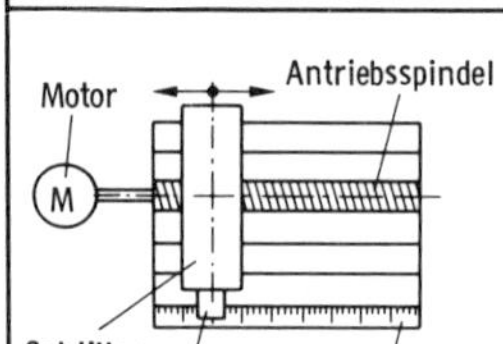	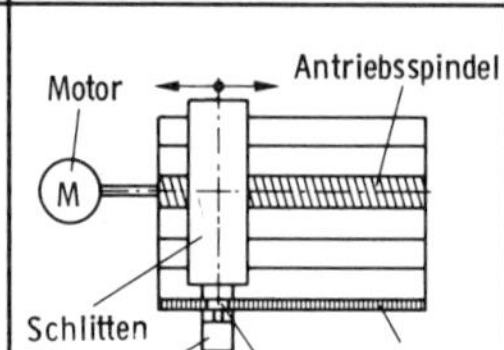	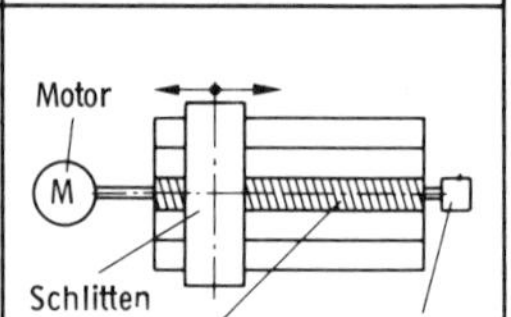
Fehlereinflüsse • Temperatur • Teilungsfehler • Abstands- und Winkelfehler • Fehler an den Stoßstellen der Maßstäbe	Fehlereinflüsse • Teilungsfehler der Zahnstange und des Ritzels • Exzentrizität des Ritzels • Fehler im eventuell eingesetzten Getriebe • Temperatur • Fehler des Aufnehmers • Stoßfehler der Zahnstange	Fehlereinflüsse • Elastische Verformung d.Spindel • Steigungsfehler • Spiel • Verschleiß der Spindel • Fehler des Aufnehmers • Temperatur

Bild 10-1. Fehlereinflüsse bei der direkten und indirekten Meßwerterfassung.

teuerer sind als Winkelschrittaufnehmer. Außerdem werden die spezifischen Fehlereinflüsse der reinen indirekten Methode (Bild 10-1, rechts) umgangen.

Einige typische Fehlereinflüsse [77] bei den verschiedenen Meßwerterfassungsverfahren sind im unteren Teil von Bild 10-1 zusammengefaßt. Während bei der direkten Meßwerterfassung eine mangelhafte Fertigungs- und Einrichtgenauigkeit der Maßstäbe sowie deren thermisches Verhalten das Meßergebnis verfälschen kann, beeinträchtigen bei der indirekten Meßwerterfassung (z. B. Steigungsfehler, elastische Verformung und Verschleiß der Vorschubspindel) zusätzlich die Meßgenauigkeit.

10.1.2.2. Analoge und Digitale Meßwerterfassung

Die analoge Meßwerterfassung ist dadurch gekennzeichnet, daß innerhalb des Meßbereichs jedem Wert der Meßgröße stetig ein entsprechender Meßwert zugeordnet werden kann. Ein Beispiel dafür ist das Schiebepotentiometer, bei dem eine stetige Zuordnung zwischen der Meßgröße (Weg x) und der analogen Ausgangsgröße (Spannung U) besteht, Bild 10-2.

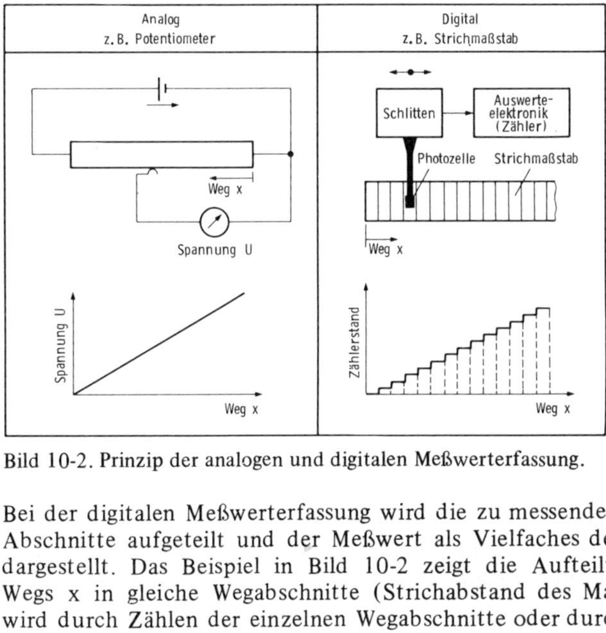

Bild 10-2. Prinzip der analogen und digitalen Meßwerterfassung.

Bei der digitalen Meßwerterfassung wird die zu messende Größe in gleichmäßige Abschnitte aufgeteilt und der Meßwert als Vielfaches des kleinsten Abschnitts dargestellt. Das Beispiel in Bild 10-2 zeigt die Aufteilung des zu messenden Wegs x in gleiche Wegabschnitte (Strichabstand des Maßstabs). Der Meßwert wird durch Zählen der einzelnen Wegabschnitte oder durch direktes Ablesen der Stellenwerte gewonnen und kann mit Hilfe einer Auswerteelektronik ausgewertet und angezeigt werden.

10.1.2.3. Relative und Absolute Meßwerterfassung

Ein weiteres Unterscheidungsmerkmal im Zusammenhang mit der Meßwertbildung ist die Ausführungsart des verwendeten Maßstabs. Die digitale Messung läßt sich dann wie folgt unterscheiden:

– digital-relative (inkrementale) Meßwerterfassung,
– digital-absolute (codierte) Meßwerterfassung.

Bei der digital-inkrementalen Meßwerterfassung werden die periodischen Meßsignale während des Verfahrens einer Wegstrecke gezählt und dann zur Anzeige gebracht, Bild 10-3. Da man mit der Impulszählung bei jeder beliebigen Position bgeinnen kann, wird diese Messung als relative Messung bezeichnet.

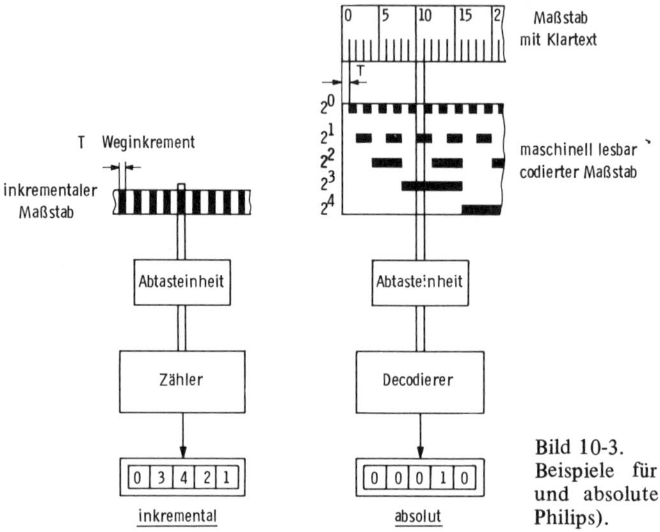

Bild 10-3.
Beispiele für eine inkrementale und absolute Wegmessung (nach Philips).

Eine feste Zuordnung zwischen Meßgröße und Meßwert charakterisiert die digital-absolute Meßwerterfassung. Im Beispiel in Bild 10-3 ist jede Position auf dem Maßstab durch die eindeutige Kombination codierter Spuren gekennzeichnet.

Die wichtigsten Vorteile der absoluten Meßwerterfassung gegenüber der inkrementalen Erfassung sind:

– Jeder Meßwert ist auf einen festgelegten Nullpunkt bezogen und direkt ablesbar; kummulative Meßfehler bzw. Kettenmeßfehler treten nicht auf.

– Der richtige Meßwert bleibt auch nach einer Störung (wie z. B. Spannungsausfall) ohne besondere Hilfsmaßnahmen erhalten.

Die absolut-digitale Meßwerterfassung hat jedoch auch Nachteile; wird eine hohe Meßgenauigkeit über größere Meßbereiche verlangt, so ist der Aufwand durch die große Anzahl erforderlicher Codespuren sehr hoch.

Analoge Systeme (Bild 10-2) sind nach Definition absolute Meßsysteme. Da die Auflösung der rein analogen Meßwerterfassung in der Regel nicht ausreicht, wendet man häufig das sogenannte zyklisch-absolute Meßverfahren an, das einer Kombination von inkrementaler mit absoluter (analoger) Messung entspricht. Das Funktionsprinzip der zyklisch-absoluten Messung zeigt Bild 10-4. Innerhalb

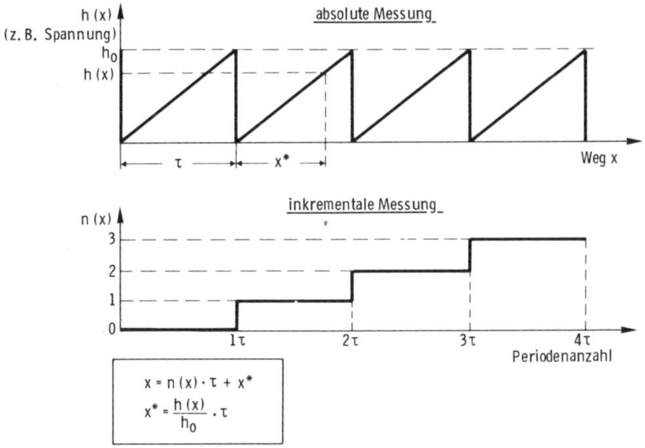

Bild 10-4. Prinzip der zyklisch-absoluten Wegmessung.
n(x) Anzahl der vollen Perioden — h_0 Maximalwert der analogen Meßgröße
h(x) analoge Meßgröße (z. B. Spannung) — τ Periodenlänge (Zyklus)

sich wiederholender Periodenlängen τ (Meßzyklen) wird der Weg x mit Hilfe eines analogen Systems absolut gemessen. Zusätzlich zählt man die Anzahl n der im Weg x durchlaufenen Zyklen, so daß sich der aktuell gefahrene Weg wie folgt ergibt:

$$x = n(x) \cdot \tau + x^* \qquad (0 \leqslant x^* \leqslant \tau \text{ und } n = 0, 1, 2 \ldots)$$

$$x^* = \frac{h(x)}{h_0} \cdot \tau \qquad (10\text{-}1)$$

mit h(x) als analoge Meßgröße (z. B. Spannung U), h_0 als Maximalwert der analogen Meßgröße und τ als Meßzyklus.

Der Anzeigemechanismus eines Dekadenpotentiometers ist ein Beispiel für die praktische Anwendung der zyklisch-absoluten Messung.

Das Funktionsprinzip und der Aufbau der bekanntesten Weg- und Winkelmeßsysteme sind im folgenden beschrieben.

10.2. Analoge Meßsysteme

Ohmsche Aufnehmer (Potentiometer) und elektromagnetische Aufnehmer (Induktosyn und Resolver) gehören zu den am häufigsten eingesetzten analogen Weg- und Winkelmeßsystemen.

10.2.1. Ohmsche Aufnehmer

Die Messung von Weg- und Winkeländerungen mit ohmschen Aufnehmern basiert auf dem linearen Zusammenhang zwischen dem elektrischen Widerstand R des

Meßkörpers und dem zu messenden Weg x bzw. Winkel α. Der ohmsche Widerstand R eines ausgedehnten zylindrischen Körpers ergibt sich aus

$$R = \rho \cdot \frac{\ell}{A} \tag{10-2}$$

mit ρ als spezifischer Widerstand des Werkstoffs, ℓ als Länge und A als Querschnittsfläche des Meßkörpers.

Die einfachen Beziehungen für die am Potentiometer abgegriffenen Spannungen U_x, U_α und dem Weg x bzw. Winkel α zeigt Bild 10-5. Die gebräuchlichsten Ausführungsarten von Potentiometern zur Weg- und Winkelmessung sind Wendel- und Schicht-Potentiometer.

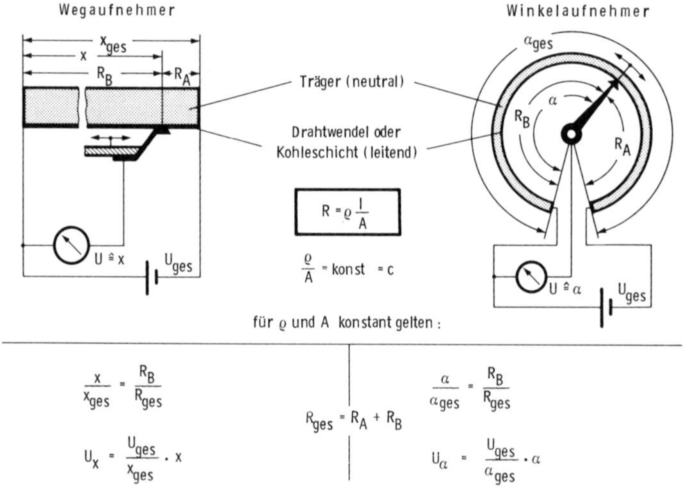

Bild 10-5. Beispiele für ohmsche Aufnehmer.

Der Trägerkörper besteht aus isolierendem Material, auf das ein Widerstandsdraht wendelförmig aufgebracht oder eine Filmschicht (Kohle oder Metall) aufgedampft wird (Bild 10-5). Das Auflösungsvermögen ist im ersten Fall durch den Abstand zweier Wendeln gegeben. Drehwinkel bis 10 mal 360° lassen sich z. B. mit Hilfe eines zehngängigen Potentiometers messen.

Verschmutzungen (z. B. durch Staub und Öl) verursachen eine Erhöhung des Übergangswiderstands an der Abgriffsstelle und führen zu einer Verletzung der Linearitätsbedingung und damit zu Meßfehlern. Aus diesem Grund müssen solche Meßeinrichtungen gut geschützt sein. Für genauere Messungen stehen Präzisionspotentiometer mit sehr geringen Linearitätsfehlern zur Verfügung.

Da die Auflösung der analogen Systeme 10^{-3} bis 10^{-4} der Maßstabslänge beträgt, können bei einer üblichen Auflösung von 0,01 mm nur Wege bis etwa 100 mm gemessen werden. Das Potentiometerprinzip hat sich daher bei Werkzeugmaschinen nicht durchsetzen können, da normalerweise größere Meßbereiche zu erfassen sind. Bei einfachen Industrierobotern findet dieses Prinzip jedoch Anwendung, da die verlangte Positioniergenauigkeit (> 1 mm) nicht so hoch ist.

10.2.2. Elektromagnetische Aufnehmer

Elektromagnetische Meßeinrichtungen basieren auf dem Induktionsprinzip, Bild 10-6. Ein vom Wechselstrom $i_E(t)$ durchflossener Leiter a erzeugt ein Wechselfeld, gekennzeichnet durch den magnetischen Fluß ϕ. Die magnetischen Feldlinien induzieren in einem zweiten Leiter b eine Spannung $u_A(t)$, deren Wert u. a. von der Entfernung und der gegenseitigen Lage der Leiter zueinander abhängig ist. Bewegt sich der Leiter b um Δx, so ändert sich der Effektivwert der induzierten Spannung um einen Betrag Δu_A, der so ein Maß für die Wegänderung ist.

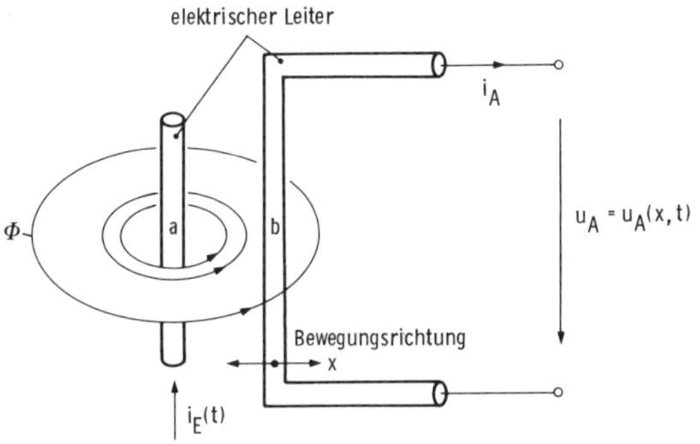

Bild 10-6.
Das Induktionsprinzip.

Häufig werden zwei Wechselspannungen, die gegeneinander um 90° phasenverschoben in getrennten Leitern anliegen, von diesen Leitern in einen dritten induziert. Mit der Bewegung ändern sich aufgrund der Form der Induktionswicklungen die Phasenlagen der Spannungen zueinander, die als Weginformation ausgewertet werden. Inductosyn und Resolver sind die bekanntesten nach dem Induktionsprinzip arbeitenden Meßsysteme.

10.2.2.1. Inductosyn

Für die Längenmessung setzt man das Linear-Inductosyn ein, während das Rund-Inductosyn für Winkelmessungen verwendet wird. Die Funktionsweise beider Meßsysteme ist identisch, sie unterscheiden sich nur in ihrem mechanischen Aufbau und zählen zu den zyklisch-absoluten Meßsystemen. In Bild 10-7 sind zwei Ausführungsformen des Inductosyns gezeigt.

Die Komponenten des Linear-Inductosyn (Lineal und Reiter) enthalten mäanderförmige Leiterwicklungen, die in Form einer gedruckten Schaltung auf den Grundkörper aufgebracht sind. Der Grundkörper muß unmagnetisch sein, damit das induzierte Magnetfeld keinen Veränderungen unterliegt. In der Regel wird Glas oder Keramik als Grundmaterial verwendet. Die Wicklungen auf dem Lineal und dem Reiter haben die gleiche Teilungsperiode, Bild 10-8. Auf dem Reiter befinden sich zwei um $(n + 1/4) \cdot \tau$; n = 0, 1, 2 . . . , d. h. um räumlich 90°, zu-

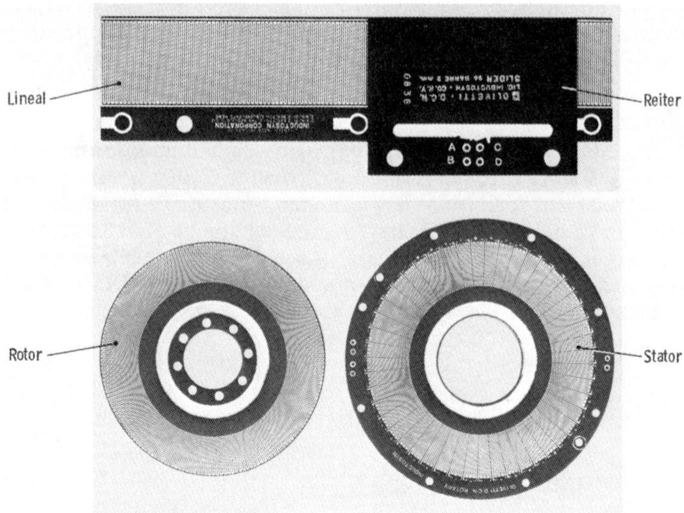

Bild 10-7. Ausführungsbeispiele des Inductosyns (nach Olivetti).

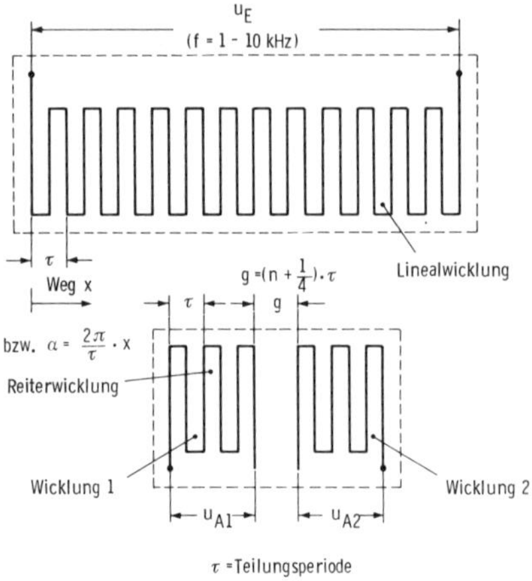

Bild 10-8.
Wicklungsanordnung des Linearinductosyns.

einander verschobene Wicklungsgruppen. Diese Anordnung ermöglicht durch eine Phasen- und Amplitudenmessung eine genaue Lageauswertung.

Die Funktionsweise des Linear-Inductosyn sei anhand der Darstellung in Bild 10-8 erläutert. Die Linealwicklung wird mit einer hochfrequenten Wechselspannung $u_E(t)$ (etwa 10 kHz) gespeist;

$$u_E(t) = \hat{u}_E \sin \omega t \qquad (10\text{-}3).$$

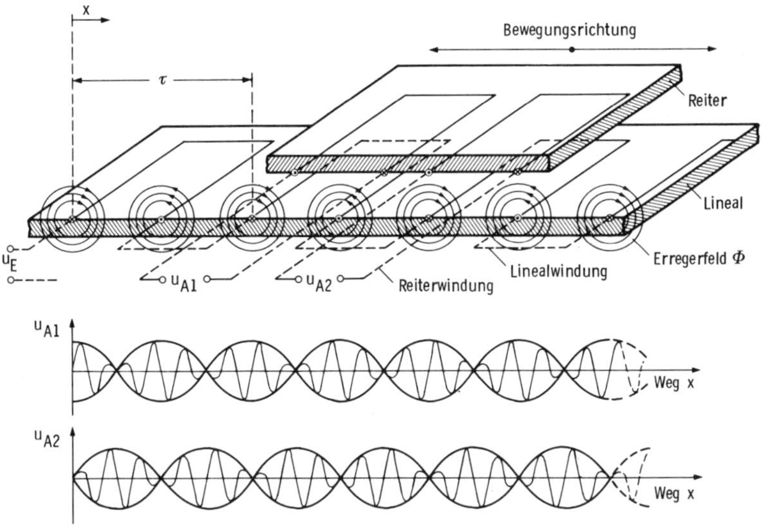

Bild 10-9. Prinzipielle Darstellung und Funktionsweise des Linearinductosyns.

Diese verursacht ein magnetisches Wechselfeld, das in den beweglichen Reiterwicklungen die Wechselspannungen $u_{A1}(t)$ und $u_{A2}(t)$ induziert.

Bild 10-9 zeigt die räumliche Anordnung des Lineals und des Reiters sowie die Verläufe der induzierten Wechselspannungen im Reiter. Die akutelle Amplitude bzw. Phasenlage von $u_{A1}(t)$ und $u_{A2}(t)$ ist von der jeweiligen Lage des Reiters zum Lineal abhängig.

Durch die räumliche Versetzung der beiden Reiterwicklungen um $(n + 1/4) \cdot \tau = \frac{\pi}{2}$ elektr. sind die Amplituden der induzierten Wechselspannungen $u_{A1}(t)$, $u_{A2}(t)$ dem Cosinus bzw. Sinus des elektrischen Drehwinkels α (vgl. Bild 10-8) proportional:

$$u_{A1}(t) = K_1 \; \hat{u}_E \sin \omega t \cdot \cos \alpha \tag{10-4}$$

$$u_{A2}(t) = K_2 \; \hat{u}_E \sin \omega t \sin \alpha \tag{10-5}$$

$$\alpha = \frac{2\pi}{\tau} \cdot x; \quad (0 \leqslant x \leqslant \tau) \tag{10-6}$$

mit K_1 und K_2 als elektromagnetische Kopplungsfaktoren.

Eine Verschiebung des Reiters auf dem Lineal führt bei den hochfrequenten Spannungsverläufen dort zu Phasensprüngen um 180°, wo der Verlauf der Einhüllenden seine Nulldurchgänge hat. Die eindeutige Bestimmung der Lage des

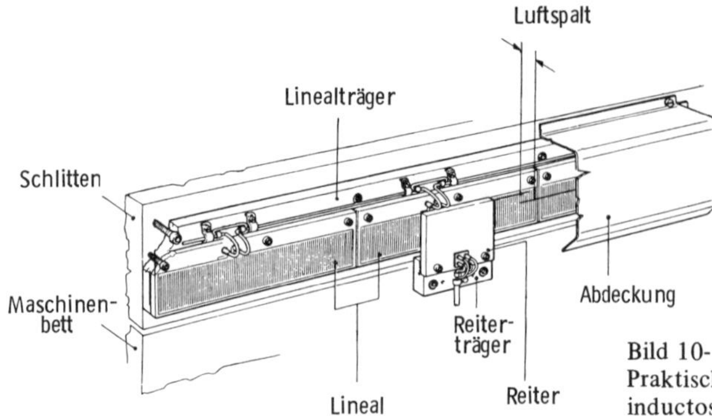

Bild 10-10.
Praktische Ausführung des Linear-inductosyns (nach Olivetti).

Reiters erfolgt durch eine Auswertung der Phase α über den Verlauf der einhüllenden Spannungsverläufe in den Reiterwicklungen sowie über das Phasenverhältnis (Gleich- oder Gegenphasigkeit) der hochfrequenten induzierten Signale.

Die Anordnung der Komponenten des Linear-Inductosyn zeigt Bild 10-10. Das Lineal wird am stillstehenden Maschinenteil (z. B. Bett) befestigt, und der Reiter befindet sich am beweglichen Maschinenteil (z. B. Schlitten oder Tisch). Dabei darf nur ein geringer Luftspalt (etwa 0,25 mm) zwischen beiden Komponenten vorliegen.

Einzelne Inductosyn-Maßstäbe haben in der Regel Teilungen von 2 mm oder 1/10 Zoll und Längen von etwa 250 bis 1000 mm. Bei größeren Wegen werden die Maßstabselemente aneinander gereiht, wobei eine sorgfältige Justage zur Vermeidung von Fehlern an den Stoßstellen erforderlich ist.

Beim Einsatz eines Inductosyn liegt eine zyklisch-absolute Messung vor, da die Werte nur innerhalb einer Teilungsperiode absolut (analog) gemessen werden und nach jedem Teilungsgmaß τ zyklisch wiederkehren.

10.2.2.2. Resolver

Der Resolver ist ein elektromagnetischer indirekter Wegmeßaufnehmer bzw. direkter Winkelmeßaufnehmer. In seinem Aufbau ähnelt der Resolver einem kleinen Elektromotor mit Präzisionswicklungen. Der Stator trägt zwei Wicklungsgruppen, deren Wicklungsebenen senkrecht aufeinander stehen, also um $\pi/2$ bzw. 90° räumlich gegeneinander versetzt sind, Bild 10-11. Eine weitere Wicklung befindet sich auf dem Rotor.

Die Funktionsweise des Resolver-Meßsystems wird mit Hilfe von Bild 10-12 erläutert. Die Rotorwicklung wird mit einer hochfrequenten Wechselspannung $u_E(t)$ (etwa 10 kHz) gespeist, die ein magnetisches Wechselfeld ϕ im Luftspalt zwischen Stator und Rotor hervorruft. Das magnetische Wechselfeld wiederum induziert in den Rotorwicklungen Wechselspannungen $u_{A1}(t)$, $u_{A2}(t)$, die, wie das Vektordiagramm zeigt, dem Cosinus bzw. Sinus des Drehwinkels α proportional sind. Die Auswertung der in den Statorwicklungen induzierten Spannungsverläufe erfolgt in Analogie zu dem Inductosyn-Meßsystem [78; 79]. Der dabei ermittelte Winkel α entspricht dem Drehwinkel des Resolverrotors. Die Periodi-

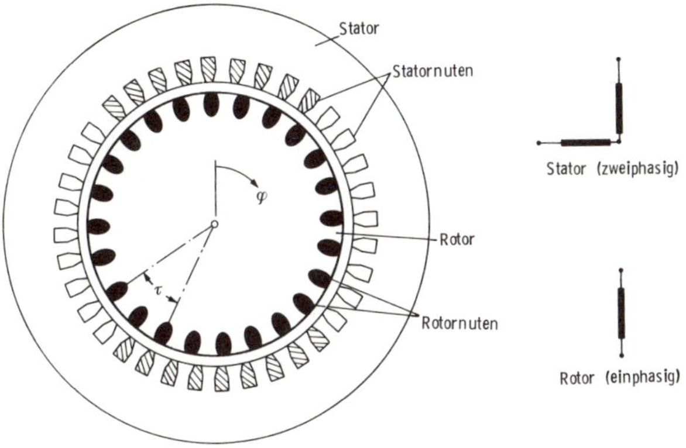

Bild 10-11. Querschnitt eines Revolvers.

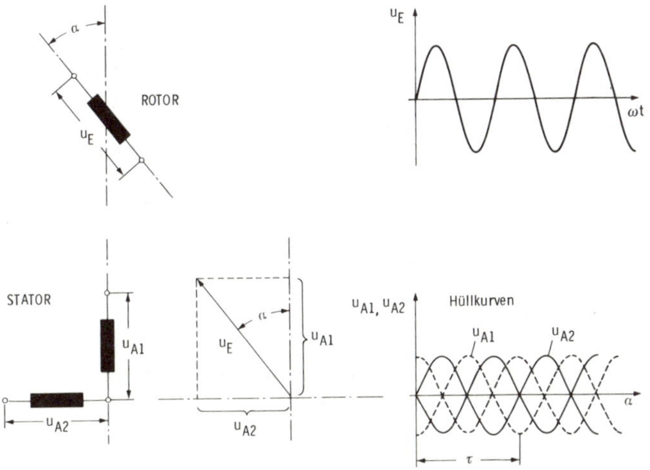

Bild 10-12. Funktionsprinzip eines Revolvers.

zität des Signalsverlaufs ermöglicht eine eindeutige Meßwertzuordnung nur innerhalb einer Rotorteilung. Es handelt sich um ein zyklisch-absolut arbeitendes Meßsystem.

Grundsätzlich sind verschiedenartige Wicklungskombinationen in Ständer und Rotor möglich [39; 78; 79]. Zur Erhöhung des Auflösungsvermögens wird die Gesamtwicklung des Rotors in Wicklungsgruppen unterteilt, deren Anzahl durch die Polteilung p gegeben ist. Darüberhinaus werden im Stator mehrere senkrecht zueinander liegende Wicklungen im geringen Abstand angeordnet.

Die kleine Bauweise, hohe Genauigkeit und verschleißarme Arbeitsweise sind besondere Vorteile des Resolver-Meßsystems. Die beiden beschriebenen Meßsysteme arbeiten (wie bereits erwähnt) nach dem Induktionsprinzip. Daher ist es gleichgültig, welche Wicklungsgruppe (z. B. Lineal- oder Reiterwicklung bzw. Stator- oder Rotorwicklung) die Versorgungsspannung $u_E(t)$ erhält.

10.3. Digitale Meßsysteme

Das charakteristische Merkmal digitaler Meßsysteme ist die Quantisierung des zu messenden Wegs oder Winkels. Der Meßwert ergibt sich als ganzzahliges Vielfaches des Weg- oder Winkelinkrements. Je nachdem, ob sich die Meßinformation durch Zählen der Inkremente oder Ablesen an einer codierten Skala ergibt, unterscheidet man zwischen inkrementalen (relativen) und codierten (absoluten) Meßsystemen.

Zur Quantisierung des zu messenden Wegs oder Winkels werden unterschiedliche physikalische Effekte genutzt. So kann auf einem abzutastenden Maßstab beispielsweise ein Raster aus elektrisch leitenden und nichtleitenden oder magnetischen und unmagnetischen Zonen aufgebracht sein. Besonders aufgrund einer geforderten hohen Auflösung haben sich heute allgemein Meßsysteme mit photoelektrischer Abtastung von Linearmaßstäben bzw. Codescheiben für rotatorische Systeme durchgesetzt.

10.3.1. Photoelektrisches Abtastverfahren

Die Hauptbestandteile photoelektrischer Meßsysteme sind der Maßstab bzw. die Codescheibe und die Abtasteinheit. Die Abtastung geschieht entweder nach dem Auflicht- oder nach dem Durchlichtverfahren, Bild 10-13. Beim Auflichtverfahren hat der Maßstab abwechselnd reflektierende und nichtreflektierende Zonen. Beim Durchlichtverfahren besteht der Maßstab aus transparenten und lichtundurchlässigen Zonen. Die Abtasteinheit besteht meist aus Geberlampe, Optik und Photoempfänger. Bei einer Relativbewegung zwischen Abtasteinheit und Maßstab empfängt der Photoempfänger Licht modulierter Helligkeit. Die Empfängerschaltung wandelt die Lichtintensitätsänderungen in elektrische Signale um, die für die Wegmessung ausgewertet werden können [80].

10.3.2. Digital-inkrementale Meßsysteme

Bild 10-14 und 10-15 zeigen den Aufbau von zwei häufig eingesetzten inkrementalen Meßsystemen zur Längen- und Winkelmessung. In Bild 10-14 ist ein

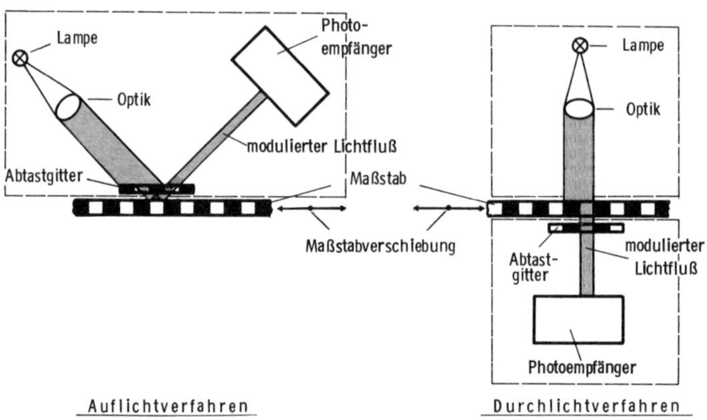

Bild 10-13. Prinzip der photoelektrischen Abtastung bei inkrementalen Verfahren.

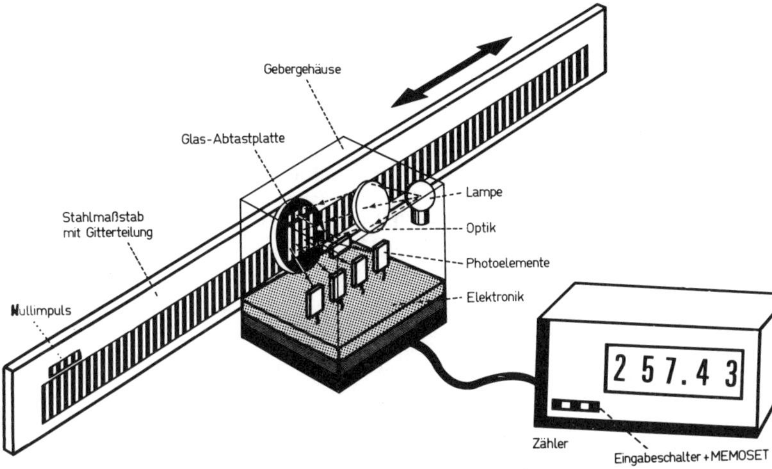

Bild 10-14. Photoelektrisches Linearsystem (nach Heidenhain).

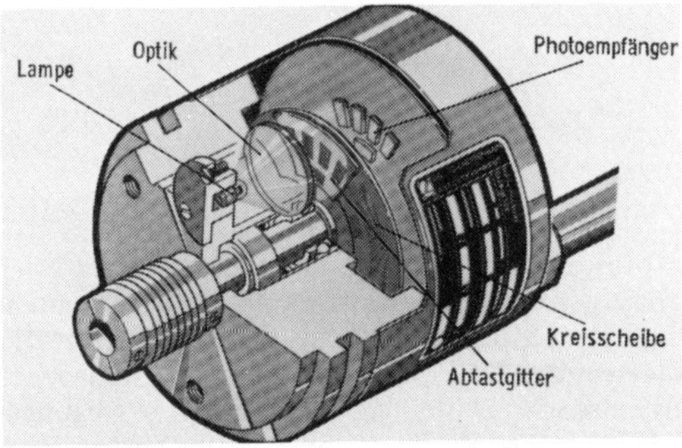

Bild 10-15.
Innerer Aufbau eines photoelektrischen Drehgebers (nach Heidenhain).

photoelektrisches Linearmeßsystem abgebildet, bei dem die Maßstabsabtastung nach dem Auflichtverfahren erfolgt. Bei dem inkrementalen Drehgeber in Bild 10-15 handelt es sich um eine Abtastung der Impulsscheibe nach dem Durchlichtverfahren. Die Messung geschieht durch photoelektrische Abtastung des Präzisionsglasmaßstabs bzw. der Impulsscheibe über Gegengitter und Photoelemente. Die endliche Ausdehnung der aktiven Fläche des Photoelements überdeckt mehrere Teilstriche der Scheibe, so daß ein Abtastgitter entsprechender Breite zwischen Lichtquelle und Empfänger angeordnet wird. Bei Bewegung des Maßstabs bzw. Drehung der Geberwelle relativ zur Abtasteinheit werden am Ausgang der Photodioden sinusförmige Signale erzeugt, die in der Auswerteeinheit in eine Rechtecksignalfolge umgeformt werden. Die Anzahl der Impulse ist ein Maß für die Weglänge bzw. den Drehwinkel. Mit Hilfe der Referenzmarken wird eine definierte Startposition markiert (s. Bild 10-14 und 10-15).

Die Teilungen auf dem Maßstab bzw. der Scheibe zeichnen sich durch höchste Herstellgenauigkeit und absolut scharfe optische Kanten aus (durch Aufdampfen einer sehr dünnen, harten, metallischen, teilungsbildenden Schicht im Vakuum oder durch Ritzen von Glas- oder Metallmaßstäben). Für die digitale Auflösung einer Weg- bzw. Winkeländerung ist der Abstand bzw. die Anzahl der Teilstriche auf dem Meßkörper bestimmend. Weitere Faktoren, die die Meßgenauigkeit beeinflussen, sind die Maßstabshalterung und Scheibenlagerung, die Planheit und Geradheit der Maßstäbe bzw. der Scheiben, Ankopplung und Gestaltung der Abtasteinheit sowie das Verhalten bei Temperaturänderungen.

In Verbindung mit mechanischen Übertragungselementen (z. B. Zahnstange-Ritzel, Spindel-Mutter usw.) werden inkrementale Drehgeber auch für Längenmessungen benutzt (indirekte Meßwerterfassung, Abschn. 10.1.2.1).

Das Prinzip der Richtungserkennung bei Verwendung inkrementaler Meßsysteme erläutert Bild 10-16. In Bild 10-16 oben ist ein Ausschnitt eines Maßstabs mit einem Raster aus lichtdurchlässigen und lichtundurchlässigen Rechteckfeldern dargestellt. Die Breite der einzelnen Felder wird als Feldteilung bezeichnet und beträgt $\tau/2$. Die Abtasteinheit trägt außer der Optik und der Photoelektronik zwei Abtastgitter mit Feldern der gleichen Breite. Diese Abtastelemente A und B sind räumlich um 90° ($\tau/4$) gegeneinander versetzt (in Bild 10-16 durch die Lage der beiden Photodioden dargestellt). Wegen der feinen Feldteilung werden die Abtastelemente meist in einem größeren Abstand d voneinander untergebracht. Es gilt:

$$d = n\tau + \frac{\tau}{4} \qquad (10\text{-}7)$$

mit ganzzahligem n.

Die relative Bewegung zwischen Abtasteinheit und Maßstab erzeugt daher zwei angenähert sinusförmige Signale am Ausgang der Abtastelemente. Diese Signale werden mit Hilfe von elektronischen Schaltungen (z. B. Schmitt-Trigger) in die Rechtecksignalfolgen a und b umgewandelt, die ebenfalls einen Phasenversatz von $\tau/4 = 90^\circ$ (s. Bild 10-16) aufweisen. In Abhängigkeit von der Bewegungsrichtung entstehen die unterschiedlichen Signalfolgen I und II am Ausgang der Abtastelemente A und B. In der Auswerteschaltung (rechts oben in Bild 10-16) werden die Rechteckfolge b und deren invertierte $\bar{b}$ differenziert und die Signale b' und $\bar{b}$' gewonnen. Je nachdem, ob sich der Maßstab relativ zu den Abtastern A und B nach rechts oder links bewegt, entscheidet die Lage der Impulse b' und $\bar{b}$' zur Rechteckfolge a, ob der angeschlossene Zähler aufwärts oder abwärts zählt. Bei der dargestellten Auswerteeinheit werden nur die positiven Anteile der Signale b' bzw. $\bar{b}$' als Zählimpulse gewertet.

Das Prinzip der dynamischen Abtastung eines weiteren inkrementalen Linearmeßsystems zeigt Bild 10-17. Der Meßwert ergibt sich bei diesem System durch Phasenvergleich eines Meßsignals mit einem Referenzsignal [81].

Der Maßstab besteht aus einem Stahlgrundkörper, auf den eine Schicht mit reflektierenden und nichtreflektierenden Zonen der Breite $\tau/2$ aufgebracht ist. Von einer Lichtquelle wird ein Teil des Rasters beleuchtet. Über einen halbdurchlässigen Spiegel und eine Optik wird dieser Rasterausschnitt auf ein Photodioden-Array abgebildet. Dieses Array besteht aus einer linearen Anordnung von

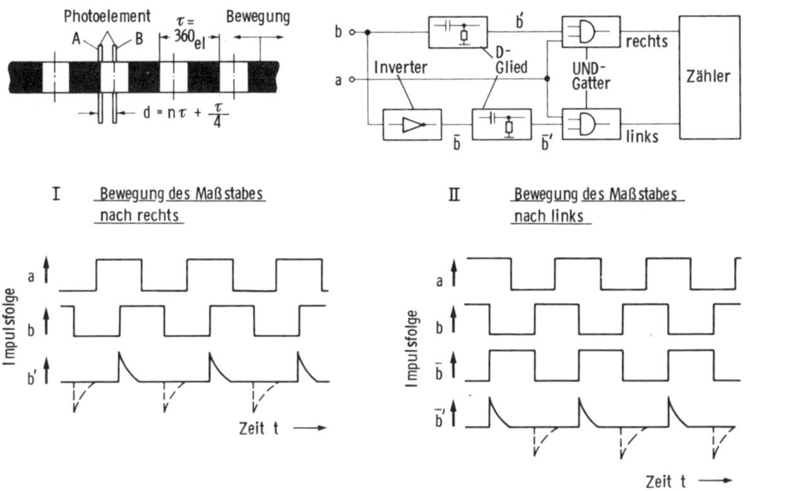

Bild 10-16. Richtungserkennung beim inkrementalen Meßsystem (nach Herold, Maßberg, Stute).
a Signal des Photoelements A
b Signal des Photoelements B
d räumliche Verschiebung zwischen den Photoelementen A und B bzw. Abtastgittern

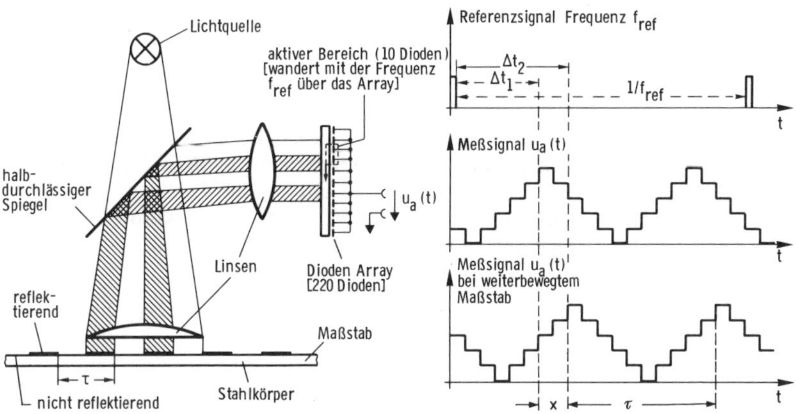

Bild 10-17. Prinzip der dynamischen Rasterabtastung (nach Philips).

220 Photodioden. Nacheinander werden davon jeweils 10 Dioden aktiviert, d. h. nur diese 10 Dioden sind jeweils an den Ausgang geschaltet. Die Ausgangsspannung ist der Intensität des auf diesen Bereich fallenden Lichtflusses proportional. Damit wird ein Fenster geschaffen, mit dem das abgebildete Raster abgetastet werden kann. Dieser Diodenausschnitt wird elektronisch mit der Referenzfrequenz f_{ref} über das Array bewegt. Je nach relativer Lage zwischen dem Raster-

bild und dem Dioden-Array ändert sich die Phasenlage zwischen dem Referenz- und dem Meßsignal. Aus Betrag und Vorzeichen der Phasendifferenz läßt sich der Meßwert x berechnen:

$$x = \tau \cdot \frac{\Delta t_2 - \Delta t_1}{1/f_{ref}} \qquad (10\text{-}8).$$

Der wesentliche Vorteil dieser sogenannten dynamischen Rasterabtastung liegt darin, daß schon mit relativ groben Rasterteilungen ($\tau = 0{,}6$ mm) eine Auflösung von 1 μm erzielt werden kann.

Inkrementale Weg- und Winkelmeßsysteme werden heute an Werkzeugmaschinen bevorzugt eingesetzt. Sie zeichnen sich dadurch aus, daß der Aufwand an notwendiger Elektronik verhältnismäßig gering ist. Zum anderen erlauben diese Systeme eine relativ einfache Nullpunktverschiebung.

Als Nachteil inkrementaler Meßsysteme wird häufig die Tatsache genannt, daß der Meßwert bei Stromausfall verloren geht und bei Auftreten von Störungsimpulsen verfälscht werden kann. Diese negativen Argumente dürften wohl bei dem heute vorliegenden, hohen Entwicklungsstand der elektronischen Baugeräte weitgehend ausgeräumt sein.

10.3.3. Digital-absolute Meßsysteme

Im Gegensatz zu inkrementalen Verfahren wird bei den codierten Meßsystemen jedem Wegelement ein eindeutiger Zahlenwert zugeordnet. Bild 10-18 zeigt die schematische Abbildung eines codierten Maßstabs, der eine geringe Anzahl von Spuren aufweist. Es gibt verschiedene Möglichkeiten zur Codierung eines Maßstabintervalls (Abschn. 5.1.2). Bei dual-codierten Maßstäben gleicher Meßlänge nimmt der Abstand der feinsten Teilung mit jeder zusätzlichen Spur um den Faktor 2 ab. Ordnet man entsprechend Bild 10-18 jedem hellen Feld den Binärwert „0" und jedem dunklen Feld den Binärwert „1" zu, so kann bei einer gleichzeitigen Abtastung aller Spuren an jeder Stelle des Wegs eine Dualzahl abgelesen werden. Im dargestellten Beispiel beschreibt die Dualzahl 10110 das Wegelement 22. Die Anzahl der erforderlichen Spuren n ist vom Meßbereich x_{ges} und der Auflösung abhängig. Es gilt folgende Gesetzmäßigkeit:

$$x_{ges} = \Delta x \cdot 2^n; \quad (n = 1, 2, 3, \ldots) \qquad (10\text{-}9)$$

Δx = kleinste Teilungsbreite
n = Spurenanzahl

$$n = \lg \frac{x_{ges}}{\Delta x} \cdot \frac{1}{\lg 2} \qquad (10\text{-}10).$$

Die Abtastung des Maßstabs, Bild 10-19, in der beschriebenen Art kann aber auch zu Fehlinformationen führen und zwar genau dann, wenn sich auf mehreren Spuren die dualen Zustände im selben Augenblick ändern, jedoch wegen der endlichen Abmaße der Abtastelemente der Übergang nicht exakt gleichzeitig einsetzt. So ist beispielsweise an der Übergangsstelle zwischen den Wegelementen 21 und 22 folgende Dekodierung möglich:

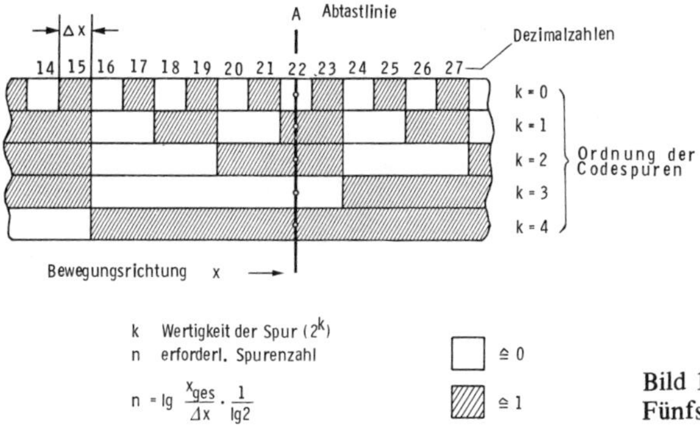

Bild 10-18.
Fünfspuriges binär-codiertes Lineal.

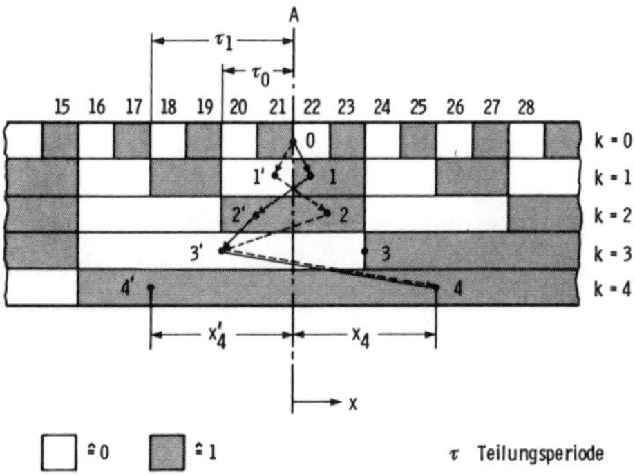

Bild 10-19.
Doppelabtastung für ein dualverschlüsseltes Coderaster.

10101 $\hat{=}$ 21		10101 $\hat{=}$ 21
10100 $\hat{=}$ 20	oder	10111 $\hat{=}$ 23
10110 $\hat{=}$ 22		10110 $\hat{=}$ 22

Solche Fehlinterpretationen sind durch folgende Maßnahmen vermeidbar:

- Abtastung jeder Spur (mit Ausnahme der feinsten) eines dualcodierten Maßstabs mit zwei Abstastköpfen im Abstand k · $\tau_0/2$ (Bild 10-19). Das Prinzip besteht darin, daß jeweils beim Lesen des Werts „0" in der niederwertigen Spur der Wert des voreilenden Abtasters in der nächst höherwertigen Spur Gültigkeit hat. Wird der Wert „1" gelesen, so hat der nacheilende Abtaster der höherwertigen Spur Gültigkeit. Auf diese Weise läßt sich der Meßwert eindeutig ablesen. Wegen der Anordnung der Abtastköpfe bezeichnet man diesen Vorgang als „V-Abtastung" [77; 80]. Die hohe Anzahl der benötigten Abtastköpfe verursacht bei dieser Lösung allerdings hohe Kosten.
- Codierung des Maßstabs nach dem sogenannten Gray-Code (vgl. Abschn. 5.1.2). Während des Übergangs von einem Wert zum anderen tritt bei dieser Codierung eine Änderung des Binärzustands nur in einer Spur des Maßstabs auf.

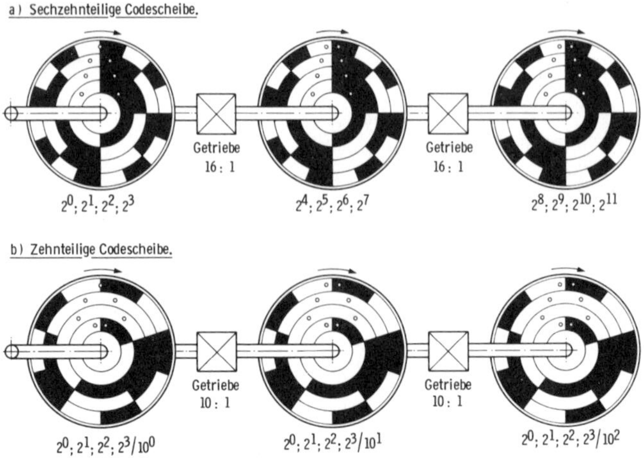

Bild 10-20. Prinzipaufbau eines binär-codierten und eines binär-dezimal-codierten Winkelcodierers mit einem Meßbereich von mehr als einer Umdrehung (nach Walcher).

Bild 10-20 zeigt den prinzipiellen Aufbau eines digital-absoluten Drehgebers zur Winkelmessung. Die Antriebswelle trägt eine kreisförmige Codescheibe aus bruchfestem Kunststoff, die einem stillstehenden Gegenitter (Abtastgitter) in geringem Abstand flächenparallel gegenübersteht. Die Codescheibe trägt als Hell/Dunkel-Felder den Signalschlüssel, der durch eine emittierende Lichtquelle und einem Empfänger ausgewertet und zur Weiterverarbeitung bereitgestellt wird.

Zur Erzielung einer höheren Auflösung können mehrere Abtastgruppen in einem Gehäuse untergebracht und über ein Präzisionsgetriebe miteinander verbunden werden, Bild 10-21. Das Flankenspiel im Getriebe zwischen den Abtastgruppen

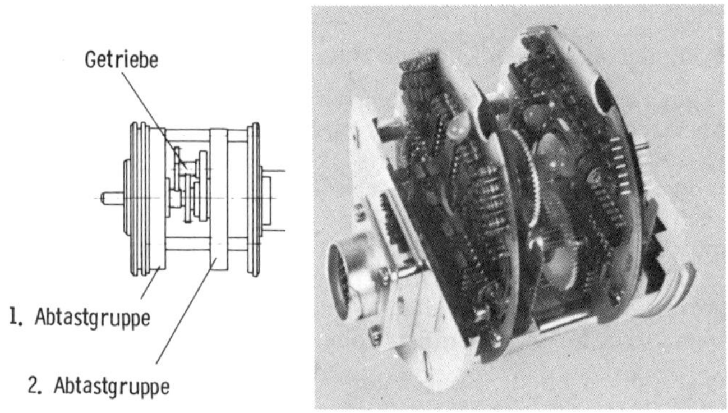

Bild 10-21. Drehgeber mit zwei Abtastgruppen und zwischengeschaltetem Getriebe zur Erhöhung der Auflösung je Umdrehung (nach Fraba).

muß dabei ausgeschaltet werden, so daß die Meßgenauigkeit im gesamten Meßbereich gleichbleibend ist.

10.4. Interferometrische Wegmeßsysteme

Interferometrische Wegmeßsysteme sind im Prinzip inkrementale Meßsysteme, die als Vergleichsnormal die Wellenlänge von monochromatischem Licht (meist Laserlicht) benutzen. Solche Wegmeßsysteme zeichnen sich durch eine hohe Genauigkeit und ein sehr gutes Auflösungsvermögen aus. Sie werden an Präzisionsmaschinen und Großwerkzeugmaschinen eingesetzt.

10.4.1. Michelson-Interferometer

Die Funktionsweise des von *Michelson* entwickelten Laserinterferometers sei anhand von Bild 10-22 erläutert. Eine Laserlichtquelle emittiert monochromatisches, kohärentes Licht. Ein Teil des Strahls (Referenzstrahl) wird am halb durchlässigen Spiegel S1 ausgeblendet und über den Spiegel S2 auf den Photodetektor geworfen. Der restliche Teil des Laserstrahls (Meßstrahl) fällt auf den am Meßobjekt befindlichen Reflektor S3 und wird von dort über den Spiegel S1 auf den Photodetektor gelenkt. Auf dem Photoempfänger überlagern sich Meß- und Referenzstrahl. Die Gesamtlichtintensität auf der Oberfläche des Empfängers wird in eine proportionale elektrische Spannung gewandelt.

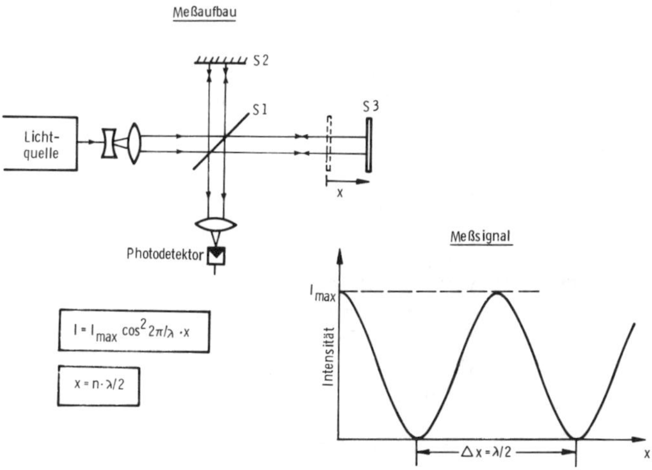

Bild 10-22. Prinzip des Michelson-Interferometers.

Ändert der Reflektor S3 seinen Abstand zum Spiegel S1, so tritt eine Phasenänderung zwischen Meß- und Referenzstrahl und damit eine Intensitätsänderung des auf den Photoempfänger fallenden Lichtstrahls auf. In Abhängigkeit vom Verfahrweg x ändert sich die Lichtintensität I nach der Beziehung:

$$I = I_{max} \cos^2 \cdot \left(\frac{2 \pi x}{\lambda}\right) \qquad (10\text{-}11),$$

darin sind x der Verfahrweg und λ die Wellenlänge des emittierten Lichts.

Bei einer Verschiebung des Spiegels S3 schwankt also die Lichtintensität auf der Oberfläche der Photodiode periodisch mit der halben Laserwellenlänge zwischen einem Maximal- und einem Minimalwert. Der vom Meßobjekt zurückgelegte Weg ergibt sich durch Auszählen der Intensitätsmaxima oder -minima, die ganzzahlige Vielfache der Weginkremente λ/2 ergeben.

10.4.2. Zweifrequenzenlaserinterferometer

Die Genauigkeit des Laserinterferenzverfahrens hängt sehr von der Stabilität der Lichtwellenlänge ab. Diese wird durch Umgebungsbedingungen, wie Luftdruck, Lufttemperatur, Luftfeuchtigkeit, CO_2-Gehalt der Luft und den Betriebszustand des Lasers selbst (Anwärmphase usw.), beeinflußt.

Zur Erhöhung der Wellenlängenstabilität des Laserstrahls gibt es verschiedene Möglichkeiten, z. B. die Verwendung eines Zweifrequenzenlasers. Aufgrund der dabei möglichen automatischen Wellenlängenstabilisierung entfallen lange Anwärmzeiten. Der Laser ist sofort nach dem Einschalten betriebsbereit. Außerdem bietet der Zweifrequenzenlaser in sehr einfacher Form die Möglichkeit der Richtungsunterscheidung des bewegten Meßobjekts; dies ist für die dynamische Bewegungsmessung Voraussetzung. Ferner ermöglicht dieses System aufgrund des Trägerfrequenzverfahrens die Interpolation der Meßsignale und damit eine höhere Auflösung [82; 83].

Eine Laserröhre in einem axialen Magnetfeld, s. a. Bild 10-23, emittiert monochromatisches, kohärentes Licht hoher Frequenzkonstanz mit zwei sehr eng bei-

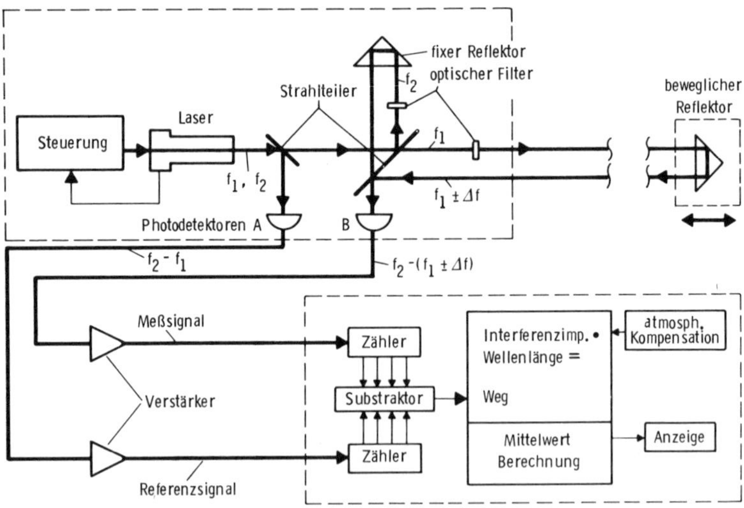

Bild 10-23. Prinzip des Zweifrequenzenlassers (nach Hewlett Packard).

einanderliegenden Frequenzkomponenten f_1 und f_2 (ca. 0,47408343 · 10^{15} Hz, $f_2 - f_1 = 1{,}8 \cdot 10^6$ Hz). Ein Teil des emittierten Laserstrahls wird ausgeblendet und fällt auf die Photodiode A. Je nach momentaner Phasenlage der beiden Frequenzen treten an der Oberfläche der Diode Lichtintensitätsschwankungen durch Lichtauslöschung und Lichtverstärkung auf.

Die Helligkeitsschwankungen werden in der Photodiode in elektrische Signale umgesetzt. Am Ausgang der Diode A steht das Referenzsignal zur Verfügung, dessen Amplitude mit der Schwebungsfrequenz $f_2 - f_1$ moduliert ist.

Der durchgelassene Strahl wird im Interferometer in den Bezugsstrahl mit der Frequenz f_2 und den Meßstrahl mit der Frequenz f_1 aufgespalten. Der Meßstrahl fällt auf den Reflektor (Triplespiegel), der sich auf dem beweglichen Meßobjekt befindet, und wird zum Interferometer zurückreflektiert. Nach der Vereinigung mit dem von einem ortsfesten Reflektor zurückgeworfenen Strahl fällt der Laserstrahl auf die Photodiode B, deren Ausgang das Meßsignal liefert, das folgendermaßen entsteht.

Bei einer Bewegung des Meßobjekts, und damit des Umlenkspiegels, verschiebt sich aufgrund des Dopplereffekts die Frequenz des Meßstrahls und auch die des Meßsignals um einen Betrag Δf, der der Geschwindigkeit des Meßobjekts proportional ist. Im Rechenwerk des Laserinterferometers wird aus der Frequenzverschiebung beider Photodiodensignale der vom Meßobjekt zurückgelegte Weg in Einheiten von einer Viertellaserwellenlänge ermittelt und ins metrische System umgerechnet. Die Änderungen der Umgebungsbedingungen, wie Luft- und Materialtemperatur sowie Luftdruck und Feuchtigkeit, werden während der Messung ständig mit empfindlichen Sensoren erfaßt und bei der Errechnung des Wegs berücksichtigt.

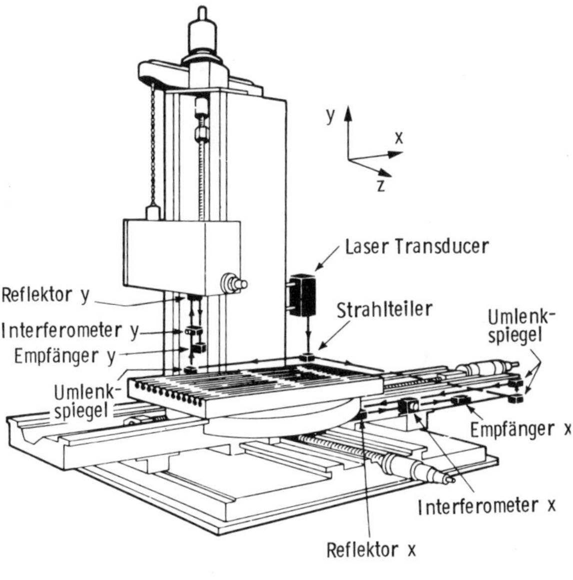

Bild 10-24.
Lasertransducer für die simultane Positionsmessung in drei Achsen (nach Hewlett Packard).

Mit dem Laserinterferometer wird eine Meßunsicherheit von etwa einem Mikrometer je Meter Meßlänge erreicht. Durch eine Frequenzvervielfachung ist heute eine Auflösung von $5 \cdot 10^{-3}$ μm zu erreichen [84], so daß damit ein Längenmeßnormal zur Verfügung steht, das höchsten Genauigkeitsanforderungen entspricht. Solche Meßsysteme finden Anwendung bei Höchstpräzisionswerkzeugmaschinen für hochgenaue Werkstücke (Kugelrollspindeln, optische Elemente [85]).

Zum Einbau in Werkzeug- und Meßmaschinen wurde ein Laser-Transducer-Meßsystem entwickelt [86], Bild 10-24. Die Hauptmerkmale dieses Systems liegen zum einen in der Miniaturisierung der optischen Komponenten und zum anderen in der Trennung vom Laserkopf und Strahlenempfänger. Mit Hilfe von nur einer Laserquelle ist es mit diesem modular aufgebauten System möglich, Wegmessungen an bis zu sechs linearen Bewegungsachsen simultan zu erfassen. Unter Verwendung von Strahlungsteilern und Umlenkspiegel wird der Laserstrahl in die einzelnen Achsen geleitet. Das Laser-Transducer-System hat in der einfachsten Ausführung eine Auflösung von 0,16 μm und findet bei Präzisions-NC-Maschinen, Großwerkzeugmaschinen und Dreikoordinatenmeßmaschinen Anwendung. Darüber hinaus wird das Laser-Transducer-System zur Messung und Kalibrierung von Werkzeug- und Meßmaschinen eingesetzt[1]). Durch verschiedene Anordnungen der Komponenten ist es möglich, Längen, Winkel, Ebenheit, Geradheit und Rechtwinkligkeit zu messen.

---

1) s. S. 12

11. Adaptive Control-Systeme (AC)

11.1. Begriffe und Ziele

Durch den zunehmenden Einsatz der Prozeßrechner im Bereich der Maschinensteuerungen ergeben sich neue Möglichkeiten, den Fertigungsablauf zu kontrollieren oder sogar zu optimieren. Über geeignete Sensoren erhält der Prozeß- oder Mikrorechner Informationen über den momentanen Zustand und kann somit entsprechend einer vorgegebenen Strategie Einfluß im Sinne eines qualitativen, kosten- oder zeitminimalen Ablaufs nehmen und dabei zusätzlich die Maschine überwachen und gegen Überlastung sichern.

Zwar steht diese Entwicklung erst in ihren Anfängen. Es ist jedoch abzusehen, daß künftig mehr und mehr Maschinen über solche anpassende Regeleinheiten *(Adaptive Control)* verfügen werden [87; 88]. Im Folgenden werden beispielhaft einige Lösungen aufgezeigt, die teilweise schon industrielle Praxisreife erreicht haben und angewendet werden.

Bei dem bisher üblichen Einsatz *numerischer Steuerungen* wird der Bearbeitungsablauf durch fest vorgegebene *Stellgrößen* (z. B. Drehzahl, Vorschubgeschwindigkeit) bestimmt. Dies geschieht off-line in der Arbeitsvorbereitung anhand von Tabellen und Richtwerten vor dem eigentlichen Fertigungsvorgang. Bei der Festlegung der Stellgrößen müssen die auf den Prozeß einwirkenden *Störgrößen,* z. B. Schnittiefenschwankungen, unterschiedliche Materialeigenschaften, Werkzeugverschleiß, berücksichtigt werden. Da diese Störgrößen während der Bearbeitung in nicht vorhersehbarer Weise auftreten können, sind die Stellgrößen so zu wählen, daß auch im ungünstigsten Fall ein ordnungsgemäßer Prozeßablauf gewährleistet ist. Bei dieser auf Sicherheit gegen Maschinenüberlastung fußenden Vorgehensweise wird normalerweise die Leistungsfähigkeit von Maschine und Werkzeug (z. B. maximales Drehmoment oder maximale Schnittkraft) nicht ausgenutzt, und man nimmt die Bearbeitung deshalb nicht mit der Wirtschaftlichkeit vor, wie sie eigentlich möglich wäre.

Durch die Erweiterung der offenen Steuerkette in einen geschlossenen Regelkreis verbessert man den Bearbeitungsablauf, Bild 11-1. Dazu werden aus dem Prozeß selbst oder aus dem Arbeitsergebnis mittels Sensoren die erforderlichen Kenngrößen erfaßt, im Regler mit entsprechenden Sollwerten verglichen und abhängig von der Regelabweichung die Stellgrößen zur Konstanthaltung der Regelgröße berechnet und ausgegeben. Ein solches Regelungssystem ist jedoch nur für konstante übrige Parameter optimal auszulegen. Um die Regelung in allen möglichen Bearbeitungszuständen gleichermaßen gut vornehmen zu können, müssen die Stellgrößen dem jeweils aktuellen Bearbeitungszustand angepaßt werden. Bei solchen Systemen spricht man dann von selbstanpassender Regelung (Adaptive

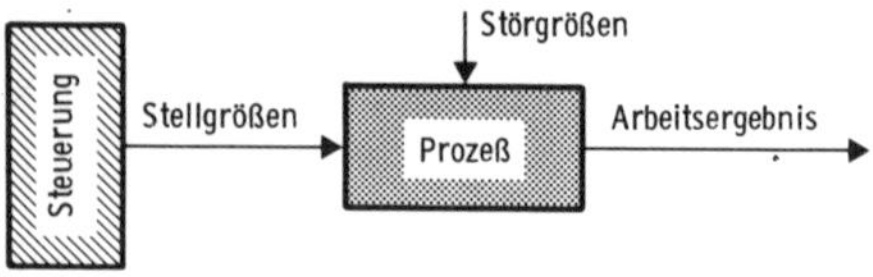

a) numerische Steuerung : offene Steuerkette

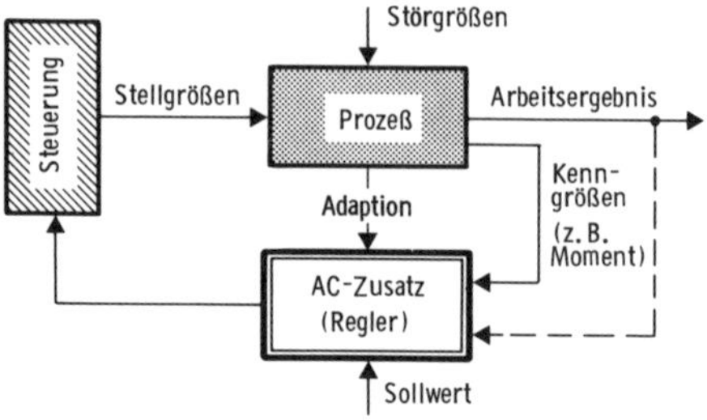

b) Adaptive - Control - System : geschlossener Regelkreis

Bild 11-1.
Gegenüberstellung von konventioneller Steuerung und Adaptive Control-Steuerung.

Control, AC). AC-Systeme bestehen aus den Komponenten des geschlossenen Regelkreises: Werkzeugmaschine mit Stellelementen, Bearbeitungsprozeß, Steuerung und einem AC-Zusatz, der den Regler enthält.

Allgemein üblich ist heute die Unterteilung der Adaptive-Control-Systeme in technologisches und geometrisches AC, je nachdem, ob technologische oder geometrische Kenngrößen des Prozesses Gegenstand der jeweiligen Regelung sind. Orientiert sich ein AC-System an festen oder variablen Grenzen, wie beispielsweise der Leistungs- oder Stabilitätsgrenze, spricht man von ACC (Adaptive Control Constraint); orientiert es sich bei der Berücksichtigung mehrerer gegenläufiger Einflußgrößen an „Optimalwertkriterien", spricht man von ACO (Adaptive Control Optimization).

Ein großer Teil der ACC-Systeme hat die konstante Ausnutzung der Leistungsfähigkeit von Maschine und Werkzeug zum Ziel, wobei man primär auf die Verkürzung von Hauptzeiten sowie den Überlastschutz von Werkzeug, Werkstück und Maschine abzielt. Mit ACO-Systemen wird ein optimaler Prozeßablauf bezüglich der Zielgrößen Fertigungszeit bzw. Fertigungskosten angestrebt. Geometrische AC-Systeme dienen der Sicherung einer vorgegebenen Bearbeitungsgenauigkeit oder Oberflächengüte. Sie verfolgen das Ziel, durch automatische Korrektur von Maschinen- und Werkzeugfehlern maßgenaue Werkstücke zu fertigen. Ihr Einsatzgebiet ist der Bereich der Meßregelung und die Feinbearbeitung, während technologische ACC- und ACO-Systeme vornehmlich für die Vorbearbeitung, z. B. Schruppoperationen, eingesetzt werden.

Ziele, die heute mit technologischen ACC- und ACO-Systemen angestrebt werden, sind einschließlich der erforderlichen Sensoren in Bild 11-2 [87] zusammengefaßt [89]. Zusätzlich sind die für ACC-Systeme relevanten Ziele bzw. Grenzen aufgeführt. Bild 11-2 verdeutlicht, daß über die Einzelsysteme – tech-

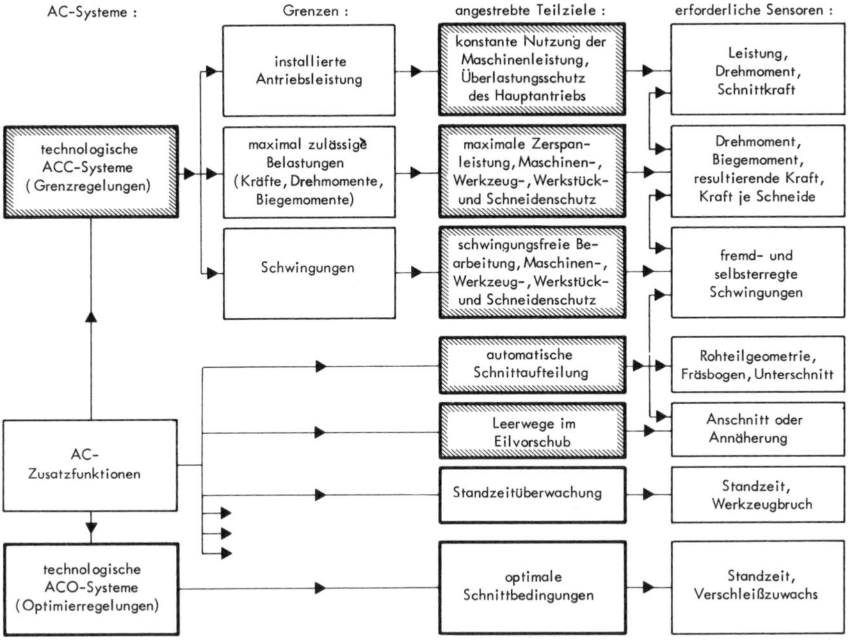

Bild 11-2. Technologische AC-Systeme und AC-Zusatzfunktionen.

nologische Grenzregelung und technologische Optimierregelung – hinaus die Verwirklichung weiterer Teilziele verfolgt wird, wie z. B. eine automatische Schnittaufteilung oder das Überfahren von Leerwegen im Eilvorschub. Diese Zusatzfunktionen führen zu einer weiteren Verbesserung des Arbeitsablaufs und zu einem höheren Automatisierungsgrad.

Das Schwergewicht der Entwicklung liegt zur Zeit auf dem Gebiet der technologischen AC-Einrichtungen.

Für die Dreh- und Fräsbearbeitung werden technologische ACC-Systeme bereits in der Praxis eingesetzt, während ACO-Systeme bisher nur labormäßig aufgebaut und ausgetestet werden konnten [89 – 92]. Die Hauptschwierigkeiten liegen hierbei darin begründet, daß die Sensoren zur Erfassung der Meßgrößen für die Optimierung (z. B. Werkzeugverschleiß) noch nicht so ausgereift sind, daß sie industriemäßig einsetzbar wären.

Beim Funkenerosionsprozeß ist die Erfassung der Vielzahl von Meßgrößen einfacher und deshalb teilweise gelöst, so daß bereits technologische ACO-Systeme in der Industrie aufgebaut wurden [93].

Auch beim Außenrund-Einstechschleifen ist die kontinuierliche Verschleißmessung gut möglich und somit die Voraussetzung für ein technologisches ACO-System geschaffen [94; 95].

11.2 Adaptive Control für die Drehbearbeitung

In Bild 11-3 ist das Prinzip einer technologischen Grenzregelung zur Auslastung der installierten Maschinenleistung bei der Drehbearbeitung dargestellt. *Regelgröße* ist hier also die Maschinenleistung. Als *Kenngröße* wird der Motorstrom gemessen, der proportional der aufgenommenen elektrischen Leistung ist. Durch den Regler wird nach dem Soll/Ist-Vergleich die zum Einhalten der Soll-Leistung notwendige Vorschubgeschwindigkeit (*Stellgröße*) ausgegeben.

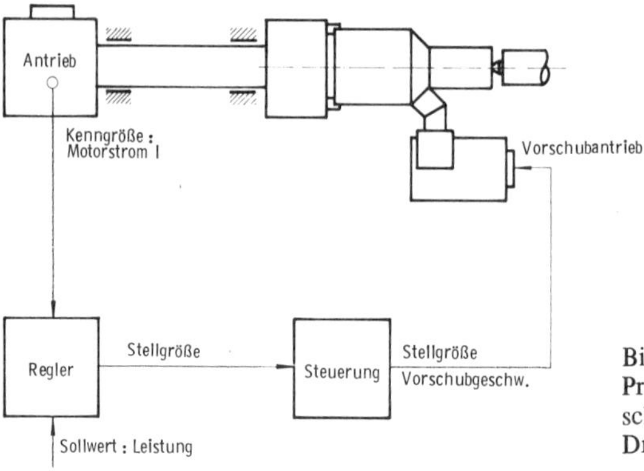

Bild 11-3.
Prinzip einer einfachen technologischen Leistungsgrenzregelung bei der Drehbearbeitung.

Ein entscheidender Nachteil der Leistungsmessung über die Stromaufnahme des Hauptantriebsmotors besteht darin, daß die Meßstelle relativ weit von der Zerspanstelle entfernt liegt, und sich Änderungen der Zerspanleistung mit großen Verzögerungszeiten auf die Stromaufnahme des Hauptantriebs auswirken. Ein schnelles Reagieren auf Störgrößenschwankungen ist deshalb ausgeschlossen. Heute mißt man in Leistungsregelungen die Schnittkraft oder das Spindeldrehmoment und bestimmt die Zerspanleistung nach der folgenden Beziehung:

$$P = M \; 2\pi n = F \; 2\pi r n = F v \qquad (11\text{-}1).$$

Moderne NC-Steuerungen für Drehmaschinen verfügen heute über Bausteine, die die Schnittgeschwindigkeit v in Abhängigkeit vom Drehradius r konstant halten. An solchen NC-Drehmaschinen muß nur die Schnittkraft geregelt werden, da dies bei konstanter Schnittgeschwindigkeit einer Leistungsregelung entspricht.

11.2.1. Leistungsregelung

11.2.1.1. Zerspanprozeß als Regelstrecke

Die Schnittkraft ergibt sich nach der Gleichung von Kienzle:

$$F = s^{1\text{-}z} \; a \; k_{s1.1} \; \sin^{-z}\kappa \qquad (11\text{-}2).$$

Darin ist s der Vorschub, 1-z der Anstiegswert der spezifischen Schnittkraft, a die Schnittiefe, $k_{s1.1}$ der Hauptwert der spezifischen Schnittkraft und κ der Einstellwinkel der Hauptschneide.

Dabei treten als Hauptstörgrößen die Schnittiefe bei starken Schwankungen in den Rohteilaufmaßen und die spezifische Schnittkraft bei unterschiedlichen Materialhärten auf. Als wirksame Stellgröße zur Regelung der Schnittkraft bleibt somit der Vorschub s (Werkzeugweg je Spindelumdrehung), der über die Vorschubgeschwindigkeit u verändert werden kann. Zwischen Vorschub und Vorschubgeschwindigkeit besteht der folgende Zusammenhang:

$$s = u/n \; [\text{mm/Umdr.}] \qquad (11\text{-}3).$$

In Bild 11-4 ist das Übertragungsverhalten der Schnittkraftregelstrecke dargestellt [91]. Man erkennt, daß die Störeinflüsse sich ausschließlich auf die Streckenverstärkung auswirken.

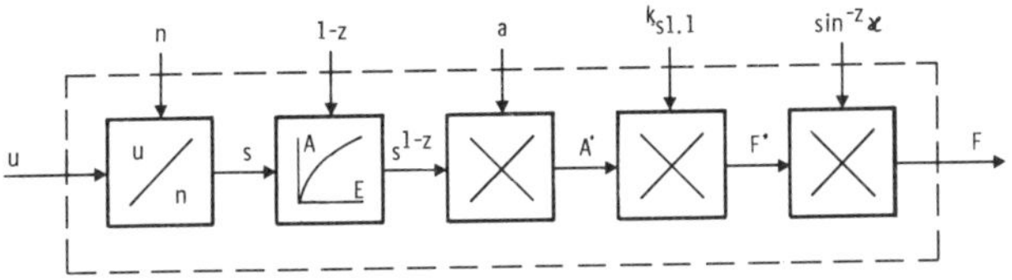

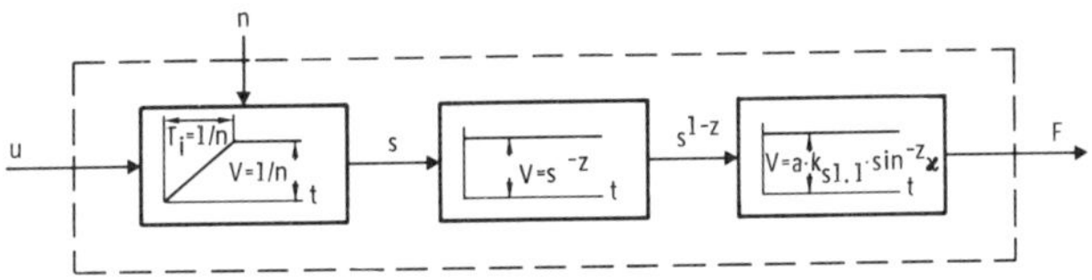

Bild 11-4. Schnittkraftregelstrecke der Drehbearbeitung.

Das Zeitverhalten der Schnittkraftregelstrecke, d. h. der zeitliche Verlauf der Kraft bei einer Vorschubgeschwindigkeitsänderung wird nur von der Drehzahl beeinflußt.

Bild 11-5 verdeutlicht den Einfluß der Spindeldrehzahl auf das Zeitverhalten der Regelstrecke. Bild 11-5a zeigt den Verlauf der Schnittkraft bei einem Schnitttiefensprung (von 0 auf den Wert a), wenn die Vorschubgeschwindigkeit konstant gehalten wird (gesteuerter Betrieb).

Nach Berührung des Werkzeugs mit dem Werkstück dauert es genau *eine* Spindelumdrehung, bis die Schnittkraft F von null ausgehend einen konstanten Wert annimmt. Ebenso benötigt die Schneidkante eine Umdrehung, um aus dem Material wieder auszutreten; dabei verringert sich die Spanungsdicke kontinuierlich und die Schnittkraft wird wieder zu null.

In Bild 11-5b ist der Schnittkraftverlauf dargestellt, wie er sich bei sprungförmiger Änderung der Vorschubgeschwindigkeit und konstanter Schnittiefe ergibt. Hier sind die Auswirkungen des Stellgrößensprungs ebenfalls erst nach *einer* Spindelumdrehung abgeschlossen.

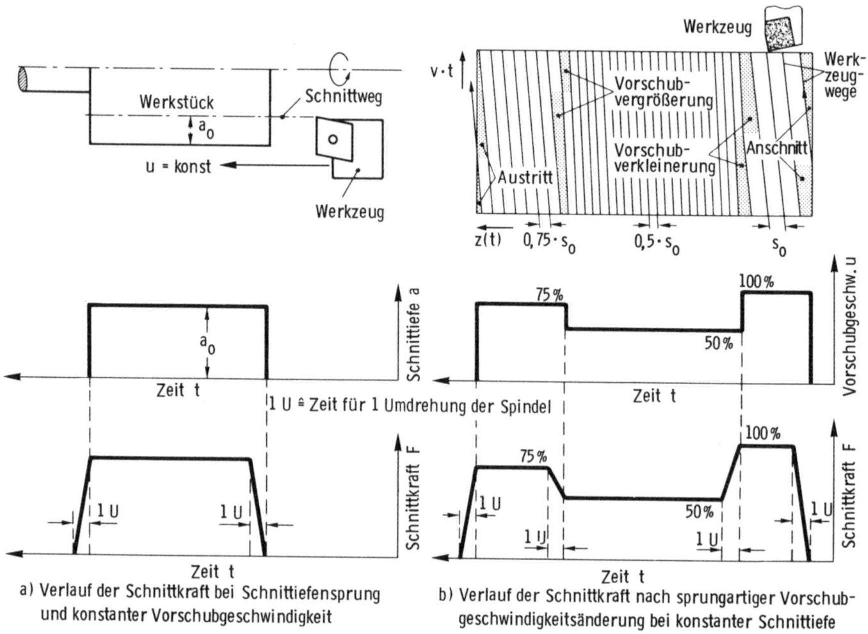

Bild 11-5. Einfluß der Drehzahl auf den Schnittkraftverlauf beim Zerspanprozeß (Drehen).

11.2.1.2. Drehmoment- und Schnittkraftsensoren

Zur direkten Messung des Drehmoments kann mittels Dehnungsmeßstreifen die Torsionsverformung der Spindel erfaßt werden [96]. Problematisch ist hierbei die Anbringung der Dehnungsmeßstreifen im ölumspülten Spindelkasten und vor allem die Signalübertragung von der rotierenden Spindel nach außen. Sowohl die Signalübertragung mittels Schleifringen als auch die berührungslose Meßwertübertragung (z. B. induktiv) erfordern umfangreiche konstruktive Maßnahmen.

Erfolgt die Kraftübertragung zwischen der der Spindel vorgelagerten Welle und der Spindel entsprechend Bild 11-6 [96] über schrägverzahnte Zahnräder, so muß von den Axiallagern dieser Welle eine dem Drehmoment M proportionale Axialkraft F_{ax} aufgefangen werden (indirekte Messung des Drehmoments). Die Axialkraft läßt sich durch eine im Kraftfluß liegende Meßbüchse mit Dehnungsmeßstreifen messen. Der Vorteil dieser Methode liegt darin, daß die Signale von einem nicht rotierenden, leicht zugänglichen Bauteil aufgenommen werden können. Nachteilig wirken sich jedoch Störgrößen, wie z. B. Reibkräfte, Taumelfehler und Eigenschwingungen der Wellen, aus. Zur Unterdrückung dieser Störeinflüsse war im vorliegenden Fall ein Drehschwingungsdämpfer auf der Antriebswelle sowie eine Tiefpaßfilterung (80 Hz) des Signals erforderlich.

Günstiger als die Drehmomentmessung ist an Drehmaschinen vielfach die direkte Schnittkraftmessung im Bereich der Meißelhalterung. Sie zeichnet sich durch

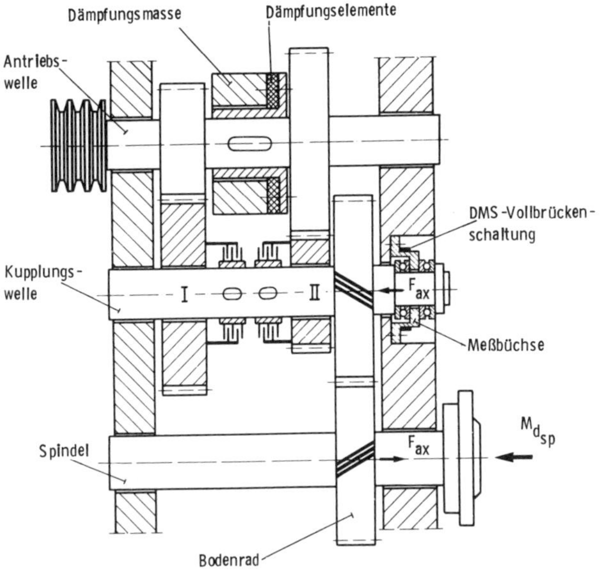

Bild 11-6.
Indirekter Drehmomentsensor an einer NC-Futterdrehmaschine.

geringe Störempfindlichkeit und besonders durch geringe Verzögerungszeiten aus.

Bild 11-7 zeigt einen Schnittkraftsensor, der sich bereits mehrfach in der Praxis bewährt hat [92]. Der die Werkzeuge tragende Vierkantenrevolver ist auf vier

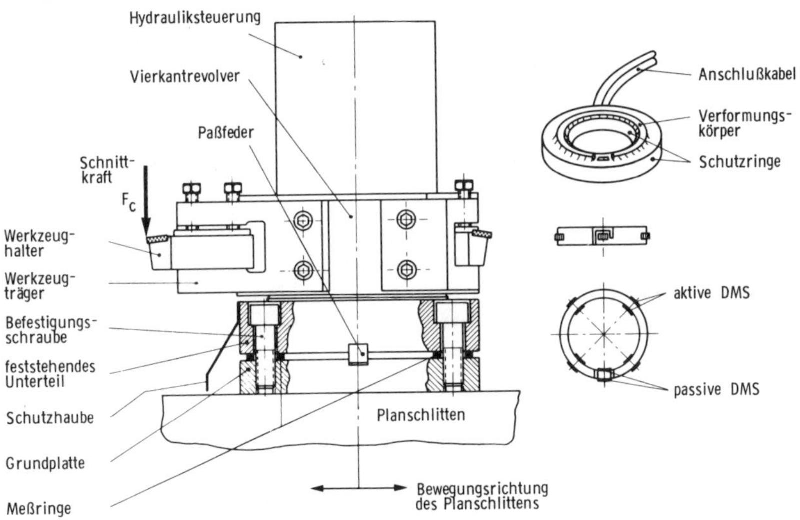

Bild 11-7. Schnittkraftsensor für die Drehbearbeitung (nach Pritschow).

Meßringen gelagert, die unter einer hohen Vorspannung (rd. 80 kN) stehen. Die einzelnen Meßringe sind mit je acht aktiven und zwei passiven Dehnungsmeßstreifen (DMS) beklebt. Die elastische Verformung des von Schutzringen umgebenen Verformungskörpers ist ein Maß für die auftretende Belastung, die über die Widerstandsänderung der aktiven DMS aufgenommen wird. Die beiden nicht im Kraftfluß liegenden passiven DMS dienen zur Kompensation des Temperatureinflusses. Der Kraftfluß kann aufgrund der konstruktiven Anordnung nur über die Meßringe erfolgen. Durch die Summierung aller an den Auflagepunkten gemessenen Belastungsänderungen wird die Schnittkraft F_s ermittelt. Deshalb ist die Schnittkraftmessung für beliebige Werkzeuge unabhängig von der Schneidengeometrie, der Einstellänge sowie der Lage des Meißels zum Werkzeugträger.

11.2.1.3. Leistungsregelkreis

In Bild 11-8 ist das vereinfachte Blockschaltbild eines Leistungsregelkreises für die Drehbearbeitung wiedergegeben, bei dem das Drehmoment als Belastungskenngröße erfaßt wird [97]. Stellgröße ist die Vorschubgeschwindigkeit u, die im vorliegenden Fall von einer CNC (vgl. Abschn. 7.3) vorgegeben ist. Auf die in Bild 11-8 aufgeführte automatische Schnittaufteilung und ihr Zusammenhang mit der AC-Grenzregelung wird in Abschnitt 11.2.2 näher eingegangen.

Die auf den Prozeß und das Bearbeitungsergebnis einwirkenden Störgrößen sollen durch das Eingreifen der Regeleinrichtung ausgeglichen werden. Hierzu setzt man einen PI-Regler ein (vgl. Abschn. 9.2). Zur Bildung der Regeldifferenz wird das mit einem entsprechenden Sensor erfaßte Drehmoment M mit der aktuellen Hauptspindeldrehzahl n multipliziert und das Ergebnis mit dem vorgegebenen

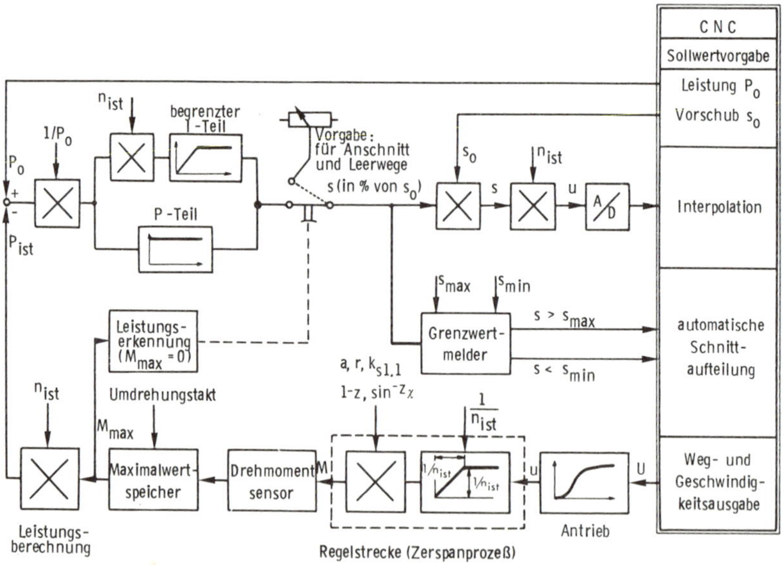

Bild 11-8. Vereinfachtes Blockschaltbild einer AC-Grenzregelung für das Drehen.

Sollwert der Schnittleistung P_0 verglichen. Um eine günstige Aussteuerung des Reglers bei allen Leistungsvorgabewerten P_0 zu erreichen, wird durch eine Division eine Normierung herbeigeführt.

Da Drehzahländerungen das dynamische Verhalten der Regelstrecke beeinflussen, soll ihr variables Zeitverhalten durch multiplikative Aufschaltung der Drehzahl auf den I-Teil des PI-Reglers ausgeglichen werden.

Die Reglerausgangsgröße wird mit dem Sollvorschub s_0 und mit der aktuellen Drehzahl n multiplikativ verknüpft. Durch die Multiplikation mit der Drehzahl n kompensiert man die drehzahlabhängige Änderung der Streckenverstärkung und berechnet die Stellgröße „Vorschubgeschwindigkeit u". Unter dieser Maßnahme wird im engeren Sinn die „Selbstanpassung", die „Adaption" des Reglers an den Prozeßparameter „Drehzahl" verstanden. Die Stellgröße wird an den Interpolationsbaustein der numerischen Steuerung weitergegeben. Damit ist der Regelkreis geschlossen.

Bei der Drehbearbeitung treten häufig periodische Störgrößen auf. Typische Beispiele dafür sind unrunde oder vierkantige Werkstücke, bei deren Bearbeitung sich ein pulsierendes Drehmoment einstellt. Ohne Änderung der üblichen Reglereigenschaften bzw. ohne besondere Maßnahmen stellt sich hierbei nach kurzer Zeit ein stationäres Schwingen der Regelgröße um den Sollwert ein.

Um die periodischen Überhöhungen der Regelgröße zu vermeiden, wird ein sogenannter Maximalwertspeicher verwendet. Diese Einrichtung leitet dem Regler als Regler-Istgröße nicht das zeitlich schwankende aktuelle Drehmoment zu, sondern das maximale Drehmoment der jeweils letzten Umdrehung.

Falls bei der momentanen Umdrehung ein noch größeres Drehmoment auftritt, wird dieses dem Regler direkt zugeleitet.

Treten während der Abarbeitung von NC-Sätzen Leerwege auf (Anfahren an das Werkstück vom Startpunkt aus oder Überbrücken von Einschnitten), so werden diese Wege mit erhöhter Vorschubgeschwindigkeit verfahren, um möglichst kurze Bearbeitungszeiten zu erreichen (vgl. Abschn. 11.2.2.4).

11.2.2. Automatische Schnittaufteilung für das Drehen

Außer der Verwirklichung technologischer Grenz- und Optimierregelungen wurde in der Vergangenheit die Realisierung weiterer Zusatzfunktionen (vgl. Bild 11-2) verfolgt. Für das Drehen liegt heute schon eine ausgereifte Lösung für die „automatische Schnittaufteilung" vor [91]. Es stellte sich heraus, daß im allgemeinen eine Leistungsregelung ohne „automatische Schnittaufteilung" keine sinnvolle Anwendung finden kann.

11.2.2.1. Zielsetzung

Als wichtigste Ziele, die mit der automatischen Schnittaufteilung erreicht werden sollen, sind zu nennen:

- Unabhängigkeit von Rohteilaufmaßen,
- Verkürzung der Bearbeitungszeiten,
- Sicherung von Maschine und Werkstück,
- Vereinfachung der NC-Programmierung.

Eine *Vereinfachung der NC-Programmierung* wird dadurch erreicht, daß nur die Fertigteilkontur des Werkstücks zu programmieren ist. Angaben über die Rohteilmaße sind nicht notwendig. Hiermit ist nicht nur eine Verkürzung der NC-Bearbeitungsprogramme verbunden, sondern man reduziert auch die möglichen Fehlerquellen bei der Programmerstellung.

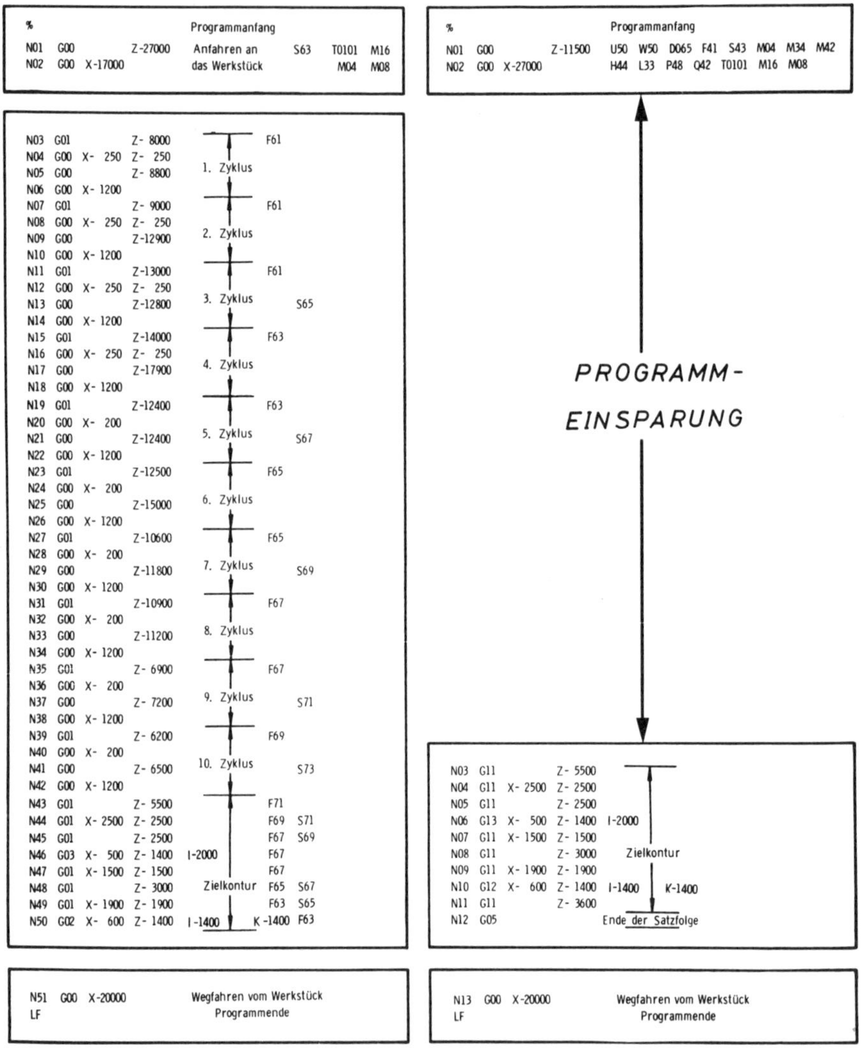

Bild 11-9. Vergleich des Aufwands für die programmierte (links) und die selbsttätige (rechts) Schnittaufteilung.

In Bild 11-9 ist für ein Arbeitsbeispiel das konventionelle NC-Programm dem für eine Drehmaschine mit automatischer Schnittaufteilung gegenübergestellt [91]. In diesem Beispiel lassen sich zehn Einzelschnittzyklen bei der konventionellen NC-Bearbeitung durch die automatische Schnittaufteilung einsparen. An Informationen sind in den ersten beiden Sätzen Angaben über die Sollwerte (P_0, s_0, a_0) und die Hilfsfunktionen (Strategie, Bearbeitungsrichtung) hinzugekommen. Die Programmverkürzung ist werkstückabhängig und läßt sich nicht allgemein angeben.

Die *rohteilunabhängige Bearbeitungsmöglichkeit* ist für den industriellen Einsatz der NC-Technik ein besonders wichtiges Faktum, da mit dem gleichen NC-Lochstreifen Werkstücke mit unterschiedlichen Rohteilaufmaßen bearbeitet werden können. Dies kommt nicht zuletzt auch der Betriebssicherheit zugute.

Da man beim Programmieren keine Sicherheitstoleranzen beachten muß, die Schwankungen von Rohteilaufmaßen berücksichtigen, können unnötige Leerwege vermieden und damit die Bearbeitungszeiten verkürzt werden.

Bei der konventionellen NC-Programmierung müssen die Startpunkte aller Sätze außerhalb der ungünstigsten Rohteilkontur liegen. Bei automatischer Schnittaufteilung liegen die Startpunkte beim Abarbeiten der einzelnen Sätze innerhalb der Rohteilkontur (s. Abschn. 11.2.2.3); daraus ergibt sich eine *Einsparung an Arbeits- und Rückfahrwegen.*

In Bild 11-10 ist das Arbeitsbeispiel für das in Bild 11-9 angegebene NC-Programm mit programmierter und automatischer Schnittaufteilung gezeigt [91]. Dabei ist die Summe der Wege im Eilgang und mit Arbeitsgeschwindigkeit bei der programmierten Schnittaufteilung zu 100 % gesetzt. Durch die automatische Schnittaufteilung können 17,5 % der Vorschubwege und 35 % der Eilgang-

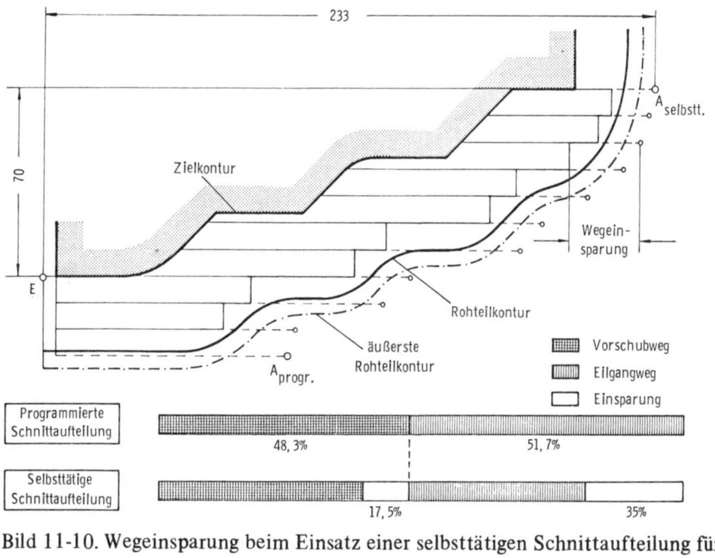

Bild 11-10. Wegeinsparung beim Einsatz einer selbsttätigen Schnittaufteilung für das Drehen.

wege eingespart werden. Diese Zahlenangaben gelten nur für das in Bild 11-10 dargestellte Bearbeitungsbeispiel. Sie können bei anderen Beispielen höher oder niedriger liegen.

Die automatische Schnittaufteilung ist jedenfalls immer dann vorteilhaft, wenn Rohteile mit einem Aufmaß von mehr als einer Schnittiefe vorliegen (z. B. beim Drehen von Stangenmaterial) oder Rohteile mit stark schwankendem Aufmaß verwendet werden.

11.2.2.2. Anforderungen an Steuerungen, Regelung und Werkzeug

Das Programmsystem zur automatischen Schnittaufteilung arbeitet eng zusammen mit der adaptiven Leistungsregelung. Letztere erzeugt bei Unter- bzw. Überschreiten festgelegter Grenzen für den aktuellen Vorschub Alarme, die im Schnittaufteilungsprogramm ausgewertet werden.

Aufgrund dieser Alarme sind während der Bearbeitung NC-Sätze zu erzeugen, die den geometrischen Bearbeitungsablauf an das vorliegende Rohteil anpassen. Dazu sind umfangreiche mathematische Berechnungen notwendig. Bei einer CNC-Steuerung können diese vom Steuerrechner selbst, bei konventionellen NC-Steuerungen von einem zusätzlichen Mikroprozessor vorgenommen werden.

In Bild 11-8 wurde bereits gezeigt, wie eine adaptive Grenzregelung und eine CNC-Steuerung mit automatischer Schnittaufteilung zusammenwirken. Das Schnittaufteilungsprogramm ist dabei zusätzlich im Steuerrechner abgelegt.

Durch Vergleich der Reglerausgangsgröße (s in % von s_0) mit den Grenzwerten s_{min} und s_{max} erzeugt ein Grenzwertmelder beim Erreichen der Grenzwerte die Alarme „$s \geqslant s_{max}$" bzw. „$s \leqslant s_{min}$", die an das Schnittaufteilungsprogramm geleitet werden (vgl. Bild 11-8). Da durch den Regelkreis die Leistung konstant gehalten wird, gelten folgende Beziehungen:

$$s \leqslant s_{min} \mathrel{\widehat{=}} a \geqslant a_{max} \quad \text{und}$$

$$s \geqslant s_{max} \mathrel{\widehat{=}} a \leqslant a_{min},$$

so daß also bei Überschreiten der maximal zulässigen Schnittiefe a_{max} bzw. bei Unterschreiten der minimalen Schnittiefe a_{min} die genannten Alarme einer Aussage über die aktuelle Schnittiefe entsprechen. Für die automatische Schnittaufteilung muß man ein Werkzeug mit einem Einstellwinkel $\kappa > 90°$ verwenden, damit auch Planflächen angefahren und bearbeitet werden können.

11.2.2.3. Bearbeitungsablauf und Strategien der automatischen Schnittaufteilung

Für ein einfaches Fertigteil (Zylinder) soll im Bild 11-11 das Funktionsprinzip der automatischen Schnittaufteilung verdeutlicht werden. Programmiert sind nur die Fertigteilkontur, die Sollwerte P_0 (Solleistung), s_0 (Richtwert für den Vorschub) und a_0 (Sollschnittiefe); die Rohteilkontur braucht nicht beschrieben zu werden.

Der Startpunkt der Bearbeitung (Satzanfang) liegt außerhalb des maximal möglichen Aufmaßes. Nach dem Start der Bearbeitung fährt das Werkzeug zur Überbrückung von Leerwegen mit erhöhtem Vorschub auf der programmierten Kon-

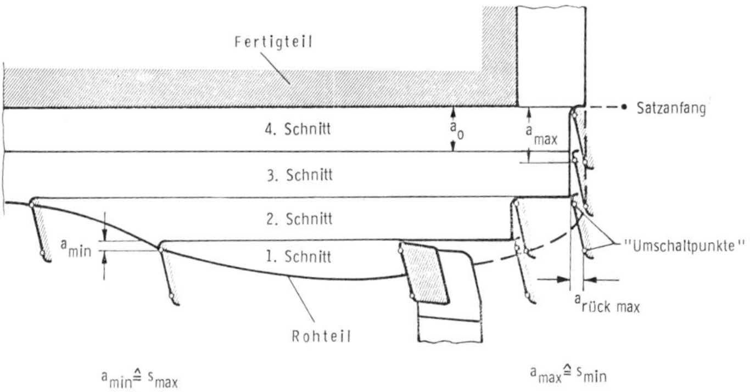

Bild 11-11. Funktionsprinzip einer selbsttätigen Schnittaufteilung für die Drehbearbeitung.

tur an das Werkstück heran. Bei Berührung zwischen Werkstück und Werkzeug schaltet sich die Leistungsregelung ein, die durch Änderung der Vorschubgeschwindigkeit den Leistungssollwert einzuhalten versucht. Wegen der großen Schnittiefe wird bei $a = a_{max}$ die untere Vorschubgrenze $s = s_{min}$ unterschritten und der Alarm „$s \leqslant s_{min}$" erzeugt. Dieser Alarm bewirkt unmittelbar den Abbruch des aktuellen NC-Satzes und die Abspeicherung der Ist-Position des Werkzeugs. Mit der Ausgabe des nächsten NC-Satzes, den die automatische Schnittaufteilung selbsttätig generiert, wird die Schnittiefe um die programmierte Schnitttiefe a_0 reduziert. Nach der Schnittiefenreduzierung berechnet das Schnittaufteilungsprogramm den nächsten achsparallelen Längssatz, der bis zum Schnittpunkt mit der Fertigteilkontur reicht.

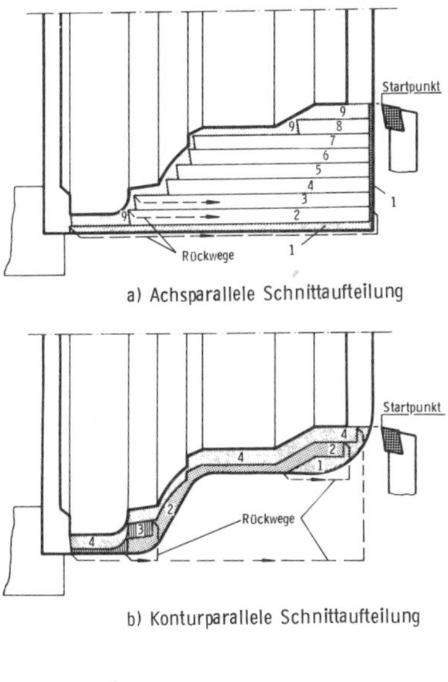

Bild 11-12.
Strategien für die selbsttätige Schnittaufteilung.

Im vorliegenden Beispiel liegt nach der ersten Schnittiefenreduzierung immer noch eine zu große Schnittiefe vor ($s \leqslant s_{min}$), so daß eine weitere Schnittiefenreduzierung um a_0 notwendig ist. Die nun vorliegende Schnittiefe liegt innerhalb des zulässigen Schnittiefenbereichs und es wird so lange mit Längsvorschub gearbeitet, bis ein erneuter Alarm $s \leqslant s_{min}$ auftritt. Nach einer weiteren Reduzierung – hervorgerufen durch die ansteigende Rohteilkontur – wird schließlich (wie im linken Teil von Bild 11-11 skizziert) die minimale Schnittiefe unterschritten ($s \geqslant s_{max}$). Hier wird die Bearbeitung abgebrochen und zum letzten Abhebepunkt zurückgefahren. Treten keine weiteren Alarme mehr auf, werden die restlichen Schnitte 2 bis 4 hintereinander abgefahren. Im Beispiel wurde mit der sogenannten achsparallelen Schnittaufteilung gearbeitet. Alternativ dazu kann man die sogenannte konturparallele Schnittaufteilung einsetzen. Im Ablauf unterscheiden sich die beiden Strategien wie folgt:

– bei der achsparallelen Strategie wird nach einer Schnittiefenreduzierung ein NC-Längssatz bis zur Fertigteilkontur ausgegeben;

– bei der konturparallelen Strategie wird nach einer Schnittiefenreduzierung die parallel verschobene Fertigteilkontur ausgegeben.

Bild 11-12 zeigt die beiden Strategien der automatischen Schnittaufteilung, die vom Programmierer durch Angabe einer Hilfsfunktion auf dem NC-Lochstreifen angewählt werden können. Die *achsparallele* Strategie eignet sich besonders für Werkstücke, die aus Stangenmaterial mit großem Aufmaß gefertigt werden, während bei vorgeformten Rohlingen (Schmiedeteil) mit geringerem Aufmaß die *konturparallele* Strategie geeigneter ist. Beide Strategien kann man jedoch für jedes Rohteil anwenden, ohne daß Fehler auftreten.

	Schnittaufteilungsstrategie	
	achsparallel	konturparallel
Einsatzgebiet	Teile mit hohem Aufmaß (Stangenmaterial)	vorgeformte Teile mit geringem Aufmaß
Vorteil	Werkzeug arbeitet vornehmlich in Vorzugsrichtung	bei geringem Aufmaß: geringe Anzahl von Schnitten und Leerwegen
Nachteil	bei geneigter Fertigteilkontur mit geringem Aufmaß: erhöhte Anzahl von Schnitten und Leerwegen	Werkzeug arbeitet bei geneigter Fertigteilkontur nicht in Vorzugsrichtung

Bild 11-13. Gegenüberstellung der Schnittaufteilungsstrategien.

In Bild 11-13 sind Einsatzgebiet, Vor- und Nachteile der beiden genannten Schnittaufteilungsstrategien einander gegenübergestellt.

Bei Fertigteilkonturen, die nicht mit *einem* Werkzeug bearbeitet werden können (Beispiel Bild 11-14), muß der Programmierer bei automatischer Schnittaufteilung sogenannte *Satzfolgen* der Fertigteilkontur festlegen, die mit gleicher Richtung bearbeitet werden können [91]. So würde z. B. die erste Satzfolge die Fertigteilkontur vom Punkt A_1 bis zum Punkt E_1 beschreiben. Durch eine zusätzliche Hilfsfunktion kann der Programmierer die Schnittaufteilung für die unterschiedlichen Bearbeitungsrichtungen (von innen nach außen, von außen nach innen, von links nach rechts oder von rechts nach links) einstellen.

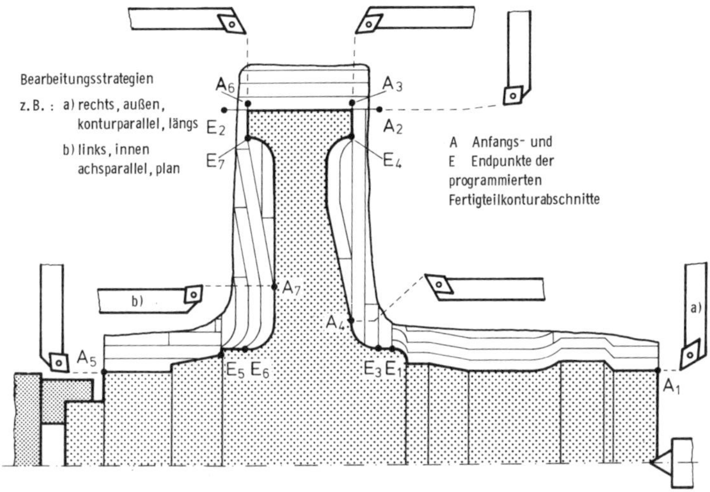

Bild 11-14. Automatische Schnittaufteilung mit unterschiedlichen Bearbeitungsrichtungen.

11.2.2.4. Überfahren von Leerwegen im Eilgang

Durch die Leistungsregelung und die automatische Schnittaufteilung lassen sich die Haupt- und Nebenzeiten beträchtlich verkürzen. Eine weitere Verminderung der Nebenzeiten ist dadurch erreichbar, daß Leerwege (schnittfreie Strecken) im Eilgang überfahren werden. Da die Rohteilkontur als nicht bekannt vorauszusetzen ist, muß die Annäherung des Werkzeugs an das Werkstück eine gewisse Zeit vor der Berührung erkannt werden, um unter Berücksichtigung der Trägheit der Vorschubantriebe vom Eilgang in den Arbeitsvorschub umschalten zu können. Das Anschnittsignal reicht hierzu in der Regel nicht aus.

In Bild 11-15 ist der Aufbau eines nach dem Tastfühlerprinzip wirkenden Annäherungssensors gezeigt [96]. Der im Klemmhalter elektrisch isoliert geführte Fühler aus gebündelten gehärteten Stahldrähten ist fest mit dem Kern eines Elektromagneten verbunden. Der Kern trägt einen Kontaktring, an dem eine Meßspannung anliegt. Der Fühler wird durch die Magnetkraft gegen die Federkraft der Druckfeder in Tastposition gehalten.

Im unteren Teil von Bild 11-15 sind über der Zeit die Verläufe des Spindeldrehmoments und der Vorschubbewegung in z-Richtung aufgetragen. Trifft der Fühler bei Annäherung mit Eilganggeschwindigkeit (v_{eil} = 3,75 m/min) auf das Werkstück (Pfeil), wird über Tastfühler, Werkstück und Maschine ein elektrischer Schaltkreis geschlossen und ein Alarm an die Steuerung gegeben, die daraufhin von Eilgang auf Arbeitsvorschub umschaltet. Zur Sicherung wird auch durch die mechanische Belastung der Fühlerkontakt ausgelöst und ein Alarm erzeugt, wenn z. B. bei elektrisch schlecht leitender (verschmutzter) Oberfläche des Werkstücks oder bei Bearbeitung von Kunststoffen kein elektrischer Kontakt zustande kommt. Durch das mechanische Zurückschieben des Drahtes bei Berührung mit

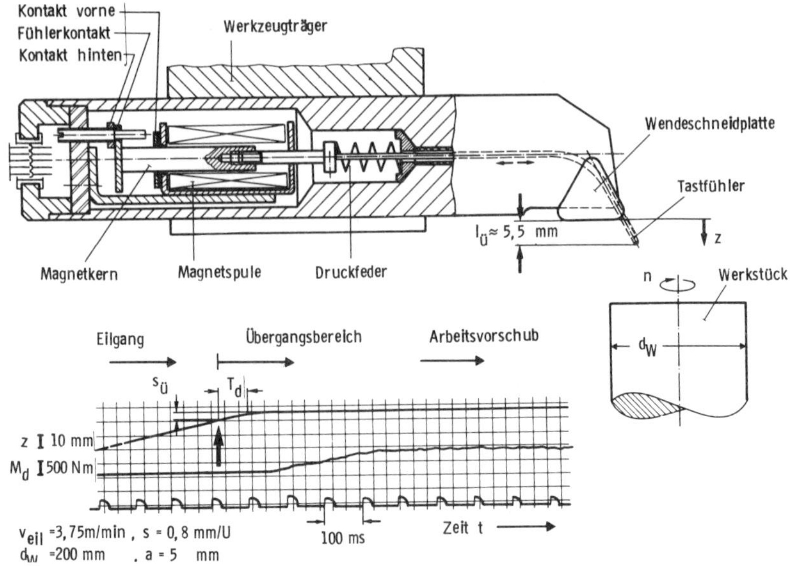

Bild 11-15. Annäherungssensor für Drehwerkzeuge (Tastfühlerprinzip).

dem Werkstück wird die vordere Kante (vgl. Bild 11-15) geöffnet und somit der Magnetstrom unterbrochen. Durch die nun allein wirkende Federkraft schnellt der Fühler zurück. Der Übergang vom Eilgang auf den Arbeitsvorschub verläuft in diesem Beispiel gesteuert als Übergangsfunktion 1. Ordnung mit der Zeitkonstanten T_d = 75 ms. Etwa 150 ms nach dem Alarm erfolgt der Anschnitt, und das Drehmoment baut sich während einer Spindeldrehung auf.

11.3. Adaptive Control für die Fräsbearbeitung

Beim Fräsen ist die Entwicklung von AC-Systemen aufgrund der komplizierteren Gegebenheiten noch nicht so weit fortgeschritten wie beim Drehen. Das Schwergewicht der bisherigen Arbeiten liegt jedoch ebenfalls auf dem Gebiet technologischer AC-Einrichtungen [89]. Die *Zielgrößen* technologischer AC-Regelungen sind hier, wie beim Drehen, vornehmlich:

– konstante Ausnutzung der Maschinenleistung (ACC),
– minimale Fertigungskosten oder -zeit (ACO).

Technologische Grenzregelungen mit dem Ziel einer höheren Maschinenauslastung werden bereits praktisch eingesetzt.

Wegen des Einsatzes mehrschneidiger Werkzeuge und der sich ändernden Eingriffsverhältnisse beim Fräsen ist die formelmäßige Darstellung des Spindeldrehmoments komplizierter als bei der Drehbearbeitung.

Maßgebend für die zu verrichtende Zerspanarbeit beim Fräsen sind in erster Linie die tangential an den einzelnen Fräserschneiden angreifenden Kräfte. Schnittkraft, -moment und -leistung sind dabei abhängig von den Eingriffsverhältnissen des Fräsers.

Für den Momentanwert der Schnittkraft je Schneide gilt:

$$F_s(\varphi) = a\ s_z^{1-z}\ (\sin^{-z}\kappa)\ k_{s1.1}\ \sin^{1-z}\varphi \qquad (11\text{-}4)$$

$$\text{für } \varphi_i \leqslant \varphi \leqslant \varphi_0,$$

darin bedeuten:

- a Schnittiefe,
- s_z Vorschub je Schneide,
- $1\text{-}z$ Anstiegswert der spezifischen Schnittkraft,
- $k_{s1.1}$ Hauptwert der spezifischen Schnittkraft,
- κ Einstellwinkel der Hauptschneide,
- φ Vorschubrichtungswinkel,
- φ_i Fräsereintrittswinkel,
- φ_0 Fräseraustrittswinkel.

Der Vorschubwinkel φ ist der Winkel zwischen Vorschubrichtung und Lage der Schneide. Beim Fräsen ändert sich φ während des Schneidens ständig. Bild 11-16 verdeutlicht die Definition des Vorschubrichtungswinkels für das Stirnfräsen.

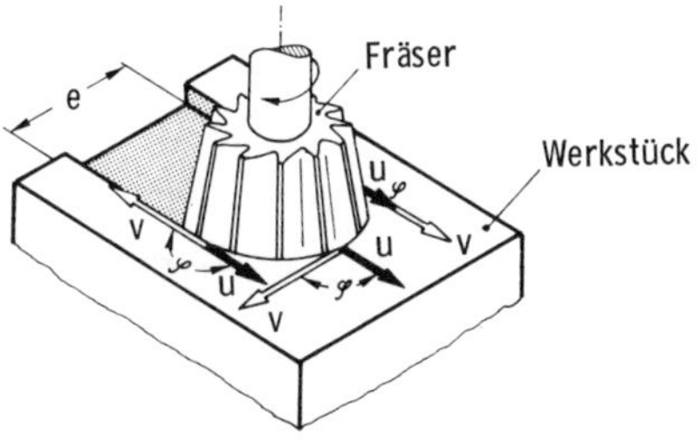

Bild 11-16.
Vorschubrichtungswinkel φ beim Fräsen mit Stirnfräser (nach DIN 6580).
e Eingriffsgröße
u Vorschubgeschwindigkeit
v Schnittgeschwindigkeit
φ Vorschubrichtungswinkel

Das auf die Frässpindel wirkende momentane Drehmoment M(t) ergibt sich aus der arithmethischen Summe der Schnittkräfte $F_s(\varphi)$ an den einzelnen Schneiden j, die sich auf dem Schnittbogen φ_S unter den momentangen Vorschubrichtungswinkeln φ_j im Eingriff befinden:

$$M(t) = \frac{D}{2} \sum_{j=1}^{j=z_E(t)} F_S(\varphi_j(t)) \qquad (11\text{-}5)$$

mit D als dem Fräserdurchmesser und z_E als der im Eingriff befindlichen Schneidenanzahl.

Die Vorschubrichtungswinkel φ_j und die Anzahl der im Eingriff befindlichen Schneiden z_E sind zeitabhängige Größen, die sich mit der Drehung des Fräsers periodisch ändern.

z_E ist nur dann konstant, wenn der Schnittbogen φ_S ein ganzzahliges Vielfaches des Schneidenteilungswinkels φ_T ist. Unter der Voraussetzung ratterfreier Bearbeitung läßt sich der zeitliche Verlauf des Drehmoments unter Benutzung von Gl. (11-4) beschreiben:

$$M(t) = \frac{D}{2} \; a \; s_z^{1-z} \; (\sin^{-z} \kappa) \; k_{s1.1} \sum_{j=1}^{j=z_E(t)} \sin^{1-z} \varphi_j(t) \qquad (11\text{-}6).$$

Die Zerspanleistung berechnet sich aus:

$$P(t) = 2 \, \pi \, n \, M(t) \qquad (11\text{-}7).$$

Bild 11-17 verdeutlicht die zeitliche Abhängigkeit der Schnittkräfte bzw. -momente für vier ausgewählte Bearbeitungsbeispiele [89]. Je nach Fräsbogen und Schneidenanzahl erhält man ein verschiedenartig pulsierendes Drehmoment. Die Frequenz der Grundschwingung entspricht der Schneideneingriffsfrequenz. Die Schneideneingriffsfrequenz bestimmt sich aus der Schnittgeschwindigkeit v und dem am Umfang gemessenen Schneidenabstand b_z aus:

$$f = \frac{v}{b_z} \qquad (11\text{-}8)$$

mit $b_z = \varphi_T \, \frac{D}{2}$.

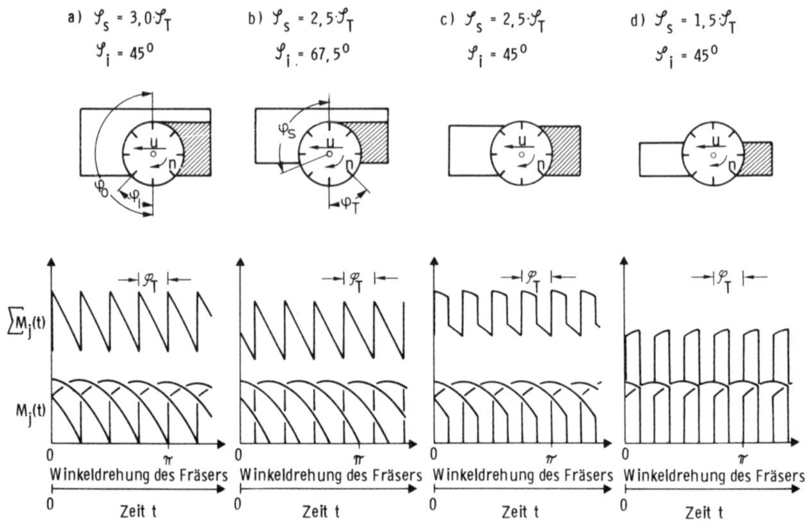

Bild 11-17. Zeitlicher Verlauf der Drehmomentanteile $M_j(t)$ durch die Einzelschnittkräfte und der Verlauf des Gesamtmomentes $\Sigma \, M_j(t)$ beim Fräsen.

Von den das Drehmoment beim Fräsen beeinflussenden Größen Gl. (11-6) können sowohl die Schnittiefe a als auch der Schnittbogen φ_S während der Bearbeitung variieren und somit als Störgrößen auf den Zerspanprozeß einwirken. Es ist deshalb nicht möglich, wie beim Drehen nur über die Größe des gemessenen Drehmoments eine Aussage über die aktuelle Schnittiefe zu erhalten.

11.3.1. Leistungsregelung

Bild 11-18 zeigt den prinzipiellen Aufbau von Grenzregelungen, wie sie zur Zeit für das Fräsen zu einer Auslastung der verfügbaren Maschinenleistung eingesetzt werden. Die Auslastung der Maschine wird, ähnlich wie beim Drehen, von einer Regeleinrichtung auf einem vorgegebenen konstanten Wert gehalten.

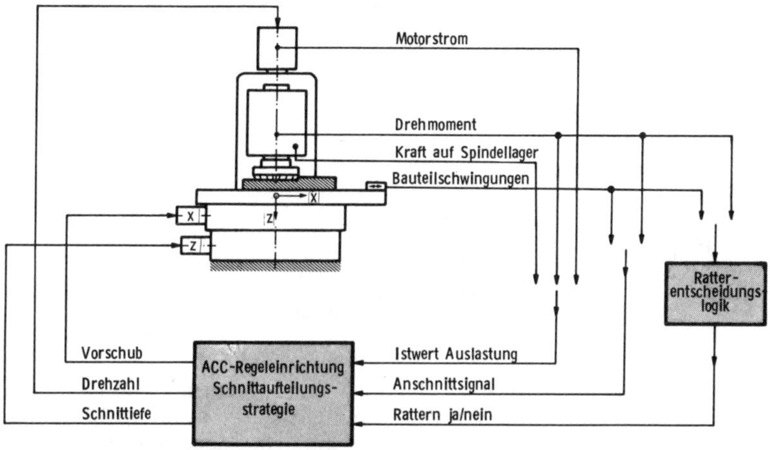

Bild 11-18. Grenzregelung für die Fräsbearbeitung.

Als *Meßgrößen* können der Motorstrom, das Spindeldrehmoment oder die Abdrängkraft auf das vordere Spindellager, als *Stellgrößen* der Vorschub bzw. die Vorschubgeschwindigkeit, Spindeldrehzahl und Schnittiefe benutzt werden.

Wie bereits in Abschn. 11.2 für die Drehbearbeitung erläutert, erfaßt man heute wegen des Ansprechverhaltens in ausgeführten Grenzregelungen als Meßgrößen nicht den Motorstrom, sondern Drehmoment oder Lagerkraft.

Beim Fräsen wird die Zerspanleistung der Maschine häufig nicht durch die installierte Motorleistung, sondern durch selbsterregte Schwingungen, sogenanntes Rattern, begrenzt. Eine stabile Bearbeitung ist nur dann möglich, wenn die Ratterschwingungen von einer speziellen Ratterentscheidungslogik erkannt werden und die AC-Einrichtung in der Lage ist, bei auftretenden Ratterschwingungen den Fräsprozeß automatisch in einen stabilen Arbeitsbereich zu führen.

Wie in Abschn. 11.3.2 näher erläutert wird, sind Drehzahländerung und Schnitttiefenreduzierung geeignete Maßnahmen zur Beseitigung von Ratterschwingungen an Fräsmaschinen. Um die Bearbeitung trotz Schnittiefenreduzierung noch automatisch ablaufen zu lassen, ist es erforderlich, die aktuelle Fräserposition zu erfassen und automatisch neue NC-Sätze zu generieren. Solche Funktionen sind Bestandteile von automatischen Schnittaufteilungssystemen, wie sie bereits für den Drehprozeß vorgestellt wurden. Liegt ein automatisches Schnittaufteilungssystem im Steuerrechner vor, so kann die Schnittiefenreduzierung zur Rattervermeidung darin eingegliedert werden (s. Abschn. 11.3.3).

Der Regelkreis einer Drehmomentregelung für das Fräsen ist im Vergleich zum Drehen durch eine weitere Einflußgröße, den Schnittbogen φ_S, gekennzeichnet.

Betrachtet man zur Analyse des Übertragungsverhaltens der Regelstrecke nicht mehr das zeitlich pulsierende Drehmoment M(t) Gl. (11-6), sondern den Spitzenwert des Drehmoments $\hat{M}$ innerhalb des Zeitintervalls

$$\tau = \frac{1}{nz} \qquad (11\text{-}9),$$

so erhält man:

$$\hat{M} = \frac{D}{2}\ a\ s_z^{1-z}\ (\sin^{-z}\kappa)\ k_{s1.1} \cdot V_e$$

$$\text{mit} \quad V_e = \left\{ \sum_{j=1}^{j=z_E(\varphi_S, t)} \sin^{1-z}\varphi_j(t) \Bigg|_{\varphi_j=\varphi_i}^{\varphi_j=\varphi_0} \right\}_{\max \text{ für } 0 \leqslant t \leqslant \tau} \qquad (11\text{-}10).$$

Bezeichnet man den Maximalwert des Summenausdrucks mit V_e, so ist V_e ein Teil des Verstärkungsfaktors der Regelstrecke, der durch den Schnittbogen φ_S, durch den Fräsereintrittswinkel φ_i sowie durch die Schneidenanzahl z bestimmt wird.

In Bild 11-19 ist der gesamte Regelkreis einer Drehmomentregelung für das Fräsen dargestellt [89]. Da beim Fräsen die Drehzahl während der Bearbeitung

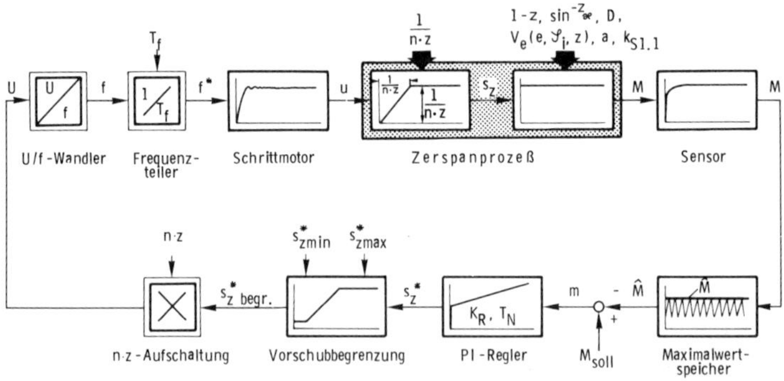

Bild 11-19. Regelkreis einer Drehmomentregelung für die Fräsbearbeitung.

im allgemeinen unverändert bleibt, wird über die Momentenregelung auch die Leistung auf einem konstanten Wert gehalten.

In dieser Regelung ist der Zerspanprozeß Teil der Regelstrecke mit der Vorschubgeschwindigkeit u als Eingangs- und dem Drehmoment M als Ausgangsgröße. Als hauptsächliche Störgrößen wirken Schnittiefe a, Materialfestigkeit $k_{s1.1}$ sowie der Verstärkungsfaktor V_e auf den Zerspanprozeß ein. Diese Störeinflüsse wirken sich ausschließlich auf die Streckenverstärkung der Regelstrecke aus, während Drehzahl n und Zähnezahl z sich auf das Zeitverhalten der Regelstrecke auswirken.

Die Auslastung der Maschine wird von einem Drehmomentsensor erfaßt. Da das Spindeldrehmoment beim Fräsen infolge des Zahneingriffsstoßes und der zeitlich variierenden Anzahl der im Eingriff befindlichen Zähne einen sägezahnähnlichen Verlauf besitzt, wurde dem Sensor ein Spitzenwertspeicher (Maximalwertspeicher) nachgeschaltet, so daß das während einer Zahnteilungszeit aufgetretene maximale Drehmoment geregelt wird. Hierdurch läßt sich ein Schwingen des Regelkreises mit der Zahneingriffsfrequenz sowie auch eine Überlastung einzelner Fräserschneiden vermeiden. Als Regler wurde ein PI-Regler benutzt, der sich selbsttätig an sich ändernde Fräserdrehzahlen und damit an das variable Zeitverhalten der Strecke anpaßt sowie auf unterschiedliche Zähnezahlen bei verschiedenen Werkzeugen einstellbar ist. Die Ausgangsgröße des Reglers, der Vorschub je Zahn s_z, wird nach oben und unten begrenzt, um einerseits Schneidenüberlastungen bei zu großem Vorschub, andererseits Spanquetschen bei zu kleinem Vorschub zu vermeiden. Durch Multiplikation des Vorschubs je Zahn s_z mit der Drehzahl n und der Zähnezahl z erhält man dann als Stellgröße die Vorschubgeschwindigkeit u.

Unter Einschluß der Begrenzungen der Stellgröße $s_{zmin} \leqslant s_z \leqslant s_{zmax}$ erhält man den Regelbereich der Drehmomentregelung, wie er in Bild 11-20 für ein praktisches Beispiel gezeigt ist. In der horizontalen Ebene sind an den Achsen die Einflußgrößen Schnittiefe a und Verstärkungsfaktor V_e (φ_S, φ_i, z) aufgetragen.

In der Vertikalen ist die Stellgröße der Regelung – der Vorschub je Schneide s_z – aufgetragen, die sich in Abhängigkeit der Einflußgrößen einstellt. Die hyperbolisch gewölbte Fläche ist eine Fläche konstanten Drehmoments, in diesem Fall des Solldrehmoments M_{soll}. Die Fläche $\hat{M} = M_{soll}$ = konst. beschreibt den Regelbereich der Drehmomentregelung. Begrenzt wird dieser Regelbereich durch die schon erläuterten Grenzen s_{zmin} und s_{zmax} und weiterhin durch den maximal möglichen Wert V_{emax} und durch die maximal mögliche Schnittiefe a_{max}. In den meisten praktischen Fällen verläuft die *Rattergrenze*, ähnlich wie in Bild 11-20 gezeigt [89], mitten durch den Regelbereich und schränkt diesen beträchtlich ein. Die Rattergrenze wird von einer Vielzahl von Größen beeinflußt, so daß ihre Lage im Regelbereichsdiagramm großen Veränderungen unterworfen sein kann. Die technologischen, geometrischen und schwingungsbedingten Begrenzungen des Regelbereichs führen dazu, daß die Drehmomentregelung nicht alle Störgrößenschwankungen ausregeln kann. Beim Erreichen der übrigen Grenzen müssen die in Abschn. 11.3.2 und 11.3.3 beschriebenen Ratter- bzw. Schnittaufteilungsstrategien eingreifen und die Zerspanparameter so verändern, daß die Drehmomentregelung wieder in ihrem Regelbereich arbeiten und der Sollwert aufrechterhalten werden kann.

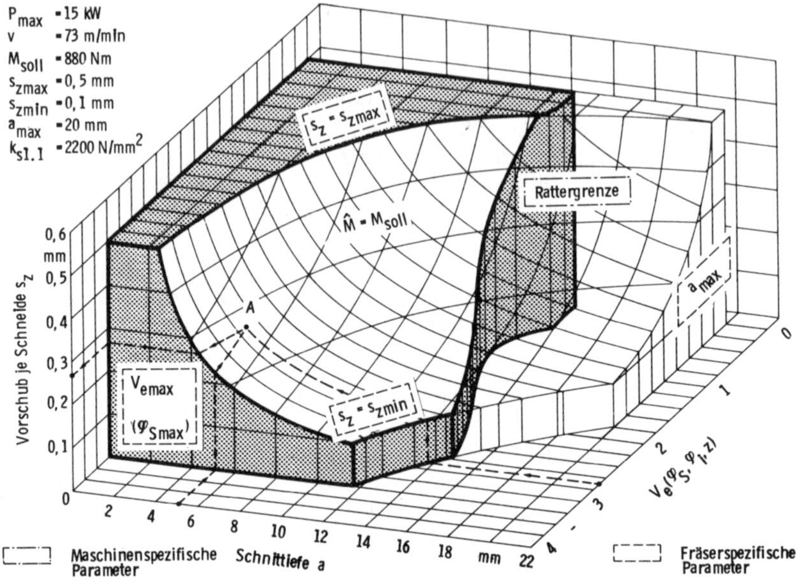

Bild 11-20. Regelbereich der Drehmomentregelung.

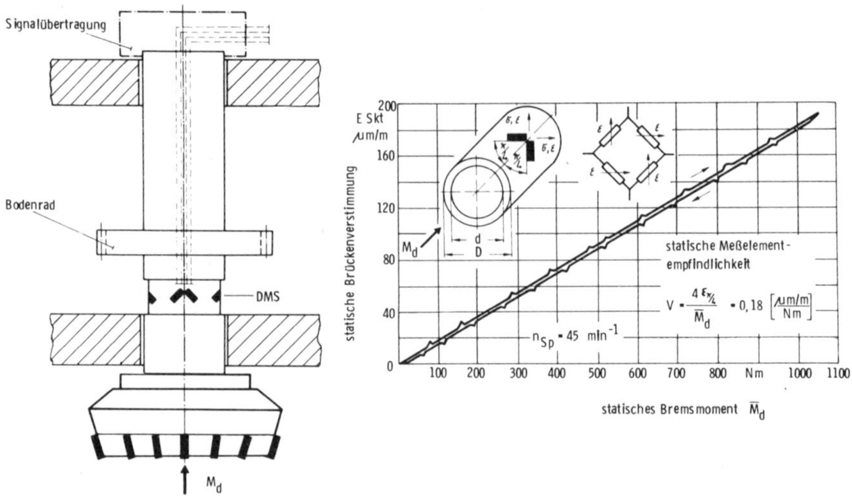

Bild 11-21. Drehmomentsensor an einer Bettfräsmaschine, konstruktive Anordnung und statische Eichkurve.

Bild 11-21 zeigt einen Sensor zur Erfassung des Drehmoments an einer NC-Bettfräsmaschine [96]. Die Torsionsverformung der Spindel wird mit Hilfe von Dehnmeßstreifen an einem geringfügig geschwächten Teil der Spindel zwischen vorderer Lagerung und Bodenrad gemessen. Die Eigenfrequenz der Spindel, die sich störend auf die Drehmomentmessung auswirken könnte, liegt bei etwa 1100 Hz, d. h. weit oberhalb auftretender Ratterschwingungen.

11.3.2. Automatische Ratterbeseitigung

Spanende Werkzeugmaschinen neigen bei bestimmten Maschinen-, Werkzeug- und Werkstückkenngrößen zu instabilem Verhalten bzw. selbsterregten Schwingungen. Charakteristisch für selbsterregte Schwingungen bei spanenden Werkzeugmaschinen ist, daß beim Überschreiten einer bestimmten Grenzschnittiefe a_{cr} die Schwingungsamplituden schlagartig anwachsen. In Bild 11-22 ist der Verlauf des Spindeldrehmoments beim Übergang von stabiler zu instabiler Zerspanung aufgetragen. Die Schwingungen traten nach einem Schnittiefensprung über dem gesamten Schnittbogen von nur 0,5 mm auf, und nach 0,2 s war der dynamische Anteil des Drehmoments bereits um 600 Nm angestiegen. Solche hohen dynamischen Belastungen gefährden in starkem Maße Werkstück, Werkzeug und Maschine. Im vorliegenden Bearbeitungsfall waren nach rd. 4 s sämtliche Schneiden des Fräsers gebrochen (Grundl. über Rattern s. Bd. 4).

Um durch geeignete Maßnahmen den Fräsprozeß automatisch in einen stabilen Arbeitsbereich zu führen, ist es notwendig, die selbsterregten Schwingungen des Ratterns zu erkennen, d. h. von fremderregten Schwingungen, z. B. durch Mes-

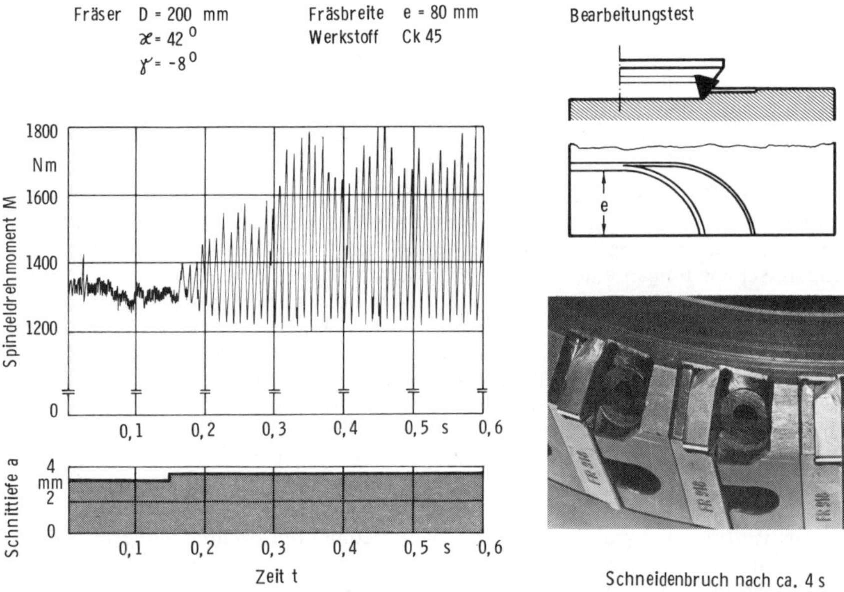

Bild 11-22. Auswirkungen von Ratterschwingungen an Fräsmaschinen.

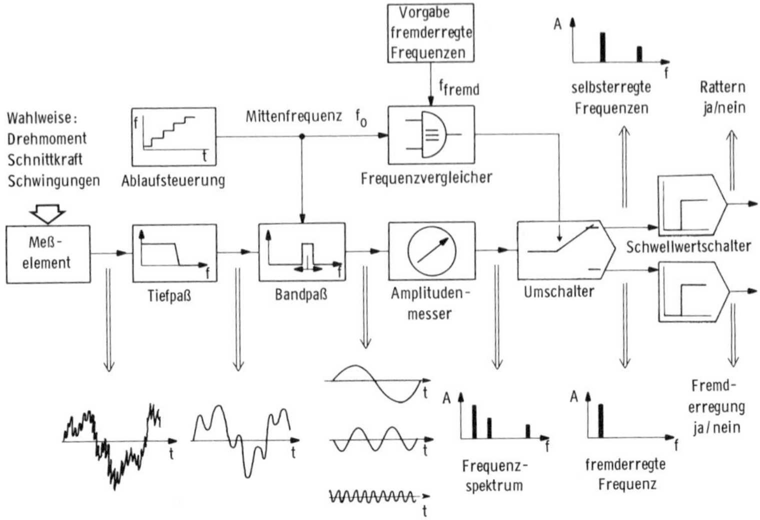

Bild 11-23. Prinzipieller Aufbau eines Rattersensors.

sereingriffsstöße verursacht, zu unterscheiden. Bild 11-23 zeigt den prinzipiellen Aufbau eines Sensors zur Erkennung von Ratterschwingungen.

Aus den Signalen eines Meßelements, das wahlweise Drehmoment-, Schnitt- oder auch Bauteilschwingungen aufnimmt, werden die hochfrequenten Anteile durch einen Tiefpaß eliminiert. Der nachfolgende Tracking-Filter (verschiebbarer Bandpaß) dient zur Spektraldichteanalyse der Meßsignale. Dazu wird die Mittenfrequenz f_0 des Bandpasses durch eine Ablaufsteuerung periodisch über den zu analysierenden Frequenzbereich geschoben, und die Amplituden der einzelnen Frequenzbereiche werden dabei gemessen.

Nach einem Durchlauf des Bandpasses (250 ms bei 4 Hz Bandbreite) durch den festgelegten Frequenzbereich liegt das Frequenzspektrum des Meßsignals vor. Überschreiten die Amplituden der innerhalb der Einzelfrequenzbereiche auftretenden Schwingungen einen bestimmten Schwellwert, der vorzugeben ist, erfolgt entweder die Meldung „Rattern" oder „fremderregte Schwingungen". Die Frequenzen f_{fremd}, mit denen fremderregte Schwingungen bei einer Fräsmaschine auftreten, sind jeweils für einen bestimmten Bearbeitungsfall bekannt. In der Regel handelt es sich dabei um Schwingungen durch periodische Zahneingriffskräfte. Diese bekannten Frequenzen werden der Ratterentscheidungslogik vorgegeben. Stimmt die vorgegebene fremderregte Frequenz mit der Frequenz überein, bei der sich das Fenster des Bandpasses befindet, wird das Signal auf den Schwellwertschalter für fremderregte Schwingungen umgeschaltet. Alle Frequenzsignale, die nicht von fremderregten Schwingungen stammen, werden somit als Ratterschwingungen erkannt. Da die Momentenregelung den Spitzenwert des Drehmoments auf den Sollwert regelt, wird bei *fremderregten* Schwingungen selbsttätig die Vorschubgeschwindigkeit verringert. Dadurch sinkt die Amplitude dieser Schwingungen ab.

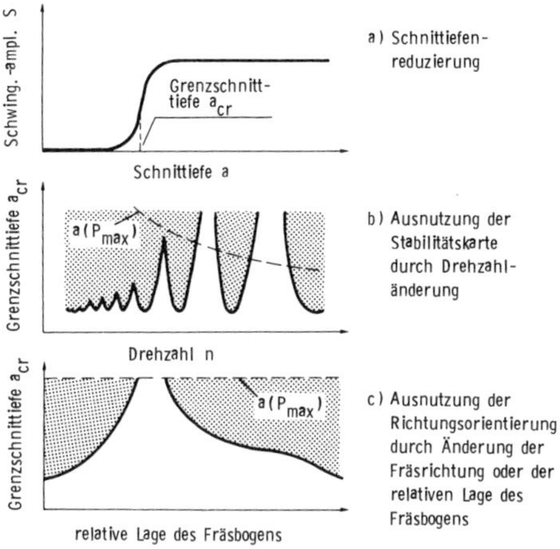

Bild 11-24.
Mögliche Maßnahmen zur Beseitigung von Ratterschwingungen.

Geeignete Maßnahmen zur Beseitigung von Ratterschwingungen, die an Fräsmaschinen während der Bearbeitung (on-line) einzusetzen sind, leiten sich aus den bekannten, für Fräsmaschinen typischen Kennlinien ab, Bild 11-24. Die Schnittiefenreduzierung ist die sicherste und wirkungsvollste Maßnahme zum Vermeiden von Ratterschwingungen, da sie in jedem Fall zu einer stabilen Bearbeitung führt. Diese Maßnahme hat jedoch den Nachteil, daß zusätzliche Schnitte und damit eine automatische Schnittaufteilung notwendig werden. Trotz dieses Nachteils wird man im AC-Betrieb durch eine Strategie, die allein auf der Schnitttiefenreduzierung basiert, schon die Zerspanleistung gegenüber konventionellem NC-Betrieb erhöhen können, bei dem man stets mit einem hohen Sicherheitszuschlag unter der noch ratterfrei erreichbaren Schnittiefe bleiben muß. Die weiteren in Bild 11-24 angegebenen Maßnahmen, die Drehzahländerung und die Ausnutzung der Richtungsorientierung, vermindern wegen ihrer stabilisierenden Wirkung die Zerspanleistung praktisch nicht, jedoch ist ihr Wirkungsbereich begrenzt.

Die Drehzahländerung als primäre Maßnahme einer Ratterstrategie wird labormäßig bereits erprobt. Diese Strategie beruht auf der Ausnutzung der stabilen Bereiche in der Stabilitätskarte, in der der Verlauf der Grenzschnittiefe a_{cr} über der Fräserdrehzahl n dargestellt ist [98][1]). Dazu ist es notwendig zu wissen, in welchem Bereich der aktuellen Stabilitätskarte sich der Arbeitspunkt der Maschine bei der momentan vorliegenden Drehzahl befindet. Sind die Drehzahlen aus der aktuellen Stabilitätskarte, denen die untersten Punkte der instabilen Bereiche zugeordnet sind, bekannt, so kann man entscheiden, ob eine Drehzahlverminderung oder -erhöhung in einen stabilen Bereich zwischen zwei „Rattersäcken" führt.

Besitzt das schwingungsfähige System näherungsweise Einmassenschwingerverhalten, lassen sich die kritischen Drehzahlen n_{cr} bestimmen, bei denen die Stabilitätsminima (d. h. die minimale Grenzschnittiefe $a_{cr\,min}$) vorliegen:

1) s. S. 12

$$n_{cr}(m) \approx \frac{f_c}{z(m - 0{,}25)} \qquad (11\text{-}11).$$

mit $m = 1, 2, 3 \ldots$

Zwischen diesen Stabilitätsminima liegen Bereiche höherer Stabilität, deren Maxima aufgrund des unsymmetrischen Verlaufs der instabilen Bereiche innerhalb der Stabilitätskarte nicht genau in der Mitte zwischen den Stabilitätsminima liegen. Die Stellen der Stabilitätsmaxima lassen sich durch folgende empirisch gefundene Näherungsformel beschreiben:

$$n_{st}(m) = n_{cr}(m+1) + 0{,}6\,[n_{cr}(m) - n_{cr}(m+1)] \qquad (11\text{-}12).$$

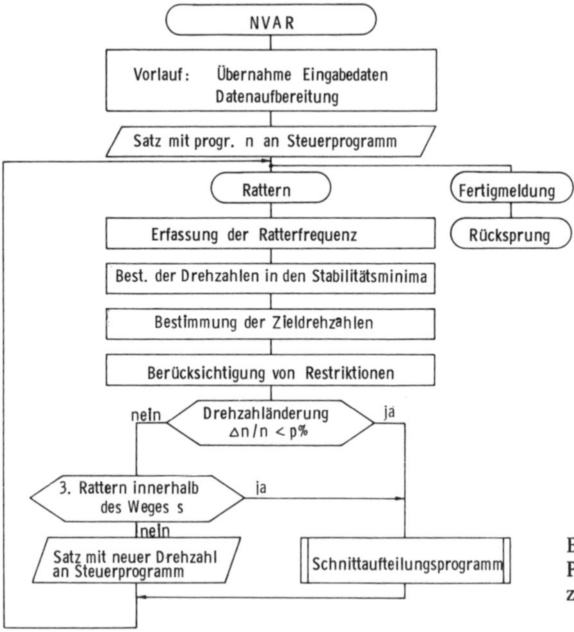

Bild 11-25.
Prinzipielles Flußbild der Drehzahländerungsstrategie.

Den Aufbau der Ratterstrategie, in der diese Beziehungen für die Berechnungen benötigt werden, gibt das Flußbild, Bild 11-25, wieder. Ein Satz aus dem NC-Programm, für den die Drehzahl n programmiert ist, wird an das Steuerprogramm übergeben und die Bearbeitung beginnt. Tritt während der Bearbeitung Rattern auf, erfaßt der Prozeßrechner auf diesen Alarm hin die Ratterfrequenz und bestimmt aufgrund der aktuellen Ratterfrequenz die Stabilitätsminima im Bereich der Drehzahl n sowie die benachbarten Zieldrehzahlen. Anschließend müssen Restriktionen bezüglich des zugelassenen Drehzahländerungsbereichs gemäß der im folgenden erläuterten Fallunterscheidungen berücksichtigt werden.

Je nach Lage des erlaubten Drehzahländerungsbereichs relativ zur aktuellen Stabilitätskarte müssen in der Drehzahländerungsstrategie die vier in Bild 11-26 dargestellten Fälle unterschiedlich behandelt werden [89].

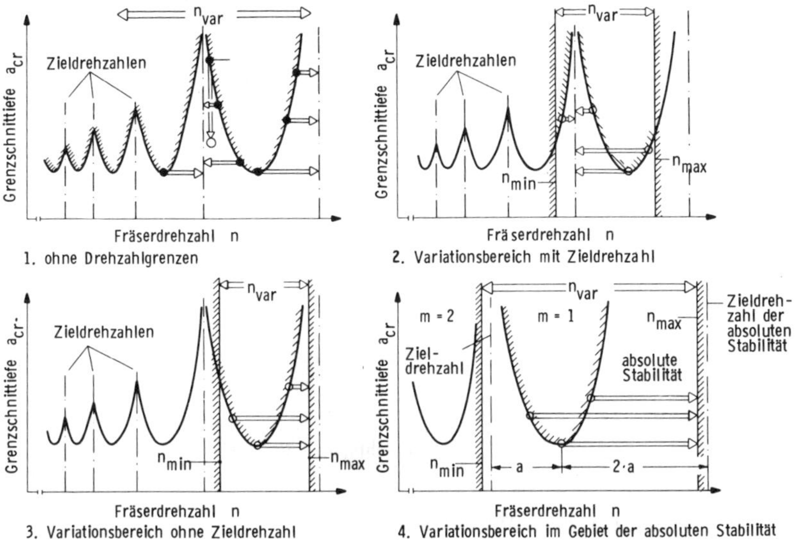

Bild 11-26. Fallunterscheidungen bei der Drehzahlvariation zur Ratterbeseitigung.

In *Fall 1* ist der Variationsbereich nicht durch Drehzahlgrenzen eingeschränkt, bzw. es liegt zwischen den Drehzahlgrenzen und dem jeweiligen Ausgangspunkt mindestens eine Zieldrehzahl (Drehzahl zwischen zwei Stabilitätsminima, der die größte, ratterfrei zu erreichende Schnittiefe zugeordnet ist). In diesem Fall wird bei auftretendem Rattern die nächstliegende Zieldrehzahl angefahren, die ohne Durchfahren der instabilen Bereiche zu erreichen ist.

Wenn, wie in den *Fällen 2 und 3,* das Stabilitätsminimum durchfahren werden muß, um aus einem Ratterbereich in ein stabiles Gebiet der Stabilitätskarte zu gelangen, wird der Vorschub während der Drehzahländerung kurz unterbrochen. Hiermit läßt sich ein eventuelles Anschwellen der Ratterschwingungen vermeiden.

Liegt, wie im *Fall 3,* keine Zieldrehzahl im Variationsbereich, wird die Fräserdrehzahl bis zu den vorgegebenen Grenzen verändert; man stellt diejenige Drehzahl ein, der die größte Grenzschnittiefe zugeordnet ist.

Der *Fall 4* berücksichtigt den Sonderfall, daß der Variationsbereich im Gebiet der absoluten Stabilität liegt, wenn also die Messereingriffsfrequenz höher ist als die Eigenfrequenz des Schwinungssystems. In der Stabilitätskarte ist dies der Drehzahlbereich oberhalb der letzten becherförmigen Kurve mit dem Laufparameter m = 1. In diesem Fall wird nicht unbedingt die im Variationsbereich liegende Zieldrehzahl angefahren, sondern die Grenze n_{max}.

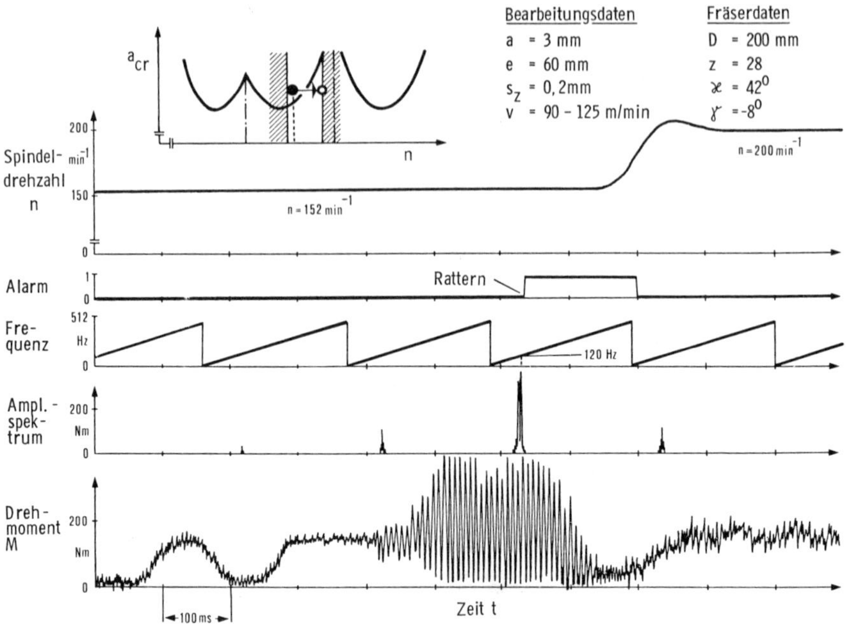

Bild 11-27. Ratterbeseitigung durch Drehzahländerung.

Bild 11-27 zeigt ein Beispiel für die Ratterbeseitigung durch Drehzahländerung. Im zugelassenen Drehzahländerungsbereich liegt keine Zieldrehzahl. In Bild 11-27 wurden übereinander das Spindeldrehmoment, das Amplitudenspektrum des Drehmomentsignals, welches der darüber aufgetragenen Analysierfrequenz zuzuordnen ist, der Ratteralarm und die Drehzahl des Hauptmotors aufgezeichnet.

Der rampenförmige Verlauf der Analysierfrequenz stellt anschaulich den Verlauf der Position des schmalbandigen Bandpasses (vgl. Bild 11-23) dar, der in der Zeit von etwa 250 ms durch den Frequenzbereich von 0 bis 512 Hz geschoben wird. Die Stabilisierung des Zerspanprozesses durch die Drehzahländerung ist eindeutig zu erkennen. Die Lage der Drehzahlen in der Stabilitätskarte ist oben angedeutet.

11.3.3. Automatische Schnittaufteilung

Die automatische Schnittaufteilung ist eine notwendige und sinnvolle Ergänzung sowohl der Leistungsregelung (Abschn. 11.3.1) als auch der Ratterstrategie. Folgende Aufgaben können von einer automatischen Schnittaufteilung für das Fräsen übernommen werden:

– Läßt sich der Arbeitspunkt der Drehmomentregelung während der Bearbeitung nicht im beschriebenen Regelbereich (Bild 11-20) halten, so wird beim Erreichen der Regelbereichsgrenzen „Rattern" und $s_z = s_{zmin}$ die Schnittiefe verringert. Beim Erreichen der Grenze $s_z = s_{zmax}$ wird unter der Voraussetzung, daß die Sollkontur noch nicht erreicht ist, der Schnitt abgebrochen und der nächste Schnitt bearbeitet. Die Aufteilung und Folge der Schnitte für ein beliebiges zu zerspanendes Werkstückvolumen wird selbstätig in Abhängigkeit der Regelbereichsgrenzen gefunden.

- Lediglich die Fertigteilkontur der zu bearbeitenden AC-Satzfolge ist zu programmieren. Das automatische Abtasten der unbekannten Rohteilkontur geschieht mit Hilfe eines Anschnitt- oder Annäherungssensors.
- Zum Verkürzen der Zeiten für die Leerwege werden die Alarme Anschnitt, Annäherung und Leerschnitt von der automatischen Schnittaufteilung verarbeitet.
- Eine ratterfrei mögliche Schnittiefe wird selbsttätig in Verbindung mit der Schwingungsauswerteeinheit und der Ratterstrategie aufgefunden.

Wie sich die Bearbeitung eines Werkstücks in der Praxis gestalten kann, zeigen die Bilder 11-28 und 11-29. Für das Beispiel wird lediglich der Weg von A_0 nach E_0 programmiert, wobei die Rohteilkontur als unbekannt vorausgesetzt sei. Der Fräser fährt mit erhöhter Geschwindigkeit vom programmierten Punkt A_0 bis zum Punkt A_1, in dem Anschnitt bzw. Annäherung erkannt wird. Dieser Punkt wird abgespeichert und der Fräser um die volle programmierte Schnittiefe hochgezogen. Er bewegt sich dann in Richtung E_2, bis im Punkt A_2 ein neuer Anschnitt (bzw. Annäherung) erfolgt und dadurch eine weitere Schnittiefenreduzierung eingeleitet wird.

Hat der Fräser schließlich den Punkt E_4 erreicht, ist die Erfassung der Rohteilkontur abgeschlossen und aus dem programmierten Satz A_0 bis E_0 sind drei Einzelsätze mit der programmierten Schnittiefe generiert worden.

Durch den Tastüberlauf wird sichergestellt, daß die Schnittaufteilung innerhalb dieser Einzelsätze in Abhängigkeit der Grenzen des Regelbereichs erfolgt. Bei der

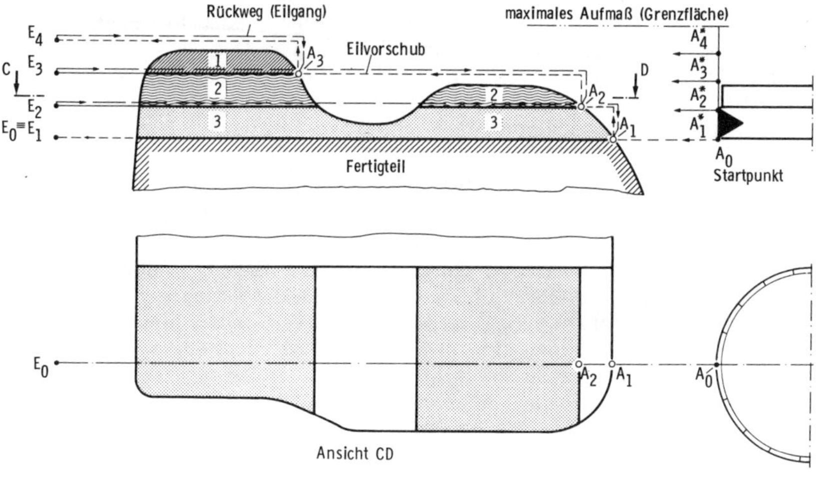

Bild 11-28. Schnittaufteilung für die Fräsbearbeitung, 1. Schritt: Erfassung des Aufmaßes durch einen Tastüberlauf.

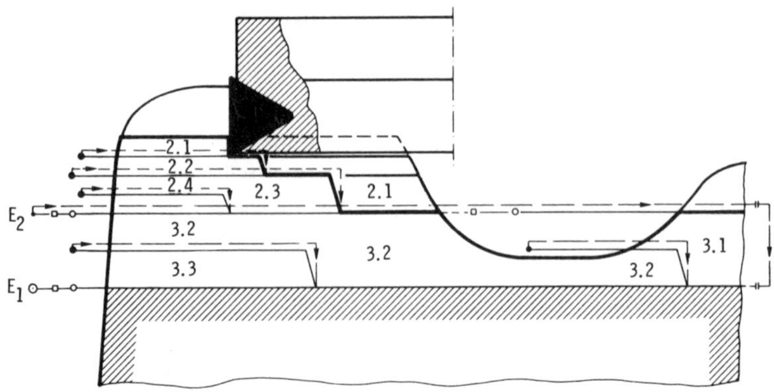

Bild 11-29. Schnittaufteilung für die Fräsbearbeitung, 2. Schritt: Abarbeiten der Zwischensätze.

- ● s_{zmax} Abbruch des Schnittes
- ○ s_{zmax} Alarm gesperrt, weiterfräsen mit $M < M_{soll}$
- □ $M = 0$ Leerweg im Eilgang

Fräserposition in Bild 11-29 ist die Schnittiefe bereits zweimal infolge auftretenden Ratterns, das durch eine Drehzahländerung nicht behoben werden konnte, jeweils um 50 % der aktuellen Schnittiefe reduziert worden. Hierbei wird der Fräser schräg aus dem Material gezogen, um ein Freischneiden zu vermeiden, wodurch die Amplituden der Ratterschwingungen beträchtlich ansteigen würden.

Erreicht der Vorschub je Zahn am Ende des Werkstücks infolge des kleiner werdenden Fräsbogens seinen vorgegebenen Maximalwert s_{zmax}, wird die Zerspanleistung kleiner als die vorgegebene und der Schnitt an dieser Stelle abgebrochen. Der Fräser fährt zum Fußpunkt der zuletzt stehengelassenen Stufe, an der Rattern aufgetreten war, zurück und bearbeitet den Satz 2.2, in dem er auch das Reststück aus dem Satz 2.1 zerspant, das infolge des Alarms s_{zmax} stehen blieb. Die Bearbeitung der weiteren Stufen geschieht entsprechend. Sinkt der Wert des Drehmoments auf null, so werden die Leerwege im Eilvorschub überfahren.

11.3.4. Spezielle Sensoren für die Fräsbearbeitung

Wie beim Drehen (Abschn. 11.2.2.4), so wird auch beim Fräsen zur Verkürzung der Nebenzeiten das Überfahren der Leerwege im Eilgang angestrebt. Eine Auswertung des Anschnittsignals zur Umschaltung vom Eilgang in den Arbeitsvorschub läßt jedoch nur Anfahrgeschwindigkeiten zu, die geringfügig über den sich aus der Vorschubbegrenzung s_{zmax} ergebenden Geschwindigkeiten liegen. Dabei ist darauf zu achten, daß man die von den Fräserherstellern angegebenen zulässigen Spitzenwerte des Schneidenvorschubs nicht überschreitet. Ohne zusätzliche Belastung der einzelnen Fräserschneiden läßt sich die Anfahrgeschwindigkeit jedoch weiter steigern, wenn man die Fräserdrehzahl beim Anfahrvorgang erhöht [99].

Eine Anschnitterkennung über einen Beschleunigungssensor ist ebenfalls möglich. Wegen der größeren Reaktionsgeschwindigkeit dieser Anordnung sind höhere

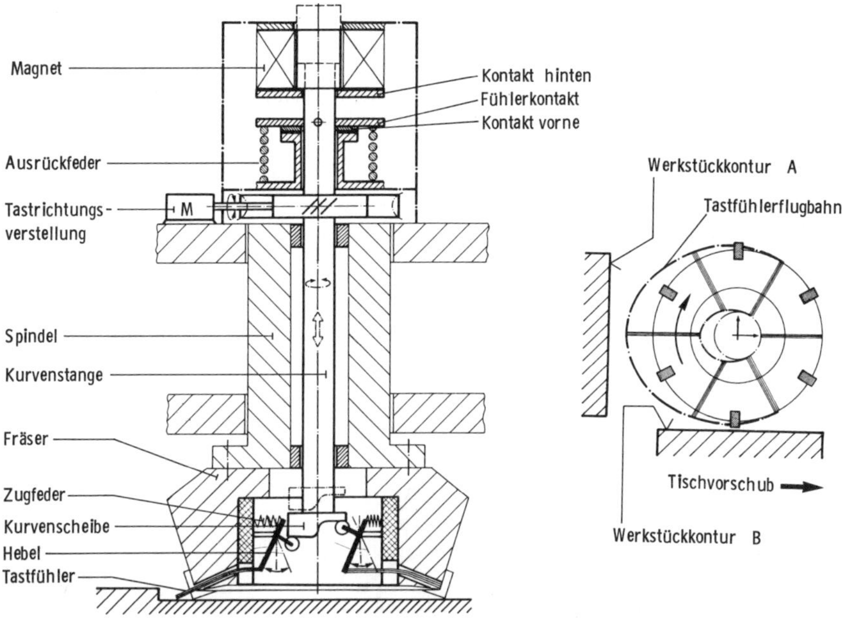

Bild 11-30. Annäherungssensor für Fräswerkzeuge (Tastfühlerprinzip).

Anfahrgeschwindigkeiten zu verwirklichen. Um jedoch mit Anfahrgeschwindigkeiten in der Größe des Eilgangs zu fahren, wurden spezielle Sensoren entwickelt.

Bild 11-30 veranschaulicht den Aufbau und die Funktionsweise eines im Teststadium befindlichen, nach dem Tastfühlerprinzip arbeitenden Annäherungssensors für Fräswerkzeuge. In einem Messerkopffräser ist ein System von sechs Tastfühlern mit Hebeln und Zugfedern isoliert angeordnet. Diese Tastfühler werden durch eine Kurvenscheibe zur Erzeugung eines in Vorschubrichtung weisenden sichelförmigen Erkennungsfeldes gesteuert. Die Kurvenscheibe ist an einer in der Spindel isoliert geführten, nicht umlaufenden Kurvenstange befestigt. Sie wird durch ein am oberen Spindelende angeordnetes System aus Elektromagnet, Ausrückfeder und Tastrichtungsverstellung positioniert. Die Tastrichtung wird automatisch durch Verdrehen der Kurvenstange über einen Elektromotor und ein Schneckengetriebe in Vorschubrichtung eingestellt.

Als Alternative zum Tastfühlerprinzip zur Erkennung der Werkstückannäherung werden labormäßig das induktive und das pneumatische Meßprinzip auf ihre Eignung untersucht.

Die bisher vorgestellten Sensoren setzten Werkzeuge voraus, bei denen sich die Meßelemente innerhalb des Fräserkörpers befinden. Ein solches Präparieren der Werkzeuge verursacht zusätzliche Kosten und soll deshalb möglichst vermieden werden. Systeme, bei denen die Meßelemente außerhalb des Fräserkörpers angebracht sind, sind bereits in der Planung.

Das eventuelle Unterscheiden des Werkstückmaterials durch die Fräserschneiden (a > Schneidkantenlänge) ist beim Stirnfräsen ein weiteres entscheidendes Problem. Hierbei kann der teure Fräsergrundkörper beschädigt und unbrauchbar werden. Wie bereits in Abschn. 11.3 erwähnt, ist beim Stirnfräsen ein indirektes Bestimmen der Schnittiefe bzw. ein indirektes Erkennen eines Unterschnitts über

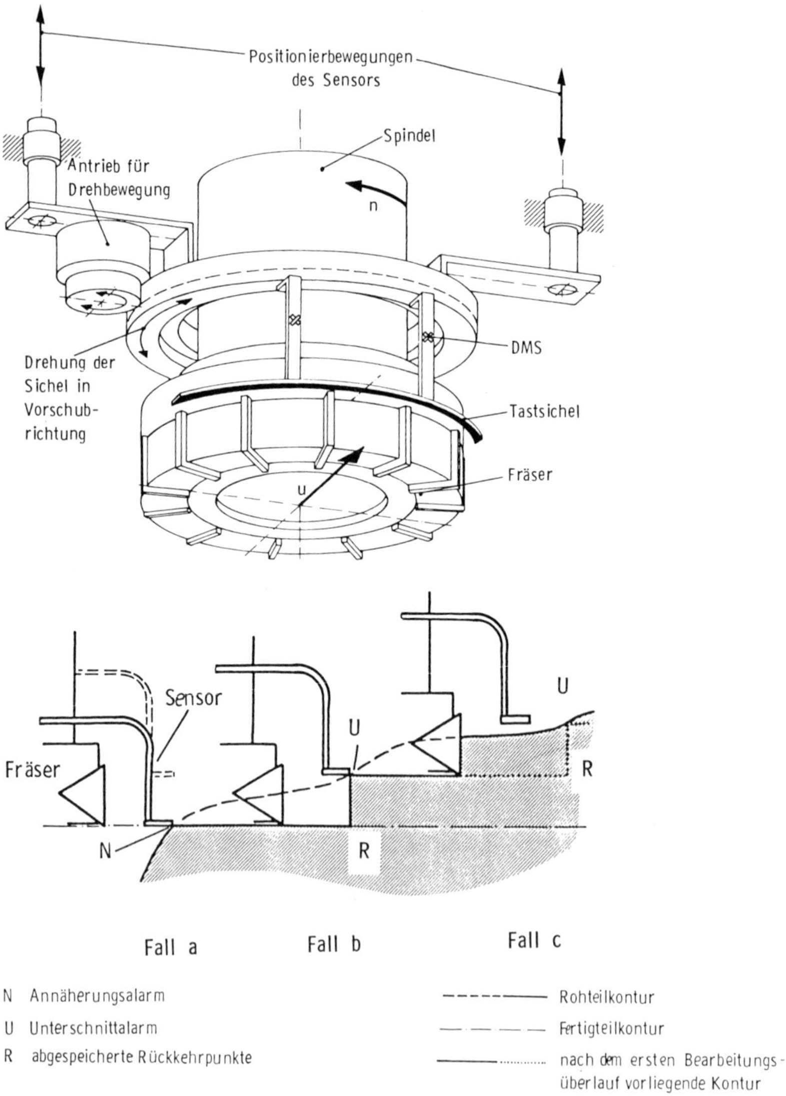

Bild 11-31. Prinzip eines werkzeugunabhängigen Unterschnittsensors.

das Drehmoment nicht möglich, da das Drehmoment sowohl von der Schnittiefe als auch vom Schnittbogen beeinflußt wird, die beide während der Bearbeitung variieren können. Bild 11-31 zeigt die Prinzipskizze eines werkzeugunabhängigen Unterschnittsensors [89]. Vor dem Fräser befindet sich eine Sichel auf der Höhe der maximal zulässigen Schnittiefe. Sie wird automatisch in Vorschubrichtung gedreht. Bei einem Kontakt der Sichel mit dem Werkstück, den man durch DMS erfaßt, wird ein Alarm an den Prozeßrechner gemeldet, der daraufhin eine Verringerung der Schnittiefe veranlaßt. Bild 11-31 zeigt auch die Wirkungsweise eines solchen Sensors im Rahmen eines Schnittaufteilungssystems.

Die Schwierigkeit bei der Realisierung der AC-Systeme für das Fräsen besteht zur Zeit also in der Entwicklung funktionsfähiger Sensoren zur Erfassung der erforderlichen Prozeßkenngrößen, wie z. B. Schnittiefe a, Schnittbogen φ_S und Verschleiß. Hier wird künftig ein Entwicklungsschwerpunkt liegen.

11.4. Adaptive Control für die Schleifbearbeitung

Da das Schleifen sowohl für Schruppbearbeitungs- als auch für Endbearbeitungsverfahren eingesetzt wird, kommt der durch den Prozeß entstehenden Oberflächenqualität, der Oberflächentemperaturbeeinflussung sowie der Einhaltung geometrischer bzw. maßlicher Größen besondere Bedeutung zu. Die direkte Messung dieser Qualitätsmerkmale während der Bearbeitung ist mit wirtschaftlich vertretbarem Aufwand nicht immer möglich, jedoch lassen sie sich in guter Näherung über mathematische Modelle aus den während des Schleifens auftretenden Normalkräften ableiten (indirekte Messung). Da ein Konstanthalten der Normalkraft eine gute Reproduzierbarkeit des Arbeitsergebnisses garantiert, befaßten sich die ersten AC-Systeme beim Schleifen mit der Normalkraftregelung. Wie bei den meisten ACC-Systemen zur Schnittkraftregelung beim Drehen oder Fräsen wird auch hier die Vorschubgeschwindigkeit als Stellgröße benutzt.

In Bild 11-32 ist ein Schnittkraftsensor für die prozeßbegleitende Erfassung von Schnittkräften für das Außenrund-Einstechschleifen gezeigt [95]. Die durch die Krafteinwirkung entstehende Verbiegung der feststehenden Werkstück-Aufnahmespitzen wird durch Dehnungsmeßstreifen gemessen und dem Regelsystem als Maß für die Größe der Kraft zugeführt. Durch um jeweils 90° zueinander versetzte Dehnungsmeßstreifen ist eine getrennte Messung der Normal- und Tangentialkomponente möglich, wobei letztere ein Maß für die umgesetzte Leistung ist und somit für eine Leistungsregelung benutzt werden kann.

Außer dem Einsatz als Endbearbeitungsverfahren gewinnt das Schleifen in neuerer Zeit zunehmend an Bedeutung als Schruppbearbeitungsverfahren, bei dem Abtragsleistungen erzielt werden, die mit dem Dreh- und Fräsprozeß vergleichbar sind. Dies wurde insbesondere durch den Einsatz neuartiger Schleifmittel und den Bau leistungsfähiger Schleifmaschinen ermöglicht. Aufgrund des hierbei auftretenden hohen Scheibenverschleißes ist der Einsatz einer Optimierregelung (ACO) bezüglich der Bearbeitungskosten für einen wirtschaftlichen Einsatz dieses Verfahrens von Interesse [94; 95].

Für die Ermittlung des Schleifscheibenradiusverschleißes sowie des aktuellen Scheibendurchmessers kann man ein System einsetzen, das auf pneumatisch-

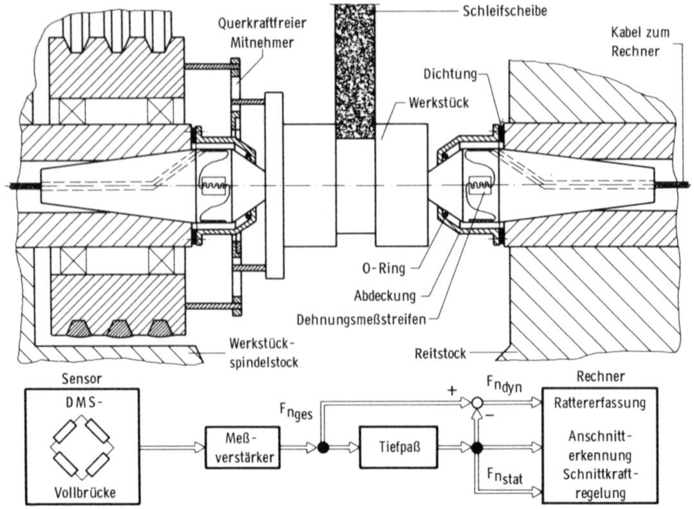

Bild 11-32. Schnittkraftmessung beim Außenrundeinstechschleifen.

elektrischem Wege eine berührungslose, prozeßbegleitende Messung der genannten Kenngrößen gestattet. Die pneumatische Abstandsmessung nimmt man zwischen der Meßdüse und der Schleifscheibe als Prallplatte vor, Bild 11-33

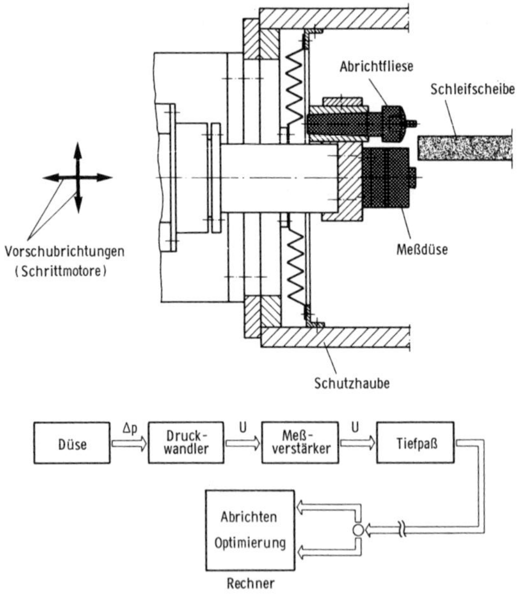

Bild 11-33.
Kombiniertes Verschleißmeß- und Abrichtgerät beim Außenrundeinstechschleifen.

[95]. Durch die hohe Umfangsgeschwindigkeit der Scheibe erscheint diese dem relativ trägen Meßelement trotz Porösität und möglicher Welligkeit als glatte Fläche. Auftretender Scheibenverschleiß verändert den Abstand zwischen Düse und Prallplatte Über die in Bild 11-33 gezeigte Meßkette wird die resultierende Druckdifferenz in ein elektrisches Signal umgewandelt und daraufhin die Düse über einen Schrittmotor in Inkrementen von einem Mikrometer so weit nachgeführt, bis sich wieder das vorgegebene Solldrucksignal einstellt. Die in digitaler Form vorliegenden Schrittsignale lassen sich anschließend innerhalb der Prozeßregelung verarbeiten. Zusätzlich besteht die Möglichkeit, nach einem als Abrichtkriterium vorgegebenen Radiusverschleiß einen Abrichtprozeß einzuleiten.

Zur Vorgabe von Bearbeitungsparametern wurde für das Schleifen ein Datenpool entwickelt, wie er in ähnlicher Form für das Drehen und Fräsen besteht. Jeder Datensatz innerhalb dieses Datenpools beschreibt eine Werkstoff-Schleifscheiben-Kühlschmierstoff-Kombination. Mit Hilfe dieser Daten lassen sich für einen Bearbeitungsfall Anfangswerte für z. B. die Vorschubgeschwindigkeit oder Scheibendrehzahl bei einem vorgegebenen Grenz- oder Optimierungskriterium, wie z. B. maximale Oberflächenrauhheit oder minimale Bearbeitungskosten, ermitteln.

Zur eindeutigen Kennzeichnung eines Datensatzes wurde ein spezieller Schlüssel definiert, der das Speichern und Auffinden gewünschter Datensätze in einem Datenbanksystem auf einer EDV-Anlage ermöglicht.

11.5. Adaptive Control für die funkenerosive Bearbeitung

Die sachgerechte Bedienung einer Funkenerosionsanlage erfordert einen erfahrenen Bedienungsmann mit entsprechenden Kenntnissen der technologischen Zusammenhänge zwischen den vielfältigen Einstellmöglichkeiten der Anlage und dem erzielbaren Arbeitsergebnis [100]. Beurteilungskriterien für das Arbeitsergebnis können sein: Oberflächengüte, Maßgenauigkeit oder thermische Randzonenbeeinflussung des Werkstücks. Auch die Abtragrate (Werkstück) und die Verschleißrate (Werkzeug) hängen von der gewählten Einstellung der Maschinensteuerung ab und werden von verschiedenen Störgrößen, wie z. B. den augenblicklichen Spülbedingungen oder dem Verschmutzungsgrad des Arbeitsmediums (Dielektrikum), beeinflußt. Aufgabe eines ACO-Systems ist es, unabhängig von den Fähigkeiten der Bedienungsperson die für das gewünschte Arbeitsergebnis günstigste Einstellung der Maschinensteuerung vorzunehmen sowie die Störeinflüsse zu kompensieren.

Bild 11-34 zeigt schematisch den Aufbau eines ACO-Systems an einer Funkenerosionsanlage. Zunächst werden mit Hilfe von Sensoren aus dem Prozeß geeignete Kenngrößen gewonnen, die Aufschluß über den augenblicklichen Prozeßzustand geben, da sich Abtragrate oder Verschleiß aus technischen Gründen nicht direkt messen lassen. Die Optimierstrategie, die auf technologischen Kenntnissen basiert, legt dann je nach Zielgröße, z. B. kurze Bearbeitungszeit, die zum Erreichen des optimalen Arbeitspunkts notwendigen Stellgrößenänderungen fest.

In Bild 11-35a sind mögliche charakteristische Entladespannungsverläufe am Funkenspalt dargestellt. Der mit Funkenentladung bezeichnete Verlauf weist auf eine abtragintensive Entladung hin, während Verläufe der Leerlauf- und Kurz-

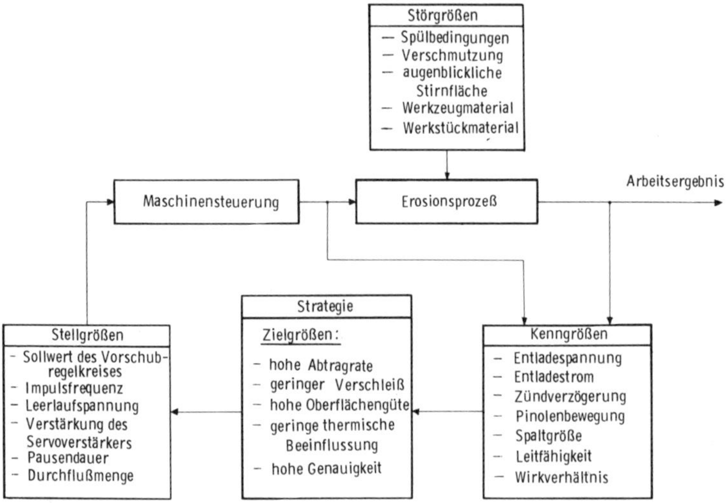

Bild 11-34. Schematischer Aufbau eines ACO-Systems für die funkenerosive Barbeitung.

schlußform keinen Abtrag erbringen und die Fehlentladung die Neigung zur unerwünschten Lichtbogenbildung signalisiert. Das Verhältnis der Anzahl der Funkenentladungen zu der Gesamtanzahl der vom Generator gelieferten Impulse nennt man das *Wirkverhältnis* η.

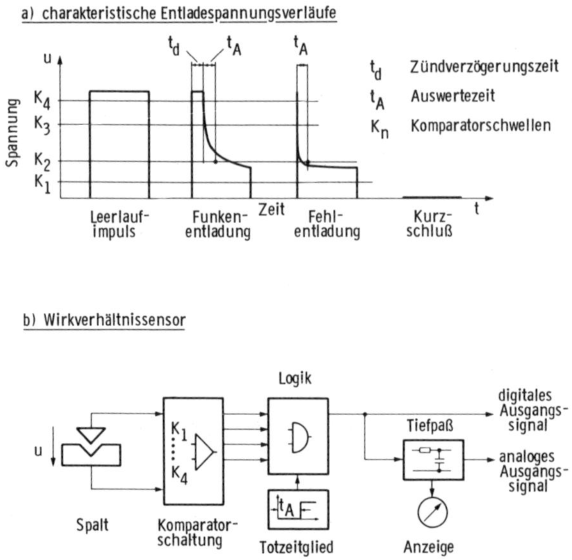

Bild 11-35. Charakteristische Entladespannungsverläufe und schematischer Aufbau des Wirkverhältnissensors.

Bild 11-35b zeigt den schematischen Aufbau des Wirkverhältnissensors des ACO-Systems. Dieser Sensor wertet die beschriebenen Entladespannungsverläufe mit Hilfe einer Komparatorschaltung aus. Eine nachgeschaltete Logik bildet aus den Ausgangssignalen der Komparatoren K_1 bis K_4 zu einem bestimmten Zeitpunkt t_A, der durch ein Totzeitglied bestimmt wird, die Information „Funkenentladung – ja oder nein". Diese Information steht digital oder – zeitlich gemittelt – als analoges Signal „Wirkverhältnis" am Ausgang des Sensors zur Verfügung. Weitere Sensoren sind im Einsatz, die z. B. die Zündverzögerungszeit, die Leitfähigkeit des Spaltes und den Ventilstrom des hydraulischen Vorschubsystems messen.

Bild 11-36 zeigt den Wirkplan der ACO-Regelung der Funkenspannung u_f, wobei die obere Hälfte des Schaltplans dem konventionellen Vorschubregelkreis an einer Funkenerosionsmaschine entspricht [93].

Der Sollwert des Vorschubregelkreises U_S wird im Handbetrieb über ein Potentiometer am Generator der Bearbeitungsaufgabe entsprechend eingestellt. Aufgrund der Differenz zwischen Sollwert und der mittleren Entladespannung U_{fm}, die sich über ein Glättungsglied in der Rückführung aus der tatsächlichen Entladespannung u_f ergibt, wird die Pinole über Spannungsregler und Stellsystem verfahren. Es stellt sich eine Spaltweite a ein, die, ebenso wie die Durchflußmenge Q_S des Dielektrikums und die Leerlaufamplitude U_O der Generatorimpulse, den Prozeß beeinflußt. Zusätzlich wirken auf den Prozeß die genannten Störgrößen ein.

Es hat sich gezeigt, daß allein die richtige Auswahl des Sollwerts je nach Bearbeitungsaufgabe schwierig ist. Eine kontinuierliche Anpassung dieser Stellgröße an

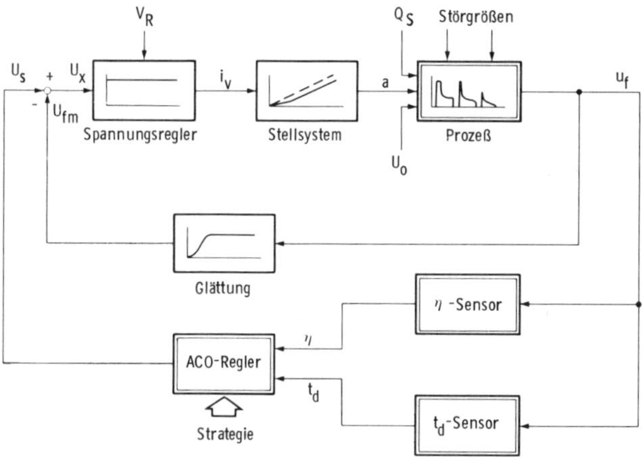

U_s	Spannungssollwert	Q_S	Durchflußmenge
U_{fm}	mittlere Entladespannung	U_0	Leerlaufspannung
U_x	Spannungs-(Regel-)abweichung	u_f	Entladespannung
V_R	Reglerverstärkung	η	Wirkverhältnis
i_v	Ventilstrom	t_d	Zündverzögerung
a	Spaltweite		

Bild 11-36. Wirkplan der ACO-Regelung der Funkenspannung u_f.

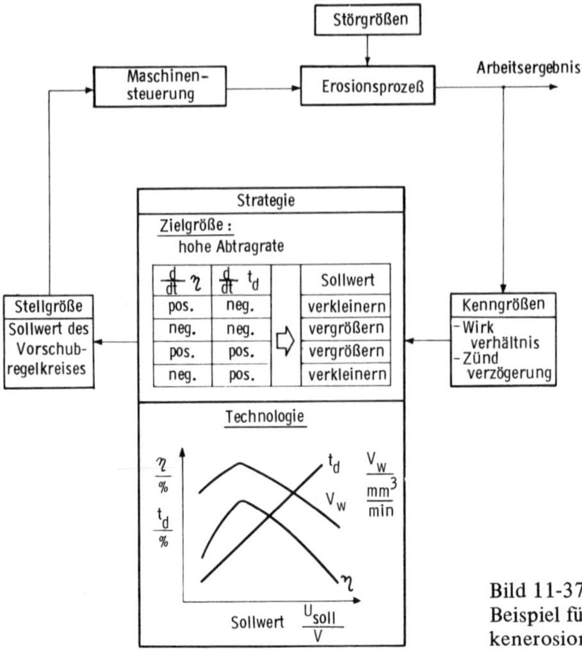

Bild 11-37.
Beispiel für ein AC-System für die Funkenerosion.

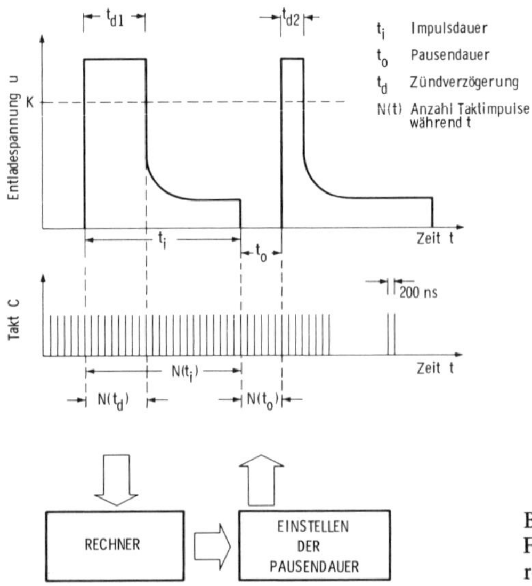

Bild 11-38.
Funktionsprinzip eines schnellen Teilregelkreises für die Zündverzögerung.

die augenblicklichen Bearbeitungsbedingungen aber trägt zu einer optimalen Ausnutzung der Bearbeitungsanlage bei. Diese Anpassung übernimmt der ACO-Regler, der mit Hilfe der Messung des Wirkverhältnisses η und der Zündverzögerung t_d über den Prozeßzustand informiert wird und entsprechend einer vorgegebenen Strategie die Stellgröße U_S ändert.

Die Strategie dieses einfachen AC-Teilsystems sowie die zugrundeliegenden technologischen Zusammenhänge sind in Bild 11-37 dargestellt. Zielgröße sei eine hohe Abtragrate bei relativ geringem Werkzeugverschleiß. Es ist aus der Technologie bekannt, daß eine Proportionalität zwischen der Abtragrate V_w und der Kenngröße Wirkverhältnis η besteht, wie aus dem unteren Teil von Bild 11-37 zu erkennen ist. Entsprechend der in der Bildmitte dargestellten Entscheidungstabelle wird in einem Suchverfahren je nach der zeitlichen Änderung der Kenngrößen η und t_d der Sollwert variiert. Mit Hilfe dieses Verfahrens stellt sich das größtmögliche Wirkverhältnis ein, das auch eine maximale Abtragrate erwarten läßt [101].

Seit geraumer Zeit sind Bestrebungen festzustellen, den Wirkungsbereich von adaptiven Regelungseinrichtungen auch auf den Schlichtbetrieb bei hohen Bearbeitungsfrequenzen und kleinen Entladeströmen auszudehnen. Der Schwerpunkt der Regelungszielsetzung liegt dabei auf der Minimierung des Werkzeugverschleißes, der sich in verstärktem Maß bei den kurzen Impulsdauern, wie sie beim Schlichten Verwendung finden, negativ auf die erzielbare Werkstückgenauigkeit auswirkt. Es zeigte sich, daß dabei hinsichtlich der Stellgrößen eine schnellere Beeinflussung des Prozesses erforderlich ist, als es mit dem verhältnismäßig trägen Vorschubsystem (Werkzeug- und Pinolenmasse) möglich ist. Eine Ausführung in Form eines schnellen Teilregelkreises ist schematisch in Bild 11-38 gezeigt. Die Pausendauer t_0 wird in Abhängigkeit von der digital gemessenen Zündverzögerungszeit t_d des vorhergehenden Impulses variiert [102]. Die Verknüpfung basiert auf folgendem technologischen Zusammenhang; eine kurze Zündverzögerung t_d bedeutet bei konstanter Impulsdauer eine lange Entladedauer t_e mit entsprechend hoher zugeführter Energie und großem Materialabtrag je Impuls. Um für den nachfolgenden Impuls reguläre Entladebedingungen (Restionisation, Partikelkonzentration) sicherzustellen, ist eine entsprechend lange Pause zu wählen.

Ähnliche Überlegungen werden in anderen Systemen [100; 103] in der Form berücksichtigt, daß vorübergehend die Entladestromstärke reduziert oder die Impulsfolge für eine vowählbare Zeitdauer ganz unterbrochen wird.

11.6. Geometrische Adaptive Control-Systeme

Während bei technologischen AC-Systemen eine konstante Nutzung der vollen Maschinenleistung (ACC) bzw. eine Optimierung des Bearbeitungsprozesses nach den Kosten oder der Mengenleistung (ACO) angestrebt wird, geht es bei geometrischen AC-Systemen in erster Linie darum, durch automatische Systeme die Fertigungsgenauigkeit zu verbessern bzw. zu garantieren.

Unter geometrischen AC-Systemen versteht man Einrichtungen, deren Ziel die Beeinflussung oder Regelung geometrischer Größen am Werkstück ist. Dieses Ziel wird dadurch erreicht, daß technologische Größen (z. B. die Schnittkraft) oder auch geometrische, nicht werkstückgebundene Größen (z. B. die Verlagerung und Verformungen an der Maschine) erfaßt werden; dadurch steuert man in geeigneter Weise die Verstellung technologischer Größen (z. B. den Vorschub) oder geometrische Größen (z. B. die Werkzeugzustellung).

Besonders in der UdSSR wurde bisher das Schwergewicht auf die Entwicklung geometrischer AC-Systeme gelegt. Im folgenden sei ein in der Bundesrepublik Deutschland entwickeltes System vorgestellt, das an einer Portalfräsmaschine eingesetzt wird.

Im rechten Teil von Bild 11-39 ist die Portalfräsmaschine beim Bearbeiten vertikaler Flächen dargestellt. Aufgrund der großen Auskraglänge ist der Frässtößel mit dem großen Winkelfräskopf an dieser Maschine das schwächste Bauteil im Kraftfluß. Fertigungsfehler werden dadurch im wesentlichen durch die Schnittkraftkomponenten verursacht, die eine relative Verlagerung zwischen Werkzeug und Werkstück zur Sollkontur bewirken. Zur Korrektur dieser Fehler wurde eine Regeleinrichtung entwickelt, mit der die Verlagerung des Fräskopfes kompensiert wird. Die Meßeinrichtung zum Ermitteln der Verlagerung ist im linken Teil von Bild 11-39 skizziert.

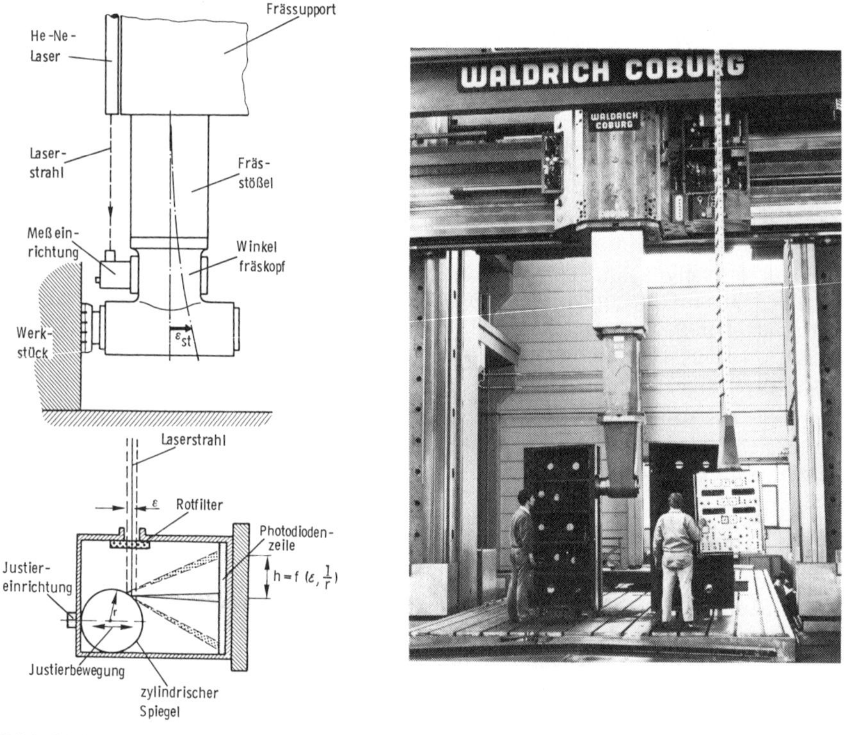

Bild 11-39. Verbiegungsmessung an einer Portalfräsmaschine bei Bearbeitung vertikaler Flächen mit einem Winkelfräskopf (nach Waldrich Coburg).

Von einem He-Ne-Laser, der im Frässupport integriert ist, wird ein stark gebündelter Laserstrahl parallel zur unverlagerten Frässtößelachse in eine Meßeinrichtung geworfen, die am Hals des Winkelfräskopfes befestigt ist. Die Meßeinrichtung besteht aus einem zylindrischen Spiegel, an dem der eintreffende Laserstrahl reflektiert wird, und aus einer Photodiodenzeile, die die Verlagerung des reflektierten Laserstrahls erfaßt.

Bei einer Verlagerung des Fräskopfes um den Betrag ϵ bewegt sich der am zylindrischen Spiegel reflektierte Laserstrahl auf der Photodiodenzeile um den Betrag h. In einer elektronischen Auswerteeinheit wird diese Auslenkung h in eine analoge Spannung gewandelt. Prinzipiell kann die Meßeinrichtung auch so aufgebaut werden, daß der Laserstrahl auf eine 4-Quadranten-Diode fällt, mit der sich dann ebenfalls die Verlagerung ϵ erfassen läßt.

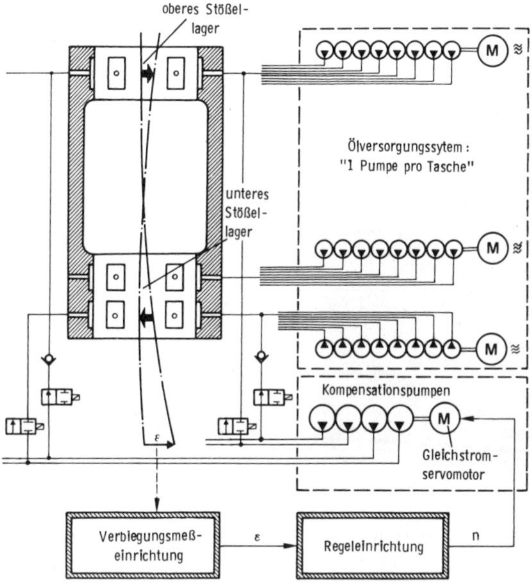

Bild 11-40.
Hydrostatische Kompensationseinrichtung zur Verminderung der Frässtößelabdrängung (nach Waldrich Coburg).

Zur Kompensation der Fräserabdrängung dient als Stellgröße direkt die hydrostatische Führung des Frässtößels. In Bild 11-40 ist der Aufbau der hydrostatischen Stößelführung gezeigt. Sie besteht aus einem oberen und einem unteren Führungsteil. Im oberen Stößellager befinden sich acht Taschen, zwei auf jeder Seite, im unteren Stößellager sechzehn Taschen, jeweils vier auf jeder Seite. Im unteren Lager sind deshalb mehr Taschen angebracht, weil für dieses Lager eine höhere Steifigkeit gefordert werden muß.

Als Ölversorgungssystem wird das System „eine Pumpe je Tasche" eingesetzt. Für jeweils acht Taschen ist also ein Satz von acht Pumpen vorhanden. Außer diesen für den Normalbetrieb nötigen Pumpen hat das Ölversorgungssystem vier weitere Pumpen, die von einem drehzahlgeregelten Gleichstrommotor angetrieben werden. Diese Pumpen fördern zusätzlich Ölmengen durch zwei diagonal gegenüberliegende Taschenpaare. Der höhere Öldruck in diesen Taschen bewirkt ein Drehmoment auf den Frässtößel, das der Verlagerung ϵ entgegenwirkt.

In Abhängigkeit dieser Verlagerung, die durch die Meßeinrichtung erfaßt wird, verstellt die Regeleinrichtung die Drehzahl des Gleichstrommotors. Die gewünschte Kompensationsrichtung ist durch Öffnen der entsprechenden Sperrventile vorzuwählen.

Zusätzlich zu dem beschriebenen geometrischen AC-System soll am Beispiel des Innenschleifens die Funktionsweise einer Meßsteuerung erläutert werden. Die Meßsteuerung erfaßt das Werkstückmaß während des Bearbeitens bei laufender Maschine und steuert den Produktionsablauf selbsttätig entsprechend den von ihr ermittelten Meßwerten [104].

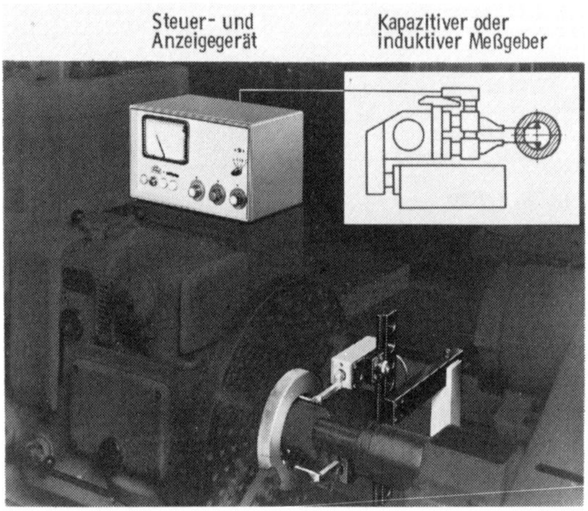

Bild 11-41.
Meßsteuerung an einer Innenrundschleifmaschine (nach Feinprüf, Göttingen).

Mit dem in Bild 11-41 gezeigten System lassen sich Werkstücke mit nicht unterbrochener Meßfläche auf einer elektro-hydraulisch steuerbaren Innenschleifmaschine meßgesteuert bearbeiten. Hierbei werden zwei Meßköpfe, deren Tastarme mit Spezialmeßfingern zur Innenmessung versehen sind, auf einem gemeinsamen Träger befestigt. Die Tastfinger müssen während der Dauer des Schleifvorgangs im Kontakt mit der Meßfläche bleiben. Die Tastarme werden nach einem Werkstück mit bekanntem Istmaß eingestellt. Die zwei bis vier im Meßsteuergerät enthaltenen elektronischen Grenzschalter erteilen der Maschine bei Erreichen der eingestellten Maßgrenzen Steuersignale, durch welche entsprechend der Ausrüstung der Schleifmaschine die Schleifspindelzustellung, die Tischgeschwindigkeit und das Abrichten der Schleifscheibe gesteuert werden können.

Als ein weiteres System, mit dem man die Arbeitsgenauigkeit an Werkzeugmaschinen weiter verbessern kann, soll die Lageregelung eines Werkzeugmaschinenschlittens vorgestellt werden [105]. Dessen Bewegungsgenauigkeit kann durch

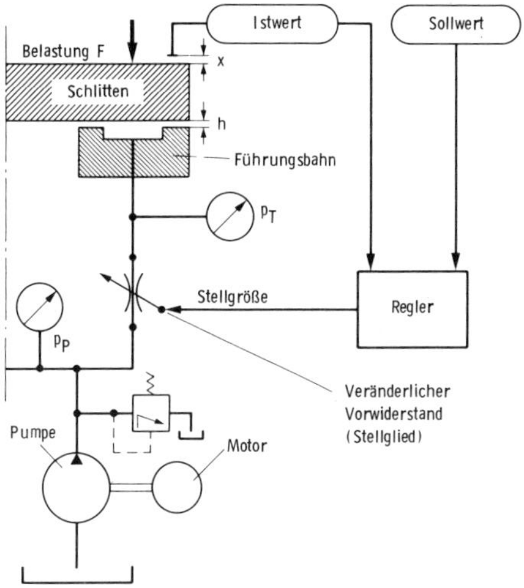

h Lagerspalt
p_P Pumpendruck
p_T Taschendruck
x Regelgröße

Bild 11-42.
Allgemeine Darstellung einer hydrostatischen Lagerung mit geregelter Ölzufuhr.

Fertigungsfehler und Verformungen seiner Führungsbahnen erheblich beeinträchtigt werden. Bei Verwendung hydrostatischer Führungen ist es jedoch möglich, durch Regelung der zugeführten Ölmenge die Bewegungsgenauigkeit trotz ungenauer und nachgiebiger Führungsbahnen zu erhöhen.

Der grundsätzliche Aufbau einer hydrostatischen Lagerung mit geregelter Ölzufuhr ist in Bild 11-42 schematisch dargestellt. Der Schlitten trägt die Belastung F und gleitet auf der Führungsbahn. Die Lage x des Lageroberteils wird ständig relativ zu einer Bezugsebene gemessen und als Istwert dem Regler zugeführt. Der Regler vergleicht Ist- und Sollwert und verändert mit Hilfe eines Stellgliedes den Ölstrom bzw. den Lagerspalt im Sinne einer Regelabweichungsverkleinerung.

Durch das Prinzip der Lageregelung werden die beiden von einer Führungsbahn zu übernehmenden Funktionen, Kraftaufnahme und Führung, voneinander getrennt:

- die Belastung wird wie üblich von der Führungsbahn (d. h. vom Maschinenbett) aufgenommen,
- die genaue Führung des Schlittens wird durch eine von Belastungen und Temperaturänderungen möglichst isolierte Referenzebene gewährleistet.

AC-Systeme sind zur Zeit noch wenig im Einsatz. Erste funktionsfähige Systeme werden für die spanenden und abtragenden Verfahren entwickelt und bereits in der Industrie eingesetzt. Im Bereich der Umformtechnik sind bisher noch keine Anwendungen bekannt, obwohl gerade in der Schmiede- und Walztechnik große Wirtschaftlichkeitsverbesserungen durch ausgereifte ACO-Verfahren zu erwarten sind. Mit dem zunehmenden Einsatz flexibler Steuerungssysteme auf Prozeßrechnerbasis werden AC-Systeme künftig eine breitere Anwendung finden.

12. DNC-Systeme

NC-Werkzeugmaschinen werden überwiegend in der Klein- und Mittelserienfertigung eingesetzt, da bei den dort gefertigten Stückzahlen eine schnelle und kostengünstige Anpassung an die wechselnden Bearbeitungsaufgaben von besonderer wirtschaftlicher Bedeutung ist. Bei häufig wechselnden Bearbeitungsgängen mit kurzen Bearbeitungszeiten wirken sich die Nebenzeiten, die durch Bereitstellung, Verteilung und Eingabe der Steuerlochstreifen entstehen, ungünstig auf die Maschinenauslastung aus.

Während sich bei Werkzeugmaschinen die Informationsmenge, Bild 12-1, auf verschiedenen Datenträgern in der Regel noch in Grenzen hält, steigt diese bei Spezialbearbeitungsmaschinen im Bereich der Fertigung elektronischer Bauelemente sehr stark an. Berücksichtigt man die Informationsmenge, wie sie z. B. für eine Leiterplattenbohrmaschine oder eine Verdrahtungsprüfmaschine anfällt, so wird sich bei weiter steigender Anwendung dieser oder anderer NC-Maschinen die gegenwärtige Form der Speicherung von NC-Programmen auf Lochstreifen, deren Aktualisierung und Verteilung an die Maschinen nicht mehr manuell aus-

NC - Einsatzgebiet	Informationsmenge, gemessen in Zeichenzahl	DIN A 4 Seiten	Lochstreifenlänge	Rollen	Steuermedium	Programmherstellung
	5A3ZB54					manuell / maschinell
Bohren Drehen Fräsen	8000	4	10 bis 20 m			manuell / maschinell
Leiterplatten bohren	80000	40	200 m			maschinell
Verdrahten in Wire wrap Technik	120000	60	300 m			maschinell
Verdrahtung prüfen	2400000	1200	bis 6000 m			maschinell
Druckoriginale für Leiterplatten Zeichnen	80000 bis 400000	40 bis 200	200 m bis 1000 m			(manuell)
Masken für integrierte Bauelemente Zeichnen	200000 bis 6000000	100 bis 3000	500 m bis 15000 m			maschinell

Bild 12-1. Informationsumfang für NC-Einrichtungen (nach Siemens).

führen lassen. Zur Bewältigung dieses Problems bietet sich der Einsatz sogenannter DNC-Systeme (Direct Numerical Control) an.

In einem DNC-System zur direkten Steuerung von mehreren NC-Maschinen übernimmt ein freiprogrammierbarer Digitalrechner (im folgenden Fertigungsrechner genannt) die Werkstückdatenverwaltung und -verteilung für die NC-Maschinen. Die Dateneinleitung in die NC-Steuerung geschieht dabei nicht mehr über den Lochstreifenleser an der NC-Steuerung, sondern hinter dem Leser (BTR, behind tape reader). Die ersten Installationen von DNC-Systemen reichen in die Jahre 1967/1968 zurück und wurden fast gleichzeitig in den USA und Japan bekannt.

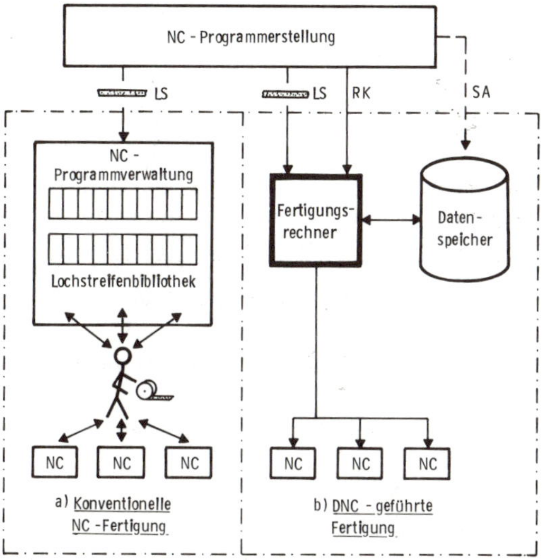

LS Lochstreifen
RK Rechnerkopplung
SA Speicheraustausch

Bild 12-2.
Informationsfluß bei konventioneller NC-Fertigung und bei DNC-Systemen.

Dabei waren zwei Zielsetzungen von besonderer Bedeutung; die zentrale Verwaltung der Datenbibliotheken für die NC-Maschinen und die Automatisierung der Verteilung von Steuerinformationen, die bis dahin vorwiegend auf Lochstreifen gespeichert waren, Bild 12-2. Bei der konventionellen NC-Fertigung werden die Lochstreifen zentral in einer Programmbibliothek verwaltet und off-line bei Bedarf an die Maschinen verteilt. Bei DNC-Systemen werden die NC-Steuerinformationen von dem Fertigungsrechner übernommen, in einem Datenspeicher (z. B. Magnetplatte) abgelegt und nach Bedarf den verschiedenen Maschinen zugeleitet. Die NC-Steuerinformationen können dem DNC-System dabei per Lochstreifen, über Rechnerkopplung oder über Speicheraustausch (wie z. B. bei Plattenspeichern) übergeben werden.

12.1. Funktionen von DNC-Systemen

Um zu einer einheitlichen Benennung zu gelangen, wurde in der Richtlinie VDI 3424 der Begriff „DNC-System" wie folgt definiert [106; 107].

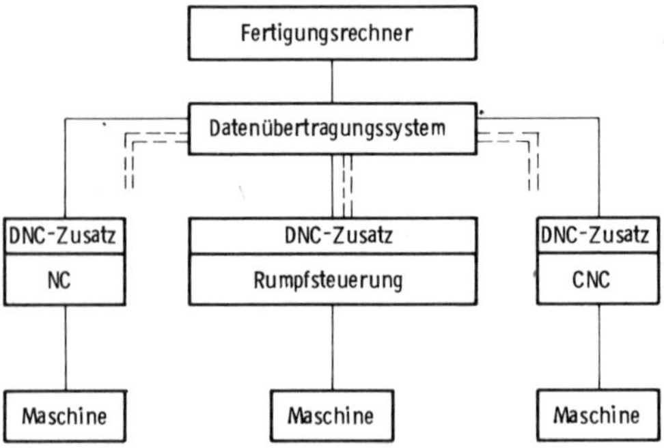

Bild 12-3.
Allgemeiner Aufbau von DNC-Systemen (vereinfachtes Blockschaltbild).

„Direct Numerical Control (DNC) ist ein System zur Rechnerdirektführung von mehreren numerisch gesteuerten Arbeitsmaschinen durch Digitalrechner."

Dabei ist das wesentliche Merkmal die zeitgerechte Verteilung von Steuerinformationen an mehrere gesteuerte Maschinen, wobei Funktionen der numerischen Steuerung vom Rechner wahrgenommen werden können. In Bild 12-3 ist der prinzipielle Aufbau eines DNC-Systems dargestellt, bei dem die Steuerdaten über das Datenübertragungssystem an die verschiedenen Maschinensteuerungen verteilt werden.

Der DNC-Zusatz übernimmt die Anpassung der Datenübertragungseinheit an die numerische Steuerung.

Verschiedene Steuerungsarten können in einem DNC-System direkt mit dem Fertigungsrechner gekoppelt sein [106]:

- konventionelle numerische Steuerungen (NC) im BTR-Betrieb,
- Rumpfsteuerungen (RU, MTC, Machine Tool Controller),
- freiprogrammierbare numerische Steuerungen (CNC) im BTR-Betrieb.

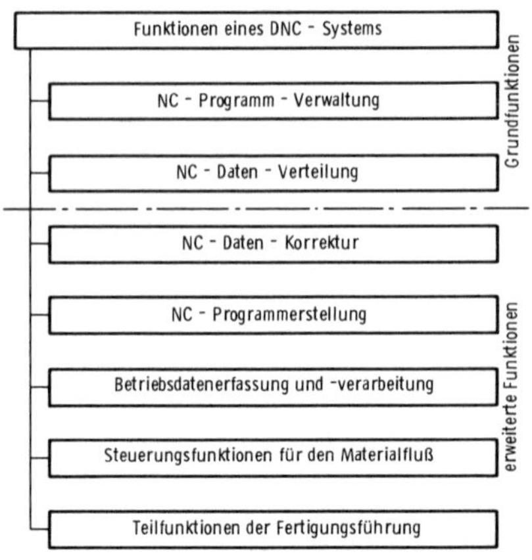

Bild 12-4.
Funktionen eines DNC-Systems (nach VDI 3424, Blatt 2).

Unabhängig von diesen Steuerungsvarianten ist in einem DNC-System zwischen Grundfunktionen und erweiterten Funktionen zu unterschieden, Bild 12-4, [107]. Die Grundfunktionen umfassen die Verwaltung der NC-Werkstückprogramme und die zeitgerechte Verteilung der NC-Daten an die jeweilige Steuerung durch den Fertigungsrechner. Je nach Anforderung und Verknüpfungen von betriebsinternen Abläufen wird es zweckmäßig oder sogar notwendig sein, Zusatzfunktionen in das Softwaresystem des Fertigungsrechners zu integrieren. Dadurch wird insbesondere die Transparenz komplexer Fertigungsabläufe erhöht, was letztlich zu einer Steigerung der Wirtschaftlichkeit des Gesamtsystems führt.

Grundfunktionen:

Die *Verwaltung* umfangreicher NC-Datenbestände im Fertigungsrechner, Bild 12-5, bietet weit komfortablere Möglichkeiten der Archivierung und Aktualisierung von NC-Programmen als die Lochstreifenbibliothek. Nach ihrer Erstellung können die NC-Programme auf verschiedenen Datenträgern (z. B. Lochkarten, Lochstreifen oder Magnetband) in unterschiedlichen Formaten und Codes (z. B. EIA, ISO) vorliegen. Zur aktuellen Verwaltung, die das Kopieren, Protokollieren, Sperren und Freigeben, Löschen, sowie die Datensicherung und Komprimierungsläufe umfaßt, sind die Daten auf den Externspeicher des Fertigungsrechners einzulesen. Mit Hilfe des NC-Programmverzeichnisses organisiert man die Dateien des DNC-Systems und ermöglicht den schnellen Zugriff auf NC-Daten.

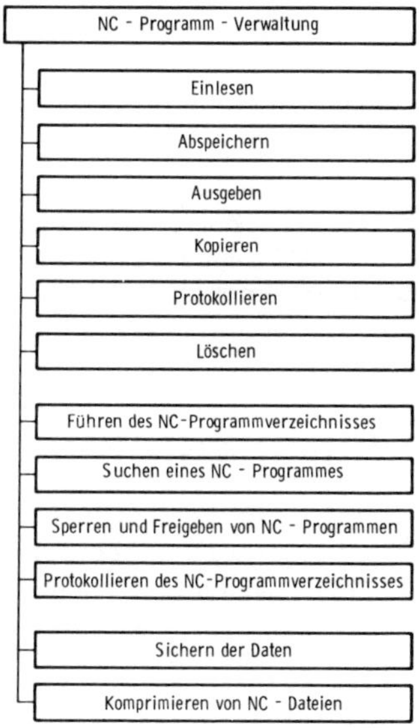

Bild 12-5.
NC-Programmverwaltung (nach VDI 3424, Blatt 2).

Die *NC-Datenverteilung* umfaßt die Bereitstellung von NC-Programmen und die Übertragung der NC-Daten zu den Arbeitsmaschinen, Bild 12-6.

Fordert der Maschinenbediener ein bestimmtes NC-Programm an, so werden im Fertigungsrechner zunächst Plausibilitäts- und Zulässigkeitsprüfungen bezüglich

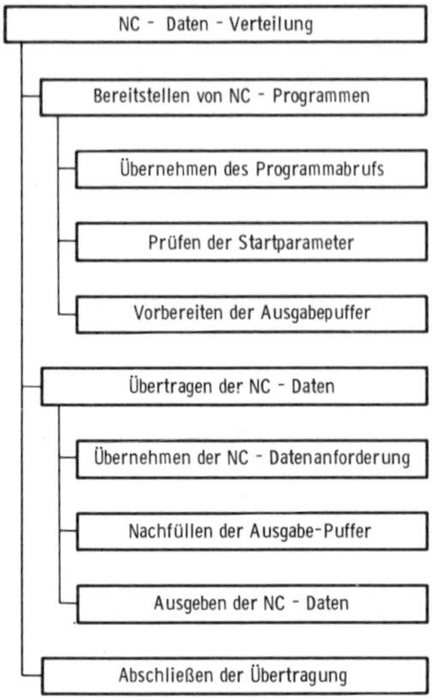

Bild 12-6.
NC-Datenverteilung (nach VDI 3424, Blatt 2).

der NC-Steuerung und des NC-Programms vorgenommen. Die Datenausgabepuffer werden vorbereitet und gefüllt und an die abrufende Stelle wird je nach Ergebnis der Überprüfungen eine Klarmeldung oder eine Fehlermeldung abgegeben. Im Falle der Klarmeldung beginnt jetzt die Übertragung der NC-Daten an die Steuerung der Arbeitsmaschine. Dabei ist die Übertragungsart (block-, satz- oder zeichenweise) von der Hardwarekonfiguration des Gesamtsystems abhängig.

Das Nachfüllen der Puffer im Zentralspeicher von den Externspeichern her geschieht selbständig durch das Softwaresystem im Fertigungsrechner (DNC-Programmsystem). Nach der vollständigen Ausgabe eines NC-Programms wird der Vorgang abgeschlossen und der betreffende Kanal für weitere Anforderungen freigegeben.

Erweiterte Funktionen:

Um den Test von NC-Teileprogrammen effektiver durchführen zu können und bei Bedarf temporäre Korrekturen (wie z. B. Werkzeugkorrekturen) vornehmen zu können, sollte die *NC-Datenkorrektur* im Rechner über Bedienterminals direkt an der Arbeitsmaschine erfolgen. Die *NC-Programmerstellung* kann man manuell oder rechnerunterstützt ausführen. Die rechnerunterstützte Erstellung mittels spezieller Programmiersprachen (zum Beispiel APT, EXAPT) umfaßt außer einer Übersetzung der Teileprogramme in NC-Programme eine Überprüfung des erzeugten Codes. Die *Betriebsdatenerfassung* (s. Abschn. 14) betrifft das Erfassen und Verarbeiten technischer und organisatorischer Daten des Fertigungsprozesses. Betriebsdaten sind aus dem Fertigungsprozeß gewonnene Rückmeldeinformationen, die den Istzustand bzw. den zurückliegenden Ablauf des Fertigungsprozesses beschreiben.

Diese Informationen dienen der Prozeßüberwachung und zum Teil auch der Steuerung des Prozesses. Bei den *Steuerungsfunktionen für den Materialfluß* handelt es sich um die Verarbeitung und Vorgabe von Steuerdaten für den Materialfluß (s. Abschn. 13). Der Materialfluß umfaßt dabei die Lager- und Bewegungsvorgänge beim Ver- und Entsorgen von Lagern und Arbeitsstationen bezüglich der Werkstücke, Betriebsmittel und Abfallstoffe. Unter den *Teilfunktionen der Fertigungsführung* ist die Übernahme von Vorgabedaten (Termin- und Arbeitspläne), die Feindisposition, sowie die Weitergabe von organisatorischen Steuerdaten an andere Funktionsgruppen zu verstehen.

12.2. Informationsfluß in DNC-Systemen

Der Informationsfluß zur NC-Steuerdatenverteilung ist in Bild 12-7 dargestellt. Die NC-Steuerdaten werden blockweise vom Externspeicher in dafür reservierte Bereiche des Zentralspeichers im Fertigungsrechner, die NC-Daten-Puffer, eingelesen.

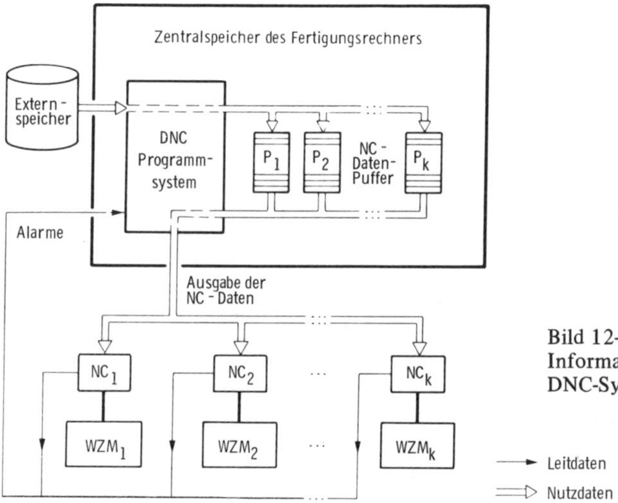

Bild 12-7.
Informationsfluß in einem DNC-System.

Bei Eintreffen eines Alarms (Datenanforderung von Maschinen) werden sie aus dem Puffer an die Maschine ausgegeben. Diese Organisationen eines Zwischenspeichers für jede Maschine im Zentralspeicher ist notwendig, da ein Zugriff auf die im Externspeicher verwalteten Daten für eine schnelle Maschinenbedienung oft zu langsam ist. Ist der Zwischenspeicher abgearbeitet, wird ein neuer Block – bestehend aus mehreren NC-Programm-Sätzen – vom Extrernspeicher im Zwischenspeicher abgelegt. Die Zwischenspeicher führt man häufig als Wechselpuffer aus: Während aus der einen Hälfte Daten an die Steuerung ausgegeben werden, kann die andere vom Externspeicher nachgefüllt werden. Dadurch stellt man sicher, daß jederzeit Daten für die Versorgung der NC-Steuerung im Arbeitsspeicher des Rechners bereitstehen. Der beschriebene Vorgang der NC-Steuerdatenverteilung ist Grundbestandteil des DNC-Programmsystems, das außerdem die NC-Programmverwaltung sowie die erweiterten Funktionen umfaßt.

Bild 12-8 zeigt den Programmablaufplan für die Verteilung von NC-Steuerdaten aus dem Externspeicher über den Zwischenspeicher an die numerische Steuerung. Bei einer Programmanforderung werden die Abschnitte (NC-Programm-Sätze) vom Externspeicher in den Zwischenspeicher transferiert und eine Bereitmeldung an die numerische Steuerung ausgegeben.

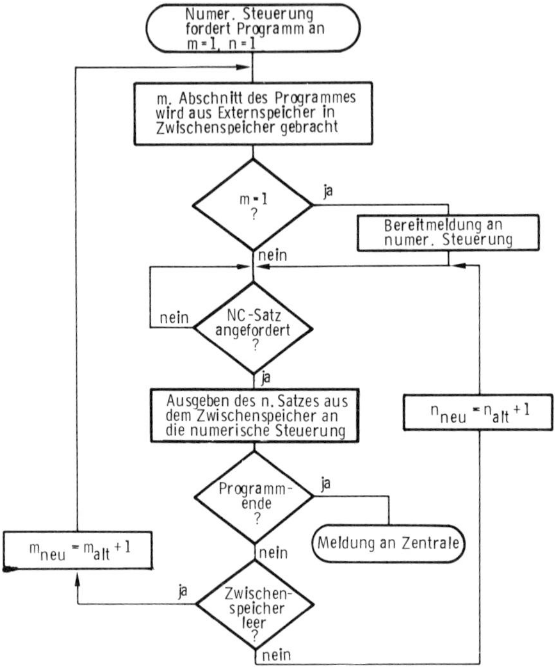

Bild 12-8.
Programmablaufplan für die Verteilung von NC-Steuerdaten.
m ein Abschnitt des Zwischenspeichers
n Satz eines NC-Programms

Nach erfolgtem NC-Programmstart wird bei satzweiser Übertragung der erste (n = 1) und bei jeder folgenden Satzanforderung ein weiterer NC-Satz (n) aus dem Zwischenspeicher an die numerische Steuerung ausgegeben. Das Programmende wird nach jeder Satzausgabe abgefragt und gegebenenfalls angezeigt. Die Abfrage „Zwischenspeicher leer?" dient dem Nachfüllen des Zwischenspeichers.

Bei komplexen und zudem räumlich ausgedehnten DNC-Fertigungsanlagen ist das für den technischen und organisatorischen Informationsfluß notwendige Datenübertragungssystem eine der wichtigsten Systemkomponenten. Die Leistungsfähigkeit des Gesamtsystems wird hierdurch entscheidend mitbestimmt. Da DNC-Systeme wegen der nicht geringen Investitionskosten stufenweise aufgebaut werden, muß ein Datenübertragungssystem so flexibel strukturiert sein, daß Erweiterungen, Änderungen und Schnittstellenanpassungen mit möglichst geringem Aufwand durchführbar sind. Um diese Anforderungen zu erfüllen, sind modular aufgebaute, standardisierte Datenübertragungseinrichtungen für den Aufbau von DNC-Systemen einzusetzen.

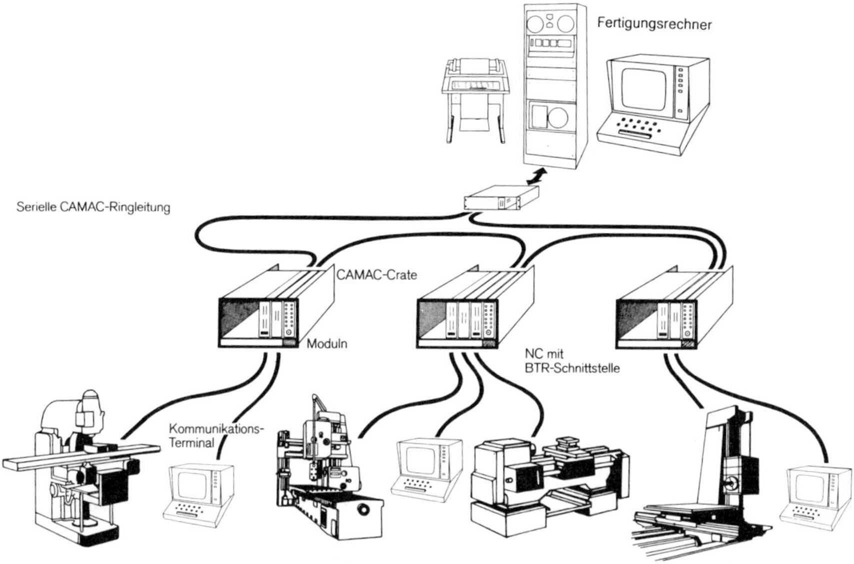

Bild 12-9. DNC-System mit standardisierter CAMAC-Prozeßperipherie.

In jüngster Zeit werden Datenübertragungssysteme entwickelt und eingesetzt, die diesen Anforderungen Rechnung tragen (z. B. CAMAC, PDV-Bus). Mit der CAMAC-Seriellen-Ringleitung, Bild 12-9, steht bereits ein Datenübertragungssystem zur Verfügung, das dem Anwender die Vorteile einer standardisierten Ausführung bietet, wie Unabhängigkeit vom Hersteller, Flexibilität, Transparenz des Gesamtsystems und Serviceerleichterung [108]. Das serielle CAMAC-System ist so aufgebaut, daß ein geschlossener Nachrichtenweg über eine bitserielle Ringleitung zwischen dem Ausgang und dem Eingang eines Treibers geführt wird, der direkt mit dem angeschlossenen Fertigungsrechner verkehrt. An beliebigen Stellen dieser Datenleitung können bis zu 62 CAMAC-Überrahmen (CAMAC-Crates) angeschlossen werden, die ihrerseits eine zentrale Steuerstation (Serial Crate Controller) sowie Platz für bis zu 23 anwendungsspezifische Moduln (Einschubeinheiten) enthalten.

12.3. Softwareaufbau

Die in Abschn. 12.1 beschriebenen Grund- und Zusatzfunktionen eines DNC-Systems werden im Fertigungsrechner durch anwendungsspezifische Software realisiert. Um den Zentralspeicherplatzbedarf eines DNC-Programmsystems, Bild 12-10, in vertretbaren Grenzen zu halten, ist es notwendig, das Programmsystem auf Zentral- und Externspeicher aufzuteilen. Man unterscheidet deshalb zwischen zentralspeicherresidenten Programmen und Funktionen, sowie solchen, die nur auf Anforderung vom Externspeicher in einen dafür vorgesehenen Laufbereich des Zentralspeichers geladen werden (transiente Programme).

Externspeicher - residente Programme und Funktionen	Zentralspeicher - residente Programme und Funktionen
NC - Ladeprogramme	Organisationsprogramme
Bedienungsprogramme	Alarmauflösungsprogramme
NC - Programm - Korrektur	Warteschlangen und Koordinierungsprogramme
Betriebsdatenerfassung	DNC - Ausgabeprogramme
Steuerungsfunktionen des Materialflusses	Wechselpuffer
Teilfunktionen der Fertigungsführung	Zusatzfunktionen für Rumpfsteuerung
Druckprogramme	Laufbereich für Externspeicherresidente Programme
Kommunikationsprogramme	Programme zur Adaptive Control

Bild 12-10. Aufteilung des DNC-Programmsystems auf Extern- und Zentralspeicher.

Alle Programme, die oft benötigt werden oder sehr schnell auf Prozeßmeldungen reagieren müssen, stehen jederzeit zur Bearbeitung bereit. Dazu gehören vor allem die Programme zur Alarmauflösung, zum Nachfüllen der Datenpuffer und zur Ausgabe der Steuerdaten an die Maschine.

In Bild 12-11 ist die Softwareorganisation eines DNC-Systems mit standardisierter CAMAC-Prozeßperipherie dargestellt (Bild 12-9): Der CAMAC-Ringleitungstreiber identifiziert die vom Prozeß kommenden Anforderungen. Aufgrund dieser Identifizierung können ein oder mehrere Programme (Programm = Task) gestartet werden (z. B. NC-Puffer-Laden, Dialog Werkstatt-Fertigungsrechner). Die Task-Koordinierung des Betriebssystems bearbeitet diese Startaufträge gemäß einer Task-Warteschlange. Externspeicherresidente Tasks werden bei

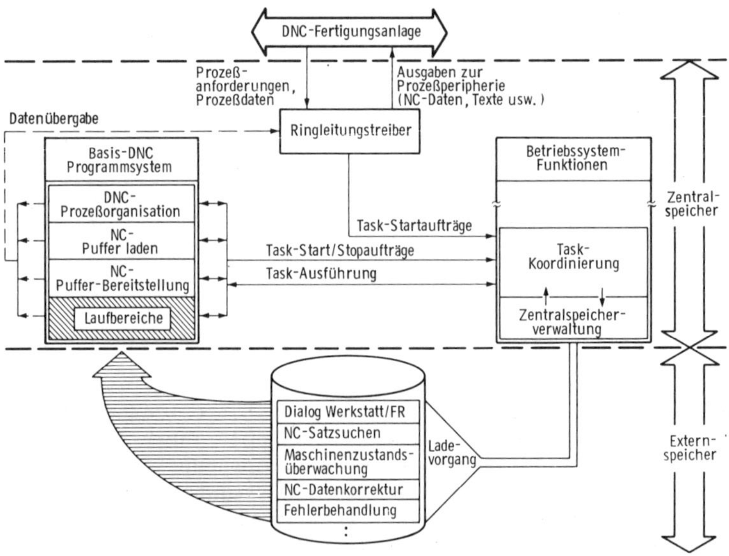

Bild 12-11. Prozeßsteuerungssoftware eines DNC-Systems im Fertigungsrechner.

Bedarf vorher durch die Zentralspeicherverwaltung des Betriebssystems in einen freien Laufbereich geladen. Die Ausgabe von NC-Daten und Texten geschieht durch Übergabe bestimmter Parameter an den CAMAC-Treiber. Start- bzw. Stop-Aufträge der Tasks untereinander werden ebenfalls von der Task-Koordinierung und der Zentralspeicherverwaltung abgearbeitet. Die Programmfunktionen der hier dargestellten DNC-Prozeßsteuerungssoftware sind in Tabelle 12-1 erläutert [108; 109].

Tabelle 12-1. Funktionen eines DNC-Programm-Systems.

Programm	Funktion
DNC-Prozeßorganisation	Koordinierung und Überwachung des Prozeßablaufs, Führen des aktuellen Prozeßzustandes; (das Programm beinhaltet keine betriebssystemspezifischen Funktionen, sondern ausschließlich DNC-spezifische Funktionen)
NC-Puffer Laden	Nachladen der NC-Daten-Puffer im Zentralspeicher des Fertigungsrechners von der Platte
NC-Puffer Bereitstellung	Bearbeitung von NC-Steuerdaten-Anforderungen, Übergabe der NC-Daten an den CAMAC-I/O-Treiber
Dialog Werkstatt/Fertigungsrechner	Übernahme und Überprüfung von Teileprogrammanforderungen der Maschinenbediener, Abbruch von Teileprogrammen durch Maschinenbediener
NC-Satzsuchprogramm	Suchen einer vom Maschinenbediener vorgegebenen NC-Satznummer innerhalb eines angeforderten Teileprogramms
Maschinenzustandsüberwachung	Periodische Maschinenzustandsüberwachung (Zustände: „DNC-Betrieb", „Stillstand"); Anforderung von Statuseingaben (z. B. Stillstandsursachen)
NC-Datenkorrektur	Ändern, Löschen, Einfügen von NC-Sätzen in einem Teileprogramm
Fehlerausgabe	Zentrale Ausgabe von Fehlermeldungen über die Operator- und/oder Maschinenbedienerkonsole
CAMAC-I/O-Treiber	Datenübertragung zum und vom Prozeß, Identifizierung von Prozeßanforderungen

Bisher wurden solche Programmsysteme in maschinenorientierten Programmiersprachen (ASSEMBLER) realisiert. Aufgrund der Rechnerabhängigkeit dieser Sprachen ist es nicht möglich, einmal erstellte Prozeßsteuerungssoftware auf unterschiedlichen Rechenanlagen einzusetzen. Weiterhin entsteht wegen der geringen Transparenz dieser Sprachen bei Erweiterungen und Änderungen ein hoher Aufwand. Um diesen Aufwand zu reduzieren, ist es erforderlich, rechnerunabhängige, übertragbare und modular aufgebaute Softwaresysteme für die Prozeßsteuerung zu realisieren. Unter diesen Aspekten wurden und werden problemorientierte Prozeßprogrammiersprachen (z. B. PROZESS-FORTRAN, PEARL) entwickelt, die teilweise bereits praktisch eingesetzt werden. So wurde beispielsweise das DNC-Programmsystem, Tabelle 12-1, bis auf den CAMAC-I/O-Treiber, in PROZESS-FORTRAN programmiert.

12.4. Hardwareaufbau

Beim Aufbau eines DNC-Systems ist eine eindeutige Definition der im System vorhandenen Schnittstellen zwischen den einzelnen Komponenten erforderlich. In Bild 12-12 sind die auftretenden Schnittstellen wiedergegeben. Die Schnittstellen F und G sind von der Art der NC-Steuerung abhängig. Beim BTR-Betrieb (Behind Tape Reader) werden die Steuerinformationen hinter dem Lochstreifenleser in eine NC-Steuerung oder CNC-Steuerung eingeleitet (Schnittstelle F). Bei Übernahme von Funktionen des Anpaßteils durch den Rechner (z. B. bei CNC-Einheiten) kann die Schnittstelle G in Richtung Maschine verschoben werden. Bei der Entwicklung von DNC-Systemen ist man zunächst davon ausgegangen, die bekannten und vorhandenen konventionellen NC-Steuerungen in ein prozeßrechnergeführtes System zu integrieren. Die Funktionen der NC-Steuerung bleiben dabei vollständig erhalten, die NC-Dateneingabe geschieht jedoch nicht über den Lochstreifenleser.

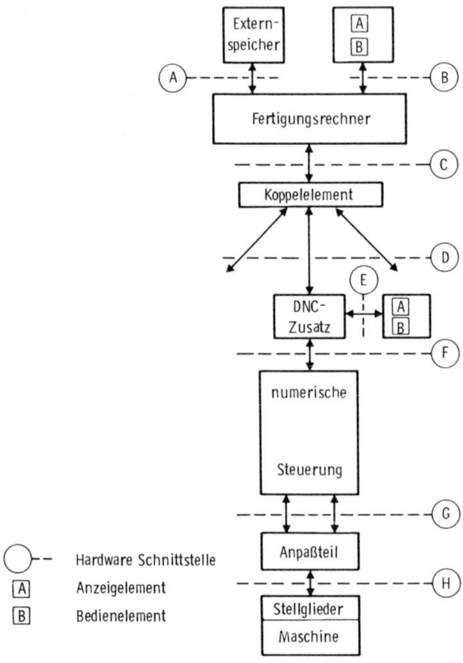

Bild 12-12.
Hardwareschnittstellen in DNC-Systemen.

Die weitere Entwicklung von DNC-Systemen führte zunächst zum Aufbau von sogenannten Rumpfsteuerungen, Bild 12-13. Dabei werden zeitunkritische Funktionen, wie z. B. Dekodierung, Grobinterpolation und Datenaufbereitung, durch die Software im Fertigungsrechner realisiert. Die Rumpfsteuerung übernimmt die zeitintensiven Interpolationsrechnungen und die maschinennahe Zwischenspeicherung der NC-Daten [110]. Der Hauptvorteil der Rumpfsteue-

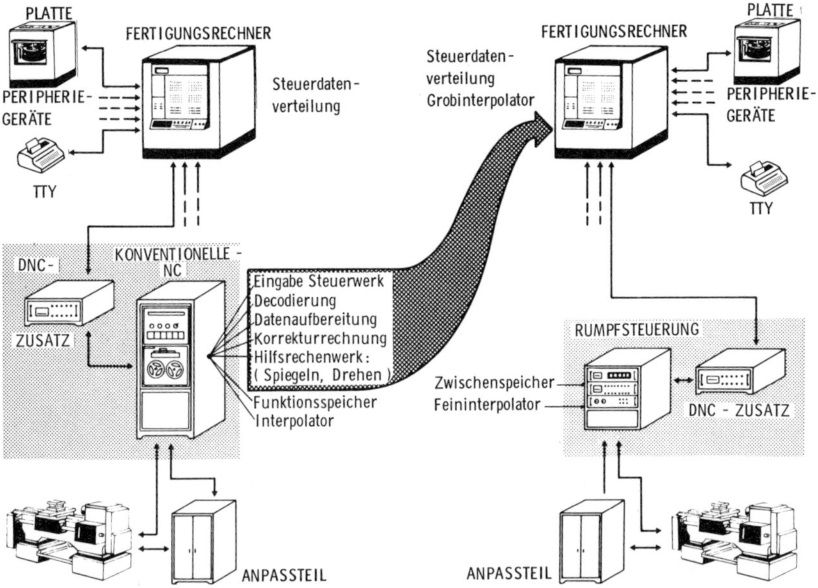

Bild 12-13. Funktionsaufteilungen zwischen Rechner und NC-Steuereinheiten bei DNC-Systemen mit konventionellen NC-Steuerungen (BTR) und Rumpfsteuerungen.

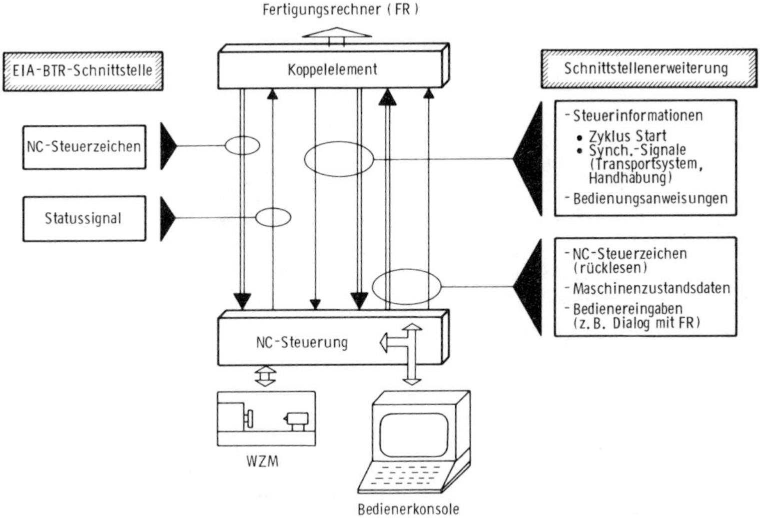

Bild 12-14. Funktionelle Anforderungen an zukünftige DNC-Schnittstellen.

rung liegt in dem geringeren Hardwareaufwand. Nachteilig ist jedoch, daß diese Steuerung bei Ausfall des Fertigungsrechners nicht autonom funktionsfähig ist.

Aufgrund der enormen Leistungssteigerung der Elektronik bei sinkendem Preis/Leistungs-Verhältnis spielt die Rumpfsteuerungslösung nicht mehr die ihr zugedachte Rolle. In heutigen DNC-Systemen findet daher die BTR-Lösung mit autonomen NC- oder CNC-Steuerungen Anwendung.

Wie die Erfahrung bei der Realisierung neuer DNC- bzw. flexibler Fertigungssysteme gezeigt hat, reichen die bisher spezifizierten Standard-BTR-Schnittstellen nicht aus, um einen ausreichenden Datenaustausch in beiden Richtungen zu ermöglichen, der über die reine NC-Steuerdatenverteilung hinausgeht. Die in Bild 12-14 aufgezeigten erweiterten Anforderungen müssen daher bei zukünftigen Vereinbarungen von DNC-Schnittstellen Berücksichtigung finden.

12.5. Ausbaustufen rechnergeführter Fertigungsanlagen

Die weitere Rationalisierung NC-gesteuerter Fertigungsanlagen erstreckt sich auf die Maschinenbeschickung, die Maschinen- und Prozeßdiagnose sowie auf die Werkstückmessung durch die Fertigungsmaschine und die NC-Programmierung. DNC-Systeme in unterschiedlichen Ausbaustufen stellen eine sinnvolle Steuerungslösung für diese komplexen Fertigungseinrichtungen dar. Neuere einfachere DNC-Konfigurationen bestehen aus einem Programmierplatzrechner, der unmittelbar mit den NC-Steuerungen im Fertigungsbereich über ein Datenübertragungs-

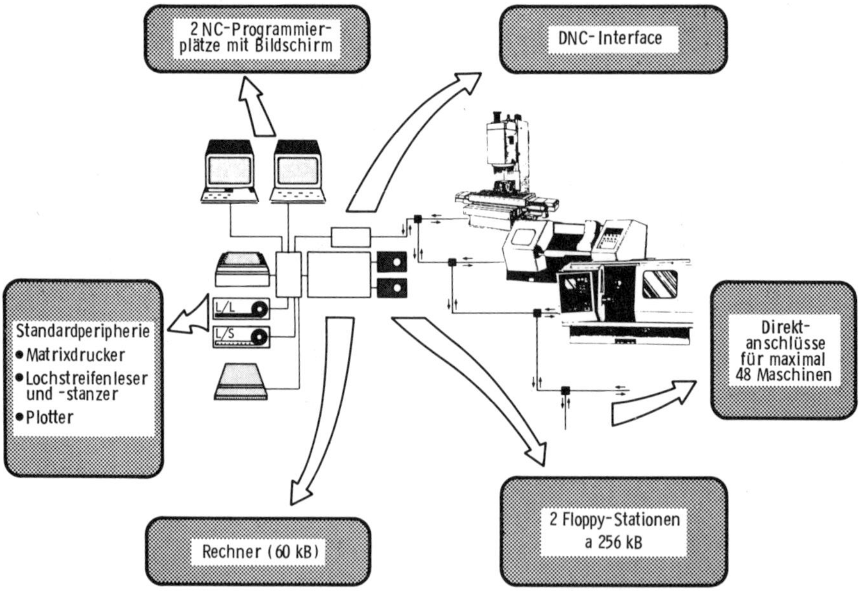

Bild 12-15. Rechnerunterstütztes Programmiersystem mit Maschinendirektanschluß (nach Traub).

system verbunden ist. Ein separater zusätzlicher Fertigungsrechner ist in diesem Fall nicht erforderlich. Derartige Systeme werden heute bereits von mehreren Herstellern auf dem Markt angeboten. Bei vielen dieser Systeme ist der Funktionsumfang allerdings auf die NC-Programmierung und -korrektur, auf die NC-Programmverwaltung sowie die NC-Steuerdatenverteilung beschränkt. Aufgaben der Betriebsdatenerfassung und -auswertung u. a. m. sind bei diesen Einfachsystemen nicht vorgesehen.

In der Regel ist nicht nur eine verbesserte Organisation der NC-Datenverwaltung und Verteilung erforderlich, um eine Steigerung der Produktivität zu erreichen. In der industriellen Fertigung bedarf es eines kontinuierlichen Informationsflusses zwischen den Ebenen der Fertigung und der der Fertigungsführung. Grob gesehen kann zwischen einem technischen und einem organisatorischen Informationsfluß unterschieden werden, Bild 12-15. Beim *technischen* Informationsfluß handelt es sich um Angaben für die Bearbeitung des einzelnen Werkstücks, wie geometrische Angaben, technologische Einstelldaten und Arbeitsgangsbeschreibungen. Bei dem *organisatorischen Informationsfluß* muß zwischen einem Informationsfluß von den für die Organisation verantwortlichen Abteilungen hin zum Betrieb (organisatorische Steuerdaten wie Stückzahlen, Solltermine usw.), und einem Datenfluß in umgekehrter Richtung (organisatorische Überwachungsdaten, wie Ausschußstückzahlen, Isttermine usw.) unterschieden werden.

Beim Einsatz von EDV-Anlagen zur Bewältigung des innerbetrieblichen Informationsflusses zeichnen sich deutlich hierarchische Strukturen ab. Prozeßrechnern – z. B. dem Fertigungsrechner in Bild 12-16 – werden Realtime-Aufgaben, d. h.

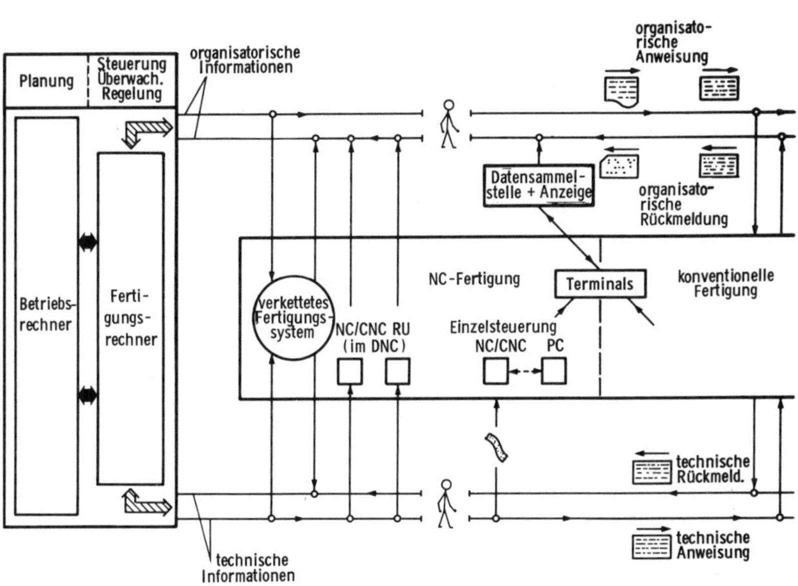

Bild 12-16. Beispiel einer gemischten Fertigungskonfiguration mit integrierter Datenverarbeitung.

Aufgaben der Steuerung und Überwachung des augenblicklichen Betriebsgeschehens übertragen, die einer sofortigen mit dem Prozeßablauf schritthaltenden Bearbeitung bedürfen. Alle verbleibenden Aufgaben der Planung, Disposition, Konstruktion und NC-Programmerstellung übernimmt ein übergeordneter Betriebsrechner.

In einer derart strukturierten Fertigungskonfiguration können außer der konventionellen Fertigung verschiedene Versionen der NC-Fertigung unterschiedlichen Automatisierungsgrades vorkommen. In Bild 12-16 sind als Beispiele einzelne NC-Einheiten, numerische Steuerungen im DNC-System und ein verkettetes Fertigungssystem (s. Abschn. 13) dargestellt. Die Stufe der Integration einzelner Fertigungseinrichtungen in ein rechnergeführtes Fertigungssystem ist dabei als ein Maß für die Automatisierung des innerbetrieblichen Informationsflusses anzusehen.

13. Flexible Fertigungssysteme

13.1. Flexibles Fertigungssystem im Rahmen der Prozeßdatenverarbeitung

Wie die vorangegangenen Abschnitte über „Adaptive Control"- und „DNC-Systeme" zeigten, zeichnet sich heute in der Fertigungstechnik der Trend ab, daß fertigungstechnische Prozesse in zunehmendem Maß von Prozeßrechnern gesteuert, geregelt und optimiert werden. Die genannten DNC-Systeme mit mehreren numerisch gesteuerten Arbeitsmaschinen, die von *einem* Prozeßrechner mit Steuerinformationen versorgt werden, und die Adaptive-Control-Systeme zur selbstanpassenden Regelung und Optimierung des Fertigungsprozesses sind typische Beispiele für diesen Trend zu einem höheren Automatisierungsgrad.

Soll der Automatisierungsgrad im Bereich der Klein- und Mittelserienfertigung erhöht werden, muß ein Kompromiß zwischen den sich widersprechenden Teilzielen einer hohen *Flexibilität* und einer hohen *Produktivität* eingegangen werden. Eine Lösung für diesen Kompromiß ist das Konzept des *flexiblen Fertigungssystems.*

Unter einem flexiblen Fertigungssystem wird ein System verstanden [111], das aus Maschinen und technischen Einrichtungen besteht, die über ein gemeinsames Steuer- und Transportsystem so miteinander verknüpft sind, daß einerseits eine automatische Fertigung stattfinden kann, andererseits innerhalb eines gegebenen Bereichs unterschiedliche Bearbeitungsaufgaben an unterschiedlichen Werkstücken durchgeführt werden können. Entsprechend DIN 19226 zählen zusätzlich zum Systeminhalt auch organisatorische und technische Verfahren und Programme.

Kennzeichnend für die flexiblen Fertigungssysteme ist ihre Flexibilität hinsichtlich der Bearbeitung unterschiedlicher Werkstücke in einer Folge, die nicht durch Rüstvorgänge unterbrochen ist.

Ausgehend von der rechnergeführten Realisierung hochautomatisierter Funktionen wird eine „informationsschlüssige" Verbindung aller Untersysteme der Fertigung mit den übergeordneten organisatorischen Bereichen angestrebt. Bindeglied ist das System zur Informationsverarbeitung, also die Prozeßdatenverarbeitung. Diese bezieht sich außer auf die Bearbeitung von Werkstücken – dem eigentlichen Fertigungsprozeß – auch auf die angegliederten Hilfsprozesse, Bild 13-1, Handhabung, Transport, Lagerung und Montage. In der einen Richtung werden Steuerdaten als Befehle ausgegeben, in der anderen Prozeßdaten zur Funktionsüberwachung und Betriebsdatenerfassung gesammelt und verarbeitet. Schließlich sind noch die interne Kommunikation zwischen Bedienungsmannschaft und dem Prozeßrechensystem sowie die externe zwischen Umwelt und System zu nennen. Weitere Komponenten sind adaptive Steuerungen an der Werkzeugmaschine, mit

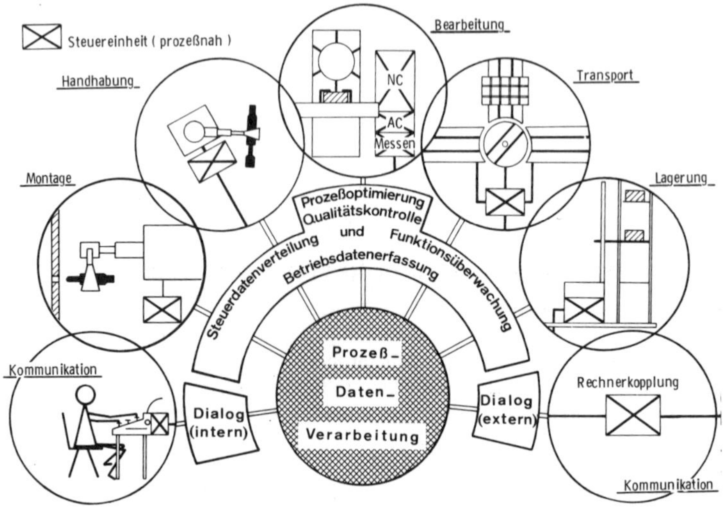

Bild 13-1. Prozeßdatenverarbeitung einer fertigungstechnischen Anlage.

denen wichtige Größen des Bearbeitungsprozesses innerhalb vorgegebener Grenzen gehalten werden, sowie Meßsteuerungen zur Qualitätskontrolle [112 bis 115].

13.2. Begriffsbestimmung und Abgrenzung

Die vorstehend angegebene Definition umfaßt sowohl umrüstbare Fertigungsstraßen als auch verkettete NC-Bearbeitungszentren; deshalb ist eine weitere Abgrenzung notwendig, Bild 13-2: Transferstraßen, auch Transfermaschinen

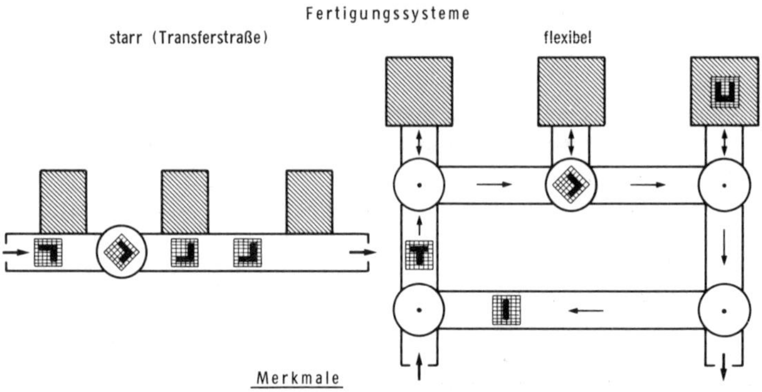

- Ergänzende Fertigungsrichtungen
- Gleiche Werkstücke
- Zwangsablauf
- Taktsteuerung

- Ersetzende und/oder ergänzende Fertigungseinrichtungen
- Verschiedene Werkstücke eines Teilespektrums
- meist wahlfreier Werkstückzugriff

Bild 13-2. Starre und flexible Fertigungssysteme.

genannt, sind starre Fertigungssysteme vornehmlich für die Großserienfertigung. Sie bestehen aus sich ergänzenden Fertigungseinrichtungen, die ein Werkstück in einem Durchlauf fertigstellen. Der Zwangsablauf ist taktgesteuert, wobei die Taktzeit durch die Einheit mit der längsten Operation bestimmt ist. Der Umrüstung auf andere Werkstücke sind enge Grenzen gesetzt. Dadurch, daß sämtliche Werkzeuge gleichzeitig im Einsatz sind, wird eine hohe Produktionsleistung erreicht. Bild 13-3 zeigt als Beispiel eine Transferstraße mit Zwischenpuffern.

Bild 13-3. Transferstraße zur Bearbeitung von Radnaben (Pittler).

Demgegenüber können flexible Fertigungssysteme aus sich ersetzenden und/oder ergänzenden Fertigungseinrichtungen bestehen. Innerhalb eines bei der Systemauslegung berücksichtigten Teilespektrums können gleichzeitig verschiedene Werkstücke bearbeitet werden. Diese Flexibilität wird durch ein Transport- und Lagersystem sowie universelle Spannpaletten möglich. Mit einem wahlfreien Werkstückzugriff und internen Werkstückpuffern wird eine Entkopplung der Maschinen erreicht.

Die Entwicklung zum flexiblen Fertigungssystem ist durch eine fortschreitende Automatisierung der Fertigungseinrichtungen gekennzeichnet, Bild 13-4, die ihren Anfang mit der numerisch gesteuerten Werkzeugmaschine nahm (vgl. Abschn. 7). Im Gegensatz zur manuell bedienten Maschine werden auf Lochstreifen gespeicherte Werkstückprogramme eingegeben und von der Steuerung automatisch ausgeführt. Numerisch gesteuerte Bearbeitungszentren verfügen darüber hinaus über einen automatischen Werkzeug- und vielfach auch Werkstückwechsler. Durch die Integration mehrerer NC-Werkzeugmaschinen in ein DNC-System

Funktion	Einzelmaschine			Mehrmaschinen-System	
	WZM	NC-WZM	BZ	DNC	FFS
Werkzeugwechsel	○	○	●	(●)	●
Werkzeugtransport	○	○	○	○	(●)
Werkstückwechsel	○	○	●	○	●
Werkstücktransport	○	○	○	○	●
Steuerdatenverteilung	○	◐	◐	●	●
Betriebsdatenerfassung	○	○	○	●	●
Prozeßüberwachung	○	○	○	●	●

WZM : Werkzeugmaschine
BZ : Bearbeitungszentrum
FFS : Flexibles Fertigungssystem

● ◐ ○ ↑ steigender Automatisierungsgrad

Bild 13-4.
Schritte der Automatisierung zum flexiblen Fertigungssystem.

mit zentralem Fertigungsrechner wird eine automatische Steuerdatenverteilung möglich. Zusätzliche Funktionen können die automatische Betriebsdatenerfassung und die Prozeßüberwachung sein. In flexiblen Fertigungssystemen schließlich sind auch der Werkstücktransport und die Werkstückzwischenlagerung automatisiert.

13.3. Einsatzbereiche automatisierter Fertigungseinrichtungen

Flexibilität und Produktivität von Fertigungseinrichtungen sind Größen mit gegenläufiger Tendenz, Bild 13-5, [113]. In der Großserienfertigung steht die Produktivität im Vordergrund, während bei kleineren Losgrößen eine hohe Flexibilität erreicht werden muß. Flexible Fertigungssysteme überdecken das Feld der Mittel- und Kleinserienfertigung; sie stellen einen Kompromiß zwischen beiden Zielgrößen dar. Es ist festzustellen, daß in den letzten Jahren verstärkt Industrieerzeugnisse wachsender Typenvielfalt gefordert werden. Diese Forderung läßt sich jedoch mit den hochproduktiven Anlagen der Massenfertigung

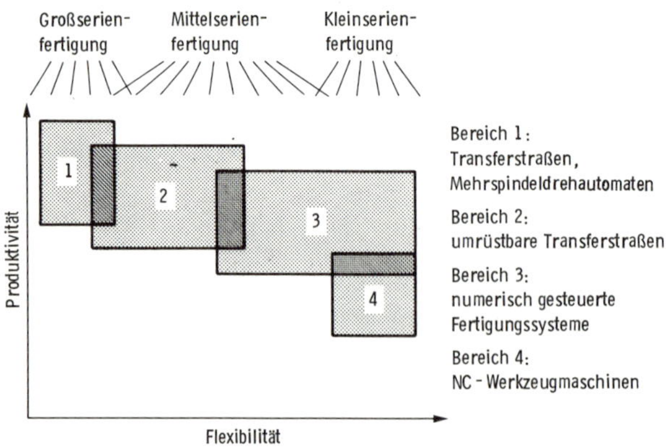

Bild 13-5.
Produktivität und Flexibilität von Fertigungssystemen (nach Spur).

wirtschaftlich nicht erfüllen. Weisen einzelne NC-Werkzeugmaschinen auch eine sehr hohe Flexibilität auf, so sind sie doch wegen der beschränkten Produktivität nur für die Einzel- und Kleinserienfertigung vorteilhaft einzusetzen [115].

13.4. Material- und Informationsfluß in flexiblen Fertigungssystemen

Die Systemstruktur eines flexiblen Fertigungssystems wird transparent, wenn Material- und Informationsfluß getrennt betrachtet werden, Bild 13-6. Die übergeordnete Datenverarbeitungsanlage gibt die für den geplanten Fertigungsablauf notwendigen Steuerdaten an den Fertigungsrechner aus. Aus diesen und den systeminternen Vorgaben werden Steueranweisungen abgeleitet und an die Funktionseinheiten, die durch den Materialfluß verknüpft sind, übertragen. Werkstücke werden transportiert, bearbeitet, wiederum transportiert und gehandhabt, gelagert, erneut bearbeitet usw. Aus dem Prozeß werden Meß- und Betriebsdaten erfaßt, deren Verarbeitung eine Änderung der vorgegebenen Steuerdaten oder eine Übergabe an die übergeordnete Datenverarbeitungsanlage bewirken kann.

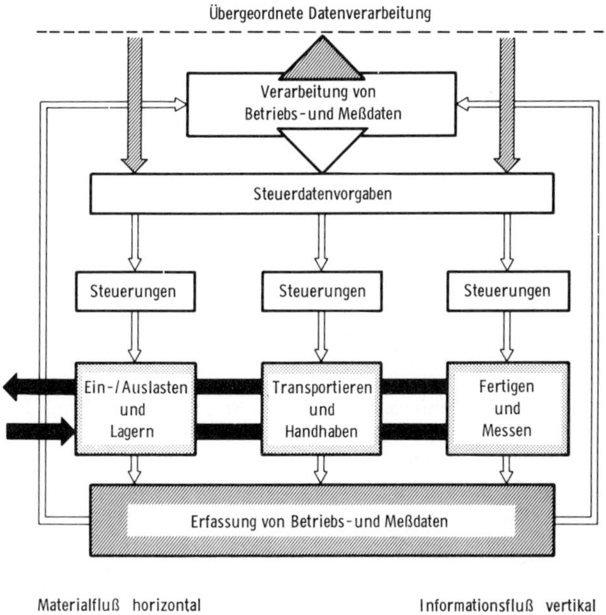

Bild 13-6.
Material- und Informationsfluß in einem flexiblen Fertigungssystem.

Betrachtet man die Geräte zur Steuerung flexibler Fertigungssysteme in Bild 13-7, so wird die Verknüpfung von Material- und Informationsfluß noch deutlicher. Für den Transport und die Handhabung von Werkstücken und Werkzeugen sind die Maschinen durch Handhabungs-, Transport- und Lagereinrichtungen verkettet. Außerdem ist in Bild 13-7 eine Meßmaschine (Qualitätskontrolle) und ein Sichtgerät (Mensch/System-Kommunikation) wiedergegeben. Die Steuerungen

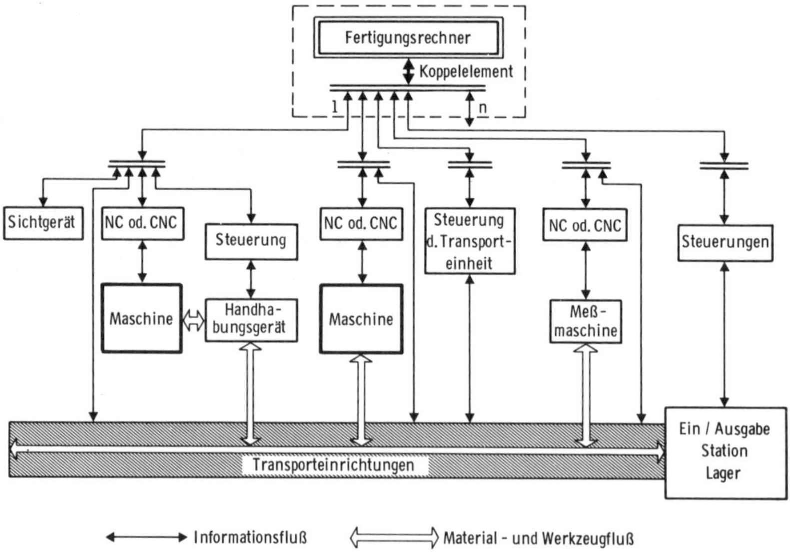

Bild 13-7. Geräte zur Steuerung flexibler Fertigungssysteme.

dieser Funktionseinheiten und die Maschinensteuerungen sind über ein Koppelelement mit dem Fertigungsrechner verbunden.

13.5. Funktionen flexibler Fertigungssysteme

13.5.1. Informationsverarbeitung

In flexiblen Fertigungssystemen fallen viele Informationsverarbeitungsaufgaben an, die auf verschiedene Rechner verteilt sein können. Für diese Verteilung der Aufgaben zur Steuerung eines Fertigungssystems sind in Bild 13-8 eine „zentrale" und eine „dezentrale" Lösung angegeben [115]. Die Aufgaben sind zu drei Blöcken zusammengefaßt: Ganz oben sind die der Steuerung des Fertigungssystems übergeordneten Aufgaben wiedergegeben, die teilweise schon in die organisatorischen Bereiche hineinragen. Die im mittleren Block dargestellten Tätigkeiten werden vom eigentlichen Fertigungsrechner ausgeführt, während die im unteren Block aufgeführten vorwiegend Steuerungsaufgaben sind, die in direktem Zusammenhang mit dem Prozeßgeschehen stehen. Übersichtlicher, wartungsfreundlicher und betriebssicherer sind dezentrale Lösungen, die in sich wieder hierarchisch strukturiert sind (rechts in Bild 13-8). Durch den Einsatz von Mikroprozessoren lassen sich auf diese Weise autonome Teilsysteme realisieren, die in Notbetriebssituationen, wie sie beispielsweise durch die Störung einer übergeordneten Rechnereinheit verursacht werden können, funktionsfähig bleiben.

Aufgrund der Vorteile der dezentralen Aufgabenverteilung an die einzelnen Recheneinheiten geht heute der Trend zu dieser Lösung. Bild 13-9 zeigt den

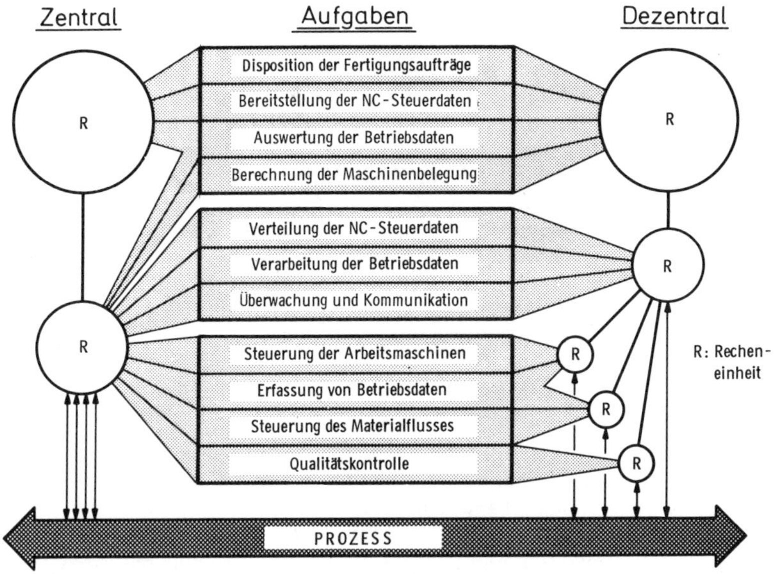

Bild 13-8. Lösungen für die Aufgabenverteilung auf Recheneinheiten.

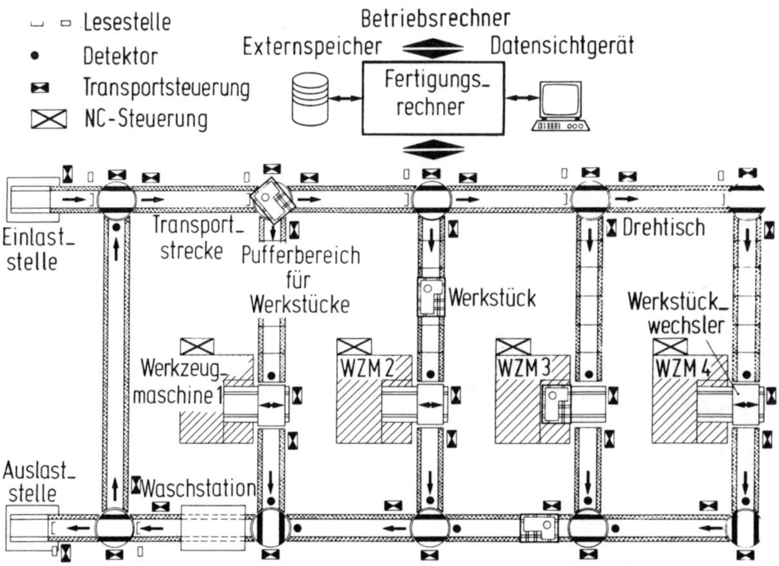

Bild 13-9. Modell eines flexiblen Fertigungssystems für prismatische Teile.

Entwurf eines flexiblen Fertigungssystems, in dem die informationsverarbeitenden Einheiten besonders hervorgehoben sind [116]. Das System besteht aus vier Werkzeugmaschinen mit numerischen Steuerungen, dem Werkstücktransportsystem mit Strecken, Drehtischen, Pufferbereichen, Palettenwechslern sowie Ein- und Auslaststellen und einer Werkstückwaschstation. Vor Verzweigungen im Transportnetz sind Palettenleser angebracht, vor Sammelstellen einfache Detektoren. Die dezentralen Transportsteuerungen sind mit dem Fertigungsrechner verbunden; dieser selbst ist mit einem Sichtgerät (Kommunikation) und einem Externspeicher (Großspeicher für Programme und Daten) sowie dem übergeordneten Betriebsrechner gekoppelt. Diese Lösung entspricht einer zentralen Aufgabenverteilung. Andere Funktionseinheiten, die nicht in Bild 13-9 dargestellt sind, können Handhabungseinrichtungen für Werkzeuge und Werkstücke (z. B. Industrieroboter), Meßeinrichtungen für Meßmaschinen, Speicher und Transporteinrichtungen für Werkzeuge sein.

13.5.2. Werkstück- und Werkzeughandhabung

An der Ein/Auslaststelle eines flexiblen Fertigungssystems befindet sich eine Station zum Auf-, Ab- und Umspannen der Werkstücke auf Universalpaletten. Zur Automatisierung der Werkstückhandhabung und der Auftragszuordnung muß das Steuerungssystem die Werkstücke identifizieren können. Dazu werden entweder Werkstück bzw. Palette codiert oder aber bei der Einlastung eine einmalige Identifikation vorgenommen. Diese Universalplatten werden über Haupt- und Querförderstrecken (Röllchenbahnen, Rollenbahnen, Schleppkettenförderer, Hängeförderer oder Flurförderzeuge) zu den Bearbeitungsstationen gefördert.

Die Bearbeitungsstationen des in Bild 13-10 im Ausschnitt dargestellten Fertigungssystems sind an Querförderstrecken angeschlossen. Die Querförderstrecken selbst sind durch Drehtische mit den Hauptförderstrecken verbunden. Die auf Paletten gespannten Werkstücke werden über Rollenbahnen transportiert und ihrer Codierung entsprechend verzweigt. Die Maschinen werden unabhängig von-

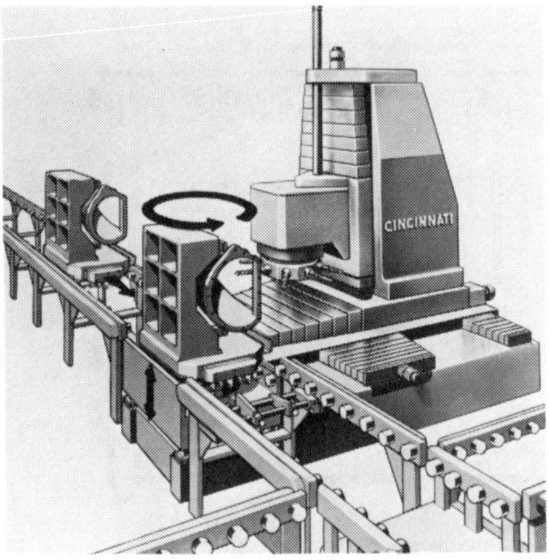

Bild 13-10.
Werkstückhandhabung in einem flexiblen Fertigungssystem (Cincinnati).

einander angefahren. In den Querförderstrecken können in diesem Beispiel bis zu fünf Paletten vor den Maschinen gepuffert werden.

Voraussetzung für einen vollautomatischen Bearbeitungsablauf ist außerdem die Automatisierung des Werkzeugwechsels (vgl. Abschn. 2). Die für einen Arbeitszeitraum, z. B. drei Schichten, nötigen Werkzeuge sind in einem Magazin an der Werkzeugmaschine gespeichert. Der Zugriff erfolgt wahlfrei durch Austausch des alten Werkzeugs gegen das neue.

13.6. Entwurf und Aufbau flexibler Fertigungssysteme

Flexible Fertigungssysteme [114; 115; 117] lassen sich mit konventionellen Hilfsmitteln kaum noch projektieren. Zur Unterstützung der Entwurfsfindung bietet sich der Einsatz der Systemsimulation an, mit der ein Entwurf (Art und Anzahl der Werkzeugmaschinen, Prinzip des Fördersystems, Positionen der Maschinen zueinander, Größe der Werkstückpuffer sowie Art und Anzahl der Paletten, Lager und Regalförderzeuge) vorab analysiert werden kann, Bild 13-11.

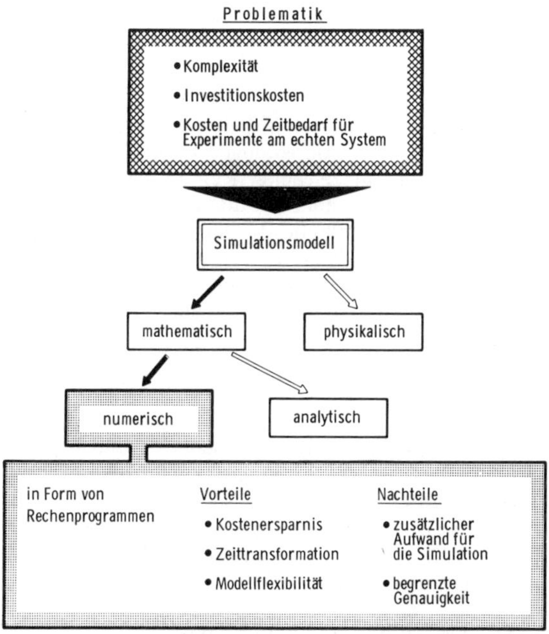

Bild 13-11.
Problematik der Projektierung flexiber Fertigungssysteme.

Physikalische Modelle sind sehr aufwendig und wenig flexibel, analytische mathematische Modelle sehr kompliziert. Ein guter Kompromiß zwischen Aufwand, Flexibilität und Abbildungstreue ist mit mathematischen Modellen in Form von systembeschreibenden Rechenprogrammen zu finden, bei denen die einzelnen ereignisbestimmten Abläufe mit Hilfe eines Digitalrechnerprogramms simuliert werden. Mit einem solchen Simulationsmodell kann man die Schwachstellen eines flexiblen Fertigungssystems bereits in der Entwurfsphase herausarbeiten.

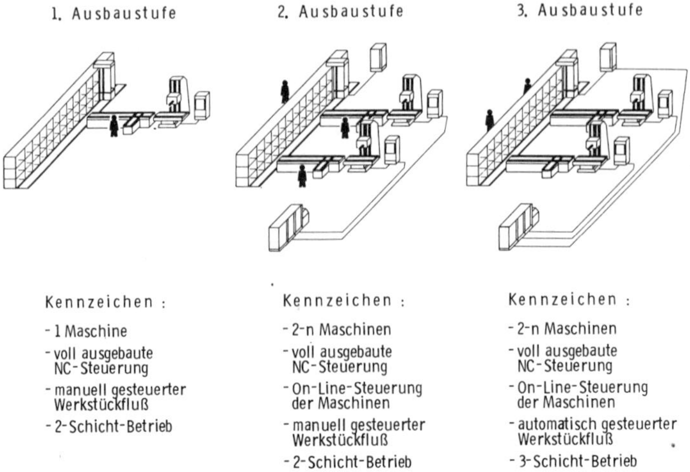

Bild 13-12. Stufenweiser Aufbau eines flexiblen Fertigungssystems.

Der nächste Schritt bei der Realisierung eines kapitalintensiven flexiblen Fertigungssystems ist die Aufteilung in sinnvolle, funktionsfähige Stufen, Bild 13-12. Diese einzelnen Systemstufen sollten dann in zeitlicher Reihenfolge aufgebaut und in Betrieb genommen werden. Dabei kann man mit den bereits arbeitenden Anlagenteilen schon frühzeitig Erfahrungen sammeln, die für den weiteren Ausbau des Gesamtsystems nützlich sind. Zusätzlich bietet der stufenweise Systemaufbau die Möglichkeit, das Bedienungs- und Überwachungspersonal frühzeitig zu schulen sowie das neue System organisch in den betrieblichen Rahmen einzugliedern.

13.7. Ausgeführte und geplante Systeme

Derzeit sind weltweit etwa 40 flexible Fertigungssysteme realisiert und im Einsatz. Einen umfassenden Überblick über die bislang bekannten Fertigungssysteme gibt Tabelle 13-1 [118]. Dabei wurden nicht nur realisierte Systeme berücksichtigt, sondern auch teilrealisierte und geplante Systeme sowie Projektstudien. Zusätzlich sind die Produktgruppe, die Anzahl angeschlossener Maschinen und die Art des Werkstückspektrums angegeben.

13.7.1. Flexible Fertigungssysteme für prismatische Werkstücke

Als erstes Beispiel zeigt Bild 13-13 ein im Aufbau befindliches flexibles Fertigungssystem für die Bearbeitung großflächiger Integralbauteile [119 bis 121]. Es besteht im Endausbau aus sechs NC-gesteuerten vier- bis achtspindligen Fräsmaschinen (Werkzeugmaschinen (WZM) 1 bis 6), die über einen schienengebundenen Transportwagen (TW 2) mit dem Regallager (RL) verbunden sind. Das Regallager ist zusätzlich über einen zweiten schienengebundenen Transportwagen (TW 1) mit den sechs manuellen Arbeitsplätzen (T 1 bis T 6) zum Auf-, Ab- und

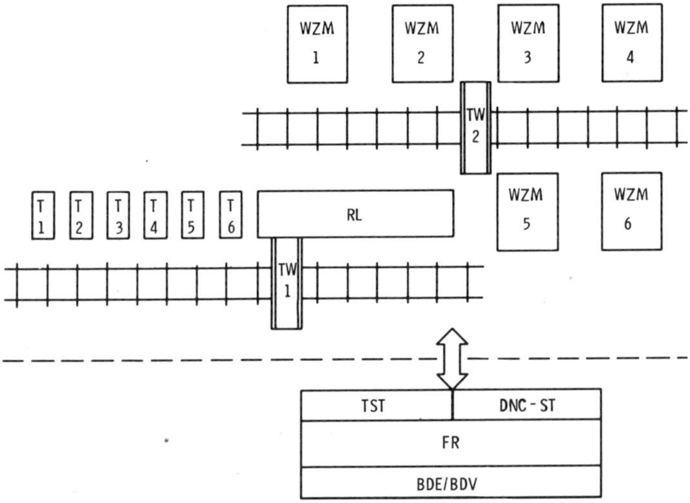

WZM	Werkzeugmaschinen mit Mehrspindelköpfen
TW	Transportwagen
RL	Regal (21 Plätze)
T	Auf- und Abspanntische
TST	Transportsteuerung
DNC-ST	DNC-Steuerung
FR	Fertigungsrechner
BDE/BDV	Betriebsdatenerfassung und Verarbeitung

Bild 13-13. Layout des flexiblen Fertigungssystems für die Bearbeitung von großflächigen Integralbauteilen (nach VFW, Varel).

Umspannen der Werkstücke verkettet. Die Steuerung des Gesamtsystems besteht aus mehreren Funktionsblöcken, die in drei hierarchisch aufgebauten Steuerungsebenen angeordnet sind, Bild 13-14.

Mit Hilfe des übergeordneten Betriebsrechners werden außer den Funktionen Kapazitätsterminierung und NC-Programmierung kommerzielle EDV-Aufgaben, wie beispielsweise Lohnabrechnungen und Statistiken, durchgeführt. Der Betriebsrechner befindet sich nicht wie die übrigen Rechner in der Nähe des Fertigungsbereichs, sondern ist über eine Entfernung von etwa 80 km mit dem Produktionsrechner über eine Datenfernübertragungsleitung (DFÜ) gekoppelt. Auf dem Produktionsrechner werden die NC-Programme für Fertigung aufbereitet und anschließend über eine Rechnerkopplung an den Fertigungsrechner übertragen. Die Pläne für die Belegung von Spannplätzen und Maschinen werden auf dem Planungs- und Entwicklungsrechner für eine festgelegte Planungsperiode (z. B. zwei Schichten) nach Optimierungskriterien erstellt und dem Fertigungsrechner als Eingangsdaten für die Materialfluß- und DNC-Organisation übergeben. Außerdem werden auf dem Planungsrechner Softwareentwicklungen bearbeitet. Ein autonom funktionsfähiger Mikroprozessor übernimmt in diesem System Aufgaben der Transportsteuerung und -verfolgung.

Tabelle 13-1. Flexible Fertigungssysteme (Überblick).

Nation des Anwenders	Systembezeichnung	Produktgruppe	Realisierungsstatus (1977)	Art des Werkstückspektrums	Zahl angeschlossener Maschinen
Bundesrepublik Deutschland	Bauer/Burr	Getriebemotoren	●	◇	10
	Heidelberger/Burr	Druckmaschinen	●	◇	13
	IWF TU Berlin	Werkzeugmaschinen	●	○	2
	SFB 155 Modellanlage	Werkzeugmaschinen	●	◇	4
	ZF 1	NKW-Getriebe	●	○	4
	Heller 1	Werkzeugmaschinen	◑	◇	2
	MBB	Flugzeuge	◑	◇	28
	VFW	Flugzeuge	◑	◇	8
	WZL-FFS	Werkzeugmaschinen	◑	○	3
	RFFSA	Elektrowerkzeuge	⊙	○	44
	ZF 2	NKW-Getriebe	⊙	○	10
	Boehringer/Gallus		○	○	5
	Burkhardt & Weber		○	◇	5
	Hüller NCMC 1		○	◇	4
	Hüller NCMC 2		○	◇	4
	Monforts 1		○	○	5
	Monforts 2		○	○	6
	MTU	NKW-Motoren	○	◇	8
	Produktionssystem 2000		○	○	6
DDR	Auerbach M 250/02 CNC	Werkzeugmaschinen	●	◇	2
	Prisma II	Werkzeugmaschinen	●	◇	9
	ROTA F 125		●	○	7
	ROTA FZ 200	Zahnräder	●	○	8
	ROTA W-Q-63/1	Fahrzeuganlasser	●	○	6

Großbritannien	Molins System 24	Büromaschinen	●	◇	7
Schweden	Heller 2		◑	◇	6
UdSSR	Prisma	Werkzeugmaschinen	●	◇	6
	ROTA AU 1	Werkzeugmaschinen	●	○	10
Japan	Fanuc	Elektromotoren	●	○	8
	Hitachi	Bagger	●	○	
	IHI Kure Parts Center	Großmotoren	●	◇	
	Makino	Dieselmotoren	●	◇	4
	Okuma Parts Center 1	Werkzeugmaschinen	●	○	4
	Seiki Prod. Master 102	Werkzeugmaschinen	●	◇	12
	Seiki Prod. Master 501		●	◇	6
	Seiki Prod. Master 502	Ventile	●	◇	9
	Seiki Prod. Master 801	Pumpen	●	◇	3
	Seiki Prod. Master 802	Dieselmotoren	●	◇	3
	Tipros 1	Werkzeugmaschinen	●	◇	2
	Tipros 2	Formenbau	●	◇	2
	Tipros 3	Kopiergeräte	●	◇	5
	Tipros 4	Motoren	●	◇	12
	Wasino Sele-Matic	Werkzeugmaschinen	●	○	3
USA	Cincinnati 3	Nutzfahrzeuge	●	◇	10
	Milwaukee-FMS 1	Traktoren	●	◇	14
	Milwaukee-FMS 2		●	◇	11
	Omniline 1		●	◇	12
	Omniline 2	Kompressoren	●	◇	6
	Omniline 3	Nutzfahrzeuge	●	◇	10
	Variable Mission 1		●	◇	5
	Sampel Data Control System		●	◇	29
	Flexible-NC-Transfer-Line	Flugzeuge	◑	◇	5
	Variable Mission 2	Nutzfahrzeuge	○	◇	5

● realisiert
◑ im Aufbau

⊙ geplant
○ Studie

◇ prismatisch
○ rotationssymmetrisch

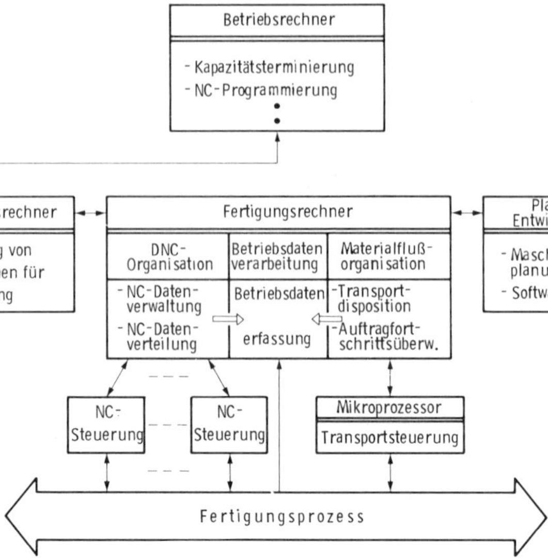

Bild 13-14. Steuerungshierarchie im flexiblen Fertigungssystem (nach VFW).

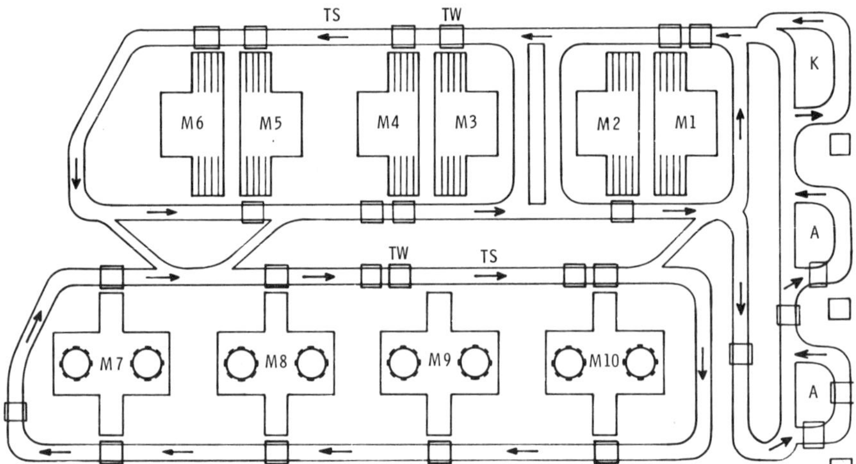

M1	NC-Fräsmaschine
M2 bis M6	NC-Bearbeitungszentren
M7 bis M10	Rundtischmaschinen mit Mehrspindelbohrköpfen
TW	Transportwagen
TS	Transportstrecken
K	Kontrollplatz
A	Auf- und Abspannplätze

Bild 13-15. Layout des flexiblen Fertigungssystems.

Das Layout eines im Transportsystem ganz anders ausgeführten flexiblen Fertigungssystem ist in Bild 13-15 gezeigt [122]. Dieses System besteht aus zehn NC-Werkzeugmaschinen und mehreren manuellen Arbeitsplätzen, und die Werkzeugmaschinen verkettet ein Unterflur-Schleppkettenfördersystem. Ein derartiges Fördersystem besteht hauptsächlich aus einigen im Boden verlegten (Unterflur) Schleppketten (je Streckenabschnitt eine Kette) und mehreren Transportwagen. Die Transportwagen verfügen über je eine Mitnehmereinrichtung, die in die Schleppkette einhakt und so die Vorwärtsbewegung der Fahrzeuge ermöglicht. Die Richtungssteuerung der Fahrzeuge wird dabei von der Position der Mitnehmereinrichtung am Transportfahrzeug hergeleitet. In diesem System können maximal 48 unterschiedliche Werkstücke in je einer von 17 möglichen Aufspannungen bearbeitet werden. Für den Transport stehen 23 Transportwagen zur Verfügung. Die Steuerung des Fertigungssystems wird von zwei gekoppelten Prozeßrechenanlagen ausgeführt; die eine Rechenanlage übernimmt die NC-Datenverteilung (DNC-System), die andere die Transportsteuerung.

Die Werkzeugmaschinensteuerung ist mit dem DNC-Rechner über BTR-Schnittstellen und DNC-Zusatz verbunden (vgl. Abschn. 12). Da die NC-Steuerdatenverteilung und der Werkstücktransport voneinander abhängig sind, besteht zwischen den beiden Rechenanlagen eine Datenkopplung. Die übergeordnete Systemorganisation, wie beispielsweise die Maschinenbelegungsrechnung, wird dabei nicht wie im zuvor beschriebenen System auf einem on-line angekoppelten Planungsrechner ausgeführt. Der Automatisierungsgrad dieser Anlage ist deshalb etwas geringer. Das Fehlen des Planungsrechners hat u. a. negative Auswirkungen auf die Systemauslastung nach einem Maschinenausfall. Es besteht kaum eine Möglichkeit, schnell eine korrigierte Maschinenbelegungsrechnung durchzuführen und das Fertigungssystem unter den veränderten Umständen weiter optimal arbeiten zu lassen.

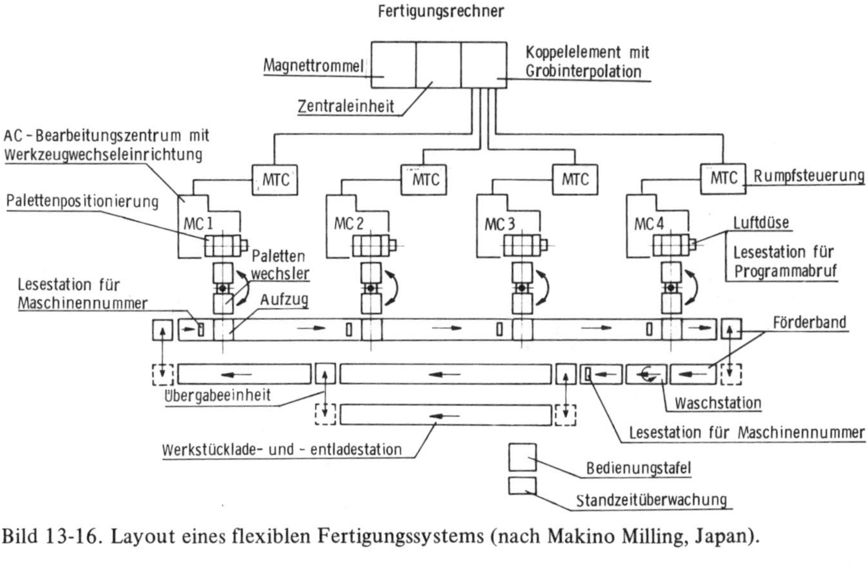

Bild 13-16. Layout eines flexiblen Fertigungssystems (nach Makino Milling, Japan).

Bild 13-17. Ansicht eines flexiblen Fertigungssystems (Makino Milling, Japan).

Bild 13-16 und 13-17 zeigt das Layout und eine Teilansicht eines japanischen Fertigungssystems mit vier sich ersetzenden und ergänzenden Bearbeitungszentren. Dieses System wurde später auf sechs Maschinen ausgebaut. Rollenförderbahnen verbinden die Maschinen, eine Waschstation, Werkstücklade- und -entladestation untereinander. Ein Fertigungsrechner ist mit den Transporteinrichtungen und den Steuerungen der NC-Maschinen gekoppelt. Die NC-Maschinen sind mit Werkzeugspeichern für jeweils 60 Werkzeuge ausgerüstet.

Die Codierung der Werkstückpaletten geschieht in diesem System über 15 Nocken. Mit 6 Nocken wird die Bearbeitungsstation codiert, zu der die Palette jeweils zu transportieren ist, über die restlichen 9 Nocken wird die Auftragsnummer codiert, die den Bearbeitungsablauf auf den einzelnen Werkzeugmaschinen festlegt. Die palettierten Werkstücke werden vor der Maschine mit Hilfe der Palettenwechseleinrichtung von der Förderbahn gehoben und in den Arbeitsraum der Maschine gebracht. Danach erfaßt eine pneumatische Abtasteinrichtung die Lage der Palette im Arbeitsraum. Diese Abtasteinrichtung besteht aus sieben Düsen, die auf zwei seitlich an der Palette angebrachte Referenzflächen gerichtet sind (Düse-Prallplatte-System). Die Palettenposition wird vor dem Beginn jeder Werkstückbearbeitung überprüft. Bei richtiger Lage der Palette im Arbeitsraum sind alle Düsen in gleicher Weise durch die Referenzflächen abgedeckt, so daß alle sieben Druckschalter in den Düsenzuleitungen durch den Druckanstieg ansprechen und die richtige Lage der Palette melden. Spricht einer der Druckschalter nicht an, so liegt die Palette nicht richtig im Arbeitsraum. Sie wird daraufhin vom Palettenwechsler herausgezogen und erneut in den Arbeitsraum geschoben. Die Werkzeugmaschinen selbst sind mit einer Leistungsregelung ausgerüstet (vgl. Abschn. 11). Zu diesem Zweck mißt man indirekt die Schnittleistung über die

Stromaufnahme des Spindelantriebs. Zusätzlich wird in diesem System die Werkzeugeinsatzzeit über die Betriebszeit des Spindelantriebs näherungsweise erfaßt (vgl. Abschn. 14). Ist die vorgegebene Einsatzzeit erreicht, erfolgt eine Meldung an den Maschinenbediener, die auf den erforderlichen Werkzeugaustausch hinweist.

Ein weiteres flexibles Fertigungssystem ist in Bild 13-18 bis 13-20 dargestellt. Es besteht aus neun sich ersetzenden Bearbeitungszentren, die über Rollenförderbahnen miteinander verkettet sind. Weitere Systemkomponenten sind Be- und Entladestationen für Werkstücke, Palettenwechsler, Drehtische, Palettenrüststationen und eine mehrstufige Waschanlage. Das System ist für 193 verschiedene Werkstücke ausgelegt, die mit insgesamt 280 Werkzeugen bearbeitet und auf fünf Vorrichtungsgrundtypen gespannt werden können.

Links in Bild 13-18 sind Be- und Entladestationen zu erkennen, zu beiden Seiten der Haupttransportbahnen in der Bildmitte sind die Maschinen angeordnet. Die Rollenförderer werden abschnittsweise über Reibschlußkupplungen angetrieben.

Bild 13-18. Flexibles Fertigungssystem für prismatische Teile (Ludwigsburger Maschinenbau).

In den Haupttransportbahnen sind vor jeder Maschine Drehtische angebracht, welche die Werkstückpalette in die für den Bearbeitungsvorgang erforderliche neue Richtung drehen. Nach dem Drehvorgang wird die Palette beidseitig durch Anschläge verriegelt. Zwischen der Transportbahn und dem Drehtisch des Bearbeitungszentrums ist ein Doppelplatz-Palettenwechsler zu erkennen, der beim Wechselvorgang um 180° gedreht wird und für kürzeste Werkstückwechselzeiten sorgt. Die vordere Palette in Bild 13-19 trägt das neue Werkstück, während die hintere gerade die Arbeitsposition der Maschine verlassen hat. An der rechten

Bild 13-19.
Drehtisch und Doppelplattenwechsler eines flexiblen Fertigungssystems für prismatische Teile (Ludwigsburger Maschinenbau).

Bild 13-20. Zentrale Steuereinheit und Palettenrüstplätze eines flexiblen Fertigungssystems für prismatische Teile (Ludwigsburger Maschinenbau).

Seite dieser Palette sind zwei Codierungsfelder angebracht; im vorderen Feld eine feste Nocken-Codierung zur Palettenidentifikation, im hinteren ein variables Schalterfeld, das den Bearbeitungszustand (Rohteil, Fertigteil usw.) des Werkstücks angibt.

Zu den Funktionen der numerischen Maschinensteuerungen gehören nicht nur die Maschinenfunktionen selbst, sondern auch die Bewegung und Positionierung der Drehtische und Palettenwechsler. Die einzelnen Steuerungen sind mit einer Zentralsteuerung gekoppelt, links in Bild 13-20, die im Gegensatz zu den Maschinensteuerungen noch mit einem Lochstreifenleser ausgerüstet ist. Dafür verfügen diese über je einen Speicher, dessen Kapazität einer Lochstreifenlänge von etwa 20 m entspricht. Unabhängig davon werden die Funktionseinheiten des Transportsystems, die Umkehrstationen am Ende der Haupttransportbahnen, die Be- und Entladestation, die Waschanlage und der Spänetransport gesteuert. Im Hintergrund des Bildes ist der Tellerspeicher eines Bearbeitungszentrums zur Aufnahme von 30 Werkzeugen, rechts in Bild 13-20 sind die Paletten-Umrüstplätze zu erkennen.

13.7.2. Flexible Fertigungssysteme für rotationssymmetrische Werkstücke

Flexible Fertigungssysteme für rotationssymmetrische Werkstücke sind im Gegensatz zu den Fertigungssystemen für prismatische Werkstücke relativ selten. Ein Grund dafür mag in der vergleichsweise geringeren Komplexität der Werkstücke bei gleichzeitig komplizierteren Werkstückwechselsystemen liegen, was die Wirtschaftlichkeit derartiger Systeme leicht in Frage stellen kann. Vertretbar erscheint der Aufwand häufig dann, wenn die Werkstücke genügend kompliziert und die Systemabmessungen so klein gehalten werden können, daß keine langen Transportwege und Transportzeiten entstehen.

Als eines der ersten Systeme dieser Art wurde das „Maschinensystem ROTA-F-125-NC" in der DDR bereits 1971 fertiggestellt, Bild 13-21. In diesem System können rotationssymmetrische Kurzdrehteile bis zu einem Durchmesser von 125 mm bearbeitet werden. Die Festlegung auf den angegebenen maximalen Werkstückdurchmesser basiert auf einer anwenderbezogenen Werkstückanalyse. Das System bearbeitet Aufträge mit Losgrößen zwischen 30 und 60 Stück. Es

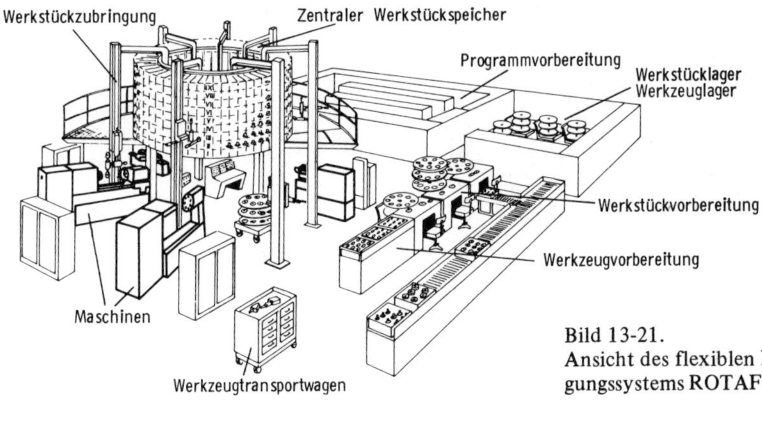

Bild 13-21.
Ansicht des flexiblen Fertigungssystems ROTAF-125-NC.

enthält die folgenden Bearbeitungseinheiten: eine Kurzdrehmaschine für vorwiegend Schruppbearbeitungen, drei Revolverdrehmaschinen – eine davon zum Gewindestrehlen, zwei Bearbeitungszentren zum Fräsen, Bohren, Senken, Reiben und Gewindeschneiden – sowie eine Außen-Rundschleifmaschine mit Meßsteuerung. Diese Werkzeugmaschinen sind kreisförmig um einen zentralen, trommelähnlichen Werkstückspeicher angeordnet. Der Speicher hat bei 5 m Durchmesser neun vertikal angeordnete Speicherebenen mit je 60 Speicherplätzen am Umfang. Dabei wird je eine Speicherebene einer Bearbeitungseinheit bzw. einer Speicherbe- und entladestation zugeordnet. Bei Verwendung spezieller Aufnahmeeinrichtungen lassen sich im Werkstückspeicher auch Werkzeuge ablegen. Der Werkstück- und ggf. auch Werkzeugwechsel in den Bearbeitungseinheiten wird mit mehreren Wechseleinrichtungen vorgenommen, die mit Greifern ausgerüstet und der jeweiligen Maschine angepaßt sind. Die Bearbeitungseinheiten werden teils mit konventionellen (NC) und teils mit freiprogrammierbaren numerischen Steuerungen (CNC) betrieben (vgl. Abschn. 7 u. 7.3). Anfänglich wurden die Steuerungen über Lochstreifen und später im DNC-Betrieb (vgl. Abschn. 12) mit Daten versorgt. Im lochstreifengesteuerten Betrieb wurde die Maschinenbelegung des Systems im voraus von einem Rechner optimiert; zur Steuerung diente dann ein täglich neu erstellter Ablauflochstreifen, der schritthaltend mit dem Bearbeitungsprozeß eingelesen wurde.

13.7.3. Flexible Fertigungssysteme an deutschen Hochschulen

Die an deutschen Hochschulen realisierten flexiblen Fertigungssysteme dienen in erster Linie der Analyse und Optimierung der komplexen Abläufe in solchen Systemen. Das Spektrum reicht dabei von Problemen bei mechanischen Vorgän-

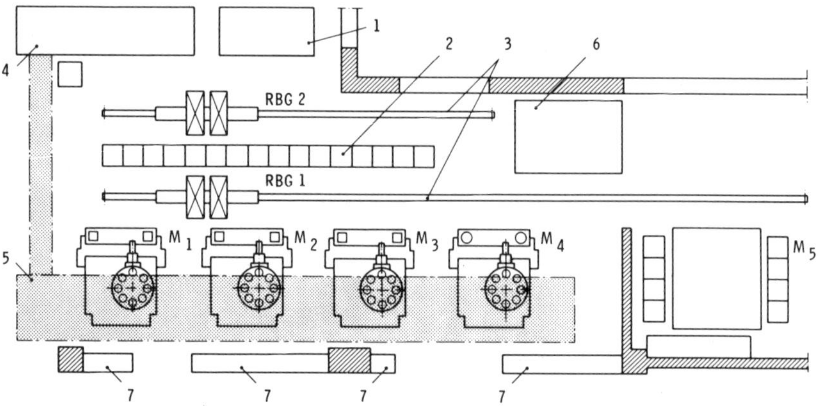

Bearbeitungsstationen M_1 bis M_4
Meßstation M_5
1 Werkstückspannplatz
2 Werkstückzentralspeicher
3 Regalbediengerät (RBG)
4 Werkzeugvorbereitung
5 Werkzeugzentralspeicher mit Werkzeugtransportsystem
6 Waschanlage
7 Steuerschrank

Bild 13-22. Flexibles Fertigungssystem für prismatische Teile (Institut für Steuerungstechnik der Werkzeugmaschinen und Fertigungstechnik, Universität Stuttgart).

gen, wie. z. B. Transport und Fixieren von Werkstücken unter Spänefluß oder Werkzeugbrucherkennung durch Sensoren, bis hin zur Erstellung eines modular aufgebauten erweiterungsfähigen Softwaresystems zur Steuerung und Überwachung des Systems durch einen übergeordneten Fertigungsrechner und dezentrale, intelligente Steuereinheiten.

Am Institut für Steuerungstechnik der Werkzeugmaschinen und Fertigungseinrichtungen der Universität Stuttgart wurde das in Bild 13-22 dargestellte flexible Fertigungssystem für prismatische Werkstücke aufgebaut. Das System besteht aus vier gleichen Bearbeitungszentren und einem Regallager [123; 124]. Die Maschinen sind mit dem Regallager materialflußtechnisch über ein Regalbediengerät verkettet. Zwei Plätze je Bearbeitungsstation erlauben eine Pufferung und wechselweise Bearbeitung von Werkstücken auf einer Maschine. Um eine Mehrseitenbearbeitung in einer Werkstückaufspannung zu ermöglichen, sind die Bearbeitungsplätze der Maschinen mit einer Dreheinrichtung ausgerüstet. Für eine weitere Ausbaustufe des Systems ist die Automatisierung des Werkzeugflusses geplant.

Am Institut für Werkzeugmaschinen und Fertigungstechnik der Technischen Universität Berlin wurde ein System realisiert, das aus folgenden Komponenten besteht [125], Bild 13-23:

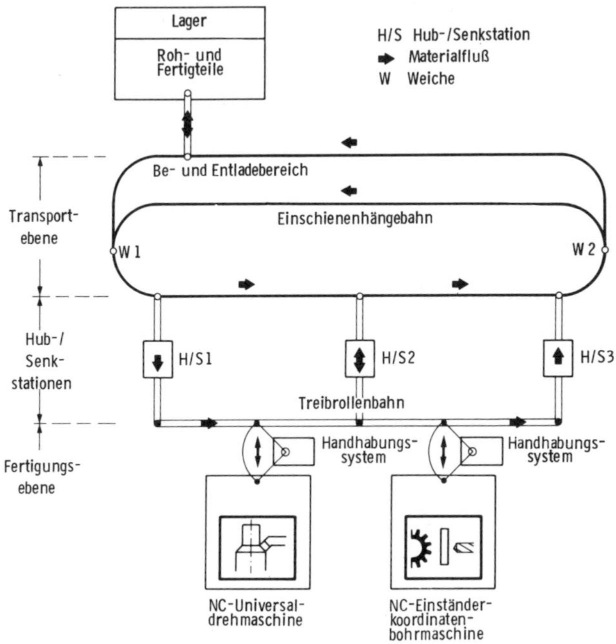

Bild 13-23. Flexibles Fertigungssystem für Rotationsteile (Institut für Werkzeugmaschinen und Fertigungstechnik der Technischen Universität Berlin).

- zwei Bearbeitungsstationen (1 Universaldrehmaschine, 1 Einständer-Koordinaten-Bohrmaschine,
- zwei Handhabungssysteme,
- Rollenbahn,
- Einschienenhängebahn,
- übergeordnetes Steuerungssystem.

Der Materialfluß wird in diesem System in zwei Ebenen durchgeführt. Im Maschinennahbereich – der sogenannten Produktionsebene – erfolgt der Transport über die angetriebene Rollenbahn. Oberhalb dieser Produktionsebene verbindet das Einschienenhängebahnsystem den Maschinennahbereich mit dem zentralen Be- und Entladebereich. Die beiden Ebenen sind durch drei Hub-/Senkstationen untereinander verbunden. Die Übergabe zwischen Rollenbahn und Werkzeugmaschinen in der Produktionsebene ist durch ein Handhabungssystem je Maschine realisiert. Zum Transport der Werkstücke im System dienen Paletten, wobei unbearbeitete Werkstücke im Be- und Entladebereich in Aufnahmevorrichtungen auf den Paletten gelegt werden. Die Steuerung des Materialflußsystems und die Versorgung der NC-gesteuerten Bearbeitungsstationen mit NC-Daten übernimmt ein Fertigungsrechner, der mit dem Prozeß über ein Koppelelement und zwei Datenübertragungsstrecken verbunden ist.

Am Werkzeugmaschinenlabor der RWTH Aachen wurde ein flexibles Fertigungssystem für Rotationsteile zu Forschungszwecken entwickelt und aufgebaut. Bild 13-24 zeigt das Layout des flexiblen Fertigungssystems für rotationssym-

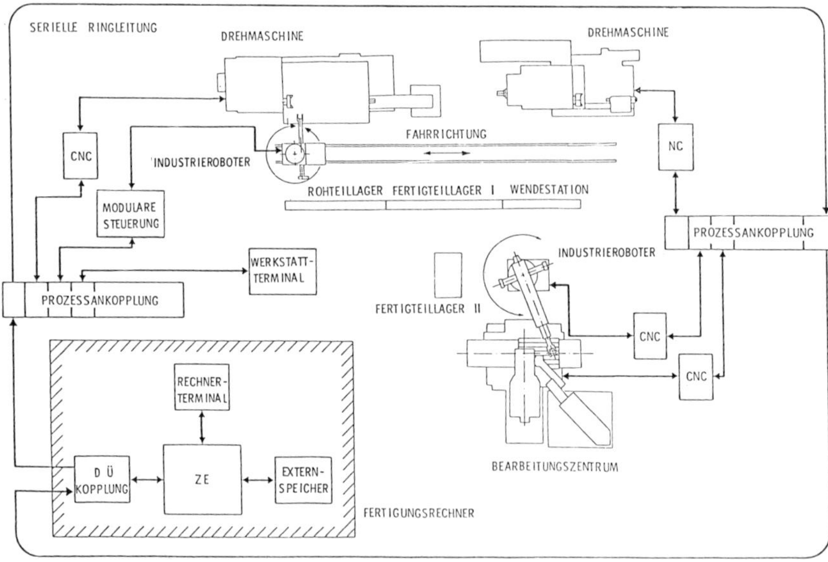

Bild 13-24. Layout eines flexiblen Fertigungssystems für rotationssymmetrische Teile (Werkzeugmaschinenlabor der Technischen Hochschule Aachen).

metrische Teile [126; 127]. In diesem System sind zwei Drehmaschinen und ein Bearbeitungszentrum materialflußtechnisch durch zwei Handhabungsgeräte verkettet. Die Ver- und Entsorgung der sich teilweise ersetzenden Drehmaschinen mit Roh- und Halbfertigteilen aus dem zentralen Lagerbereich erfolgt durch einen fünfachsigen Industrieroboter, der entlang eines Schienenzugs verfahren kann. Aus dem gleichen Lagerbereich wird das Bearbeitungszentrum durch ein zweites Handhabungsgerät mit Werkstücken versorgt. Für die Weiterbearbeitung von Drehteilen auf dem Bearbeitungszentrum besteht die Möglichkeit der Werkstückübergabe an bestimmten Lagerplätzen, die zusätzlich als Wendestationen ausgelegt sind. Die Steuerung des Systems wird durch einen zentralen Fertigungsrechner übernommen.

Unter Einsatz der Mikroprozessortechnik wurde in diesem System die Koordinierung einzelner Handhabungsschritte bei Be- und Entladezyklen und die Überwachung des verfahrbaren Roboters durch ein dezentrales Mikrorechnersystem realisiert [128]. Die Zielsetzung beim Aufbau dieses Fertigungssystems, Bild 13-25, besteht darin, unter Laborbedingungen systematische Untersuchungen zu folgenden teilweise noch offenen Problemen vorzunehmen, z. B. informationstechnische Probleme wie:

- Synchronisation zwischen Transport- und Bearbeitungseinheiten,
- rechnerunterstützte Erstellung von Maschinenbelegungsplänen (Zielsetzung z. B. maximale Maschinenauslastung oder minimale Durchlaufzeit),
- Aufgabenverteilung zwischen übergeordnetem Fertigungsrechner und intelligenten, dezentralen Unterstationen;

oder mechanische Probleme wie:

- exaktes Einlegen oder Ablegen von Werkstücken,
- Entwicklung von Greif- und Spannvorrichtungen für unterschiedliche Werkstückabmessungen,

Bild 13-25. Flexibles Fertigungssystem für Rotationsteile (Werkzeugmaschinenlabor der Technischen Hochschule Aachen).

- Entwicklung einer Backenwechseleinrichtung für Dreibackenspannfutter,
- Entwicklung von Kontrollfunktionen und Sensoren für automatische Handhabungssysteme.

13.8. Zusammenfassung und Ausblick

Die vorgestellten flexiblen Fertigungssysteme (FFS) finden durchweg ihr Einsatzfeld in der Klein- und Mittelserienfertigung. In diesen Systemen können verschiedene Werkstücke unterschiedlicher Losgrößen gleichzeitig bearbeitet werden. Die Bearbeitungsmöglichkeit von 193 verschiedenen Werkstücken in einem Fertigungssystem, wie es in einem Beispiel vorgestellt wurde, bleibt allerdings eine Ausnahme. In der Regel ist ein flexibles Fertigungssystem für die Bearbeitung von 5 bis 15 verschiedenartigen Werkstücken geeignet. Darüber hinausgehende Werkstückvarianten lassen sich häufig zwar auch bearbeiten, erfordern aber meist Änderungen der Vorrichtungen. Nahezu alle installierten und geplanten flexiblen Fertigungssysteme sind das Produkt von Spezialentwicklungen von Werkzeugmaschinen- und Steuerungsherstellern [129]. Erst in den letzten Jahren sind Bestrebungen zu verzeichnen, bei neueren Werkzeugmaschinen- und Steuerungsentwicklungen auf die Verwendbarkeit bzw. die besonderen Anforderungen in flexiblen Fertigungssystemen einzugehen [130]. Bei der Werkzeugmaschinenentwicklung bezieht sich dieses vor allem auf die Verkettungsfähigkeit mit Nachbarmaschinen und Handhabungseinrichtungen. Bei der Steuerungsentwicklung ist es der Einsatz von Mikroprozessorsteuerungen in Ein- und Mehrprozessorausführung, die mit relativ geringem Aufwand in komplexe Steuerungssysteme (DNC, FFS) integrierbar sind. Bei den Datenübertragungseinrichtungen finden jetzt auch standardisierte Systeme, wie CAMAC [131 bis 133] und in Zukunft auch das PDV-Bus-System [134] Anwendung.

Auf dem Softwaresektor stehen für DNC- und Materialflußsteuerungen bereits anwenderfreundliche Programmpakete in der höheren Programmiersprache PROZESS-FORTRAN [135] zur Verfügung. Große Bedeutung wird in diesem Zusammenhang in Zukunft auch der Prozeßsprache PEARL [136; 137] zukommen. Die Entwicklung zukünftiger flexibler Fertigungssysteme wird durch den Rückgriff auf teilweise mehrfach erprobte Systemkomponenten weniger kapital- und risikointensiv sein, als es in der Vergangenheit meist der Fall gewesen ist, so daß in Zukunft sicherlich mit einem verstärkten Einsatz flexibler Fertigungssysteme in der industriellen Praxis zu rechnen ist.

14. Betriebsdatenerfassung

14.1. Gliederung der Betriebsdaten und Begriffsdefinition

Die Aufgabe der Betriebsdatenerfassung ist es, alle erforderlichen Istdaten aus dem Betrieb zu sammeln und in verarbeitungsgerechter Form für die Fertigungsdisposition und -steuerung, zur Ermittlung neuer Solldaten sowie für die Kostenrechnung, die Materialwirtschaft und den Materialtransport bereitzustellen.

Betriebsdaten lassen sich, wie Bild 14-1 [138] zeigt, nach ihrem Verwendungszweck und den anfallenden Datenarten gliedern.

Datenarten / Verwendungszweck	auftragsbezogene Daten (Stückzahlen, Ausschuß, Bearbeitungs-, Liege- und Transportzeiten)	maschinenbezogene Daten (Maschinenlaufzeiten, Stillstandszeiten, Störungsursachen)	materialbezogene Daten (Wareneingang, Bestandsbewegungen, Verfügbarkeit)	personalbezogene Daten (Anwesenheitszeit, Arbeitsstunden, Zeitgrad)	qualitätsbezogene Daten (Mess- und Prüfwerte, Fehlerkennzahlen, Prüfentscheidung)
Fertigungssteuerung	●	●	●	●	
planmäßige Instandhaltung		●			●
Qualitätsregelung	●				●
Bruttolohnabrechnung u. Anwesenheitskontr.	●			●	●
Lagerverwaltung			●		
Kalkulation	●			●	●
Betriebsabrechnung			●		
technologische Regelung	●				●

Bild 14-1. Gliederung der Betriebsdaten (nach Eidenmüller).

Die im Fertigungsprozeß anfallenden Betriebsdaten dienen dazu, die Abweichungen des Fertigungsprozesses von einem Sollzustand zu melden und so über die Fertigungsplanung und -steuerung eine erforderliche Korrektur des Istzustandes zu bewirken.

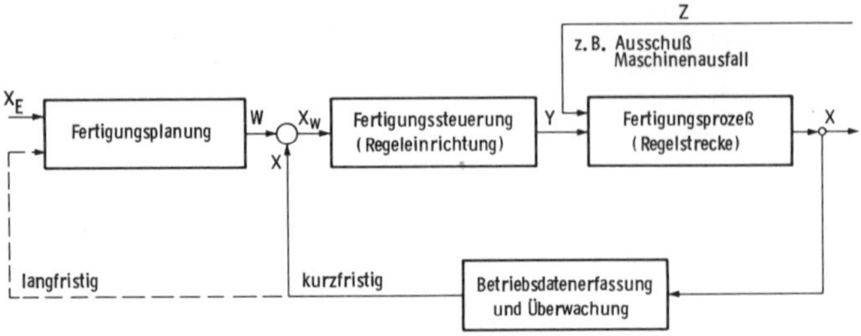

X_E Eingangsgröße
W Führungsgröße, Fertigungsplan
X Regelgröße
X_W Regelabweichung, Fertigungsabweichung
Y Stellgröße
X Istwert
Z Störgrößen

Bild 14-2. Der Fertigungsprozeß als Regelkreis.

Der Fertigungsprozeß kann bezüglich des organisatorischen Informationsflusses als ein Regelkreis aufgefaßt werden, der aus

- Fertigungssteuerung,
- Fertigungsprozeß und
- Betriebsdatenerfassung (Rückkopplung)

besteht, Bild 14-2 [139], wobei die Betriebsdatenerfassung als Sensor zur Erfassung der Regelgröße (Fertigungszustand) angegeben werden kann.

Der Ablauf eines konventionellen Informationsflusses unter Benutzung von Lochkarten zur Auftragsverteilung und Rückmeldung ist in Bild 14-3 dargestellt. Mit Hilfe eines von einem EDV-Planungssystem off-line erstellten Maschi-

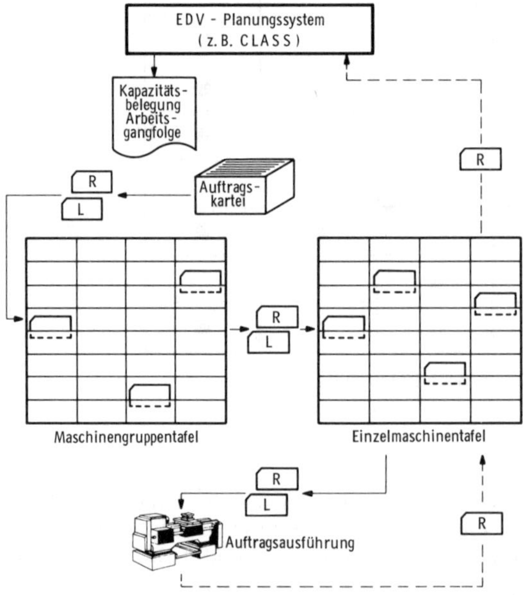

Bild 14-3.
Ablauf der Arbeitsverteilung und der Rückmeldung.
R Rückmeldung
L Lohnkarte

nenbelegungsplans werden die Aufträge termingerecht für die laufende Planungsperiode in einer Maschinengruppentafel eingeordnet. Täglich werden dann die Aufträge in Form von Lochkarten von der Gruppentafel auf Einzelmaschinentafeln im Bereich der Werkstatt verteilt und bei Bedarf vom Maschinenbediener abgeholt. Die abgestempelten Rückmeldekarten mit Angaben über Gut- und Ausschußstückzahlen, Fertigungstermine usw. werden nach Arbeitsabschluß wieder dem Planungssystem zur Verfügung gestellt.

14.2. Systeme zur Betriebsdatenerfassung

Entsprechend ihrem Automatisierungsgrad kann man die Betriebsdatenerfassungssysteme einteilen in

- Sammelsysteme,
- Erfassungs- und Verarbeitungssysteme,
- Fertigungslenkungssysteme.

Die *Sammelsysteme* ermöglichen eine bereichsweise dezentrale Datenerfassung und eine formale Prüfung der eingegebenen Informationen. Die Daten werden sequentiell gespeichert und lassen sich von Hand oder off-line durch einen Betriebsrechner auswerten. Durch den Einsatz von Kleinrechnern als Datenkonzentrator und Auswertesystem lassen sich sogenannte *Erfassungs- und Verarbeitungssysteme* realisieren. Charakteristisch für solche On-line-Systeme ist die Möglichkeit der weitgehenden Fehlerprüfung, Korrektur und des Abrufs der zentral abgelegten Daten. Das *Fertigungslenkungssystem* ermöglicht darüber hinaus die Feinsteuerung der Fertigung. Das System führt einen Vergleich zwischen Produktions-Solldaten und -Istdaten durch und steuert abhängig davon den Materialfluß und die Auftragszuordnung.

Als Beispiel für ein einfaches Sammelsystem sei in Bild 14-4 der Kienzle-Schreiber vorgestellt. Das Gerät registriert Produktions-Istdaten automatisch über entsprechende, an der Maschine installierte Signalgeber und ermöglicht darüber hinaus weitere Funktionserfassungen, wie z. B Gründe für Maschinenstillstand durch Betätigen von Tasten durch den Maschinenbediener. Als Datenträger wird eine rotierende, wachsbeschichtete Pappscheibe eingesetzt. Der Schreibarm registriert die vorliegenden Signale der automatischen Überwachung bzw. der Funktionstasten in den entsprechenden Spuren. Die Auswertung nimmt man off-line manuell vor oder durch automatische Lesegeräte in Verbindung mit einem Auswerterechner.

In einem rechnergeführten Erfassungs- und Verarbeitungssystem sind die Datenerfassungsstationen in der Fertigungsebene meist on-line an die Zentrale gekoppelt. Die zentral gesammelten Daten werden bis zur Auswertung auf Magnetband oder -platte gespeichert. Die Auswertung kann entweder in der Zentrale erfolgen oder in einem übergeordneten Betriebsrechner, nachdem die Daten über eine Fernleitung dorthin übermittelt wurden. Den Aufbau eines solchen Systems zeigt Bild 14-5 [138].

Der Einsatz eines Rechnersystems erlaubt den Anschluß komfortablerer und universellerer Eingabegeräte. So stehen zur Eingabe der Betriebsdaten numerische und alphanumerische Tastaturen zur Verfügung. Darüber hinaus können Eingaben auch über entsprechende Beleglesestifte (OCR-, Bar-Code-, Magnetspurleser)

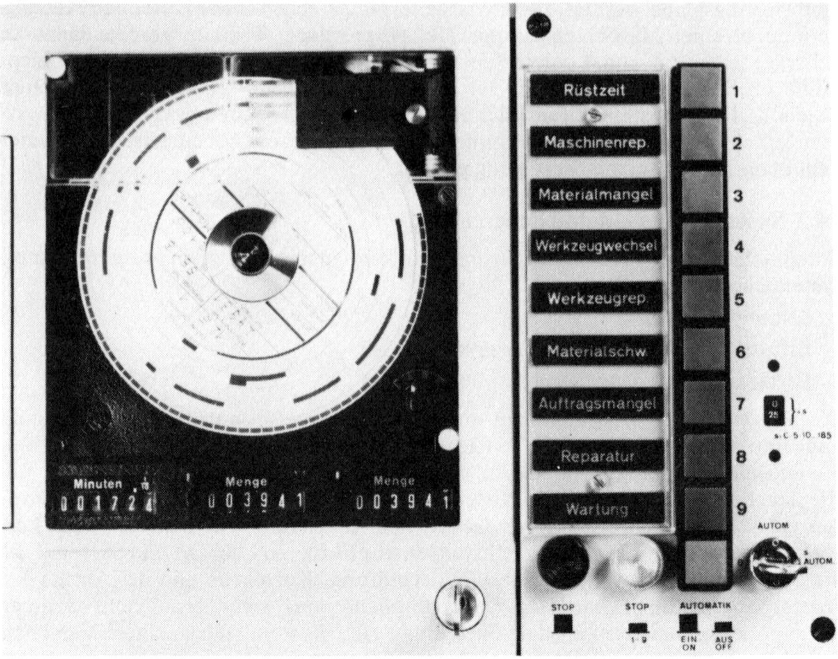

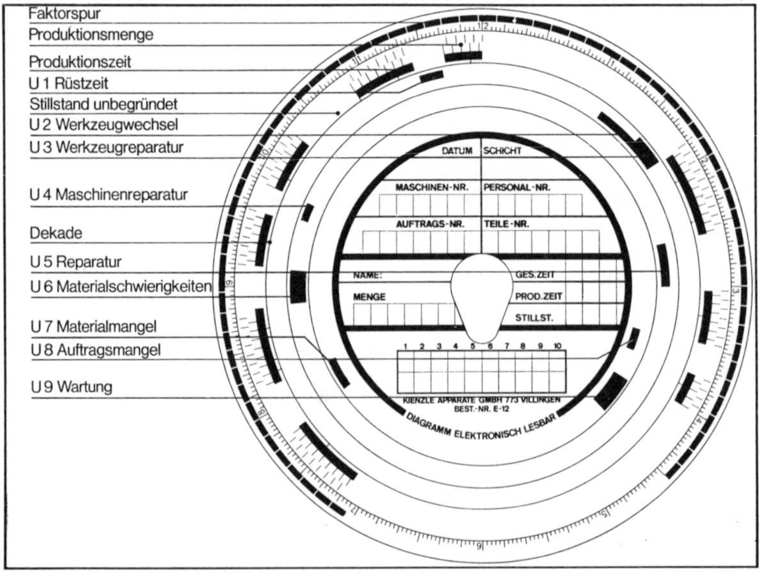

Bild 14-4. Datenerfassungsgerät und Diagrammscheibe (Kienzle).

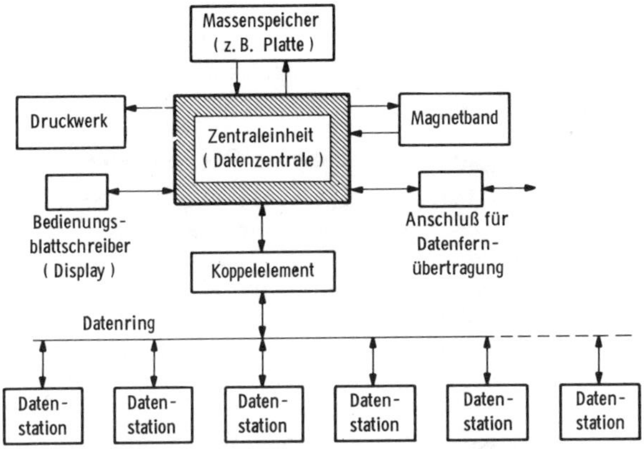

Bild 14-5.
Auslegung eines Systems zur Betriebsdatenerfassung.

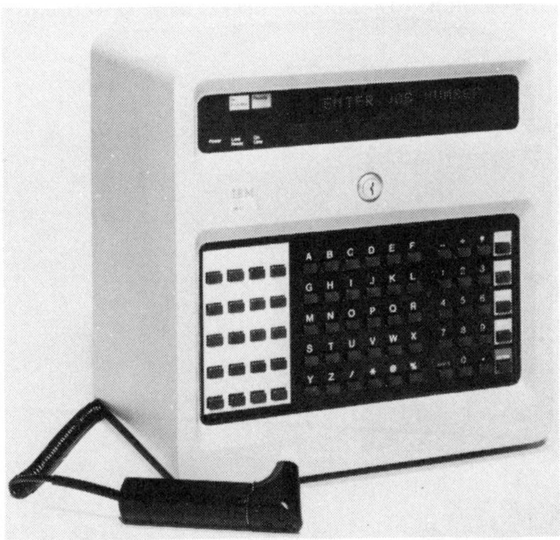

Bild 14-6.
Meisterterminal (IBM).

Bild 14-7. Zeiterfassungsgerät (MBB).

gemacht werden. Quittierungen und Anfragen der Zentrale erscheinen auf Leuchtdisplays, Bild 14-6. Die Bediener melden sich durch Eingabe eines Magnetkartenausweises. Dieser kann u. U. auch zur Gleitzeiterfassung herangezogen werden, für die dann zusätzliche Datenstationen aufzustellen sind, Bild 14-7.

14.3. Betriebsdatenerfassung und Fertigungsüberwachung in DNC-Systemen

Rechnergesteuerte Fertigungsanlagen (DNC-Systeme) bieten wegen ihrer ohnehin vorhandenen On-line-Verbindung zwischen Rechner und Werkzeugmaschine ideale Voraussetzungen für eine Betriebsdatenerfassung. Außer der manuellen Eingabe über ein Terminal ist in einem DNC-System auch eine automatische Datenerfassung möglich. Sensoren und Meßwertgeber liefern die Daten aus dem Prozeß, während z. B. Bearbeitungszeiten und Stückzahlen aus Maschinenbelegungs- bzw. Stückzahllisten des DNC-Programmsystems abgeleitet werden können.

Sowohl für die Anforderung von NC-Steuerdaten als auch für die Eingabe von Betriebsdaten werden in solchen Systemen zunehmend universelle Datensichtgeräte verwendet, Bild 14-8.

Bild 14-8. Universelles Datensichtgerät zur Betriebsdatenerfassung.

Die im Fertigungsrechner gesammelten und vorverdichteten Betriebsdaten werden im einfachsten Fall auch vom Fertigungsrechner ausgewertet. Um die so gewonnene hohe Transparenz des Fertigungsprozesses jedoch voll ausschöpfen zu können, bietet es sich an, durch Kopplung zu einem übergeordneten Betriebsrechner die Betriebsdaten auch on-line der Fertigungsplanung und Fertigungssteuerung zur Verfügung zu stellen, Bild 14-9 [139; 140]. Dem erwähnten

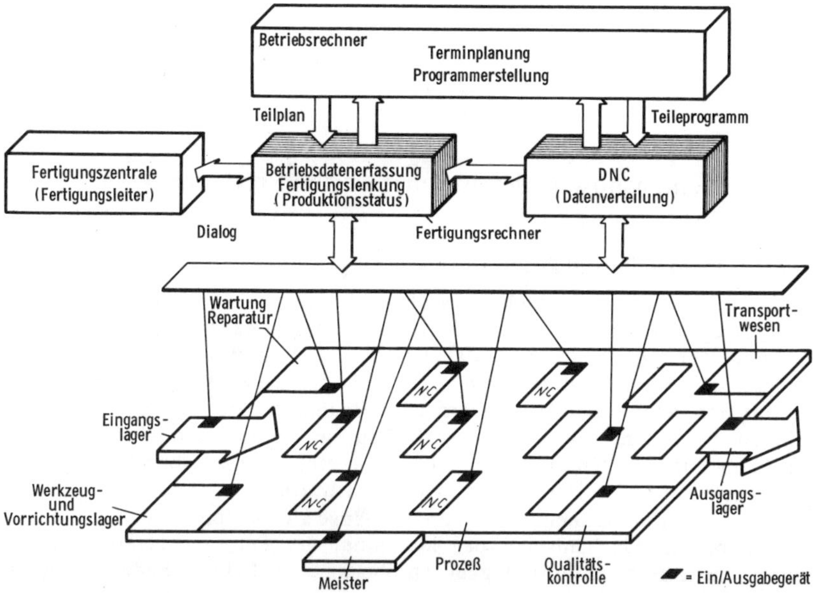

Bild 14-9. On-line-Betriebsdatenerfassung und Fertigungslenkung im Rahmen eines DNC-Systems.

Regelkreis (vgl. Bild 14-2) gemäß ist dadurch eine kurzfristige Reaktion auf Soll-/Istabweichungen, d. h. eine Änderung des Maschinenbelegungsplans bzw. der Auftragsdisposition, möglich. Das DNC-System übernimmt die Materialflußsteuerung und die Verteilung der Aufträge an die Maschinen. Alle Informationen über den Zustand des Prozesses stehen dem Fertigungsleiter jederzeit zur Verfügung.

15. Maschinendiagnose in der automatisierten Fertigung

15.1. Ziele der Maschinendiagnose

Die internationale Entwicklung im Bereich der Produktionstechnik zeigt, daß vor einer weiteren Rationalisierung und Automatisierung in der Fertigung nicht haltgemacht werden darf. Sicher wird dabei ein Ziel die Entwicklung von Werkzeugmaschinen sein, die in weitem Bereich sich selbst überlassen werden können. Das heißt, mit den erforderlichen Peripheriegeräten ausgerüstet, versorgen sich diese Maschinen weitgehend selbst mit Werkstücken und Werkzeugen. Maschinen mit diesen Fähigkeiten bilden die Voraussetzung für eine volle zeitliche Nutzung und somit gute Amortisation ihres hohen Investitionswerts.

Der Einsatz dieser Maschinen bleibt jedoch solange Utopie, bis es gelingt, die teilweise komplexen Mechanismen der Maschine, der Peripheriegeräte und der Steuerung auf ihre Funktionsfähigkeit zu überwachen, Fehlzustände zu diagno-

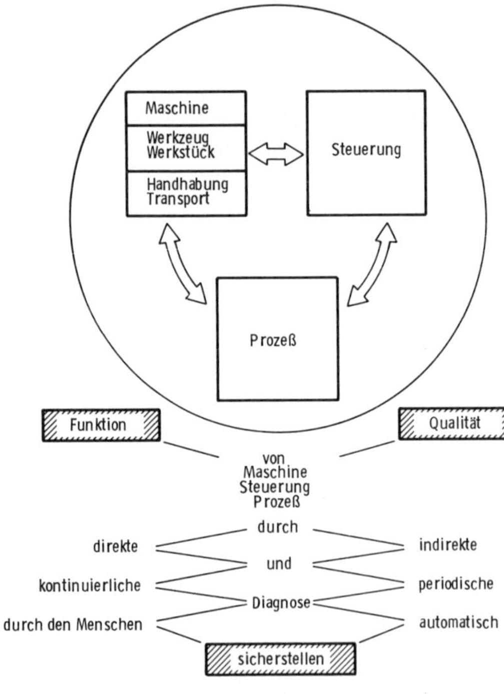

Bild 15-1.
Aufgabe der Maschinendiagnose.

stizieren und möglicherweise letztere gezielt selbständig auszuräumen. In diese Kontrollfunktion ist auch der Prozeß, d. h. die Werkstückbearbeitung, mit einzubeziehen, um sicherzugehen, daß die gefertigten Teile den verlangten Qualitätsmerkmalen entsprechen und die Maschine nicht überlastet wird.

Mit Hilfe der Diagnose, Bild 15-1, ist es möglich, die Funktion und Qualität der am Fertigungsprozeß beteiligten Komponenten, dies sind die Maschine mit Werkzeug, Werkstück und den zugehörigen Handhabungs- und Transporteinrichtungen sowie die Steuerung und der Fertigungsprozeß selbst, sicherzustellen. Das Mittel dafür ist die Diagnose, die direkt durch Auswertung von Maschinenparametern oder indirekt kontinuierlich oder periodisch, automatisch oder manuell durchgeführt werden kann [141].

15.1.1. Einflußgrößen auf die Funktion des Fertigungsmittels und die Qualität der Produkte

Alle Lösungen der Funktions- und Qualitätsüberwachung (Schwerpunkt der weiteren Ausführungen) setzen ebenso wie mögliche konstruktive Lösungen eine weitgehende Kenntnis aller möglichen Einflußgrößen auf die Funktion des Fertigungsmittels und die Qualität der Produkte voraus. Einen Überblick über diese Einflußgrößen gibt Bild 15-2.

Funktionsstörungen des Fertigungsmittels und ein Qualitätsmangel am gefertigten Werkstück haben ihren Ursprung in Fehlern, die an verschiedenen am Fertigungsprozeß beteiligten Komponenten auftreten können. Dazu gehören auf der einen Seite die elektrischen Komponenten, also die Steuerung, Antriebe und

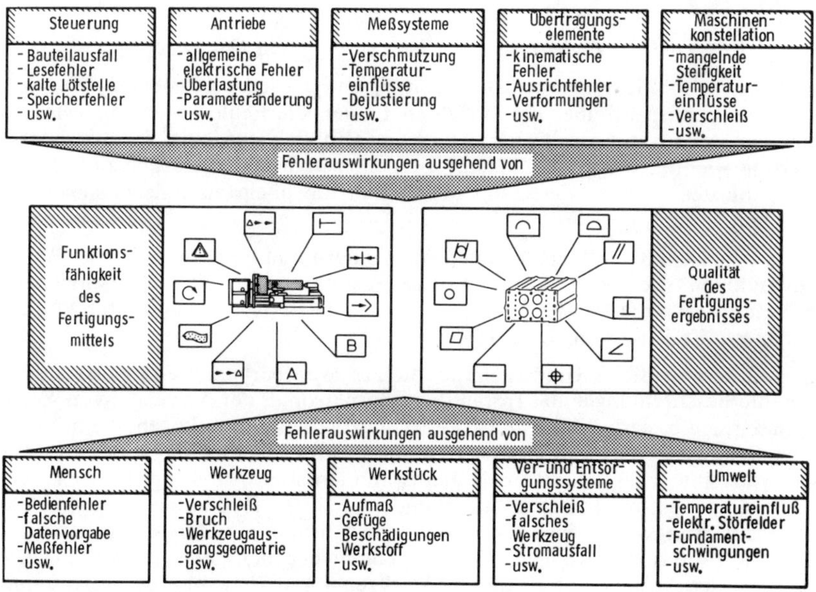

Bild 15-2. Einflußgrößen auf Funktionsfähigkeit und Qualität.

Regler und die Meßsysteme. Zu den dabei auftretenden Fehlern zählen Bauteilausfälle, Lesefehler oder auf der Antriebsseite Änderungen der Reglereinstellung und damit z. B. eine Verschlechterung der Antriebsdynamik. Bei den Meßsystemen kann der Fehler in einer Verschmutzung oder Dejustage der Maßstäbe liegen. Auf der anderen Seite sind die Fehler an den mechanischen Komponenten des Fertigungsmittels zu berücksichtigen. Fehler an den Übertragungselementen machen sich z. B. durch ein ungleichmäßiges Spannen des Werkzeugs oder des Werkstücks, eine ungenaue Ausrichtung des Spindelkastens nach einer Kollision oder ein zu großes Umkehrspiel in einer Bearbeitungsachse bemerkbar.

Eine wesentliche Fehlerursache ist der Mensch selber, der aufgrund von Unachtsamkeiten möglicherweise falsche Schnittdaten über die Steuerung eingibt oder durch einen allgemeinen Bedienungsfehler eine Kollision verursacht. Die dabei auftretenden Schäden und die damit verbundenen Kosten sind oft erheblich, so daß automatische Überwachungseinrichtungen, die Werkzeug- und Werkstückposition erkennen und Kollisionen vermeiden helfen, erstrebenswerte Lösungen des Problems sind. Geeignete Prozeßüberwachungseinrichtungen ermöglichen es jedoch auch, Fehlereinflüsse, die beispielsweise durch Werkzeugverschleiß oder -bruch sowie Aufmaße und fehlerhafte Werkstoffzusammensetzungen des Werkstücks verursacht werden, zu vermeiden.

Vor allem wenn es gilt, die Produktivität der Fertigung unter anderem durch Einsatz von Fertigungseinrichtungen in Schichten mit reduziertem Bedienungspersonal zu steigern, ist es äußerst wichtig, bei der Auslegung der Überwachungs- und Diagnosemaßnahmen außer der technischen Realisierbarkeit auch die Wirtschaftlichkeit der betrachteten Lösung zu berücksichtigen.

15.1.2. Wirtschaftliche Bedeutung der Überwachung und Diagnose

Eine gezielte Entwicklung von Überwachungs- und Diagnosesystemen erfordert detaillierte Kenntnisse über die einzelnen Fehler, die Fehlerursachen sowie die möglichen Auswirkungen. Dabei ist es im Hinblick auf eine Produktivitätssteigerung wichtig, sich besonders auf die Fehler und Fehlerursachen zu konzentrieren, die den größten Fertigungsausfall und die höchsten Folgekosten nach sich ziehen.

In einer repräsentativen Untersuchung von Fehlern und Fehlerursachen an Werkzeugmaschinen, die vier deutsche Werkzeugmaschinenhersteller und -anwender erstellten, konnte die relative Häufigkeit der in Bild 15-2 dargestellten Fehlerursachen ermittelt werden, Bild 15-3.

Den Hintergrund dieser Untersuchung, die auf Monteurberichten der Hersteller und Fehlerbeschreibungen des Instandhaltungspersonals der Anwender von Werkzeugmaschinen basiert, bilden moderne NC-Fertigungseinrichtungen, die mit umfangreichen Werkzeug- und Werkstückwechsel- und -handhabungseinrichtungen ausgerüstet sind. Dies erklärt auch den dominierenden Anteil der bei den Ver- und Entsorgungseinrichtungen auftretenden Fehler. Hydrauliksysteme sowie Energieversorgungs- und Späneentsorgungseinrichtungen bieten wesentliche Ursachen für Funktionsstörungen. Es muß jedoch deutlich gemacht werden, daß etwa 40 % der Ausfälle auf Fehler der Werkzeug- und Werkstückwechselsysteme sowie zugehöriger Handhabungseinrichtungen zurückzuführen sind. Außer den

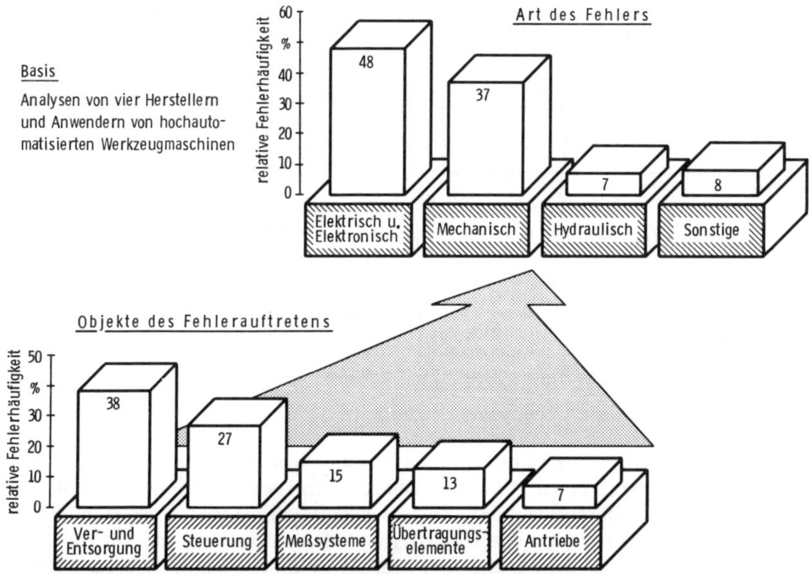

Bild 15-3. Ursachen von Fehlern an Werkzeugmaschinen.

verhältnismäßig einfach zu überwachenden und zu diagnostizierenden Fehlern an Maschinensteuerungen, d. h. an NC- sowie SPS- oder konventionellen Anpaßsteuerungen, treten die Fehler an Meßsystemen, zu denen außer Inductosynmaßstäben auch Drehgeber gehören, in ihrer Häufigkeit etwas zurück. Dies ist ebenso bei den etwa gleich häufig auftretenden Übertragungselementen, wie z. B. Spindellagersystemen, der Fall.

Ein großer Teil der Fehler, etwa 15 %, haben ihre Ursache in Bedien-, Programmier- und Wartungsfehlern und führen so z. B. durch Kollisionen und Überlastungen zum Versagen von Maschinenelementen. Ein Ausschalten dieser Fehlerursachen muß daher auch eine wesentliche Aufgabe der Überwachung sein.

Knapp die Hälfte der auftretenden Fehler sind elektrischer und elektronischer Art. Der dennoch recht große Anteil mechanischer Fehler macht deutlich, daß die Überwachung und Diagnose sich zukünftig verstärkt auch auf mechanische Fehler konzentrieren muß. Dies wird vor allem auch vor dem Hintergrund von Zusatzschichten mit reduziertem Personaleinsatz und der damit verbundenen zunehmenden Bedeutung von Werkzeug- und Werkstück-Ver- und Entsorgungssystemen deutlich. Die Bedeutung der Fehler an diesen zuletzt genannten Maschineneinrichtungen wird dabei mit zunehmendem Automatisierungsgrad noch wesentlich zunehmen.

15.1.3. Aufgaben der Überwachung und Diagnose

Die Aufgaben der Überwachung untergliedern sich in die Teilaufgaben Zustandserfassung, Zustandsvergleich und Diagnose, Bild 15-4.

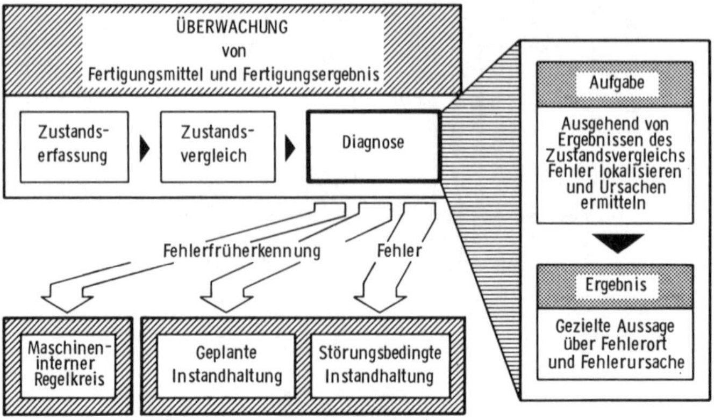

Bild 15-4. Aufgaben der Überwachung und Diagnose.

Die Zustandserfassung beinhaltet die Aufnahme von Meßwerten, Maschinenkennwerten und -parametern, die den gegenwärtig vorliegenden Zustand des Fertigungsmittels wiedergeben. Der Zustandsvergleich ist der Vergleich dieses Istzustands mit einem vorgegebenen Sollzustand. Dieser Sollzustand wird je nach betrachtetem Parameter durch die bei der Maschinenabnahme festgestellten Maschinendaten unter Berücksichtigung umweltbedingter Veränderungen beschrieben oder durch vorgegebene prozeß-, werkstück- und werkzeugabhängige Größen definiert.

Der Zustandsvergleich erfüllt zwei Hauptaufgaben. Dies sind zum einen die Überprüfung von Grenzwerten und Trends und zum anderen die Kontrolle zeitlicher Abläufe. Eine Grenzwertüberprüfung kann dabei sowohl die Überprüfung auf Einhaltung eines minimalen oder maximalen Werts als auch die Überprüfung auf Einhaltung von Toleranzen – sogenannten erlaubten Bändern – sein. Als Grenzwerte kommt eine Vielzahl von Betriebsparametern der Maschine in Betracht, z. B. Temperaturen, Drücke, Wege, Schaltzeiten usw., deren Überschreiten Rückschlüsse auf Fehler zuläßt.

Das Ergebnis des Zustandsvergleichs sind die „Symptome", die als Eingangsgrößen für die eigentliche Diagnose dienen. Die Diagnose wertet die Ergebnisse des Zustandsvergleichs aus, lokalisiert den Fehlerort und ermittelt die Fehlerursache. Das Ergebnis der Diagnose ist eine gezielte Aussage über Fehlerort und Fehlerursache. Eine systematische, durch entsprechende Hilfsmittel, wie z. B. Fehlerbäume, unterstützte Diagnose kann den Fehlersuchaufwand erheblich reduzieren. Darüber hinaus ermöglicht die als Diagnosergebnis vorliegende detaillierte Aussage über Fehlerort und Fehlerursache, bei frühzeitigem Erkennen des Fehlers, eine Kompensation der auftretenden Abweichungen über einen maschineninternen Regelkreis. Andererseits kann eine möglicherweise notwendig werdende Reparatur dann ebenfalls gezielt angegangen werden. Die als Fehlerfolge auftretenden Ausfallzeiten und die damit verbundenen Kosten können so erheblich gesenkt werden. Trendauswertungen ermöglichen es darüber hinaus, Fehler schon in ihrer Entwicklung zu erkennen und so Folgefehler zu vermeiden.

Weiterhin können Ersatzteilbestellungen und andere organisatorische Maßnahmen frühzeitig eingeleitet werden. Gelingt es außerdem, die Instandsetzungsarbeiten außerhalb der normalen Produktionszeiten einzufügen, so werden mit einer so geplanten und nicht unmittelbar störungsbedingten Instandhaltung die Fehlerfolgekosten weiter reduziert. Negative Auswirkungen, besonders in bezug auf die Qualität des Fertigungsergebnisses, lassen sich teilweise vermeiden, wenn die Einflüsse, die nicht zu Ausfällen der Maschine, zu Funktionsbeeinträchtigungen oder -störungen sowie zu Folgeschäden führen, mit Hilfe eines maschineninternen Regelkreises kompensiert werden. Außer den inzwischen allgemein üblichen Meßsteuerungen beim Schleifprozeß wird ein solcher Regelkreis z. B. bei Bearbeitungszentren dazu genutzt (ausgehend von der Lagertemperatur der Frässpindel und dem Isothermenfeld) die temperaturbedingte relative Verlagerung zwischen Spindel und Werkstück auszugleichen. Hierunter fallen ebenfalls alle die Regelungen, die bereits im Rahmen von AC-Systemen entwickelt wurden.

15.2. Überwachungsstrategien

Zur technisch, organisatorischen Realisierung jeder Überwachungsaufgabe steht eine Vielzahl alternativer Überwachungsstrategien zur Auswahl. Welche dieser Strategien dabei jeweils am günstigsten einzusetzen ist, hängt unter anderem vom Ziel der Überwachung, z. B. vom gewünschten Automatisierungsgrad des Gesamtsystems, von der Zuverlässigkeit der Meßwerterfassung sowie von den Qualitätsanforderungen des Werkstückspektrums ab. Werden diese und weitere

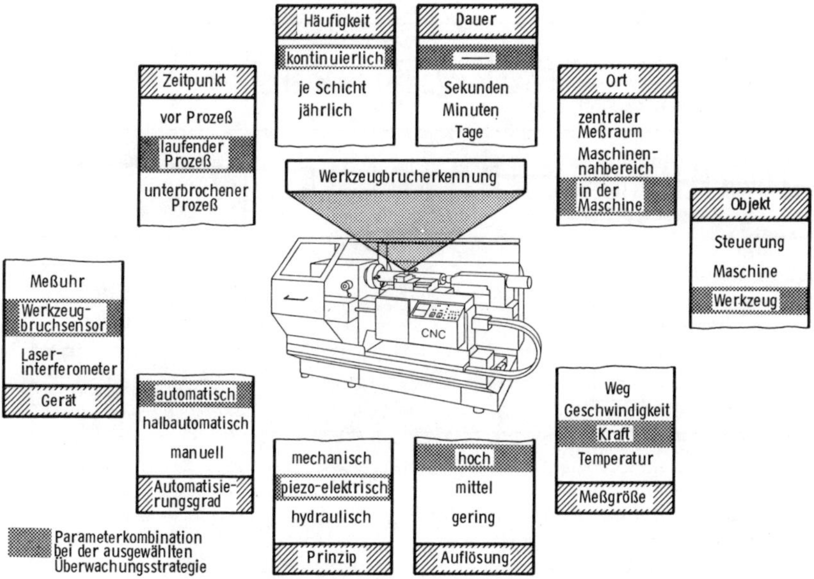

Bild 15-5. Beispiel einer möglichen Überwachungsstrategie zur Werkzeugbrucherkennung.

Randbedingungen berücksichtigt, so ist es möglich, eine geeignete Überwachungsstrategie zu ermitteln, die durch eine Reihe unterschiedlichster Bestimmungsgrößen definiert wird.

Im Vordergrund stehen einmal zeitorientierte Größen, wie die Häufigkeit, die Dauer und der Zeitpunkt der Überwachung, Bild 15-5. Von besonderem Einfluß auf die Wirtschaftlichkeit sind aber auch der Automatisierungsgrad, die Auflösung und der Ort der Überwachung. Bestimmungsgrößen, deren Auswahl vorrangig unter technischen Gesichtspunkten erfolgen sollte, sind andererseits das Objekt, die Meßgröße und das Prinzip der Überwachung. Die Geometrie eines Gegenstands kann so beispielsweise optisch mit Hilfe von Kamerasystemen oder mit einfachen mechanischen Tastern ermittelt werden. Ferner sind hydraulisch oder pneumatisch arbeitende Systeme denkbar. Letzter Schritt bei der Herleitung einer Überwachungsstrategie ist die Festlegung des einzusetzenden Überwachungsgerätes.

Für jeden Anwendungsfall kommen je nach Ausprägung der Randbedingungen unterschiedliche Strategien in Betracht. Eine mögliche Lösung des Problems der Werkzeugbrucherkennung (Bild 15-5), die unter der Zielsetzung unbeaufsichtigt ablaufender Fertigungsprozesse als eine zentrale Aufgabe anzusehen ist, wird im wesentlichen charakterisiert durch eine

– Überwachung während des laufenden Prozesses,
– kontinuierliche Meßwertaufnahme und eine
– damit verbundene vernachlässigbar kurze Erfassungsdauer je Meßwert [142].

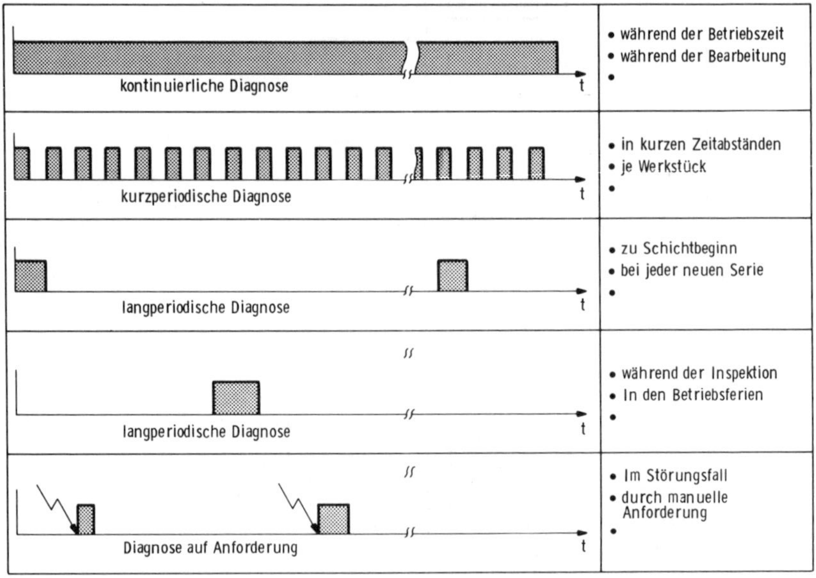

Bild 15-6. Zeitliche Einteilung von Diagnoseaufgaben.

Andere Systeme [143], die z. B. auf Taster zurückgreifen, können dagegen den Zustand des Werkzeugs nur während der Prozeßpausen erfassen und benötigen mehrere Sekunden zur Meßdatenerfassung.

Es zeigt sich, daß die Häufigkeit und der Zeitpunkt, an dem Aufgaben der Überwachung und Diagnoseaufgaben vorgenommen werden, eine Gliederungsmöglichkeit des weiten Aufgabenfelds bilden. Eine solche Gliederung nach einem verhältnismäßig groben zeitlichen Raster ist in Bild 15-6 dargestellt.

Es gibt Diagnoseaufgaben, die kontinuierlich (z. B. während der gesamten Betriebszeit der Maschine oder während eines Bearbeitungsgangs) durchgeführt werden müssen. Die Temperatur gefährdeter schnellaufender Arbeitsspindelsysteme muß beispielsweise während der gesamten Betriebszeit der Maschine überwacht werden; die Schnittkraft wird dagegen sinnvollerweise nur während der Bearbeitung überwacht.

Dann gibt es Parameter, die periodisch überwacht werden müssen. Ein einfaches Beispiel dafür ist die Zentralschmierung. In Zeitabständen von einigen Minuten kommt ein Schmierimpuls. Während dieses Schmierimpulses muß die Höhe des dabei auftretenden Drucks und der Schmiermitteldurchsatz überwacht werden. Andere Überwachungsaufgaben, z. B. Meßaufgaben, werden nur einmal je Werkstück ausgeführt. Die Überwachung des Spannweges erfolgt z. B. nur einmal beim Spannen eines jeden Werkstücks. Außer diesen kurzperiodischen Aufgaben gibt es auch die langperiodische Diagnose, die nur einmal je Schicht oder vor Beginn einer neuen Werkstückserie nötig ist. Zur Diagnose in noch größeren Zeitabständen zählen alle die Maßnahmen, die nur während einer Inspektion oder in den Betriebsferien erforderlich werden. Dazu gehört vor allem die Überprüfung von geometrischen, kinematischen und dynamischen Maschineneigenschaften, die sich nur sehr langsam ändern und deren Erfassung einen erheblichen Meßaufwand erfordert. Als letztes sind noch die Diagnoseaufgaben zu nennen, die nur sporadisch anfallen, sei es durch eine Störung an der Maschine oder durch eine gezielte, manuell eingeleitete Diagnose.

15.3. Beispiele für die Überwachung und Diagnose

15.3.1. Allgemeiner Funktionstest vor Schichtbeginn

Die Klassifizierung von Diagnoseaufgaben nach Zeitpunkt und Häufigkeit, wie sie zuvor beschrieben wurde, soll im folgenden an einigen Beispielen näher erläutert werden.

Vor Beginn einer Schicht sollte die Maschine einschließlich Peripherie zunächst einem kurzen allgemeinen Funktionstest unterzogen werden, wie in Bild 15-7 skizziert. Außer der optischen Kontrolle durch den Maschinenbediener ist es auch sinnvoll, die Maschinengeometrie zu überprüfen. Dazu wird statt eines Werkzeugs ein Meßtaster eingewechselt und in einem speziellen Meßzyklus Referenzpunkte am Tisch angetastet. Dieser Antastvorgang wird bei verschiedenen Tischpositionen wiederholt. Die Auswertung der Messungen gibt einen Überblick über die Positioniergenauigkeit, d. h. über den geometrischen Zustand der Maschine.

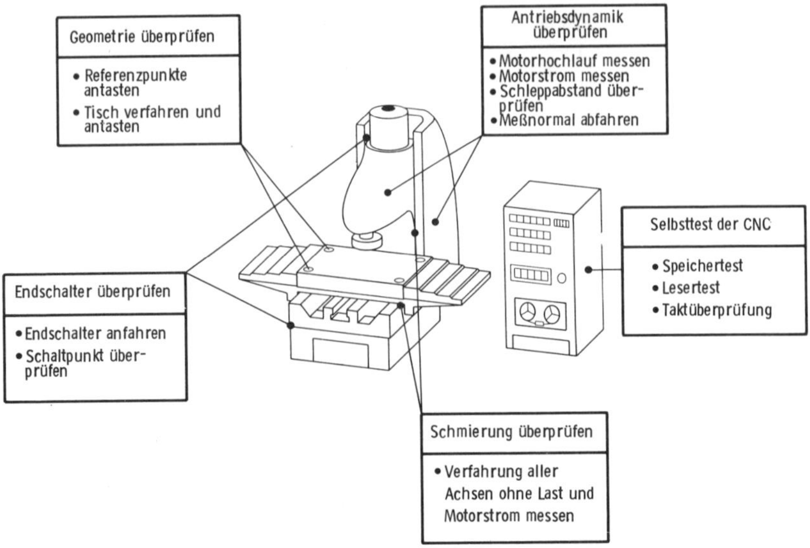

Bild 15-7. Allgemeiner Funktionstest vor Schichtbeginn.

In einem weiteren Meßzyklus kann der Motorhochlauf der Vorschubantriebe ohne Last geprüft werden. Drehzahlverlauf, Motorstrom und Schleppabstand werden dabei gemessen. Aus den Meßwerten läßt sich eine Aussage über die Antriebsdynamik herleiten. Exaktere Aussagen sind möglich, wenn ein Meßnormal zur Verfügung steht, das mit einem Taster abgefahren werden kann.

Ein wichtiger Punkt, den käufliche Steuerungen größtenteils aufweisen, ist ein Selbsttest der CNC-Steuerung. Außer den laufend aktiven Überwachungen, wie z. B. die Taktüberwachung, gibt es auch Tests, die einmalig zu Beginn einer Schicht gemacht werden sollten. Beispiele hierfür sind der Speichertest und der Test des Lochstreifenlesers [144].

Ein weiterer einfacher Test ist die Überprüfung der Schmierung und der Reibverhältnisse aller Führungsbahnen. Durch das Verfahren der Achsen ohne Last und gleichzeitige Messung des Motorstroms kann frühzeitig eine Verschlechterung des Führungsbahnzustands erkannt und Abhilfe geschaffen werden. Hierzu ist eine entsprechende Trendauswertung über die Einsatzdauer erforderlich. Auch die Funktionstüchtigkeit von Schaltern läßt sich einfach testen. Durch Auslösen verschiedener Schaltfunktionen oder Anfahren der Endschalter in allen Achsen kann aus dem Schaltzeitpunkt und der Stärke des Schalterprellens auf deren Zustand geschlossen werden.

Außer den genannten allgemeinen Tests vor Schichtbeginn gibt es noch eine Vielzahl anderer, die je nach Maschinentyp und Einsatzart der Maschine sinnvoll sein können.

15.3.2. Optische Rohteilerfassung (Teil der Prozeßdiagnose)

Nachdem durch den allgemeinen Funktionstest sichergestellt wurde, daß die Maschine funktionsfähig ist, kann die Fertigung beginnen. Vor der Bearbeitung des eingespannten Werkstücks wird nun, wie in Bild 15-8 gezeigt, die Rohteilgeometrie und damit das Aufmaß erfaßt. Zu diesem Zweck ist auf dem Werkzeugträger eine Zeilenkamera befestigt. Eine auf dem Schlitten angebrachte Leuchte erzeugt ein Schattenbild des Werkstücks, das von der Kamera erfaßt wird. Ein Mikrorechner ermittelt aus den Kamerasignalen den Durchmesser des Werkstücks. Hat der Werkzeugschlitten einmal die gesamte Werkstücklänge mit hoher Vorschubgeschwindigkeit abgefahren, ist die Rohteilgeometrie bekannt. Es kann nun das jeweilige Aufmaß durch eine Korrektur der NC-Sätze berücksichtigt werden. Bei größeren Aufmaßen ist mit einer entsprechenden Strategie auch eine automatische Schnittaufteilung möglich. Die NC-Satz-Korrektur und die automatische Schnittaufteilung können beide losgelöst von der NC-Steuerung der Maschine vorab im Mikrorechner erfolgen. In Bild 15-8 ist rechts die realisierte Anordnung von Kamera und Leuchte an einer Drehmaschine zu sehen.

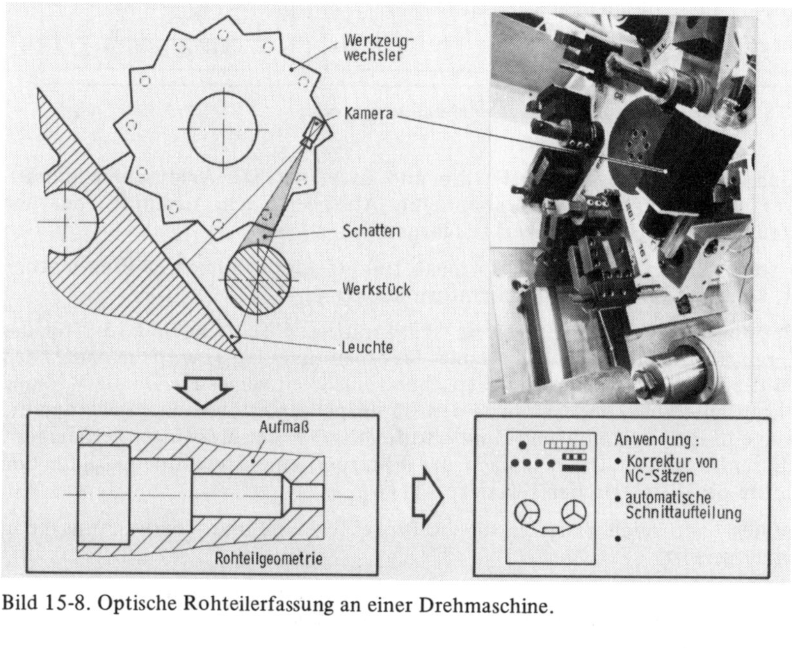

Bild 15-8. Optische Rohteilerfassung an einer Drehmaschine.

15.3.3. Kontinuierliche Prozeßüberwachung

Während des Bearbeitungsvorgangs gibt es eine ganze Reihe von Parametern, die kontinuierlich im laufenden Prozeß überwacht werden sollen. In Bild 15-9 sind Beispiele für diese Prozeßüberwachung beim Drehen, Erodieren und Fräsen gezeigt. Mit Hilfe eines 3-Komponenten-Zerspankraftmeßrevolvers werden die

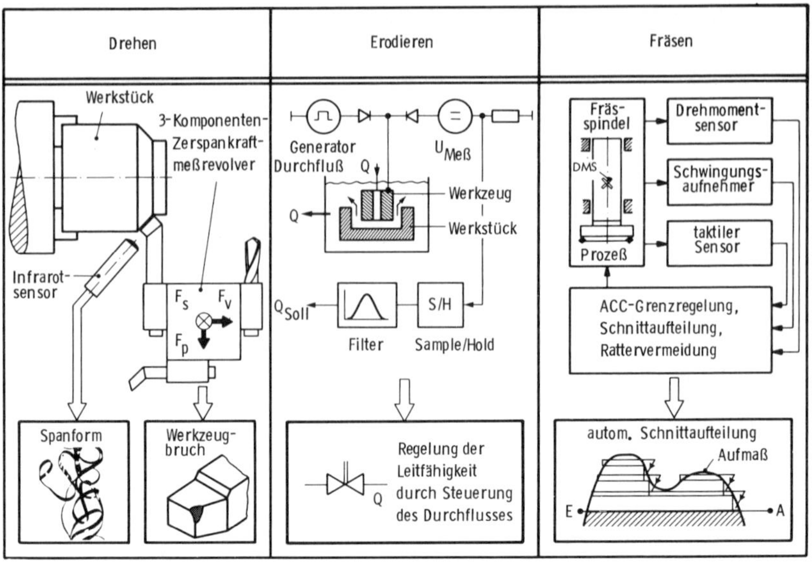

Bild 15-9. Beispiele für Prozeßüberwachung und -diagnose.

drei Schnittkraftkomponenten Fs, Fp und Fv erfaßt. Die Analyse der Schnittkraftverläufe kann außer vielen anderen Aussagen auch Auskunft über den Werkzeugverschleiß und den Werkzeugbruch geben [142].

Ein Infrarotsensor, der über die Wärmeabstrahlung der Späne deren Flugrichtung erfaßt, kann zur Erkennung der Spanform dienen [145].

Ein Beispiel für eine Prozeßregelung ist im mittleren Teil von Bild 15-9 für das Erodieren dargestellt. Mit Hilfe einer Meßspannung $U_{Meß}$ wird im laufenden Prozeß die Leitfähigkeit der dielektrischen Flüssigkeit gemessen. Da die Messung nicht kontinuierlich, sondern nur in den Impulspausen erfolgen kann, werden die Meßwerte in einer „Sample and Hold"-Stufe zwischen den Messungen gespeichert. Aus diesem Signal ergibt sich nach der Filterung eine Stellgröße Q_{Soll} für den Durchfluß der dielektrischen Flüssigkeit [146].

Als letztes seien noch Beispiele für die Prozeßregelung und -überwachung beim Fräsen aufgezeigt.

Auf die Frässpindel aufgeklebte Dehnmeßstreifen ermöglichen die Erfassung des Drehmoments. Vorschub und Spindeldrehzahl sind nun so regelbar, daß die Maschine immer voll ausgelastet aber nicht überlastet wird. Es ist also eine ACC-Grenzregelung möglich. Zusammen mit einem taktilen Sensor für die Annäherungs- und Unterschnitterkennung ist damit auch die automatische Schnittaufteilung realisierbar [89]. Zusätzliche Schwingungsaufnehmer überwachen den Prozeßablauf im Hinblick auf Rattern. Durch eine Strategie der Drehzahl-Variation oder durch Ansteuern eines aktiven Dämpfers wird das Rattern unterdrückt.

15.3.4. Werkzeug- und Maschinenüberwachung durch Mustererkennung

Große Bedeutung kommt der Überwachung der Werkzeuge und der Maschinenbelastung zu. Es gibt bereits eine ganze Reihe von Systemen zur Erkennung von Werkzeugbruch und -verschleiß. Außer der Auswertung von Schnittkraftsignalen wurden optische, elektrische und pneumatische Sensoren für diese Zwecke angewendet. Neuere Entwicklungen bei Drehmaschinen in Japan nutzen den linearen Zusammenhang zwischen Vorschubmotorstrom und Schnittkraft in Vorschubrichtung, wie in Bild 15-10 oben links gezeigt [147]. Die Messung des Vorschubmotorstroms ist einfach und mit wenig Aufwand möglich. Mit einem Zusatzsystem auf Mikrorechnerbasis (oben rechts in Bild 15-10), das über einen Analog/Digitalwandler den Vorschubmotorstrom erfaßt und mit der NC-Steuerung der Maschine gekoppelt ist, ergeben sich folgende Möglichkeiten:

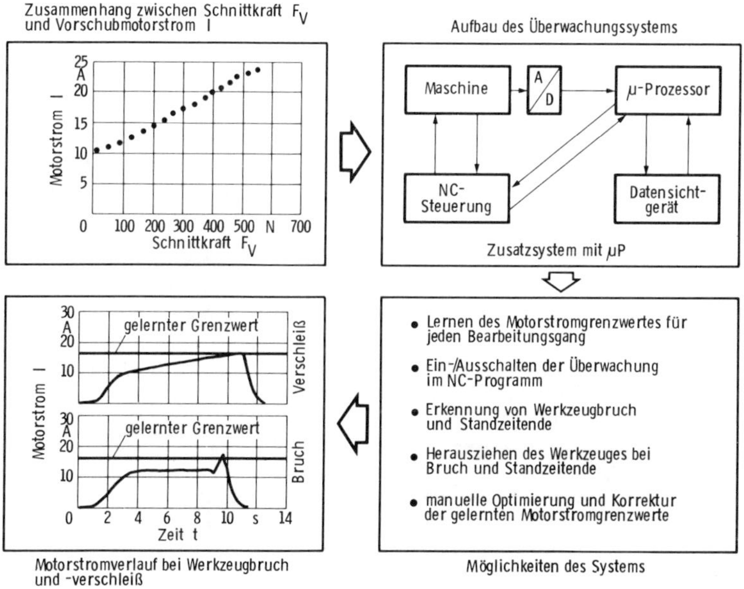

Bild 15-10. Erkennung von Werkzeugbruch und Werkzeugverschleiß durch Überwachung des Vorschubmotorstroms.

a) Lernen des Musters, d. h. in diesem Fall des Motorstroms, J = f(x,z), für jeden Bearbeitungsgang (NC-Satz).

Beim ersten Teil einer Werkstückserie wird zunächst für jeden Bearbeitungsschritt der Motorstrom gespeichert und auch der mögliche maximal auftretende Wert durch Verschleißmaximum bzw. Werkzeugbruch definiert angegeben. Damit sind nach der Fertigstellung des ersten Werkstücks die Vorgabewerte des Motorstroms ermittelt.

b) Ein/Ausschalten der Überwachungseinrichtung im NC-Programm.

Durch Zusatzfunktionen kann der Programmierer im NC-Programm festlegen, in welchen Bearbeitungsschritten er die Werkzeug- bzw. Maschinenüberwachung wünscht.

c) Erkennen von Werkzeugbruch und Standzeitende.

Ist die Überwachungseinrichtung durch das NC-Programm aktiviert, vergleicht sie fortlaufend die aktuelle Höhe des Motorstroms mit dem gelernten Verlauf des Motorstroms. Wird der Maximalwert bzw. ein vorgegebenes Toleranzband überschritten, liegt Bruch, zu hoher Verschleiß des Werkzeugs, veränderte Rohteilmaße oder ein anderer Werkstoff vor.

d) Herausziehen des Werkzeugs bei Bruch und Standzeitende bzw. bei Maschinenüberlastung.

Wird das Standzeitende oder der Bruch des Werkzeugs erkannt, stoppt der Bearbeitungsvorgang, das Werkzeug wird herausgezogen und gewechselt. Dann wird die Bearbeitung fortgesetzt. Bei Überlastung der Maschine stoppt die Maschine; der Bediener muß die Ursache feststellen.

e) Manuelle Optimierung und Korrektur der gelernten Motorstromgrenzwerte.

Es ist jederzeit möglich, die Motorstromgrenzwerte manuell zu ändern, sei es um sie an geänderte Verhältnisse anzupassen (anderes Kühlschmiermittel, geänderter Vorschuboverride usw.) oder zur nachträglichen Korrektur der gelernten Werte.

Der prinzipielle Verlauf des Motorstroms bei Bruch und Verschleiß ist in Bild 15-10 unten links dargestellt. In beiden Fällen wird bei Überschreiten des gelernten Grenzwerts die Bearbeitung unterbrochen. Auf diese Weise wird der Prozeßverlauf und die Maschinenbelastung ständig überwacht. Je nach Anwendungsfall sind auch andere Meßgrößen, wie Schnittkräfte, Drehmomente bzw. Ankerstrom des Hauptantriebs, als Belastungskenngrößen sinnvoll.

15.3.5. Periodischer Einsatz von Meßtastern

Während der laufenden Fertigung können nun außer der kontinuierlichen Werkzeug- und Prozeßüberwachung und der optischen Erfassung jedes Werkstücks in etwas größeren Zeitabständen Meßzyklen eingeschoben werden. Zwei Beispiele solcher Meßzyklen sind in Bild 15-11 gezeigt.

Im linken Teil von Bild 15-11 ist ein Verfahren dargestellt, das mit fest an der Maschine angebrachten Tastern arbeitet. Das Anfahren dieser Taster vor Beginn der Bearbeitung kann eine Voreinstellung der Werkzeuge überflüssig machen. Wiederholtes zwischenzeitliches Anfahren der Taster kann darüber hinaus zur Messung des Werkzeugverschleißes dienen [148].

Im rechten Teil von Bild 15-11 ist ein Verfahren skizziert, bei dem ein Taster anstelle des Werkzeugs eingewechselt wird. Mit diesem Taster können sowohl Referenzflächen an der Maschine als auch das Werkstück selbst angetastet werden. Die Meßergebnisse liefern dann entweder indirekt über die Werkstückabmessungen Aussagen über den Werkzeugverschleiß oder geben direkt Auskunft über Verlagerungen der Maschine, die beispielsweise auf Temperaturein-

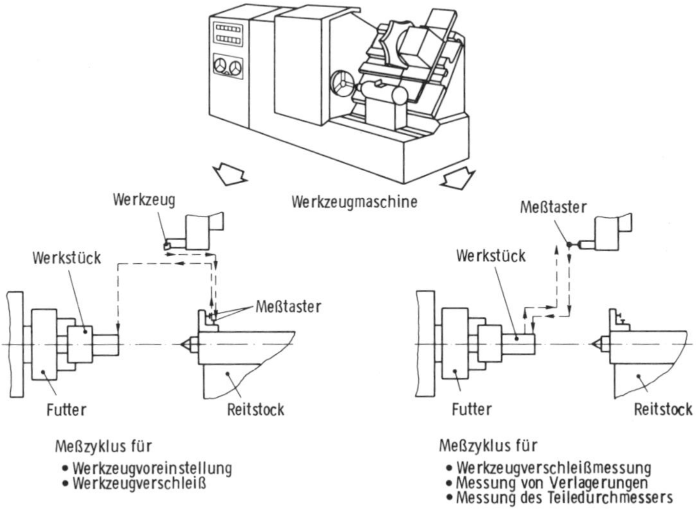

Bild 15-11. Erfassung von Werkzeugverschleiß und Maschinenverlagerungen durch Meßzyklen während der Bearbeitung.

flüsse zurückgehen. Vor allem ist natürlich auch die Messung des Werkstückdurchmessers möglich.

15.3.6. Temperaturkompensation

Verlagerungen der Maschine durch Temperatureinflüsse lassen sich auch auf andere Weise erfassen und kompensieren [149]. Bild 15-12 zeigt einen Versuchsaufbau, bei dem die Verlagerungen in allen Achsen bei variablem Drehzahlprofil mit berührungslosen Wegaufnehmern kontinuierlich gemessen werden. Für die z-Achse ist dann eine Kompensation in der Weise notwendig, daß, wie in Bild 15-12 vereinfacht dargestellt, die Temperaturdifferenz zwischen Spindel und Maschinengestell mit Hilfe von Temperaturfühlern an repräsentativen Punkten der Maschine erfaßt und aus ihr ein Korrekturwert für die Nullpunktverschiebung in der NC-Steuerung hergeleitet wird. Ergebnisse dieses Versuchs sind aus dem Diagramm in Bild 15-12 zu ersehen. Es zeigt sich, daß je nach Maschinentyp in günstigen Fällen die Einflüsse der Verlagerungen auf die Bearbeitungsfehler in der z-Achse etwa um den Faktor 10 gesenkt werden können.

15.3.7. Diagnose auf Anforderung

Trotz aller Überwachungseinrichtungen passiert es immer wieder, daß eine Maschine ausfällt, ohne daß die Ursache dafür gleich ersichtlich ist. In diesem Fall setzt die „Diagnose auf Anforderung" ein. Das erste Glied in der Kette derjenigen, die diagnostizieren müssen, ist der Mann an der Maschine, Bild 15-13. Da er den Ausfall der Maschine unmittelbar miterlebt hat, sind seine Wahrnehmungen eine der wichtigsten Grundlagen für die weitere Fehlersuche.

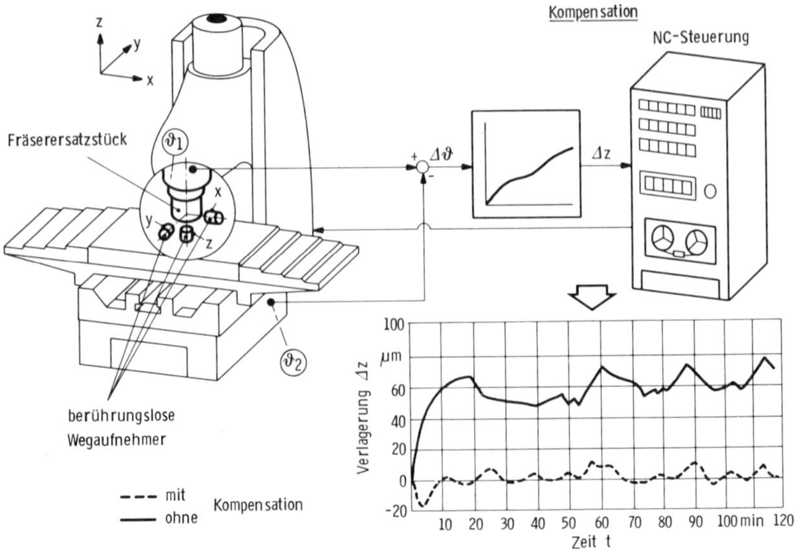

Bild 15-12. Kompensation von Maschinenverformungen durch Temperatureinfluß.

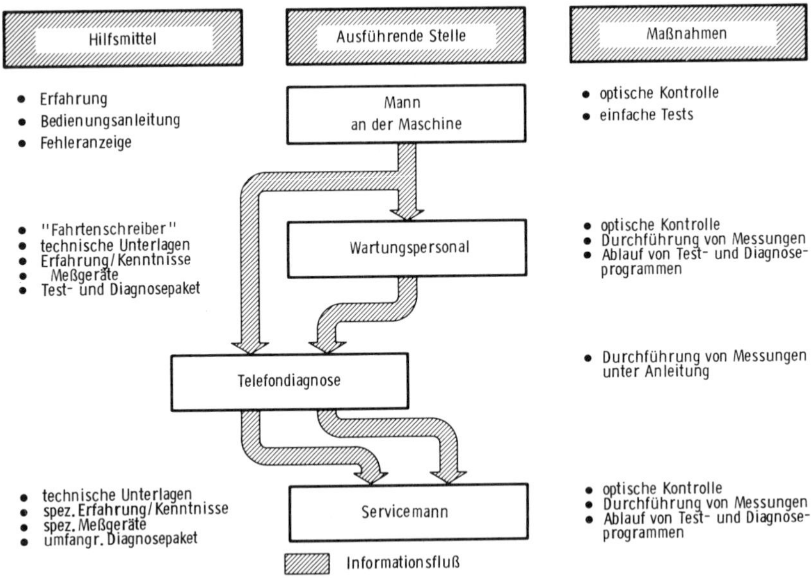

Bild 15-13. Diagnose nach Ausfall der Maschine.

Die Maßnahmen, die er selbst ergreifen kann, sind allerdings in der Regel sehr begrenzt. Außer der „Sichtprüfung" oder einer optischen Kontrolle kann er aufgrund seiner Erfahrungen und der ihm zur Verfügung stehenden Hilfsmittel, wie z. B. der Bedienungsanleitung oder einer Fehleranzeige an der Maschine, einfache Kontrollen und Tests durchführen. Ist der Fehler aber nicht offensichtlich, wird die weitere Fehlersuche dem Wartungs- und Instandhaltungspersonal übertragen.

Das Wartungspersonal ist meist in der Lage, den Fehlerort und die Fehlerursache zu ermitteln. Außer den fachlichen Kenntnissen, über die das Wartungspersonal aufgrund seines Ausbildungsstands verfügt, stehen ihm die nötigen Meßgeräte, die technischen Unterlagen der Maschine sowie der Service (Anleitungen oder sogar Test- und Diagnosepakete der Hersteller) zur Verfügung.

Auch dabei ist, wie schon erwähnt, die genaue Fehlerbeschreibung durch den Maschinenbediener Voraussetzung für ein effektives Arbeiten.

Ein weiteres wesentliches Hilfsmittel könnte der sogenannte Fahrtenschreiber sein, der alle wichtigen Maschineninformationen einer kurzen Zeitspanne vor dem Ausfall der Maschine speichert. Auf diesen Fahrtenschreiber wird noch näher eingegangen.

Führen auch die Maßnahmen des Wartungspersonals, also gezielte Messungen und der Ablauf von Test- und Diagnoseprogrammen, nicht zum Ziel, kommt als nächste „Diagnosestufe" die sogenannte Telephondiagnose in Betracht, die allerdings bisher nur wenige Hersteller anbieten [150]. Die Telephondiagnose ermöglicht zweierlei:

- Erstens einen Informationsaustausch zwischen dem Wartungspersonal des Anwenders und den Servicetechnikern des Herstellers. Es können die Umstände, die zum Ausfall geführt haben, die genauen Fehlererscheinungen und die bisher getroffenen Maßnahmen mitgeteilt und neue Maßnahmen angeregt werden.
- Zweitens können auch direkt Meßwerte und Informationen aus der Maschinensteuerung per Telephon zum Hersteller übertragen werden. In der Regel verfügt der Hersteller über eine Datenbank, in der alle schon einmal aufgetretenen Fehler eines Maschinentyps erfaßt sind. Darüber hinaus stehen ihm umfangreiche Test- und Diagnoseprogramme zur Verfügung, die zusammen mit den über die Telephonleitung überspielten Meßwerten eine Fehleranalyse ermöglichen.

Sollte auch dies nicht zum Ziel führen, bleibt als letzte Möglichkeit die Entsendung eines Servicetechnikers seitens des Herstellers. Außer seinen speziellen Kenntnissen und Erfahrungen verfügt dieser auch über geeignete Meßhilfsmittel und umfangreiche Diagnoseprogramme, die letztlich zur Ermittlung des Fehlers führen.

15.3.8. „Fahrtenschreiber"

Es wurde zuvor schon ein Hilfsmittel erwähnt, das einer genaueren Erläuterung bedarf, der „Fahrtenschreiber" für Werkzeugmaschinen.

Das Prinzip eines solchen Fahrtenschreibers ist in Bild 15-14 dargestellt. Wichtige Informationen und Daten, wie

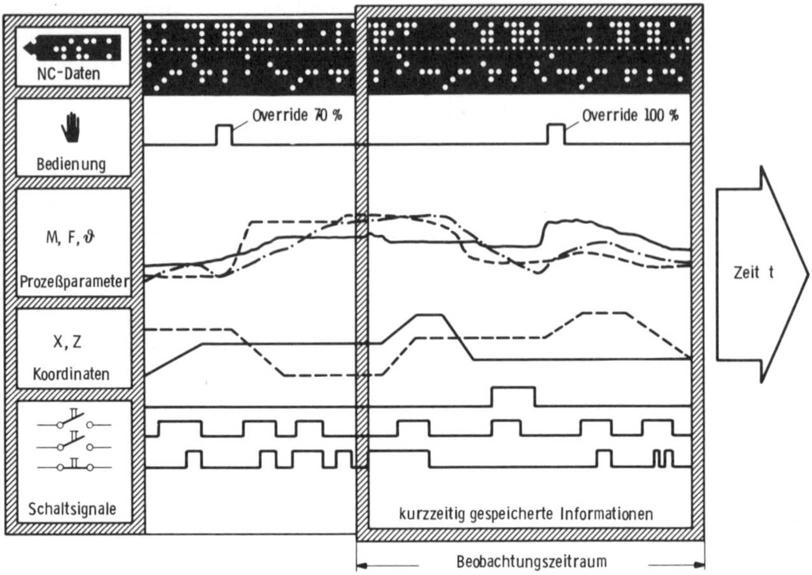

Bild 15-14. Prinzip eines Fahrtenschreibers für Werkzeugmaschinen.

- aktuelle NC-Satzdaten,
- Bedienungseingriffe,
- Prozeßparameter (Drehmomente, Kräfte, Temperaturen usw.),
- Maschinenparameter (Wege, Drehzahlen, Vorschübe) und
- Schaltsignale,

werden für eine bestimmte Zeitspanne festgehalten. Dies ist in Bild 15-14 durch den längs der Zeitachse verschiebbaren Rahmen angedeutet. Der Rahmen veranschaulicht den Beobachtungszeitraum. Alle Informationen innerhalb des Rahmens sind gespeichert und jederzeit zugänglich. Im Normalfall bewegt sich der Rahmen mit der Zeit t vorwärts; es werden laufend neue Informationen aufgenommen, alte Informationen gehen dafür verloren. Tritt eine schwerwiegende Störung an der Maschine auf, wird der Rahmen angehalten, d. h. die Informationen und Daten einer kurzen Zeit vor der Störung bis zum Auftreten der Störung werden festgehalten. Die genauere Analyse dieser Informationen kann in vielen Fällen zur Ermittlung der Störungsursache führen. Wesentliche Probleme bei der Realisierung eines Fahrtenschreibers sind die Auswahl an Informationen und Daten, die gespeichert werden. Ferner die Länge des Beobachtungszeitraums und die Entwicklung eines Verfahrens, das es ermöglicht, eine auftretende Störung an der Fertigungseinrichtung zu erkennen, um den Fahrtenschreiber anzuhalten.

15.3.9. Halbjährliche und jährliche Maschinendiagnose

Es sollen nun noch Beispiele für Überwachungsmaßnahmen aufgezeigt werden, die in größeren Zeitabständen vorgenommen werden können bzw. sollten. Das

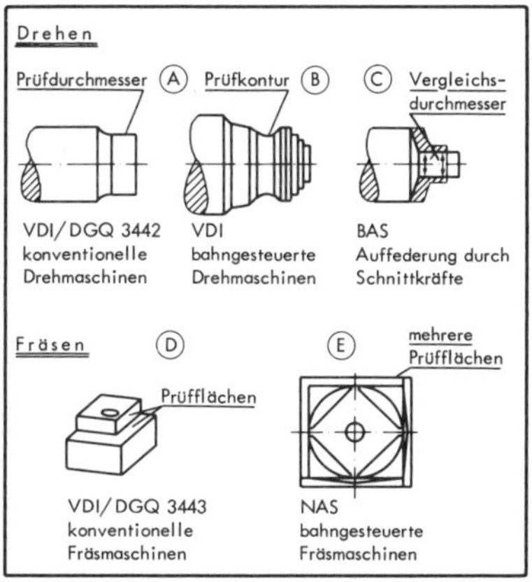

- Fertigen eines Musterwerkstückes
- Aufnahme wichtiger Maschinenparameter und Prozeßparameter
  - Schnittkräfte
  - Momente
  - Temperaturen
  - Zeiten
  - Ströme
- Vergleich mit "Erstteil" und Trendauswertung
- Prüfung der Werkstückmaße
- Beurteilung der Maschine

Maschinentyp XXYYZ		
Masch.Nr. 13754.61	Baujahr 1973	
Geometrie		
Winkligkeit	$\Delta\varphi x$	16"
	$\Delta\varphi y$	7"
	$\Delta\varphi z$	11"
Rundheit	F_R	22 µm

VDI Verein Deutscher Ingenieure
DGQ Deutsche Gesellschaft für Qualität e.V.
BAS AB Bofors, Alfa Laval AB, ASEA, Salls-Scania AB
NAS National Aero Space Standard

Bild 15-15. Maschinenbeurteilung durch Fertigen eines Musterwerkstücks in halbjährlichen Abständen.

erste Beispiel in Bild 15-15 zeigt ein Verfahren, das teilweise schon für die Beurteilung einer Maschine angewandt wird. Es handelt sich um die Fertigung eines Musterwerkstücks. Es wurden bereits von verschiedenen Institutionen und Verbänden Testwerkstücke für unterschiedliche Maschinentypen entworfen, von denen einige Bild 15-15 zeigt [151].

Diese Werkstücke werden bislang vorwiegend bei der Maschinenabnahme eingesetzt und ermöglichen im bestimmten Rahmen indirekt die Beurteilung geometrischer Größen, wie Parallelität, Winkligkeit, Rundlauf, Interpolationsgüte, Antriebsdynamik und Umkehrspannen.

Wird das Fertigen von Musterwerkstücken aber in regelmäßigen Zeitabständen wiederholt und werden während der Bearbeitung wichtige Maschinen- und Prozeßparameter aufgezeichnet, so kann durch den Vergleich mit dem „Erstteil" mit Hilfe einer Trendauswertung und der schon beschriebenen Auswertung der Werkstückmaße eine globale Beurteilung des Maschinenzustands erreicht und in einem Maschinenprotokoll festgehalten werden.

Während der Wartung und Inspektion sind auch Maßnahmen möglich, die einen aufwendigeren Meßaufbau erfordern. Darunter fallen alle Messungen, die die ein-

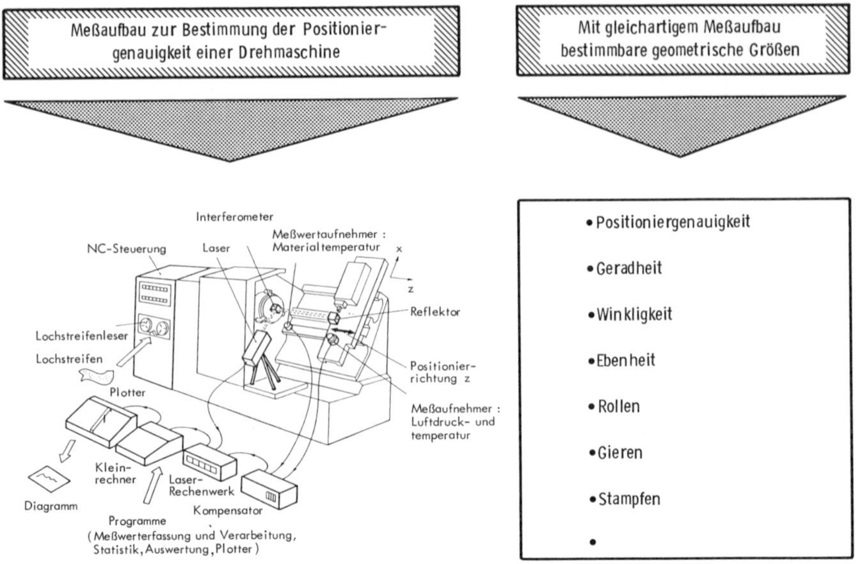

Bild 15-16. Überprüfung der Maschinengeometrie während der Wartung und Inspektion.

zelnen Maschinenparameter separat gezielt erfassen. Dazu zählen geometrische, kinematische und dynamische Größen [83]. In Bild 15-16 ist der Meßaufbau für die Bestimmung der Positioniergenauigkeit einer Drehmaschine dargestellt[1]).

Für die eigentliche Messung werden der Laser mit zugehörigem Rechenwerk, ein Interferometer, ein Reflektor sowie ein Meßaufnehmer und Kompensator zur Elimination von Luftdruck- und Temperatureinflüssen benötigt. Zur Aufnahme und Auswertung der Meßwerte benutzt man geeignete Programme eines Kleinrechners, der die Ergebnisse schließlich in graphischer Form über einen Plotter ausgibt.

Mit einem ähnlich gearteten Meßaufbau lassen sich außer der Positioniergenauigkeit auch andere Größen messen, u. a. die Geradheit, Winkligkeit und Ebenheit, sowie Rollen, Gieren und Stampfen[1]).

15.4. Steuerungsstrukturen für die Maschinendiagnose

15.4.1. Diagnose mit CNC und SPS

In den vorangegangenen Beispielen wurde bislang kaum darauf eingegangen, wer die Zustandserfassung, den Zustandsvergleich und die Diagnose durchführt. Die Komplexität vieler Diagnoseaufgaben bedingt den Einsatz einer „intelligenten Steuerung".

Mit der CNC und der speicherprogrammierbaren Steuerung sind schon zwei intelligente Steuerungen an einer Werkzeugmaschine vorhanden. Die Überwachungs-

1) s. S. 12

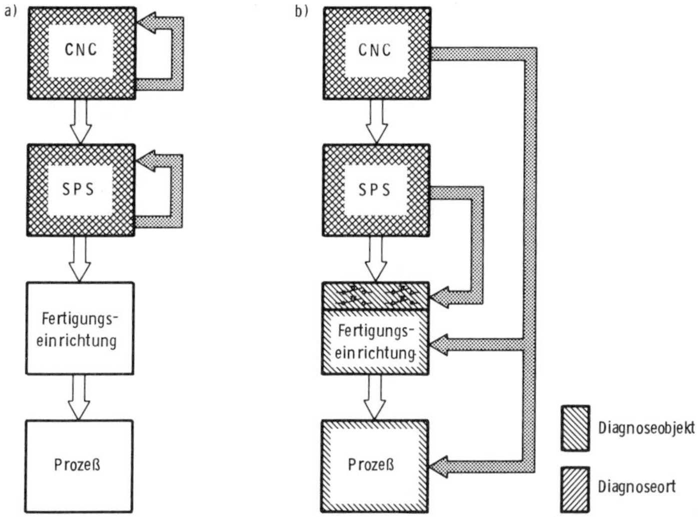

Bild 15-17. Interne Diagnose (a) und externe Diagnose (b) mit Hilfe der CNC-Steuerung und der speicherprogrammierbaren Steuerung.

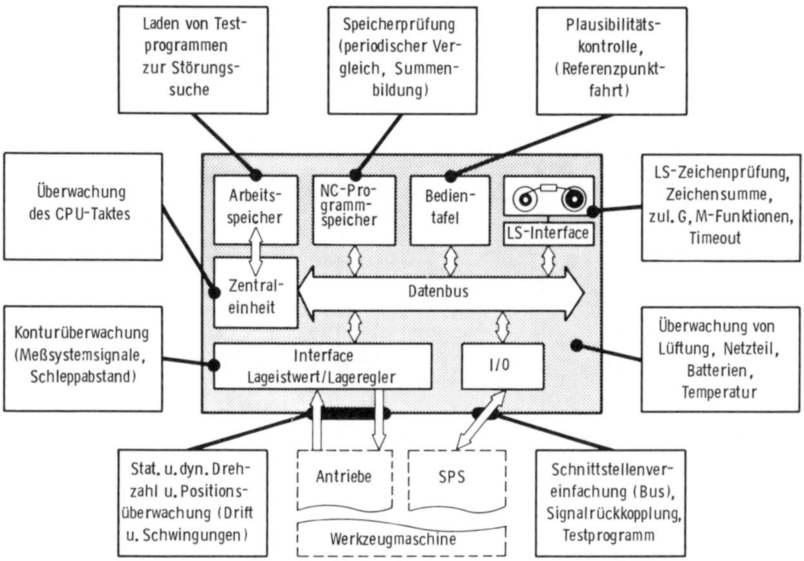

Bild 15-18. Überwachung und Eigendiagnose der CNC.

möglichkeiten, die sich mit Hilfe dieser Steuerungen ergeben, sind in Bild 15-17 gezeigt. Die „interne Diagnose", also die Eigendiagnose, ist im linken Teil von Bild 15-17 skizziert; im rechten Teil von Bild 15-17 ist eine Anordnung gezeigt, in der außer der internen Diagnose auch eine „externe Diagnose", also die Überwachung und Diagnose von Fertigungseinrichtung und Prozeß, enthalten ist.

Die SPS überwacht vor allem alle Schaltvorgänge an der Fertigungseinrichtung, während die CNC (auch unter Einsatz zusätzlicher Sensoren) komplexere Überwachungen und Diagnosen an Fertigungseinrichtung und Prozeß übernimmt.

In Bild 15-18 sind einige Möglichkeiten der Überwachung und Eigendiagnose der CNC aufgezeigt [144]. Die Prüfung des NC-Programmspeichers durch Einschreiben, Wiederauslesen und Vergleichen von Zeichen, die Plausibilitätskontrolle von Bedienfeldeingaben (z. B. Start der Bearbeitung erst nach erfolgter Referenzpunktfahrt) und die Überprüfung der vom Lochstreifenleser gelieferten Zeichen durch Quer- und Längsparity sowie auf zugelassene M- und G-Funktionen sind heute schon Stand der Technik. Das gilt ebenso für die Überwachung der Lüftung, der vom Netzteil gelieferten Spannungen, des Batteriezustands und der Temperatur im Schaltschrank.

Mit Hilfe von Testprogrammen, die entweder permanent in der CNC vorhanden sind oder nachträglich eingelesen werden können, lassen sich unter anderem die Ein-/Ausgabeschnittstellen testen. Dazu werden einfach die Eingänge mit den Ausgängen verbunden, die Ausgangssignale also rückgekoppelt. Ferner gibt es noch die Positionsüberwachung für alle Achsen (Drift- und Schwingungskontrolle), die Überwachung der verfahrenen Kontur durch Überwachung der Meßsysteme und Antriebe sowie die Taktüberwachung des Rechnertakts.

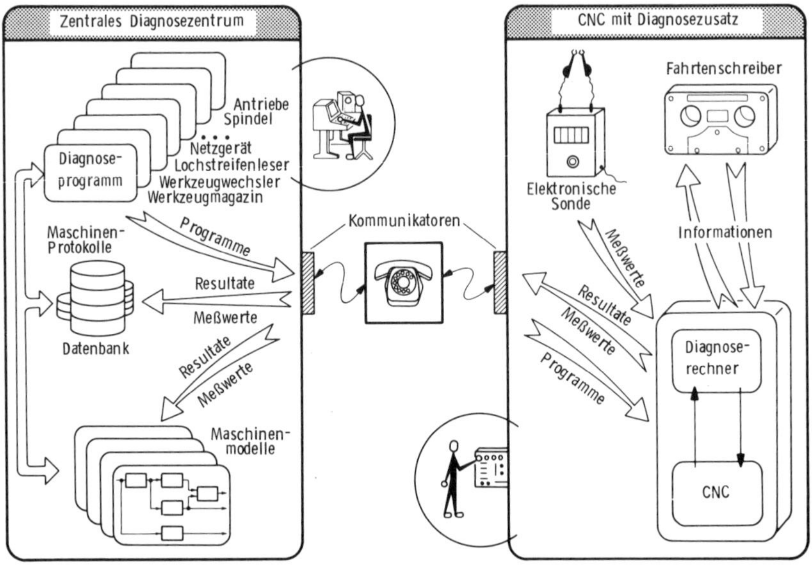

Bild 15-19. Beispiel für Telephondiagnose.

Bei entsprechender Auslegung der CNC-Steuerung ist auch eine effektive Ferndiagnose per Telephon möglich, Bild 15-19 [150].

Die CNC enthält dazu einen zusätzlichen Diagnoserechner, an den der schon erwähnte Fahrtenschreiber und eine elektronische Sonde angeschlossen sein können. Der Diagnoserechner kann über die Telephonleitung mit dem zentralen Diagnosezentrum des Herstellers kommunizieren. Gesteuert wird der gesamte Ablauf durch einen Servicetechniker beim Hersteller und einen Mann an der Maschine. Der Hersteller verfügt über eine Anzahl von Diagnoseprogrammen für verschiedene Maschinen- und Steuerungskomponenten, wie Antriebe, Spindel, Netzgeräte, Lochstreifenleser usw. Diese Programme können per Telephon zum Diagnoserechner überspielt und dort zum Ablauf gebracht werden. Die Resultate werden zusammen mit Meßwerten, die mit Hilfe der elektronischen Sonde aufgenommen werden können, zum zentralen Diagnosezentrum übermittelt. Mit Hilfe der dort verfügbaren Datenbank, in der der „Lebenslauf" der Maschine festgehalten ist und einer Reihe von Maschinenmodellen zur Simulation der Fehlererscheinungen, läßt sich ein großer Teil der möglichen Fehlerursachen ermitteln.

Die speicherprogrammierbare Steuerung überwacht vor allem Schaltvorgänge. Dazu enthält sie, Bild 15-20, eine Reihe von Störungsanzeigen, die einen auftretenden Fehler signalisieren. Mit der angezeigten Fehlernummer kann aus einer Fehlerliste die genaue Fehlerbeschreibung entnommen werden [152].

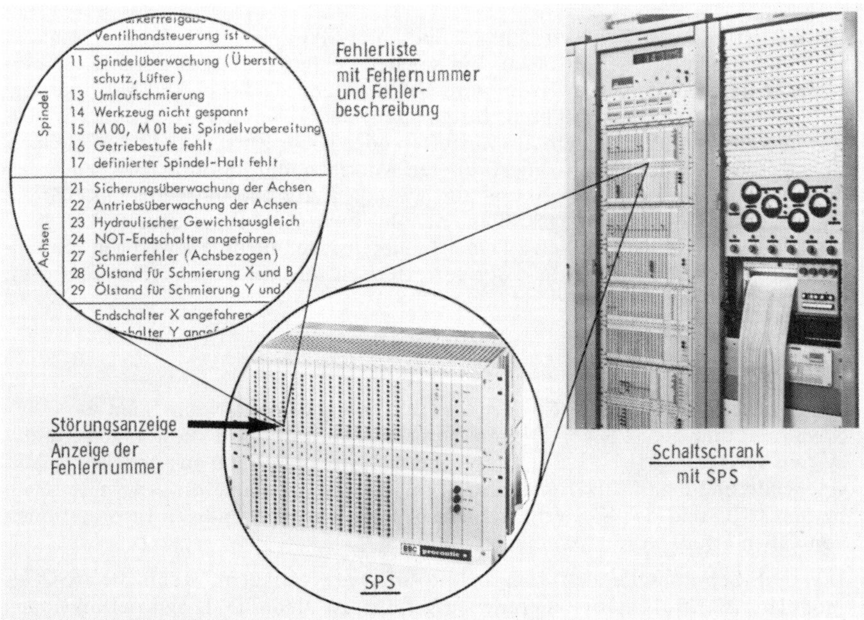

Bild 15-20. Fehleranzeige an einer SPS.

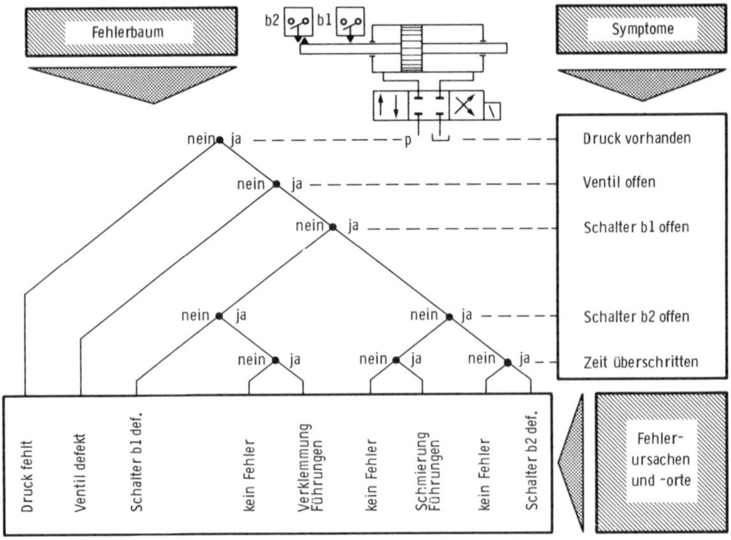

Bild 15-21. Beispiel eines Fehlerbaums.

Die Ermittlung von Fehlerursachen kann in der SPS z. B. durch die Programmierung von Fehlerbäumen erfolgen. Ein solcher Fehlerbaum ist in Bild 15-21 vereinfacht dargestellt. Dieser Baum wird bei Ansteuerung des in Bild 15-21 gezeigten Hydraulikzylinders zyklisch durchlaufen. Jeder Knoten des Baums ist ein Entscheidungspunkt, an dem das Zutreffen oder Nicht-Zutreffen der auf gleicher Ebene in der rechten Spalte angeordneten Aussagen, der „Symptome", entschieden werden muß. Bei Verneinung der jeweiligen Aussage führt der linke Zweig zum nächsten Entscheidungsknoten, bei Bejahung der rechte Zweig. Auf diese Weise gelangt man schließlich zu einer Fehleraussage, die dem jeweiligen „Symptombild", also der Gesamtheit der zutreffenden und nicht zutreffenden Aussagen, entspricht.

15.4.2. Diagnose ohne CNC und SPS

Eine grundsätzlich andere Steuerungsstruktur ergibt sich, wenn man die CNC-Steuerung und die SPS von Diagnoseaufgaben entlastet und diese in ein Zusatzsystem verlagert, Bild 15-22. Dieses Zusatzsystem hat dann ausschließlich überwachende und diagnostizierende Funktion. Es sind dabei allerdings Schnittstellen bei der CNC und der SPS erforderlich, über die alle notwendigen Informationen von außen erfaßt werden können.

Die CNC-Schnittstelle läßt sich in die Software verlagern, wenn die CNC als modulare Mehrprozessorsteuerung ausgeführt ist und die Diagnosefunktionen von eigenständigen Modulen innerhalb der CNC-Steuerung wahrgenommen werden [153].

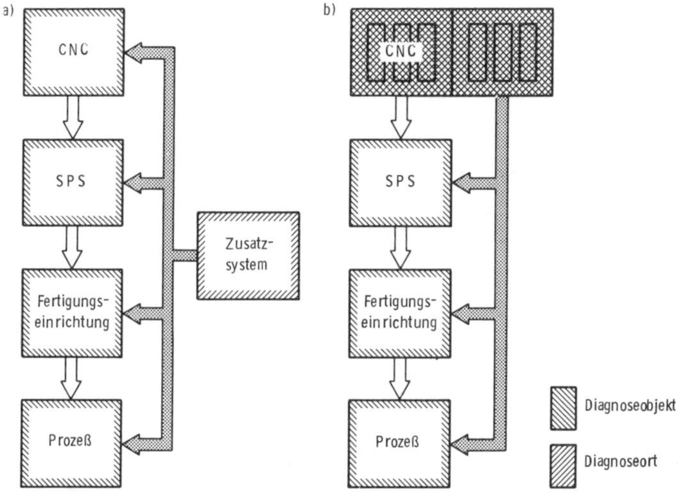

Bild 15-22. Überwachungsmöglichkeiten mit Hilfe eines Zusatzsystems (a) oder einer modularen Mehrprozessor-Steuerung (b).

Außer den beschriebenen Steuerungsstrukturen sind natürlich auch Mischformen möglich und sinnvoll, die z. B. die Eigendiagnose in der CNC und SPS belassen, aber die Diagnose der Fertigungseinrichtung und des Prozesses auslagern.

15.5. Anwendungsmöglichkeiten von Diagnoseergebnissen

Die Ergebnisse der Zustandserfassung und des Zustandsvergleichs sowie der darauf aufbauenden Diagnose mit ihren Aussagen über Fehlerort und Fehlerursache ermöglicht eine Vielzahl unterschiedlicher Reaktionen.

Eine gezielte Auswertung der auftretenden Fehler sowie eine Analyse der zeitlichen Entwicklung der Fehlerhäufigkeit bilden die Grundlage für gezielte Reaktionen sowohl des Werkzeugmaschinenherstellers als auch des Anwenders, Bild 15-23.

So ist es dem Werkzeugmaschinenhersteller z. B. möglich, ausgehend von einer detaillierten Fehlerursachenanalyse technische Schwachstellen aufzudecken und konstruktive Änderungen einzuleiten. Sollte dies nicht möglich oder unwirtschaftlich sein, so bietet sich der Einsatz von Überwachungssystemen an. Eine langfristige Fehleranalyse im Anschluß an eingeleitete konstruktive Verbesserungen oder ausgeführte Instandhaltungsmaßnahmen gestattet es, die Reaktionen zu beurteilen und zu entscheiden, ob die eingeleiteten Maßnahmen auch zukünftig beibehalten werden sollen.

Falls eine direkte prozeßbegleitende Erfassung und Verarbeitung von Daten über Maschinenzustand und Prozeßkenngrößen möglich ist, so wird unter dem Gesichtspunkt der Risikominderung eine umgehende Fehlerkompensation mit

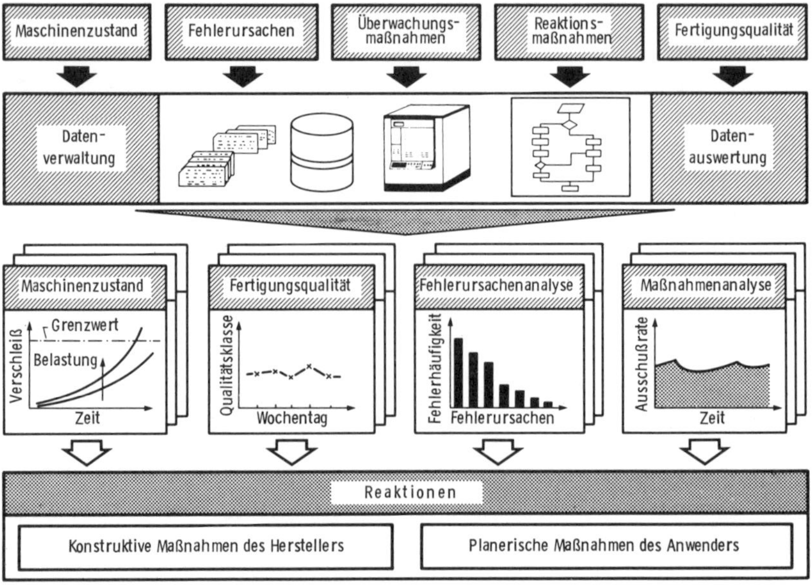

Bild 15-23. Auswertemöglichkeiten von Überwachungsergebnissen.

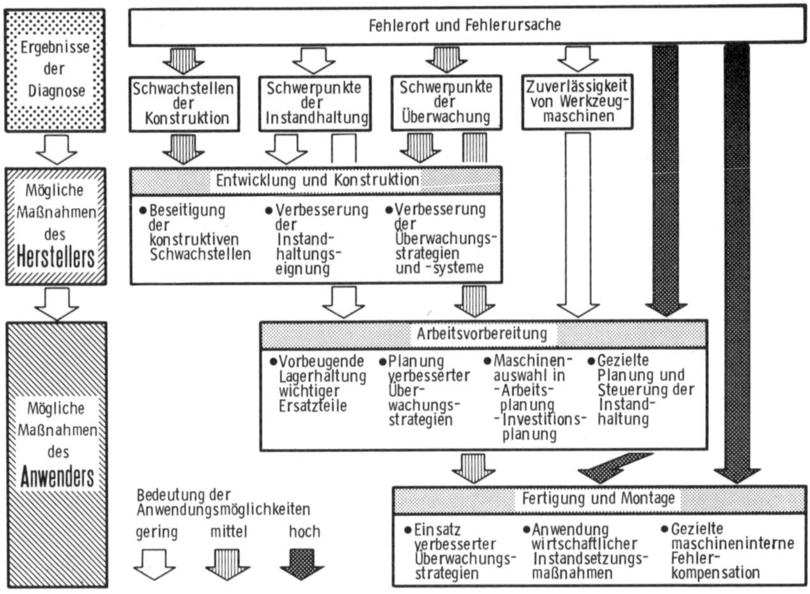

Bild 15-24. Übersicht über Anwendungsmöglichkeiten von Diagnoseergebnissen.

Hilfe des maschinenseitig vorliegenden Prozeßsteuerungssystems sinnvoll sein. Ist eine Korrektur des fehlerhaften Zustands nicht möglich, so können die Ergebnisse der Überwachung und Diagnose auch zu einem sofortigen Stillsetzen der gesamten Fertigungseinrichtung oder Teilen davon führen. Im Gegensatz zu diesen sich kurzfristig verändernden Größen, zu denen unter anderem der Werkzeugverschleiß gehört, bilden längerfristige Trends, zu denen Verschleißerscheinungen an Führungsbahnen und die damit verbundenen Auswirkungen auf die Werkstückgeometrie zu rechnen sind, die Grundlage für Maßnahmen der geplanten Instandhaltung.

Es wird deutlich, daß die Ergebnisse der Diagnose sowohl vom Maschinenhersteller als auch vom Anwender nutzbringend eingesetzt werden können. Die schwerpunktmäßigen Anwendungsmöglichkeiten, die sich diesen beiden Gruppen bieten, sind in Bild 15-24 dargestellt.

Beim Werkzeugmaschinenhersteller stehen vor allem konstruktive Verbesserungen und Aussagen über Einsatzgebiete verbesserter Überwachungs- und Diagnosesysteme im Vordergrund. Der Anwender ist dagegen primär an einer Verhütung von Fehlern und ihren Folgen auf Fertigungszeiten und Kosten interessiert. Für ihn haben somit Maßnahmen der Fehlerkompensation und der geplanten Instandhaltung Vorrang. Desweiteren können die Ergebnisse der Diagnose jedoch auch zur Verbesserung bestehender Überwachung genutzt werden, wenn deutlich wird, daß auftretenden Schwachstellen nur so begegnet werden kann. Anhaltspunkte für die Lagerhaltung wichtiger Ersatzteile sowie Auswahl- und Bewertungskriterien für die Maschinenauswahl im Rahmen der Arbeits- und Investitionsplanung sind weitere Anwendungsmöglichkeiten, die unter anderem auf der Kenntnis der Zuverlässigkeit und der Arbeitsgenauigkeit einzelner Fertigungsmittel basieren.

Überwachungs- und Diagnosemaßnahmen sind bei richtiger Auslegung und einer sinnvollen Nutzung der Ergebnisse ein wesentliches Hilfsmittel zur Sicherstellung der Fertigungsqualität sowie zur Reduzierung der Maschinenausfallzeiten. Sie ermöglichen den automatischen Einsatz komplexer Fertigungseinrichtungen im Schichtbetrieb bei stark reduziertem Personaleinsatz. Die Entwicklung umfassender Überwachungs- und Diagnosesysteme steht augenblicklich erst in den Anfängen. Um die gesteckten Ziele erreichen zu können, bedarf es erheblicher Anstrengungen von Seiten der Forschung und der Industrie.

16. Schrifttum

[1] *Wittmann, K.:* Die Entwicklung der Drehbank. Düsseldorf: VDI-Verl. 1960.

[2] *Bruins, D. H.:* Werkzeuge und Werkzeugmaschinen. München: Hanser-Verl. 1966.

[3] *Opitz, H.:* Moderne Produktionstechnik. Stand und Tendenzen. Essen: Girardet-Verl. 1970.

[4] *Eversheim, W.:* Untersuchung der technischen und organisatorischen Anforderungen an Auslegung und Nutzung automatischer Bearbeitungsbausteine für die diskontinuierliche Stückgutfertigung. Ergebnisbereicht SFB 55: Fertigungstechnik (1978).

[5] *Weck, M.:* Fortschritte in der Steuerungstechnik. ZwF 74 (1979) Nr. 11.

[6] *Kopp, H.:* Fehlererfassung und Fehlerdiagnose an hochautomatisierten Fertigungseinrichtungen. Automatische Überwachung fertigungstechnischer Prozesse. Lehrstuhl und Laboratorium für Technologie und Werkzeugmaschinen der Techn. Hochschule Darmstadt (1978).

[7] *Karpinski, F.:* Einspindelautomaten. Berlin: Springer-Verl. 1958.

[8] Index-Werke AG, Hahn und Tessky, Esslingen. Betriebshandbuch (1968).

[9] *Gildemeister:* Mehrspindel-Drehautomaten. München: Hanser-Verl. 1970.

[10] *Schäfer, O.:* Grundlagen der selbsttätigen Regelung. Gräfelding: Technischer Verl. 1965.

[11] *Pressler, G.:* B-I-Hochschultaschenbuch: Regelungstechnik. Mannheim, Wien, Zürich: Bibliographisches Institut 1964.

[12] *Oppelt, W.:* Kleines Taschenbuch technischer Regelvorgänge. Weinheim: Verl. Chemie 1972.

[13] *Augsten, G., K. Boehlke* u. *D. Schmid:* Die Lageregelung an Werkzeugmaschinen. Institut für Steuerungstechnik der Universität Stuttgart (1976).

[14] *Augsten, G.:* Entwicklung eines zweiachsigen Nachformsystems. VDI-Berichte Nr. 166. Düsseldorf: VDI-Verl. 1971.

[15] *Augsten, G.:* Zweiachsige Nachformsysteme. Wt-Z. ind. Fertig. 61 (1971), S. 75/79.

[16] *Augsten, G.:* Ein zweiachsiges Nachformsystem zur Bearbeitung mit konstanter Bahngeschwindigkeit. Industrie-Anzeiger 91 (1969) Nr. 50, S. 1173/74.

[17] *Augsten, G.:* Günstige Einstellung der Lageregelkreise eines stetigen zweiachsigen Nachformsystems. Industrie-Anzeiger 94 (1972) Nr. 16, S. 343/44.

[18] *Schmitt, A.:* Das Folgeverhalten elektrohydraulischer Kopiersysteme bei hohen Kopiergeschwindigkeiten. Diss. RWTH Aachen 1961.

[19] *Backé, W.:* Systematik der hydraulischen Widerstandsschaltungen in Ventilen und Regelkreisen. Mainz: Krauskopf-Verl. 1974.

[20] *Backé, W.:* Untersuchung an stetigen und unstetigen Nachformsystemen für Drehmaschinen. Diss. RWTH Aachen 1959.

[21] *Backé, W.:* Über die dynamische Stabilität hydraulischer Steuerungen unter Berücksichtigung der Strömungskräfte. Habilitationsschrift RWTH Aachen 1962.

[22] *Ulrich, H.:* Das Regelverhalten von hydraulischen Kopiersystemen mit Vierkantensteuerung. Diss. ETH Zürich 1969.

[23] *Boole, G.:* The Mathematical Analysis of Logic. Oxford: Basil Blackwell 1965.

[24] *Caldwell, S. H.:* Der logische Entwurf von Schaltkreisen. München: Oldenbourg-Verl. 1964.

[25] *Fischer, K.:* Handbuch für Hochfrequenz- und Elektrotechnik (6). Berlin: Verl. für Radio-Foto-Kinotechnik 1960.

[26] *Steinbuch, K.:* Taschenbuch der Nachrichtenverarbeitung. Berlin: Springer-Verl. 1964.

[27] *Backé, W.*, u. *W. P. Goedecke:* Umdruck zur Vorlesung „Pneumatische Schaltungstechnik". Institut für hydraulische Steuerungen, RWTH Aachen (1978).

[28] *Schmeiser, K.*, u. *H. W. Valentin:* Aus der Praxis der elektronischen Prozeßsteuerung. München: Oldenbourg-Verl. 1974.

[29] *Haubner, G.:* Elektronische Werkzeugmaschinensteuerungen. München: Oldenbourg-Verl. 1972.

[30] *Löbel, G., P. Müller* u. *H. Schmid:* Lexikon der Datenverarbeitung. München: Verl. Moderne Industrie 1969.

[31] *Ameling, W.:* Aufbau und Wirkungsweise elektronischer Analogrechner. Braunschweig: Vieweg-Verl. 1963.

[32] *Hauff, V.:* Wörterbuch der Datenverarbeitung. Stuttgart: Franckh'sche Verlagsbuchhandlung 1971.

[33] *Donovan, J.:* Systemprogrammierung. Braunschweig: Vieweg-Verl. 1976.

[34] DIN 19237: Steuerungstechnik. Begriffe. Vornorm. Hrsg. Deutscher Normenausschuß. Ausg. 1980.

[35] *Weck, M.*, u. *G. Klingenberg:* Speicherprogrammierte Steuerungen (SPS), eine Marktübersicht. VDI-Z 121 (1979) Nr. 17.

[36] *Mombauer, N.:* Programmierbare Steuerungen in der Fertigungstechnik. VDI-Z 118 (1976) Nr. 23, S. 1113/17.

[37] *Herold, H., W. Maßberg* u. *G. Stute:* Die numerische Steuerung in der Fertigungstechnik. Düsseldorf: VDI-Verl. 1971.

[38] *Karg, H.:* Numerische Steuerung – kurz und bündig. Würzburg: Vogel-Verl. 1968.

[39] *Simon, W.:* Die numerische Steuerung von Werkzeugmaschinen. München: Hanser-Verl. 1971.

[40] *Kamp, W.:* NC-Maschinen, Fachwörter und Definitionen. Düsseldorf: VDI-Verl. 1970.

[41] *Grünert, B.:* Neuere Software-Entwicklungen bei CNC-Einheiten. Diss. RWTH Aachen 1975.

[42] *Kief, H. B.:* NC-Handbuch. Michelstadt: NC-Handbuch-Verl. 1979.

[43] *Shah, R.:* NC-Guide, NC-Handbuch. Zürich: NCA-Verl. 1979.

[44] Handbücher des Informationszentrums für Schnittwerte (INFOS). Werkzeugmaschinenlabor, RWTH Aachen (1979).

[45] *Minolla, W., H. Schuppar* u. *T. Baberg:* Auswahl geeigneter NC-Programmiersysteme. VDI-Z 118 (1976) Nr. 20, S. 967/74.

[46] *Eversheim, W.:* Organisation in der Produktionstechnik, Reihe Studium und Praxis, Bd. 3: Arbeitsvorbereitung. Düsseldorf: VDI-Verl. 1980.

[47] *Walker, T.:* Programmieren an einer CNC mit Handeingabe. Wt.-Z. ind. Fertig. 68 (1978) Nr. 6, S. 325/28.

[48] AEG-Telefunken: AEG-NUMERIC System III, Systembeschreibung, Prospekt.

[49] *Gast, K. H., N. Krause* u. *F. Wetzel:* Numerische Steuerung für mehrachsige Bohr- und Fräsmaschinen. Wt.-Z. ind. Fertig. 69 (1979), S. 495/99.

[50] MPST – Modulares Mehrprozessor-Steuersystem. PDV-Bericht KfK-PDV 145, Feb. 1978.

[51] MPST – Modulares Mehrprozessor-Steuersystem (Systembeschreibung). Informationspapier des MPST-Arbeitskreises.

[52] *Bronstein, I. N.,* u. *K. A. Semendjajew:* Taschenbuch der Mathematik. Zürich und Frankfurt/M.: Verl. Harry Deutsch 1969.

[53] *Binder, D.:* Untersuchungen zur Interpolation in numerischen Bahnsteuerungen. Diss. Univ. Stuttgart 1978.

[54] *Schönbohm, H.:* Einsatz einer intelligenten Camac-Substation zur Steuerung der Achsantriebe bei Werkzeugmaschinen. Diplomarbeit RWTH Aachen 1979.

[55] *Schmid, D.:* Interpolation bei numerischen Bahnsteuerungen. Steuerungstechnik Nr. 9 (1969).

[56] *Derenbach, T.:* Die CNC-Steuerung. Diss. RWTH Aachen 1973.

[57] Siemens: Handbuch SINUMERIK Mate TG. 1978.

[58] *Latzel, W.:* Regelung mit dem Prozeßrechner (DDC). Mannheim, Wien, Zürich: Bibliographisches Institut 1977.

[59] *Stute, G.:* Die Lageregelung an Werkzeugmaschinen. Institut für Steuerungstechnik der Werkzeugmaschinen und Fertigungseinrichtungen der Univ. Stuttgart (1979).

[60] *Rake, H.:* Umdruck zur Vorlesung „Regelungstechnik A". Institut für Regelungstechnik, RWTH Aachen (1978).

[61] *Föllinger, O.:* Regelungstechnik. Berlin: Elitera-Verl. 1978.

[62] *Küpfmüller, K.:* Einführung in die theoretische Elektrotechnik. Berlin, Heidelberg, New York: Springer-Verl. 1968.

[63] *Doetsch, G.:* Anleitung zum praktischen Gebrauch der Laplace-Transformation. München: Oldenbourg-Verl. 1957.

[64] *Meyr, H.:* Umdruch zur Vorlesung „Regelungstechnik I und II", Institut für elektrische Regelungstechnik, RWTH Aachen (1979).

[65] *Weck, M.,* u. *G. Klingenberg:* WZL-Programmsystem „UNIDYN". Werkzeugmaschinenlabor, RWTH Aachen (1978).

[66] *Opitz, H.:* Auslegung von Vorschubantrieben für NC-Maschinen. Unterlagen zur VDW-Konstrukteur-Arbeitstagung. Werkzeugmaschinenlabor, RWTH Aachen (1969).

[67] *Wolters, P.:* Rechnerunterstützte Dimensionierung von Vorschubantrieben für numerisch gesteuerte Werkzeugmaschinen. Diss. RWTH Aachen 1976.

[68] *Isermann, R.:* Digitale Regelsysteme. Berlin, Heidelberg, New York: Springer-Verl. 1977.

[69] *Ackermann, J.:* Abtastregelung. Berlin, Heidelberg, New York: Springer-Verl. 1972.

[70] *Schwarz, H.:* Optimale Regelung linearer Systeme. Mannheim, Wien, Zuriich: Bibliographisches Institut, 1976.

[71] Drehzahlgeregelter Asynchronmaschinen-Vorschubantrieb für Werkzeugmaschinen. VDW-Forschungsbericht A 4602, Feb. 181.

[72] *Wasserrab, Th.:* Schaltungslehre der Stromrichtertechnik. Berlin: Springer-Verl. 1962.

[73] *Hartel, W.:* Stromrichterschaltungen. Berlin: Springer-Verl. 1977.

[74] *Kopperschläger, F. D.:* Über die Auslegung mechanischer Übertragungselemente an numerisch gesteuerten Werkzeugmaschinen. Diss. RWTH Aachen 1969.

[75] VDI/VDE 2600: Meßtechnik. Bl. 2. Hrsg. Verein Deutscher Ingenieure. Ausg. 1973.

[76] DIN 1319: Grundbegriffe der Meßtechnik. Hrsg. Deutscher Normenausschuß. Ausg. 1971.

[77] *Walcher, H.:* Digitale Lagemeßtechnik. Düsseldorf: VDI-Verl. 1974.

[78] *Wildermuth, E.:* Der „Resolver", ein moderner Analogrechenbaustein. Sonderdruck „Feinwerktechnik" 63 (1959) Nr. 9, S. 307/16, Nr. 10, S. 369/73.

[79] *Aulmann, A.:* Bausteine und Anwendungsbeispiele für die Übertragung und Verarbeitung von Winkelinformationen. Sonderdruck „Funk und Technik" (1970), Nr. 1 bis 4.

[80] Heidenhain, Traunreut: Meßtechnische Informationen. Firmenprospekt.

[81] Philips AG, Eindhoven: Philips-Linear-Meßsystems LM SIV. Firmenprospekt.

[82] *Pfeifer, T.,* u. a.: Verfahren und Methoden zur Beurteilung der Arbeitsgenauigkeit von Werkzeugmaschinen. Seminarunterlagen, Werkzeugmaschinenlabor, RWTH Aachen (1976).

[83] Geometrisches und kinematisches Verhalten von Werkzeugmaschinen im lastfreien und belasteten Zustand. Seminarunterlagen, Werkzeugmaschinenlabor, RWTH Aachen (1980).

[84] Hewlett Packard, California, USA: Laser Transducer Systems Computer Interface Electronics. Firmenprospekt (1976).

[85] *Bryan, J. B.:* Design and Construction of an precision 84 inch Diamond Turning Machine. Precision Engineering Vol. 1. Nr. 1 (1979), S. 13/17.

[86] Hewlett Packard, Santa Clara, USA: Laser-Transducer-System. System operating and service manual. Firmenprospekt (1976).

[87] Adaptive Control bei spanenden und abtragenden Bearbeitungsverfahren (15. Aachener Werkzeugmaschinenkolloquium). Industrie-Anzeiger 99 (1974) Nr. 96, S. 1696/1710.

[88] VDI 3426: Numerisch gesteuerte Arbeitsmaschinen. Adaptive Control an spanenden Werkzeugmaschinen. Hrsg. Verein Deutscher Ingenieure. Ausg. 1975.

[89] *Gather, M.:* Adaptive Grenzregelung für das Stirnfräsen – Leistungsregelung, Ratterbeseitigung, selbsttätige Schnittaufteilung. Diss. RWTH Aachen 1977.

[90] *Hänsel, W.:* Beitrag zur Technologie des Drehprozesses im Hinblick auf Adaptive Control. Diss. RWTH Aachen 1974.

[91] *Gieseke, E.:* Adaptive Grenzregelung mit selbsttätiger Schnittaufteilung für die Drehbearbeitung. Diss. RWTH Aachen 1973.

[92] *Otto, F.:* Entwicklung eines gekoppelten AC-Systems für die Drehbearbeitung. Diss. RWTH Aachen, 1976.

[93] *Engels, R.:* Ein Beitrag zur Optimierung des funkenerosiven Senkens. Diss. RWTH Aachen 1975.

[94] *Werner, G.:* Konzept und technologische Grundlagen zur adaptiven Prozeßoptimierung des Außenrundschleifens. Habilitationsschrift RWTH Aachen 1973.

[95] *Bierlich, R.:* Technologische Voraussetzungen zum Aufbau eines adaptiven Regelungssystems beim Außenrundeinstechschleifen. Diss. RWTH Aachen 1976.

[96] *Müller, W.:* Ein Beitrag zur Entwicklung von Sensoren für adaptive Regelsysteme bei spanenden Werkzeugmaschinen. Diss. RWTH Aachen 1976.

[97] *Schäfer, K.:* Funktionserweiterungen für Numerische Werkzeugmaschinensteuerungen durch Mikroprozessoreinsatz. Diss. RWTH Aachen 1977.

[98] *Weck, M.,* u. *K. Teipel:* Dynamisches Verhalten spanender Werkzeugmaschinen. Berlin: Springer-Verl. 1977.

[99] *Schenke, L.:* Entwicklung einer Drehmoment-Grenzregelung für die Stirnfräsbearbeitung. Bericht des Instituts für Steuerungstechnik der Werkzeugmaschinen und Fertigungseinrichtungen (ISW), Univ. Stuttgart (1973).

[100] *König, W.:* Fertigungsverfahren, Reihe Studium und Praxis, Bd. 3: Abtragen. Düsseldorf, VDI-Verl. 1979.

[101] *König, W.,* u. *E. Barz:* Technologische Grundlagen für die Optimierung des funkenerosiven Senkens. Industrie-Anzeiger 98 (1976) Nr. 88.

[102] *Weck, M.,* u. *H. Peuler:* Programmierbarer, digitaler Frequenzgenerator in einem Regelungssystem für das funkenerosive Senken. Industrie-Anzeiger 100 (1978) Nr. 64.

[103] AEG-Elotherm, Remscheid u. Charmilles, Genf: Firmenprospekt.

[104] Feinprüf, Göttingen: Feinmeß- und Prüfgeräte. Millipilot, Elektrisches Meßsteuersystem für genaue Bearbeitung. Firmenprospekt (1977).

[105] *Effenberger, W.:* Hydrostatische Lagerung zur genauen Führung von Werkzeugmaschinenschlitten. Diss. RWTH Aachen, 1970.

[106] VDI 3424: Numerisch gesteuerte Arbeitsmaschinen. Direktsteuerung mit Hilfe von Digitalrechnern. Bl. 1. Hrsg. Verein Deutscher Ingenieure. Ausg. 1972.

[107] VDI 3424: Numerisch gesteuerte Arbeitsmaschinen. Direktsteuerung mit Hilfe von Digitalrechnern. Bl. 2. Hrsg. Verein Deutscher Ingenieure. Ausg. 1977.

[108] *Zenner, K.,* u. *K. Zwoll:* Modulares DNC-System mit standardisierten Komponenten. Mülheim: Dietz-Computersysteme 1977.

[109] *Tüchelmann, Y.,* u. *D. Zühlke:* DNC-Anwendersoftware in PROZESS-FORTRAN. Werkzeugmaschinenlabor, RWTH Aachen (1977).

[110] *Verhaag, E.:* Auslegung von Rumpfsteuerungen. Ein Beitrag zur Automatisierung des Informationsflusses der Fertigung mit Hilfe von Funktionsmoduln. Diss. RWTH Aachen 1975.

[111] *Dolezalek, C. M.,* u. *G. Ropohl:* Flexible Fertigungssysteme – die Zukunft der Technik. wt-z. ind. Fertigung 60 (1970) Nr. 8.

[112] *Ropohl, G.:* Flexible Fertigungssysteme. Mainz: Krauskopf-Verl. 1971.

[113] *Stute, G.:* Flexible Fertigungssysteme. wt-z ind. Fertigung 64 (1964) Nr. 3.

[114] *Opitz, H.:* Auslegung und Nutzung rechnergesteuerter Fertigungseinrichtungen. Essen: Girardet-Taschenbücher „Technik" Nr. 5, 1971.

[115] *Schüring, A.:* Die Echtzeit-Prozeßsimulation. Ein Hilfsmittel zur Entwicklung und Analyse der Prozeßsteuerung in flexiblen Fertigungssystemen. Diss. RWTH Aachen, 1975.

[116] *Gogrewe, U., A. Schüring* u. *E. Westkämper:* Materialflußsteuerung für verkettete, numerisch gesteuerte Fertigungseinrichtungen mit Hilfe eines Prozeßrechners. PDV-Bericht KfK-PDV 80, Kernforschungszentrum Karlsruhe, Juni 1976.

[117] Rechnerunterstützter Entwurf und Maßnahmen zur Ausführung flexibler Fertigungssysteme. Industrie-Anzeiger 96 (1974) Nr. 74.

[118] *Vettin, G.:* Analyse der Konzeption flexibler Fertigungssysteme. VDI-Z. 121 (1979) Nr. 1/2, S. 14/23.

[119] *Grupe, U.,* u. *B. Hirsch:* Direkte Datenzuteilung und Echtzeitbelegungsplanung in der Flugzeugteilefertigung. Referat anläßlich „NUMERIC 77" 1. Kongreß für numerisch gesteuerte Teilefertigung. München: Verl. Moderne Industrie 1977.

[120] *Weck, M., Y. Tüchelmann, K. Zenner* u. *D. Zühlke:* Flexibles Fertigungssystem in der Flugzeugteilefertigung. Systembeschreibung und operatives Steuerungssystem. Industrie-Anzeiger 101 (1979) Nr. 32, S. 42/46.

[121] *Eversheim, W.,* u. *R. Pferdmenges:* Flexibles Fertigungssystem in der Flugzeugteilefertigung: System zur organisatorischen Steuerung. Industrie-Anzeiger 101 (1979) Nr. 32, S. 46/60.

[122] Flexible Manufacturing System fullfills tractor maker's needs. American Machinist 15 (1975).

[123] *Stute, G.*, u. a.: Grundlagen der Prozeßautomatisierung für die Fertigung/Prozeßsteuerung (Steuerung flexibler Fertigungssysteme). PDV-Bericht KfK-PDV 107. Kernforschungszentrum Karlsruhe, Feb. 1977.

[124] *Stute, G.*, u. a.: Prozeßüberwachung in flexiblen Fertigungssystemen. PDV-Bericht KfK-PDV 148. Kernforschungszentrum Karlsruhe, Mai 1978.

[125] *Spur, G.*, u. a.: Grundlagen der Prozeßautomatisierung für die Fertigung. PDV-Bericht KfK-PDV 86. Kernforschungszentrum Karlsruhe, August 1976.

[126] *Weck, M., Y. Tüchelmann* u. *D. Zühlke:* Einsatz standardisierter Hard- und Softwarekomponenten beim Aufbau flexibler Fertigungssysteme. Erstes Europäisches Symposium bez. Real Time Data Handling and Process Control, Berlin (1979).

[127] *Weck, M., K. Zenner* u. *Y. Tüchelmann:* New Developments of Data Processing in Computer Controlled Manufacturing Systems (DNC, FMS) Prolamat Conference 21. – 23. 5. 1979, Ann Arbor). Technical Paper. The Computer and Automated Systems Association of SME, Dearborn, Michigan.

[128] *Weck, M.*, u. *C. D'Souza:* Structure of modular systems for handling devices using micorprocessors. CIRP Annals Vol. 28 (11/79), S. 385/90.

[129] *Spur, G., K. Feldmann* u. *H. Mathes:* Entwicklungsstand integrierter Fertigungssysteme. ZWF 68 (1973) Nr. 3.

[130] *Baltersee, R., K. Zenner* u. *K. Zwoll:* Einsatzbeispiele für DNC-Anwendungen – Erfahrungen der RWTH Aachen und KFA Jülich. Referat anläßlich „NUMERIC 77", 1. Deutscher Kongreß für numerisch gesteuerte Teilefertigung. München: Verl. Moderne Industrie 1977.

[131] *Stuckenberg, H. J.:* CAMAC – Eine Einführung in ein System standardisierter Datenwege zwischen Rechnern und Peripherie. Leopoldshafen: Forschungsbericht DV 75-05, Okt. 1975 BMFT-FBDV 75-05 ZAED.

[132] IEEE-Std. No. 583-1975, New York u. IEC-Std. No. 516, Genf: Modular Instrumentation and Digital Interface System (CAMAC) 1975.

[133] IEEE-Std. No. 595-1976. New York: Serial Highway Interface System (CAMAC) 1976.

[134] *Buxmeyer, E., F. Haussmann, P. Mielantz* u. *H. Walze:* Serielles Bussystem für industrielle Anwendungen unter Echtzeitbedingungen (PDV-Bus). PDV-Bericht KFK-PDV 70. Karlsruhe: Gesellschaft für Kernforschung (GfK).

[135] *Heller, G.*, u. a.: Prozeß-Fortran 75. Düsseldorf: Arbeitskreis „Prozeß-Fortran" der VDI/VDE Gesellschaft für Meß- und Regeltechnik (1975).

[136] Basis-Pearl. Sprachbeschreibung. PDV-Bericht KfK-PDV 121. Karlsruhe: Gesellschaft für Kernforschung (GfK).

[137] Pearl. PDV-Bericht. KfK-PDV 1. Karlsruhe: Gesellschaft für Kernforschung (GfK).

[138] *Eidenmüller, B.:* Betriebsdatenerfassung in der Fertigung. Zeitschrift für die wirtschaftliche Fertigung Bd. 96 (1974) Nr. 1.

[139] *Baeck, U. C.:* Betriebsdatenerfassung und Fertigungslenkung im Rahmen rechnergeführter Fertigungsanlagen. Ein Beitrag zur integrierten Informationsverarbeitung in der Fertigung. Diss. RWTH Aachen 1975.

[140] *Baeck, U. C.*, u. *T. Pfeifer:* Betriebsdatenerfassung und Fertigungsüberwachung im Rahmen eines DNC-Systems. Industrie-Anzeiger Bd. 95 (1973) Nr. 87.

[141] Maschinendiagnose in der automatisierten Fertigung. Industrie-Anzeiger 103 (1981) Nr. 62.

[142] *Kluft, W.:* Automatische Werkzeugbrucherkennung bei der Drehbearbeitung. Industrie-Anzeiger 100 (1978) Nr. 28, S. 62/63.

[143] *Kopp, H.:* Kriterien und Methoden zur Überwachung hochautomatisierter Fertigungseinrichtungen. VDI-Berichte 364. Düsseldorf: VDI-Verl. 1980, S. 69 ff.

[144] *Hauri, H.:* Störungsdiagnose an Werkzeugmaschinen. Technische Rundschau Nr. 3 (1980) S. 3 ff.

[145] *König, W., W. Kluft* u. *R. Wicklaus:* Sensor zur automatischen Spanformerkennung bei der Drehbearbeitung. Industrie-Anzeiger 102 (1980) Nr. 1, S. 33/34.

[146] *König, W., M. Weck* u. *E. Barz:* Erfassung des Prozeßistzustandes bei der funkenerosiven Bearbeitung. Industrie-Anzeiger 98 (1976) Nr. 88, S. 1560/61.

[147] *Wakai, H., E. Mizutani, C. Sakomoto* u. *M. Kashimoto:* Development of Cutting Tool Damage Detecting System for NC Lathe. Berichtsheft der Tagung des Feinwerktechnikvereins, Japan, Frühjahr 1980, S. 118/20.

[148] *Pfeifer, T.,* u. *A. Fürst:* Prozeßintermittierende Messung auf NC-Werkzeugmaschinen. Industrie-Anzeiger 101 (1979) Nr. 100, S. 20/25.

[149] *Heysel, U.:* Ausgleich thermischer Deformationen an Werkzeugmaschinen. Diss. TU Berlin 1979.

[150] *Hall, P.:* System-Diagnose. Werkstatt und Betrieb 11 (1978) Nr. 8, S. 487 ff.

[151] VDI 3254: Numerisch gesteuerte Werkzeugmaschinen. Genauigkeitsangaben, Prüfen durch Probewerkstücke. Hrsg. Verein Deutscher Ingenieure. Ausg. 1972.

[152] *Hahn, R., W. Schleemilch* u. *U. Ummelmann:* Speicherprogrammierte Steuerungen im Maschinenbau: Anforderungen und Lösungen. VDI-Berichte 364. Düsseldorf: VDI-Verl. 1980, S. 93 ff.

[153] *Weck, M., K.-F. Baukloh* u. *K.-H. Werth:* Konzept des modularen Mehrprozessor-Steuersystems (MPST). Industrie-Anzeige 102 (1980) Nr. 37, S. 31/35.

17. Sachwortverzeichnis

A

B

C

D

E

F

K

L

M

T

U